U0163696

湖北省学术著作
Hubei Special Funds for
Academic Publications
出版专项资金

姚伟钧 刘朴兵 著

中国专门史文库

中国饮食史

武汉大学出版社
WUHAN UNIVERSITY PRESS

下册

目　　录

第十二章

宋代饮食文化

————————————————————————————————

　　宋代包括北宋（960—1127年）和南宋（1127—1279年）两个时期，与唐代相比，两宋的疆域面积大大缩小。严格说来，两宋时期是中国的一个分裂时期。北宋的疆域，"东南际海，西尽巴僰，北极三关"①，只包括中原、江南、两广和巴蜀地区。与北宋对峙的，北有契丹族建立的辽，西北有党项族建立的西夏，西南有白族建立的大理。南宋的疆域进一步缩小，丧失了中原，北以秦岭、淮河为限。与南宋对峙的除西夏、大理外，还有北方女真族建立的金。南宋最后被蒙古族建立的元所灭。两宋的疆域面积虽然大大缩小，人口却增长了一倍。由于统治者实行重农亦重商的经济政策，两宋经济实力大增，为包括饮食文化在内的两宋文化的繁荣奠定了坚实的基础。

————————————————————

　　① （元）脱脱等：《宋史》卷八五《地理一》，中华书局1977年版，第2094页。

第一节 饮食原料的生产

两宋的饮食原料格局发生不少新变化。在主食原料上，稻米成为中国人最重要的主粮，麦类的地位也得到了进一步的加强。在副食原料上，形成了贵羊贱猪的肉食风气，水产品的消费量增多，并引进了一些蔬菜瓜果新品种。

一、稻麦地位的加强

同前代相比，两宋的粮食种类并无太大变化，北方旱地多种植小麦、粟、豆，南方水田多种植水稻。但由于中国经济重心的南移，水稻种植面积的扩大和单位产量的增加，稻米首次成为中国人最重要的粮食。而北宋灭亡后，中原移民的大规模南迁，使麦类作物的种植面积大大扩展。因而，各种粮食作物在粮食结构中的位置发生了很大变化，前代的粟、麦、稻格局变成了稻、麦、粟格局。

（一）水稻

与唐代相比，宋代的北方水稻生产开始萎缩。韩茂莉先生认为，宋代北方地区水稻种植的特点是栽种地区有限、总面积小和稻田多呈点状、线状分布在低洼地区和河湖周围[1]。但北方水稻生产的萎缩，并未影响宋代的水稻生产。就整个国家而言，宋代的水稻获得了极大的发展，"稻子变得越发重要，最终取得了现代作为中国主要谷物的地位。……甚至在北宋灭亡和宋王朝被限制在产稻区以前，稻子大概就已变成主要的食粮了"[2]，"以稻米为主食的人口首次超过了以麦、粟为主食的人口"[3]。

这一情况是由多种因素造成的：首先，以长江流域为代表的

---

[1] 韩茂莉：《宋代农业地理》，山西古籍出版社1993年版，第57~58页。

[2] ［美］尤金·N. 安德森著，马孆、刘东译：《中国食物》，江苏人民出版社2003年版，第61页。

[3] 王赛时、齐子忠：《中华千年饮食》，中国文史出版社2002年版，第23页。

广大南方得到了更为广泛的开发，已经成为中国的经济重心。高产的水稻非常适宜在雨量充沛的南方进行集约化耕作，"再无别的谷物具有如此多的品种、如此高的产量，或对劳动投入有如此好的回报。的确，稻作在中国对劳动密集型农业起了很大的作用"①。

第二，育秧、插秧、耘田、烤田等技术的推广提高了水稻单位面积的产量。如烤田，南宋高斯德《宁国府劝农文》载："大暑之时，决去其水，使日曝之，固其根，名曰靠田。根既固矣，复车水入田，名曰还水，其劳如此。还水之后，苗日以盛，虽遇旱暵可保无忧。"江浙一带上等稻田"一亩收五六石"②，明州广德湖周围地区的稻田亩产量更是高达六七石③。

第三，新品种占城稻的引进对宋代稻米地位的提升也具有重要意义。文莹《湘山野录》卷下载："真宗深念稼穑，闻占城稻耐旱，西天菉豆子多而粒大，各遣使以珍货求其种。占城得种二十石，至今在处播之。"早熟占城稻的传入，引发了南方土地利用和粮食生产的一场革命，它使水稻生产周期大大缩短，促进双季稻复种和稻麦轮作制的发展。"成熟得快和耐受性强的占婆稻，使人们得以扩大稻谷的栽培并广泛增加二熟制，这在中国整个东南部渐成定制。"④

（二）麦类

宋代麦类作物的种植面积和总产量都比粟要多。在北方广大地区，由于麦类作物在唐代已得到了普遍的推广，其种植并无明显的扩大，但麦类种植技术获得了一定的进步，如初春麦苗疯长时，

---

① ［美］尤金·N. 安德森著，马孆、刘东译：《中国食物》，江苏人民出版社 2003 年版，第 61~62 页。

② （宋）高斯得：《耻堂存稿》卷五《宁国府劝农文》，文渊阁《四库全书》本。

③ （清）徐松辑：《宋会要辑稿·食货六一之一一〇》，中华书局 1957年版，第 5987 页。

④ ［美］尤金·N. 安德森著，马孆、刘东译：《中国食物》，江苏人民出版社 2003 年版，第 60 页。

"须使人纵牧其间，践蹂令稍疎，则其收倍多"①。苏轼《东坡八首（其五）》一诗亦云："农夫告我言，勿使苗叶昌。君欲富饼饵，要须纵牛羊。"② 麦粟轮作、麦桑间作在宋代也得到了较大的推广，梅尧臣《桑原》云："原上种良桑，桑下种茂麦。雉雏麦秀时，蚕眠叶休摘。空条漏日多，余椹更谁惜。会待黄落来，酒垆烧斗石。"③ 先进的麦作技术提高了麦类作物的单位产量，宋代麦类作物的地位渐渐超过了粟，成为北方地区首屈一指的粮食。

宋代麦类作物的推广，主要体现在江南广大地区稻麦复种制的普及上。宋室南迁后，中原人口大量迁往南方，南方麦类的种植面积有所扩大。庄绰《鸡肋编》卷上《各地食物习性》载："建炎之后，江、浙、湖、湘、闽、广，西北流寓之人遍满。绍兴初，麦一斛至万二千钱，农获其利，倍于种稻。而佃户输租，只有秋课。而种麦之利，独归客户。于是竞种春稼，极目不减淮北。"

（三）粟豆类

由于麦、稻等高产作物的发展，产量较低的粟豆类粮食在宋代粮食结构中的地位进一步下降，但粟、豆在宋代仍不失为一种大宗的粮食作物，《宋史·食货志》称，宋代"谷之品七：一曰粟，二曰稻，三曰麦，四曰黍，五曰稷，六曰菽，七曰杂子"。从宋代漕运的情况亦可发现粟、豆是当时北方地区的大宗粮食之一。北宋时，担负东京漕运的有四条河流：汴河在京南，负责江、淮、湖、浙等南方粮食的漕运；黄河在京北，负责黄河中游粮食的漕运；惠民河在京西，负责京西粮食的漕运；广济河在京东，负责黄河下游粮食的漕运。其中，黄河、惠民河和广济河所运粮食多为粟、豆，"太平兴国六年……黄河粟五十万石，菽三十万石；惠民河粟四十

---

① （宋）周紫芝：《竹坡诗话》，文渊阁《四库全书》第1480册，第667页。

② 余冠英主编：《唐宋八大家全集·苏轼集》卷一二《东坡八首》之五，国际文化出版公司1997年版，第209页。

③ （宋）梅尧臣：《宛陵先生集》卷五一《和孙端叟蚕具十五首》之三，四部丛刊本。

万石，菽二十万石；广济河粟十二万石"①。

二、肉类生产的新变化

（一）畜禽的饲养

1. 家畜的饲养

宋人豢养的家畜主要有马、牛、羊、猪等。

马、牛是大家畜，饲养的目的不是食肉，而是役使。养马多用于战争，养牛多用于耕田。为保护耕牛，宋政府屡次下令禁止宰杀。宋真宗大中祥符九年（1016 年），"诏自今屠耕牛及盗杀牛，罪不至死者，并系狱以闻，当以重断"②。但由于屠牛贩肉的利润较高，民间私屠耕牛的现象并不能绝迹，如洪迈《夷坚丁志》卷一六《牛舍利塔》载："恩州民张氏以屠牛致富。"宋代私宰耕牛的现象在养牛业发达的江南地区较为盛行。

羊肉在宋代的地位较高，社会上层多嗜食羊肉。在北宋宫廷的肉食消费中，几乎全是羊肉。羊肉的消费量巨大，宋真宗时，"御厨岁费羊数万口"③。宋神宗时，一年御厨支出，"羊肉四十三万四千四百六十三斤四两，常支羊羔儿一十九口"④。民间养羊业也很发达，特别是北方地区，几乎家家养羊。北方羊肉肉质亦佳，宋人普遍认为陕西同州（今陕西大荔）的羊肉最美。南方的养羊业虽不及北方之盛，但也比较普遍。北宋灭亡后，大批中原居民南徙，"他们把原来生长于冀鲁豫地区的绵羊携带到江南，利用当地丰富的野草资源和养蚕剩下的桑叶、蚕沙来饲养绵羊。由于蚕沙桑叶含有丰富的蛋白质，性凉能清湿热，可预防羊体受湿热生病。经

---

① （元）脱脱等：《宋史》卷一七五《食货上三·漕运》，中华书局1977 年版，第 4251 页。

② （宋）李焘：《续资治通鉴长编》卷八七《大中祥符九年八月癸未》，中华书局 2004 年版，第 2005 页。

③ （清）徐松辑：《宋会要辑稿·职官二一之十》，中华书局 1957 年版，第 2857 页。

④ （清）徐松辑：《宋会要辑稿·方域四之十》，中华书局 1957 年版，第 7375 页。

过漫长的风土驯化，结果在南宋培育成耐湿热的著名品种——湖羊"①。南宋时，由于货源短缺，羊肉的价格居高不下，羊肉消费总量有衰减的趋势，只有社会上层人士才经常吃得起羊肉，当时有人写打油诗道："平江九百一斤羊，俸薄如何敢买尝？只把鱼虾充两膳，肚皮今作小池塘。"②

宋代的养猪业比前代更为发达，养猪被视为致富生息的重要手段，苏颂《本草图经》云："凡猪骨细，少筋多膏，大者有重百余斤，食物至寡，故人畜养之甚易生息。"③ 宋代猪肉的消费量很大，如东京开封，"民间所宰猪"，往往从南薰门入城，"每日至晚，每群万数，止十数人驱逐"④。当地"杀猪羊作坊，每人担猪羊及车子上市，动即百数"⑤。与羊肉相比，猪肉的价格较低，苏轼《猪肉颂》云："黄州好猪肉，价贱如泥土。贵者不肯吃，贫者不解煮。"⑥ 宋室南迁后，养猪业在江南地区得到了较大的发展，猪肉的地位上升较快。"正是由于南宋饮食市场上猪肉售买运作的旺盛和人们对猪肉重视程度的改变，加上羊肉供应量的相对紧缺，猪肉开始成为主要的食用肉类，并有取代羊肉而跃居首位的趋势。经过南宋时期一代民风的转换，我国饮食中的首选肉食最终由羊肉演变

---

①　徐海荣：《中国饮食史》卷四，华夏出版社 1999 年版，第 14 页。

②　（宋）洪迈：《夷坚丁志》卷一七《三鸦镇》，（宋）洪迈撰，何卓点校：《夷坚志》，中华书局 1981 年版，第 683 页。

③　（宋）唐慎微：《重修政和证类本草》卷一八《豚卵》引，四部丛刊本。

④　（宋）孟元老撰，伊永文笺注：《东京梦华录笺注》卷二《朱雀门外街巷》，中华书局 2006 年版，第 100 页。

⑤　（宋）孟元老撰，伊永文笺注：《东京梦华录笺注》卷三《天晓诸人入市》，中华书局 2006 年版，第 357 页。

⑥　余冠英主编：《唐宋八大家全集·苏轼集》卷九八《猪肉颂》，国际文化出版公司 1997 年版，第 1756 页。另，周紫芝《竹坡诗话》收录有苏轼《食猪肉诗》，云："黄州好猪肉，价钱等粪土。富者不肯吃，贫者不解煮。"（文渊阁《四库全书》，上海古籍出版社 2009 年版，第 1480 册第 676 页）

为猪肉。这种食肉品种的转变对后世影响至重。"①

2. 家禽的饲养

宋人豢养的家禽主要有鸡、鸭、鹅。其中,养鸡是宋代最为发达、最为普及的一种家禽饲养业,农家往往以其作为补贴日常生活的一种手段。宋代的养鸡规模有所扩大,养有数百只鸡的家庭并不少见,如庄绰《鸡肋编》卷上《一鸡擅场》云:"人家养鸡,虽百数,独一擅场者乃鸣,余莫敢应。"宋代养鸡业的发达还可从人们食用鸡的数量上看出,据丁传靖《宋人轶事汇编》卷四《吕蒙正》记载,宋真宗时的宰相吕蒙正喜食鸡舌汤,每朝必用,以致鸡毛堆积如山。宋室南迁后,鸡肉的地位有所上升,市场上鸡类菜肴比比皆是,据吴自牧《梦粱录》、佚名《西湖老人繁盛胜录》等文献记载,共有30多种鸡类菜肴。②

养鸭业以江南水乡为盛,南宋陆游《稽山行》一诗中有"陂放万头鸭"③的句子,可见宋代养鸭的规模之大。鸭种的培育也取得一定进步,南京鸭便形成于宋代。人工孵鸭技术更是普遍采用,农民多用母鸡代孵鸭蛋的寄孵技术。利用牛粪发酵提高温度对鸭蛋进行人工孵化的技术在宋代也已流行,利用温水、温火等人工热源孵化鸭苗的技术也已发明出来,《调燮类编·鸟兽类》载:"广东汤焊鸭卵出雏,浙江火焙鸭卵出雏。"汤焊即用温水,火焙即用温火。人工孵鸭技术的进步为养鸭业的发展奠定了良好的基础。

鹅的饲养在南方也很普遍,洪迈《夷坚甲志》卷八《钱塘县尉》载,平江朱尉托人造鹅鲊,一次就购买五百头鹅。鹅的饲养技术也达到了较高水平,《调燮类编·鸟兽类》载,如果鹅在五六月产卵,就因天气太热不利孵化,就要"拔去两翅十二翮以停之,

---

① 王赛时、齐子忠:《中华千年饮食》,中国文史出版社2002年版,第49页。

② 徐海荣:《中国饮食史》卷四,华夏出版社1999年版,第137页。

③ (宋)陆游撰,钱仲联校注:《剑南诗稿校注》卷六五,上海古籍出版社2005年版。

积卵腹中，候八月乃下"。这是利用人工换羽控制产卵时间的最早记载。

（二）水产养殖与捕捞

1. 水产养殖

宋人的淡水鱼养殖有了长足的进步，对青、草、鲢、鳙等淡水鱼类的鱼性已经有了一定的认识，如宋人认识到"鲩惟食草、鳟食螺蚌"①。施宿《嘉泰会稽志》卷十七载："会稽、诸暨以南，农家多凿池养鱼为业。每春初，江州有贩鱼苗者至，买放池中辄以万计。方为鱼苗时饲以粉，稍大饲以糠，久则饲以草。明年卖以输田赋，至数十百缗。其间多鳙、鲢、鲤、青鱼而已。"这说明，宋人养鱼时能够按照鱼类的不同生长阶段饲以不同的饵料，并能够按照水体的大小与环境，放入一定比例的各种鱼类进行混合饲养。

宋人对鱼苗的饲养、捕捞和运输，也积累了丰富的经验。周密《癸辛杂识》别集卷上《鱼苗》载："江州等处水滨产鱼苗，地主至于夏，皆取之出售，以此为利。贩子辏集，多至建昌，次至福建、衢、婺。其法作竹器似桶，以竹丝为之，内糊以漆纸，贮鱼种于内，细若针芒，戢戢莫知其数。著水不多，但陆路而行，每遇陂塘，必汲新水，日换数度……终日奔驰，夜亦不得息，或欲少憩，则专以一人时加动摇。盖水不定则鱼洋洋然，无异江湖；反是则水定鱼死，亦可谓勤矣。"

值得注意的是，海水养殖在宋代也已经出现了。周必大《周愚卿江西美刘棠仲同赋江珧诗牵强奉答》云："东海沙田种蛤蚝。"诗人明言蛤蚝是"种"的，即人工养殖的。

2. 水产捕捞

宋代的水产捕捞可分河湖淡水捕捞和近海捕捞两大类。

淡水捕捞遍布全国各地，尤以江南水乡为盛，如据《嘉泰吴兴志》卷二〇《物产》载，湖州"本郡有渔户专以取渔为生"。北方靠近河湖、陂泽之处，也有人以捕捞为生，如"曹州定陶县之

---

① （宋）罗愿：《尔雅翼》卷二十八"鲔"条，文渊阁《四库全书》本。

北有陂泽，民居其傍者，多采螺蚌鱼鳖之属鬻以赡生"①。一些少
数民族，还发明了以药草捕鱼的方法，朱辅《溪蛮丛笑》载："山
猺无鱼具，上下断其水，揉蓼叶困鱼。鱼以辣出，名病鱼。"宋人
捕捞的淡水鱼类主要有鲤、鲫、鳜、鲈、白鱼、青鱼、鳢、鲋、
鳟、鲩（草鱼）、鲚、鳝、鲥、鲯、鲥、鳟、鳅、鳗、鲵、鳊、鲌、
鲂、鲇、鲷、鳙、鲏等，也捕捞龟、鳖、蚬、蛤、螺等其他水产
品。②

近海捕捞业在宋代获得了较快的发展，在东南沿海诸路的经济
中已占有一定的地位。如浙江的宁波靠近舟山渔场，渔业资源丰
富，"细民素无资产，以渔为生"，"三四月，业海人每以潮汛竞往
采之，曰洋山鱼；舟人边七郡出洋取之者，多至百万艘，盐之可经
年"③。宋代近海捕捞的海产品十分丰富，据《宝庆四明志》卷四
《叙产》载，当时明州（今浙江宁波）捕捞的海产品已有 60 多种。
其中，鱼类有鲈鱼、石首鱼、春鱼、鲅鱼、鲳鳊、鲹鱼、比目鱼、
带鱼、鳗、华脐鱼、鲟鳇鱼、乌贼、箭鱼、鲞鱼、银鱼、白鱼、梅
鱼、火鱼、短鱼、魟鱼、地青鱼、竹夹鱼、肋鱼、马鲛鱼、鲻鱼、
吹沙鱼、泥鱼、箸鱼、黄滑鱼、吐哺鱼等，贝类有蚌、海月、蛤、
淡菜、蛎房、江珧、螺、车螯、蛤蜊、蛏子、蚶子、蚬等。此外，
还有各种海虾、海蟹等。

三、蔬菜生产的发展

（一）蔬菜品种和地位的变化

据孟元老《东京梦华录》、吴自牧《梦粱录》、苏颂《本草图
经》等宋代典籍记载，宋代的蔬菜品种已达近百种。其中主要有
苔心野菜、矮黄、大白头、小白头、夏菘、黄芽、芥菜、生菜、菠

---

① （宋）洪迈：《夷坚支乙》卷一《定陶水族》，（宋）洪迈撰，何卓点
校：《夷坚志》，中华书局 1981 年版，第 797 页。
② 徐海荣：《中国饮食史》卷四，华夏出版社 1999 年版，第 27~28
页。
③ （宋）罗浚：《宝庆四明志》卷二《颜颐仲申状》，文渊阁《四库全
书》本。

菠（菠菜）、莴苣、苦荬、葱、薤、韭、大蒜、小蒜、紫茄、水茄、梢瓜、黄瓜、葫芦（蒲芦）、冬瓜、瓠子、芋、山药、牛蒡、茭白、蕨菜、萝卜、甘露子、水芹、芦笋、鸡头菜、藕条菜、姜、姜芽、新姜、老姜、菌、甜瓜、越瓜、芡实、弓蓼、芜菁（蔓菁）、蓼实、马蓼、水蓼、木蓼、白蘘荷、苏、水苏、假苏、香薷、石香菜、薄荷、胡薄荷、石薄荷、繁缕、鸡肠草、藙菜、马齿苋、竹笋、紫笋、边笋等①。南宋时，还从西域引进了胡萝卜。

与前代相比，宋代蔬菜的种类变化并不大，然而不同蔬菜品种的地位却发生了一些变化。大致而言，芥菜、葱、韭、蒜、姜、瓠、黄瓜、茄子、水芹、藕、芋等蔬菜的地位基本保持不变，而蔓菁、萝卜、菘、菠菜、莴苣、笋、菌类、冬瓜等蔬菜的地位则有所上升。也有部分蔬菜的地位呈下降趋势，如号称百菜之主的葵菜，"到公元 1000 年时，这种传统的蔬菜逐渐有让位的趋势"②。再如在唐代还终占居显耀位置的薤菜（又称薑头），宋代时虽然仍有人种植，但种植面积却在逐年减少，特别是在大城市，薤菜已不太受重视，只在山泽之家还有食薤的习惯。又如紫花苜蓿在唐代关中地区食者甚众，然而宋人食用苜蓿的却并不多。

值得注意的是，直到宋代晚期，中国的蔬菜结构和食用情况与后世的差异仍相当大，其主要表现有三：第一，野菜在宋人的蔬菜结构中仍占相当大的比例，而后世人们食用的蔬菜基本上以园蔬为主。当时人们经常食用的野菜有竹笋、蕨菜、莼菜、荠菜、苋菜和各种食用菌等。可以说，野菜驯化为园蔬的潜在空间仍比较大，但这些野菜驯化难度普遍较大。第二，相当一部分园蔬的地位还没有最后稳定。如葵菜在宋代仍不失为百菜之主，直到明清以后它才成为普通蔬菜中的一员。而萝卜、白菜在宋代的地位虽有所提高，但

---

① 徐海荣：《中国饮食史》卷四，华夏出版社 1999 年版，第 35~36 页。

② 王赛时、齐子忠：《中华千年饮食》，中国文史出版社 2002 年版，第 37 页。

仍没有取得后世"当家菜"的地位。第三，一些蔬菜的食用部位和食用方法与后世差别较大。如姜在宋代仍多"糟食"，主要用作佐饭的普通蔬菜，而不是像现代这样主要用作调味品。又如蔓菁，今人多食其根，宋代时人们"春食苗，夏食心，亦谓之台子，秋食茎，冬食根"①。这些差异都说明了中国蔬菜的种植结构直到宋代尚处于发展演变之中。

（二）蔬菜种植的专业化、市场化

宋代蔬菜生产的专业化程度有了明显的提高，其主要表现为蔬菜生产基地的形成。宋代的蔬菜生产基地多数分布在大中城市周围，由众多菜圃组成，如北宋都城东京，"大抵都城左近，皆是园圃，百里之内，并无闲地"②。而南宋都城临安，东门外一望无际都是菜园，周必大《老堂杂记》卷四载："车驾行在临安，土人谚云：'东门菜，西门水，南门柴，北门米。'盖东门绝无居民，弥望皆菜园。"有些城镇甚至在城内也有由众多菜圃组成的蔬菜生产基地，庄绰《鸡肋编》卷上载："颖昌府城东北门内多蔬圃，俗呼'香菜门'。"

宋代蔬菜生产的市场化程度也大大提高了，不仅多数民营菜圃皆以市场销售为目的，不少官营菜圃也卷入了市场，如"福州无职田，岁鬻园蔬收其直，自入常三四十万"③。宋代蔬菜生产的市场化还表现在外地蔬菜的调运上。与前代不同，宋代城市蔬菜的供应，除依赖本市郊区菜圃的供应外，往往还需外地供应。如南宋的军事重镇建康府，人口众多，所需要的蔬菜主要靠外地供应。其中的萝卜来自铜陵丁家洲，诗人杨万里称："丁家洲阔三百里，只种

---

① （宋）唐慎微：《重修政和证类本草》卷二七《蔓菁》引苏颂《本草图经》，四部丛刊本。
② （宋）孟元老著，伊永文笺注：《东京梦华录笺注》卷六《收灯都人出城探春》，中华书局 2006 年版，第 613 页。
③ （元）脱脱等：《宋史》卷三一九《曾巩传》，中华书局 1977 年版，第 10391 页。

萝卜卖至金陵。"①

四、果品生产的发展

(一) 瓜果种类的增多

1. 南北皆产的水果

宋代瓜果的种类进一步增多,南北皆产的水果有梨、枣、柿、杏、林檎等。其中,梨的最大产地河北,以盛产鹅梨、棠梨闻名。陕西、京西的凤栖梨、酥梨、冰蜜梨、水梨、雪梨、甘棠梨、语儿梨也是梨中佳品。浙江临安的雪䕭、玉消、陈公莲蓬梨、赏花霄、砂烂,苏州的韩梨,秀州的丑梨,宣州的乳梨,江宁州、信州的石鹿梨等也比较有名。枣虽在南北均有种植,但以北方为最,比较有名的品种有山东青州乐氏枣,河南睢阳鸡冠枣、醍醐枣,河东大枣,安徽亳州御枣等。宋代柿子的品种有黄柿、红柿、朱柿、椑柿,其中,"黄柿生近京州郡;红柿南北通有;朱柿出华山,似红柿而皮薄更甘珍;椑柿出宣、歙、荆、襄、闽、广诸州,但可生致不堪干。"② 以柿的种植来看,当以北方更为普遍。杏盛产于北地,尤以关中为盛,南方也有海杏、金麻等品种。林檎又名花红,有蜜林檎、平林檎、红林檎、金林檎等品种。

2. 产于北方暖温带的水果

产于北方暖温带的水果有桃、李、樱桃、石榴、葡萄、山楂、榅桲等。其中,宋代的桃有水银、水蜜、红穰、细叶、红饼子等品种,比较有名的有郑州密县的冬桃,洛阳的昆仑桃,陕西的百叶桃,太原的金桃,襄陵、京东的金桃等。李有透红、蜜明、紫色数种,比较有名的有京西许州李、朔方东韦李。石榴有红、白两种,河阴、赵州、深州等地在宋代都以盛产石榴著称。葡萄在宋代开始大面积种植,其中尤以河东地区为最,其名品有"百二子""紫粉头"。南宋时,又有"珠子"等名品。樱桃有朱樱桃、白樱桃、崖

① (宋)杨万里:《诚斋集》卷三四《从丁家洲避风行小港出荻港》,文渊阁《四库全书》本。

② (宋)唐慎微:《重修政和证类本草》卷二三,四部丛刊本。

蜜等品种，以洛阳所产者质量最佳，睢阳所产者亦佳。山楂，以京西孟州出产为多。榅桲，为宋代的关中特产，以沙苑出者为最佳。

3. 产于南方亚热带的水果

柑、橘、橙是典型的南方亚热带水果，宋代时在长江流域广有种植。据韩彦直《橘录》载，柑类分真柑、生枝柑、海红柑、洞庭柑、朱柑、金柑、木柑、甜柑 8 种，橘类分黄橘、塌橘、包橘、绵橘、沙橘、荔枝橘、软条穿橘、油橘、绿橘、乳橘、金橘、自然橘、早黄橘、冰橘 14 种，橙类分朱栾、香栾、香圆、枸橘等 5 种。其中，柑类中以温州所产真柑为最佳，因其味类似乳酪，故又名为乳柑。温州乳柑又推泥山之柑为最好。苏州太湖洞庭山所产之柑，在宋代也享有盛誉，范成大《吴郡志》卷三十称：“其品特高，芳香超胜，为天下第一。”橘类中以江西所产的金橘最为驰名。

宋代气候变冷，对长江流域的柑橘种植产生较大的影响。宋徽宗政和元年（1111 年），寒流使长江下游太湖流域的柑橘遭到了灭顶之灾，柑橘冻死的南界达北纬 26 度一线。长江上游四川地区的柑橘产地，在南宋时只有嘉定州、夔州、咸淳府、果州为出产重地，同产重地南退了一个纬度①。

东南一带的亚热带水果还有木瓜、杨梅、枇杷等。宋人普遍认为，宣城木瓜、杭州塘栖枇杷、越州杨梅为最佳。

4. 产于南方热带的水果

荔枝、龙眼、橄榄、槟榔、香蕉、椰子是典型的南方热带水果。宋代的荔枝分布在福建、两广和四川地区，其中以福建的荔枝最为著名。北宋末年，经过培植的荔枝品种达 32 种，福州一地就占 25 种。在这众多的荔枝品种中，尤以“陈紫”最受人青睐，江绿、方家红、游家紫、小陈紫、宋公荔枝、蓝家红、周家红、法石白、绿核、圆丁香、虎皮、牛心等也是当时荔枝中的佳品。龙眼，以廉州所产者为佳。宋代的橄榄亦产于两广、福建、四川地区。吴曾《能改斋漫录》卷十五称，两广地区的橄榄品种有丁香橄榄、故橄榄、蛮橄榄、新妇橄榄、丝橄榄 5 种。张世南《游宦纪闻》

———————

① 蓝勇：《中国历史地理》，高等教育出版社 2010 年版，第 255 页。

卷九称，福建的丁香橄榄"其味胜于蜀产"。此外，广西邕州尚有一种波斯橄榄。槟榔、香蕉、椰子，两宋时期盛产于岭南地区。其中槟榔尤其为广州、泉州、福州等地的人民所喜食。

5. 新引进的水果

宋代也从域外引进一些水果进行种植，如原产于印度的频婆果（苹果），开始在韶州种植，人们称之为"千岁果"，并作为贡品上贡给皇室。又如引自西蕃的巴榄子，北宋时也开始在近畿种植。

6. 干果

宋代的干果主要有栗子、核桃、榧子、银杏等。其中，栗子南北通有，以朔方易州栗、常熟顶山栗为最佳。核桃，宋代又称胡桃，盛产于陕西，以凤翔的陈仓胡桃最为有名。榧子、银杏多产于江南。

7. 瓜类

中国传统的甜瓜，在宋代培育出金皮、沙皮、蜜瓮、箐筒、银瓜等品。甜瓜的种植，以河北为盛，其中赵州瓜"以小为贵，味甘且脆"①。西瓜原产于北非，后经丝绸之路引进到中土。南宋时，洪皓将西瓜从金国引进到江南地区。

（二）果品生产的专业化、商业化

宋代的果品生产专业化、商业化的趋势大大增强，使中国古代的果品生产开始脱离普通种植业，成为农业生产的一个独立部门。宋代果品生产的专业化尤以南方的柑橘、荔枝、槟榔等水果的种植最为突出，如福州的荔枝种植，"延脆原野，洪塘水西，尤其盛处。一家之有，至有万株。"宋代果品生产的商业化也达到了前所未有的高度，以福州荔枝为例，"初著花时，商人计林断之以立券，若后丰寡，商人知之，不计美恶，悉为红盐者，水浮陆转以入京师，外至北漠西夏，其东南舟行新罗、日本、流求、大食之属，莫不爱好，重利以酬之"②。宋代水果的销售，在城市中主要通过"果子

---

① （宋）周辉：《清波别志》卷三，文渊阁《四库全书》本。

② （宋）蔡襄：《荔枝谱》第三，文渊阁《四库全书》本。

行"的摊贩在市内大街小巷设点售卖，在农村主要通过果农在集市和庙会上销售。

第二节 食物原料的加工

一、粮食加工

粮食加工主要包括脱粒和磨面两个方面。

（一）脱粒

宋代时，先进的水碓在南方水乡得到了较为普遍的应用。宋人描写水碓的诗作很多，如陆游《六月十四日宿东林寺》云："虚窗熟睡谁惊觉，野碓无人夜自舂。"[1] 杨万里《明发西馆晨炊蔼冈》云："也知水碓妙通神，长听舂声不见人。"[2] 虞俦《以新米作捞饭有感》云："他日江船来白粲，暂时水碓捣红鲜。"[3]

传统的杵臼、脚碓、碾等脱粒工具，仍被许多人家使用，尤其是加工少量粮食时更是如此。苏轼《仇池笔记》卷上《二红饭》言："今年东坡收大麦二十余石，卖之价甚贱，而粳米适尽。故日夜课奴婢以为饭。"这则材料虽未言用何种工具给大麦脱粒，但从"日夜课奴婢以为饭"，可以猜出所用的工具极有可能就是杵臼。

（二）磨面

宋代的面粉加工业获得了较大的发展。这主要表现在：第一，私营面粉加工业比较发达。孟元老《东京梦华录》卷三《天晓诸人入市》载："其卖麦面，每秤作一布袋，谓之一宛。或三五秤作一宛。用太平车或驴马驮之，从城外守门入城货卖，至天明不绝。"从北宋末年东京的面粉交易来看，东京城外从事面粉加工的个人是很多的。宋代出现了不少平民百姓靠经营磨坊发家致富的故

---

① （宋）陆游撰，钱仲联校注：《剑南诗稿校注》卷十，上海古籍出版社2005年版。

② （宋）杨万里：《诚斋集》卷三四，文渊阁《四库全书》本。

③ （宋）虞俦：《尊白堂集》卷二，文渊阁《四库全书》本。

事，如洪迈《夷坚志》支戊卷七《许大郎》载："许大郎者，京师人。世以鬻面为业，然仅能自赡。至此老颇留意营理，增磨坊三处，买驴三四十头，市麦于外邑，贪多务得，无时少缓。如是十数年，家道日以昌盛，骎骎致富矣。"第二，官营磨坊实力雄厚，所生产的面粉除满足宫廷和官府消费外，还大量销往民间。北宋时期，"都下水磨务有三，皆国朝所置。以供尚食暨中外之用"①。宋代的官营水磨坊规模巨大，如宋初引五丈河造西水硙时，"募诸军子弟数千人"②。

二、肉类加工

（一）肉类原料加工

肉类原料的粗加工是指对活体牲畜的屠宰加工过程。宋代牲畜的屠宰多采用刺颈放血法宰杀牲畜，如洪迈《夷坚三志辛》卷一载："德清民郑八，酷于屠牛，每行刀时，先刺其颈，血从中倾注数斗。"

肉类的细加工是指屠家为了方便购买者的选购，按筋肉组织与骨骼组织的不同，对牲畜胴体进行的分割。宋代的肉类细加工已经很发达了，卖肉者可以根据顾客的要求，将肥肉、瘦肉等分别加工成条、块、片、丝、丁、馅等多种食用样式。北宋孟元老《东京梦华录》卷四《肉行》称："坊巷桥市皆有肉案，列三五人操刀，生熟肉从便索唤，阔切、片批、细抹、顿刀之类。"

南宋时，临安的肉类细加工更为精细，吴自牧《梦粱录》卷一六《肉铺》载："案前操刀者五七人，主顾从便索唤劖切。且如猪肉名件，或细抹落索儿精、钝刀丁头肉、条撺精、撺燥子肉、烧猪煎肝肉、膂肉、盦蔗肉。骨头亦有数名件，曰双条骨、三层骨、浮肋骨、脊龈骨、球杖骨、苏骨、寸金骨、棒子、蹄

---

① （宋）杨杰：《无为集》卷十《西水磨记》，文渊阁《四库全书》第1099册，第730页。

② （宋）李焘：《续资治通鉴长编》卷四《乾德元年九月丙子》，中华书局2004年版，第105页。

子、脑头大骨等。"

（二）肉类贮存加工

为防止肉类腐败变质，达到长期贮存、随时取用的目的，宋人多对肉类采取盐腌、干制、糟制等加工方法，代表宋代肉类贮存加工技术的是火腿、脯、鲊的制作。

火腿是中国劳动人民长期以来保藏肉类和提供肉食品多样化实践经验的结晶，用鲜猪腿腌制而成，最早出现于南宋初年的婺州（今浙江金华），被当时的抗金英雄宗泽称之为"家乡肉"。宗泽还曾挑选一些"家乡肉"贡献给宋高宗，宋高宗见这种猪腿肉色泽鲜红似火，遂命名为"火腿"。

脯即干肉，宋人发明了用炒过的热盐加工肉脯的技术，浦江吴氏《中馈录》载："用炒过热盐擦肉，令软匀。下缸后，石压一夜，挂起。见水痕即以大石压干，挂当风处不败。""腊中鲤鱼切大块，拭干，一斤用炒盐四两擦过，淹一宿，洗净晾干，用盐二两，糟一斤，拌匀，入瓮，纸、箬、泥封涂。"

宋代糟制的鲊类品种很多，在孟元老《东京梦华录》卷二《州桥夜市》《饮食果子》、卷四《会仙酒楼》、卷八《是月巷陌杂卖》等处就提到了鲊脯、玉板鲊、犯鲊、苞鲊等多个品种。宋代制鲊的原料大为扩展，除用鱼虾等水产品制成的鲊外，宋代还出现了鹅鲊、骨鲊、饭鲊、黄雀鲊等新品种。其中，黄雀鲊是比较名贵的食品，朱弁《曲洧旧闻》卷八称"王黼库中黄雀鲊自地积至栋，凡满三楹"。

除制脯、制鲊外，同前代一样，宋人还把肉类加工成各种肉酱，如宋代吴自牧《梦粱录》中有鱼头酱、蛤蜊酱①，周密《武林旧事》中有鲎酱等②。

---

①　（宋）吴自牧：《梦粱录》卷一六《肉铺》《鲞铺》，文化艺术出版社1998年版，第262、263页。

②　（宋）周密：《武林旧事》卷六《酒楼》，文化艺术出版社1998年版，第407页。

三、蔬菜加工

宋代的蔬菜加工有三种，分别是酱腌菜、干菜和豆芽菜。

（一）酱腌菜

酱腌菜又可分为腌菜和酱菜两类。

宋代时，人们制作腌菜的技术十分完善，如浦江吴氏《中馈录》所载"盐腌韭"："霜前，拣肥韭无黄梢者，择净，洗，控干。于瓷盆内铺韭一层，糁盐一层，候盐、韭匀铺，尽为度，腌一、二宿，翻数次，装入瓮器内。用原卤加香油少许，尤妙。"

酱菜是利用酱制品腌制的菜，通常先把新鲜瓜蔬进行盐腌，再用酱料或酒糟等制成别具风味的腌制食品，如浦江吴氏《中馈录》记载酱瓜的制作："黄子一斤，瓜一斤，盐四两。将瓜擦原腌瓜水，拌匀酱黄，每日盘二次，七七四十九日入坛。"

（二）干菜

干菜是利用蔬菜的根、茎、叶、化、果、种子或食用菌经过干制的产品。宋代的主要干菜品种有笋干、萝卜干、黄花菜干、食用菌干等。

干制加工的方法也十分丰富，有自然的晒干、风干，也有人工的焙干、烘干，如笋干的加工方法："干法，将大笋生去尖锐头，中折之，多盐渍，停久曝干。用时久浸，易水而渍作羹，如新笋也。脯法，作熟脯，捶碎姜酢渍之，火焙燥后盎中藏，无令风犯。会稽箭笋干法，多将小笋蒸后以盐酢焙干。凡笋宜蒸，味全。今越箭干为美啖也。结笋干法，秦陇以来，出笋纤长，土人用土盐，盐干结之，市于山东道，浸而为臛菜，甚美。"①

（三）豆芽菜

豆芽入馔，始见于东汉时期成书的《神农本草经》。宋代时，豆芽菜大盛于世，其制作方法在南宋林洪《山家清供》卷下《鹅黄豆生》中有详细记载："以水浸黑豆，曝之及芽，以糠秕置盆中，铺沙植豆，用板压，及长则覆以桶，晓则晒之。欲其齐而不为

---

① （宋）赞宁：《笋谱·三之食》，《丛书集成》初编本，第23页。

风日损也……越三日出之，洗焯，以油盐苦酒香料可为茹，卷以麻饼尤佳。色浅黄，名鹅黄豆生。"

四、果品加工

除生食外，宋人还将各种果品制成干货、蜜饯、水果饮料和果酱。

（一）干货

宋代的果品干制取得了较大的发展，这主要表现在：第一，干制技术更为完善、科学。果品干制前，宋人普遍重视果品的选择和预处理，如栗子不仅要选择那些"霜后初生栗"，而且还要投入水盆中，去掉浮者①。又如荔枝，"民间以盐梅卤浸佛桑花为红浆，投荔枝渍之，曝干，色红，味甘酸，可三四年不虫"②。第二，干制果品的品种更为广泛，除坚果和干果外，还扩大到柿、梨、桃等多种水果。宋人往往把果品加工成片、条、圈等不同的形状，使干制果品的品种更为细化，如梨条、梨干、梨肉、胶枣、枣圈、梨圈、桃圈、核桃肉、林檎旋、李子旋、查条等③。第三，果品的人工干燥日益增多，炒货十分流行。仅在北宋东京市场就有旋炒银杏、栗子、人面子、巴览子、榛子、榧子等④。各种炒货多作为休闲零食，具有调剂胃口的作用，受到了宋人的广泛欢迎。

（二）蜜饯

蜜饯又称为果脯，是以果坯和糖为原料，用各种方法制成的甜食。宋人多将"蜜饯"写作"蜜煎"。由于制糖业的迅速发展，蜜饯制造业也取得了很大的进步。宋代蜜饯的品种比较丰

---

① （宋）陈元靓：《事林广记》壬集卷上，中华书局1999年版，第218页上。

② （宋）蔡襄撰，徐燉等编，吴以宁点校：《蔡襄集》，上海古籍出版社1996年版，第648页。

③ （宋）孟元老撰，伊永文笺注：《东京梦华录笺注》卷二《饮食果子》，中华书局2006年版，第189页。

④ （宋）孟元老撰，伊永文笺注：《东京梦华录笺注》卷二《饮食果子》，中华书局2006年版，第189页。

富，据孟元老《东京梦华录》、吴自牧《梦粱录》、周密《武林旧事》、耐得翁《都城纪胜》、佚名《西湖老人繁胜录》等文献记载，主要有蜜金橘、蜜木瓜、蜜林檎、蜜金桃、蜜李子、乌李、李子旋樱桃、蜜木弹、蜜橄榄、樱桃煎、昌园梅、十香梅、蜜柕、蜜杏、珑缠茶果、御枣圈、金桔团、蜜枣、酥枣、重剂枣、糖荔枝、锦荔枝、广荠瓜儿、梅子姜、香药脆梅、药木瓜、林檎樴等几十种①。

蜜饯的加工方便了南果北运，宋代时南方的不少果品常制成蜜饯运往北方中原地区，苏颂《本草图经》称："南人取其（椰子）肉，糖饧渍之，寄至北中作果，味甚佳也。"②

利用蜜饯技术，宋人还开发出仿制果品来，吴曾《能改斋漫录》卷一五《楮子》载："北人以梅汁渍楮实，益以蜜，作假杨梅。"

（三）水果饮料和果酱

除传统的果品加工外，宋代时还出现了水果饮料和果酱。

宋代水果饮料的加工已具有相当水平，早已超越了简单榨取果汁的阶段，如"杨梅渴水"的制取："杨梅不计多少，揉搦取自然汁滤至十分净，入砂石器内，慢火熬浓，滴入不散为度，若熬不到则生白濮，收以净器。用时，每一斤梅汁入炼热白沙蜜三斤，脑射少许，掩匀以冰澌饮之。"又如"五味渴水"的制取："北五味子肉，一两为率。衮汤浸一宿，取汁同煮，下浓黑豆汁对当的颜色恰好，同炼熟蜜对入，酸甜得所，慢火同熬一时许，凉热任意用之。"③

宋代果酱的制作颇为流行，其品种众多，据文献记载主要有乌

---

①　徐海荣：《中国饮食史》卷四，华夏出版社1999年版，第103～104页。

②　（宋）唐慎微：《重修政和证类本草》卷一四《椰子皮》引，四部丛刊本。

③　（宋）陈元靓：《事林广记》壬集卷上，中华书局1999年版，第217～218页。

梅膏、荔枝膏、韵梅膏、薄荷膏、香桄膏、桔红膏、柿膏等①。

五、食用油及调味品生产

（一）食用油加工

油在宋代已成为平民百姓的开门七件事之一，吴自牧《梦粱录》卷十六《鲞铺》载："盖人家每日不可缺者，柴米油盐酱醋茶。"宋代的食用油，以芝麻油、菜籽油和豆油等植物油为主。

芝麻油在宋代又称麻油、胡麻油等，是人们心目中的上等的食物油。庄绰《鸡肋编》卷上载："油，通四方可食与然者，惟胡麻为上。"芝麻在全国皆有种植，但以北方居多，北方人也多食用芝麻油。沈括《梦溪笔谈》卷二十四载："今之北方，人喜用麻油煎物，不问何物，皆用油煎。"由于宋人也用芝麻油照明，在长期的实践过程中，人们已能根据食用和照明的不同用途，用不同的工艺区别加工。北宋寇宗奭《本草衍义》载："芝麻炒熟乘热压出油，谓之生油，但只点照，须再煎炼乃为熟油，始可食，但不中点照。"

菜籽油在宋代又称菜油，宋人对菜籽油的评价也较高，北宋苏颂《本草图经》称其"入蔬清香"，南宋无名氏《务本新书》称其"甚香美"。陕西人在宋代多食菜籽油。

豆油的制作始于北宋，苏轼《物类相感志》中即有"豆油煎豆腐有味"的记载。

宋人还食用杏仁油、红蓝花子油、蔓菁子油、鱼油和猪羊脂肪等。庄绰《鸡肋编》卷上载："陕西又食杏仁、红蓝花子、蔓菁子油……颍州亦食鱼油，颇腥气。"

（二）食糖加工

宋代的食糖有蔗糖、麦芽糖、蜂蜜等数种，其中蔗糖的生产获得了较大发展。宋代蔗糖产地扩展到江、浙、闽、广、湘、川等

---

① 徐海荣：《中国饮食史》卷四，华夏出版社 1999 年版，第 105~106 页。

地，并形成了福唐（今福建福清）、四明（今浙江宁波）、番禺（今广东番禺）、广汉（今四川广汉）、遂宁（今四川遂宁）五大中心。

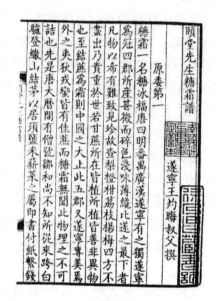

《糖霜谱》

宋代的蔗糖又有糖霜、砂糖、乳糖等的区分。糖霜即今之冰糖，王灼《糖霜谱》专门记载了宋代糖霜的生产情况。宋代的蔗糖产区虽然都能够生产糖霜，但以遂宁所产者为最佳。

砂糖又称沙糖，福建泉州、福州，江西庐陵、虔州、吉州，湖南，湖北的产糖区多有生产。

乳糖，古人又称之为石蜜，是将砂糖溶化，或将甘蔗汁加热浓缩，添加牛乳煎炼，冷却成块而成。宋人多将乳糖制成人物或动物状，以便售卖或馈赠。北宋流行的狮子糖即是乳糖，孔平仲《谈苑》卷一载："川中乳糖狮子，冬至前造者色白不坏，冬至后者易败多蛀。"

（三）食盐加工

宋代的食盐有海盐、池盐、井盐之分。

海盐在宋代盛产于淮河南北、浙西和福建等滨海之地，多采取煮制技术。在长期的实践中，盐民们根据水土特征，形成了刮咸淋卤法、晒灰取卤法、海潮积卤法等几种颇为有效的取卤方法和石莲试卤、鸡蛋与桃仁联合验卤等方法。个别地区还创行了晒盐。

池盐盛产于山西，以解州解县、安邑两地最为著名。池盐多采取晒制技术，其过程可分四步："一是将盐池附近土地，像垦田一样耕为垄畦；二是在适当季节将池中卤水引入畦间浇灌；三是在畦田深度略浅、面积增大的情况下，充分发挥季候风和日晒的作用，缩短成盐时间；四是在盐畦结盐以后，再翻曝一次。"①

井盐盛产于四川，多采取煮制技术。宋初，尚采用大口浅井汲卤。宋仁宗庆历年间（1041—1048 年），卓筒小井的诞生使四川盐井进入小口深井阶段。北宋汲卤盘车、活塞汲卤长筒的发明，大大提高了汲卤的效率。边灶法的使用则使煮盐的效率倍增。

（四）酱醋加工

宋代的酱多沿袭前代技术，用各种豆类晒制，赵希鹄《粒食》载："大豆有黑、白、青、黄、褐诸色，炒熟极热……造酱则平。"宋代除使用酱、豉为咸味调味品之外，还较多地使用酱油。南宋林洪《山家清供》所记的食谱中明确有使用"酱油"的记载，如"柳叶韭"，"韭菜嫩者，用姜丝、酱油、滴醋拌食，能利小水，治淋闭"②；"山家三脆"，"嫩笋、小蕈、枸杞头入盐，汤焯熟，同香熟油、胡椒盐各少许，酱油、滴醋拌食"③。可见，酱油在宋代已是拌凉菜的重要调味品了。

醋是宋人日常生活中必不可缺的调味品之一，其品种有米醋、麦醋和枣醋等。宋室南迁后，各种海鲜和水产品的食用量较大，增

---

① 郭正忠：《宋代盐业经济史》，人民出版社 1990 年版，第 50~51 页。

② （宋）林洪：《山家清供》卷上，《丛书集成》初编本，第 8 页。

③ （宋）林洪：《山家清供》卷下，《丛书集成》初编本，第 14~15 页。

加了醋的需求。在南宋都城临安，"人食醋多于饮酒"①，民间有"欲得富，赶著行在卖酒醋"的俚语②。南宋中央政府和临安府分别在城里设有"御醋库"和"公使醋库"，专门生产食醋，其产量无疑是比较可观的。

第三节　食　物　烹　饪

一、主食烹饪的进步

（一）米食品种的增多

1. 饭

饭是宋人最普通的主食，通常蒸、煮而成。从饭的种类来看，有单一谷物炊制而成的，如白粳饭、粟饭、黍饭等。也有以多种原料搭配合制而成的，如林洪《山家清供》中的"青精饭"是用南烛木汁浸粳米蒸制而成的，"蟠桃饭"是用桃肉与米合煮而成的，"金饭"是用金黄色的菊花与米合煮而成的，"玉井饭"是以嫩白藕、新鲜莲子和米煮成的，"蓬饭"是用白蓬草拌米面杂合煮成的。又如苏轼《仇池笔记》卷上记载的"二红饭"是用去皮大麦掺赤豆制成的，卷下记载的"盘游饭"是一种以煎鱼虾、鸡鹅肉块、猪羊灌肠、蕉子、姜等和米杂煮而成的饭食。

2. 粥

宋人早餐多食粥，北宋东京"每日交五更……酒店多点灯烛沽卖，每份不过二十文，并粥饭点心"③。粥的品种也很多，如寒

---

　　①　（宋）李之仪：《姑溪居士文集》后集卷一九《故朝请郎、直秘阁、淮南江浙荆湖制置发运副使、赠徽猷阁待制胡公行状》，文渊阁《四库全书》第1120册，第721页。

　　②　（宋）庄绰撰，萧鲁阳点校：《鸡肋编》卷中《建炎后俚语》，中华书局1983年版，第67页。

　　③　（宋）孟元老撰，伊永文笺注：《东京梦华录笺注》卷三《天晓诸人入市》，中华书局2006年版，第357页。

食吃的"冬凌粥"、十二月八日吃的"腊八粥"、豌豆大麦粥①、小米粥②、清晨待漏院前卖的"肝夹粉粥"等③。

宋人除了用各种粟、豆、米煮粥外，也用罂子粟米煮粥。罂子粟米即罂粟所结的种子，用它煮成的粥或汤，喝起来就像绿豆粉一样，虽然味道较淡，但汤液洁白，清爽可口。"在中国饮食历史之中，唯独宋朝人最喜欢食用罂子粟，其他朝代，偶有所食，也仅是个别现象。"④

粥由于熬得很软、很烂，非常利于消化，因而也是老年人和富贵人家的保健养生食品。这样的粥，常加入一些药物或滋补品与米、谷同熬。北宋的《政和圣济总录》卷一八八至一九〇中详细介绍了苁蓉羊肾粥、商陆粥、生姜粥、补虚正气粥、苦楝根粥等133种药粥。

3. 糕、团、粽

宋代糕的品种繁多，北宋市场上有糍糕、黄糕麋、麦糕，社日、重阳人们还要食社糕、重阳糕。

团子和圆子多为米粉制品，因其名有"团圆"之意，比较吉利，因而常作为节令食品。一般来说，团子的体积较大，庄绰《鸡肋编》卷上载："天长县炒米为粉，和以为团，有大数升者，以胭脂染成花草之状，谓之炒团。"宋代的团子品种很多，有澄沙团子、脂麻团子、白团、五色水团、黄冷团子等。其中，澄沙团子是先将赤豆煮烂，去皮控水，然后加油、糖，炒成澄沙，用澄沙作馅制成的。脂麻团子估计是先把芝麻捣成泥状，加糖作馅制成的。白团、五色水团、黄冷团子应是以其颜色得名的。

元宵（汤圆）在宋代称元子、圆子或浮圆子等，北宋东京市

---

① （宋）苏轼：《东坡全集》卷二二《过汤阴市得豌豆大麦粥示三儿子一首》，文渊阁《四库全书》本。

② （宋）周煇：《清波别志》卷上，文渊阁《四库全书》本。

③ （宋）丁谓：《丁晋公谈录》，（元）陶宗仪等编：《说郛三种·说郛一百二十卷》卷十六，上海古籍出版社1988年版，第776页。

④ 王赛时、齐子忠：《中华千年饮食》，中国文史出版社2002年版，第27页。

场上已有圆子，品种有小元儿、鹏沙元、冰雪冷元子等。

宋代的端午粽子种类很多，吕原明《岁时杂记》云："端午粽子，名目甚多，形制不一，有角粽、锥粽、菱粽、筒粽、秤锤粽，又有九子粽"。宋室南渡后，在行在临安还出现了"巧粽"，周密《武林旧事》卷三《端午》载："糖蜜巧粽，极其精巧……巧粽之品不一，至结为楼台舫辂。"

（二）面食品种的细化

宋代的面食品种非常丰富，"凡以面为食者，皆谓之饼。故火烧而食者呼为烧饼，水瀹而食者呼为汤饼，笼蒸而食者呼为蒸饼。而馒头谓之笼饼"①。宋代的面食大致可分为笼蒸、汤煮、烤炙和油炸四类，各类面食又可细化为许多品种。

1. 笼蒸类面食

宋代时，最为流行的面食加工方法为蒸。宋代用蒸法加工的面食品种众多，主要有炊饼、馒头、酸馅、包子、兜子等。

宋代壁画中的馒头形象

炊饼即是唐代的蒸饼，程大昌《演繁露》续集卷六载："本朝

----

① （宋）黄朝英：《靖康缃素杂记》卷二《汤饼》，文渊阁《四库全书》本。

读蒸为炊，以蒸字近仁宗御讳故也。"吴处厚《青箱杂记》卷二亦载："仁宗庙讳贞，语讹近蒸。今内庭上下皆呼蒸饼为炊饼。"可见，宋人为避宋仁宗赵祯的讳，遂把"蒸饼"改名为"炊饼"。宋代的蒸饼有不同的花色品种，常见的有宿蒸饼、秤锤蒸饼、睡蒸饼等①。

馒头是宋代最为流行的面食品种之一，宋代馒头的花色品种众多。孟元老《东京梦华录》、吴自牧《梦粱录》、周密《武林旧事》等书所记的宋代馒头品种有：羊肉小馒头、独下馒头、灌浆馒头、四色馒头、生馅馒头、杂色煎花馒头、糖肉馒头、羊肉馒头、太学馒头、笋肉馒头、鱼肉馒头、蟹肉馒头、假肉馒头、笋丝馒头、裹蒸馒头、菠菜果子馒头、糖饭馒头等。

酸馅又称馅、馅、馅、馂馅、馂馅、包菜等，类似于今天的厚皮发面素包子。酸馅的造型在外观上和当时的馒头一模一样，只是酸馅包素馅，馒头包肉馅。叶梦得《避暑录话》卷下载："吴僧净端者，行解通脱，人以为散圣。章丞相子厚闻，召之饭，而子厚自食荤。执事者误以馒头为馂馅，置端前。端得之食自如。子厚得馂馅，知其误，斥执事者，而顾端曰：'公何为食馒头？'端徐取视曰：'乃馒头耶？怪馂馅乃许甜。'吾谓此僧真持戒者也。"这则故事说明了酸馅类似馒头，只是馅料不同而已。

包子馅多面少，以食馅为主，其馅可荤可素。五代时已有包子之名。宋代时，包子已成为在民间广为流行的一种日常面食，一些权贵之家更是将包子视为美食，精心制作，据罗大经《鹤林玉露》丙编卷六《缕葱丝》记载，北宋权臣蔡京府中专门设有包子厨。北宋东京市场上有王楼山洞梅花包子、鹿家包子、鳝鱼包子、诸色包子。南宋时，人们以甜、咸、荤、素、香、辣诸种辅料制成各种各样馅心的包子，其中仅吴自牧《梦粱录》、周密《武林旧事》等书中就载有大包子、鹅鸭包子、薄皮春茧包子、虾肉包子、细馅大

---

① 吕立宁：《千年以来中国面食的发展趋势》，《饮食文化研究》2003年第1期。

包子、水晶包儿、笋肉包儿、江鱼包儿、蟹肉包儿、野味包子等十余种①。

兜子是宋代新发明的包馅蒸制面食，其包馅的方式较为特殊，一般不将馅料全部包死，而是只紧裹一下，顶部或攒成花状，略露馅料。"这种做法，一来是别出心裁，二来也可使人直观馅料。宋代市食中曾流行兜子，知名者有四色兜子、决明兜子、石首鲤鱼兜子、鱼兜子等。兜子一般要上笼蒸熟，人们为了防止其裹皮松开，常将包好的兜子放在小盏中，再入笼蒸，借以固其型状。"②

2. 水煮类面食

宋代最为流行的煮制面食为各种面条，其品种有近百种之多，仅孟元老《东京梦华录》、吴自牧《梦粱录》、周密《武林旧事》、林洪《山家清供》等书就载有罨生软羊面、铺羊面、大片铺羊面、猪羊盦生面、插肉面、抹肉面、拨刀鸡鹅面、炒鸡面、丝鸡面、血脏面、桐皮面、鳝鱼桐皮面、鱼面、卷鱼面、耍鱼面、炒鳝面、虾燥子面、子料浇虾燥面、大燠面、大熬面、盦生面、盐煎面、齑肉菜面、素骨头面、菜面、百合面、笋泼面、笋泼肉面、笋辣面、熟齑笋面、乳齑面、家常三刀面、三鲜面、姜泼刀、带汁煎、饦饳面、肉淘面、笋淘面、笋菜淘面、笋齑淘、笋燥齑淘、冷淘、银丝冷淘、丝鸡淘、抹肉淘、肉齑淘、齑淘等。

宋代的面片也有了很大的发展，林洪《山家清供》卷上记载了一种"梅花汤饼"，其制作方法别具一格："初浸白梅、檀香末水，和面作馄饨皮。每一叠用五分铁凿如梅花样者，凿取之。候煮熟乃过于鸡清汁内，每客上二百余花。"宋代更为流行的面片食品是"棋子"，棋子宋人通常写作"棋子"，这是一种如棋子大小的面片食品。宋代的棋子品种很多，市肆中售卖的有虾燥棋子、丝鸡棋子、三鲜棋子、七宝棋子、百花棋子等。

---

① 徐海荣主编：《中国饮食史》卷四，华夏出版社 1999 年版，第 135 页。

② 王赛时、齐子忠：《中华千年饮食》，中国文史出版社 2002 年版，第 32 页。

除面条、棋子外，"馄饨"（饺子）也成为与宋人日常生活联系十分紧密的一种面食，上至帝王，下及平民，皆以馄饨为美食。每年冬至日，宋人还有吃馄饨的习俗，富贵之家所吃的冬至馄饨，"一器凡十余色，谓之百味馄饨"①。

3. 火烤类面食

烤制的面食多为扁平状的饼，与唐代的盛极一时相比，此类面食的地位有所下降，开始成为面食中的普通一族。但由于各种烤制的饼多焦香耐嚼，尤其受到牙齿较好的人们的欢迎，因此，各种烤制的饼在人们日常生活中仍较流行，花色品种繁多，如北宋汴京胡饼店所售卖的胡饼就有"门油、菊花、宽焦、侧厚、油碢、髓饼、新样、满麻"等花色②。除胡饼店外，在东京夜市上③，在酒店④、食店里⑤，甚至在宫廷大宴上都可见到胡饼的身影⑥。

宋人还对唐代流传下来的胡饼进行了不少改造，由于宋人普遍喜欢加馅面食，所以宋代加馅的胡饼也比较流行，如北宋东京夜市上的猪胰胡饼⑦。不加馅的胡饼逐渐同烧饼同化，而宋代以后，就很少听到胡饼的叫法了。

4. 油炸类面食

宋代的油炸类面食主要的馓子、焦槌、油条等。

---

① （宋）周密：《武林旧事》卷三《冬至》，文化艺术出版社 1998 年版，第 359 页。

② （宋）孟元老撰，伊永文笺注：《东京梦华录笺注》卷四《饼店》，中华书局 2006 年版，第 444 页。

③ （宋）孟元老撰，伊永文笺注：《东京梦华录笺注》卷三《马行街铺席》，中华书局 2006 年版，第 313 页。

④ （宋）孟元老撰，伊永文笺注：《东京梦华录笺注》卷二《饮食果子》，中华书局 2006 年版，第 189 页。

⑤ （宋）孟元老撰，伊永文笺注：《东京梦华录笺注》卷四《食店》，中华书局 2006 年版，第 430 页。

⑥ （宋）孟元老撰，伊永文笺注：《东京梦华录笺注》卷九《宰执亲王宗室百官入内上寿》，中华书局 2006 年版，第 833、835 页。

⑦ （宋）孟元老撰，伊永文笺注：《东京梦华录笺注》卷三《马行街铺席》，中华书局 2006 年版，第 313 页。

　　馓子又名环饼，即古之寒具，最初为寒食节节令食品，在宋代时已成为普通的市肆食品了。苏轼诗称"碧油煎出嫩黄深"①，可见其为油炸面食，色泽嫩黄。当时东京大街小巷均有卖馓子的，吃的人也挺多。

　　焦䭔又名油䭔，是一种油炸的团形面食。焦䭔历史悠久，宋代时已成为正月十五上元节通用的食品了。陈元靓《岁时广记》卷十一《咬焦䭔》引昌原明《岁时杂记》载："上元节食焦䭔……列街巷处处有之。"孟元老《东京梦华录》卷六《十六日》亦载上元节前后，东京市民买卖拍头焦䭔等食品，卖焦䭔的很多，"街巷处处有之"。

　　油条最初在南宋时出现，初名"油炸桧（鬼）"，是街头食贩用面团捏做秦桧夫妇，扭结而炸之得名的，反映了人们对奸臣秦桧的痛恨。

二、菜肴烹饪的发展

　　宋代的菜肴品种极其丰富，菜肴烹饪有了很大的发展，主要表现在三个方面：

（一）菜肴烹饪原料的扩展

　　宋代菜肴烹饪原料比前代有了极大地扩展，前代不用或很少使用的一些食物原料，如动物的内脏、血、头、脚、尾、皮等"杂碎"得到了广泛的利用，被烹制成各种美味佳肴，受到人们的欢迎。据孟元老《东京梦华录》记载，北宋东京市场上的"杂碎"菜肴品种众多，如早市上瓠羹店免费另送的灌肺、炒肺②；夜市上有卖麻腐鸡皮、旋炙猪皮肉、猪脏、鸡皮、腰肾、鸡碎、抹脏、红丝的③；大街小巷里有卖羊头、肚肺、赤白腰子、奶房（即乳

---

　　① （宋）庄绰撰，萧鲁阳点校：《鸡肋编》卷上《馓子》，中华书局1983年版，第7页。

　　② （宋）孟元老撰，伊永文笺注：《东京梦华录笺注》卷三《天晓诸人入市》，中华书局2006年版，第357页。

　　③ （宋）孟元老撰，伊永文笺注：《东京梦华录笺注》卷二《州桥夜市》，中华书局2006年版，第115~116页。

房)、肚胘①、煎肝脏②、头、肚、腰子、白肠③、麻饮鸡皮的④；就连高档的饭店、酒店也备有用动物"杂碎"烹制的头羹、角炙㸆腰子、石肚羹、蔴头羹⑤、血羹⑥，以供人们选用。平常百姓家，社日所造社饭，除了用猪羊肉之外，也要用腰子、㚵房、肚肺之类⑦。

宋代菜肴烹饪原料的扩展还表现在花果开始进入菜肴上。孟元老《东京梦华录》卷二《饮食果子》中有"煎西京雪梨"的记载。林洪《山家清供》一书记载有不少以花果为主料或辅料的菜肴，如"蟹酿橙"，"橙用黄熟大者，截顶剜去穰，留少液，以蟹膏肉实其内，仍以带枝顶覆之，入小甑，用酒醋水蒸熟，用醋盐供食，香而鲜，使人有新酒菊花香橙螃蟹之兴"⑧；"蜜渍梅花"，"剥白梅肉少许，浸雪水，以梅花酿酝之，露一宿，取出蜜渍之，可荐酒"；"橙玉生"，"雪梨大者，去皮核，切如骰子大，后用大黄熟香橙去核捣烂，加盐少许同醋酱拌匀供，可佐酒兴"；"雪霞羹"，"采芙蓉花，去心、蒂，汤焯之，同豆腐煮。红白交错，恍如雪霁之霞"；"梅花脯"，"山栗、橄榄薄切同伴，加盐少许，同食，有梅花风韵"；"牡丹生菜"，"宪圣喜清俭，不嗜杀，每令后

① （宋）孟元老撰，伊永文笺注：《东京梦华录笺注》卷二《东角楼街巷》，中华书局 2006 年版，第 144 页。

② （宋）孟元老撰，伊永文笺注：《东京梦华录笺注》卷三《马行街铺席》，中华书局 2006 年版，第 313 页。

③ （宋）孟元老撰，伊永文笺注：《东京梦华录笺注》卷三《诸色杂卖》，中华书局 2006 年版，第 373 页。

④ （宋）孟元老撰，伊永文笺注：《东京梦华录笺注》卷八《是月巷陌杂卖》，中华书局 2006 年版，第 771 页。

⑤ （宋）孟元老撰，伊永文笺注：《东京梦华录笺注》卷四《食店》，中华书局 2006 年版，第 430 页。

⑥ （宋）孟元老撰，伊永文笺注：《东京梦华录笺注》卷二《饮食果子》，中华书局 2006 年版，第 190 页。

⑦ （宋）孟元老撰，伊永文笺注：《东京梦华录笺注》卷八《秋社》，中华书局 2006 年版，第 807 页。

⑧ （宋）林洪：《山家清供》卷上，《丛书集成》初编本，第 12 页。

苑进生菜，必采牡丹瓣和之，或用微面裹，炸之以酥"①。

（二）素菜开始成为一个独立的菜系

宋代以前，人们皆以肉食为美，素菜种类不多，也不被人们视为美食。宋代时，这种状况得到了极大的改变，素菜的加工、烹饪有了很大发展。菜羹的出现就是其明显的标志之一。宋代以前，人们利用鱼、肉煮羹时，有时也往羹中加入一些蔬菜，但不见纯用蔬菜制成的菜羹。宋代时，随着以蔬食为美观念的深入和调羹技术的进步，人们开始尝试不用鱼、肉而只用各种蔬菜制作菜羹。菜羹由于纯用蔬菜制成，成本较低，易于制作，成为广大下层民众的常食之物，故宋代有"苏文熟，吃羊肉。苏文生，吃菜羹"的俗语②。

宋代还出现了素菜用荤腥命名的情况，如把蒸葫芦称为"素蒸鸭"。又如"玉灌肺"是用真粉、油饼、芝麻、柿子、核桃、莳萝六种原料，加"白糖（饧）、红曲少许为末，拌和入甑蒸熟，切作肺样"③。

代表宋代素菜最高成就的是仿荤素菜，它们往往让人真假难辨。人们用瓠（嫩葫芦）与麸（面筋）为原料制成的"假煎肉"，"瓠与麸不惟如肉，其味亦无辨者"④。据《东京梦华录》记载，东京市场上的仿荤素菜种类繁多，有假河豚、假元鱼、假蛤蜊、假野狐、假炙獐等⑤。这些仿荤素菜，色香味形俱全，深受人们的欢迎。就连吃惯了山珍海味的皇亲贵戚、王公大人们也要品尝一二，北宋宰执亲王、宗室百官入皇宫大内给皇帝上寿时，所用的下酒菜肴中即有假鼋鱼、假沙鱼等仿荤素菜。

---

① （宋）林洪：《山家清供》卷下，《丛书集成》初编本，第 13、17、18、21、22 页。

② （宋）陆游撰，李剑雄、刘德权点校：《老学庵笔记》卷八，中华书局 1979 年版，第 100 页。

③ （宋）林洪：《山家清供》卷上，《丛书集成》初编本。

④ （宋）林洪：《山家清供》卷下，《丛书集成》初编本。

⑤ （宋）孟元老撰，伊永文笺注：《东京梦华录笺注》卷二《饮食果子》，中华书局 2006 年版，第 188～189 页。

北宋时，东京市场上开始出现了专卖素食的素分茶（素饭店），素菜开始成为一个独立的菜系，大放异彩。素菜在宋代兴起的因素很多，主要有以下几点：

第一，炒法的推广普及为素菜的兴起提供了契机。这是因为，"以叶、茎、浆果为主的蔬菜不宜用炸、烤法烹制，至于煮是可以的，但不调味、不加米屑的清汤蔬菜，则不是佐餐的美味"①。与其他烹饪方法相比，炒在烹制各种蔬菜方面潜力最大，只有炒法出现后方能烹制出如此多的色香味形俱佳的蔬馔来。

第二，宋代的豆腐（及其豆腐制品）、面筋制作技术日臻完善，并被引入菜肴，为素菜成为一个独立的菜系提供了物质基础。如果没有豆腐、面筋的加盟，并成为素菜的主要赋形原料，素菜仅靠蔬菜支撑门户，其发展肯定会大打折扣。

第三，宋代时各种瓜果开始进入菜肴，扩大了素菜的原料来源，丰富了素菜的品种，促进了素菜的发展。

第四，宋代佛教的盛行为素食的兴起提供了广阔的空间。自南朝梁武帝开始，汉传佛教形成了食素的传统，宋代的佛教虽不如唐代那么极盛一时，但百足之虫死而不僵，宋代的大量僧众为素食的兴起提供了广阔的空间。

第五，宋代文人士大夫的饮食观念也发生了变化，素菜渐被视为美味。宋代士大夫几乎没有不赞美素食的，"士人多就禅刹素食"②，这不仅推动了素菜的发展，而且使素菜作为一种美味得到了整个社会的承认。

（三）菜肴加工、烹饪技艺的提高

宋元时期，菜肴加工与烹饪技艺的提高表现在以下四个方面：

1. 厨事专业分工的精细

宋代的厨事分工已非常明确，洗碗、洗菜、烧菜等都有专人负责，这在贵族家庭及大型饮食店肆中尤其如此。北宋著名奸相蔡京，其府第专有"包子厨"，包子厨中专设的"缕葱丝者"竟不

---

① 王学泰：《华夏饮食文化》，中华书局 1993 年版，第 127 页。
② （宋）吕希哲：《吕氏杂记》，文渊阁《四库全书》本。

宋代温县庖厨砖雕

能作包子①，足见厨事分工之细。

南宋曾三异《同话录·绝艺》载："蒋大防母夫人云：少日随亲谒泰山东岳，天下之精艺毕集……又一庖人令一人袒背俯偻于地，以其背为刀几，取肉一斤许，运刀细缕之。撤肉，而拭兵背，无丝毫之伤。"② 以人背为砧板，缕切肉丝而背不破，如此精湛的刀功，没有厨事的精细分工和个人的长期苦练是难以想象的。

2. 烹饪方法的变化多端

当时，比较常见的烹饪方法有煮、熬、蒸、炸、炒、煎、爆、炙、烧、燠、脍、腊、脯、鲊、菹等。其中以煮和炒最为流行。

---

① （宋）罗大经撰，王瑞来点校：《鹤林玉露》丙编卷六《缕葱丝》，中华书局1983年版，第337页。

② （元）陶宗仪等编：《说郛三种·说郛一百二十卷》卷二三，上海古籍出版社1988年版，第1090页。

煮多用于加工各种羹类菜肴。宋人非常喜欢食用各种羹类菜肴，据《东京梦华录》记载，北宋市场上的羹有百味羹、头羹、新法鹌子羹、三脆羹、二色腰子、虾蕈、鸡蕈、浑砲等羹、群仙羹、金丝肚羹、石肚羹、血羹、粉羹、果十翘羹、石髓羹、菌头羹等，这些羹有荤有素，以荤居多，多数物美价廉，象"血羹、粉羹之类，每分不过十五钱"①，十分便宜。当然，贵族和官僚们所食用的羹极其精美，造价也极其昂贵。如宰相蔡京喜欢吃鹌鹑，每食一羹就要杀数百只。

宋代时，炒法烹饪渐渐得到了普及，成为宋代最为流行的烹饪方法之一，市场上出现了大量用"炒"字命名的菜肴，如炒兔、生炒肺、炒蛤蜊、炒蟹、旋炒银杏②、炒羊等③。在炒的基础上，人们又发明了煎、燠、爆等多种烹饪方法。不过，应当看到炒法烹饪在宋代并未取得压倒性的优势。炒菜与煮制的汤羹，二者在宋代的地位可谓旗鼓相当，难分仲伯。

3. 调味技术的进步

宋人对食物的调味主要通过两种方式：一是通过调味品调味。人们在食品烹饪中往往利用酒、盐、酱、醋、糖及葱、蒜、生姜、薄荷等香料，使食品菜肴五味调和，形成鲜美可口、丰富多彩的复合味。二是通过加热调味。食物原料中所含的芳香物质在常温下不易释放出来，在高温加热的情况下，其内部组织被破坏，芳香物质被释放出来，故经过煎、炒、炸等高温烹饪的食物能够香气四溢。

4. 色彩搭配和食品造型技术的广泛运用

宋人在烹制食品菜肴时已注意到色彩的合理搭配与运用。《东京梦华录》中就有赤白腰子、二色腰子、五色水团等多色彩食品。这些食品的色彩调制方法各异，有的利用食物原料的天然色彩调

---

① （宋）孟元老撰，伊永文笺注：《东京梦华录笺注》卷二《饮食果子》，中华书局 2006 年版，第 190 页。

② （宋）孟元老撰，伊永文笺注：《东京梦华录笺注》卷二《饮食果子》，中华书局 2006 年版，第 189 页。

③ （宋）孟元老撰，伊永文笺注：《东京梦华录笺注》卷四《食店》，中华书局 2006 年版，第 431 页。

宋代厨娘

制，有的利用食物色素调色，有的利用食物在加热过程中的颜色变化调制。色彩悦目的肴馔，可以引起人们的食欲，提高了饮食的意趣。

宋代的食品造型技术获得了较快发展，表现最突出的当属食品雕刻。宋代的食品雕刻开始走出贵族的筵席，出现了普及化的发展趋势，在北宋东京的市场上就可以购买到"蜜煎雕花"①。七夕节时，"又以瓜雕刻成花样，谓之'花瓜'。又以油面糖蜜造为笑靥儿，谓之'果食'，花样奇巧百端，如捺香方胜之类"②。

宋人在烹饪食品时，也常使用简单的食品雕刻，如林洪《山家清供》卷上所记的"玉灌肺"，就是用真粉、油饼、芝麻、柿子、核桃、莳萝六种原料，加白糖、红曲少许为末，拌和入甑蒸熟，切作肺样而制成的。对于过分的食品雕刻，宋人也有表示反对的，如赵善璙批评道："饮食所以为味也，适口斯善矣。世人取果饵而刻镂之、朱绿之，以为盘案之玩，岂非以目食者乎？"③

────────────

① （宋）孟元老撰，伊永文笺注：《东京梦华录笺注》卷二《东角楼街巷》，中华书局2006年版，第144页。

② （宋）孟元老撰，伊永文笺注：《东京梦华录笺注》卷八《七夕》，中华书局2006年版，第781页。

③ （宋）赵善璙：《自警编》卷二《俭约》，文渊阁《四库全书》第875册，第247页。

第四节　汤饮和乳酪

在宋代的非酒、茶类饮料中，人们饮用较多的是各种汤饮和乳酪。

一、汤饮

(一) 汤饮种类

饮子又称汤、熟水等，它一般是用有甘香味的中草药研磨成屑和水煎成，而甘草往往是不可缺少的，朱彧《萍州可谈》卷一载："汤取药材甘香者屑之，或温或凉，未有不用甘草者，此俗遍天下。"制汤所用的甘草并非是上等货，苏颂《本草图经》云："今甘草有数种，以坚实断理者为佳；其轻虚纵理及细韧者不堪，惟货汤家用之。"① 由于汤中多用药材，特别是甘草，因而各种汤饮不仅有生津止渴、解暑消夏的作用，更有防病治病、养生益寿的功能。

宋代时期，人们更多地把饮子称作汤，它已被广大民众视为一种日常的饮料，或热饮或冷饮，品种很多，如陈元靓《事林广记》壬集卷上《诸品汤》中列有干木瓜汤、缩砂汤、无尘汤、荔枝汤、木犀汤、香苏汤、橙汤、桂花汤、湿木瓜汤、乌梅汤等十余种汤品，并附有配方、服法；赵希鹄《调燮类编》卷三《清饮》中载有橘汤、暗香汤、天香汤、茉莉汤、柏叶汤、橙汤等诸般汤品；陈直《养老奉亲书》也载有姜汤、姜桔皮汤、杏汤等。宋人消夏用的冷饮种类很多，如周密《武林旧事》卷六《凉水》中记有甘豆汤、椰子酒、豆水儿、鹿梨浆、卤梅水、姜蜜水、木瓜汁、茶水、沉香水、荔枝膏水、苦水、金橘团、雪泡缩皮饮（宋刻"缩脾"）、梅花酒、香薷饮、五苓大顺散、紫苏饮；佚名《西湖老人繁盛录·诸般水名》中记有漉梨浆、椰子酒、木瓜汁、皂儿水、

① (宋) 唐慎微：《重修政和证类本草》卷六《甘草》引，四部丛刊本。

甘豆糖、绿豆水、裹苏饮、缩脾饮、卤梅水、江茶水、五苓散、大顺散、荔枝膏、梅花酒、白火、乳糖真雪等。从中我们可以发现，冷饮的汤是当时最重要的冷饮品种①。在市场上，各种汤饮作为解渴的饮料经常出现在小本经营商人的摊位上。对此，北宋画家张择端的《清明上河图》中有所反映，图中画了近 20 个在大遮阳伞下经营饮食、水果的摊位，其中一个摊位上方挂着"饮子"招牌。

（二）饮汤习俗

1. "欲去则设汤"习俗的形成

饮汤成为宋人生活的一个重要组成部分，在各种汤饮日益流行的基础上，社会上形成了一些饮汤习俗。汤和茶一样成为人们招待客人的必备饮料，据孟元老《东京梦华录》卷五《民俗》载：北宋东京"或有从外新来邻左居住，则相借借动使，献遗汤茶"。司马光《温公诗话》载，北宋百官在文德殿等待宰相领旨、布置朝务时，守堂吏卒常送"厚朴汤"给他们喝。

"一般饮茶与饮汤都处于饮酒之后，有解酒之意，且饮汤总是后于饮茶。饮茶意在留客，饮汤意在送客。"② "客至则设茶，欲去则设汤"的习俗渐渐形成。宋人认为"欲去则设汤"的理由在于"盖客坐既久，恐其语多伤气，故其欲去则饮之以汤。前人之意必出于此，不足为嫌也"③。

这种社会习俗的巩固强化与统治者和社会上层人士的大力倡导不无关系。据宋人龚鼎臣《东原录》记载，宋真宗与臣下谈话，坐下便赐茶，讲话完毕，真宗点汤即退。宋仁宗在宫中听讲官讲读，讲读前"宣坐赐茶，就南壁下以次坐，复以次起讲读。又宣

---

① 宋人把冷饮称为凉水、渴水、水等，它们的范围不仅仅局限于各种汤，还包括茶水和一些果汁饮料。凉水中的梅花酒虽带酒名，其实这是一种凉饮，之所以称之为"梅花酒"，是因为卖这种凉饮时多以鼓乐吹奏《梅花引》曲以助卖，卖时用的器皿多为银盂杓盏，好像酒肆卖酒时论一角两角似的，因而名为"梅花酒"。

② 黄杰：《宋词与民俗》，商务印书馆 2006 年版，第 226 页。

③ （宋）范镇：《东斋记事》卷一，文渊阁《四库全书》第 1036 册，第 586 页。

坐赐汤，其礼数优渥。虽执政大臣亦莫得与也"①。上行下效，文人士大夫们也仿效这种先茶后汤的习俗。据晁以道《晁氏客语》载，范纯夫每当给皇帝"进讲"前夕，先在家中预讲，众弟子前来听讲，讲毕也是点汤即退。

2. 饮汤习俗的变异

宋人的饮汤习俗对北方契丹人也有一定的影响，他们也有饮汤的习惯，如端午节契丹皇帝与臣僚宴饮时，人们最后要饮用"大黄汤"②；皇后生女时，要饮黑豆汤进补③。和宋人一样，契丹人也用汤待客，但向客人献汤献茶的顺序正好与宋人相反，是先汤后茶，朱彧《萍州可谈》卷一载："辽人相见，其俗先点汤后点茶，至宴会亦先水饮，然后品味以进。"先汤后茶的这一次序在《辽史·礼志》中也有反映，在"宋使见皇太后仪"中，有"赞各就坐，行汤、行茶"的记载④；在"贺生辰正旦宋使朝辞太后仪"中，有"行汤、行茶毕，揖臣僚并南使起立，与应坐臣僚鞠躬"的记载⑤。契丹人之所以采取这种与宋人相反的形式，或许是他们故意如此，以示与宋人不同而已，方健先生认为："（茶俗）通过宋辽双方使人，传入契丹，为了表示与敌国茶俗稍有不同，妄改顺序为先设汤，后点茶。"⑥ 是先饮茶还是先饮汤，折射出当时两个政权的对立与两个不同民族潜意识中的敌视。饮用茶、汤顺序的不同在当时竟成为不同民族之间差异的一个标志。

———————————

① （宋）范镇：《东斋记事》卷一，文渊阁《四库全书》第 1036 册，第 586 页。

② （宋）叶隆礼：《契丹国志》卷二七《岁时杂记》，上海古籍出版社 1985 年版，第 252 页。

③ （宋）王易：《燕北录》，（清）杨复吉《辽史拾遗补》卷四，《丛书集成》初编本，第 98 页。

④ （元）脱脱等：《辽史》卷五一《礼制四·宾仪》，中华书局 1974 年版，第 849 页。

⑤ （元）脱脱等：《辽史》卷五一《礼制四·宾仪》，中华书局 1974 年版，第 852 页。

⑥ 方健：《唐宋茶礼茶俗述略》，《民俗研究》1998 年第 4 期。

　　一种习俗形成之后，大多数人会无意识地按习俗行事，但每一时代都会有少数标新立异者，他们故意不按习俗行事，显示自己是另类，进行自我标榜，以吸引大家的注意。如佚名《南窗纪谈》载："有武臣杨应诚独曰：'客至设汤，是饮人之药也，非是。'故其家每客至，多以蜜渍橙果、木瓜之类为汤饮客。"不过，像杨应诚这样反习俗的人毕竟属于少数，由于他的行为与当时宋人的习俗大相径庭，当时的文人才故意把它记录下来，这正反映出宋人"客至则设茶，欲去则设汤"习俗的普遍性。

　　反习俗人数的增多，往往会使已经形成的习俗发生异化，导致旧习俗的衰落和新习俗的产生。宋代袁文的《瓮牖闲评》卷六云："古人客来点茶，茶罢点汤，此常礼也。近世则不然，客至点茶与汤，客主皆虚盏，已极好笑。而公厅之上，主人则有少汤，客边尽是空盏，本欲行礼而反失礼，此尤可笑。"袁文的这些话很值得人们注意。从中我们可以知道，南宋时期有些地区"客至则设茶，欲去则设汤"的习俗已发生了不少变异：第一，客人一到，茶汤俱上；第二，待客时只有茶具、汤具而不添茶注汤；第三，公厅之上，主人为自已备有少量汤，而客人只有汤具而无汤液。

　　我们可以为这些习俗变异的原因作出一些合理的推测。对于第一种变异，或许由于像武将杨应诚之类反传统之人日益增多，或许人们受契丹人、女真人的影响，人们渐渐对来客献汤的反常行为也见怪不怪了。既然社会上有人采用来客献茶，也有人采用来客献汤，遂有另外一些人采用二者俱上的方式。对于第二种变异，或许起源于不速之客的来临，主人来不及备茶制汤，为不失礼节而摆上茶具或汤具，这时的茶具或汤具只是礼节的一种象征。久而久之，人们遂把接待不速之客的这种非常之礼视为待客的常礼了。对于第三种变异，我们应当注意到场合是在公厅，公厅的主人自然是地位较高的官老爷，在大多数情况下，公厅的客人只能是地位较低的下属或幕僚。在宋代，人们仍有很强的等级观念。这种观念会对社会习俗的异化产生影响，饮汤习俗在贵贱待遇上也有必要作出一些区分。试想，公厅之上，多数作为官老爷的主人焉能不想显示一下自己高人一等的地位，而作为普通人的客人又岂敢与官老爷齐眉并肩享受相同待遇呢？只有主人面前的盏内有少许汤液，方显出主人地位的显赫，方显出主人享受的待遇与常人不同。

二、乳制品

两宋时期，南北政权长期对峙，主要从事农耕生产的宋人并没有因为酪、酥等乳制品是北方游牧民族的主要食物而加以排斥，不少出使北方的宋朝使节很喜欢游牧民族用于待客的乳粥，朱彧《萍州可谈》卷二载："先公使辽，日供乳粥一碗，甚珍。"王洙《谈录·北方风物》载："北人馈客以乳粥，亦北荒之珍。"

宋朝上至皇室宫廷，下至普通百姓都很喜爱饮（食）用酪、酥等乳制品。为了保证宫廷的乳制品消费，宋政府在光禄寺下设有"乳酪院"，专门负责酪酥的供应①。各种乳制品在国家举行的祭礼中还充当重要角色，人们用乳粥、酥蜜饼等作为祭品祭祀北方天王②。

由于畜乳产量有限，比较高级的酥一般人不容易得到，吴曾《能改斋漫录》卷十一载："宣和初，有邓其姓者留守西京，以牛酥百斤遗梁师成。"以牛酥百斤作为礼品来送当朝少师，可见牛酥在当时还比较珍贵，一般人不容易得到。但普通的酪下层百姓还是有机会品尝到的，《宋史·杜生传》载："唯间一至县买盐酪，可数行迹以待其归，径往径还，未尝旁游一步也。"说明在县一级的市场上人们就可以买到酪。在大城市中，人们更容易买到酪，一些店肆甚至以售卖乳酪而出名，孟元老《东京梦华录》卷二《酒楼》中有一酒楼名"乳酪张家"，极有可能是经营乳酪发家后扩大规模改为酒楼的。

由于乳制品营养丰富，有益养生，所以宋人还将各种乳制品视为老年人颐养天年的食补珍品，如南宋陈直的《养老奉亲书》"老人

---

① （元）脱脱等：《宋史》卷一六四《职官志四》，中华书局 1977 年版，第 3892 页。

② （元）脱脱等：《宋史》卷一○二《礼志五·奏告》、卷一二一《礼志二十四·祫祭》，中华书局 1977 年版，第 2498、2829 页。

益气牛乳方”云：“牛乳最宜老人，平补血脉，益气长肌肉，令人身体康强润泽，面目光悦，志不衰，故为人子者，常须供之以为常食，或为乳饼，或作断乳等，恒使恣意充足为度，此物胜肉远矣。”①

第五节 饮 食 业

宋代饮食店肆在经营地点、经营时间上都相当自由，分布于城内各处，白天晚上均可营业。宋代饮食业内部开始出现了新型的雇佣关系，这种新型雇佣关系，“其给社会经济带来了新的活力因素，有助于以后资本主义生产关系萌芽的发生发展”②。在经营中，宋代饮食业体现出国内各地区之间饮食文化相互交流的特点，尤其是南北饮食文化的交流。

一、食肆与食摊、食贩

（一）食肆

宋人多称食肆为食店，可分为专门性食店、综合性食店和兼营性食店三大类，其中专门性食店和综合性食店发展得最为迅速，也最具特色。

1. 专门性食店

宋代的专门性食肆分类更细，种类更多，如胡饼店、油饼店、肉饼店、馒头（笼饼）店、包子店、炊饼（蒸饼）店、酸鎌店、荤素从食店、素点心从食店、粉食店、面店、馄饨店、倛子店、饦馎店和羹店等。在激烈的商业竞争中，一些专门性食肆脱颖而出，成为知名度很高的一代名店，以北宋东京为例，以经营饼驰名的有御街州桥附近的曹婆婆肉饼店③、朱雀门外武成王庙前的海州张家

---

① 目前学术界尚未弄清“断乳”是何种乳制品。

② 陈伟明：《唐宋饮食文化初探》，中国商业出版社 1993 年版，第 96 页。

③（宋）孟元老撰，伊永文笺注：《东京梦华录笺注》卷二《宣德楼前省府宫宇》，中华书局 2006 年版，第 82 页。

胡饼店①、皇建院街得胜桥郑家油饼店②。以经营馒头闻名的有尚书省西门外的万家馒头店，其馒头质量为"在京第一"③。此外，还有州桥西的孙好手馒头店④。以经营包子驰名的有御街州桥的王楼山洞梅花包子店、御廊西侧的鹿家包子店等⑤。

宋室南迁后，在"行在"临安更是涌现出一大批有名的专门性食店来，如戈家蜜枣儿、官巷口光家羹、寿慈宫前熟肉、钱塘门外宋五嫂鱼羹、涌金门灌肺、中瓦前职家羊饭、猫儿桥魏大刀熟肉、五间楼前周五郎蜜煎、张卖食面店、钱家干果铺、金子巷口陈花脚面食店、阮家京果铺、胡家、冯家粉心铺、南瓦子北卓道王卖面店、腰棚前菜面店、朝天门戴家鸝肉铺、朱家圆子糖蜜糕铺、坝桥榜亭侧朱家馒头铺、石榴园倪家犯鲊铺等⑥。

由于宋代流行蒸制的面食，所以经营馒头、包子、炊饼、酸馅等蒸食的店肆开始兴盛起来。其中，馒头店在宋代的社会生活中尤其居于举足轻重的地位。宋代时，还新出现了不少专营各种煮制面食的面店、馄饨店、饼子店、饦饦店。如在北宋东京，"更有插肉、拨刀、炒羊、细物料、棋子、馄饨店"⑦。

2. 综合性食店

宋代的综合性食店有"分茶"、瓠羹店之分。其中，"分茶"

---

① （宋）孟元老撰，伊永文笺注：《东京梦华录笺注》卷四《饼店》，中华书局 2006 年版，第 444 页。

② （宋）孟元老撰，伊永文笺注：《东京梦华录笺注》卷二《潘楼东街巷》，中华书局 2006 年版，第 164 页。

③ （宋）孟元老撰，伊永文笺注：《东京梦华录笺注》卷三《大内西右掖门外街巷》，中华书局 2006 年版，第 274 页。

④ （宋）孟元老撰，伊永文笺注：《东京梦华录笺注》卷三《大内前州桥东街巷》，中华书局 2006 年版，第 284 页。

⑤ （宋）孟元老撰，伊永文笺注：《东京梦华录笺注》卷二《宣德楼前省府宫宇》，中华书局 2006 年版，第 82 页。

⑥ （宋）吴自牧：《梦粱录》卷一三《铺席》，文化艺术出版社 1998 年版，第 230~231 页。

⑦ （宋）孟元老撰，伊永文笺注：《东京梦华录笺注》卷四《食店》，中华书局 2006 年版，第 430~431 页。

的规模较大，而瓠羹店是一种大众化的食店，所售饭菜的价格比较低廉。

　　经营地方风味食品的食店在宋代开始兴起，"向者汴京开南食面店，川饭分茶，以备江南往来士夫，谓其不便北食故耳"①。据孟元老《东京梦华录》记载，在北宋东京，经营地方风味的食店可分为三类：北食店、南食店和川饭店。其中，北食店供应有熬物、巴子②，南食店供应有鱼兜子、桐皮熟脍面、煎鱼饭，川饭店供应有插肉面、大燠面、大小抹肉淘、煎燠肉、杂煎事件、生熟烧饭等地方特色食品③。在有些街区，经营地方风味食品的食店还比较集中，如东京城内寺东门大街的小甜水巷，"巷内南食店甚盛"④。为了满足僧侣和吃斋信佛的人们的需要，当时还出现了"素分茶"，专门经营素食，其素食"如寺院斋食也"⑤。

　　在经营上，宋代的综合性食店出现不少新的特色。首先，非常讲究门面装潢和店内装饰。瓠羹店往往扎缚有气势非凡的彩楼欢门。不少食店为了吸引文人士大夫，非常讲究文化品位，墙上往往挂有名家书画。其次，管理规范，服务周到。食店内部，人员分工十分明确，专司掌勺做菜的称"铛头"，迎宾人员称"过卖"，上菜人员称"行菜"。而且食店的工作人员大多经过专门训练，练就了一身过硬的技术本领。在严格规范的管理制度下，食店的服务人员对食客服务得十分周到，客人一到，"过卖"手执箸纸，遍问坐客所需，报与"铛头"。第三，饮食多样，随客所需。汴京的"分

---

　　① （宋）吴自牧：《梦粱录》卷一六《面食店》，文化艺术出版社 1998年版，第 259 页。

　　② （宋）孟元老撰，伊永文笺注：《东京梦华录笺注》卷三《马行街铺席》，中华书局 2006 年版，第 312 页。

　　③ （宋）孟元老撰，伊永文笺注：《东京梦华录笺注》卷四《食店》，中华书局 2006 年版，第 430 页。

　　④ （宋）孟元老撰，伊永文笺注：《东京梦华录笺注》卷三《寺东门街巷》，中华书局 2006 年版，第 301 页。

　　⑤ （宋）孟元老撰，伊永文笺注：《东京梦华录笺注》卷四《食店》，中华书局 2006 年版，第 431 页。

茶"，提供的主食有"头羹、石髓羹、白肉、胡饼、软羊、大小骨、角炙犒腰子、石肚羹、入炉羊、罨生软羊面、桐皮面、姜泼刀回刀、冷淘棋子、寄炉面饭之类"，提供的副食有"或热或冷，或温或整，或绝冷，精浇、腌浇之类"的各色菜肴。如果客人食量较小，还能够变通，提供"单羹"，即半份服务①。第四，免费赠送，吸引食客。瓠羹店往往让一小儿在门首坐着叫喝："饶骨头"。"饶"字为"另送""多送"之意，"饶骨头"就是免费赠送皮骨类菜肴的意思。"分茶"对于"吃全茶"者，则"饶虀头羹"②。

（二）食摊与食贩

宋代的食摊在摊点选择上更为广泛，除在路边设摊售卖外，还常常把食摊设置在城门市井、巷陌路口、桥头渡口等热闹人多的地方，如孟元老《东京梦华录》卷八《是月巷陌杂卖》载："是月时物，巷陌路口，桥门市井，皆卖大小米水饭、炙肉、干脯……冰雪凉水、荔枝膏，皆用青布伞，当街列床凳堆垛。"

由于宋代市民的夜生活丰富，夜市上前来赶场的食摊众多。如北宋东京的马行街，"夜市亦有燋酸豏、猪胰胡饼、和菜饼、獾儿、野狐肉、果木翘羹、灌肠、香糖果子之类。冬月虽大风雪阴雨，亦有夜市。剩子、姜豉、抹脏……盐豉汤之类"③。宋代食摊经营的食物品种比前代大为扩展，以各种熟食小吃、果品和凉饮为主。其中，熟食小吃多是利用廉价的食料烹制而成的，如畜禽的头、爪、皮、尾和内脏等"杂碎"，鹑、兔等各种小野味，螃蟹、螺丝、蛤蜊等水产品。由于成本低廉，各种熟食小吃的价格一般都很便宜，吸引了不少食客。宋代食摊销售的果品，有不少是加工过的，这大大提高了果品的附加值。

为了在激烈的竞争中生存发展下来，宋代的流动食贩们采取了

---

① （宋）孟元老撰，伊永文笺注：《东京梦华录笺注》卷四《食店》，中华书局2006年版，第430页。

② （宋）孟元老撰，伊永文笺注：《东京梦华录笺注》卷四《食店》，中华书局2006年版，第430页。

③ （宋）孟元老撰，伊永文笺注：《东京梦华录笺注》卷三《马行街铺席》，中华书局2006年版，第313页。

多样化的经营手段，获得了较大发展。宋代流动食贩们的经营手段主要有：

第一，到偏僻的街巷叫卖。在宋代，繁华热闹的街巷大多食肆、食摊林立，彼此之间的竞争十分激烈。而宋代食贩们的生存空间更为狭小，他们自知资本微小，竞争不过食肆、食摊，所以多去"后街或空闲处，团转盖局屋、向背聚里"等社会下层居住的偏僻之处，"每日卖蒸梨枣、黄糕麋、宿蒸饼、发牙豆之类"①。

第二，提供上门服务。宋代的不少食贩提供上门服务，"每日如宅舍宫院前，则有就门卖羊肉、头、肚……香药果子"等②。到酒肆推销自己的食物是宋代食贩经营的新思路，孟元老《东京梦华录》卷二《饮食果子》载："又有外来托卖炙鸡、燠鸭、羊脚子……西京笋。又有小儿子，着白虔布衫，青花手巾，挟白磁缸子，卖辣菜。又有托小盘卖干果子，乃旋炒银杏、栗子……小腊茶、鹏沙元之类。"③

第三，广为宣传。宋代食贩非常注重利用广告宣传自己的食物，以招徕食客，促进销售。当时，食贩常用的广告宣传方式有二：一是吆喝叫卖。孟元老《东京梦华录》卷三《天晓诸人入市》载："趁朝卖药及饮食者，吟叫百端。"二是利用各种器具吹打。孟元老《东京梦华录》卷六《十六日》提到卖焦(食追)的食贩，"以竹架子出青伞上，装缀梅红缕金小灯笼子，架子前后亦设灯笼，敲鼓应拍，团团转走，谓之'打旋罗'，街巷处处有之"。

第四，注意卫生。食品卫生关系到人们的身体健康，宋代食贩生意虽小，但和其他饮食经营者一样，都很讲究衣着器具整洁、食品卫生。孟元老《东京梦华录》卷五《民俗》载，北宋东京城内，"凡百所卖饮食之人，装鲜净盘合器皿，车檐动使，奇巧可爱，食

---

① （宋）孟元老撰，伊永文笺注：《东京梦华录笺注》卷三《诸色杂卖》，中华书局2006年版，第373~374页。

② （宋）孟元老撰，伊永文笺注：《东京梦华录笺注》卷三《诸色杂卖》，中华书局2006年版，第373页。

③ （宋）孟元老撰，伊永文笺注：《东京梦华录笺注》卷二《饮食果子》，中华书局2006年版，第189~190页。

物和羹，不敢草略……稍似懈怠，众所不容"。

二、酒肆

（一）酒肆营业空间、时间的扩展

1. 营业空间的扩展

随着坊市制度的彻底崩溃，宋代的酒肆突破了"市"的地域限制，大小酒肆分布于城内的大街小巷，同民居官署交相混杂。甚至传统的御苑禁地也对酒肆开放了，如北宋东京的琼林苑，"大门牙道皆古松怪柏。两傍有石榴园、樱桃园之类，各有亭榭，多是酒家所占"①。宋代的酒肆和现代一样都朝着大街开门启户，"二层三层的酒楼临大街而屹立，这些情形都是在宋代才开始出现的"②。

2. 营业时间的延长

在营业时间上，宋代酒肆也不再像前代那样受到限制了。同现代一样，宋代酒肆实行的多是全天候营业，人们到酒肆饮酒，可以随到随饮。对此，孟元老《东京梦华录》卷二《酒楼》载："大抵诸酒肆瓦市，不以风雨寒暑，白昼通夜，骈阗如此。"由于宋人的夜生活比较丰富，酒肆晚上的生意一般都很兴隆。

（二）繁盛一时的酒楼

宋代商品经济的发展、坊市制度的崩溃使饮食业非常繁荣，出现了一些规模宏大的酒楼。这些大酒楼分布于京城及诸州军府和较为发达的城镇，是那些腰缠万贯的上层人物消费娱乐的场所。

1. 东京和临安的酒楼

据孟元老《东京梦华录》卷二《酒楼》载，北宋东京城内共有 72 家大酒楼，称为"在京正店七十二户"。其中，最著名的是东华门外景明坊的礬楼（又名白礬楼，北宋晚年改为丰乐楼），营

---

① （宋）孟元老撰，伊永文笺注：《东京梦华录笺注》卷七《驾幸琼林苑》，中华书局 2006 年版，第 676 页。

② ［日］加藤繁著，吴杰译：《中国经济史考证》，商务印书馆 1959 年版，第 277 页。

《清明上河图》中的酒楼正店

业规模巨大，"饮徒常千余人。"①

宋室南迁后，"行在"临安的酒楼比汴京有过之而无不及。据周密《武林旧事》卷六《酒楼》记载，南宋临安的官营酒楼有：和乐楼（升旸宫南库）、和丰楼（武林园南上库）、中和楼（银瓮子中库）、春风楼（北库）、太和楼（东库）、西楼（金文西库）、太平楼、丰乐楼、南外库、北外库、西溪库；民营酒楼有：熙春楼、三元楼、五间楼、赏心楼、严厨、花月楼、银马杓、康沈店、翁厨、任厨、陈厨、沈厨、巧张、日新楼、沈厨、郑厨（只卖好食，虽海鲜头羹皆有之）、虼蟆眼（只卖好酒）、张花。

2. 酒楼的经营特色

为了吸引顾客，宋代酒楼十分讲究以特色取胜。在建筑设计上，各大酒楼的风格不尽相同。如北宋东京七十二家酒楼正店，有

---

① （宋）周密撰，张茂鹏点校：《齐东野语》卷一一《沈君与》，中华书局1983年版，第206页。

的正店"前有楼子后有台，都人谓之'台上'"①；有的正店，
"三层相高，五楼相向，各有飞桥栏槛，明里相通"；有的正店，
"入其门，一直主廊约百余步，南北天井两廊皆小阁子"②，类似
今天酒店内的雅间，使酒客饮酒互不干扰；还有些正店具有园林宅
院风格，这从它们的名称上可以看出，如中山园子正店、蛮王园子
正店、朱宅园子正店、邵宅园子正店、张宅园子正店、方宅园子正
店、姜宅园子正店、梁宅园子正店、郭小齐园子正店、杨皇后园子
正店等。

在经营方式上，酒楼也各显其能，讲究特色。如任店有"浓
妆妓女数百，聚于主廊檐面上，以待酒客呼唤，望之宛若神仙"，
以色情服务来吸引酒徒；白矾楼酒店，"初开数日，每先到者赏金
旗，过一两夜则已"③，采用先到者有赏的办法吸引顾客。也有一
些酒楼"卖贵细下酒，迎接中贵饮食"，以美肴佳馔吸引顾客，如
东京的白厨、州西安州巷张秀、保康门李庆家、东鸡儿巷郭厨、郑
皇后宅后宋厨、曹门砖筒李家、寺东骰子李家、黄胖家等④。州桥
炭张家、乳酪张家则用好淹藏菜蔬、一色好酒来吸引顾客⑤。更多
的酒楼是用本店酿制的特色美酒来吸引酒徒。北宋东京的正店都酿
有自己的名酒，一些店肆的名酒足可以与宫廷大内的御酒相媲美。

宋代的酒楼非常讲究门面装潢和店内装饰。当时酒楼的门首一
般都扎缚彩楼欢门。孟元老《东京梦华录》卷二《酒楼》载："凡
京师酒店，门首皆缚彩楼欢门。"遇到节日时，酒楼更是极尽装饰

① （宋）孟元老撰，伊永义笺注：《东京梦华录笺注》卷二《宣德楼前
省府宫宇》，中华书局 2006 年版，第 82 页。
② （宋）孟元老撰，伊永文笺注：《东京梦华录笺注》卷二《酒楼》，
中华书局 2006 年版，第 174 页。
③ （宋）孟元老撰，伊永文笺注：《东京梦华录笺注》卷二《酒楼》，
中华书局 2006 年版，第 174~175 页。
④ （宋）孟元老撰，伊永文笺注：《东京梦华录笺注》卷二《酒楼》，
中华书局 2006 年版，第 176 页。
⑤ （宋）孟元老撰，伊永文笺注：《东京梦华录笺注》卷二《饮食果
子》，中华书局 2006 年版，第 188 页。

之能事。如八月中秋佳节前，"诸店皆卖新酒，重新结络门面彩楼，花头画竿，醉仙锦旆"①；九月重阳节菊花盛开时，"酒家皆以菊花缚成洞户"②。北宋画家张择端《清明上河图》中绘有彩楼欢门达 7 处，其中 6 处为酒楼。其中，孙羊正店的彩楼欢门高达两层，装潢华丽，气势非凡。

宋代的酒楼也很注重店内的装饰，酒楼内布置得窗明几净，珠帘绣额，灯烛晃耀。有些酒楼还努力提高自己的文化品位，墙上往往挂有名家书画。还有些酒楼备有文房四宝，专辟一墙供骚人墨客在酒酣耳热、诗兴大发之际挥毫泼墨。

（三）数量众多的中小酒肆

广大的下层百姓是无钱光顾酒楼的，他们多去规模较小的中小酒肆买醉消遣。宋代的中小酒肆又称脚店或拍户，它们数量众多，无论在城镇还是在乡村，都可见到它们的踪影。

1. 城镇中小酒肆

宋代城镇中的脚店和拍户是没有资格酿酒的，它们零售给顾客的酒是从大酒楼批发来的。如宋仁宗天圣五年（1027 年），"八月，诏三司，白矾楼酒店如有情愿买扑出办课利。令于在京脚店酒户内拨定三千户每日于本店取酒沽卖"③。

由于资本不多，中小酒肆的门面装潢远不如大酒楼华丽，其标志多为传统的酒旗。宋代时，酒旗又多称酒望、望子，上面多书"酒"字。在张择端《清明上河图》中亦绘有上书"新酒"或"小酒"的酒旗。北宋时，酒店放下酒旗则意味着酒已卖完，不再营业。南宋临安的一些小酒店，"又有挂草葫芦、银马杓、银大

---

① （宋）孟元老撰，伊永文笺注：《东京梦华录笺注》卷八《中秋》，中华书局 2006 年版，第 814 页。

② （宋）孟元老撰，伊永文笺注：《东京梦华录笺注》卷八《重阳》，中华书局 2006 年版，第 817 页。

③ （宋）徐松辑：《宋会要辑稿·食货二十之七》，中华书局 1957 年版，第 5136 页。李华瑞先生认为"千"字也有可能是"十"字之误。参见李华瑞《宋代酒的销售简论》，《河北大学学报》1994 年第 3 期。

碗，亦有挂银裹直卖牌，多是竹栅布幕，谓之'打碗头'"①。

为了在激烈的竞争中生存下来，城镇中的一些中小酒肆也收拾得十分干净雅致。如宋话本《金明池吴清逢爱爱》载："赵二哥道：'街北第五家，小小一个酒肆倒也精雅。内中有个量酒的女儿，大有姿色，年纪也只好二八，只是不常出来。'小员外欣然道：'烦相引一看。'三人移步街北，果见一个小酒店，外边花竹扶疏，里面杯盘罗列。"由于资本较少，有的中小酒店只经营售酒业务，且不少中小酒店在早上改作饭店，出售灌肺、炒肺及粥饭点心②。

2. 乡村中小酒肆

宋代乡村的酒店则可以自酿自销。与城镇酒店相比，乡村酒店的规模普遍较小，也不太重视内外的装潢。同城镇酒店一样，乡村酒店也多悬挂酒旗，如宋人刘过《村店》二首之一云："林深路转午鸡啼，知有人家住隔溪。一坞闹红春欲动，酒帘正在杏花西。"③宋代一些极简陋的乡村小酒店也有以草帚代替酒旗的，这在文学作品和宋人笔记中都有反映。如施耐庵《水浒传》第四回《赵员外重修文殊院 鲁智深大闹五台山》载："远远地杏花深处，市梢尽头，一家挑出一个草帚儿来。智深走到那里看时，却是一个傍村小酒店。"

三、茶肆

宋代时，人们多称茶肆为茶坊。由于饮茶之风十分盛行，宋代的饮茶活动表现出高度商业化的倾向。与前代相比，宋代的茶肆业获得了较大的发展，主要表现在六个方面：

第一，茶肆已取得与酒肆相同的地位。宋代文献中茶坊酒肆多

---

① （宋）吴自牧：《梦粱录》卷一六《酒肆》，文化艺术出版社 1998 年版，第 255 页。

② （宋）孟元老撰，伊永文笺注：《东京梦华录笺注》卷三《天晓诸人入市》，中华书局 2006 年版，第 357 页。

③ （宋）刘过：《龙洲集》卷九，文渊阁《四库全书》第 1172 册，第 47 页。

并列用之，如宋人孟元老《东京梦华录·序》称："按管调弦于茶坊酒肆"；同书卷三《马行街铺席》载："其余坊巷院落，纵横万数，莫知纪极，处处拥门，各有茶坊酒店"；同书卷六《十六日》又载："诸香药铺席，茶坊酒肆，灯烛各出新奇。"又如范祖禹《论听政》载："光（司马光）没之日，无不悲哀，乃至茶坊酒肆之中，亦事其画像。"① 这种情况是前代所未有的，足见茶肆在当时人们心目中的地位已与酒肆相同了。

第二，茶肆在居民区中普遍设立。特别是大中城镇，茶肆数目很多，遍布于城内各处，与居民区混为一体，孟元老《东京梦华录》卷二《朱雀门外街巷》载："以南东西两教坊，余皆居民或茶坊。"

第三，茶肆的营业时间长，不再仅限于白天营业。宋代不仅出现了早市茶坊，还出现了夜市茶坊，孟元老《东京梦华录》卷二《潘楼东街巷》载："旧曹门街北山子茶坊，内有仙洞仙桥，仕女往往夜游吃茶于彼。"

第四，宋代茶肆向清雅化的方向发展。宋代时期，由于吃茶和焚香、插茶、抚琴、填词、作画等活动一样被人们视为雅事，所以多数茶肆十分注意为茶客营造一个比较雅致的吃茶环境，吴自牧《梦粱录》卷十六《茶肆》载："今杭城茶肆亦如之，插四时花，挂名人画，装点店面……今之茶肆，列花架，安顿奇松异桧等物于其上，装饰店面。"耐得翁《都城纪胜·茶坊》称："大茶坊张挂名人书画。"② 吃茶环境的静雅与否已成为宋代茶肆生存的一个重要条件。只要环境静雅，小茶坊也同样能够吸引顾客，如王明清《摭青杂记》载："京师樊楼畔，有一小茶肆，甚潇洒清洁，皆一品器皿，椅桌皆济楚，故卖茶极盛。"③

---

① （宋）吕祖谦编，齐治平点校：《宋文鉴》卷五九，中华书局1992年版，第886页。

② （宋）耐得翁：《都城纪胜·茶坊》，文化艺术出版社1998年版，第83页。

③ （元）陶宗仪编：《说郛三种·说郛一百二十卷》卷一八，上海古籍出版社1988年版，第878页。

第五，茶肆与娱乐业、色情业、洗浴业、客栈业等相互渗透，出现了不同类型的茶肆，如与色情业相结合的花茶坊①、水茶坊②。

第六，茶肆功能的多样化。宋代茶肆不再局限于仅为客人提供茶水这种单一功能，而是具有了更多的社会功能，尤其是作为人们会谈叙事、消遣娱乐的场合，茶肆在人们的社会生活中发挥了较大的社交、娱乐功能。如吴自牧《梦粱录》卷十六《茶肆》载："更有张卖面店隔壁黄尖嘴蹴球茶坊，又中瓦内王妈妈家茶肆名一窟鬼茶坊、大街车儿茶肆、蒋检阅茶肆，皆士大夫期朋约友会聚之处。"人们出入茶肆主要是为了会客和娱乐，因此茶肆在人们的信息交流方面，也发挥着很大作用。由此可见，宋代的茶肆已经具备了社交、娱乐、资讯三大功能，这与近代的茶馆在功能上已经十分相近了。而宋代茶肆业与其它行业的相互渗透，进一步促进了茶肆功能的多样化。

除茶肆外，唐宋时期没有固定营业场所的茶担或茶摊并没有退出历史舞台，其经营者是本钱较少的下层民众，为了赢利谋生，"至三更，方有提瓶卖茶者。盖都人公私荣干，夜深方归也"③。

第六节　饮食养生与食疗

宋代在饮食养生和食疗方面取得了很大的成就。饮食养生的平民化倾向明显，其参与者多为士人平民。如果说唐代的饮食养生尚局限于少数社会上层人士的话，宋代的饮食养生则全面走向庶民大众，成为全社会的一种时尚。宋代的食疗也更为普及，食疗为先的

① （宋）吴自牧：《梦粱录》卷一六《茶肆》，文化艺术出版社 1998 年版，第 254 页。

② （宋）耐得翁：《都城纪胜·茶坊》，文化艺术出版社 1998 年版，第 83 页。

③ （宋）孟元老撰，伊永文笺注：《东京梦华录笺注》卷三《马行街铺席》，中华书局 2006 年版，第 313 页。

思想已成为各阶层人们广为信奉的一种社会观念。在食疗配膳所采取的形式和服用方式上，宋代也比前代更加丰富。

一、走向大众的饮食养生学

（一）宋代医学家与饮食养生学的发展

宋代医学家们对饮食在养生中的作用有了更为清楚的认识，如北宋陈直《养老奉亲书·饮食调治》言："主身者神，养气者精，益精者气，资气者食。食者，生民之天，活人之本也。故饮食进则谷气充，谷气充则气血胜，气血胜则筋力强。"与前代相比，宋代医学家对饮食养生的论述更为深入，这突出表现在宋人对老人等"弱势"群体饮食调养的关注上。

对老人的饮食调养论述最为详细的当数陈直的《养老奉亲书》。陈直认为，之所以要对老人的饮食调养予以特别的关注，是因为老人的身体衰弱，比不得少年人："若少年之人，真元气壮，或失于饥饱，食于生冷，以根本强盛，未易为患。其高年之人，真气耗竭，五脏衰弱，全仰饮食以资气血，若生冷无节，饥饱失宜，调停无度，动成疾患。"①

老人身体衰弱，气候的变化极易诱发各种疾病。陈直特别强调，老人的饮食调养一定要根据四季气候的冷暖变化而有所改变。"当春之时，其饮食之味，宜减酸益甘，以养脾气……惟酒不可过饮。春时，人家多造冷馔、米食等，不令下与。如水团兼粽粘冷肥僻之物，多伤脾胃，难得消化，大不益老人。"② "其饮食之味，当夏之时，宜减苦增辛以养肺气……饮食温软，不令太饱。畏日长永，但时复进之。渴宜饮粟米温饮，豆蔻熟水，生冷肥腻尤宜减之……若须要食瓜果之类，量虚实少为进之。缘老人思食之物，若有违阻，意便不乐。但随意与之，才食之际，以方便之言解之，往

①　（宋）陈直著，（元）邹铉增续，黄瑛整理：《寿亲养老新书》卷一《饮食调治》，人民卫生出版社 2007 年版，第 1 页。

②　（宋）陈直著，（元）邹铉增续，黄瑛整理：《寿亲养老新书》卷一《春时摄养》，人民卫生出版社 2007 年版，第 13~14 页。

往知味便休。不逆其意，自无所损……细汤名茶，时为进之，晚凉方归。"①

陈直所力倡的这些老人饮食调养主张超越了单纯的饮食养生范畴，像子女亲自为父母调制饮食，对于老人想吃但不利于老人养生的食物，子女并非简单地拒绝，而是让其少食，软言承欢相劝，这些做法实际上是把老人的饮食调养同维持老人的心境愉悦结合起来，这些亲情化的作法与饮食调养互相促进，更有利于老人的养生。

（二）饮食养生之风的盛行

1. 草木养生之法取代了金石养生之术

与唐代社会的饮食养生深受道教服食金石和辟谷的影响不同，宋代社会的饮食养生受到的道教影响较小。

道教在宋代的地位虽然不如唐代那么高，但仍受到统治者的重视。北宋时，官府连续发起尊崇道教的运动。宋真宗时，创造了一个所谓赵家始祖赵元朗来担任道教尊神，下诏封赠为"圣祖上灵高道九天司命保生天尊大帝"。宋徽宗曾延揽了大量的山林道士，甚至正式册封自己为"教主道君皇帝"。但与唐代相比，宋代服食金石丹药之风大减。在宋代皇帝中，没有一位是因服食金石丹药而丧命的。宋代的人们已普遍不再相信服食金石丹药能够长生成仙，服食者多从养生延年的角度出发，采用间接服食法。如孔平仲《谈苑》卷一载："高若讷能医，以钟乳饲牛，饮其乳。后患血痢卒，或云冷暖相薄使然。"这是先以药喂牛，再取牛乳服食。

由于认识到服食金石丹药无益于养生，宋代的服食养生家把养生的目光投向了草木，刘延世《孙公谈圃》卷中云："硫黄信有验，殆不可多服。若陆生韭，叶柔脆可菹，则名为'草钟乳'。水产之荠，其甘滑可食，则名为'水硫黄'。"又朱弁《曲洧旧闻》卷四载："藜有二种，红心者俗呼为红灰藋。古人食之多以为羹，

---

① （宋）陈直著，（元）邹铉增续，黄瑛整理：《寿亲养老新书》卷一《夏时摄养》，人民卫生出版社2007年版，第16页。

所谓'藜羹不糁'是也。而今人少有食者，岂园蔬多品而不顾乎？……仙方用之为秘药，或入烧炼药，多取红心者，易名为鹤顶草"。利用草木制成的丹药养生，具有见效快、毒副作用小等优点，受到了宋代服食养生者的广泛欢迎。有学者还把宋代中草药价格出现大幅度攀升的原因归之于当时的草木养生之法取代了金石养生之术①。

2. 节制饮食、食粥养生等日常养生方法的流行

宋代时，对世俗大众最具吸引力的养生方式开始转向日常饮食养生。这种转变可以从唐宋文人士大夫对日常饮食养生的不同态度上看出来。唐代的文人士大夫很少关注日常饮食养生，而宋代的许多文人士大夫对日常饮食养生则表现出极大的兴趣。如苏轼认为："养生者，不过慎起居饮食、节声色而已。节慎在未病之前，而服药于已病之后。"② 张耒称："大抵养性命，求安乐，亦无深远难知之事，正在寝食之间耳。"③ 李之彦《东谷所见·药石》称："吾辈宜何策，且宜于饮食、衣服上加谨。古人首重食医，春多酸，夏多苦，秋多辛，冬多咸，调以滑甘，平居必节饮食。饭后行三十步，不用开药铺。饮食之加谨者，此也。"

就具体的饮食养生方法而言，节制饮食尤其受到宋人的赞同。在宋代，实行节制饮食以养生的人们遍及社会各阶层，特别是宋代的文人士大夫们更是视节制饮食为养生秘诀。如苏轼提倡"已饥方食，未饱先止"④。张杲云："某见数老人，饮食至少，其说亦有理。内侍张茂则每食不过粗饭一盏许，浓腻之物绝不向口。老而安宁，年八十余卒。茂每劝人必曰：'旦暮少食，无大饱。'王晢

———————————

① 李肖：《论唐宋饮食文化的嬗变》，首都师范大学 1999 届中国古代史专业博士学位论文。

② （宋）苏轼：《东坡志林》卷一《记三养》，中华书局 1981 年版，第12 页。

③ （宋）张耒：《柯山集》卷四二《粥记赠邠老》，文渊阁《四库全书》第 1115 册，第 368 页。

④ （宋）苏轼：《东坡志林》卷一《养生说》，中华书局 1981 年版，第7 页。

龙图造食物必至精细，食不尽一器，食包子不过一二枚尔，年八十卒。临老尤康强，精神不衰。王为予言：'食取补气，不饥即已。饱生众疾，至用药物消化，尤伤和也。'刘元秘监食物尤薄，仅饱即止，亦年八十而卒。刘监尤喜饮酒，每饮酒更不食物，啖少果实而已。循州苏侍郎，每见某即劝令节食，言食少则即脏气流通而少疾。苏公贬瘴乡累年，近六十而传闻亦康健无疾，盖得其力也。苏公饮酒而不饮药，每与客食，未饱公已舍匕箸。"① 张端义甚至说："人有不节醉饱，不谨寒暑，孰谓人为万物之灵。"② 这都是主张少食及不吃肥腻的例子。

食粥养生也受到了宋代文人士大夫们的高度重视。张耒《粥记赠邠老》云："张安定每晨起，食粥一大碗，空腹胃虚，谷气便作，所补不细，又极柔腻，与肠腑相得，最为饮食之良。妙齐和尚说山中僧，每将旦一粥，甚系利害，如或不食，则终日觉脏腑燥渴，盖能畅胃气，生津液也。今劝人每日食粥，以为养生之要，必大笑。"③ "后又见东坡一帖云：夜坐饥甚，吴子野劝食白粥。云能推陈致新，利膈养胃。僧家五更食粥，良有以也。粥既快美，粥后一觉尤不可说。"④

除节制饮食和食粥外，宋代文人士大夫还热衷于其他的饮食养生方式。如王辟之《渑水燕谈录》卷八《事志》载"今并、代间士人多以长松参甘草、山药为汤"，认为"服之益人，兼解诸虫毒"。即使饮水，宋代士人亦多讲究，苏轼谓："时雨降，多置器广庭中，所得甘滑不可名，以泼茶煮药，皆美而有益，正尔食之不

① （宋）张杲：《医说》卷七《勿过食》引张太史《明道杂记》，文渊阁《四库全书》第 742 册，第 166 页。

② （宋）张端义：《贵耳集》卷下，文渊阁《四库全书》第 865 册，第 462 页。

③ （宋）张耒：《柯山集》卷四二，文渊阁《四库全书》第 1115 册，第 368 页。

④ （宋）费衮：《梁溪漫志》卷九《张文潜粥记》，文渊阁《四库全书》第 864 册，第 756 页。

辍，可以长生。其次井泉甘冷者，皆良药也。"① 一些宋代士人在日常饮食小节上也很注意养生保健，如胡瑗判国子监时，经常教导学生："食饱未可据案，或久坐，皆于气血有伤，当习射投壶游息焉。"②

除文人士大夫之外，宋代的普通民众也并非与日常饮食养生无缘，具有养生保健功能的各种汤饮在宋代的盛行，并成为各地待客的通用饮料，从一个侧面反映出宋代社会对饮食养生的广泛参与。

二、日益深入人心的食疗学

（一）"食疗为先"思想的广泛传播

宋代时，食疗为先的思想更加深入人心，得到了越来越多的认同。

1. 医药学界对"食疗为先"原则的继承和发扬

食疗为先的治疗原则首先在医药学界得到了继承和发扬，成书于宋太宗淳化三年（992 年）的王怀隐《太平圣惠方·食治》载："安人之本，必资于食；救疾之道，乃凭于药，故摄生者先须洞晓病源，知其所犯，以食治之，食疗不愈，然后命药。"陈直《养老奉亲书·饮食调治》称："若有疾患，且先详食医之法，审其症状，以食疗之，食疗未愈，然后命药，贵不伤其脏腑也。"③"其水陆之物为饮食者，不啻千品。其五色、五味、冷热、补泻之性，亦皆禀于阴阳五行，与药无殊……人若能知其食性，调而用之，则倍胜于药也。缘老人之性，皆厌于药而喜于食，以食治疾胜于用药。况是老人之疾，慎于吐利，尤宜用食以治之。凡老人有患，宜先以食治，食治未愈，然后命药，此养老人之大法也。是以善治病

---

① （宋）苏轼：《东坡志林》卷一《论雨井水》，中华书局 1981 年版，第 8 页。

② （宋）朱熹：《五朝名臣言行录》卷十，四部备要本。

③ （宋）陈直著，（元）邹铉增续，黄瑛整理：《寿亲养老新书》卷一《饮食调治》，人民卫生出版社 2007 年版，第 1 页。

者，不如善慎疾；善治药者，不如善治食。"①

除强调有病先以食治外，宋代医药学家们还普遍强调饮食辅助治疗的价值。如王怀隐《太平圣惠方·食治》称："（产后）若饮食失节，冷热乘理，血气虚损，因此成疾。药饵不和，更增诸病。令宜以饮食调治，庶为良矣。"陈直《养老奉亲书·医药扶持》亦言："若身有宿疾，或时发动，则随其疾状，用中和汤药顺三朝五日，自然无事。然后调停饮食，依食医之法，随食性变馔治之，此最为良也。"

2. 文人士大夫对食疗为先思想的接受

在宋代，不仅具有专门医学知识的医生们信奉食疗为先的治疗原则，就连普通的文人士大夫也接受了食疗为先的思想，黄庭坚《士大夫食时五观》云："五谷五蔬以养人，鱼肉以养老。形苦者，饥渴为主病，四百四病为客病，故须食为医药，以自扶持。是故，知足者举箸常如服药。"可以说，黄庭坚对食疗的这种看法代表了宋代文人士大夫的普遍观念。

如果说食疗为先的思想在唐代尚局限于医药学界的话，宋代时它已在文人士大夫中广为流传，并通过他们向其他阶层的人们进行广泛、深入的传播。随着越来越多人们的认同，食疗为先已成为各阶层人们广为信奉的一种社会观念。其结果是，在食疗应用的普及程度上，宋代远远超过了前代。

在宋代文献中，上至帝王将相，下至平民百姓都有利用饮食治疗的记载。如赵溍《养痾漫笔》载："孝宗尝患痢，众医不效，德寿忧之，过宫偶见小药肆，遣中使询之，曰：'汝能治痢否？'对曰：'专科。'遂宣之。至请，问得病之由。语以食湖蟹多，故致此疾。遂令诊脉，曰：'此冷痢也。其法用新采藕节细研，以热酒调服。'如其法，杵细酒调，数服即愈。德寿大喜，就以杵药金杵臼赐之。"这是宋代皇帝食疗的例子。

彭乘《墨客挥犀》卷八载："王文正太尉气羸多病，真宗面赐

_____

① （宋）陈直著，（元）邹铉增续，黄瑛整理：《寿亲养老新书》卷一《食治养老序》，人民卫生出版社2007年版，第24页。

药酒一瓶，令空腹饮之，可以和气血、辟外邪。文正饮之，大觉安健。因对称谢，上曰：'此苏合香酒也。每一斗酒以苏合香丸一两同煮，极能调五脏、却腹中诸疾。每冒寒，夙兴则饮一杯。'因各出数榼赐近臣，自此臣庶之家皆效为之。"这是宋代王公大臣食疗的例子。

赵葵《行营杂录》载："松阳县民有被殴，经县验伤。翊日引验，了无瘢痕。宰怪而诘之，乃仇家使人要归，饮以熟麻油酒，卧之，火烧地上，觉而疼肿尽消。"这是宋代普通百姓食疗的例子。

（二）食疗方法的继承和发展

宋代的食疗方法在继承前代的基础上又有了进一步发展。宋代的不少医药文献载有食疗方面的内容，如王怀隐《太平圣惠方·食治》中记载了 28 种疾病的治疗方法，像糖尿病患者宜饮牛乳，水肿病患者要吃鲤鱼粥等。宋徽宗赵佶《圣济总录·食治门》中也记载有 30 种治疗各种疾病的食治方法。北宋陈直《养老奉亲书》对老人的食疗提出了许多重要的、富有创新意义的见解，在"食治老人诸疾方"中，陈直共收录养老益气、眼目、耳聋耳鸣、五劳七伤、虚损羸瘦、脾胃气弱、泻痢、渴热、水气、喘嗽、脚气、腰脚疼痛、诸淋、噎塞、冷气、诸痔、诸风等 17 种老年病症的食疗方剂 162 个。

1. 大量采用动物"杂碎"或普通食物作为食疗配膳

同唐代一样，宋代亦大量采用动物"杂碎"作为食疗配膳。以陈直《养老奉亲书·食治老人诸疾方》为例，其中所用到的动物"杂碎"有：白羊头蹄、白羊头、水牛头、乌驴头、兔头、鹿头、猪颐、大羊尾骨、大羊脊骨、白羊脊骨、羊脊膜肉、羊髓、鹿髓、鲤鱼脑髓、水牛皮、猪肚、獖猪肚、羊肝、青羊肝、猪肝、獖猪肝、乌鸡肝、猪肾、鹿肾、羊肾、猪脾、羊血、猪肪脂、野驼脂、雁脂、乌鸡脂等。

与唐代不同的是，宋代的食疗配膳常取普通食物为之，特别侧重于食物本身所具有的医疗作用，药物配伍较少或不用，可谓名副其实的食疗，为以前饮食疗法的水平所难及。如"治胸腹虚冷，下痢赤白"的鲫鱼粥，以"鲫鱼四两切作鲙，粳米三合，右以米和鲙作粥，入盐椒葱白，随性食之"①；"治小便多数，瘦损无力，宜食羊肺羹方。羊肺一具细切，右入酱醋五味，作羹食之"②；柳叶韭，"韭菜嫩者，用姜丝、酱油、滴醋拌食，能利小水，治淋病"③。

2. 食疗饮食品种的丰富

宋代食疗的饮食品种也比唐代更为丰富，如林洪《山家清供》一书所列的食疗方剂，"就有诸如饭、粥、面、淘、索饼、馎饦、饨馄、糕、饼、脯、煎、菜、羹、酒、茶等多种食疗的形式与方法"④。陈直《养老奉亲书·食治老人诸疾方》中的食疗饮食品种有：粥、索饼、馎饦、饨馄、饭、饼子、煎饼、煮菜、炙菜、蒸菜、煨果、熟脍、生脍、羹、臛、乳、煎、饮、汤、汁、茶、酒、散等。它们中既有各种主食，又有多种菜肴，还有茶、酒、乳、汤等，基本涵盖了宋代日常食品、饮品的种类。

从各种食品、饮品出现的次数来看，宋代食疗最经常采用的形式是粥羹（含臛），其次是汤饮，这说明宋代食疗的形式与唐代相比变化并不太大。同唐代一样，宋代其他形式的食疗饮食也以煮制为主，多制作得十分软烂，利于病人的消化吸收。这些都表明了宋代全面继承了唐代的食疗形式。

3. 食疗服用方式的扩展

同唐代一样，服用食疗饮食时，宋代也多以空腹趁热食用为主，如"食治老人耳聋不差鲤鱼脑髓粥方。鲤鱼脑髓（二两）、粳米三合。上，煮粥，以五味调和，空腹服之"⑤。

在前代的基础上，宋人还探索出不少其他更为有效的食疗服用

---

① （宋）王怀隐：《太平圣惠方》卷九六《食治》，人民卫生出版社1958年版，第3090~3091页。

② （宋）王怀隐：《太平圣惠方》卷九六《食治》，人民卫生出版社1958年版，第3103页。

③ （宋）林洪：《山家清供》卷上，《丛书集成》初编本，第8页。

④ 陈伟明：《唐宋饮食文化初探》，中国商业出版社1993年版，第72页。

⑤ （宋）陈直著，（元）邹铉增续，黄瑛整理：《寿亲养老新书》卷一《食治老人诸疾方》，人民卫生出版社2007年版，第29页。

方式。如陈直《养老奉亲书·食治老人诸疾方》载："食治老人五淋、秘涩、小便禁痛、膈闷不利蒲桃浆方。蒲桃汁（一升）、白蜜（三合）、藕汁（一升）。右相和，微火温，三沸即止。空心服五合，食后服五合，常以服之殊效"。这是空心与食后相配合的服用方式。"食治老人痔病、下血不止、日加羸瘦无力、鸲鹆散方。鸲鹆（五只，治洗令净，曝令干）。右捣为散，空心以白粥饮服。二方寸匕，日二服最验。亦可炙食任性。"这是与粥一起服用的方式。宋人赵溍《养疴漫笔》载："治嗽方甚多，余得一方，甚简。但用香橼去核，薄切作细片，以时酒同入砂瓶内，煮令熟烂，自昏至五更为度，用蜜拌匀，当睡中唤起，用匙挑服，甚效。"这是夜间服用的方式。

宋代还发明了两种食疗饮食先后配合的食疗方法，陈直《养老奉亲书·食治老人诸疾方》载："治老人大虚羸困，极宜服煎猪肪方。猪肪（不中水者半斤）。右入葱白一茎于铫内，煎令葱黄即止，候冷暖如身体，空腹频服之，令尽。暖盖覆卧至日晡，后乃白粥调糜，过三日后宜服羊肝羹。羊肝羹方，羊肝（一具，去筋膜，细切）、羊脊膂肉（二条，细切）、曲末（半两）、枸杞根（五斤，剉，以水一斗五升，煮取四升，去滓）。右用枸杞汁煮前羊肝等，令烂，入豉一小盏，葱白七茎，切，以五味调和作羹，空腹食之。后三日，慎食如上法。"

4. 对因人、因地、因时而膳的继承

宋代也继承了唐代食疗因人、因地、因时而膳的传统。以陈直《养老奉新书》为例，此书是一本专为老年人所写的食疗专著，书中所载的不少食疗方剂也考虑到了地域、季节等因素对食疗效果的影响，如"食治老人膈上风热、头目赤痛、目赤晾荒竹叶粥方。竹叶（五十片，洗净），石膏（三两），砂糖（一两），浙粳米（三合）。上以水三大盏，煎石膏等二味，取二盏去滓澄清，用煮粥，入砂糖食之"①。"食治老人上气急、喘息不得、坐卧不安猪颐酒

---

① （宋）陈直著，（元）邹铉增续，黄瑛整理：《寿亲养老新书》卷一《食治老人诸疾方》，人民卫生出版社 2007 年版，第 28 页。

方。猪颐（三具，细切）、青州枣（三十枚），上以酒三升浸之，若秋冬三五日，春夏一二日。密封头。以布绞去滓，空心，温，任性渐服之，极验。切忌咸热。"①

上面两则食疗方剂中的"浙粳米""青州枣"，就是具体考虑到了不同地域所产食物的质地、性味的差异。其中，"浙粳米"性温，与北方所产性凉的粳米不同（贾铭《饮食须知》载：北粳凉，南粳温）。后则食疗方剂中的"秋冬三五日，春夏一二日"，则具体考虑到了季节因素对食疗效果的影响。

第七节　饮食习俗

一、日常饮食习俗

在日常饮食习俗方面，宋代时三餐制更为普及，垂足坐成为标准的饮食坐姿，合食制最终确立并逐渐普及开来。

（一）三餐制的普及

宋代时，三餐制比唐代更为普及，其表现有二：

一是宋代文献中出现的"飧饔"二字，更多地是泛指日常饮食而非实指两餐。如吕南公《灌园集》卷十八《忠戒》云："余馆郑氏书堂一年，其朝夕飧饔之所。"徐梦莘《三朝北盟会编》卷一三〇云："愿陛下处宫室之安，则思二圣母后蒙犯霜露之凄也。享膳羞之奉，则思二圣母后不给饔飧之惨也。"宗武《山行乡友遗五言》云："且勤远致馈，与客叨飧饔。"②

二是"一日三餐""三餐"等词汇开始大量出现在宋代文献中，如姚勉《雪坡集》卷四六《建净土院疏》载："不妨旧店新开，一日三餐要使饥人饱去，请挥椽笔速注宝衔。"谢薖《与诸友

---

① （宋）陈直著，（元）邹铉增续，黄瑛整理：《寿亲养老新书》卷一《食治老人诸疾方》，人民卫生出版社 2007 年版，第 39 页。
② （宋）卫宗武：《秋声集》卷一《五言古诗》，文渊阁《四库全书》第 1187 册，第 642 页。

汲同乐泉烹黄蘖新芽》云："寻山拟三餐，放箸欣一饱。"① 邵浩
《坡门酬唱集》卷一六苏轼《栾城和》云："身世俱一梦，往来适
三餐。"

（二）垂足坐的盛行

与唐代相比，宋代的饮食坐姿日益统一，跪坐和盘腿坐都已消
失，"毫无疑问地，宋代的坐礼本质上发生了转变：宋人已经从席
子移到椅子上了"②，垂足坐已成为宋代标准的饮食坐姿。庄绰
《鸡肋编》卷下《唐有坐席遗风》载："古人坐席，故以伸足为箕
倨。今世坐榻，乃以垂足为礼，盖相反矣。盖在唐朝，犹未若
此。"在宋代传世的绘画作品和墓室壁画中，也可清楚地看到垂足
坐是宋代唯一的饮食坐姿。

宋代餐饮所用家具的高度也比唐代更高，如宋代摆放食物的高
足桌子普遍取代了唐代相对低矮的食床或大案。就坐具而言，宋代
的椅子、凳子等坐具虽然也有所增高，使人们垂足而坐更为舒适，
但与摆放食物的桌子相比，椅子、凳子等坐具相对较低，彻底改变
了唐代那种食物与食客处于同一水平高度的状况，使人们取食更为
方便。

宋代时，椅子、凳子等坐具的使用也逐渐普及了，陆游《老
学庵笔记》卷四载："徐敦立言：往时士大夫家，妇女坐椅子杌
子，则人皆讥笑其无法度。梳洗床、火炉床家家有之。"徐敦立为
两宋之际的士人，北宋神宗时曾知滁州，南宋高宗时官至侍郎。徐
敦立所言的"往时"当为北宋中后期。"从'往时'两个字可知，
在陆游记载这文时，妇女使用椅子已经没有人觉得失礼了。"③ 可
见，无论是从坐姿，还是从坐具来看，宋代的情景已与现代基本一
致了。

---

① （宋）谢薖：《竹友集》卷一《古诗》，文渊阁《四库全书》第1122
册，第562页。

② 柯嘉豪：《椅子与佛教流传的关系》，蒲慕州主编：《生活与文化》，
中国大百科全书出版社2005年版，第246页。

③ 柯嘉豪：《椅子与佛教流传的关系》，蒲慕州主编：《生活与文化》，
中国大百科全书出版社2005年版，第245页。

（三）合食制的确立

宋代时，共器共餐的合食制最终确立，并逐渐普及，成为影响中国一千余年的主流饮食方式。合食制的普及，不仅满足了人们一次宴饮品尝多种菜肴风味的需要，也为食品菜肴的创新开辟了更为广阔的空间。共器共餐，能够使多数食物菜肴保持相对完整。因此，合食制在客观上促进了中国烹饪技术的进步，促进了中国饮食美学的发展，使食品菜肴的色、香、味、形、器更为统一。

在合食制全面普及的情况下，宋代还出现了"白席人"这一职业，孟元老《东京梦华录》卷四《筵会假赁》载："以至托盘、下请书、安排坐次、尊前执事、歌说劝酒，谓之白席人。"王仁湘先生认为："白席人就是会食制的产物，他的主要职责是统一食客行动、掌握宴饮速度、维持宴会秩序。"①

在坐次安排上，宋人多在桌子的两边对坐，这种情景可以从张择端《清明上河图》所绘饮食店肆内的桌凳摆放可以看出。在桌子的三面围坐也很常见，施耐庵《水浒传》中亦有多处这样的描写，如第二十三回《横海郡柴进留宾 景阳冈武松打虎》中，宋江、武松、宋清三人在酒店里吃酒，"宋江上首坐了，武松倚了梢棒，下席坐了，宋清横头坐定"；第二十四回《王婆贪贿说风情 郓哥不忿闹茶肆》中，武大宴请武松，"武大叫妇人坐了主位，武松对席，武大打横"。这是宋代三人宴饮的坐次，主人一般打横。三人以上宴饮，坐次仍是如此，如第二十六回《偷骨殖何九叔送丧 供人头武二郎设祭》中，武松宴请嫂子潘金莲和开茶坊的王婆、开银铺的姚二郎姚文卿、开纸马铺的赵四郎赵仲铭、卖馉饳儿的张公等四邻，6 人的坐次为：潘金莲坐主位，其下为姚文卿、张公，王婆坐对席，其下为赵仲铭，主人武松坐在横头。

四面围坐合食的情景在宋代也已经出现了，如在宋徽宗赵佶《文会图轴》中，在宽大的方桌四周都安放有圆凳。在三面或四面围坐合食的情况下，最尊的上座由席口转向了最里边。

---

① 王仁湘：《饮食与中国文化》，人民出版社 1993 年版，第 292 页。

二、节日饮食习俗

宋代的节日众多，其节日习俗多与饮食有关。现选取宋代比较重要的元日、上元、社日、寒食、端午、七夕、中秋、重阳、腊八、冬至等十个节日，简要叙述其节日饮食习俗。

（一）元日

正月初一的元日（亦称旦日），是宋代最重要的节日之一。元日饮屠苏酒、椒柏酒、食胶牙饧的风俗在宋代仍很盛行，如宋人王安石《元日》诗称："爆竹声中一岁除，春风送暖入屠苏。"① 陆游《丙寅元日》诗称："家家椒酒欢声里，户户桃符霁色中。"② 彭汝砺《元日》诗云："柏酒人怀远，饧盘客荐新。"③

元日食春盘的风俗在宋代已经式微，只在少数地区还有其遗风。但宋代形成了不少新的元日饮食习俗，如元日食馎饦，当时有"冬至馄饨年馎饦"的俗语，陆游《新岁》云："老庖供馎饦，跣婢暖屠苏。"④ 宋人在元日期间还喜欢以各种食物、果实等从事关扑（赌博），以占一年气运。晚上，人们"入市店饮宴，惯习成风，不相笑讶"。即使那些贫穷小民，"亦须新洁衣服，把酒相酬尔。"⑤

（二）上元

上元为正月十五。宋代时，焦䭔是上元节最重要的节食。《岁时杂记》载："京师上元节食焦䭔，最盛且久。又大者，名柏头焦

---

① （宋）王安石撰，冯惠民、曹月堂整理：《王安石集》卷二七，国际文化出版公司1997年版，第343页。

② （宋）陆游撰，钱仲联校注：《剑南诗稿校注》卷六五，上海古籍出版社2005年版，第3684页。

③ （宋）彭汝砺：《鄱阳集》卷七，文渊阁《四库全书》第1101册，第256页。

④ （宋）陆游撰，钱仲联校注：《剑南诗稿校注》卷六五，上海古籍出版社2005年版，第3685页。

⑤ （宋）孟元老撰，伊永文笺注：《东京梦华录笺注》卷六《正月》，中华书局2006年版，第514页。

馉。凡卖馉必鸣鼓，谓之'馉鼓'。"①

宋代上元节还有一些新兴的节日食品，如蚕丝饭、科斗羹、圆子和盐豉汤等。蚕丝饭，据《岁时杂记》载："捣米为之，朱绿之，玄黄之，南人以为盘飧。"② 科斗羹亦称科斗，系用绿豆粉制成。圆子即后世的元宵，它"煮糯为丸，糖为臛"③。

元宵是从油馉演变而来的，油馉不经油炸，而经水煮，即为元宵。上元元宵和中秋月饼一样，含有家人团圆之意，因而南宋周必大《元宵煮浮圆子，前辈似未曾赋此，坐间成四韵》诗云："今夕是何夕，团圆事事同。"④ 盐豉汤是以盐豉为捻头，杂肉相煮的汤羹。

（三）社日

宋代的春、秋二社是十分受重视的民间节日。除传统的社日节食外，社饭、社糕、鏊饼等开始成为宋代新的节日食品，孟元老《东京梦华录》卷八《秋社》云："八月秋社，各以社糕、社酒相赍送。贵戚宫院以猪羊肉、腰子、奶房、肚肺、鸭饼、瓜姜之属，切作棋子片样，滋味调和，铺于饭上，谓之'社饭'，请客供养。"吕原明《岁时杂记》云："社日人家旋作鏊饼，佐以生菜、韭、豚肉。"⑤

宋代社日的节食具有了更深的民俗内涵，如人们开始相信社酒治聋、社饭宜子等说法⑥。宋人李涛《春社日寄李学士》云："社

---

① （宋）陈元靓：《岁时广记》卷一一《咬焦馉》引，中华书局1999年版，第116页。

② （宋）陈元靓：《岁时广记》卷一一《作盘飧》引，中华书局1999年版，第116页。

③ （宋）陈元靓：《岁时广记》卷一一《卖节食》引《岁时杂记》，中华书局1999年版，第117页。

④ （清）陈焯编：《宋元诗会》卷三八，文渊阁《四库全书》第1463册，第587页。

⑤ （宋）陈元靓：《岁时广记》卷一四《作鏊饼》引，中华书局1999年版，第150页。

⑥ 萧放：《岁时——传统中国民众的时间生活》，中华书局2002年版，第137页。

翁今日没心情，为乏治聋酒一瓶。"① 宋人叶庭珪《海录碎事》在引用此诗时，称"俗言社日酒治聋"②。宋代社饭将荤素菜切成"棋子"片样，棋子谐音"祈子"，"其包括祈求生殖力量的意义，不言自明"③。

（四）寒食

宋代时，寒食节的地位很高，与冬至、元日并称为三大节。为了准备寒食节所需的食物，宋人把寒食节前一日称为"炊熟日"，而把寒食当天称为"大寒食"，次日称为"小寒食"。

两宋时期，不少传统的寒食食物的名称也发生了变化。寒具改称"馓子""环饼"，庄绰《鸡肋编》卷上《馓子》云："食物中有'馓子'，又名'环饼'，或曰即古之'寒具'也。"子推蒸饼改称为"子推""子推燕""枣锢飞燕""枣锢"等，孟元老《东京梦华录》卷七《清明节》云："用面造枣锢飞燕，柳条串之，插于门楣，谓之子推燕。"传统的寒食麦粥在宋代也易名为"醴酪"。

宋代时，寒食期间出现了不少新的节日食品，如薸叶饭、姜豉冻肉、腊肉等。吕原明《岁时杂记》载："寒食以糯米合采薸叶裹以蒸之，或加以鱼鹅肉、鸭卵等，又有置艾一叶于其下者。"④"寒食煮豚肉，并汁露顿，候其冻取之，谓之姜豉。以荐饼而食之，或剡以匕，或裁以刀，调以姜豉，故名焉。"⑤ "去岁腊月糟

---

① （清）厉鹗辑撰：《宋诗纪事》卷二，上海古籍出版社 1983 年版，第 32 页。

② （宋）叶庭珪：《海录碎事》卷二《社门·治聋酒》，文渊阁《四库全书》第 921 册，第 44 页。

③ 萧放：《岁时——传统中国民众的时间生活》，中华书局 2002 年版，第 143 页。

④ （宋）陈元靓：《岁时广记》卷一五《蒸糯米》引，中华书局 1999 年版，第 163 页。

⑤ （宋）陈元靓：《岁时广记》卷一五《冻姜豉》引，中华书局 1999 年版，第 163 页。

豚肉挂灶上，至寒食取以啖之，或蒸或煮，其味甚珍。"①

（五）端午

五月五日为端午节。宋代的端午粽子种类很多，吕原明《岁时杂记》云："端午粽子，名目甚多，形制不一，有角粽、锥粽、茭粽、筒粽、秤锤粽，又有九子粽。"②宋室南渡后，在行在临安还出现了"巧粽"，周密《武林旧事》卷三《端午》载："糖蜜巧粽，极其精巧……巧粽之品不一，至结为楼台舫辂。"

宋代时，端午的团类食品更加丰富，制作更加精巧，孟元老《东京梦华录》卷八《端午》记载有白团和五色水团。吕原明《岁时杂记》云："端午作水团，又名白团。或杂五色人兽花果之状，最精者名滴粉团，或加麝香。又有干团不入水者。"③

宋代还出现了"果子"这一新的端午节食，端午节"果子"的种类甚多，香糖果子是用"紫苏、菖蒲、木瓜并皆茸切，以香药相和"④。吕原明《岁时杂记》云："都人以菖蒲、生姜、杏、梅、李、紫苏，皆切如丝，入盐曝干，谓之百草头。或以糖、蜜渍之，纳梅皮中，以为酿梅。皆端午果子也。"⑤

（六）七夕

七月七日为七夕节，又称乞巧节，其节日食品为各种巧果。宋代的巧果品种繁多，据孟元老《东京梦华录》卷八《七夕》载："又以油面糖蜜造为笑靥儿，谓之'果食'，花样奇巧百端，如捺香方胜之类。若买一斤，数内有一对被介胄者，如门神之像，盖自

---

① （宋）陈元靓：《岁时广记》卷一五《煮腊肉》引，中华书局1999年版，第164页。

② （宋）陈元靓：《岁时广记》卷二一《作角粽》引，中华书局1999年版，第237页。

③ （宋）陈元靓：《岁时广记》卷二一《造白团》引，中华书局1999年版，第237页。

④ （宋）孟元老撰，伊永文笺注：《东京梦华录笺注》卷八《端午》，中华书局2006年版，第753~754页。

⑤ （宋）陈元靓：《岁时广记》卷二一《干草头》引，中华书局1999年版，第238页。

来风流，不知其从，谓之‘果食将军’。”“笑靥儿”即花色面果，“花样奇巧百端”说明品种繁多精巧，以精巧的面果作为“乞巧节”的食品，正含有乞巧之意。南宋时，“笑靥儿”等果食依旧流行。后来，逐渐演变为茶食店的品种了①。宋代新出现的七夕节食为“花瓜”，花瓜是“以瓜雕刻成花样”②。宋代时，煎饼也是七夕的节食，吕原明《岁时杂记》云：“七夕，京师人家亦有造煎饼供牛女及食之者。”③

（七）中秋

宋代时，中秋节在民间渐渐流行开来，并形成了中秋节饮新酒的习俗，孟元老《东京梦华录》卷八《中秋》载：“中秋节前，诸店皆卖新酒，重新结络门面彩楼，花头画竿，醉仙锦旆，市人争饮。至午未间，家家无酒，拽下望子。”

中秋正值收获之季，螯蟹和石榴、榅勃、梨、枣、栗、葡萄、弄色柑橘等果品开始上市，成为中秋节的应节食品。当然，月光银辉之卜的赏月夜宴更是受到人们的欢迎，“中秋夜，贵家结饰台榭，民间争占酒楼玩月，丝篁鼎沸。”④ 宋代的不少诗词也反映了人们中秋宴饮赏月的情景，如北宋苏轼《水调歌头·中秋》云：“明月几时有，把酒问青天。”⑤

（八）重阳

九月九日为重阳节。其节日食品重阳糕在宋代获得重大发展，糕面开始有了多种装饰。万象糕“多以小泥象糁列糕上”，食禄糕

---

①　邱庞同：《中国面点史》，青岛出版社 1995 年版，第 68 页。

②　（宋）孟元老撰，伊永文笺注：《东京梦华录笺注》卷八《七夕》，中华书局 2006 年版，第 781 页。

③　（宋）陈元靓：《岁时广记》卷二六《造煎饼》引，中华书局 1999 年版，第 304 页。

④　（宋）孟元老撰，伊永文笺注：《东京梦华录笺注》卷八《中秋》，中华书局 2006 年版，第 814 页。

⑤　余冠英主编：《唐宋八大家全集·苏轼集》卷一一五《补遗》，国际文化出版公司 1997 年版，第 2217 页。

"每糕上置小鹿子数枚"①，狮蛮糕"上插剪彩小旗，掺钉果实，如石榴子、栗子黄、银杏、松子肉之类。又以粉作狮子蛮王之状，置于糕上，谓之'狮蛮'"②。由于糕面上有多种装饰，所以重阳糕在宋代以后又多称为"花糕"。宋代制糕原料多样化，各种坚果、肉类开始成为重阳糕的重要原料。

宋代重阳糕的内涵更为丰富，食糕习俗更加多姿多彩。据吕原明《岁时杂记》载："以片糕搭儿女头上，乳保祝祷云：'百事皆高'。"③这是宋人借助糕的谐音祝福子女事事高升。宋代重阳节还有接出嫁的女儿回家吃糕的习俗④。除此之外，宋代的重阳糕还增添了不少佛家色彩，如狮蛮糕上的狮蛮形象，据说为文殊菩萨骑狮子骑像，蛮人牵之。很显然狮蛮糕是佛家文化对传统的重阳节长期浸润的结果。

宋代时，重阳登高宴饮的习俗仍盛行不衰，如北宋都城东京，重阳这天人们多出郊外登高，聚会宴饮⑤。

（九）腊八

从五代时起，腊八节开始成为一个僧俗共享的节日，人们对传统腊祭的热情已经被新兴的礼佛施粥所取代。北宋时，腊八煮食腊八粥的习俗就已经非常流行了，孟元老《东京梦华录》卷十载，十二月八日"诸大寺作浴佛会，并送七宝五味粥与门徒，谓之腊八粥。都人是日各家亦以果子杂料煮粥而食也"。宋室南渡后，腊八煮食腊八粥的习俗继续盛行，周密《武林旧事》卷三《岁晚节

① （宋）陈元靓：《岁时广记》卷三四《食鹿糕》引《皇朝岁时记》，中华书局1999年版，第382页。
② （宋）孟元老撰，伊永文笺注：《东京梦华录笺注》卷八《重阳》，中华书局2006年版，第817页。
③ （宋）陈元靓：《岁时广记》卷三四《百事糕》引，中华书局1999年版，第382页。
④ （宋）孟元老撰，伊永文笺注：《东京梦华录笺注》卷五《秋社》，中华书局2006年版，第807页。
⑤ （宋）孟元老撰，伊永文笺注：《东京梦华录笺注》卷八《重阳》，中华书局2006年版，第817页。

物》载："（十二月）八日，则寺院及人家用胡桃、松子、乳蕈、柿栗之类作粥，谓之'腊八粥'。"吴自牧《梦粱录》卷六《十二月》载："此月八日，寺院谓之'腊八'。大刹等寺俱设五味粥，名曰'腊八粥'。"寺院熬制的腊八粥有相当一部分用于馈送施主香客，以感谢他们一年来对寺院的施舍。

（十）冬至

宋人最重冬至，冬至在民间生活中的地位甚至超过了年节，民间有"肥冬瘦年"之谚。事实上，宋人也是将冬至作为年节来过的，孟元老在追忆东京节令生活时说："冬至，京师最重此节。虽至贫者，一年之间，积累假借，至此日，更易新衣，备办饮食，享祀先祖，官放关扑，庆贺往来，一如年节。"

为强调冬至的地位，宋人甚至把冬至前一夜称为"冬除"，吕原明《岁时杂记》云："冬至既号'亚岁'，俗人遂以冬至前之夜为'冬除'，大率多仿岁除故事而差略焉。"① 与除夕守岁相似，宋人在"冬除"时也要"守冬"，金盈之《醉翁谈录》卷四《十二月》云："守冬爷长命，守岁娘长命。"

宋代冬至的节日食品为馄饨（即今天的饺子），吕原明《岁时杂记》云："京师人家，冬至多食馄饨，故有'冬馄饨年馎饦'之说。又云：'新节已故，皮鞋底破，大捏馄饨，一口一个。'"② 冬至时，宋人"享先则以馄饨"③。由于宋人对冬至节的重视，宋代的馄饨也得到了较大的发展，出现了不同口味的馄饨："贵家求奇，一器凡十余色，谓之百味馄饨。"④

---

① （宋）陈元靓：《岁时广记》卷三八《号冬除》引，中华书局1999年版，第414页。
② （宋）陈元靓：《岁时广记》卷三八《食馄饨》引，中华书局1999年版，第418页。
③ （宋）周密：《武林旧事》卷三《冬至》，文化艺术出版社1998年版，第359页。
④ （宋）周密：《武林旧事》卷三《冬至》，文化艺术出版社1998年版，第359页。

三、人生礼仪食俗

(一) 生育食俗

宋代的育子风俗很多,据孟元老《东京梦华录》卷五《育子》载:宋人在临产前、小孩子出生三日、七日、满月、百日、周岁都要举行特定的习俗。这些习俗多与饮食密切相关,以宋人最为重视的满月为例:"至满月则生色及绷绣钱,贵富家金银犀玉为之,并果子,大展'洗儿会'。亲宾盛集,煎香汤于盆中,下果子、彩、钱、葱、蒜等,用数丈彩绕之,名曰'围盆'。以钗子搅水,谓之'搅盆'。观者各撒钱于水中,谓之'添盆'。盆中枣子直立者,妇人争取食之,以为生男之征。"①

"洗儿会"所用的各种食物具有很强的象征、祝福的含义,如葱谐音"聪",意在祝福新生儿聪明,苏轼《洗儿》云:"人皆养子望聪明,我被聪明误一生。惟愿孩儿愚且鲁,无灾无难到公卿。"② 蒜谐音"算",可能是祝福新生儿长大后能打会算,或会算计、有谋略。至于枣子,含有"早得贵子"之意,所以盆中直立的枣子才是"生男之征",被妇人们抢食。

(二) 婚庆食俗

宋代婚姻礼仪中涉及饮食的名称有"许口酒""回鱼箸""撒谷豆""走送""交杯酒""煖女"等,它们在宋人的婚姻程序中具有特定的、不可替代的意义和作用。

"许口酒"为双方议亲时,男家送给女家的酒。男家"以络盛酒瓶,装以大花八朵,罗绢生色或银胜八枚,又以花红缴檐上,谓之'缴檐红'"。女家则用"回鱼箸"回礼:"以淡水二瓶,活鱼三五个,箸一双,悉送在元酒瓶内,谓之'回鱼箸'。"

迎娶时,"新妇下车子,有阴阳人执斗,内盛谷豆钱菓草节

---

① (宋) 孟元老撰,伊永文笺注:《东京梦华录笺注》卷五《育子》,中华书局 2006 年版,第 503~504 页。

② 余冠英主编:《唐宋八大家全集·苏轼集》卷二九《洗儿》,国际文化出版公司 1997 年版,第 538 页。

等，咒祝望门而撒，小儿辈争拾之，谓之'撒谷豆'，俗云厌青羊等杀神也"。

新妇入门后，众宾客就筵前饮三杯酒。"其送女客急三盏而退，谓之'走送'。"合髻（结发）仪式举行完后，人们用彩帛把两只酒盏结起来，让新郎新娘互饮一盏，称"交杯酒"。饮后，把酒盏置于床下，盏一仰一合，象征着天翻地覆，阴阳和谐。

婚后女婿要到女方家"拜门"，女家备办酒殽款待。亲迎三日后，"女家送彩段油蜜蒸饼，谓之'蜜和油蒸饼'。其女家来作会，谓之'煖女'。"①

（三）寿诞食俗

宋代时，民间做寿之风已广泛流行，出现了两种新的生日庆寿食品，一是面桃，二是面龟。面桃又有两种，仙桃及子母仙桃。之所以选用仙桃作为生日庆寿食品，是由于传说天宫中的西王母种植有仙桃，三千年一熟，人食后能长生不老。面龟也有两种，寿带龟及子母龟。中古以前，龟的名声尚佳，有"灵龟""神龟"之称，由于龟的寿命很长，所以龟也是长寿的象征。因此，宋人选用面桃、面龟作为生日庆寿食品。面龟直到元代还是"寿筵"食品，但到了明代以后，由于民间出现了用乌龟来比喻戴绿帽子的男人，龟的"名声"渐渐不佳，面龟作为庆寿食品遂消失了，而仙桃则一直流传了下来。

宋代的皇室也十分重视做寿，并将皇帝的诞生日立为"圣节"。宋代的每个皇帝都立有圣节，一些太后也立有圣节，如宋仁宗初年立刘太后正月八日生日为长宁节，宋哲宗初年立宣仁高太后七月十六日生日为建坤成节等。为庆贺帝后圣节，宋代宫廷都要举行大规模的宴饮活动。以宋徽宗的"天宁节"为例，"初十日，天宁节……初八日，枢密院率修武郎以上；初十日，尚书省宰执率宣

---

① （宋）孟元老撰，伊永文笺注：《东京梦华录笺注》卷五《娶妇》，中华书局 2006 年版，第 479~481 页。

教郎以上，并诣相国寺罢散祝圣斋筵。次赴尚书省都厅赐宴。"①
十月十二日还要在皇宫大内举行寿宴，寿宴的规格很高，为国宴级
别，与宴人员不仅有宰执、亲王、宗室、百官，还有辽、高丽、西
夏等国的正副使节。

（四）丧葬食俗

丧葬是一种特殊的民俗，丧葬仪式中的各种食物扮演了独特
的、不可替代的角色，是丧葬仪式的有机组成部分，具有丰富的民
俗内涵。在宋代的丧葬仪式中，几乎每一道丧葬程序都离不开饮
食。以司马光《书仪·丧仪》所记"卒哭"为例："执事者具馔，
如时祭，陈之于盥帨之东，用桌子、蔬果各五品，脍（今红生）、
炙（今炙肉）、羹（今炒肉）、骰（今骨头）、轩（今白肉）、脯
（今干脯）、醢（今肉酱）、庶羞（猪羊之外珍异之味）、面食（如
薄饼、油饼、胡饼、蒸饼、枣糕、环饼、捻头、馎饦）、米食（谓
黍、稷、稻、粱、粟所为饭，及粢糦、团粽、饧之类皆是也），共
不过十五品（若家贫，或乡土异宜，或一时所无，不能办此，则
各随所有。蔬果肉面米食，不拘数品，可也）。器用平日饮食器
（虽有金银无用）。设元酒一瓶（以井花水充之）。于酒瓶之西，主
人既焚香，帅众丈夫降自西阶，众丈夫盥手帨手，以次奉肉食，升
设灵座前。蔬果之北，主妇帅众妇女降自西阶，盥手帨手，以次奉
面食米食，设于肉食之北。"从其繁缛的记述中，可以看出宋人对
丧葬仪式中的饮食十分重视，规定得十分详细、具体，"这种丧葬
仪式上的饮食场面，是与宋人'事死如生'的灵魂不灭观和孝道
观密切联系在一起的"②。

按照儒家的丧仪，人们居丧期间要茹素，不得饮酒食肉、参加
宴饮。与前代相比，宋人居丧饮酒食肉、参加宴饮的现象更为普
遍，宋人司马光对此悲叹道："五代之时居丧食肉者，人犹以为异

---

① （宋）孟元老撰，伊永文笺注：《东京梦华录笺注》卷九《天宁节》，
中华书局 2006 年版，第 829 页。

② 徐海荣主编：《中国饮食史》卷四，华夏出版社 1999 年版，第 327
页。

事，是流俗之弊其来甚近也。今之士大夫，居丧食肉饮酒无异平日，又相从宴集，腼然无愧，人亦恬不为怪。礼俗之坏，习以为常。悲夫！乃至鄙野之人，或初丧未敛，亲朋则赍酒馔往劳之，主人亦自备酒馔，相与饮啜，醉饱连日。及葬，亦如之。"① 对于坚持礼法，居丧茹素，不饮酒、不食肉的楷模，宋朝官方多予以表彰。宋代士大夫们也致力于制定各种丧葬礼仪，大力倡导居丧茹素的社会风气。

第八节　饮食文化交流

两宋时期，中国经济重心南移，城市及商业日益繁荣，各民族联系逐渐加强，海上贸易开始勃兴，伴随而来的是农耕文化、游牧文化和海外异域文化之间的激烈碰撞。在此基础上，国内各区域之间、各民族之间，中国与海外诸国之间的饮食文化交流十分活跃，促进了宋代饮食文化的繁荣。

一、南北饮食文化交流

（一）北方中原地区对南方饮食文化的吸收

北宋统一南方后，南方的大米、水产品、水果、蔗糖、茶叶等经大运河源源不断地输入北方中原地区。

输入北方中原地区的南方大米，主要通过官方漕运、官委商运和商运三种形式运输。据《续资治通鉴长编》和《宋史·食货志》记载，北宋官方漕运的大米数量，平均每年约为 600 万石。官委商运，主要采用"入中法"，由东南产米区将粮食交商人运至汴京或陕西、河东，运到后取得凭证，然后到汴京或东南凭证调换钱货。商运是富商大贾利用粮食差价，"自江、淮贱市秔稻，转至京师，

---

① （宋）司马光：《不饮酒食肉》，（宋）祝穆：《古今事文类聚》前集卷五二，文渊阁《四库全书》本。

坐邀厚利。"① 为了促进粮食流通，北宋政府实行不禁米价的政策，还禁止各地州县用行政手段阻碍粮食流通。南方大米的大量流入，增加了中原居民的米食比重，稻米成为北宋中原地区广大城市居民和军队、官员的重要主粮。宋室南迁后，随着南米北运的消失，中原居民米食的机会便大大减少了。

在宋代中原居民消费的水产品中，有相当一部分是从南方输送来的，但不同时期的输入量差别较大。宋初，输入中原地区的南方水产品较少，主要是蛤蜊、车螯、江瑶柱等名贵水产品，普通人家消费不起。北宋中后期，南方水产品开始大量输入中原地区。宋室南迁后，南方水产品大量输入中原地区的历史便宣告结束了，中原居民食用鱼类等水产品的数量也相应地有所减少。南方水产品的输入使中原地区的食物品种更加丰富多彩，鱼类等水产品的烹饪技术也从粗放变得精细起来。北宋中期以前，中原居民不太擅长鱼类等水产品的烹饪方法。南方的水产品大量输入中原地区后，这种局面得到了极大的改变。北宋末年时，中原居民已经相当擅长鱼类菜肴的烹制了。北宋中原地区的鱼类等水产品烹饪技术的提高对后世中原饮食文化的发展产生了积极影响，直到今天河南开封等地仍很擅长鱼类菜肴的烹制，"鲤鱼焙面"就是这方面的杰出代表。

北宋时，输入北方中原地区的南方果品，不仅有来自长江流域的柑橘类等亚热带果品，而且还出现了不少来自岭南地区的热带果品。如北宋末年东京市场上售卖的南方果品有橄榄、温柑、绵枨、金橘、龙眼、荔枝、召白藕、甘蔗、芭蕉干、榅桲等②。

宋代蔗糖的产量比唐代大大增加，输往北方中原地区的南方蔗糖也有了显著的增长，如宋真宗大中祥符七年（1014 年）七月诏："自今处、吉州、南康军纳糖，以五万斤为一纲。"③ 宋徽宗宣和

① （宋）李焘：《续资治通鉴长编》卷六三《景德三年五月戊辰》，中华书局 2004 年版，第 1403 页。

② （宋）孟元老撰，伊永文笺注：《东京梦华录笺注》卷二《饮食果子》，中华书局 2006 年版，第 189 页。

③ （清）徐松辑：《宋会要辑稿·食货五二之一三》，中华书局 1957 年版，第 5705 页。

初年，"宰相王黼创应奉司，遂宁常贡外，岁进糖霜数千斤"①。
西川乳糖狮子、糖霜峰儿等南方糖果在北宋末年的东京市场上已成
为人们常见的零食②。

（二）北方中原地区的饮食文化对南方的影响

北宋时期，北方中原地区的饮食文化对南方的影响较小。两宋
之际，金军南下，中原士女纷纷南迁避难。中原人口的大量南迁，
使宋代中原饮食文化对南方广大地区产生了重大影响。

由于流寓江南的中原居民人数众多，他们以面食为主食的饮食
习惯，推动了麦类作物在南方地区的大面积推广。南宋以前，"南
人罕作面饵。有戏语云：'孩儿先自睡不稳，更将擀面杖柱门，何
如买个胡饼药杀著。'盖讥不北食也。"③ 两宋之际中原居民的大
量南迁，使南方的面食制作技术迅速地提高。在南迁人口比较集中
的南宋都城临安，馒头、包子、饼、夹子等面食品种开始成为人们
经常食用的主食。临安市场上甚至还出现了前代没有的包子酒店和
蒸作面行，面食的花色品种之多，与北宋东京相比可谓有过之而无
不及。

南渡的北方中原居民还在南方培育出耐湿热的绵羊新品种——
湖羊。北方中原地区食用羊肉的传统也传至南方，在南宋都城临
安，还出现了一些肥羊酒店。各种羊肉、羊杂肴馔纷纷出现在市场
上，如早市上出售有"煎白肠、羊鹅事件、糕、粥、血脏羹、羊
血、粉羹之类"④，夜市上出售有羊脂韭饼、糟羊蹄、羊血汤等⑤。

北方中原居民的食味偏好对南方江浙地区也产生了一定的影

---

① （宋）王灼：《糖霜谱》，《丛书集成》初编本，第5页。

② （宋）孟元老撰，伊永文笺注：《东京梦华录笺注》卷二《饮食果
子》，中华书局2006年版，第189页。

③ （宋）庄绰撰，萧鲁阳点校：《鸡肋编》卷上《各地食物习性》，中
华书局1983年版，第36页。

④ （宋）吴自牧：《梦粱录》卷一三《天晓诸人出市》，文化艺术出版
社1998年版，第232页。

⑤ （宋）吴自牧：《梦粱录》卷一三《夜市》，文化艺术出版社1998年
版，第233页。

响。宋代时，南方人与北方人在口味嗜好上与现代颇不相同。当时，"大底南人嗜咸，北人嗜甘"①。而现代江浙一带的菜肴，却普遍以甜为主。在口味上由嗜咸转向嗜甜，极有可能是受到了大量南迁至此的北方中原居民的影响所致。

中原饮食业的经营方式对南方（尤其是临安一带）饮食业也产生了深远的影响。南宋初年临安的饮食店肆多由南渡的中原人开设，耐得翁《都城纪胜·食店》云："都城食店，多是旧京师人开张。"南迁的北方居民还把中原传统的烹饪技艺带到了临安，周辉《清波别志》卷二载："自过江来，或有思京馔者，命仿效制造，终不如意。今临安所货节物，皆用东都遗风，名色自若，而日趋苟简，图易售故也。"从装潢陈设到经营管理，临安的饮食店肆几乎全面移植了北宋汴京的传统，使两地饮食店肆的面貌极其相似。

此外，宋代中原地区的诸多饮食习俗也对南方产生了深远的影响。如北宋东京的生育食俗与南宋临安的生育食俗有许多相同的内容。在生育之前，女方父母家都要送眠羊、卧鹿羊、生果实等进行"催生"。生育后，亲朋都要送些粮食炭醋进行慰问。满月时都要举行"洗儿会"，煎香汤于盆中，下果子、彩、钱、葱、蒜等，妇女们争食盆中直立的枣子，以为食后可以生男等。南宋临安的婚庆食俗与北宋东京更是如出一辙，两地都有"许口酒""回鱼箸""撒谷豆""走送""交杯酒"及新婚拜门宴饮、女家送食煖女等食俗。这些都显示出宋代中原地区的饮食习俗对南方产生的巨大影响。

二、胡汉饮食文化交流

（一）契丹族与中原汉族的饮食文化交流

1. 契丹族对汉族饮食文化的借鉴与吸收

北宋建立后，与契丹族建立的辽不断发生战争。宋真宗景德元

---

① （宋）沈括撰，胡道静校正：《梦溪笔谈校正》卷二四《杂志一》，上海出版公司1956年版，第776页。

年（1004年）底，双方缔结"澶渊之盟"，此后双方和平长达100多年之久。随着同中原汉族的接触日益频繁，辽朝契丹族对中原汉族饮食文化的借鉴与吸收便成为一个普遍的现象。其中，最为突出的当属对中原茶文化的吸收。由于契丹人多食肉乳，茶在契丹人的日常生活中显得尤为重要。辽朝的茶主要来源于与北宋榷场贸易所得，还有一部分来自邻国，特别是北宋的馈赠。在饮茶习俗上，契丹人和宋人一样，多以茶、汤待客。不过，与宋人先茶后汤的次序不同，契丹人待客是先汤后茶。除日常饮用和待客外，茶饮还用于契丹的朝廷典礼和宴飨之上，这在《辽史·礼志》中多有反映。就连茶肆的经营，契丹也多模仿中原内地的茶肆，洪皓《松漠纪闻》卷二载："燕京茶肆，设双陆局，或五或六，多至十，博者蹴局，如南人茶肆中置棋具也。"①

中原汉族的酒文化及宴饮礼仪对契丹也产生了较大影响。在宴饮时，契丹人也和中原汉族一样，采用以巡（行）饮酒的方式，如庞元英《文昌杂录》卷一载："余奉使北辽至松子岭，旧例互置酒行三。"《辽史·礼志》中也屡有"行酒""酒三行""三进酒""七进酒"等记载。契丹人行酒时，也喜欢以歌舞侑酒。据宋人路振《乘轺录》记载，在辽人为宋朝使节举行的宴会上，"阶下列百戏"，甚至"有舞女八佾"。"辽朝礼仪中的饮食场面受汉文化影响之深，于此可见一斑。"②

契丹的节日众多，其中正旦、立春、人日、中和、上巳、佛诞日、端午、中元、重九、冬至、腊日等多从中原传入，其节日食俗也多是对中原汉族传统风俗的承袭与借鉴，如正旦时，朝廷要举行朝贺仪，臣僚及诸国使节在天刚亮时入朝拜见皇帝，并有饮寿酒及宴请使节等活动③。

---

① 双陆为一种棋具，共有30枚棋子，一半为白子，一半为黑子，分属对阵双方。

② 徐海荣：《中国饮食史》卷四，华夏出版社1999年版，第464页。

③ （元）脱脱等：《辽史》卷五三《礼志六·嘉礼下》，中华书局1974年版，第874~875页。

此外，契丹人所用的各种饮食器也多受中原汉族的影响，如辽瓷中的碗、盘、碟、杯、盂、壶等，大多是依照当时中原陶瓷器的形制烧造而成。北宋定窑、汝窑的瓷器也大量直接输入辽国，在王泽墓、马直温墓、大玉胡同辽墓中都出土有来自中原的精美瓷器①。除瓷器外，输往辽国的饮食器还有高档的金银器，在每逢皇帝生辰及正旦等节日时，辽宋互相馈献的礼物中往往有金银器，其中也含饮食器。中原居民进食用的箸也传播到了辽国境内，为各阶层人民所广泛使用，"使得单一用刀匙进餐的契丹人逐渐变为箸刀并用或箸匙并用的进食方式，这一点已被大量的考古资料所证实"②。

2. 契丹族饮食文化对中原汉族的影响

契丹的饮食文化也对中原汉族产生了一定的影响。北宋时，契丹的羊和各种野味等特产大量输入到中原地区。其输入方式或为榷场贸易，或为馈赠。在辽朝与北宋和好时期，每逢正旦、帝后生辰等节日，双方都互派使节，互赠礼物，其中不少礼物涉及饮食或饮食器皿。

契丹人还把本民族的一些烹饪方法传入中原地区，据叶隆礼《契丹国志》卷二十一《南北朝馈献物·契丹贺宋朝生日礼物》载："承天节，又遣庖人持本国异味，前一日就禁中造食以进御云。"在各种"异味"中，有一种被称为毗黎邦或貔狸的黄鼠，其肉"善糜物，如猪猵。若以一脔置十觔肉鼎，即时糜烂"③。

（二）党项族与中原汉族的饮食文化交流

1. 中原汉族饮食对党项族的影响

就饮食文化的发展水平而言，西夏党项族远远落后于中原地区。在与中原汉族政权交往的过程中，中原汉族地区的食物原料大量输入西夏，其中以粮食、茶叶等最为大宗。

---

① 徐海荣：《中国饮食史》卷四，华夏出版社1999年版，第458页。

② 刘云：《中国箸文化史》，中华书局2006年版，第272页。

③ （宋）张舜民：《画墁录》，（元）陶宗仪等编：《说郛三种·说郛一百二十卷》卷一八，上海古籍出版社1988年版，第866页。

　　由于西夏境内多数地区不宜进行农业生产，西夏所消费的粮食需要从境外大量输入。粮食输入的方式主要有二：一是交换。主要通过宋夏边境的官方或民间的贸易来购买宋朝的粮食，尤其是西夏发生饥荒时，更要到宋朝地界买粮以解燃眉之急。二是掠夺。西夏在与宋的交战中，若夺得宋朝州城而不能守，西夏便抢掠粮食，弃城而走。

　　西夏人有饮茶的习惯，所需茶叶皆来自中原王朝。其中，宋朝的赐茶在西夏的茶叶消费中占有重要地位，如李德明归附宋朝后，被封为西平王，宋朝每年赐给李德明茶 2 万斤。元昊时，宋朝每年赐给西夏茶 3 万斤①。由于宋朝的赐茶数量不能完全满足西夏的茶叶消费，西夏每年还要在双方的市场贸易中购买不少茶叶。当西夏的经济状况不好，无力买进更多的茶叶时，也会影响到西夏的饮茶。如吴广成《西夏书事》卷一六载，元昊时，"国中困于点集，财用不给，牛羊悉卖契丹，饮无茶。"②

　　除食物原料外，中原汉族的饮食方式、饮食习俗、饮食观念等也被西夏大量吸收，使西夏居民（尤其是西夏贵族）的饮食生活越来越中原化。以节日食俗为例，据西夏文献《圣立义海》记载，"九月九日斟酒饮，民庶安乐祥和也"，这与中原地区的重阳节的食俗是一致的。

　　2. 党项族饮食对中原汉族的影响

　　西夏输入中原地区的主要是各种食物原料，如盐、牲畜等。其中，西夏所产的青白盐，质量上乘，盐味胜过宋朝山西的解盐，"青盐价贱而味甘，故食解盐者殊少。"③ 西夏多次请求北宋政府开放盐禁，希望向宋朝大量倾售食盐的贸易合法化，宋朝由于担心西夏的青白盐会冲击解盐之利，减少政府的收入，始终未能答应这

　　① （元）脱脱等：《宋史》卷四八五《夏国传上》，中华书局 1977 年版，第 13999 页。

　　② （清）吴广成：《西夏书事》卷一六，《续四库全书》第 334 册，第 423 页。

　　③ （宋）李焘：《续资治通鉴长编》卷一四六《庆历四年二月庚子》，中华书局 2004 年版，第 3536 页。

一要求。因此，西夏的青白盐主要以走私的方式输入宋朝境内。

宋夏交好时，西夏的牲畜主要通过宋夏边境的榷场贸易输入中原地区。宋夏战争时，西夏的牲畜、粮食也以掠夺的方式输入中原地区，如《西夏书事》卷一六载，西夏天授礼法延祚五年（1042年），元昊攻掠宋地，至彭阳城（今宁夏固原东南）为宋将景泰所败，损失"人畜无算"；《西夏书事》卷二五载，夏大安七年（1081年）宋将李宪攻陷砦谷，"砦谷城坚，多窖积，夏人号为'御庄'。闻李宪兵至，戍守奔溃。宪发窖取谷及弓箭之类。"

三、中外饮食文化交流

由于失去了对河西走廊和西域的控制，宋朝与境外诸国的饮食文化交流主要通过海路进行，其范围遍及东亚、东南亚、南亚和西亚诸国，并开始与北非、东非有了直接交往。在大力输出的同时，宋朝也积极吸收海外饮食文化的优秀成果，这在一定程度上改变了以往中外饮食文化交流的单向性质，使中外饮食文化交流中国出多入少的局面有所变化。

（一）宋与东亚的饮食文化交流

1. 宋与日本的饮食文化交流

北宋时期是中日饮食文化交流的低迷期。"进入北宋以后，中国商船以平均每两年一艘的频率来往于中日之间"，但日本商船来华则几乎是零。这一时期来华的日本僧人也较少，"在北宋160年中，名留史籍的日僧仅有3批22人"[1]。人员来往的过度稀少，严重影响了这一时期的中日饮食文化交流。

到了南宋时，大量日本商船和僧侣来华，中日饮食文化交流迎来了新一轮高潮。佛教僧侣们在中日饮食文化交流中，起到了积极的推动作用。据学者研究，馒头最早是宋代时由僧人传入日本的，据《佛源禅师语录·偈颂杂题》记载，当时日本的圆觉寺开堂斋中已用了馒头一品。日本僧人对南宋茶文化的全面引进对日本产生

---

① 滕军：《中日茶文化交流史》，人民出版社2004年版，第46～47、57页。

了深远的影响。其中，僧人荣西贡献最大。荣西于 1168 年、1187 年两次来南宋，回国后，撰成了日本历史上第一部茶书《吃茶养生记》。经过荣西等多位僧人的提倡，日本的饮茶之风逐渐普及到民间，逐渐形成了日本的茶道。

南宋时，日本的饮食文化也开始向中国反向输入了，如日本曾向南宋出口过米谷，据日本史书《帝王编年记》载："宽治元年（1247 年）十一月二十四日，宣布停止西国米谷渡唐事。"西国是指日本九州一带，这里的米能够出口到宋朝，想必其质量及口味一定是很好的。

2. 宋与朝鲜的饮食文化交流

朝鲜高丽王朝与宋朝关系极为密切，高丽使臣遣宋达 57 起，宋朝使臣赴高丽也有 30 起。两国政府都给予从对方来贸易的商人各种优惠待遇。官方和民间的频繁交往，使宋与高丽的饮食文化交流呈现繁荣景象。

宋代的茶文化对高丽王朝产生的影响颇大，高丽人十分喜欢宋代输入的茶叶、茶具，还将宋朝盛行的"先茶后汤"习俗引进到国内。通过官方贡赐、民间贸易等形式，高丽将宋朝的其他饮食原料和饮食器具也源源不断地输入国内。高丽本国生产的许多饮食器具多模仿宋朝的样式，如"水瓶之形，略如中国之酒注也"①，"盘盏之制，皆似中国。惟盏深而釦敛，舟小而足高，以银为之，间以金涂，镂花工巧。"②

与宋代饮食文化的大量输入相比，高丽的饮食文化在宋朝影响较小，宋朝输入的与饮食有关的高丽物品主要是各种金银饮食器具、香油、果品以及人参等土特产。

（二）宋与东南亚的饮食文化交流

宋朝与东南亚的饮食文化交流十分密切。在贸易之前，中国商

---

①　（宋）徐兢：《宣和奉使高丽图经》卷三〇《水瓶》，文渊阁《四库全书》第 593 册，第 882 页。

②　（宋）徐兢：《宣和奉使高丽图经》卷三〇《盘盏》，文渊阁《四库全书》第 593 册，第 883 页。

人经常举行魅力十足的饮宴，对当地的王公进行感情投资，以谋求双方贸易的顺利进行，如赵汝适《诸蕃志》卷上《渤泥国》载："番舶抵岸三日，其王与眷属率大人（王之左右号曰大人）到船问劳，船人用锦藉跳板迎肃，款以酒醴，用金银器皿、缘席、凉伞等分献有差。既泊舟登岸，皆未及博易之事，商贾日以中国饮食献其王，故舟往佛泥，必挟善庖者一二辈与俱。"

宋代向东南亚输出最多的商品是各种瓷器。近年来，东南亚各国均出土了大量的宋代瓷器，如菲律宾八打雁的卡拉塔甘地区、马尼拉的圣安娜、马尼拉东南雷库存那西侧内湖遗址，共出土了大约4万件瓷器①。除瓷器外，宋代向东南亚输出的与饮食有关的商品还有茶、酒、米、麦、糖、盐、干良姜、醯醢、水果及漆器、铁鼎、金银器皿等。

在宋代饮食文化源源不断地输入东南亚地区的同时，也引进了当地的一些先进文化成分，从而有力地促进了宋代饮食文化的发展与繁荣。其中，占城稻的引进尤其具有重要的历史意义。此外，从占城输入的茴香、槟榔，从交趾输入的金银饮食器，从三佛齐输入的万岁枣、扁桃、白沙糖，从阇婆输入的胡椒、玳瑁槟榔盘等，都是宋人深爱的食品和饮食器具，在宋人的饮食生活中占有一定的地位②。

（三）宋与南亚的饮食文化交流

在宋朝输往南亚的商品中，瓷器扮演了重要角色，赵汝适《诸蕃志》卷上《南毗国》载："土产之物，本国运至吉罗、达弄、三佛齐，用荷池缬绢、瓷器、樟脑、大黄、黄连、丁香、脑子、檀香、荳蔻、沉香为货，商人就博易焉。"这在考古发掘中也得到了证实，如印度科罗曼德海岸的阿里卡曼陀古址，曾出土有9至10世纪的越窑瓷器、龙泉青瓷等瓷片。1975年，斯里兰卡曾在北部的曼台地区发掘出12世纪以来的宋代陶瓷，1977年又在北部的贾

---

① 朱杰勤：《中国陶瓷和制瓷技术对东南亚的传播》，《中外关系史论文集》，河南人民出版社1984年版。

② 徐海荣：《中国饮食史》卷四，华夏出版社1999年版，第381~382页。

夫纳附近海滩发现了北宋时期的中国陶瓷器 500 多件①。宋朝也积极吸取了南亚饮食文化的优秀成分，最值得一提的是北宋真宗时从印度引进了"子多而粒大"的西天菉豆。

（四）宋与西亚、北非的饮食文化交流

西亚和北非是阿拉伯人的家园。宋人与阿拉伯人的饮食文化交流十分频繁，宋朝向阿拉伯地区大量输出瓷器，赵汝适《诸蕃志》卷上《层拔国》载："每岁胡茶辣国及大食边海等处发船贩易，以白布、瓷器、赤铜、红吉贝为货。"宋代时，埃及的阿拉伯人还开始仿制中国瓷器，并获得成功。宋代时，阿拉伯的琉璃饮食器和白沙糖、千年枣等也通过进贡或贸易的方式大量输入中国。

在宋朝与阿拉伯的饮食文化交流中，尤其值得一提的是来华经商的阿拉伯人，他们在基本保持自己民族饮食文化的同时，在很大程度上也接受了宋代的饮食文化，朱彧《萍洲可谈》卷二载："蕃人衣装与华异，饮食与华同。或云其先波巡尝事瞿昙氏，受戒勿食诸肉，至今蕃人但不食猪肉而已。又曰汝必欲食，当自杀自食，意谓使其割己肉自啖，至今蕃人非手刃六畜则不食，若鱼鳖则不问生死皆食。"旅居中国的阿拉伯人的饮食文化对宋人也开始产生了某些影响，到泉州港贸易的埃及商人还教给了永春县居民用树灰净糖的方法，使该地区的制糖技术有了较大改进②。

第九节　饮食文献

宋代经济繁荣、文化发达，饮食文献大量涌现。宋代的饮食文献大致可分为饮食著作和饮食资料两大类。

一、饮食著作

宋代的饮食著作大致可分为食经类、茶学类和酒学类等三类。

---

① 徐海荣：《中国饮食史》卷四，华夏出版社 1999 年版，第 383 页。

② 张国刚、杨树森：《中国历史·隋唐辽宋金卷》，高等教育出版社 2001 年版，第 306 页。

（一）食经类

食经是中国古代以记载食物加工和烹饪为内容的著作，又称食谱、食法等。中国古代第一部食经是西晋何曾的《食疏》。南北朝隋唐时期食经类著作有了较大的发展，出现了崔浩《食经》和虞悰《食珍录》等影响较大的著作。宋代时，食经的数量和种类大大增加，食经在书籍中的地位也有了很大的提高。郑樵《通志·艺文略》将食经单独作为一个门类列出①，共收录了41部366卷著作。从此，食经在文献分类中开始占有了一个席位，这对它的流传无疑是十分重要的。据《宋史·艺文志》及其他文献记载，这一时期的食经类著作主要有：《王氏食法》5卷、《养身食法》3卷、《王易简食法》10卷、《萧家法馔》3卷、《诸家法馔》1卷、《续法馔》5卷、《江飧馔要》1卷、《馔林》4卷、《馔林》5卷、《珍庖备录》1卷、《古今食谱》3卷、林洪《山家清供》2卷、陈达叟《本心斋蔬食谱》1卷、郑望之《膳夫录》1卷、司膳内人《玉食批》1卷等。这些食经除郑望之《膳夫录》、司膳内人《玉食批》、林洪《山家清供》、陈达叟《本心斋蔬食谱》尚存外，俱已亡佚。其中，郑望之的《膳夫录》，学者"推断为北宋末到南宋的作品"②，该书主要记载隋唐时期有关饮食的内容，"很可能是宋人随手抄录有关烹饪的一些记录，作为备忘录之"③。而司膳内人的《玉食批》一书，只是一本南宋宫廷的菜单集，记录了一些菜肴之名，未及记载各种菜肴的制作方法。这里重点介绍一下陈达叟《本心斋蔬食谱》、林洪《山家清供》和颇有时代争议的浦江吴氏《中馈录》等书。

1. 陈达叟《本心斋蔬食谱》

陈达叟《本心斋蔬食谱》，全书只有20条简单的食谱。每一

---

① 郑樵将食经归第十"医方类"中。另，茶、酒类著作归第五"史类"之下的"食货类"中。

② ［日］篠田统著，高桂林等译：《中国食物史研究》，中国商业出版社1987年版，第123页。

③ 戴云：《唐宋饮食文化要籍考述》，《农业考古》1994年第1期。

条食谱除了介绍所用原料及简单的制法外，还附有 16 字的赞，似是即席所赋。此书所记的食谱有两个特点：一是以山菜为主，二是与民间通常的食用方法有别。本书所记的菜肴全是素食，如山药、笋、萝卜、芋头等，以山菜为主，兼及水生菜。宋代以前，羹主要是指各种肉羹。宋代时，以各种蔬菜制作的羹汤越来越受到人们的欢迎，菜羹逐渐成为羹汤的主流。对这一情况，此书也有反映，称"羹菜，凡畦蔬根叶花皆可羹也"。此书以菜羹为重，不愧为蔬食之谱。此书所载的面糕类食品也占有不小比例，共有 5 条。此书还反映了宋代蔗糖的食用越来越普遍，古人多以蜜作为甜食的来源，而此书则明确地以糖霜作为甜食原料，"说明了南宋时期，糖霜已成为普通的甜食原料，显然当时甘蔗种植业与制糖业已有较大发展"①。

2. 林洪《山家清供》

《山家清供》，南宋林洪所著。所谓山家清供，是指乡野人家待客用的清淡饮馔。该书有《说郛》《夷门广牍》《小石山房丛书》等不同的版本，内容稍异。全书共 2 卷，104 条②，此书保留了很多烹饪制作的方式方法，涉及菜、羹、汤、饭、饼、面、粥、糕团、点心等，从原料加工到烹饪过程都有比较详细的记述，使人能够依名寻实，一目了然。全书内容以素食为主，记载有不少以花果为主要原料的花馔或果馔。花馔是中国古代素菜中别有风味的菜品。宋以前花馔很少列入食谱，多散见于本草类的医书中，而《山家清供》则开始把花馔列入食经之中。《山家清供》载有十多种花馔，所用花卉以梅、菊为多，还有文官花、牡丹花、芙蓉花和桂花等。果馔也是此书素菜中很有特色的菜品，这一类菜肴清新味美，反映了宋代果馔制作的工艺水平。《山家清供》也记载有少量以鸭、鸡、鱼、蟹等制成的肉食菜肴，它们的制法颇为简单易行，比较注重清淡原味。值得一提的是，《山家清供》一书中的不少菜肴是用中草药加工配制而成的食疗饮馔。可以说《山家清供》为

---

① 戴云：《唐宋饮食文化要籍考述》，《农业考古》1994 年第 1 期。
② 其中泡茶方法 1 条，作酒方法 2 条，音乐 1 条。

"研究宋代的烹饪技艺和历史提供了极其珍贵而重要的素材"①。

3. 吴氏《中馈录》

吴氏《中馈录》，全书共 1 卷，约 6500 字。由于此书既无序又无跋，人们并不清楚它的由来和写作年代。此书最早收入元末明初陶宗仪《说郛》明刻 120 卷本内。20 世纪 80 年代后，才有人提出它出自宋代浦江（今浙江浦江）吴氏，这种说法虽无依据，但逐渐被人们接受。20 世纪 90 年代时，戴云先生提出"此书可能是宋元之交或元初的作品"，"成书年代不会早于南宋"②。朱瑞熙先生对此书进行过考证，认为"浦江吴氏《中馈录》不可能出自宋代人之手，而较为可能是元代人编撰的饮食著作"③。虽然如此，由于此书距宋未远，对于研究宋代饮食，特别是宋代浙江一带的饮食风貌具有较大的参考价值。全书分脯鲊类（22 条）、制蔬类（39条）、甜食类（15 条）等三类，类下分列食物名称，然后按每种食物注明烹制方法。所述制法包括应用原料、数量、刀工、火候以及操作程序等项内容。所述文字非常简练、要领明确，使读者很容易领会及掌握操作方法，"堪称古代的一部普及性家庭烹饪手册"④。

（二）茶学类

宋代以前，茶学著作仅陆羽《茶经》、张又新《煎茶水记》等，屈指可数。但至宋代，这种情况大为改观，先后出现了蔡襄《茶录》、宋子安《东溪试茶录》、黄儒《品茶要录》、熊蕃《宣和北苑贡茶录》、赵汝砺《北苑别录》、赵佶《大观茶论》、叶清臣《述煮茶泉品》、审安老人《茶具图赞》、唐庚《斗茶记》、陆师闵《元丰茶法通用条贯》、丁谓《北苑茶录》、周绛《补茶经》、刘异《北苑拾遗录》、沈立《茶法易览》、吕惠卿《建安茶用记》、蔡宗颜《茶山节对》《茶谱遗事》、曾伉《茶苑总录》、章炳文《壑源

---

① 徐海荣：《中国饮食史》卷四，华夏出版社 1999 年版，第 394 页。

② 戴云：《唐宋饮食文化要籍考述》，《农业考古》1994 年第 1 期。

③ 朱瑞熙：《浦江吴氏〈中馈录〉不是宋人著作》，《饮食文化研究》2004 年第 1 期。

④ 徐海荣：《中国饮食史》卷四，华夏出版社 1999 年版，第 395 页。

茶录》、桑庄《茹芝续茶谱》、佚名《茶苑杂录》、范逵《龙焙美成茶录》、王庠《蒙顶茶记》、佚名《北苑修贡录》、徐昌《泾县茶场利便》、林特《茶法通贯》等一大批茶书。这些茶书多数已经亡佚，现存的宋代茶书专论茶艺的有蔡襄《茶录》、宋徽宗赵佶《大观茶论》，专论茶具的有审安老人《茶具图赞》，专论茶法的有沈括《本朝茶法》。专论建茶的茶书最多，有丁谓《北苑茶录》、周绛《补茶经》、刘异《北苑拾遗录》、宋子安《东溪试茶录》、熊蕃《宣和北苑贡茶录》和赵汝砺《北苑别录》等。

（三）酒学类

与宋代茶学著作相比，宋代酒学著作也毫不逊色。宋代有关制曲酿酒工艺的专著有苏轼《东坡酒经》、林洪《新丰酒经》、朱翼中《北山酒经》、李保《续北山酒经》、田锡《酒本草》、范成大《桂海酒志》等。

宋代的酒令专著有司马光《投壶新格》1卷、《投壶礼节》1卷、欧阳修《九射格》1卷、徐矩《酒谱》，阳曾《龟令谱芝兰》1卷、同尘先生《小酒令》1卷、佚名《醉乡律令》1卷、李厖《罚爵典故》1卷、刘原父《汉官彩选》，赵明远《进士彩选》，李履中《捉瓮中人格》，赵景《小酒令》，赵与时《觞政述》1卷，杨无咎《响屟谱》，窦蘋《酒戏助欢》，郑獬《觥记注》，高允《酒训》1卷，刘乙《百悔经》，曹继善《安雅堂觥律》，曹绍《安雅堂酒令》等。这些酒令专著大多早已亡佚，至今尚存的如赵与时《觞政述》也经人删削，无从窥见其全璧。从现存内容看，《觞政述》著录了自古以来的饮酒礼仪和酒令，所述九射格、汉法酒、纸贴子酒筹等，大多为唐宋酒令。

宋代的酒学著作还有窦蘋①《酒谱》、张能臣《酒名记》、赵珣《熙宁酒课》、何剡《酒尔雅》等。其中，窦蘋《酒谱》共1卷，分内外两篇。内篇记酒之源、酒之名、酒之事、酒之功、温克、乱德、诫人七题，外篇为神异、异域酒、性味、饮器、酒令、酒之文、酒之诗七题。另有"总论"记载著书的缘由。张能臣

---

① 晁公武《郡斋读书志》作窦苹，别本作窦革。

《安雅堂觥律》

《酒名记》，记述了北宋内府、王公显宦家及各地几百种名酒，对于了解北宋各种名酒的产地具有较大的参考价值。赵珣《熙宁酒课》，为北宋神宗熙宁年间（1068—1077 年）全国各道州郡的酒务数、税款额的专门记录，为宋代酒税的原始资料。何剡《酒尔雅》，为一部字书，对与酒有关的各种字义进行了训诂。

二、饮食资料

宋代形成的饮食资料极其丰富，散布于各类文献典籍之中，主要包括史书、笔记、医书、农书、类书、诗文集等。

（一）史书中的饮食资料

宋代史学发达，史书众多，其中的饮食资料一向为学者们所重视。

"正史"历来是历史研究的基本史料。宋代形成的"正史"共有 3 部，它们是欧阳修、宋祁编撰的《新唐书》、薛居正等编撰的《旧五代史》和欧阳修编撰的《新五代史》。正史之中的饮食资料尽管十分零碎，但可靠性较高，利用价值也是多方面的，如"列传"部分的有关内容，可以帮助我们了解许多个人日常饮食的具体情况；"地理志""食货志"等部分，为我们提供了各地食物原料出产及流通情况的资料；甚至"五行志"等也可为我们提供一些关于饥荒、动植物分布的资料，等等。因此，宋人编修的《新唐书》《旧五代史》《新五代史》是学者研究唐、五代饮食文化的基本史料。

司马光《资治通鉴》的史料价值历来为史家所重，特别是其中的唐纪部分尤为珍贵，其正文及考异中均有一些涉及到饮食方面的内容。在宋人私修的众多当代史中，如李焘《续资治通鉴长编》、徐梦莘《三朝北盟会编》、李心传《建炎以来系年要录》、王禹偁《东都事略》、赵汝愚《宋朝诸臣奏议》、江少虞《宋朝事实类苑》、丁传靖《宋人轶事汇编》等，也保存有宋代饮食的零碎资料。

在政书中，卷帙浩大的《宋会要》①，在"食货"等部分中为我们提供了大量的有关宋代饮食的资料。王溥《唐会要》、宋敏求《唐大诏令集》等政书中，也有不少内容与唐代饮食有关，如《唐大诏令集》中所载的赈饥、禁屠、赐食等诏令。

方志中也有不少反映地方饮食的宝贵资料，向来受到研究饮食文化史的学者的重视。宋代方志的著述众多，如北宋乐史《太平寰宇记》、王存《元丰九域志》、欧阳忞《舆地广记》、南宋梁克家《淳熙三山志》、范成大《吴郡志》、罗濬《宝庆四明志》、陈耆卿《嘉定赤城志》、周应合《景定建康志》、潜说友《咸淳临安志》等，这些方志中有不少反映宋代地方饮食的宝贵资料。另外，在杂史中，孟元老《东京梦华录》、耐得翁《都城纪胜》、佚名《西湖

---

① 《宋会要》原本 2200 卷，已佚。今本《宋会要辑稿》500 卷是清代修《四库全书》时徐松等从《永乐大典》中辑出的。

老人繁胜录》、周密《武林旧事》、吴自牧《梦粱录》等书分别反映了北宋都城开封和南宋都城临安的城市经济发展状况，有关宋代饮食业的资料十分丰富。

（二）笔记中的饮食资料

古代文人的笔记以记载人们的社会生活为主要内容。宋人的笔记数量众多，如王谠《唐语林》、钱易《南部新书》、陶谷《清异录》、吴曾《能改斋漫录》、孔平仲《续世说》、庄绰《鸡肋编》、周辉《清波杂志》《清波别志》、文莹《玉壶清话》、罗大经《鹤林玉露》、邵伯温《邵氏闻见录》、邵博《邵氏闻见后录》、苏辙《龙川别志》、欧阳修《归田录》《居士集》、王辟之《渑水燕谈录》、蔡絛《铁围山丛谈》、吕希哲《吕氏杂记》、周密《齐东野语》《癸辛杂识》、魏泰《东轩笔录》、沈括《梦溪笔谈》、金盈之《醉翁谈录》、赵彦卫《云麓漫钞》、张邦基《墨庄漫录》、朱弁《曲洧旧闻》、庞元英《文昌杂录》、丁谓《丁晋公笔录》、王曾《王文公笔录》、叶梦得《避暑录话》、程大昌《演繁录》、袁文《瓮牖闲评》、林洪《茹草纪事》等。其中涉及前代及当时人们饮食生活的资料相当丰富，具有较高的史料价值，是人们研究唐宋饮食文化不可忽略的文献资料。以主要记述隋唐五代史事的《清异录》为例，全书共分天文、地理、草木、花、果、蔬、禽、兽、居室、衣服、馔羞、丧葬等37门，共648条，其中与饮食有关的果、蔬、禽、鱼、酒、茗、馔8门238条，约占全书2/5，内容甚为丰富。

（三）医书中的饮食资料

中国古代有"医食同源""医食一家"的传统，中药本身即大量取材于日常食用之物，而寻常食品的特殊食用也可发挥治疗作用。食疗自唐代形成后，在宋代得到了进一步的发展。宋代的医书中就包括了许多食疗和饮食宜忌的内容。宋代官修的本草类医书主要有，苏颂主持编修的《图经本草》（一名《校本草图经》）、刘翰主持编修的《开宝重定本草》、掌禹锡主持编修的《嘉祐补注本草》、唐慎微主持续编的《政和经史证类备用本草》等。由于时代久远，保存到现在的只有《政和经史证类备用本草》一书。宋代的医书保存到今天的还有：北宋官修的《圣济总录》、北宋寇宗奭《本草衍义》、王怀隐《太平圣惠方》、陈直《养老奉亲书》①、南宋周守忠《养生类纂》等。在这些医书中，最值得人们注意的就是养生食疗方面的内容。《太平圣惠方》《圣济总录》《养生类纂》三书中都有专论养生食疗方面的内容，而陈直《养老奉亲书》则是一部专论老人食治之方、医药之法、摄养之道的著作，该书共1卷，依次为饮食调治、形证脉候、医药扶持、性处好嗜、宴处起居、贫富分限、戒忌保护、四时养老、春时摄养、夏时摄养、秋时摄养、冬时摄养、食治养老序、食治老人诸疾方、简妙老人备急方等15篇。

（四）农书中的饮食资料

农书是记载各种农副产品生产、加工方法的著作，古代农书不仅告诉我们在历史上哪些食物原料可以利用，而且许多农书还有不少篇幅谈论食品加工和烹饪的具体方法。宋代最重要的综合性农书是南宋陈旉的《农书》，该书共3卷，上卷谈农业，中卷谈牧养，下卷谈蚕桑。除了综合性农书之外，宋代还涌现了一大批以单一农产品为记载对象的专科性农书，如北宋高僧赞宁《笋谱》、蔡襄《荔枝谱》、傅肱《蟹谱》、南宋韩彦直《橘录》、王灼《糖霜谱》、高似孙《蟹略》、陈仁玉《菌谱》等，这些专科性农书大多用相当的篇幅来谈论某种食物原料的具体种类、产地、生产与加工方法等内容。

（五）类书中的饮食资料

类书是一种分门别类、以类相从汇集相关资料的百科全书式的工具书。中国最早的类书可以追溯到曹魏时期魏文帝曹丕的《皇览》。宋代经济发达、文化昌盛，官私修撰的类书众多。

宋初官方编修了《太平广记》《太平御览》《文苑英华》和

---

① 元代时，邹铉将《养老奉亲书》续增为4卷，改名为《寿亲养老新书》。

《册府元龟》等 4 部大型类书。其中，《太平广记》《太平御览》二书涉及饮食的资料较多，对研究宋代以前的中国饮食文化有较大的价值。以《太平御览》为例，该书"饮食部"共 25 卷（卷 843 至 867），内容涉及主食、副食、饮料、调味品、食品加工酿造等方面的内容。该书的"道部"（卷 659 至 679）、"器物部"（卷 756 至 765）、"资产部"（卷 821 至 836）、"百谷部"（卷 837 至 842）、"兽部"（卷 889 至 913）、"羽族部"（卷 914 至 928）、"鳞介部"（卷 929 至 943）、"果部"（卷 964 至 975）、"菜部"（卷 976 至 980）等，也有不少内容涉及饮食。

宋人私修的类书也很多，如晏殊《类要》、孔传《六帖新书》①、王应麟《玉海》、章如愚《山堂考索》、陈景沂《全芳备祖》、高承《事物纪原》、吴淑《事类赋注》、陈元靓《事林广记》等。这些类书多是南宋人所修，其中的饮食资料对研究宋代饮食文化的价值较大。陈元靓《事林广记》一书尤其受到研究宋代饮食文化的学者们的注意。此书为南宋末年建州崇安（今福建崇安）人陈元靓编，元人增补。此书在宋、元两代不断翻刻，有多种版本，内容亦有所增补删改。今人常用的版本为至顺本，计有前集 13 卷，后集 8 卷，续集 8 卷，别集 8 卷。饮食内容多集中在别集卷七《茶果类》和别集卷八《酒曲类》中。此书"对于饮食方面所记载的内容并不算多，而贵在对于烹调制作能够提供详细的过程与方法，让人一目了然，追求名实，有利于考证复原古代食肴菜品，意义十分重大。"② 所以说此书"对于了解宋、元时期民间饮食（特别是南方）状况，具有很高的价值"③。

（六）诗文集中的饮食资料

宋代文人在消遣娱乐、抒情言志的过程中，创作了众多以茶酒食物为吟咏对象的诗词文赋，如一代文豪苏轼就写有大量这方面的

---

① 与白居易的《白氏六帖》合刻，称为《白孔六帖》。
② 戴云：《唐宋饮食文化要籍考述》，《农业考古》1994 年第 1 期。
③ 徐海荣：《中国饮食史》卷四，华夏出版社 1999 年版，第 783 页。

诗文，《东坡羹颂》《猪肉颂》《老饕赋》《试院煎茶》《和蒋夔寄茶》《浊醪有妙理赋》《酒子赋》《洞庭春色赋》《中山松醪赋》等就是这些诗文中的代表。宋代的其他文人如欧阳修、王安石、黄庭坚、辛弃疾、陆游等人的诗文集中都有不少诗文与饮食有关。宋人的诗文集为我们提供了研究宋代饮食，特别是宋代文人饮食思想的宝贵资料。不过，宋人诗文集中的饮食资料十分零散，需要学者费心搜索。人们也可以从今人编的《全宋诗》《全宋词》《全宋文》中搜索这方面的资料。

　　宋代是文人士大夫群体迅速扩大、文人意识觉醒的重要时期，宋代文人对于饮食生活的理解和认识比前代更加系统化。他们大多主张饮食有节，反对暴食、贪食，如黄庭坚著有《士大夫食时五观》，从道德和卫生角度告诉人们饮食应该简朴，有所节制，把饮食与"事亲""事君""立身"等伦理思想联系起来。郑樵著有《乡饮礼》《乡饮礼图》《食鉴》等，提出"饮食六要"理论。苏轼著有《养生说》《节饮食说》，倡导节食少食。宋代文人的这些论著大多收于他们的文集之中。

第十三章

辽、西夏、金饮食文化

辽、西夏、金都是北方游牧民族建立的政权，其饮食文化具有浓厚的游牧民族特色。与中原文化的频繁交流，使其饮食文化又深受内地汉族饮食文化的影响，深刻体现出这一时期中国饮食文化融合交流的特征。

第一节　辽代的饮食文化

辽朝（916—1125 年）是契丹族建立的北方政权。辽朝的疆域，"东自海，西至于流沙，北绝大漠"①，即东邻今鄂霍茨克海、日本海，西越阿尔泰山，北达外兴安岭，南括幽云十六州。辽朝境内，除契丹族外，还有汉、渤海、女真、奚等民族。其中，燕云十六州的汉族人和辽河流域的渤海人多从事农耕，其他民族多从事游牧、狩猎。辽朝境内的各民族，既有本民族的饮食习俗，又互相影

---

① （元）脱脱等：《辽史》卷二《太祖纪下》，中华书局 1974 年版，第 24 页。

响，共同构成了丰富多彩的辽代饮食文化。

一、食物原料的生产

辽代的食品原料生产可分农耕、游牧、渔猎三大部类，"长城以南，多雨多暑，其人耕稼以食，桑麻以衣，宫室以居，城郭以治。大漠之间，多寒多风，畜牧畋渔以食，皮毛以衣，转徙随时，车马为家。此天时地利所以限南北也"①。

（一）农耕食物原料

农耕主要为人们提供粮食、蔬菜和瓜果等食物原料。在辽朝建立之前，契丹族就有了原始农业。《辽史·食货志下》载："初，皇祖匀德实为大迭烈府夷离堇，喜稼穑，善畜牧，相地利以教民耕。"匀德实为辽朝建立者辽太祖耶律阿保机的祖父。辽朝建立后，契丹统治者十分重视农业生产。辽太宗时，"诏征诸道兵，仍戒敢有伤禾稼者以军法论"。随着疆域的扩大，辽朝又相继获得了原来农业较发达的渤海（今辽河流域）和燕云十六州，为辽朝农业生产创造了有利条件。辽道宗时，"辽之农谷至是为盛"②，是辽朝粮食储备最多的时期。

辽朝生产的谷物品种主要有稻、粱、麦、稷、粟等。辽金之际，在今北京地区，"膏腴蔬蓏、果实、稻粱之类，靡不毕出"③。在今赤峰、通辽之间的永安一带，"谷宜粱、荞"④。生活在中京地区的奚人"颇知耕种，岁借边民荒地种稷，秋熟则来获，窖之

① （元）脱脱等：《辽史》卷三二《营卫志中》，中华书局1974年版，第373页。

② （元）脱脱等：《辽史》卷五九《食货志下》，中华书局1974年版，第923、924、925页。

③ （宋）许亢宗：《宣和乙巳奉使金国和程录》，（宋）确庵、耐庵编，崔文印笺证：《靖康稗史笺证》，中华书局1988年版，第7页。

④ （宋）沈括：《熙宁使虏图抄》，贾敬颜：《五代宋金元人边疆行记十三种疏证稿》，中华书局2004年版，第126页。

山下，人莫知其处"①。奚人还种粟，苏颂《中山道中》云："农
夫耕凿遍奚疆，部落连山复枕冈。种粟一收饶地力，开门东向杂夷
方。"②

辽朝农耕区生产的蔬菜和内地大致相同，从前引"膏腴蔬蓏"
"靡不毕出"，可以推测今北京一带种植的蔬菜品种已经很多。在
契丹内地，受地理、气候条件和生活习惯的影响，蔬菜的种类、数
量较少。胡峤在《陷虏记》中称："自上京东去四十里，至真珠
寨，始食菜。"可见契丹境内的蔬菜之少。回鹘豆是契丹境内常见
的一种蔬菜，洪皓《松漠纪闻》卷下称，回鹘豆高二尺许，"色
黄，味如粟。"有学者认为，"回鹘豆颇似如今东北地区所产的花
皮豆角之类"③。

辽朝拥有山地、丘陵、平原等不同地形，除山地、丘陵出产的
野果外，在平原农耕区辽人也通过人工栽培果树生产各种果品。如
辽朝专设有"南京栗园司"管理南京（今北京）的栗园④。但总
的来说，辽朝生产的果品较少，人们对果品也相当珍惜。契丹人常
将辽朝生产的果品作为礼物赠送给宋使，《契丹国志》卷二十一
"契丹贺宋朝生日礼物"条载："蜜晒山果十束棍椀，蜜渍山果十
束棍，疋列山梨柿四束棍，榛栗、松子、郁李子、黑郁李子、面
枣、楞梨、堂梨二十箱，面秔穈梨秒十椀。"⑤

在契丹境内种植的瓜类，最值得一提的是西瓜。胡峤《陷北
记》称，西瓜是"契丹破回纥得此种，以牛粪覆棚而种，大如中

① （宋）欧阳修：《新五代史》卷七十四《四夷附录第三》，中华书局
1974 年版，第 909 页。

② （宋）苏颂撰，王同策等点校：《苏魏公文集》卷一三，中华书局
1988 年版。

③ 徐海荣：《中国饮食史》卷四，华夏出版社 1999 年版，第 417 页。

④ （元）脱脱等：《辽史》卷四八《百官志四》，中华书局 1974 年版，
第 810 页。

⑤ （宋）叶隆礼：《契丹国志》卷二十一，上海古籍出版社 1985 年版，
第 200 页。

国冬瓜而味甘"①。经契丹人的引种，西瓜始在内地种植。但辽金时期，西瓜在内地的种植尚不普遍。

（二）游牧食物原料

游牧主要为人们提供肉、乳等食物原料。在辽朝境内，从事游牧的主要是契丹、奚等民族。契丹统治者十分重视游牧生产，专门设置"群牧使司""马群司""牛群司"等机构进行管理。辽代各族饲养的牲畜，主要有马、羊、牛、骆驼等，其中以马、羊的数量为最多，"马群动以千数"，"羊以千百为群"②。契丹人采用集群牧养的方法，二三人即可牧养成千头牲畜。如牧马"纵其逐水草，不复羁绊"。牧羊"纵其自就水草，无复栏栅，而生息极繁"③。

在辽墓壁画中，经常可以见到契丹人游牧的场面。如内蒙古科右中旗代钦塔拉辽墓前室西壁耳室门上方所绘的放牧图④，图中绘有一群羊，羊群后绘两个髡发牧童，右手挥动牧鞭驱赶羊群。在羊群的右下方绘牛群，分红、黑、白三色。牛群右下侧绘一头红牛与一头黑牛正在交配。牛群左下方绘奔驰的群马。

（三）渔猎食物原料

渔猎主要为人们提供各种野味。渔猎是契丹人早期的主要生产方式，随着游牧和农耕的发展，渔猎在整个社会经济生活中的地位有所下降，但在适合渔猎的一些地区这种生产方式仍传承下来，并得到继续发展。

契丹人捕鱼的方式与内地不同，多采用钩鱼、叉鱼的方式。钩鱼在江河冰封之时进行，人们预先凿冰为孔，鱼为了透气聚集于冰

---

① （宋）叶隆礼：《契丹国志》卷二五，上海古籍出版社 1985 年版，第 238 页。

② （宋）苏颂撰，王同策等点校：《苏魏公文集》卷一三《契丹马》《辽人牧》注，中华书局 1988 年版。

③ （宋）苏颂撰，王同策等点校：《苏魏公文集》卷一三《辽人牧》注，中华书局 1988 年版。

④ 兴安盟文物工作站：《科右中旗代钦塔拉辽墓清理简报》，《内蒙古文物考古文集》第 2 辑，中国大百科全书出版社 1997 年版。

孔附近，捕鱼者"同绳钩掷之，无不中者。即中遂纵绳令去，久，鱼倦，即曳绳出之"①。叉鱼是用长绳的一端系鱼叉，捕鱼者用力投掷鱼叉，叉中水中之鱼。除钩鱼、叉鱼外，契丹人还擅长在冰下设网捕鱼，《契丹国志·诸蕃记》"室韦国"条载："凿冰没水中，而网取鱼鳖。"②

狩猎在契丹人生活中居重要地位，宋人在使辽行程中多有辽人射猎的记载，如张舜民《使辽录》载："北人打围，一岁各有所处。正月钓鱼海上，于冰底钓大鱼。二月、三月放鹘，号海东青，打雁。四月、五月打麋鹿。六月、七月，于凉淀处坐。八月、九月打虎豹之类。自此直至岁终，如南人趁时耕种也。"契丹人所猎的野味主要有虎、鹿、熊、豹、野猪、天鹅、大雁、野鸭、野兔、貔狸（又名毗黎邦，即黄鼠）等。

捕猎天鹅、大雁时，契丹人常用海东青助猎。北宋贺辽主生辰使晁迥对海东青助猎的情形描述道："辽主射猎，领帐中骑击扁鼓绕泊，惊鹅鸭飞起，乃纵海东青击之，或亲射焉。"③除海东青外，契丹人的助猎动物还有猎豹、细犬、雕窠生猎犬等。契丹人狩猎的工具，有捕鹅用的扁鼓、杀鹅杀鸭锥和击兔用的铜锤、石锤等。在辽墓壁画中，常可以见到契丹人狩猎的场面，如内蒙古库伦旗6号辽墓墓道北壁壁画所绘的出猎图④，图中有一髡发绿袍契丹人，腰系红带，足穿长靴，右手架一鹰，鹰足系金链环，左手指鹰，回首向左侧之人似语鹰之如何。这种鹰就是捕鹅的海东青。

---

① （宋）程大昌：《演繁录》引《燕北杂录》，文渊阁《四库全书》本。
② （宋）叶隆礼：《契丹国志》卷二六《诸蕃记》，上海古籍出版社1985年版，第245页。
③ （宋）李焘：《续资治通鉴长编》卷八一《大中祥符六年九月乙卯》，中华书局2004年版，第1848页。
④ 哲里木盟博物馆等：《库伦旗第五、六号辽墓》，《内蒙古文物考古》1982年第2期。

二、食物的加工烹饪

(一) 主食加工烹饪

1. 米面食品

契丹人的米面食品品种较少，主要有炒糒、馒头、煎饼、糕等。其中，炒糒亦称干饮、干粆，即炒米、炒面之属的干粮，它便于携带，宜于行军、游牧时食用。王曾《上契丹事》说契丹人"食止麋粥炒糒"①。胡峤《陷虏记》亦载："契丹尝选百里马二十匹，遣十人赍干饮北行。"② 炒糒亦可进一步加工成粥，是为"粆粥"，沈括《熙宁使虏图抄》载，契丹除食牛羊肉酪外，"间啖粆粥"③。

馒头为宋元时期流行的面食，辽人亦食，《辽史·礼志》中的"贺生辰正旦宋使朝辞皇帝仪"中，有"行馒头"的记载④。契丹人宴饮的场合都要"行馒头"。在巴林左旗滴水壶辽墓壁画中的备食图中⑤，两位髡发青年男侍抬着一个红色大漆盘，内盛馒头、馍、馓子、点心等面食。又如敖汉旗羊山1号辽墓壁画的烹饪图⑥，上组画面的桌上放两个黑色食盒，左侧盒内盛装3个馍，右侧盒内盛3个馒头。馒头、馍、点心等面食应为辽代常见的主食。

据叶隆礼《契丹国志》卷二十七《岁时杂俗》记载，"正旦"时，"国主以糯米饭、白羊髓相和为团，如拳大，于逐帐内各散四

----

① 贾敬颜：《五代宋金元人边疆行记十三种疏证稿》，中华书局 2004 年版，第 103 页。

② 贾敬颜：《五代宋金元人边疆行记十三种疏证稿》，中华书局 2004 年版，第 37 页。

③ 贾敬颜：《五代宋金元人边疆行记十三种疏证稿》，中华书局 2004 年版，第 127 页。

④ (元) 脱脱等：《辽史》卷五一《礼志四》，中华书局 1974 年版，第 853 页。

⑤ 巴林左旗博物馆：《内蒙古巴林左旗滴水壶辽代壁画墓》，《考古》1999 年第 8 期。

⑥ 邵国田：《敖汉旗羊山 1~3 号辽墓清理简报》，《内蒙古文物考古》1999 年第 1 期。

十九个，候五更三点，国主等各于本帐内腮中掷米团在帐外，如得双数，当夜动蕃乐，饮宴"。"人日"（正月初七）时，"京都人食煎饼于庭中，俗云'薰天'"。端午节时，"渤海厨子进艾糕"①，当是以面加艾叶制成的糕点。

2. 乳酪食品

除米面食品外，契丹人还以酪、乳粥等乳制品为主食。其中，酪是发酵的熟乳，为契丹人居家和待客的常见食品。沈括《熙宁使虏图抄》称契丹人"行则乘马，食牛羊之肉酪而衣其皮"②。苏颂《后使辽诗·契丹帐》云："酪浆膻肉夸希品，貂锦羊裘擅物华。"《辽人牧》诗云："毡裘冬猎千皮富，湩酪朝中百品珍。"两诗中均歌咏了酪。

契丹人常以乳粥招待贵客，乳粥中多添加阴干的野菜。宋人王洙《王氏谈录》"北方风物"条载："北人馈客以乳粥，亦北荒之珍。其中有铁脚草，采取阴干，投之沸汤中，顷之，茎叶舒卷如生。"契丹人食乳粥时，还有添加生油的习俗。朱彧《萍洲可谈》卷二载："先公使辽，日供乳粥一碗，其珍。但沃以生油，不可入口。谕之使去油，不听，因给令以他器贮油，使自酌用之，乃许，自后遂得淡粥。"

（二）副食加工烹饪

1. 肉肴加工烹饪

辽人常将各种野味、家畜、家禽等肉加工成腊脯（肉干），以利保存。路振《乘轺录》载，他使辽时受到主人的热情宴请，席上就有"牛、鹿、雁、鹜、熊、貉之肉为腊肉，割之令方正，杂置大盘中"③。辽人常将腊脯作为馈赠邻国的礼品，如大安五年（1089 年）秋九月辛卯，辽曾"遣使遗宋鹿脯"；八年冬十月庚戌

---

① （宋）叶隆礼：《契丹国志》卷二七《岁时杂俗》，上海古籍出版社1985 年版，第 250、251、252 页。

② 贾敬颜：《五代宋金元人边疆行记十三种疏证稿》，中华书局 2004 年版，第 127 页。

③ 贾敬颜：《五代宋金元人边疆行记十三种疏证稿》，中华书局 2004 年版，第 46 页。

朔，又"遣使遗宋鹿脯"①。此外，《画墁录》载，宋贺契丹正旦
生辰使至辽，辽帝"密赐羊羓十枚"。羊羓，即羊肉干。

　　辽人的肉食烹饪方式主要有煮和烤。辽人喜食煮制的肉类，路
振《乘轺录》载，他使辽时受到主人的热情宴请，席间有"熊肪、
羊、豚、雉、兔之肉为濡肉"②。"濡肉"即煮制之肉。煮肉时，
若加入貔狸肉，其他肉则易烂熟成糜。路振使辽时，在宴席上品尝
到的"骆糜"，当是用骆驼肉煮制的肉粥。在辽墓壁画中，常有契
丹人煮肉的场面。如内蒙古巴林左旗白音敖包辽墓东耳室上所绘的
烹饪图③，图中一位髡发契丹人，身着圆领窄袖长袍，身前置三足
铁锅，炉火正旺，锅内煮肉。辽人也常用烤法烹饪肉类，《辽史·
礼志一》中的"孟冬朔拜陵仪"载有"燔胙"："大臣、命妇以次
燔胙，四拜。"④ 燔胙，又称燔肉，即烧烤祭祀用的肉。燔胙作为
祭祀形式记录下来，这也应是辽人日常生活中加工肉类的方法⑤。

　　2. 素肴加工烹饪

　　契丹蔬菜种类较少，食用方法较简易，或生食，或做羹汤。如
《辽史·张俭传》载，辽兴宗幸张俭家，"进葵羹干饭，帝食之
美"⑥。

　　由于果类较少，辽人常用蜜浸渍水果制作各种蜜饯、果脯。在
契丹贺宋朝生日礼单中就有"蜜渍山果""蜜晒山果"。除蜜渍外，
辽人还有一些比较独特的果类加工方式，如酒渍、冷冻等。其中，

---

　　① （元）脱脱等：《辽史》卷二五《道宗纪五》，中华书局 1974 年版，
第 298、300 页。

　　② 贾敬颜：《五代宋金元人边疆行记十三种疏证稿》，中华书局 2004 年
版，第 46 页。

　　③ 项春松：《辽宁昭乌达地区发现的辽墓绘画资料》，《文物》1979 年
第 6 期。

　　④ （元）脱脱等：《辽史》卷四九《礼志一》，中华书局 1974 年版，第
837 页。

　　⑤ 徐海荣：《中国饮食史》卷四，华夏出版社 1999 年版，第 423 页。

　　⑥ （元）脱脱等：《辽史》卷八〇《张俭传》，中华书局 1974 年版，第
1278 页。

酒渍果，又称"酒果""酒果子"，它亦酒亦果。《萍洲可淡》卷一载，宋朝使臣朝见辽朝皇帝时，"每位翰林官给酒果，以供朝臣。酒绝佳，果实皆不可咀嚼，欲其久存。"东北一带，冬季严寒，人们常用冰冻水果。庞元英《文昌杂录》卷一载："余奉使北辽至松子岭，旧例，互置酒，行三。时方穷腊，坐上有北京压沙梨，冰冻不可食，接伴使耶律筠取冷水浸，良久冰皆外结，已而敲去，梨已融释。自尔，凡所携柑橘之类皆用此法，味即如故也。"

三、饮食习俗

（一）宴饮习俗

辽人喜宴饮，重大庆典、仪式后，多举行酒宴。如柴册仪，皇帝拜先帝及诸帝画像后，宴飨群臣①。在国内平叛及同邻邦作战、外事交涉中取得胜利等场合，多置酒宴庆贺。如大同元年（947年），太宗之母述律太后为庆祝灭后晋的胜利，遣使"以其国中酒馔脯果赐契丹主，贺平晋国。契丹主与群臣宴于永福殿，每举酒，立而饮之，曰：'太后所赐，不敢坐饮。'"②后妃生子，也要宴饮。兴宗重熙十年（1941年）十月，以皇子胡卢斡里生，北宰相、驸马撒八宁"迎上至其第宴饮"③。甚至连皇帝、皇后猎获熊鹿等也被视为喜庆之事，要饮宴助兴。太康二年（1076年），道宗秋猎，一日射鹿三十，于是大宴扈从④。凡宋、高丽、西夏使者来辽朝贺正旦、生辰及因其他事入朝，朝廷均要设酒宴款待。在辽人举行的各种酒宴中，最有特色者当属头鱼宴和头鹅宴。

头鱼宴在江河尚未解冻之时举行。其头鱼，有人认为即鲟鱼。

---

① （元）脱脱等：《辽史》卷四九《礼志一》，中华书局1974年版，第836页。

② （元）司马光：《资治通鉴》卷二八六《天福十二年春正月戊寅》，中华书局1956年版，第9345~9346页。

③ （元）脱脱等：《辽史》卷一九《兴宗纪二》，中华书局1974年版，第226页。

④ （元）脱脱等：《辽史》卷一一〇《张孝杰传》，中华书局1974年版，第1486页。

因其头如牛，其大如牛，其价如牛，故又称为牛鱼。契丹人以是否捕获头鱼，"占岁好恶"①。头鱼宴是辽朝的盛典，只有皇帝、贵族近臣和外国使节方可参与，其饮宴活动包括祭祀天地祖宗、饮酒、奏乐、舞蹈等。

头鹅宴在江河解冻时举行，头鹅即捕获的首只天鹅。据《辽史·营卫志》、《续资治通鉴长编》卷八十一、《契丹国志》卷二十三《渔猎时候》、《宋会要辑稿》蕃夷二之三八等文献记载，捕鹅时，群臣扈从皇帝来到水边，侍卫击扁鼓惊起天鹅，以海东青捕捉或由皇帝亲射。辽代皇帝对得头鹅者往往重赏，如道宗大康五年（1079 年），"三月辛未，以宰相仁杰获头鹅，加侍中"。

（二）节日饮食习俗

辽朝立国后，深受内地汉族文化的影响，其正旦、立春、人日、中和、上巳、清明、端午、夏至、中元、中秋、重阳、冬至、腊日等节日均源于内地，其饮食习俗既有对内地汉族传统的承袭与借鉴，又保留有许多契丹族的特色。

正旦时，臣僚及诸国使节行朝贺仪，拜见皇帝，"进千万岁寿酒"，辽帝则宴请使节。立春皇帝在内殿拜见先帝御容（画像），并进御酒，有撒谷豆、击土牛等仪式。立春时还有"饮酒""行茶""食春盘"等饮食风俗。正月初七人日"俗煎饼食于庭中，谓之'薰天'"②。正月十五元宵节观灯、饮酒，应历十八年（968年）元夕，穆宗"观灯于市"，并"以银百两市酒，命群臣亦市酒，纵饮三夕"③。二月一日中和节，"国舅族萧氏设宴，以延国族耶律氏，岁以为常。"三月三日上巳节，"国俗，刻木为兔，分

---

① （清）厉鹗编：《辽史拾遗》卷一三引《演繁录》，《丛书集成》初编本。

② （元）脱脱等：《辽史》卷五三《礼志六》，中华书局 1974 年版，第 874~875、876、877 页。

③ （元）脱脱等：《辽史》卷七《穆宗下》，中华书局 1974 年版，第 85 页。

朋走马射之。先中者胜，负朋下马列跪进酒，胜朋马上饮之"①。

五月五日端午节，"君臣宴乐，渤海膳夫进艾糕"。六月十八三伏日，"耶律氏设宴，以延国舅族萧氏"②。清明，有较射、宴饮等俗，如《辽史·景宗纪下》载，乾亨四年（982 年），"三月乙未，清明。与诸王大臣较射、宴饮"③。

契丹中元节的名称源于中原，但风俗不同。其俗，"七月十三日，夜，天子于宫西三十里卓帐宿焉。前期，备酒馔。翼日，诸军部落从者皆动蕃乐，饮宴至暮，乃归行宫，谓之'迎节'。十五日中元，动汉乐，大宴。十六日昧爽，复往西方，随行诸军部落大噪三，谓之'送节'。"九月九日重阳节，"天子率群臣部族射虎，少者为负，罚重九宴。射毕，择高处卓帐，赐蕃、汉臣僚饮菊花酒。兔肝为臛，鹿舌为酱，又研茱萸酒，洒门户以祓禳"④。

冬至日，举行朝贺仪式，群臣"进千万岁寿酒"，并多次"进酒""行茶""行肴馔、大馔"等。腊日时，"天子率北南臣僚并戎服，戊夜坐朝，作乐饮酒"⑤。

四、炊具与饮食器

（一）炊具

辽代的炊具主要有炉、灶、锅、鼎等。

炉用于烹饪、取暖等，《契丹国志》卷二七《岁时杂记·正月》即有关于火炉的记载："于帐内诸火炉内爆盐。"炉具在辽代

---

① （元）脱脱等：《辽史》卷五三《礼志六》，中华书局 1974 年版，第878 页。

② （元）脱脱等：《辽史》卷五三《礼志六》，中华书局 1974 年版，第878 页。

③ （元）脱脱等：《辽史》卷九《景宗纪下》，中华书局 1974 年版，第105 页。

④ （元）脱脱等：《辽史》卷五三《礼志六》，中华书局 1974 年版，第878、879 页。

⑤ （元）脱脱等：《辽史》卷五三《礼志六》，中华书局 1974 年版，第875~876、879 页。

的考古发掘中也屡有发现，如辽宁建平张家营子辽墓出土一具铁方炉，炉体呈正方形，外折平口，系锻打铁片制成，铆乳钉，炉四周分层铁片镂孔，两侧各有一提环把手①。而平泉小吉沟和赤峰一带的辽墓中也都出土有大型长方铁火炉。

灶是中国北方各族在定居之后所采用的炊具，多用砖石垒成。随着农业生产的发展，灶也为契丹人所采用。

锅、鼎用于烹煮，是辽人的主要炊具，一般为铁质或陶质，也有铜质的。考古中发现有不少辽代不同形制的铁锅和铜锅。

辽代的炊具，还有鏊子、铛、镰斗、钵、盆、刀等。

（二）饮食器

辽代的饮食器主要为陶瓷制品，也有木、金、银、玉、玻璃等器，种类有鸡冠壶、碗、碟、盘、杯、勺、瓢等。

辽人所用的陶瓷器，多由辽国生产。根据考古发掘，现在已知的辽代瓷窑有多处。上京地区有林东辽上京窑、林东南山窑、林东白音戈勒窑，中京地区有赤峰缸瓦窑，东京地区有辽阳江官屯窑，南京地区有龙泉务窑。至于西京地区，在大同市西部青瓷窑村曾发现窑址，所烧器物为黑釉鸡腿坛等，据判断应是辽金时期的产品②。陶瓷器中，最具民族特色的是仿照契丹人使用的盛水皮囊而烧制的鸡冠壶。在辽代墓葬中，曾出土有扁身单孔、扁身双孔、扁身提梁、圆身提梁、矮身提梁等多种形式的鸡冠壶。鸡冠壶便于携带，保留着游猎生活的特点。辽瓷中的碗、碟、盘、杯等，大多依照中原陶瓷形制烧造。辽人所用的陶瓷器，也有少部分来自北宋的定窑、汝窑，甚至南方的景德镇窑。

辽境内的女真人喜用木质饮食器，受此影响，木器也是契丹人的重要饮食器皿。路振《乘轺录》载，他奉使辽朝时，辽以驸马

---

① 冯永谦：《辽宁省建平、新民的三座辽墓》，《考古》1960 年第 2 期。

② 徐海荣：《中国饮食史》卷四，华夏出版社 1999 年版，第 456～457页。

都尉兰陵王萧宁侑宴，以"文木器盛虏食"①，即以绘有图案的木器盛契丹特色的肴馔。宋真宗景德二年（1005年），贺契丹国母生辰使孙仅使辽，"接伴者察使人中途所须，即供应之。具蕃汉食味，汉食贮以金器，蕃食贮以木器"②。

金、银、玉、水晶、玛瑙、玻璃等器皿，属昂贵的奢侈品，多是宫廷贵族的饮食器。在内蒙古奈曼旗辽陈国公主墓的随葬品中，有银执壶、银盏托、银匙、银刀、琥珀柄银刀、玉柄银刀、铜盆、铜盘、玻璃瓶、玻璃杯、玻璃盘、玛瑙盅、水晶杯等饮食器③。辽朝皇帝有时以金银器皿赏赐近臣，如应历十四年（964年），穆宗"以掌鹿矧思代斡里为闸撒狨，赐金带、金盏，银二百两"④。其中的金盏即为饮酒器。每逢皇帝、太后生辰及正旦，辽宋互相馈献的礼物中往往有金银器，其中也含有饮食器。如《契丹国志》卷二十一"宋朝贺契丹生辰礼物"条载："契丹帝生日，南宋遗金酒食茶器三十七件。"

第二节　西夏的饮食文化

西夏（1038—1227年）是党项族建立的西北政权，前期与北宋、辽朝对峙，后期与南宋、金朝鼎足。西夏的疆域包括今天的宁夏全部、甘肃、陕西北部和青海、内蒙古的部分地区。西夏境内，生活着党项、汉、吐蕃、回鹘等民族，其饮食文化具有多民族的特点。

---

① 贾敬颜：《五代宋金元人边疆行记十三种疏证稿》，中华书局2004年版，第46页。

② （宋）李焘：《续资治通鉴长编》卷五九，中华书局2004年版，第1319页。

③ 内蒙古文物考古研究所、哲里木盟博物馆：《辽陈国公主墓》第四章《随葬品》，文物出版社1993年版。

④ （元）脱脱等：《辽史》卷七《穆宗纪下》，中华书局1974年版，第82页。

一、食物原料

(一) 肉乳

1. 肉类

肉类主要源于畜牧业。西夏境内的大部分地区是宜于放牧的场所，或宜耕宜牧的半农半牧区①。畜牧业在西夏始终占有重要地位，是西夏的主要经济部门之一。西夏畜牧的主要形式是游牧，从事者多为党项、吐蕃、回鹘等族的百姓。西夏牧养的牲畜主要有马、牛、羊和骆驼。

出于保障农业生产和国事对畜力的需要，西夏法律规定牛、骆驼、马等大型牲畜禁止食用："诸人杀自属牛、骆驼、马时，不论大小，杀一头徒四年，杀二头徒五年，杀三头以上一律徒六年。"②屠杀自己的牛、骆驼、马，要判处四到六年的徒刑，可见立法之严。不过，"从西夏法律规定杀吃自属的大牲畜、盗杀他人大牲畜甚至分食他人大牲畜肉都要判处多少不等的徒刑来看，宰杀大牲畜作为肉食已不是个别现象，因而需要在法律条文中明确而详细的规定。"③ 大牲畜病死注销后，肉可销售食用，其价格为：熟马1缗，生马500钱，骆驼、牛一律500钱，大牲畜的仔、犊和大羊100钱，小羊50钱④。

羊是西夏人的主要肉食来源，西夏仓库中有买羊库、买肉库。西夏法律规定："盗窃畜、物、肉等未参与分持，已知为盗屠而拿所食残肉时，是牛、骆驼、马，徒二年；是骡、驴，十三杖；是羊及别种肉，知为盗物，打十杖。"⑤ 有学者认为，法律对盗食羊肉

---

① 杜建录：《西夏的畜牧业》，《宁夏社会科学》1990年第1期。

② 史金波等译注：《天盛改旧新定律令》第二《盗杀牛骆驼马门》，法律出版社2001年版，第154页。

③ 徐海荣：《中国饮食史》卷四，华夏出版社1999年版，第574页。

④ 史金波等译注：《天盛改旧新定律令》第一九《畜患病门》，法律出版社2001年版，第584页。

⑤ 史金波等译注：《天盛改旧新定律令》第三《分持盗畜物门》，法律出版社2001年版，第172~173页。

的处罚较轻，因为羊肉是在可食范围之内的①。

西夏人也吃猪肉，西夏人养猪采用家庭喂养的形式。人们尚不清楚西夏养猪的规模，但很多西夏文献记录牲畜时都记载有猪，如《圣立义海》卷九的子目中就列有"猪"，但猪的名次在狗、猫之后②，因此猪的饲养和食用在西夏可能并不占重要地位。西夏也饲养家禽，"禽类中大约以鸡为主，因为西夏地区水面较少，善喜水性的鸭、鹅不可能很多"③。

西夏肉类的另一重要来源为狩猎。西夏境内多山，野味众多，狩猎是党项族谋生的传统手段之一。在西夏文献《圣立义海》中多次记载狩猎之事，如卷三"八月之名义"条记载有"设网伺鹊，捕兽"；"十月之名义"条记载有"国人射雕"，"黄羊逃丛林，边地国人追射"，"御敌行猎"④。西夏境内的野生猎物主要有狼、豹、黄羊、野狐、鹿、兔、野驴等⑤，捕猎工具有弓箭、刀枪和网罗。随着农业和畜牧业的发展，狩猎逐步退居次要地位，野味在食品中所占比重减少。

西夏的历代统治者都有狩猎的习惯，西夏立国者元昊"每举兵，必率部长与猎，有获，则下马环坐饮，割鲜而食，各问所见，择取其长"⑥。西夏皇帝的狩猎活动一直延续到西夏中晚期，如西夏天盛七年（1155 年）仁宗"猎于贺兰原"⑦。

———————

① 徐海荣：《中国饮食史》卷四，华夏出版社 1999 年版，第 575 页。
② ［俄］克恰诺夫等：《圣立义海研究》，宁夏出版社 1995 年版，第 48 页。
③ 徐海荣：《中国饮食史》卷四，华夏出版社 1999 年版，第 567 页。
④ ［俄］克恰诺夫等：《圣立义海研究》，宁夏出版社 1995 年版，第 52~55 页。
⑤ 王守权：《西夏饮食结构的成因》，《扬州大学烹饪学报》2012 年第 2 期。
⑥ （元）脱脱等：《宋史》卷四八五《夏国传》，中华书局 1977 年版，第 13993 页。
⑦ （清）吴广成：《西夏书事》卷三六，《续四库全书》第 334 册，第 586 页。

2. 乳类

乳及乳制品是西夏重要的食物原料。西夏的乳畜主要有牛、羊和骆驼，牛多为牦牛，羊包括山羊和绵羊。不少西夏文献中，均有乳及乳制品的记载。如《天盛律令》卷一九《畜利限门》规定，牧民提供皇室需要的"御供"乳类食品，其母畜要由专人放牧，以便及时供应质量好的乳酪和乳酥；卷一七《物离库门》规定，官方买酥库收藏的酥可有减耗，"种种酥十两中可耗减二两"，"油酥一斛中可耗减一斗。"又如《文海》中有"酪""酥""乳渣""挤乳"等条的解释。《三才杂字》记载有乳糜、乳头等乳制品。《新集锦合辞》中有"男人骑马自好，妇挤牛奶喂人"的谚语①。

（二）粮食

西夏位于多民族的结合部，其粮食种类众多，具有多来源、多类型的特点。据西夏汉文字《杂字》"斛豆部第四"所记，有粳米、糯米、秫米、黍米、大麦、小麦、小米、青稞、赤谷、赤豆、豌豆、绿豆、大豆、小豆、豇豆、荜豆、红豆、荞麦、稗子、麻子、黄麻、稻谷、黄谷。不难看出，西夏的粮食作物种类中既有夏粮，又有秋粮；既有旱地作物，又有水田作物；既有北方常见的麦类、豆类、黍类，还有西部青藏高原上的特产青稞。特别值得提出的是当时北方少有的水稻在西夏地区多有种植，而且有粳米、糯米等不同的品种②。西夏的粮食主产区有三：一是号称"塞上江南"的银川平原地区，包括当时的兴、夏、灵、洪等州，该农业区主要依靠黄河水的灌溉；二是有"河西粮仓"美誉的河西走廊地区，包括甘、凉、肃、沙等州，该农业区主要依靠祁连山冰雪融水的灌溉；三是宋夏交界处的边缘地区，该农业区深受汉族传统农耕文明的影响，农业生产技术和工具较为发达。

西夏的粮食生产不能满足需要，需要通过边市榷场购买宋朝粮食。当西夏国内发生饥荒时，更要到宋朝地界买粮以解燃眉之急。如宋真宗大中祥符六年（1013年），西夏绥州、银州、夏州发生旱

① 霍升平等：《西夏谚语初探》，《宁夏大学学报》1986年第3期。

② 徐海荣：《中国饮食史》卷四，华夏出版社1999年版，第552页。

灾，居民惶乱，宋真宗诏令榷场不得禁止西夏人购买粮食，以便解决西夏缺粮问题。由于宜农地区有限、自然灾害频繁，西夏统治者常为粮食的匮乏感到担心，因此十分重视粮食的储藏。西夏储藏粮食的大型仓库有两种，一种是库房，一种是地窖，修造时都有具体的要求。对粮库的管理也比较严格，《天盛律令》规定："畿内来纳官之种种粮食时，当好好簸扬，使精好粮食、干果入于库内。"[①]

（三）蔬果

西夏的蔬菜种类十分丰富，西夏汉文本《杂字》中记载的蔬菜有茄、瓠、笋、蕨、葱、蒜、蔓菁、萝蒲、茵蔯、蓼子、薄荷、兰香、苦苣、越瓜、春瓜、冬瓜、南瓜等。骨勒《番汉合时掌中珠》记载的蔬菜有香菜、芥菜、薄荷、菠薐、茵蔯、百叶、蔓菁、萝卜、瓠子、茄子、苦蕖、胡萝卜、汉萝卜、半春菜、马齿菜、吃兜芽、瓜等 23 种。《三才杂字》列有 22 种蔬菜，与《番汉合时掌中珠》所载基本相同。上文提到的这些蔬菜多在中原地区种植已久，但也有一些是从西域新引进的，如胡萝卜。

西夏地处暖温带，出产的果类品种主要有桃、李、梨、杏、柿、葡萄、石榴、枣、核桃、栗子、榛子等。《圣立义海》卷三"八月之名义"条记载："果木熟时，桃、栗、榛、蒲桃等熟。""九月之名义"条记载："果木尾熟：栗子、胡桃、李子熟也。"[②]骨勒《番汉合时掌中珠》记载的果品较多，有"栗、杏、梨、林檎、樱桃、胡桃、蒲桃、龙眼、荔枝、李子、柿子、橘子、甘蔗、枣、石榴、桃"。其中的龙眼、荔枝、橘子、甘蔗等属南方热带、亚热带水果，不可能是西夏本地生产的。"但那时西夏和宋朝有贸易往来，皇室和贵族食用稀有的南方水果还是可能的。"[③]

值得一提的是西夏汉文《杂字》记载的回鹘瓜和大食瓜。回

①　史金波等译注：《天盛改旧新定律令》卷一五《纳领谷派遣计量小监门》，法律出版社 2001 年版，第 510 页。

②　［俄］克恰诺夫等：《圣立义海研究》，宁夏出版社 1995 年版，第 52~53 页。

③　徐海荣：《中国饮食史》卷四，华夏出版社 1999 年版，第 578 页。

鹘瓜当是体大味甘的哈密瓜，哈密瓜是后来的名称，当时尚无这一名称。大食瓜是当时的大食（阿拉伯帝国）所产的瓜。回鹘瓜和大食瓜是西夏与今新疆地区和阿拉伯地区饮食文化交流的结果。

（四）调味品

盐是西夏主要的咸味调味品。西夏境内有乌、白二盐池，盛产青、白盐。青、白盐质量上佳，远胜山西解池所产的解盐，李焘《续资治通鉴长编》卷一四六载："大率以青盐价贱而味甘，故食解盐者殊少。"① 西夏青、白盐的年产量在 10 万石以上，总数不下500 万斤。西夏食用多余的盐主要用来与宋边民私相贸易，换取谷麦等粮食。这种私相贸易虽被宋朝官方严禁，但由于贩盐利润丰厚，很多人不惜冒死从事此业。《宋史·食货志》载："乾兴初，尝诏河东边人犯青白盐禁者如陕西法。庆历中，元昊纳款，请岁入十万石售县官，仁宗以其乱法，不许。自范祥议禁八州军商盐，重青白盐禁，而官盐估贵，土人及蕃部贩青白盐者益众，往往犯法抵死而莫肯止。"② 除盐外，西夏的咸味调味品还有酱。西夏的调鲜佐料有葱、蒜、香菜，调香佐料有香菜、花椒，调辛佐料有胡椒、干姜，调酸佐料有醋，调甘佐料有蜜、糖③。

二、食物烹饪与饮食器具

（一）食物烹饪

西夏的粮食食品烹法多样，"可以把粮食蒸或煮熟后食用，也可以将谷物碾磨成面粉作成细面、汤面煮食，或蒸、炸、烙成各种食品，有的还有各种馅"④。西夏人将各种粮食食品总称为"食馔"，据骨勒《番汉合时掌中珠》记载，西夏的食馔品种有细面、粥、乳头、油饼、胡饼、蒸饼、干饼、烧饼、花饼、油球、盏饠、

① （宋）李焘：《续资治通鉴长编》卷一四六《仁宗庆历四年二月庚子》，中华书局 2004 年版，第 3536 页。
② （元）脱脱等：《宋史》卷一八一，中华书局 1977 年版，第 4419 页。
③ 徐海荣：《中国饮食史》卷四，华夏出版社 1999 年版，第 581~582页。
④ 徐海荣：《中国饮食史》卷四，华夏出版社 1999 年版，第 571 页。

角子、馒头、酸馅、甜馅等。史金波先生认为：细面，"应是现在的面条一类的食品"；油饼，"应是一种味道很香的饼，大约就是现在油炸的油饼"；胡饼，"应是烤饼或烙饼"；蒸饼，"应是将面食放在蒸锅里，下面烧水成汽，蒸熟而成"；干饼，"应是烤的很干的饼，也许是类似现在西北地区少数民族喜食的烤馕之类"；油球，"应是一种圆球状的食品"；盏锣，"这一食品名称和器皿有关，也许是在制作时置于盏上加工而成"；角子，"也就是饺子，称为角子是取其并非圆形，而是带角的饼类食品"；馒头"相当于后来的包子，外面是面皮，里面有馅"；酸馅、甜馅，"这两种食品应是置于其他面食之中，如馒头中的馅。"① 这些论述不尽正确，事实上，"胡饼"是一种烤制的大型肉馅面饼，"蒸饼"即今天的馒头，"角子"即现在的蒸饺或油炸饺子，"馒头"类似于现在的厚皮发面的大个肉包子，"酸馅"类似于现在的厚皮发面的大个素菜包子，"甜馅"类似于现在的豆包子或糖包子。

西夏人也吃炒面、炒米。在西夏汉文本《杂字》中有"麦麨""麦𪌭""麦䴵"等词，其中"麦麨"即炒面，以麦类磨面炒制而成，多用作干粮。西夏谚语有"食面时风已起，治饮时水已浊"②，这里所食之面应为炒面，而非汤面，因为只有吃炒面时才怕大风。"麦𪌭"是将麦类粮食破碎成为颗粒状的半成品，可以煮熬成粥。"麦䴵"即麦屑，相当于麦麸。《杂字》中还有"糦米""蒸米""炒米"等词，其中，"糦米"是一种半生不熟的米，若要食用，还要加工。"蒸米"可能是现在的米饭。"炒米"是北方少数民族喜食的一种食品，具体做法是先将米炒熟，再以水泡食③。

西夏的肉食烹饪除煮、炖、烧、烤、炒之外，还可以将肉作成肉馅。《文海》有"肉馅"，注释云："烂肉末也，肉肠斩剁烂碎为

---

① 徐海荣：《中国饮食史》卷四，华夏出版社 1999 年版，第 571~573 页；宋德金、史金波：《中国风俗通史》（辽金西夏卷），上海文艺出版社 2001 年版，第 460~461 页。

② 陈炳应译：《西夏谚语》，山西人民出版社 1993 年版，第 23 页。

③ 徐海荣：《中国饮食史》卷四，华夏出版社 1999 年版，第 573、574 页。

之谓。"将肉剁烂加工成肉馅再食用，也是西夏肉食的一种方式①。

（二）饮食器具

1. 饮食器具的种类

西夏的饮食器具种类众多，丝毫不亚于中原内地。《番汉合时掌中珠》记载的饮食器具有碗、匙、箸、杓、笊篱、檠子、槈、盉、盘、铛、鼎、急随钵子、火炉鏊、甑、铛盖、笼床、纱罩、茶铫、茶臼、瓶、盏、火炉、火箸、火杴、火栏、桌子；西夏文《三才杂字·饮食器皿》记载有铛、鼎、盉、盉勺、瓦盉、器皿、碗、勺、檠、箸、火炉鏊、肉叉等；西夏汉文本《杂字·器用物部》记载有银碗、匙箸、瓷碗、瓷椶、瓶盏、托子、杓子、酒樽、酱檋、铁铛、桌子、金觥、玉斝、笊篱等；《文海》记载的饮食器具有锅铲、火炉鏊、桌盘、罐、盏、急随钵子、勺、檠子、巩等。在考古发掘中，也出土了不少西夏饮食器具。仅 1984—1986 年在宁夏灵武瓷窑堡西夏窑址发现的饮食器具就有：碗、盘、盆、钵、釜、杯、高足杯、盒、壶、扁壶、瓶、罐、缸、瓮②。

综合西夏文献记载和考古发掘，可将西夏的饮食器具分为以下几类：第一，水器：瓶、壶、扁壶、罐、桶；第二，食器：箸、匙、肉叉、盆、钵、碗、盘；第三，炊具：甑、锅、铛、铛盖、鼎、杓、锅铲、笊篱、火炉、火箸、火杴、火栏；第四，储器：瓮、缸、盉、酱檋；第五，茶具：茶臼、茶铫、捣棒、茶钵、茶垫、滤器、渣滓笊篱、茶托；第六，酒具：酒樽、盏、檠子、觥、斝、酒托、注碗；第七，其他器具：笼床、纱罩、桌子等。

2. 饮食器具的质料

西夏饮食器具中的水器、食器、储器、茶具、酒具多以陶瓷为主。文献记载中有的就明确标明了器具的质料，如瓦盉、瓷碗等。在宁夏、甘肃、内蒙古的西夏考古遗址发掘中，出土的饮食器具也多为陶瓷器，尤其以瓷器为最多。西夏瓷器的制作具有相当高的水平，其中不乏精品，但普通实用器皿简单朴实，以白、黑、褐色瓷

---

① 徐海荣：《中国饮食史》卷四，华夏出版社 1999 年版，第 575 页。

② 马文宽：《宁夏灵武县磁窑堡瓷窑址调查》，《考古》1986 年第 1 期。

居多。剔刻瓷器是西夏瓷器的一大特点，以瓶、壶居多。这种瓷器在瓶、壶等器物的主体部分开光，于开光内剔刻大型的花卉图案和其他装饰图案。西夏剔刻瓷器造型大方、端庄，剔刻疏密得当、宾主分明，色泽有较强的对比感。西夏烧制的饮食器具多适宜游牧生活，如扁壶，壶体的两侧有两耳或四系，便于穿绳携带。

木质饮食器具在西夏也很流行。西夏文中，记录一些常用器皿的字多有"木"字旁，如碗、匙、箸、盃、盘、甑、盏、桶、罐等字，都是合成字。在合成时，都以"木"字和另一个字的一部分组合而成。西夏文创制于西夏立国之前，创制时往往考虑到文字和被记录词的意义之间的关系，多数字的字形和词所表达的意义有关。从很多带"木"义的器皿字，可以推测西夏立国前后，木质饮食器皿还是很多的。在考古发掘中，也发现有西夏木质饮食器皿。1977 年，在甘肃武威西郊林场西夏墓和南营乡分别出土了 2 只木瓶、1 只木碗和 6 双木筷[①]。至西夏中期以后，随着陶瓷业的兴盛，陶瓷制品才取代木质饮食器，成为西夏饮食器皿的主流。

西夏的铁质饮食器具主要是锅、鼎、铛、鏊、勺、锅铲等炊器和火炉、火箸等炉具。西夏还有银质、金质和玉质等高档饮食器具。如西夏汉文本《杂字》记载有"银碗""金觥""玉斝"等。在考古发掘中，也出土有西夏的金银饮食器具。1976 年，在宁夏灵武县横山西夏遗址中，出土有银钵 2 件，银碗 3 件[②]。在内蒙古林河县高油房西夏城址中，则出土了金莲花盘、金碗各 1 件[③]。

三、饮食风尚

（一）不同民族的饮食风尚

西夏境内生活着党项、汉、吐蕃、回鹘等民族，其饮食文化具

---

① 宁笃学、钟长发：《甘肃武威西效林场西夏墓清理简报》，《考古与文物》1980 年第 3 期。

② 史金波等译注：《西夏文物》，文物出版社 1988 年版，图 213、214、215。

③ 史金波等译注：《西夏文物》，文物出版社 1988 年版，图 203、204。

有多民族的特点。就同一民族而言，生产的发展、人口的迁徙、其他民族的影响，都能引起食品种类、饮食结构、食物烹饪，乃至饮食习俗的变化。

1. 党项族的饮食风尚

党项族是西夏的主体民族，最初游牧于青海、甘南和四川西北的广大高原及其边缘地带。由于这些地区海拔较高，气候寒冷，不适合农耕，只宜放牧，故党项族早期的饮食结构比较单一，主要以动物肉乳为食。党项族迁徙至宁夏一带后，饮食逐渐多样化。大部分党项人仍然从事传统的畜牧业，保留着以肉食为主的饮食习惯，但也有一部分党项人开始从事农业生产，其食物以粮食为主。西夏文《碎金》中提到"山讹嗜荞饼"，山讹是西夏党项人的一支，以骁勇善战著称。"山讹嗜荞饼"说明了这部分党项人不再以肉乳为主，开始形成以粮食为主的饮食结构。党项的贵族，特别是城市中的统治者，在保留某些肉乳类食品的特殊需要的同时，其饮食生活逐渐与汉族贵族趋同。可以说，在迁居宁夏，尤其是西夏立国之后，受汉民族和西夏地区自然条件的影响，党项人的饮食结构和饮食习惯逐渐改变，饮食文化逐渐丰富和繁荣起来，党项人由以肉食为主的"一元饮食结构"逐渐过渡到动植物共食的"二元饮食结构"[1]。

党项族喜饮茶，其茶主要来自宋朝的赏赐和边境的榷场贸易，西夏文《三才杂字》中有"茶臼""茶杵""捣茶"等词，说明西夏饮茶要经过捣碎为末，再熬煮饮用的过程。酒在党项人的生活中占据重要地位，不仅男子饮酒，党项妇女也能喝酒，曾巩《隆平集》卷二十《夏国》载："俗喜复仇……不能复者，集邻族妇人，烹牛羊，具酒食，介而趋仇家，纵火焚之。"由于饮酒之人众多，西夏法律规定对酒醉后犯罪从轻发落。

2. 汉族的饮食风尚

汉族在西夏不是主体民族，但却是主要民族。由于掌握了比较

---

① 王守权：《西夏饮食结构的成因》，《扬州大学烹饪学报》2012年第2期。

先进的农业生产技术，汉族的生活相对比较优裕，所以西夏境内汉族的生活方式是党项族和其他民族学习的榜样。西夏境内的汉族，主食以麦、豆、粟、糜为主。这从各地汉人交纳的粮食种类可知一斑，《西夏天盛律令》规定："麦一种，灵武郡人当交纳。大麦一种，保静县人当交纳。麻褐、黄豆两种，华阳县家主当分别交纳。粟一种，治源县人当交纳。糜一种，定远、怀远二县人当交纳。"当时中原地区流行的面食品种，如蒸饼、烧饼、油饼、馒头、角子等，在西夏文献《番汉合时掌中珠》中都有记载。可以推测，西夏境内汉族的饮食风尚与当时中原汉族的差别并不大，"只不过他们生活在西北畜牧业比较发达的地区，特别是世代和从事游牧的少数民族住在一起，饮食上也会或多或少的接受少数民族的影响，比如增加乳肉类食品的摄入等等"①。

3. 吐蕃族的饮食风尚

吐蕃是现代藏族的祖先，西夏境内的吐蕃人分布很广，除西部青藏高原边缘和河西走廊一带比较集中外，"自仪、渭、泾、原、环、庆及镇戎、秦州暨于灵、夏皆有之，各有首领，内属者谓之熟户，余谓之生户"②。吐蕃族兼营农牧业，种植青稞、大麦、荞麦等农作物，饲养牦牛、马、骆驼、羊等牲畜。吐蕃人兼食粮肉，尤嗜青稞面制成的糌粑和酥油茶、青稞酒。西夏文《杂字》里记载有青稞、荞麦等高寒农作物，有理由推测西夏境内的多数吐蕃人仍保持传统吃糌粑的饮食习俗。但由于西夏境内的多数地区并不适宜种植青稞，吐蕃人的饮食习惯也会发生一些变化，食用其他粮食食品的机会大大增加。

4. 回鹘族的饮食风尚

回鹘是现代维吾尔族的祖先，回鹘人以游牧为主，西夏文《碎金》称"回鹘饮乳浆"，说明回鹘人的饮食以畜产品为主。西夏境内的回鹘人主要居住在河西走廊的瓜、沙、甘诸州，这里的绿

---

① 徐海荣：《中国饮食史》卷四，华夏出版社 1999 年版，第 610 页。

② （元）脱脱等：《宋史》卷四九二《吐蕃传》，中华书局 1977 年版，第 14151 页。

州农业发达，尤其是所产的瓜果质量上乘，对西夏的饮食有很大影响。回鹘地处丝绸之路要道，回鹘人还将中亚的食品传入西夏，西夏文献记载的"大食瓜"就是典型的例证。

（二）不同阶层的饮食风尚

由于经济实力不同，不同阶层的人们饮食生活差别甚大，西夏亦是如此。

1. 宫廷皇室饮食风尚

西夏建国后，宫廷饮食制度得到迅速完善，宫廷饮食已相当精美。西夏《天盛律令》载："御供之食馔、其他用度等应分取准备者，当速分之，好好制作，依数准备。迟缓、盗减、制不精等时，罪依以下判断。一等：御供之用度分取准备迟者，当比贻误文典罪情各加一等。一等：制作御膳中选择不精及贡献中种种不足等，徒二年。不依时节供奉、迟缓及味道不美、所验不精等，一律徒一年。"① 北京图书馆所藏的一部西夏文佛经前有一幅西夏译经图，绘安全国师白智光主持译经和西夏惠宗皇帝、梁氏皇太后亲临译场的情景。图下部皇帝、皇太后前的桌上放置着精美的食品和饮料，反映了西夏宫廷豪华的饮食生活。

宫廷饮食还强调安全可靠，对在皇帝的食品中混入杂物者，要按"大不恭"罪处以极刑。西夏《天盛律令》卷一《大不恭门》载："御食混撒杂物时，不论主从当以剑斩，自己妻子及同居子女当连坐，入农牧主中。"由于党项人出身游牧，西夏宫廷保持着饮乳的习俗。据《天盛律令》载，群牧司负责管理御供圈牧者，皇帝出行时，群牧司需派遣若干圈牧者，以随时供给皇帝新鲜的乳酪②。

2. 官僚贵族饮食风尚

西夏立国立前，党项贵族的饮食水平尚较粗陋，宋太宗曾对西

---

① 史金波等译注：《天盛改旧新定律令》卷一二《内宫待命等头项门》，法律出版社 2001 年版，第 433 页。

② 史金波等译注：《天盛改旧新定律令》卷一九《畜利限门》，法律出版社 2001 年版，第 579 页。

夏使臣说："戎人贫窭，饮食衣被粗恶，无可恋者，继迁何不束身自归，永保富贵?"① 用饮食衣被引诱西夏贵族归降。西夏立国时，西夏贵族的饮食水平与中原地区仍有很大差距。服务于西夏的汉族贵族不安于较低的饮食居住水平，十分向往内地汉族更为丰富的饮食居住生活。张元、吴昊在西夏为显官后，"以穷沙绝漠饮食居处不如中国"，"日夜说元昊攻取汉地，令汉人守之，则富贵功名、衣食嗜好皆如所愿。"②

随着西夏社会经济的发展，官僚贵族聚敛了大量的财富，加之受中原官僚贵族奢侈生活的影响，西夏官僚贵族的饮食生活渐趋中原化。西夏文献《番汉合时掌中珠》载："富贵具足，取乐饮酒，教动乐……乐人打诨，准备食馔……设宴已毕。"西夏文《三才杂字》中也有"夜夜设宴，朝朝祭神"的论载，描写的都是官僚贵族的奢侈生活。由于官僚贵族多出自文人士大夫，儒家圣贤书的教育也使少数官僚保持着良好的操守，在饮食生活上注意节俭。如仁宗朝中书令濮王嵬名仁忠，为官清正，饮食俭朴，"己与家人日食粗粝而已"③。

西夏中期以后，官僚贵族多以奢侈相尚。西夏文献的有关记载和文物考古出土的银钵、银碗、金莲花盘、金碗、金觥、玉斝等高档饮食器具，都表明了西夏贵族饮食的豪华和讲究。奢华的饮食之风对西夏的统治十分不利，仁宗天盛十五年（1163 年）下令禁奢侈，对宴饮食品的种类和数量作出具体规定："诸人以汉宴、熟食为丧葬宴等，准备食馔，心口菜十五种以内，唇喉二十四种以内，又树果品共二十四种以内行之，依不同次第，一种种分别计算，不

---

① （清）吴广成：《西夏书事》卷五，《续四库全书》第 334 册，第 333页。

② （清）吴广成：《西夏书事》卷一六，《续四库全书》第 334 册，第423 页。

③ （清）吴广成：《西夏书事》卷三六，《续四库全书》第 334 册，第583 页。

许使过之。若违律诸人举报时，举赏钱五缗，当由设宴者出予举者。"①

3. 普通百姓饮食风尚

普通百姓的饮食比较简单，农民以粮食为主，蔬菜为辅，肉食较少；牧民则以肉乳为主，粮食为辅。无论是农民，还是牧民，饮食生活都处于较低水平，正如西夏谚语所言："穷人菜米水冲稀"，"无佳餐吃稀饭"②。西夏文献《文海》中有"稗"字，其注释为："大麦、小麦中杂草稗子之谓。"西夏文《三才杂字》"谷"类中有"蒿稗"一词，西夏本汉文《杂字》在有关食品的词目中也有"稗子"一词，说明西夏人将稗子也作为粮食。食稗子者当然是食物匮乏的普通百姓。

由于西夏境内多山多荒漠，自然条件相对比较恶劣，自然灾害经常发生，加之与宋、辽、金、蒙古等政权长期战争，严重影响了西夏食物的生产，西夏百姓食不果腹的现象经常发生。灾荒年月，普通百姓多靠采集野果、野菜充饥。曾巩《隆平集》卷二十《夏国》载："西北少五谷，军兴粮馈，止于大麦、荜豆、青麻子之类。其民则春食鼓子蔓、碱蓬子，夏食苁蓉苗、小芜黄，秋食席鸡子、地黄叶、登厢草，冬则畜沙葱、野韭、拒霜、灰荍子、白蒿、碱松子，以为岁计。"西夏境内有靠乞讨度日者，西夏谚语有"乞者同来难得食"③，意思是乞丐同到一处乞讨，难以得到食物。这一谚语，从一个侧面反映出西夏境内有较多的乞丐。饥荒年月，普通百姓甚至卖儿鬻女。西夏崇宗天祐民安八年（1097年）七月，西夏境内发生特大饥荒，"民鬻子女于辽国、西蕃以为食"④。

---

① 史金波等译注：《天盛改旧新定律令》卷二十《罪则不同门》，法律出版社 2001 年版，第 605 页。

② 陈炳应译：《西夏谚语》，山西人民出版社 1993 年版，第 24 页。

③ 陈炳应译：《西夏谚语》，山西人民出版社 1993 年版，第 11 页。

④ （清）吴广成：《西夏书事》卷三〇，《续四库全书》第 334 册，第 532 页。

第三节　金代的饮食文化

金朝（1115—1234 年）是女真族建立的政权。金朝的疆域，在其最强大时，北起外兴安岭，南到秦岭、淮河，东濒大海，西与西夏为邻。金朝境内，除女真族外，还有汉、渤海、契丹、奚等民族。其中，汉族和辽河流域的渤海人多从事农耕，其他民族多从事游牧、狩猎。

一、女真族的饮食文化

（一）食物原料的生产

女真族的食物原料来源于狩猎、畜牧和农耕。

1. 狩猎

女真族起源于东北地区，他们善骑射，狩猎是女真人获取食物的重要手段。在长期的狩猎生活中，女真人积累了丰富的狩猎经验，"每见鸟兽之踪，能蹑而推之，得其潜伏之所。以桦皮为角，吹作呦呦之声，呼麋鹿而射之。"在辽朝统治时期，女真人充当辽朝皇帝御用猎手之职，"辽主岁入秋山，女真当从。呼鹿、射虎、博熊皆其职也"[1]。

金朝建立后，未入关的东北女真人仍多从事狩猎。对于进入中原地区的女真贵族而言，狩猎的目的主要不是为了获取肉食、维持生计，而是作为游乐和习武的手段。

金朝皇帝们多喜围猎。金太祖阿骨打曾言："我国中最乐无如打围。"[2] 海陵王完颜亮时，迁都燕京（今北京），"以都城之外皆民田，三时无地可猎，候冬月则出，一出必逾月，后妃亲王近臣皆随焉。每猎，则以随驾之军密布四围，名曰'围场'。待狐、兔、

---

① （宋）徐梦莘：《三朝北盟会编》卷三，上海古籍出版社 2008 年版，第 17、19 页。

② （宋）徐梦莘：《三朝北盟会编》卷四，上海古籍出版社 2008 年版，第 31 页。

猪、鹿散走于围中，金主必亲射之，或以雕鹰击之。次及亲王、近臣。出围者，许人捕之"①。金世宗为使女真人不忘旧风，倡导围猎、骑射、习武，他本人率先垂范，"善骑射，国人推为第一，每出猎，耆老皆随而观之"②。由于金朝皇帝对围猎的热衷与重视，在达到练习骑射的目的的同时，也增加了女真人的肉食来源。

2. 畜牧

女真早期，畜牧业就有相当的发展。在女真始祖初从高丽来完颜部时，其部即以牛、马为部落族人之间杀人抵偿之物，"杀人偿马牛三十"③。女真人男婚女嫁，还以牛、马为聘礼，"其婚嫁，富者则以牛马为币"④。除牛、马外，女真人还畜养羊、猪、鸡、狗等。

金朝建立后，女真的畜牧业仍有所发展。在金上京会宁府拉林河一带的女真聚居区，南宋使节曾看到"平坦草莽，绝少居民。每三五里之间有一二族帐，每帐族不过三五十家"⑤。这些"族帐"设在辽阔的草原上，居民以游牧为生。

3. 农耕

女真人很早就有了原始农业，献祖绥可时，"乃徙居海古水，耕垦树艺"⑥。在阿骨打建国前夕，农耕在女真社会经济中已具有相当重要的地位，农业的丰歉已成为影响和制约人们物质生活和社

---

① （宋）徐梦莘：《三朝北盟会编》卷二四四，上海古籍出版社 2008 年版，第 1754 页。

② （元）脱脱等：《金史》卷六《世宗上》，中华书局 1975 年版，第 121 页。

③ （元）脱脱等：《金史》卷一《世纪》，中华书局 1975 年版，第 2 页。

④ （宋）徐梦莘：《三朝北盟会编》卷三，上海古籍出版社 2008 年版，第 18 页。

⑤ （宋）徐梦莘：《三朝北盟会编》卷四，上海古籍出版社 2008 年版，第 30 页。

⑥ （元）脱脱等：《金史》卷一《世纪》，中华书局 1975 年版，第 3 页。

会安定的重要因素,"岁不登,民多流莩,强者转而为盗"①。金太祖阿骨打十分重视农业生产,他提倡力农积粟,将缴获辽军的数千耕具分发军中,诏令各级将领,"无纵军士动扰人民,以废农业"②。

金朝初年,强令女真猛安谋克户垦荒屯田。收国二年(1116年)迁二千户,以银术可为谋克,屯宁江州。天辅五年(1121年),派遣昱和宗雄分诸路猛安谋克万户屯泰州。金熙宗时,还将一些猛安谋克户迁往中原,"计其户口给以官田,使自播种,以充口食"③。在一系列发展农业政策的推动下,女真族的农业有了很大发展。

(二)食物烹饪

1. 主食烹饪

女真的主食有饭、粥、炒、馒头、饼、糕等。

女真人烹饪饭、粥的主要原料是粟。北宋宣和七年(1125年),许亢宗出使金国的第九程,受到金国接伴使的款待,"是晚,酒五行,进饭,用粟,钞以匕"④。南宋乾道五年(1169年),楼钥出使金国,金人款待他们的饭食中有粟饭。女真人也用米、麦烹制粥饭。金人款待楼钥的饭食还有糖糯粥、麦仁饭⑤。其中的"糖糯粥"可能是糯米加糖熬制成的甜粥。受生食习俗的影响,女真人在立国之前,"以半生米为饭,渍以生狗血及葱、韭之属,和而

---

① (元)脱脱等:《金史》卷二《太祖纪》,中华书局1975年版,第22页。

② (元)脱脱等:《金史》卷二《太祖纪》,中华书局1975年版,第27、39~40页。

③ (宋)宇文懋昭撰,崔文印校证:《大金国志校证》卷三六《屯田》,中华书局1986年版,第520页。

④ (宋)确庵、耐庵编:《靖康稗史笺证》,中华书局1988年版,第13页。

⑤ (宋)楼钥:《攻媿集》卷一百十二《北行日录》下,文渊阁《四库全书》本。

食之，芼以芜荑"①。

　　麨即炒米、炒面之属，因便于携带，常作为军粮。《金史·世纪》载，世祖劾里钵在一次战斗中，令士卒"以水沃面，调麨水饮之"②。

　　馒头、饼之属是两宋时期中原汉族流行的面食。由于这些面食烹饪复杂，味道较美，所以在立国之初的女真人眼中，属于上等美食。在许亢宗出使金国的第二十四程，咸州州首盛情招待，而"馒头、炊饼、白熟、胡饼之类最重油煮。面食以蜜涂拌，名曰'茶食'，非厚意不设"③。从文中的记载可以看出，这时的女真人对馒头、饼之类的面食十分珍惜，只在重大的宴饮场合才提供此类面食。与中原内地的此类面食不同，女真人喜欢用油煎炸或以蜜涂拌。"馄饨"（今水饺）、饼馇、裹夹之类的有馅面食，在立国之初的女真人眼中更为珍贵，"此乃金人御膳也"④。进入中原地区后，女真人迅速接受了馒头、饼、"馄饨"等面食，如刘祁《归潜志》卷六载，雅尔呼达一次宴请诸将及其妻子，"时共食猪肉馒首"。

　　女真人善制"蜜糕"（又称"松糕"），据洪皓《松漠纪闻》卷上《金国旧俗多指腹为婚姻》载，蜜糕"以松实、胡桃肉渍蜜，和糯粉为之。形或方或圆或为柿蒂花，大略类浙中实楷糕"。

　　2. 菜肴烹饪

　　女真人建国以前，有生食的习俗。徐梦莘《三朝北盟会编》卷三载："其人则耐寒忍饥，不惮辛苦，食生物。""其饮食则以糜酿酒，以豆为酱，以半生米为饭，渍生狗血及葱、韭之属和而食

---

　　① （宋）徐梦莘：《三朝北盟会编》卷三，上海古籍出版社 2008 年版，第 17 页。

　　② （元）脱脱等：《金史》卷一《世纪》，中华书局 1975 年版，第 8 页。

　　③ （宋）确庵、耐庵编：《靖康稗史笺证》，中华书局 1988 年版，第 27 页。

　　④ （宋）徐梦莘：《三朝北盟会编》卷七一，上海古籍出版社 2008 年版，第 537 页。

之。""下粥肉味无多品，止以鱼生、獐生，间用烧肉。"①

女真的菜肴烹饪较为简单。马扩在北宋宣和二年（1120 年）使金，他在《茅斋自叙》中，记述他和阿骨打等共食，"别以木楪盛猪、羊、鸡、鹿、兔、狼、獐、麂、狐狸、牛、驴、犬、马、鹅、雁、鱼、鸭、虾蟆等肉。或燔或烹，或生脔，多以芥蒜汁渍沃"②。可见，当时女真人烹饪各种肉食的方法不外乎烧烤或水煮。由于喜食生肉，为减轻腥膻和杀菌，女真人也喜欢用芥、蒜、葱、韭等各种辛辣调料调味。这在许亢宗《宣和乙巳奉使金国行程录》中也有记载："好研芥子，和醋伴肉食，心血脏瀹羹，芼以韭菜，秽污不可向口，虏人嗜之。"③蔬菜的烹饪加工也较简单，前引《茅斋自叙》所述阿骨打所食的食物，除各种肉食外，还"列以蔍韭、野蒜、长瓜，皆盐渍者"④，即用盐腌渍的韭菜、野蒜和长瓜。

女真人入主中原后，菜肴烹饪迅速"中原化"。以《金史·礼志》所载祭祀肉食为例，有鱼鱐、鱼醢、鹿脯、兔醢、鹿臡、醯醢等，包括了肉食的多种制作方法。鱼鱐、鹿脯等，即制成鱼干、肉干。鱼醢、兔醢、醯醢、鹿臡等，即做成有汁的肉酱。在肉食的诸多加工方法中，以烹煮为多⑤。在蔬食烹饪上，也有一些是他们进入中原后逐步学会并新增的品种，如"女真多白芍药花，皆野生，绝无红者。好事之家采其芽为菜，以面煎之，凡待宾斋素则用之。其味脆美，可以久留"⑥。

---

① （宋）徐梦莘：《三朝北盟会编》卷三，上海古籍出版社 2008 年版，第 17 页。

② （宋）徐梦莘：《三朝北盟会编》卷四，上海古籍出版社 2008 年版，第 30 页。

③ （宋）确庵、耐庵编：《靖康稗史笺证》，中华书局 1988 年版，第 13 页。

④ （宋）徐梦莘：《三朝北盟会编》卷四，上海古籍出版社 2008 年版，第 30 页。

⑤ 徐海荣：《中国饮食史》卷四，华夏出版社 1999 年版，第 488 页。

⑥ （宋）宇文懋昭撰，崔文印校证：《大金国志校证》卷一《太祖武元皇帝上》，中华书局 1986 年版，第 13 页。

（三）饮食器具

女真立国前，人们多用木质的饮食器具。徐梦莘《三朝北盟会编》卷三载："（女真）食器无瓢陶，无匕箸，皆以木为盆。春夏之间，止用木盆贮鲜粥，随人多寡盛之，以长柄小木杓子数柄，回环共食……冬亦冷饮，却以木楪盛饭，木椀盛羹。下饭肉味与下粥一等。饮酒无算，只用一木杓子，自上而下循环酌之。"①

女真立国后，女真人使用木质饮食器具仍很普遍，许亢宗《宣和乙巳奉使金国行程录》载："器无陶埴，惟以木刊为盂楪，髹以漆，以贮食物。"但上层女真贵族已使用金、银、玉等贵重饮食器皿，在金朝皇帝接见许亢宗的"御厨宴"上，"虏主所坐若今之讲坐者……前施朱漆银装镀金几案，果楪以玉，酒器以金，食器以玎瑭，匙筯以象齿"②。

进入中原地区后，普通的女真人开始大量使用陶瓷饮食器具。金、银、玉等贵重饮食器总量增加，但使用者多为宫廷贵族等社会上层。在宋金和好时期，双方还以金、银饮食器互相馈赠。如《建炎以来朝野杂记》载："自和戎后，虏人正旦馈上金酒器六事：法碗一，盏四，盘一……而戎主生辰、正旦，朝廷皆遗金茶器千两，银酒器万两。"③

（四）饮食习俗

1. 饮宴待客习俗

女真人十分好客，喜与众人分享食物，"虽杀鸡，亦召其君同食"。"饮宴宾客尽携亲友而来，及相近之家不召皆至。"其饮宴习俗与内地汉人颇有不同之处，在饮宴的过程中，"客坐毕，主人立

---

① （宋）徐梦莘：《三朝北盟会编》卷三，上海古籍出版社 2008 年版，第 17 页。

② （宋）确庵、耐庵编：《靖康稗史笺证》，中华书局 1988 年版，第 13、40 页。

③ （宋）李心传：《建炎以来朝野杂记》甲集卷三，中华书局 2000 年版，第 96 页。

而侍之。至食罢众客方请主人就坐。酒行无算，醉倒及逃归则已"①。饮宴上的食物，不分酒肉粥饭一齐端上，许亢宗《宣和乙巳奉使金国行程录》载："胡法，饮酒食肉不随盏下，俟酒毕，随粥饭一发致前，铺满几案。"与其他游牧民族不同，女真人不仅喜食羊肉，还喜食猪肉，"以极肥猪肉或脂润切大片一小盘子，虚装架起，间插青葱三数茎，名曰'肉盘子'，非大宴不设，人各携以归舍"②。

在整个饮食过程中，女真人还保留着共用一种饮食器具的习俗，前引徐梦莘《三朝北盟会编》卷三所载女真人食粥、饮酒时，皆用木杓子"回环共食""循环酌之"。有学者认为："共用饮食器具习俗的产生应当与人类赖以生存的自然环境极其恶劣，各群体为抵御动物、气候等自然界的侵扰，人们需要彼此依存、相互关照的心理状态有密切的关系。同时，由于游牧狩猎是其经济生活的重要形式，故长时期游走生活使过多携带饮食器具是不切实际的。"③

入主中原后，女真人的饮宴待客习俗渐趋内地化，其饮食礼节逐渐繁缛，食品品种也更为丰富、精细。饮宴开始时，多仿效契丹人"就坐点汤"。饮宴上的食物，不再"一发致前"，而是仿效宋人分多道程序而上。如金国接待南宋使臣楼钥时，"初盏爆子粉，次肉油饼，次腰子羹，次茶食，以大样贮四十楪，比平日又加工巧，别下松子糖粥、糕糜、裹蒸蜡黄、批羊饼子之类，不能悉计。次大茶饭，先下大枣饭，二大饼肉山，又下燠鱼、咸豉等五楪，继即数十品源源而来，仍以供顿之物杂之，两下饭与肚羹，三下柑子，五下鱼，不晓其意，盖其俗盛礼也。次饼餤三，次小杂椒，次羊头，次煿肉，次剗子，次羊头、假鳖，次双下灌浆馒头，次粟米

---

① （宋）徐梦莘：《三朝北盟会编》卷三，上海古籍出版社 2008 年版，第 17 页。

② （宋）确庵、耐庵编：《靖康稗史笺证》，中华书局 1988 年版，第 27 页。

③ 游彪等：《中国民俗史》（宋辽金元卷），人民出版社 2008 年版，第 340 页。

水饭、大簇钉。凡十三行，乐次筝笙方响"①。

2. 节日饮食习俗

女真人的岁时节日习俗形成时间较晚，原因是女真立国之前并无历法，不知纪年。有学者认为："女真在进入中原前后相当长的时日里，其节日民俗实处不断形成的过程中。随其灭辽和金宋战事的深入、疆域的扩大，特别在进入中原以后……他们是以最快的速度、在最大程度上吸纳着中原文化和契丹文化，遂有了金朝所谓的节日民俗。"② 因此，女真的节日习俗直接来源于宋、辽，其活动内容大多与宋朝汉俗相近。虽然如此，女真节日习俗中还是有不少表现本民族习俗的内容，这些内容又多与饮食有关。

元日、重午和"放偷日"是金初最重要的岁时节日。元日是一年之始，女真人有元日"拜日相庆"的习俗。在饮食上，这种习俗体现在饮宴过程中多有向东方礼拜的程序。元日当天，朝廷还要举行朝会，金朝皇帝接受群臣和宋、高丽、西夏等国使臣的朝贺。朝贺礼毕，皇帝宴饮群臣和使节。元日次日，多由重臣主持"赐分食""赐果酒"。"分食"即可享受"大肉山"和精美的"茶食"。元日之后的两三天，女真人还要举行娱乐性很强的"花宴"和"射弓宴"③。

重午，又称"重五"，即汉族的端午节。女真有"重午射柳祭天"的习俗，这种习俗极具北方游牧狩猎民族的特点，史称此种习俗由辽俗继承而来。不过，辽代契丹人的重午射柳表现出更浓厚的对天的敬畏和企盼。金代女真人的重午射柳则由技艺比赛而形成。《金史·世宗纪上》载，金世宗大定三年（1163 年）五月乙未，"以重五，幸广乐园射柳，命皇太子、亲王、百官皆射，胜者赐物有差。上复御常武殿，赐宴击球。自是岁以为常。"

---

① （宋）楼钥：《攻媿集》卷一〇一《北行日录》上，文渊阁《四库全书》本第 1153 册，第 691 页。

② 游彪等：《中国民俗史》（宋辽金元卷），人民出版社 2008 年版，第 374~375 页。

③ 游彪等：《中国民俗史》（宋辽金元卷），人民出版社 2008 年版，第 377 页。

"放偷日"的时间为正月十六日。洪皓《松漠纪闻》卷一载："金国治盗甚严，每捕获论罪外皆七倍责偿。唯正月十六日则纵偷一日以为戏，宝货车马为人所窃者皆不加刑。是日，人皆严备，遇偷至则笑遣之。既无所获，虽图镂微物亦携去。妇人至显，入人家伺主者出接客，则纵其婢妾盗饮器。他日知其主名或偷者自言，大则具茶食以赎，次则携壶，小亦打糕取之。"女真人的放偷习俗主要沿袭了契丹人的风俗，但二者又有不同。契丹人的放偷日为三天，女真人的放偷日为一天；契丹人许人偷窃但没有赎还一说，而女真人则加强了赎还环节，失主若要赎还所失窃之物，必须准备美酒佳肴请"小偷"享用，这就增添了放偷习俗的娱乐性。

3. 人生礼仪食俗

同其他多数民族一样，女真人非常重视生育、婚丧嫁娶等人生礼仪，这些礼仪多伴有饮食活动。

女真人娶妇生子时，流行"过醆"，"以酒果为具，及有币帛、金银、鞍马、珍玩等诸物以相赠遗。主人乃捧其酒于宾，以相赞祝祈恳，名曰过醆。"① 有学者认为，"过醆"又写作"过瑳""过盏"，"是女真人在隆重场合下，表现彼此尊重的一种仪礼。其最初很可能是以酒三杯来表达情感，其后才延伸到杯酒以外的其他物质"②。

女真青年男女，恋爱自由，"贵游子弟及富家儿，月夕饮酒则相率携尊，驰马戏饮其地。妇女闻其至，多聚观之。间令侍坐，与之酒则饮。亦有起舞歌讴，以侑觞者。邂逅相契，调谑往返，即载以归"③。

订婚时，"（亲）属偕行，以酒馔往，少者十余车，多至十倍。饮客佳酒，则以金银器贮之，其次以瓦器。列于前，以百数，宾退

---

① （宋）文惟简：《虏廷事实》，（元）陶宗仪等编《说郛三种·说郛一百卷》卷八，上海古籍出版社1988年版，第173页。

② 游彪等：《中国民俗史》（宋辽金元卷），人民出版社2008年版，第395页。

③ （宋）徐梦莘：《三朝北盟会编》卷三，上海古籍出版社2008年版，第18页。

则分饷焉。先以乌金银杯酌饮，贫者以木。酒三行，进食大软脂、小软脂，如中国寒具。次进蜜糕，人各一盘，曰茶食。宴罢，富者瀹建茗，留上客数人啜之。或以粗者煎乳酪"①。

丧葬时，与契丹、蒙古等北方游牧民族一样。女真人有"烧饭"的习俗，即将"所有祭祀饮食之物，尽焚之"②。"烧饭"的时间并不仅仅限于丧葬，葬后每当朔、望、节、辰、忌日等皆可举行③。"烧饭"限于臣对君，下对上，晚辈对长辈，以及平辈之间进行，《虏廷事实》称："尝见女真贵人初亡之时，其亲戚、部曲、奴婢设牲牢、酒馔以为祭奠，名曰烧饭。"

二、从董解元《西厢记》看金代中原饮食文化

《西厢记》是中国古代以反映青年男女张生、崔莺莺的爱情故事为主要内容的一部优秀杂剧，作者董解元为金章宗（1190—1208年在位）时期的人。《西厢记》的故事背景虽然是在唐代，但其反映的却是金代中原地区的社会生活。从《西厢记》中，我们可以了解到不少金代中原饮食文化的内容。

（一）食文化

金代时期，中原地区人们的主食以面食为主，以米食为辅。《西厢记》中提到最多的面食品种是馒头。馒头据说是三国时期的诸葛亮所发明，但这种说法于史无征。宋代以前，中原地区最为流行的面食品种为烤制的胡饼，而非蒸制的馒头。宋金时期是中国蒸制类面食空前繁荣的阶段，馒头成为人们最常食用的面食，所以《西厢记》卷二［大石调］《伊州衮》中，和尚法聪训斥众人道：

---

① （宋）宇文懋昭撰，崔文印校证：《大金国志校证》卷三十九《婚姻》，中华书局 1986 年版，第 553 页。

② （宋）徐梦莘：《三朝北盟会编》卷三，上海古籍出版社 2008 年版，第 18 页。

③ 宋德金、史金波：《中国风俗通史》（辽金西夏卷），上海文艺出版社 2001 年版，第 355 页。

"众僧三百余人，只管絮聒聒地，空有身材，枉吃了馒头没见识。"① 由于当时的人们多以馒头为食，在人们的心目中馒头是和食物画等号的，所以《西厢记》卷三［越调］《尾》中，贼人孙飞虎见了白马将军杜确，非常害怕，寻思道："管只为这一顿馒头送了我！"② 值得注意的是，中国古代的馒头和今天我们食用的馒头是不尽相同的。今天我们食用的馒头是无馅的，而中国古代的馒头却是有馅的，并且多是肉馅，相当于我们今天的发面厚皮肉包子。《西厢记》卷二［仙吕调］《尾》中，"开门但助我一声喊，戒刀举把群贼来斩，送斋时做一顿馒头馅"③，反映了当时的馒头是有馅的这一事实。

由于大部分地区不产大米，中原地区人们米食的机会一向较少，人们也不善于制作各种米制品，大米多用于熬粥，金代时这种状况并未改变。这种情况，我们可以从《西厢记》中看出来。《西厢记》中基本上没有具体的米食食物品种，在涉及人们的米食时，都是泛泛而谈，如卷一僧人法本谈到普救寺的饮食时，称"但随堂一斋一粥"④。金代时，中原地区的人们把连少量食物也未进食称为"不曾汤个水米"，如《西厢记》卷三［高平调］《木兰花》中有"侵晨等到合昏个，不曾汤个水米，便不饿损卑末，"卷四［仙吕调］《瑞莲儿》中有"三五日来不汤个水米，教俺难恋世"⑤ "不曾汤个水米"这种说法，反映了当时在中原地区大米多用于熬粥这一事实。虽然如此，金代中原地区的人们也并非完全不吃大米

----

① 凌景埏校注：《董解元西厢记》，人民文学出版社 1980 年版，第 38 页。

② 凌景埏校注：《董解元西厢记》，人民文学出版社 1980 年版，第 62 页。

③ 凌景埏校注：《董解元西厢记》，人民文学出版社 1980 年版，第 38 页。

④ 凌景埏校注：《董解元西厢记》，人民文学出版社 1980 年版，第 11 页。

⑤ 凌景埏校注：《董解元西厢记》，人民文学出版社 1980 年版，第 65、105 页。

饭。《西厢记》中还是有人们食用大米饭的反映的，在卷三［高平调］《木兰花》中，有"我见春了几升陈米"①的唱词。"几升陈米"作为一顿饭的用米量，数量不少，显然不是用于熬粥，只能是炊制大米饭所用。

中原地区的人们一向重视主食，轻视副食。《西厢记》涉及副食菜肴时，也往往只是泛泛而谈，缺乏具体菜肴的名称。如卷一［仙吕调］《恋香衾》中，把精美的寺院素食形容为"一般般滋味，肉食难压"；卷二［黄钟调］《四门子》中，把好菜肴称为"好干好羞"；卷三［仙吕调］《赏花时》中称"饮镨味偏佳"；卷三《莺莺本传歌》中称"八珍玉食邀郎餐"；卷三［商调］《玉抱肚》中则把各种下酒菜简单地称为"下酒"；卷五张生向红娘索要"佳馔"，"红娘诺而往，顷而至，持美馔一盘。生举箸而罄。"②

（二）茶文化

北宋时期，中原地区是全国的政治、文化中心，人们的饮茶之风甚盛。北宋灭亡后，中原大地尽属金朝统治，人们的饮茶之风仍很盛行，据《金史》卷四九《食货四》记载，金宣宗元光二年（1223年）"河南、陕西凡五十余郡，郡日食茶率二十袋，袋直银二两，是一岁之中妄费银三十余万也"。"上下竞啜，农民尤甚，市井茶肆相属。"《西厢记》中对金代中原地区的这种饮茶之风也多有反映。

宋金时期最流行的饮茶方式为点茶（又称分茶），北宋末年的宋徽宗著有《大观茶论》一书，对当时的点茶技术进行过总结：点茶时，先将磨好的茶粉放入茶盏中，加少许热水调成膏状，然后慢慢用汤瓶注入适量的开水，边注水边用竹片制成的茶筅搅动，使茶与水均匀地混合，成为乳状茶液，茶的表面形成白色茶沫布满盏面，茶沫多而持久方为点茶成功。《西厢记》中对点茶的场景有多

①　凌景埏校注：《董解元西厢记》，人民文学出版社1980年版，第64页。

②　凌景埏校注：《董解元西厢记》，人民文学出版社1980年版，第10、41、66、69、70、108页。

次生动的描写，如卷一［仙吕调］《恋香衾》中称："银瓶汤注，雪浪浮花。"同卷［正宫调］《应天长》中称："银瓶点嫩茶，啜罢烦渴涤除。"① 当时人们饮茶，以福建建溪的北苑茶为贵。《西厢记》卷四［仙吕调］《赏花时》中，有"只怕我今宵磕睡呵，先点建溪茶，猛吃了几碗"② 的唱词。

现代科学证明，茶要热饮，冷茶对身体不利，中国人自唐代陆羽便总结出茶要热饮的道理，陆羽《茶经》卷下《五之煮》称："乘热连饮之。以重浊凝其下，精英浮其上。如冷，则精英随气而竭，饮啜不消亦然矣。"金代时，茶宜热饮、忌冷饮的道理早已成为人们日常生活的常识了，所以张生在点完建溪茶后，是"猛吃了几碗"③。而在《西厢记》卷六［越调］《错煞》中，莺莺特地嘱咐张生在外"冷茶饭莫吃"④。

宋金时期，在人们的眼中，饮茶和焚香、抚琴等一样被看做是文人知识阶层的雅事，如《西厢记》卷四［双调］《文如锦》中，张生自夸的雅事有"向焚香窗下，煮茗轩中，对青松，弹得高山流水，积雪堆风"。而在张生点建溪茶之前，"先拂拭瑶琴宝鸭"⑤，这从侧面说明当时点茶和抚琴、焚香一样是文人知识阶层的雅事。人们饮茶时也很讲究环境的优雅，《西厢记》卷一［正宫调］《应天长》中，僧人法聪邀请张生饮茶的地点是在斋室，其环境为："僧斋擗掠得好清虚！有蒲团、禅几、经案、瓦香炉。窗间

---

① 凌景埏校注：《董解元西厢记》，人民文学出版社 1980 年版，第 10～11、17 页。

② 凌景埏校注：《董解元西厢记》，人民文学出版社 1980 年版，第 81 页。

③ 凌景埏校注：《董解元西厢记》，人民文学出版社 1980 年版，第 81 页。

④ 凌景埏校注：《董解元西厢记》，人民文学出版社 1980 年版，第 127 页。

⑤ 凌景埏校注：《董解元西厢记》，人民文学出版社 1980 年版，第 81 页。

修竹影扶疏，围屏低矮，都画山水图。"①

北宋时期，中原人民已开始把饮茶作为增进友谊、进行社会交际的手段。据宋代孟元老《东京梦华录》卷五《民俗》记载："或有从外新来，邻左居住，则相借借动使，献遗汤茶，指引买卖之类。更有提茶瓶之人，每日邻里，互相支茶，相问动静。"北宋灭亡后，中原人民仍保留有这种风俗。对此，《西厢记》亦有反映。在卷一中，谈到张生见到莺莺后，思之慕之，神魂颠倒，一日正在房中感到无聊，"忽听得枇门儿低哑，见个行者道：'俺师父请吃碗淡茶。'"②

由于饮茶是人们日常生活的重要活动之一，所以当赠送他人金银时，人们常称之为"茶资""茶费"等。如《西厢记》卷一中，张生拿出一些金银交给法聪当做房租时，称："有白金五十星，聊充讲下一茶之费。"③

金代之前，中原地区已形成了来客献茶的礼俗，如宋代佚名《南窗纪谈》载："客至则设茶，欲去则设汤，不知起于何时，然上至官府，下至闾里，莫之或废。"金朝的中原人士仍有此风，在《西厢记》卷三中，老夫人为酬谢张生智退贼兵、保全莺莺之恩，命红娘去请张生赴宴。张生一到，先是献茶，"茶讫"，然后才谈其他的事情④。

金人有饭后饮茶的习俗，洪皓《松漠纪闻》卷上载，金人婚嫁时"宴罢，富者瀹建茗，留上客数人啜之，或以粗者煎奶酪"。这种饮茶习俗对金人统治下的中原人民也产生了很大影响，《西厢记》卷一［仙吕调］《恋香衾》所称的"饭罢须臾却卓（桌）儿，

① 凌景埏校注：《董解元西厢记》，人民文学出版社1980年版，第17页。

② 凌景埏校注：《董解元西厢记》，人民文学出版社1980年版，第17页。

③ 凌景埏校注：《董解元西厢记》，人民文学出版社1980年版，第12页。

④ 凌景埏校注：《董解元西厢记》，人民文学出版社1980年版，第66页。

急令行者添茶"①　就是这种习俗的反映。

（三）酒文化

1. 饮酒场合

人们常讲"无酒不成礼""无酒不成席"，酒广泛用于迎来送往、婚庆祭祀、岁时节庆等场合，在《西厢记》中人们也可以看到不少饮酒的场面。

相逢时的饮酒，在《西厢记》中共有两次：一是卷三中，白马将军杜确退了贼兵之后，杜确与张生兄弟礼毕，"执手入寺，置酒于廊下，以道契阔。"二是卷八中，张生与莺莺投奔杜确，"客礼毕，夫人请莺至后阁。珙与太守酌酒道旧。"②

送别时的饮酒，在《西厢记》中也有两次：一是卷三［仙吕调］《满江红》中，张生与杜确相别时，"相送到山门外，临岐执手，彼此难舍。更了一杯酒：'比及再回，哥哥且略别。'"二是卷六中，张生离开蒲关的普救寺到西京长安赶考，"夫人及莺送于道，法聪与焉。经于蒲西十里小亭置酒。"张生上马之前，莺莺"低语使红娘：'更告一盏以为别礼。'"③

酬谢时的饮酒，在卷三［仙吕调］《满江红》中，张生对杜确道："弟兄休作外，几盏儿澹酒聊复致谢。"在同卷中，老夫人谈及张生的退贼之功时称："张生之恩，固不可忘。方备蔬食，当与生面议。"④

结婚是人生最重要的礼仪习俗之一，非酒不能显示人们的喜庆。在卷三［高平调］《木兰花》中，张生以为老夫人会履约把莺莺许配给自己，禁不住问和尚法聪道："吾师！那家里做甚底？买

① 凌景埏校注：《董解元西厢记》，人民文学出版社1980年版，第10页。

② 凌景埏校注：《董解元西厢记》，人民文学出版社1980年版，第63、162页。

③ 凌景埏校注：《董解元西厢记》，人民文学出版社1980年版，第63、126、128页。

④ 凌景埏校注：《董解元西厢记》，人民文学出版社1980年版，第63、127页。

了几十瓶法酒，做了几十分茶食？"①

科举高中是过去士人最值得庆贺之事。对于高中之人，皇上往往要赐酒，在卷七［正宫］《甘草子》中，张生中了探花第三名，"向晚琼林宴罢。沉醉东风里，控骄马，鞭袅芦花"。亲戚朋友听说后，往往也要置酒相贺，在卷八［越调］《上平西缠令》中，时任蒲关太守的杜确，对前来投奔的张生置酒劝饮道："喜君仙府探花归，高步云梯。"②

2. 饮酒习俗

金代中原地区的饮酒习俗丰富而多彩，在《西厢记》中可以看到的主要有劝酒、饮酒以巡、以酒为寿等习俗。

劝酒是中国古老的饮酒习俗，这种习俗起源于中国人的好客传统。在古代，酒并非普通人经常消费的饮料。为显示对客人的尊敬，人们总是想法设法让客人把酒喝好，这样劝酒习俗便逐渐形成了。金代时，中原地区的劝酒习俗很盛行，《西厢记》卷三［黄钟宫］《侍香金童》中，"郑氏起来方劝酒，张生急起，避席祗候。"同卷［双调］《月上海棠》中，莺莺见张生不胜酒力，便道："休劝酒，我张生哥哥醉也。"③

在中国古代正规的酒宴上，人们饮酒时，并不是共同举杯，而是分轮由尊长到卑幼一个一个地来饮，一人饮尽，再饮一人，众人都饮完一杯称为"一巡"。一次酒宴，饮酒最少要进行三巡。金代时，人们饮酒仍按"巡"来饮，所以《西厢记》卷三［仙吕调］《满江红》中称"三巡酒外红日斜"，同卷［大石调］《红罗袄》中称"酒行到数巡外"④。现代人饮酒虽然不再按"巡"了，但还

---

① 凌景埏校注：《董解元西厢记》，人民文学出版社1980年版，第64页。

② 凌景埏校注：《董解元西厢记》，人民文学出版社1980年版，第138、163页。

③ 凌景埏校注：《董解元西厢记》，人民文学出版社1980年版，第67、72页。

④ 凌景埏校注：《董解元西厢记》，人民文学出版社1980年版，第63、67页。

常说"酒过三巡，菜过五味"之类的话，这就是古人饮酒以巡习俗的遗迹。

在中国古代，酒宴上晚辈常对长辈敬酒祝寿，称之"为寿"。为寿时，要说一些祝对方益寿、延年等吉利的话，或者称颂对方的品德和能力，祝寿者在说完这些话后，长辈要饮尽自己杯中的酒。从秦汉时起，人们在"为寿"时，并不限于晚辈对长辈，参加宴会的平辈、主人和客人之间彼此均可"为寿"。金代时，中原人民仍保留有"为寿"的习俗，《西厢记》卷六中，在老夫人同意张生和莺莺婚事的酒宴上，"夫人以巨觥为寿，生饮讫。令红娘送生归。"①

3. 酒器

《西厢记》中提到的酒器种类众多，有盏、杯、卮、觥、壶、尊、瓶、酒旗等。

盏：盏是宋金时期最普通的饮酒器，形如碗，略小。《西厢记》中提到用盏饮酒的次数最多，如卷三［仙吕调］《满江红》中，"弟兄休作外，几盏儿澹酒聊复致谢"；卷三［商调］《玉抱肚》中，"酒来后满盏家没命饮"；卷六［大石调］《玉翼蝉》中，"吃他一盏，忽地推了心头一座山"；卷六［大石调］《蓦山溪》中，"更告一盏以为别礼"；卷六［大石调］《尾》中，"一盏酒里，白冷冷的滴毂半盏来泪"等。②

杯：杯是宋金时期较为普通的饮酒器，形式多样，多为圆柱形，一般腹较深。《西厢记》用杯饮酒的情景很多，如卷三［仙吕调］《满江红》中，"白马将军饮了一杯……更了一杯酒"；卷八［越调］《上平西缠令》中，"风流太守，为生满满劝金杯"等③。

卮：卮是较为名贵的饮酒器，呈圆筒状，流行于汉代。《西厢

———————————

① 凌景埏校注：《董解元西厢记》，人民文学出版社 1980 年版，第 125 页。

② 凌景埏校注：《董解元西厢记》，人民文学出版社 1980 年版，第 63、70、125、128 页。

③ 凌景埏校注：《董解元西厢记》，人民文学出版社 1980 年版，第 63、163 页。

记》中两次提到用卮饮酒，一是卷三［大石调］《红罗袄》中
"红娘满捧金卮"，二是卷八中"将军满满劝金卮"①。

觥：觥是盛酒器或容量较大的饮酒器，觥最早出现于商代，
早期觥的形状像一个横置的牛角，下承长方圈足，前端作龙头
状，有盖。后来觥演化为像有流的瓢，上有盖，盖覆流处成为兽
头，向上昂起，后有鋬，下有圈足。《西厢记》中提到用觥饮酒
的场面只有一次，即卷三老夫人酬谢张生一宴中，"夫人以巨觥
为寿"②。

壶：壶是中国古代最常见的斟酒器和盛酒器，容量较小，便于
斟酒，也便于外出饮酒时携带，故《西厢记》卷一［仙吕调］《整
金冠》中，称"携一壶儿酒，戴一枝儿花，醉时歌，狂时舞，醒
时罢"③。

樽：樽是盛酒器，起源很早，盛行于商周时期，后世一般用樽
泛指盛酒器。《西厢记》中提到的樽也是泛指各种盛酒器，如卷六
［大石调］《玉翼蝉》中，"悲欢离合一樽酒，南北东西十里程"；
卷七［仙吕调］《恋香衾》中，"把樽俎收拾起"；卷七［越调］
《上平西缠令》中，"自年前，长安去，断行云，常记得分饮离
樽"④。

瓶：瓶是盛酒器。用瓶盛酒，起源于北宋时。宋金时期，酒瓶
的样式一般为小口、细短颈、丰肩、修腹、平底，高约40厘米，
整个瓶形显得很修长。由于南北为经，经可以训为修长，因此当时
的人们把这种身形修长的酒瓶称之为经瓶。经瓶因盛酒量小（在1
至3升之间），易于携带，非常适于酒类流通的需要，因而在宋金

①　凌景埏校注：《董解元西厢记》，人民文学出版社1980年版，第67、
167页。

②　凌景埏校注：《董解元西厢记》，人民文学出版社1980年版，第125
页。

③　凌景埏校注：《董解元西厢记》，人民文学出版社1980年版，第1
页。

④　凌景埏校注：《董解元西厢记》，人民文学出版社1980年版，第126、
128、149页。

时期经瓶倍受人们的青睐，广为使用。《西厢记》中仅有一处提到酒瓶，即卷三［高平调］《木兰花》中，张生向和尚法聪询问莺莺家准备婚宴的情况："吾师！那家里做甚底？买了几十瓶法酒，做了几十分茶食？"①

酒旗：酒旗是古代酒肆的标志物，它又称风旆、酒望、望子，多悬挂于酒肆附近。有的酒旗上还书写有"酒""望"等字。《西厢记》中多次提到酒旗，如卷六［仙吕调］《尾》："一竿风旆茅檐上挂，澹烟消酒横锁着两三家。"卷七［越调］《水龙吟》："望野桥西畔，小旗沽酒，是长安路。"②

---

① 凌景埏校注：《董解元西厢记》，人民文学出版社 1980 年版，第 164 页。

② 凌景埏校注：《董解元西厢记》，人民文学出版社 1980 年版，第 129、142 页。

第十四章

元代饮食文化

元朝（1260—1368年）是中国历史上第一个由少数民族建立的统一政权。元朝的建立者蒙古人通过长期征战，"并西域，平西夏，灭女真，臣高丽，定南诏，遂下江南，而天下为一"，结束了中国自五代以来三个多世纪的分裂状态，从多方面推动了统一多民族国家的发展。元代的疆域"北逾阴山，西极流沙，东尽辽左，南越海表"①。元代的饮食生活在承袭前代的基础上，因其境内民族众多、文化多样，又呈现出开放性和兼容性。

第一节　食物原料的生产

一、粮食结构和主粮种植概况

与前代相比，元代的粮食品种变化不大，主要有稻、麦、粟、

───────────

① （明）宋濂等：《元史》卷五八《地理志一·序》，中华书局1976年版，第1345页。

黍、豆等。

（一）稻米

稻米是元代种植面积和产量最大的粮食品种，水稻的种植以江淮以南为盛。长江下游地区盛行稻麦轮作，有"吴中粳稻甲天下"之称，岭南地区流行双季稻，其他山地丘陵地区流行早熟抗旱的水稻①。产稻区的南方人也普遍以稻米为主食。

北方的大都（今北京）、山西南部、兴元（今陕西兴元）和河南部分地区，水利灌溉条件较好，水稻的生产亦有一定规模。在当地居民的食物构成中，稻米亦占一定比重。尤其是元朝都城大都，居民百万，附近地区的粮食生产难以满足需要，元朝政府每年通过海道调运大批江南稻米至大都，最多时达 300 多万石②。因此，"大都虽然位于北方，但大都居民却是以稻米为主食的"③。

元代水稻的种植在北方边疆地区也得到了推广，在今新疆地区的准噶尔盆地西缘山区和漠北地区都曾种过水稻④。

（二）麦类

麦分小麦、大麦、荞麦、青稞等，以小麦为主。河南、山西、河北、山东和关中平原、河西走廊等地是小麦、大麦的主产区，这些地区的居民也普遍以面食为主。"漠北草原、东北辽阳行省以及天山南北，也有部分地区种植二麦。在淮河以南，很多地区都是稻、麦并重。不少土地稻、麦轮作，旱地种麦甚多。"⑤ 在南方广大地区，小麦是仅次于水稻的农作物，但其地位与水稻相差甚远。

荞麦生产期短，喜阴凉，适宜间作或套种，主要种植于今山

①　吴宠歧：《元代农业地理》，西安地图出版社 1979 年版，第 125～129 页。

②　陆容：《菽园杂记》卷六，《明代笔记小说大观》，上海古籍出版社 2005 年版，第 422 页。

③　徐海荣：《中国饮食史》卷四，华夏出版社 1999 年版，第 616 页。

④　吴宠歧：《元代农业地理》，西安地图出版社 1979 年版，第 120～125 页。

⑤　徐海荣：《中国饮食史》卷四，华夏出版社 1999 年版，第 618～619 页。

西、河北两省邻接的草原地区，中原和南方也有种植，如长江下游地区的镇江"又有荞麦，秋花冬实，亦堪作面"①。青稞主要种植于今西藏地区。

（三）粟类

粟在古代被视为"五谷之长"，元代北方大多数地区实行麦粟轮作，夏季收麦，秋季则收粟。黄河中下游地区、河西走廊、宁夏平原、天山南北、辽阳行省的南部，都有粟的种植。中原地区的粮食作物，大、小麦占首位，其次便是粟。元朝政府在北方农村征收税粮、义仓粮，均以粟为准。其原因"固然有受传统影响的一面，但粟的产量较多也是重要的原因，否则就无法实行"②。在南方，两淮地区、江南的旱地、山地，粟的种植也较常见，但在四川南部、湖南则很少种粟。粟之佳者为粱，种植较为有限。大都路龙庆州（今北京延庆）设有栽种提举司，专门负责当地粱米的生产，以供宫廷之需。

黍与粟相似，性粘，宜于荒地种植，主要产于江淮以北。南方一些地方亦有种植，多产在山区。粘性较弱的黍，又称穄、稷、糜子，"其米疏爽，可炊煮作饭。时诸谷未熟，可以接饥，其色鲜黄，其味香美。然所种特少，为农家之稀馔也。"③

（四）豆类

豆类为用甚广，既可代饭，又可作菜蔬、榨取油料。豆类品种众多，主要分大豆、小豆和豌豆三类。元代的农学著作，又将大豆分为白、黑、黄三种，将小豆分为菉豆、赤豆、白豆、豇豆、豇豆等④。元代豆类的种植，遍及中原和江南等传统农耕区。黄豆还是税粮征收的主要品种之一，可见豆类生产在元代农业中仍占有重要

① （元）俞希鲁：《至顺镇江志》卷四《土产》，江苏古籍出版社1999年版。

② 徐海荣：《中国饮食史》卷四，华夏出版社1999年版，第621页。

③ （元）王祯：《农书》卷七《百谷谱二·穄》，《丛书集成》初编本，中华书局1991年版，第59~60页。

④ （元）王祯：《农书》卷七《百谷谱二·大豆》，《丛书集成》初编本，中华书局1991年版，第60页。

的地位。

元代还从阿拉伯人那里引进了"回回豆"，《饮膳正要》卷三《米谷品》载："出在回回地面，苗似豆，今田野中处处有之。"从《饮膳正要》的记载来看，元代宫廷应常食回回豆。明代医学家李时珍将此豆误认为"回鹘豆"（豌豆），有学者认为："实际上它应是鹰嘴豆。"①

二、副食结构和副食原料生产

副食原料可分为肉、蔬菜、瓜果等类。"元代各民族的生产、生活方式不同，副食结构也有差异。从事农业为主的民族，如汉族，副食以菜蔬为主，加以肉类、果品；而以畜牧为主的民族，如蒙古族，则以肉食和乳制品为主，很少甚至不吃蔬菜和果品。而在各个民族内部，贫、富有别，副食结构又有很大的不同。以汉族为例，富人副食以肉类为主，而穷人则只能以菜蔬度日，有的甚至连蔬菜也吃不起。"②

（一）肉食

肉食来源可分为家畜、家禽、水产品和野味四类。

1. 家畜肉

（1）羊肉

在元代家畜中，羊的地位最为重要。元代之前，北方农业区的肉食便以羊肉为主。元代时，大批习惯于吃羊肉的蒙古人和色目人迁入北方农业区，进一步加强了羊肉在该地区肉食结构中的地位。

元代宫廷所消费的肉食主要是羊肉。据杨瑀《山居新语》记载，元代皇帝的"御膳"，每日"例用五羊"，末代皇帝顺帝始"日减一羊"。记录宫廷饮食的著作《饮膳正要》，其卷一的《聚珍异馔》记载了70余种以羊肉为主料或辅料的肴馔，占全部肴馔的80%。本书卷二《食疗诸病》记载食疗方61个，其中12个与羊肉有关。

---

①　徐海荣：《中国饮食史》卷四，华夏出版社1999年版，第625页。

②　徐海荣：《中国饮食史》卷四，华夏出版社1999年版，第626页。

元代官方还用羊肉供应使臣、官员，如国学开学，"以羊若干，酒若干樽，烹宰以燕祭酒、司业、监丞、博士、助教、典籍等官"①。

北方民间也普遍食用羊肉，举行宴会首选羊肉，然后才是其他肉类。在江淮以南，羊肉在肉食结构中亦占重要的地位，但不如北方那样突出。

出于繁殖需要，元世祖时还一再下旨禁止屠杀羊羔和母羊。元世祖至元二十八年（公元1291年）下旨："休杀羊羔儿吃者，杀来的人棍底打一十七下，更要了他的羊羔儿者。"至元三十年（公元1293年）又下旨道："今后母羊休杀者。"②

（2）猪肉

在家畜肉中，猪肉的地位仅次于羊肉。北方农村养猪相当普遍，元代中期的顺德路（今河北邢台）总管王结在向百姓发布的《善俗要义·畜鸡豚》中称："鸡豕蕃息，上可以供老者之养，下可以滋生理之事也。"所谓"滋生理之事"就是养猪出售增加农民的收入③。

江淮以南，气候湿热，不利于羊的生长，羊肉供应较少，故猪肉在肉食结构中的地位更为重要。集庆（今江苏南京）、镇江等城市都有专门以屠宰出售猪肉为业的屠户。

（3）牛、马肉

传统上，牛用于役使耕田，马用于骑乘作战。元代以前，汉族政府多采取保护耕牛的措施，对盗杀耕牛者予以严惩。但受高额利润的驱使，民间盗杀耕牛者屡见不鲜。由于民间养马较少，加之马肉的纤维较粗，口感不佳，故食马肉者比较鲜见。

作为游牧民族的蒙古族，在入主中原之前，宴会时十分重视马

---

①　（元）熊梦祥著，北京图书馆善本组辑：《析津志辑佚·风俗》，北京古籍出版社1983年版，第205页。

②　《元典章》卷五七《刑部十九·禁屠杀》，台湾"故宫博物院"民国六十一年（1972年）影印元刻本。

③　陈高华、史卫民：《中国风俗通史·元代卷》，上海文艺出版社2011年版，第24页。

肉。据出使蒙古的南宋使节彭大雅称，蒙古人"牧而庖者以羊为常，牛次之，非大燕会不刑马"①。"非大燕会不刑马"，说明了在正式的高规格的蒙古宴会上人们吃的正是马肉。马、牛因为是大牲畜，价值较高，在蒙古族的心目中，马肉、牛肉的地位也比羊肉、猪肉贵重一些。

元朝建立后，开始对屠宰牛、马严加控制。中统二年（1261年），元世祖下诏："今后官府上下公私宴会并屠肆之家，并不得宰杀牛、马，如有违犯者，决杖一百。"② 这一禁令在元代曾反复重申，但民间偷宰牛、马之事不断发生，元曲作家姚守中的《牛诉冤》就反映了禁屠令在地方上并没有真正执行。蒙古族贵族更是没把禁屠令当真，在他们举办的大型宴会上时常可见到马肉的身影，如元文宗时的权臣燕铁木儿"一宴或宰十三马"③。当然，禁令的一再颁布，也并非没有任何意义，"至少使牛、马难以公开宰杀和发售，因此，牛肉、马肉在食用家畜肉中的比例相对来说是不大的。"④

2. 家禽

鸡、鸭、鹅等家禽，南北均有饲养。相对而言，北方多旱地，农家多养鸡；南方多水乡，民户多养鸭、鹅。元代统治者很早便意识到饲养鸭鹅的益处，至元八年（1271年），颁布"农桑之制十四条"，其中之一是："近水之家许凿池养鱼并鹅、鸭之类"⑤。元代农学家王祯亦称：农家"若养二十余鸡，得雏与卵，足供食用，又可博换诸物，养生之道，亦其一也"。"夫鹅、鸭之利，又倍于

① （宋）彭大雅、（宋）徐霆：《黑鞑事略》，《王国维遗书》第八册，上海古籍出版社1983年版，第206页。

② 《元典章》卷五七《刑部十九·禁屠杀》，台湾"故宫博物院"民国六十一年（1972年）影印元刻本。

③ （明）宋濂等：《元史》卷一三八《燕铁木儿传》，中华书局1976年版，第3333页。

④ 徐海荣：《中国饮食史》卷四，华夏出版社1999年版，第631页。

⑤ （元）完颜纳丹编，方龄贵校注：《通制条格》卷一六《田令·农桑》，中华书局2001年版。

鸡。居家养生之道，不可阙也。"① 从王祯的叙述中可知，元代农民饲养鸡、鸭、鹅等家禽，既可满足自食，又可用于出售，饲养鸭、鹅的利润要高于鸡。

3. 水产品

水产品以鱼为主，其次为蟹、虾和贝类。沿海居民捕捞的海鱼，主要有石首鱼（黄鱼）、鲥鱼、比目鱼、鲻鱼、鲳鱼、海鳗、鯸鱼（河豚）、沙鱼、鲥鱼、带鱼等，其中石首鱼的产量最大。在浙东沿海一带，渔民"至四、五月……发巨艘入洋山竞取"②。可知元代人已掌握了鱼汛的规律，可以进行海洋捕捞。

捕捞的淡水鱼，以鲤鱼、鲫鱼、鲢鱼、鳙鱼、鲭鱼为多。渔民捕捞的各种水产品，除了部分自己食用外，多数在产地或附近村镇销售。

水产品的人工养殖在南方较为发达，人工养殖的鱼类主要有鲢鱼、鲤鱼、鳙鱼、鲭鱼等。元代庆元（今浙江宁波）地区的居民还利用海滩人工养殖江珧、蚶等贝类。

4. 野味

野味包括野兽和野禽。作为统治者的蒙古人，喜欢狩猎，各种野味是他们食物的一个重要来源。宫廷饮食著作《饮膳正要》中记录的可以食用的野兽有黄羊、粘獾、野马、象、野驼、熊、野驴、麋、鹿、麝、野猪、獭、虎、豹、麂、麆、麝、狐、犀牛、狼、兔、塔剌不花（土拨鼠）、獾、野狸、黄鼠、猴，野禽有天鹅、雁、鹬鸹、水札、野鸡、山鸡、鸳鸯、鸂鶒、鹁鸽、鸠、鸨、寒鸦、鹌鹑、雀③。可见元代宫廷饮食中，野味众多。

野味在元代普通百姓的肉食中亦占有相当大的比重。总的来说，元代北方农业区人口稀少，荒地甚多，除了政府圈定的"禁

---

① （元）王祯：《农书》卷五《农桑通决五·畜养》，《丛书集成》初编本，中华书局1991年版，第113页。第44、45页。

② 至正《四明续志》卷五《土产·水族》，中华书局1990年版，第6507页。

③ （元）忽思慧撰，刘玉书校点：《饮膳正要》卷三《兽品》《禽品》，人民卫生出版社1986年版，第111~128页。

地"外，还有不少荒地、山林孳生各种禽兽，一般百姓可以捕猎，以收获之物作为维持生计的手段。江淮以南，人口密度较大，但山林、田野中亦有不少野生动物出没，常被捕获作席上的菜肴①。

（二）蔬菜

元代蔬菜品种很多，综合元代文献记载，当在70种以上。其中，南北通行比较常见的蔬菜有菘（白菜）、萝卜、茄子、菠薐（菠菜）、冬瓜、黄瓜、瓠子、芋头、莴苣、葱、蒜、姜、韭、薤、芥菜、芹菜、菌子（蘑菇）、葵菜等。还有一些蔬菜，只产于南方或北方。如北方的蔓菁、蒲笋，南方的竹笋、茭白等。

南宋传入中国的胡萝卜，"到了元代随着中外经济文化交流的加强而广泛传播开来……从此，胡萝卜成为我们菜蔬中一个重要品种"②。元代始从伊斯兰世界传入的"回回葱"也已相当流行，《析津志辑佚·物产》所载"家园种莳之蔬"中列有回回葱。③ 明代李时珍认为回回葱就是前代的胡葱，美国学者劳费尔在《中国伊朗编》中持有同样看法。《饮膳正要》卷三《菜品》中绘有它的形状，从图像上看，似现在的洋葱④。

元代食用的蔬菜，以人工栽培为主。一般人家多在房边屋后开辟小菜园种植蔬菜，以供家庭自食。也有些农民，为出售而大规模种菜。元代农学家王祯称："凡近城郭园圃之家，种三十余畦，一月可割两次，所易之物，足供家费。积而计之，一岁可割十次。秋后又可采韭花，以供蔬馔之用。"⑤

野菜在元代蔬菜结构中仍占重要地位，前文提到的元代常见蔬菜蒲笋、竹笋、茭白一般是野生的。据元代《析津志·物产》记

---

① 徐海荣：《中国饮食史》卷四，华夏出版社1999年版，第636页。

② 徐海荣：《中国饮食史》卷四，华夏出版社1999年版，第647页。

③ （元）熊梦祥著，北京图书馆善本组辑：《析津志辑佚·物产》，北京古籍出版社1983年版，第226页。

④ （元）忽思慧撰，刘玉书校点：《饮膳正要》卷三《菜品》，人民卫生出版社1986年版，第146页。

⑤ （元）王祯：《农书》卷八《百谷谱五·韭》，《丛书集成》初编本，中华书局1991年版，第80页。

载，大都野菜有 40 余种，如壮菜（即升麻）、蕨菜、解葱、山韭、山蓫、黄连芽、木兰芽等，"京南、北、东、西山俱有之，土地所宜"①。

（三）瓜果

元代的瓜果种类已与近代相似，比较常见的温带瓜果有梨、桃、李、杏、枣、栗、柿、葡萄、西瓜、石榴、甜瓜、桑椹等，亚热带的瓜果有橘、橙、柑、杨梅、木瓜等，热带水果有荔枝、龙眼、椰子、蕉子（香蕉）、宜母（柠檬）等。

元代的不少瓜果已成为地区特产，如大都的栗、"金刚拳"肉杏、"御黄李"，火州（今新疆吐鲁番）的葡萄，江南建宁的均亭李，安徽宣城的木瓜，浙江绍兴、奉化的杨梅，温州、台州的柑橘，福建、广东的荔枝、龙眼，增城的蕉子，广西惟州（今广西玉林）的椰子、槟榔等。

元代文献中提到的外来果品主要有八檐仁和必思答，它们皆"味甘，无毒"，均出自"回回田地"②。元代的"回回田地"泛指信奉伊斯兰教的伊朗和阿拉伯人居住的西亚、北非广大地区。

第二节　食物原料的加工

一、粮食加工

粮食收获后，需要将稻谷脱壳加工成大米，将麦类磨成面粉，然后才能将之烹饪成各种主食。

（一）脱壳

元代常见的脱壳工具有杵臼、碓、砻磟、碾等。

杵臼是最原始的脱壳工具，对解决一家一户的吃饭问题比较方

---

① （元）熊梦祥著，北京图书馆善本组辑：《析津志辑佚·物产》，北京古籍出版社 1983 年版，第 226 页。

② （元）忽思慧撰，刘玉书校点：《饮膳正要》卷三《果品》，人民卫生出版社 1986 年版，第 138、139 页。

便。元代时，用杵臼舂米仍很普遍。元代诗人胡助曾在京师翰林院任职，他在《京华杂兴诗》一诗中描述了自己清贫的生活，诗中云："近午不出门，舂米始朝饭。"① 可见一般家庭仍以自己舂米为主。大都的地方志亦称："然都中自以手杵者，甚广"②。

碓是一种简单的舂米机械装置，依靠脚踏舂米，效率比杵臼要高。元代时，还出现了舂米效率更高的"圳碓"，"一圳可舂米三石，功校常碓累倍。始于浙人，故又名浙碓。今多于津要、商旅辏集处所，可作连屋置百余具者，以供往来稻船货棠粳糯。"③

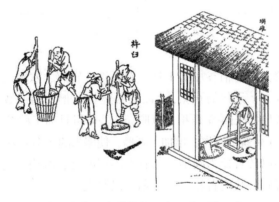

王祯《农书》中的杵臼（左）和圳碓（右）

砻䃺，南方多称砻，北方多称木䃺。"编竹作围，内贮土泥，状如小磨，仍以竹木排为密齿，破谷不致损米"，"石凿者谓之石木䃺"④。除人力推动的普通砻䃺外，元代还常用使用畜力的"驴砻"。

---

① （元）胡助：《纯白斋类稿》卷一，文渊阁《四库全书》本。
② （元）熊梦祥著，北京图书馆善本组辑：《析津志辑佚·物产》，北京古籍出版社 1983 年版，第 231 页。
③ （元）王祯：《农书》卷十六《农器图谱九·杵臼门》，《丛书集成》初编本，中华书局 1991 年版，第 281 页。
④ （元）王祯：《农书》卷十六《农器图谱九·杵臼门》，《丛书集成》初编本，中华书局 1991 年版，第 284 页。

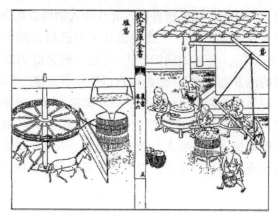

王祯《农书》中的砻和驴砻

碾是较大型的稻谷加工工具，有石碾、辊碾、水碾之分，多使用畜力或水力。元代的石碾，"以砺石甃为圆槽，周或数丈，高逾二尺"①，以两只石轮磙压稻谷以脱壳，一碾可日加工稻谷三十余斛。元人还改进了传统的石碾，增加了碾槽，使碾米的效率大为提高。

辊碾亦以砖石甃为圆槽，与石碾不同的是，圆槽之内平整无碾槽，以一石磙代替两石轮，磙压稻谷以脱壳。

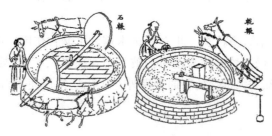

王祯《农书》中的石碾（左）、辊碾（右）

江南水乡，多水力驱动的水碾。大都居民也以食米为主，又有

---

① （元）王祯：《农书》卷十六《农器图谱九·杵臼门》，《丛书集成》初编本，中华书局 1991 年版，第 286 页。

通惠河的水利，故亦多水碾。据《元史·河渠志》载："今各枝及诸寺观权势，私决堤堰，浇灌稻田、水碾、园圃，致河浅妨漕事。"

（二）磨面

元代的磨，"多用畜力挽行，或借水轮。或掘地架木，下置鐏轴，亦转以畜力，谓之'旱水磨'，比之常磨特为省力。"比较先进的磨还有"连磨"（又称连转磨），"其制：中置巨轮，轮轴上贯架木，下承鐏臼，复于轮之周围，列达八磨，轮辐适与各磨木齿相间，一牛拽转，则八磨随轮辐俱转。用力少而见功多。"[1] 为保证宫廷用面的洁净，"巧人瞿氏"还专门为尚食局设计发明了一种新磨，"磨置楼上，机在楼下，驴之蹂践，人之往来，皆不相及，且远尘土臭秽。"[2]

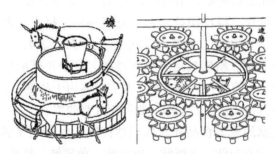

王祯《农书》中的磨（左）和连磨（右）

二、肉蔬果品加工

（一）肉类加工

鲜肉不易长期贮存，人们通过腌制、曝干等方式进行加工，不仅实现了肉类的长期贮存和贩运，也为肉类增加了别具一格的风

---

[1]　（元）王祯：《农书》卷十六《农器图谱九·杵臼门》，《丛书集成》初编本，中华书局1991年版，第294页。

[2]　（元）杨瑀撰，余大钧点校：《山居新语》卷四，中华书局2006年版，第234页。

味。

腌制是肉类加工最常见的方式，又可细分为盐腌、糟制和酱制三类。元代常见的盐腌肉是腌猪、羊肉，其次是牛、獐、鹿肉。将盐腌肉用烟熏后，便可制成腊肉。将用盐腌制的肉条晒干，便可制成肉脯。

鱼类保鲜期较短，鲜鱼不便于长途运输，鱼的腌制成为解决这一难题的重要手段。如河南归德（今河南商丘）、邓州一带的鱼商，"俱系黄河间采捕收买鱼货"，用盐腌制后，"搬贩至江南诸州军等处货卖"①。将腌制的鱼晒干，便可制成鱼脯。

鸭蛋也可用盐腌制，元代民间腌制咸鸭蛋的方法为："（鸭蛋）不拘多少，洗净控干。用灶灰筛细二分、盐一分，拌匀。却将鸭卵于浓米饮汤中蘸湿，入灰盐滚过收贮。"②

糟制是用酒糟腌制，用糟时必须加盐，多用于加工鱼、蟹。如糟鱼，"大鱼片，每斤用盐一两，先淹一宿，拭干。别入糟一斤半，用盐一分半和糟，将鱼大片用纸裹，却以糟覆之"③。另外，元代人已注意到，糟蟹只适宜糟制母蟹。糟制鱼蟹的保存期也较长，如糟蟹可一直保存到第二年。酱制主要用于酱蟹，制作时还要加盐、酒及其他调料。若加醋，则可制成酱醋蟹。

各种腌制的鲊类食品在元代仍然流行，仅见于《居家必用事类全集》的就有鱼鲊、玉版鲊、省力鲊、黄雀鲊、蛏鲊、鹅（猪、羊）鲊等。鲊类食品可以保存较长时间，这类食品取出后一般要煎炒才可食用④。

---

① 《元典章》卷二二《户部八·盐课·盐干鱼难同积盐》，台北"故宫博物院"民国六十二年（1972年）影印元刻本。
② 佚名：《居家必用事类全集》己集，书目文献出版社1988年版，第150页。
③ 佚名：《居家必用事类全集》己集，书目文献出版社1988年版，第151页。
④ 徐海荣：《中国饮食史》卷四，华夏出版社1999年版，第686页；陈高华、史卫民：《中国风俗通史·元代卷》，上海文艺出版社2011年版，第31~32页。

曝干即在阳光下直接晒干，多用于加工海鱼，如石首鱼"俗名黄鱼。曝干为白鲞"①。曝干的海鱼，"皆可经年不坏，通商贩于外方云"②。

（二）蔬菜加工

多数蔬菜容易腐烂，难以保鲜。同肉类一样，蔬菜也可通过腌制、干制等方式进行加工，达到长期保存的目的。

元代的下层百姓普遍以腌制蔬菜下饭，腌制的原料有盐、糟、酱、酒、醋等。在元代类书《居家必用事类全集》己集《饮食类》中，记载的腌制蔬菜方法有：腌韭花法、腌盐韭法、造菡菜鲊、糟瓜菜法、糟茄儿法、造糟姜法、食香瓜儿法、食香茄儿法、食香萝卜法、胡萝卜鲊法、造茭白鲊法、造熟笋鲊法、造蒲笋鲊法等。在王祯《农书》中亦记载有不少腌菜的方法，如黄瓜"或以酱藏为豉，盐渍为霜瓜"；萝卜"腌藏腊豉，以助时馔"；甘露子"可用蜜或酱渍之，作豉亦得"③。

干制蔬菜的方式，可分直接晒干和开水焯后晒干两类。前者多用于果实类和菌类蔬菜，如菌子"曝干则为干香蕈"④。后者多用于叶类蔬菜和竹笋，如菠薐"至春暮茎叶老时，用沸汤掠过晒干，以备园枯时食用甚佳"⑤。鲜笋去皮，开水焯过，晒干，即成笋干。如果用"盐汤焯"，晒干后即成咸笋⑥。

---

① （元）贾铭撰，陶文台注释：《饮食须知》卷六《鱼类》，中国商业出版社1985年版，第56页。

② 至正《四明续志》卷五《土产·水族》，杭州出版社2009年版，第4576页。

③ （元）王祯：《农书》卷八《百谷谱三》"黄瓜""萝卜""甘露子"条，《丛书集成》初编本，中华书局1991年版，第66、71、85页。

④ （元）王祯：《农书》卷八《百谷谱四·菌子》，《丛书集成》初编本，中华书局1991年版，第76页。

⑤ （元）王祯：《农书》卷八《百谷谱五·菠薐》，《丛书集成》初编本，中华书局1991年版，第81页。

⑥ （元）佚名：《居家必用事类全集》己集《饮食类》，书目文献出版社1988年版，第149页。

（三）果品加工

元代的果品加工方法主要有四种：一是通过暴晒制成果脯。如制作柿饼，"揿去厚皮，捻扁，向日曝干，内于瓮中，待柿霜俱出可食，甚凉"①。元代常见的果脯还有柰脯、枣脯、干桑葚等。二是用蜜渍制成"蜜煎"（即蜜饯）。如木瓜煎，"先切去皮煮令熟，着水中拔去酸味，却以蜜熬成煎藏之"②。可制作"蜜煎"的果品还有姜、笋、杏、藕、荔枝等。三是用糖渍。将果品拌糖晒干或用火"煎"干。常见的糖渍果品有梅、杨梅、藕、木瓜等。四是用火焙。常用于加工荔枝、龙眼。加工后的各种果品一般作为辅助食品，用于日常零食或招待客人。

三、油脂加工

（一）动物油加工

元代食用油的生产和消费，可分动物油与植物油两大类。动物油的生产仍沿袭传统的加热榨取动物脂肪的方法，并无多少突破。

由于元代的建立者为蒙古族，元朝的统一促进了汉蒙饮食文化交流，蒙古族的酥油生产技术在内地也得到了一定程度的推广。酥油是以牛、羊乳熬制的油品，其制作，"以酪盛于桶内或甓中，安置近屋柱边，可将竹篾或桑条作二小圈，或用二小木板各凿一孔亦得，于木柱或树傍上下，以绳拴定二小圈或二木板别作一木钻，下钉圆板，一半放置桶中，一半套于上下圈内，却于两圈中间木钻上以皮条或绳子缠两下遭，两手拽钻钻之令转，生沫，倾于凉水中凝定，候聚得多，却于锅内慢火炼过，去浮上焦沫，即成好酥。"③从文中提到的竹篾和桑条，可以推断元代酥油的制作工艺已经传播到内地。

---

① （元）王祯：《农书》卷九《百谷谱八·柿》，《丛书集成》初编本，中华书局1991年版，第95页。

② （元）王祯：《农书》卷九《百谷谱八·木瓜》，《丛书集成》初编本，中华书局1991年版，第99页。

③ （元）鲁明善：《农桑衣食撮要》，农业出版社1962年版，第85~86页。

酥油在元代食肴中的应用十分普遍。元代宫廷饮食富有蒙古族特色，其食肴大量使用酥油，如"河西肺"的制作："羊肺一个；韭六斤，取汁；面二斤，打糊；酥油半斤；胡椒二两；生姜汁二合。右件，用盐调和匀，灌肺，煮熟，用汁浇食之。"①在汉族民间的一般饮食中，也不乏以酥油作油料的，如"曹家生红"的制作："羊臂肉四两细切，熊白一两，如无，肚胘代，糟姜丝半两，水晶脍半两，酥二钱，萝卜丝、嫩韭、香菜簇脍，醋浇。"②

（二）植物油加工

植物油是元代人们食用油的主要来源，其品种有豆油、菜籽油、芝麻油等，其中芝麻油最为普及。在元代的饮食著作中就可以看到不少食肴的制作都使用了芝麻油。王祯《农书》卷十六《农器图谱九》详细记载了元代榨取芝麻油的工艺："油榨，取油具也，用坚大四木，各围可五尺，长可丈余，叠作卧枋于地。其上作槽，其下用厚板嵌作棨，棨上圆凿小沟，下通槽口，以备注油于器。凡欲造油，先用大镬爨炒，芝麻既熟，即用碓舂，或辗碾令烂，上甑蒸过，理草为衣，贮之圈内，累积在槽，横用枋桯相拶，复坚插长楔，高处举碓或椎击，擗之极系，则油从槽出。此横榨，谓之卧槽，立木为之者，谓之立槽，傍用击楔，或上用压梁，得油甚速。今燕赵间创法有以铁为炕面，就蒸釜爨顶，乃倾芝麻于上，执枚匀搅，待熟入磨下之即烂，比镬炒及舂碾省力数倍，南北农家岁用既多，尤宜。"与前代相比，元代芝麻油的榨取工艺更为完善。

四、调味品加工

食物的加工与烹饪，大多离不开各种调味品。元代杂剧《感

---

① （元）忽思慧撰，刘玉书校点：《饮膳正要》卷一《聚珍异馔》，人民卫生出版社1986年版，第36页。
② （元）佚名：《居家必用事类全集》庚集，书目文献出版社1988年版，第162页。

王祯《农书》中的油榨

天动地窦娥冤》中有"你说道少盐欠醋无滋味，加料添椒才脆
美"①，生动地道出了各种调味品在食物加工与烹饪中的重要性。

（一）食盐

在各种调味品中，盐的用途最广。元代各地出产的盐质量差别
很大，有的味甘，有的味苦。味甘者，含杂质较少，主要供应社会
上层，如供应宫廷的"常白盐"；味苦者，多"和杂灰土"，为一
般百姓所食②。元人已注意到各种盐之间成分、质量的差别，主张
对盐进行精加工，"盐中多以矾、硝、灰石之类杂秽，须水澄复煎

① （元）关汉卿：《感天动地窦娥冤》，（明）臧晋叔编：《元曲选》，中
华书局 1958 年版，第 1505 页。

② （明）宋濂等：《元史》卷九七《食货志五·盐法》，中华书局 1976
年版，第 2487 页。

乃佳。河东天生成及晒成者无毒，其煎炼者不洁，有毒。"①

元代的食盐精加工的主要方法是"水澄复煎"，即将粗盐溶入于水，使之与杂质分离，如《居家必用事类全集》中的澄洗盐之法："先以缸盛水，次以梢箕盛盐于水中搅漉，好盐自隔箕儿下，垃圾、石土、粪草之类，皆留其中。须臾，缸面又有一层黑泥末，以搭罗掠去之，尽。缸中皆净咸水，盐如雪白，澄于缸底，别以器盛起。"②

（二）食糖

元代的甜味剂可分饴糖、蜂蜜和蔗糖三大类别。其中，饴糖仍是人们食用最多的糖类，元代的饴糖生产仍沿袭传统的技术，并未有多少创新。

1. 蜂蜜

人工养蜂取蜜技术在元代获得了较大发展，王祯《农书》、官修《农桑辑要》、鲁明善《农桑衣食撮要》等元代三大农书对此颇多记载，蜜糖生产已成为元代重要的农副业活动。

元代的人工养蜂技术系统规范，对蜜蜂的收养、护理、分群有严密的养护措施，如对于蜜蜂分群，"一巢留一王，其余摘之，其有蜂王分巢，群飞去，撒碎土以收之。别置一巢，其蜂即止。"③

割蜜、炼蜜也具有先进的技术水平，"天气渐寒，百花已尽，宜开蜂巢后门，用艾烧烟微薰，其蜂自然习向前去，若怕蜂蜇，用薄荷叶嚼细，涂于手面上，其蜂自然不蜇，或用纱帛蒙头及身上截，或用皮五指套手，尤妙。约量存蜜，自冬至春，其蜂食之余者，拣大蜜脾，用利刀割下，却封其巢，将蜜脾用新生布扭净，不见火者为白沙蜜，见火者为紫蜜。"④

元代人工养蜂业的兴盛，使"蜜糖成为元代最重要的糖源，

① （元）贾铭撰，陶文台注释：《饮食须知》卷五《味类》，中国商业出版社1985年版，第45页。

② 佚名：《居家必用事类全集》己集《诸酱类·造酱法》，书目文献出版社1988年版，第145页。

③ （元）王祯：《农书》卷五《农桑通决五·畜养》，《丛书集成》初编本，中华书局1991年版，第46页。

④ （元）鲁明善：《农桑衣食撮要》，农业出版社1979年版，第120页。

广泛用于食疗、烹饪、食品贮存和加工方面"①。

2. 蔗糖

元代以前，甘蔗只种植于福建、广东、四川等热带、亚热带地区。元代时，甘蔗的种植区域逐渐向华北平原扩展。《农桑辑要》卷六"甘蔗"条载："如大都天气，宜三月内下种，迤南暄热，二月内亦得。"说明现在北京一带，元代时亦可种植甘蔗。季羡林先生认为，元代甘蔗种植区域的北扩，并不是气候变化的结果，"这只能是由于人工的栽培"②。

有学者认为，元代蔗糖的生产不及唐宋时期。"即使唐宋时期重要的蔗糖生产地岭南地区，至元代也十分凋零。"蔗糖生产的倒退，其原因"主要是元朝实行民族压迫和民族歧视的政策，导致农业生产的衰落，蔗糖生产也大受影响"。"元代对蔗糖生产采取严格的控制与搜刮。在江南产蔗地区设沙糖局，糖官则由回回富商担任，他们以权谋私，倒卖沙糖，也影响了蔗糖的生产与消费。"③《元史·廉希宪传》载："希宪尝有疾，帝遣医三人诊视，医言须用沙糖作饮。时最艰得，家人求于外，阿合马与之二斤，且致密意。希宪却之曰：'使此物果能活人，吾终不以奸人所与求活也。'帝闻而遣赐之。"廉希宪平宋以前曾任元朝的右丞相，廉洁家贫。从廉希宪难得沙糖治病的情况看，沙糖在民间并未广泛使用，只有"奸人"和皇家才能够经常食用沙糖。

虽然如此，元代的制糖技术还是有了一些进步，突出表现在白沙糖的出现上。季羡林先生认为，"中国古代《本草》和医书中有时候也有'白糖'一类的字眼。实际上那决不会是纯白的糖，不过较颜色较红黑的糖略显淡黄而已"④。元代时，福州一带的人们，

---

①　陈伟明、辜小红：《元代烹饪辅助料的制作生产与消费》，《暨南大学学报》2002 年第 4 期。

②　季羡林：《元代的甘蔗种植和沙糖制造》，李士靖主编：《中华食苑》，中国社会科学出版社 1996 年版，第 144 页。

③　陈伟明、辜小红：《元代烹饪辅助料的制作生产与消费》，《暨南大学学报》2002 年第 4 期。

④　季羡林：《元代的甘蔗种植和沙糖制造》，李士靖主编：《中华食苑》，中国社会科学出版社 1996 年版，第 149 页。

开始采用先进的阿拉伯人的制糖技术，利用一些树的灰来炼精糖，生产出白沙糖。这种白沙糖还北运大都，供宫廷食用。《马可波罗游记》一书对此事有所记载。元代太医忽思慧《饮膳正要》卷二《诸般汤煎》所载的木瓜煎、香圆煎、株子煎、紫苏煎、金橘煎、樱桃煎、石榴浆、五叶子舍儿别等饮料，均用到了"白沙糖"。《饮膳正要》所列饮食为元代宫廷的御膳，可知白沙糖作为甜味剂常用于当时的宫廷烹饪。

（三）食醋

元代食醋的品种比较丰富，忽思慧《饮膳正要》卷三载《米谷品》："醋有数种：酒醋、桃醋、麦醋、葡萄醋、枣醋，米醋为上，入药用。"其中的桃醋、葡萄醋、枣醋以水果或干果为原料，这在前代较为罕见，虽无具体制作方法，也反映了元代食醋生产技术的发展。

与前代以麦醋为主的消费生产不同，元代米醋的生产消费所占比例越来越大。米醋的生产工艺也相当成熟，如"造三黄醋法"："于三伏中，将陈仓米一斗淘净，做熟硬饭，摊令匀，候冷定，饭面上以楮叶盖，或苍耳青蒿皆可。罨作黄衣上，去罨盖之物，番转过，至次日晒干，簸去黄衣，净器收贮。再用陈米一斗，做熟硬饭晒干，亦用净器收贮。至秋社日，再用陈米一斗，做熟饭，与上件黄子、干饭拌和匀，下水，饭面上约有四指高水。纱帛蒙头，至四十九日方熟，慎勿动着，待其自然成熟，此法极妙。"①

元人还广泛利用糟、糠等生产食醋，"这些糟糠食醋，无论是生产技术工艺，或食醋的质量都有一定的水平。对于节省粮食，开辟食品原料具有重要的意义，反映了元代食醋生产所具有先进的水平。"②

（四）酱料

酱料可分酱、豉、酱油等品种。从制作原料上看，元代的酱料

① （元）佚名：《居家必用事类全集》己集，书目文献出版社1988年版，第142页。

② 陈伟明、辜小红：《元代烹饪辅助料的制作生产与消费》，《暨南大学学报》2002年第4期。

生产以豆谷类酱料为大宗，发展也最为明显。在豆类酱料中，出现了盦小豆酱、豌豆酱等新品种。在谷类酱料中，出现有面酱、大麦酱等新品种。

各种新酱料的制作，其工艺技术流程都十分完善合理，如盦小豆酱："小豆蒸烂，冷定，团成饼，盦出黄衣，穿挂当风处。至三四月内，用黑豆或黄豆抄过，磨去皮，簸净，煮熟，捞出。每小豆黄子一斗，熟豆一石，用盐四十余斤拌匀，捣烂入瓮，每日搅动，晒过十日后，便可食用。酱时，斟酌豆黄用之。"①

除豆谷类酱料外，其他原料的酱类在元代也很常见，如江浙民间的杏仁酱和②和元代宫廷食用的蚁子酱、鹤顶酱、提苏酱等③。

更值得一提的是酱油的制作，在宋代文献中，已有酱油及其应用的记述，但缺乏酱油工艺技术方面的记载。直到元代，才出现了"酱油法"的具体记述："每黄子一官斗，用盐十斤，足秤，水廿斤，足秤，下之须伏日，合下。"④

第三节　食物烹饪

一、主食烹饪

(一) 粥饭

1. 饭团粽糕

元人造饭的主要原料为粳米，其次为粟。大麦饭和各种豆饭在

---

① （元）鲁明善：《农桑衣食撮要》，农业出版社 1979 年版，第 30 页。

② （元）倪瓒：《云林堂饮食制度集》，中国商业出版社 1984 年版，第 5 页。

③ （元）陶宗仪：《元氏掖庭记》《中国野史集成》编委会、四川大学图书馆：《中国野史集成》第 12 册，巴蜀书社 1993 年版，第 278 页。

④ （元）倪瓒：《云林堂饮食制度集》，中国商业出版社 1984 年版，第 1 页。

元代仍见于记载，如王祯《农书》称大麦"可作粥饭，甚为出息"①；白豆"粥饭皆拌食"；菉豆"人俱作豆粥豆饭"②。熟饭可进一步加工成团子，比较高级的团子还要加入糖、核桃仁等其他配料。元代韩奕《易牙遗意》卷下记有玛瑙团、水团、夹砂团。其中，"玛瑙团"的用料为沙糖、白面、胡桃（核桃），具体制法为："先用糖一斤半、水半盏和面炒熟，次用糖二斤、水一盏溶开，入前面在锅内再炒。候糖与面做得丸子，拌胡桃肉，搜匀作剂。"粽子北方多黄色的黍米粽，南方多白色的糯米粽。与团、粽类似的主食还有糕，内地汉族制糕多用粘性的黄黍米，如大都"及有以黄米作枣糕者，多至二、三升米作一团，徐而切破，称斤两而卖之"③。元代的女真食品柿糕、高丽栗糕，在北方民间广泛流传，反映出民族之间饮食的互相交流与融合。

2. 粥

米、粟、豆等主食原料，多加水熬煮，便成为粥。粥又称水饭④。

元人早上多食粥，如大都"经纪生活匠人等……早晚多便水饭"⑤。生活在北方草原的蒙古人，"他们把小米放在水里煮，做得如此之稀，以致他们不能吃它，而只能喝它。他们每个人在早晨喝一二杯。"⑥

为节约粮食，贫苦人家多食粥果腹。元杂剧《东堂老劝破家

① （元）王祯：《农书》卷七《百谷谱二·大小麦》，《丛书集成》初编本，中华书局 1991 年版，第 58 页。

② （元）王祯：《农书》卷七《百谷谱二·大豆、小豆》，《丛书集成》初编本，中华书局 1991 年版，第 60、61 页。

③ （元）熊梦祥著，北京图书馆善本组辑：《析津志辑佚·风俗》，北京古籍出版社 1983 年版，第 207 页。

④ 有学者认为，"水饭"为开水泡饭。参见陈高华、史卫民《中国风俗通史·元代卷》，上海文艺出版社 2011 年版，第 13 页。

⑤ （元）熊梦祥著，北京图书馆善本组辑：《析津志辑佚·风俗》，北京古籍出版社 1983 年版，第 207~208 页。

⑥ ［英］道森编，吕浦泽：《出使蒙古记》，中国社会科学出版社 1983 年版，第 17 页。

子弟》描写富家子弟扬州奴破产后，和妻子住在城南破瓦窑中，一日早上对妻子道："等我寻些米来，和你熬粥汤吃。"①

人们熬粥时，也常添加肉类、蔬菜、果实、药物或滋补品，作为富人或老、弱、病人的养生食疗的膳品。如元代宫廷中，作为"食疗"之用的粥有羊骨粥、羊脊骨粥、猪肾粥、枸杞羊肾粥、山药粥、酸枣粥、生地黄粥、荜拨粥、良姜粥、吴茱萸粥、莲子粥、鸡头粥、桃仁粥、生地黄粥、萝卜粥、马齿菜粥、小麦粥、荆芥粥、麻子粥等②。民间流行的养生著作《寿亲养老新书》记载的粥品更多，如用于保养的杏仁粥、人参粥、枸杞叶粥，用于妇人小儿食疗的地黄粥、猪肚粥，用于治疗妇女妊娠诸病的麦门冬粥、生地黄粥、陈橘皮粥、豉心粥、阿胶粥、鹿头肉粥、鲤鱼粥、葱粥、竹沥粥、苎麻粥，用于治疗产后病的猪蹄粥、苏麻粥、茯苓粥、地黄粥、紫苋粥、滑石粥、羊肉粥、猪肾粥，用于治疗小儿病的牡丹粥、扁豆粥，用于早上补养的有地黄粥、胡麻粥、乳粥、山芋粥、栗粥、百合粥、麋角粥、枸杞子粥、马眼粥等③。

北方人亦喝用面粉熬制的粉粥，13 世纪 50 年代奉法国国王之命出使蒙古的西方使者鲁不鲁乞曾看见蒙哥汗喝"一种流质食物，这是一种面糊做成的食物，可使头脑舒适"④。这种"面糊做成"的流质食物，显然就是自唐代就已流行的粉粥。

3. 粉汤

粉汤即粉丝汤，元人常将之与馒头等一起搭配食用。在《朴通事谚解》和《老乞大谚解》这两种元代时的高丽汉语教科书中，都提到了"粉汤馒头"。在元杂剧中也常见"粉汤馒头"之名，如

---

① （明）臧晋叔编：《元曲选》，中华书局 1958 年版，第 219 页。

② （元）忽思慧撰，刘玉书校点：《饮膳正要》卷二《食疗诸病》，人民卫生出版社 1986 年版，第 79~91 页。

③ （宋）陈直著，（元）邹铉增续，黄瑛整理：《寿亲养老新书》卷三，人民卫生出版社 2007 年版，第 88~89 页、第 94 页、第 95~98 页、第 100~103 页、第 105~106 页、第 122~124 页。

④ ［英］道森编，吕浦泽：《出使蒙古记》，中国社会科学出版社 1983年版，第 193 页。

佚名《冻苏秦衣锦还乡》中有："我的馒头粉汤蒸的热。""先请些儿粉汤……请个馒头儿者。"① 武汉臣《散家财天赐老生儿》中有："这早晚搭下棚，宰下羊，漏下粉，蒸下馒头。"② 由于粉是"漏下"的，显然是指菉豆粉丝而言③。

（二）面食

1. 湿面类

湿面类食品是指带汤水的面食，主要有面条、馎饦、馉子、拨鱼、河漏、角儿、馄饨等。

（1）面条

元代的面条品种繁多，如宫廷饮食中的鸡头粉搊面、春盘面、皂羹面、山药面、挂面、经带面、羊皮面、秃秃麻食（手撇面）、马乞（手搓面）④、乳饼面等⑤，民间常食的水滑面、索面、经带面、托掌面、红丝面、翠缕面、山药面、勾面等⑥。这些面条按制作方法可分为两类：一是在面粉内加入适量的油、盐，和水成团，擀成薄片，切成条形，煮熟后再加浇头，或在各种汤汁中煮熟食用；二是将鲜虾、山药、萝卜、槐叶等其他食物原料研成泥状，或取其汁、肉，和入面中，做成面条，煮熟后食用。

（2）馎饦

馎饦，即水煮面片。元代流行于民间的馎饦品种众多，如山芋馎饦、油面馎饦、鸡子馎饦、赤石脂馎饦、黄雌鸡馎饦等馎饦，都是以各种料物加入面中，擀开后下锅煮熟食用。元代的皇室贵族也食馎饦，《饮膳正要》卷二《食疗诸病》中即有"山药饦"，系用

① （明）臧晋叔编：《元曲选》，中华书局 1958 年版，第 448 页。
② （明）臧晋叔编：《元曲选》，中华书局 1958 年版，第 378 页。
③ 徐海荣：《中国饮食史》卷四，华夏出版社 1999 年版，第 668 页。
④ （元）忽思慧撰，刘玉书校点：《饮膳正要》卷一《聚珍异馔》，人民卫生出版社 1986 年版，第 25～33 页。
⑤ （元）忽思慧撰，刘玉书校点：《饮膳正要》卷二《食疗诸病》，人民卫生出版社 1986 年版，第 86 页。
⑥ （元）佚名：《居家必用事类全集》庚集，书目文献出版社 1988 年版，第 158～159 页。

山药研泥和入面中做成的。回族食品"秃秃麻失"实际上也是一种馎饦，"如水滑面，和圆小弹剂，冷水浸，手掌按作小薄饼儿，下锅煮熟，捞出过汁，煎炒酸肉，任意食之"①。

（3）棋子

棋子，又写作棋子、粸子，起源于宋代。元代棋子的形状已呈多样化发展态势，如《饮膳正要》卷一《聚珍异馔》所载的"水龙棋子"，形状为钱眼。高丽汉语教科书《朴通事谚解》所记大都饮食中的象眼粸子、柳叶粸子②。元代的畏兀儿面食"搠罗脱因"和棋子类似，只不过前者是直接用面团按成钱样，用浓汤煮成而已。

（4）拨鱼

拨鱼是元代新出现的一种简便食品，其制作方法是将调好的面糊用匙或筷子拨入锅内沸水中煮熟，因形状似鱼，故名。《居家必用事类全集》庚集"饮食类"中有山药拨鱼和玲珑拨鱼。

（5）河漏

河漏，又称饸饹、合落、合酪、活络等，亦是元代新出现的一种面条类食品，多用荞麦面揉和成团，用带孔的木制工具挤压成细条，漏入沸水中煮成的。元代杂剧中有"粁子面合落儿带葱薤"③。

（6）匾食

匾食，即今天的水饺。元代之前，人们多称之为"馄饨"。元代时，始有"匾食"或"扁食"之称。高丽汉语教科书《朴通事谚解》记载，使臣来到驿站，命站中人员"将那白面来，捏些匾食"。又记大都午门外饭店备有各种食品，其中就有匾食④。元曲

---

① （元）佚名：《居家必用事类全集》庚集，书目文献出版社 1988 年版，第 157 页。

② ［朝］佚名：《朴通事谚解》卷下，京城帝国大学法文学部 朝鲜印刷株式会社 1943 年版，第 325 页。

③ （元）杨景贤：《西游记》第二本第六折，隋树森编：《元曲选外编》，中华书局 1959 年版，第 649 页。

④ ［朝］佚名：《朴通事谚解》卷下，京城帝国大学法文学部朝鲜印刷株式会社 1943 年版，第 325 页。

中也有提到匾食的，无名氏小令［中吕·朝天子］《嘲妓家匾食》有条不紊地写出了匾食的制作、品尝过程："白生生面皮，软溶溶肚皮，抄手儿得人意。当初只说假虚皮，就里多葱脍。水面上鸳鸯，行行来对对。空团圆不到底。生时节手儿上捏你，熟时节口儿里嚼你，美甘甘肚儿内知滋味。"①

（7）馄饨

自元代始，"馄饨"一词不再特指饺子，而是指现今通行的馄饨。这从元代馄饨的制法可以看出："白面一斤，用盐半两。凉水和如落索状，频入水搜和如饼剂。停一时再搜，擞为小剂。豆粉为粹，骨鲁捶擀圆，边微薄，入馅，蘸水合缝。下锅时，将汤搅转，逐个下，频洒水。火长要鱼津滚，候熟供。馅子荤素如意。"② 文中的"蘸水合缝"与今天不少地方制作馄饨的方式相同。

2. 干面类

干面类食品是指不带汤水的面食，按制作方式，可分烤、煎炸、蒸三类。

（1）烤制面食

烤制面食主要是各种烧饼。元代的烧饼有两种制法：一是将饼坯放入炉子内烤熟，二是将饼坯放在鏊子上烙熟。宫廷食品中有黑子儿烧饼、牛奶子烧饼。黑子儿烧饼即饼面上洒有黑芝麻的烧饼③；民间的烧饼品种众多，《居家必用事类全集》庚集"饮食类"中有白熟饼子、山药胡饼、烧饼、肉油饼、酥蜜饼等④。《朴通事谚解》卷下记载大都的烧饼有芝麻烧饼、黄烧饼、酥烧饼、硬面烧饼等名目。芝麻烧饼是在烧饼表面上沾有芝麻；酥烧饼则因面中掺有较多的油脂，烤熟后发酥；硬面烧饼应是未加其他物料的

---

① 隋树森编：《全元散曲》，中华书局 2018 年版，第 1930 页。

② （元）佚名：《居家必用事类全集》庚集，书目文献出版社 1988 年版，第 159 页。

③ （元）忽思慧撰，刘玉书校点：《饮膳正要》卷一《聚珍异馔》，人民卫生出版社 1986 年版，第 46 页。

④ （元）佚名：《居家必用事类全集》庚集，书目文献出版社 1988 年版，第 161 页。

普通烧饼；黄烧饼不详①。元代烧饼已成为大众化的食品，大都
"纪经生活匠人等"在午间常以此为点心②。

（2）煎炸类面食

煎炸类面食有煎饼、春卷、油炸桧和馓子等。煎饼是用面糊薄
摊油煎而成的，比较讲究的煎饼还要进行深加工，如《居家必用
事类全集》庚集"饮食类"中所记的"七宝卷煎饼"，是用摊好的
薄煎饼包裹羊肉炒燥子、蘑菇、熟虾肉等七种馅心，继续油煎而成
的；"金银卷煎饼"是用鸭蛋（或鸡蛋）清、鸭蛋（或鸡蛋）黄
加豆粉分别摊成，然后叠在一起，色呈黄白二色③。在元代的"回
回食品"中，还有一种称之为"卷煎饼"的食品，具体制法为：
"摊薄煎饼，以胡桃仁、松仁、桃仁、榛仁、嫩莲肉、干柿、熟
藕、银杏、熟栗、芭榄仁，已上除栗黄片切外，皆细切，用蜜、糖
霜和，加碎羊肉、姜末、盐、葱调和作馅，卷入煎饼，油炸焦。"④
这种"卷煎饼"的制法已经和后代"春卷"的制法相似了。油炸
桧，又称油炸鬼，即今之油条，起源于南宋，元代时仍不太普及。

（3）蒸制面食

蒸制面食众多，有发面包馅食品馒头、酸赚、包子、稍麦等，
发面不带馅的食品蒸饼、经卷等，死面带馅食品角儿、兜子等。

元代的馒头仍是有馅的，且为肉馅，即今天的发面厚皮巨型肉
包子。元代宫廷的馒头有羊肉馅的仓馒头、鹿奶肪馒头、剪花馒
头。《朴通事谚解》卷下记载了大都市场上有羊肉馅馒头。元代散
曲《牛诉冤》描写了牛被宰杀后，牛肉"或是包馒头待上宾"⑤，

---

① 徐海荣：《中国饮食史》卷四，华夏出版社1999年版，第664页。

② （元）熊梦祥著，北京图书馆善本组辑：《析津志辑佚·风俗》，北
京古籍出版社1983年版，第207页。

③ （元）佚名：《居家必用事类全集》庚集，书目文献出版社1988年
版，第161页。

④ （元）佚名：《居家必用事类全集》庚集，书目文献出版社1988年
版，第157页。

⑤ （元）姚守中：《［中吕］粉蝶儿·牛诉冤》，隋树林编：《全元散
曲》，中华书局2018年版，第364页。

说的就是牛肉馅馒头。酸馅是素馅"馒头",外形类似馒头,只是外皮捏的褶儿较粗。《居家必用事类全集》庚集"饮食类"之"酸馅"条记载:"馒头皮同,褶儿较粗,馅子任意。"①包子,其皮较馒头薄,其馅可荤或素。元代著名的包子有用天花蕈为馅心主料的"天花包子"和用鲤鱼或鳜鱼为馅心主料的鱼包子。稍麦,也是有馅的发面制品,蒸熟后食用,但形状与包子、馒头有别。

蒸饼,《饮膳正要》中又写作"征饼",即宋代的炊饼,是元代常见的大众化食品。大都"诸蒸饼者,五更早起,以铜锣敲击,时而为之","纪纪生活匠人等,每至晌午以蒸饼……为点心。"②元代杂剧中亦有蒸饼的记载,张国宾《相国寺公孙合汗衫》载,一对穷夫妇想吃"水床上热热的蒸饼"③。佚名《崔府君断冤家债主》载,一个贼人"在蒸作铺门首过,拿了他一个蒸饼"④。经卷儿,即今天的花卷,是元代新出现的面食。《饮膳正要》卷一《聚珍异馔》"征(蒸)饼"条后注有"经卷儿一同",可知经卷儿同"征饼"一样,是将发酵面放入笼中蒸制而成的。高丽教科书《朴通事谚解》中记载大都的饭店有"麻尼汁经卷儿"⑤,无疑就是现在的麻酱花卷。

角儿,又称角子,即今天的蒸饺或烤饺子,多以馅心、形状、皮子的性质命名,如"水晶角儿"的外皮呈透明状,似水晶莹润;"驼峰角儿"的外形似驼峰;"烙面角儿"的外皮是用烫面做成的。元代宫廷的角儿品种有水晶角儿、撇列角儿、蒔萝角儿⑥。兜子,

①　(元)佚名:《居家必用事类全集》庚集,书目文献出版社 1988 年版,第 162 页。

②　(元)熊梦祥著,北京图书馆善本组辑:《析津志辑佚·风俗》,北京古籍出版社 1983 年版,第 207 页。

③　(明)臧晋叔编:《元曲选》,中华书局 1958 年版,第 130 页。

④　(明)臧晋叔编:《元曲选》,中华书局 1958 年版,第 1130 页。

⑤　《朴通事谚解》卷下,京城帝国大学法文学部朝鲜印刷株式会社 1943 年版,第 324 页。

⑥　(元)忽思慧撰,刘玉书校点:《饮膳正要》卷一《聚珍异馔》,人民卫生出版社 1986 年版,第 44~45 页。

与角儿类似。一般认为,"兜子、角儿都是包馅的面粉制品（也可以用豆粉制作或掺入适量的豆粉）,但是形状有别,兜子是'折掩盖定',而角儿则是'捏成角儿'的。兜子是蒸熟的,角儿有的蒸熟食用,有的则是烤熟的。"①《居家必用事类全集》《饮膳正要》等书均记有兜子的详细制法,是将绿豆粉皮铺在盏中,再装上馅料,用粉皮裹好馅料,然后蒸熟。兜子主要以馅心命名,如《居家必用事类全集》中的鱼兜子、鹅兜子、蟹黄兜子、荷莲兜子等②。

二、副食烹饪

元代的不少菜肴往往采取复合烹饪方法加工而成,或先蒸后煮,或先煮后炒,或先炸后煮,等等。复合烹饪方法的应用,使元代的菜肴烹饪更为精细,也反映出元代烹饪技术的日益进步。下面结合元代菜肴的具体烹饪方法,考察当时副食烹饪的水平。

（一）水煮

元代时,用煮法烹饪的各种羹汤仍然流行。以《饮膳正要》一书记载为例,羹的品种有河豚羹、杂羹、荤素羹、葵菜羹、台苗羹③、羊脏羹、白羊肾羹、鹿肾羹、羊肉羹、椒面羹、鸡头粉羹、鲫鱼羹、猫肉羹、青鸭羹、野鸡羹、鹁鸽羹、葵菜羹、驴头羹、狐肉羹、熊肉羹、羊肚羹、葛粉羹、野猪臛、獭肝羹、鲫鱼羹等④,汤的品种有马思荅吉汤、大麦汤、八儿不汤、沙乞某儿汤、苦豆汤、木瓜汤、鹿头汤、松黄汤、粆汤、阿菜汤、黄汤、瓠子汤、团鱼汤、熊汤、鲤鱼汤、炒狼汤、撒速汤、颇儿必汤⑤、鹿蹄汤、狐

---

① 徐海荣:《中国饮食史》卷四,华夏出版社 1999 年版,第 663 页。

② （元）佚名:《居家必用事类全集》庚集,书目文献出版社 1988 年版,第 160 页。

③ （元）忽思慧撰,刘玉书校点:《饮膳正要》卷一《聚珍异馔》,人民卫生出版社 1986 年版,第 23~29 页。

④ （元）忽思慧撰,刘玉书校点:《饮膳正要》卷二《食疗诸病》,人民卫生出版社 1986 年版,第 77~93 页。

⑤ （元）忽思慧撰,刘玉书校点:《饮膳正要》卷一《聚珍异馔》,人民卫生出版社 1986 年版,第 18~46 页。

肉汤、乌鸡汤、驴肉汤、乌驴皮汤等①。元代羹汤，仍以肉类羹汤为主。上文中提到的葵菜羹、台苗羹、大麦汤、木瓜汤、松黄汤等，从名字上看好像是纯素的羹汤，但实际上都是添加了羊肉的肉类羹汤。羹汤和粥一样，由于食物煮得很烂，利于消化吸收，往往也是食疗佳品。

元人对各种肉类的炖煮已积累了颇为丰富的经验。如羊肉要"滚汤下，盖定，慢火养；牛肉亦然，不盖；马肉冷水下，不盖，入酒煮"②。獐肉、鹿肉、虎肉、驼肉、熊肉等其他肉类，也各有讲究。元代的非肉类菜肴的煮制也有值得称道之处，如倪瓒发明的"煮麸干法"：将"细麸"（细面筋）扯成小薄片，用甘草、酒少许加水煮干，取出甘草，再用紫苏面叶、桔皮片、姜片同麸略煮，将麸取出，再用熟油、酱、花椒、胡椒、杏仁末和匀，和麸揉拌，"令味相入"，晒干后放入坛子中封存，吃时取出③。又如后世常食的绿豆芽，元人常以"沸汤焯，姜、醋、油、盐和食之"④。"沸汤焯"即用开水焯煮，这种烹饪绿豆芽的方法今天仍在使用。

煮往往还是复合烹饪菜肴的初步加工程序，如《饮膳正要》中记载的"带花羊头"："羊头三个，熟切；羊腰四个，羊肚、肺各一具，煮熟切，攒胭脂染；生姜四两、糟姜二两，各切；鸡子五个，作花样；萝卜三个，作花样。右件，用好肉汤炒，葱、盐、醋调和。"⑤ 这道菜肴中的羊头、羊腰、羊肚、羊肺等肉食原料，都需要先煮熟切好，然后才和其他配料、调料一起用肉汤炒。

---

① （元）忽思慧撰，刘玉书校点：《饮膳正要》卷二《食疗诸病》，人民卫生出版社1986年版，第80~92页。
② （元）佚名：《居家必用事类全集》庚集，书目文献出版社1988年版，第153页。
③ （元）倪瓒：《云林堂饮食制度集》，中国商业出版社1984年版，第10~11页。
④ （元）佚名：《居家必用事类全集》己集，书目文献出版社1988年版，第149页。
⑤ （元）忽思慧撰，刘玉书校点：《饮膳正要》卷一《聚珍异馔》，人民卫生出版社1986年版，第37页。

（二）炙烤

炙烤的对象多为肉类，元代普通的炙烤多为"用签子插于炭火上，蘸油、盐、酱、细料物、酒、醋调薄糊，不住手勤翻，烧至熟"①。宫廷饮食中的炙羊心、炙羊腰②、炙黄鸡③都是用这样的烤炙方法加工而成。

炙烤在元代又称为"烧"，如民间菜肴酿烧鱼、酿烧兔。前者是将鲫鱼剖开洗净，腹中加肉；后者是用羊腔，内实切细的腿脚肉和羊膘，再加料物。这两种菜肴都是"杖夹烧熟供"，即将调腌好的肉类直接放在火上烤熟。宫廷饮食中的烧雁、烧鹧鸪、烧鸭子等虽未明确说明是如何"烧"的④，但从烹饪程序上看，也应和民间的酿烧鱼、酿烧兔一样，是放在火上直接烤炙而成的。

元代也流行炉中烘烤，如宫廷饮食中的烧水札，有一种做法就是"或以酥油水和面包水札，入炉鏊内炉熟亦可"。又如宫中名食"柳蒸羊"，其做法为："羊一口，带毛，右件，于地上作炉，三尺深，周回以石，烧令通赤，用铁芭盛羊上，用柳子盖覆，土封，以熟为度。"⑤ 可见这道宫中名食，名虽为"蒸"，实为炉烤。内地的汉族人也用这种方法烤全羊，在《居家必用事类全集》一书中，载有一种"全身羊（炉烧）"⑥，其做法是将整只羊在炉中烧烤，显然和宫廷中的"柳蒸羊"是一样的。

---

① （元）佚名：《居家必用事类全集》庚集，书目文献出版社 1988 年版，第 153 页。
② （元）忽思慧撰，刘玉书校点：《饮膳正要》卷一《聚珍异馔》，人民卫生出版社 1986 年版，第 35 页。
③ （元）忽思慧撰，刘玉书校点：《饮膳正要》卷二《食疗诸病》，人民卫生出版社 1986 年版，第 86 页。
④ （元）忽思慧撰，刘玉书校点：《饮膳正要》卷一《聚珍异馔》，人民卫生出版社 1986 年版，第 42 页。
⑤ （元）忽思慧撰，刘玉书校点：《饮膳正要》卷一《聚珍异馔》，人民卫生出版社 1986 年版，第 43 页。
⑥ （元）佚名：《居家必用事类全集》庚集，书目文献出版社 1988 年版，第 153 页。

（三）汽蒸

元代蒸法也多用于肉食烹饪，其方法可分为两种，一是直接将处理好的肉类放入蒸笼内蒸熟，如宫中的"烧水札"，"或以肥面包水札，就笼内蒸熟亦可"①。二是将肉类放入容器内，连容器一起蒸，如宫中用于食疗的"生地黄鸡"，"地黄与糖相和匀，内鸡腹中，以铜器中放之，复置甑中蒸炊，饭熟成，取食之"②。又如宫廷名食"盏蒸"，是将羊背皮或羊肉用各种调料拌匀同炒后，"入盏内蒸令软熟，对经卷儿食之"。③民间的"碗蒸羊"，烹饪方法与此相类似，是将肥嫩羊肉切成片，放在盛水的碗内，加葱、姜、盐少许，用湿纸封住碗面，置于沸水上使碗内水沸，打开封纸加入酒、醋、酱、姜末，"再封碗慢火养，候软供"④。

蒸也往往和其他烹饪方法一起，复合加工菜肴。如宫中食疗用的"乌驴皮汤"，是先将乌驴皮蒸熟，"细切如条，于豉汁中，入五味，调和匀，煮过，空心食之"。又如"羊头脍"是将白羊头"蒸令烂熟，细切，以五味汁调和鲙，空腹食之"⑤。

（四）炒熬

现代意义的"炒"为加少许油烹饪。有学者注意到，在记载民间饮食的《居家必用事类全集》饮食类中关于炒的菜肴很少，仅有"川炒鸡""盘兔"等数味⑥。而在代表宫廷饮食的《饮膳正要》一书中，真正意义上的油炒菜肴也并不多，仅有"围像""盘

---

① （元）忽思慧撰，刘玉书校点：《饮膳正要》卷一《聚珍异馔》，人民卫生出版社 1986 年版，第 43 页。

② （元）忽思慧撰，刘玉书校点：《饮膳正要》卷二《食疗诸病》，人民卫生出版社 1986 年版，第 77 页。

③ （元）忽思慧撰，刘玉书校点：《饮膳正要》卷一《聚珍异馔》，人民卫生出版社 1986 年版，第 29 页。

④ （元）佚名：《居家必用事类全集》庚集，书目文献出版社 1988 年版，第 153 页。

⑤ （元）忽思慧撰，刘玉书校点：《饮膳正要》卷二《食疗诸病》，人民卫生出版社 1986 年版，第 92 页。

⑥ 徐海荣：《中国饮食史》卷四，华夏出版社 1999 年版，第 678 页。

兔""猪头姜豉""马肚盘"等几种①。但若以此得出元代炒法烹饪并不流行这一结论却未必符合历史真实。

实际上，元代非常流行"汤炒"。"汤炒"即加少许汤翻炒，加汤之前必先用少许油煎炒。这种烹饪方法是后世炒菜的一种重要方式，南方人多称之为"烧"，北方人则称之为"熬"。以《饮膳正要》卷一《聚珍异馔》所列菜肴为例，"汤炒"的菜肴即有攒鸡儿、炒鹌鹑、带花羊头、芙蓉鸡、攒雁、攒羊头、攒牛蹄（马蹄、熊掌一同）、细乞思哥、熬蹄、熬羊胸子、鱼鲙等②。从这些菜肴的名称上可知，元代又将"汤炒"称为"攒"或"熬"。

（五）油炸

油炸多见于肉类菜肴的烹饪，所炸的肉类原料，或为干制品，如宫中的"姜黄腱子"："羊腱子一个，熟；羊肋枝二个，截作长块。豆粉一斤，白面一斤，咱夫兰二钱，栀子五钱。右件，用盐、料物调和，搽腱了，下小油炸。"又如"盐肠"："羊苦肠，水洗净。右件，用盐拌匀，风干，入小油炸。"③更多的则是用豆粉、面粉或鸡蛋裹制后炸制。油炸后的食品，或直接食用，如《饮膳正要》卷一《聚珍异馔》所列的姜黄腱子、鼓儿签子、鱼弹儿、肉饼儿、盐肠等；或与其他食物原料一起继续加工，如"姜黄鱼"的烹制，是将炸好的鲤鱼，"用生姜二两，切丝。芫荽叶、胭脂染，萝卜丝炒，葱调和"④。

（六）生脍

元代以前，生食的肉脍（或鱼鲙）极为流行。元代时，食脍

① （元）忽思慧撰，刘玉书校点：《饮膳正要》卷一《聚珍异馔》，人民卫生出版社1986年版，第30、36、39、41页。

② （元）忽思慧撰，刘玉书校点：《饮膳正要》卷一《聚珍异馔》，人民卫生出版社1986年版，第36~42页。

③ （元）忽思慧撰，刘玉书校点：《饮膳正要》卷一《聚珍异馔》，人民卫生出版社1986年版，第37、38页。

④ （元）忽思慧撰，刘玉书校点：《饮膳正要》卷一《聚珍异馔》，人民卫生出版社1986年版，第39页。

之风仍很兴盛。元人喜用动物的肝、肺作脍，如《饮膳正要》卷一《聚珍异馔》所记的肝生和《居家必用事类全集》饮食类所记的生肺、酥油肺、琉璃肺、肝肚生等。鱼类也适合作脍，如"鱼鲙"："鱼不拘大小，鲜活为佳，去头、尾、肚、皮，薄切，摊白纸上晾片时，细切如丝。以萝卜细剁，布纽作米，姜丝少许，拌鱼鲙入碟。钉作花样。簇生香菜、芫荽，以芥辣醋浇"①。

由于人们已认识到生食肉脍（鲙）会致病，故元人开始对传统的脍类食品进行熟制，如宫廷所食的"鱼鲙"："新鲤鱼五个，去皮、骨、头、尾，生姜二两，萝卜二个，葱一两。香菜、蓼子，各切如丝。胭脂打糁。右件，下芥末炒，葱、盐、醋调和。"② 这是炒过的鱼丝。画家倪瓒喜用热酒浇食蚶子："以生蚶劈开，逐四五枚，旋劈，排碗中，沥浆于上，以极热酒烹下，啖之，不用椒、盐等。"③ 以"极热酒"浇烫生蚶，起到杀菌作用，与烹煮效果相同。

综上所述，无论是主食烹饪，还是副食烹饪，在元代都取得了不少进步。这种进步与当时国内各民族之间、中国与国外之间频繁的饮食文化交流密切相关。以《饮膳正要》所记载的宫廷菜肴为例，它以蒙古传统食物和回回食品为主，吸收了汉族、党项族、女真族和南亚的印度人、西亚的波斯人、阿拉伯人的一些菜肴④。而作为元代内地汉族的日用类书《居家必用事类全集》则专门收有12种回回食品和6种女真食品，也真实反映了当时国内各民族饮食文化交流的情况。

---

① （元）佚名：《居家必用事类全集》庚集，书目文献出版社1988年版，第154页。

② （元）忽思慧撰，刘玉书校点：《饮膳正要》卷一《聚珍异馔》，人民卫生出版社1986年版，第42页。

③ （元）倪瓒：《云林堂饮食制度集》，中国商业出版社1984年版，第11页。

④ 徐海荣：《中国饮食史》卷四，华夏出版社1999年版，第672~676页。

第四节 饮　　料

　　这里的饮料是指除酒、茶之外的解渴的饮品。元代的饮料品种丰富多彩，既有汉族的传统饮料，也有蒙古族的特色饮料，更有从域外引进的饮料。元代的饮料大体上可分为人工饮料和天然饮料两大类。

一、人工饮料

（一）汤

　　汤是唐宋时期盛行的饮料，元代时仍然流行。在元代宫廷中，汤的名目繁多，有五味子汤、人参汤、仙术汤、杏霜汤、山药汤、四和汤、枣姜汤、茴香汤、破气汤、白梅汤、木瓜汤、橘皮醒酲汤等①。

　　民间流行的汤，见十《寿亲养老新书》的有柏汤、三妙汤、干荔枝汤、清韵汤、枨汤、桂花汤、醍醐汤、洞庭汤、木瓜汤、韵梅汤等②，见于《居家必用事类全集》的有天香汤、暗香汤、须问汤、杏酪汤、凤髓汤、醍醐汤、水芝汤、茉莉汤、木香苦汤、香橙汤、橄榄汤、豆蔻汤、解酲汤、干木瓜汤、无尘汤、熟梅汤、绿云汤、檀香汤、丁香汤、辰砂汤、胡椒汤、缩砂汤、茴香汤、仙术汤、荔枝汤、湿枣汤、香苏汤、地黄膏子汤、轻素汤、沃雪汤③。

　　上述各种汤饮，大多是前代已经流传的配方，如豆蔻汤、仙术汤"出《局方》"，《局方》就是宋代官修的《和剂局方》；解酲汤是"东垣李明之方"，东垣李明之是金代大医学家李杲；无尘汤、荔枝汤、温刺汤、香苏汤、地内膏子汤也都"出李氏方"。元

---

　　① （元）忽思慧撰，刘玉书校点：《饮膳正要》卷二《诸般汤煎》，人民卫生出版社 1986 年版，第 50~52 页。

　　② （宋）陈直著，（元）邹铉增续，黄瑛整理：《寿亲养老新书》卷三《养性》，人民卫生出版社 2007 年版，第 119~122 页。

　　③ （元）佚名：《居家必用事类全集》己集《诸般汤煎》，书目文献出版社 1988 年版，第 131~133 页。

代也有新创的汤饮，如木香苦汤是"王百一承旨常服汤药"。"王百一承旨"即金朝状元王鹗，木香苦汤应是王鹗所创制①。

元代汉人仍遵行"点汤送客"的旧俗，这一习俗在民间逐渐发展成为"点汤逐客"，元代杂剧中对此多有反映。如佚名《冻苏秦衣锦还乡》中，苏秦落魄去见当上丞相的同门张仪，侍从张千一说"点汤"，苏秦便意识到"点汤是逐客，我则索起身"②。

（二）熟水

与汤相近的还有"熟水"。二者的区别有二：一是汤为小火熬制而成，而"熟水"为沸水冲泡而成；二是汤的原料多为药材、花卉、干鲜果实等复合原料，而"熟水"的原料多为香料或花草植物等单一原料。

元人冲泡"熟水"，多用植物的叶子，"稻叶、谷叶、楮叶、橘叶、樟叶皆可采，阴干，纸囊悬之，用时火炙使香，汤沃，幂其口良久"③。熟水多要趁热饮用，如"紫苏熟水"，"只宜热用，冷伤人"④。

（三）渴水

元代还流行各种"渴水"，元代类书《居家必用事类全集》己集《渴水》中，列有"御方渴水""林檎渴水""杨梅渴水""木瓜渴水""五味渴水""葡萄渴水""香糖渴水"等⑤。从制作方法上看，"渴水"类似于今天的果子露，是用水煎熬果肉，加入适量的蜜、沙糖和少量香料而成的饮料。视浓稠程度，"渴水"可直接饮用或加入适量的开水调饮。

---

　　① （元）倪瓒：《云林堂饮食制度集》，中国商业出版社1984年版，第1页。

　　② （明）臧晋叔编：《元曲选》，中华书局1958年版，第449页。

　　③ （宋）陈直著，（元）邹铉增续，黄瑛整理：《寿亲养老新书》卷三《养性·熟水》，人民卫生出版社2007年版，第122页。

　　④ （元）佚名：《居家必用事类全集》己集，书目文献出版社1988年版，第134页。

　　⑤ （元）佚名：《居家必用事类全集》己集，书目文献出版社1988年版，第133~134页。

"渴水"在元代又称"舍儿别",有学者认为"这种饮料的发源地是阿剌伯地区"①,而元代的统治者蒙古族人是在西征中亚时接触到"舍儿别"的。元代统一后,内地有不少地区向京师进贡"舍儿别",如镇江上贡"舍里别四十瓶。前本路副达鲁花赤马薛里吉思备葡萄、木瓜、香橙等物煎造,官给船马入贡"②。

在元代宫廷饮食著作《饮膳正要》中明确记载"舍儿别"的仅有"五味子舍儿别",它的制作方法为:"新北五味十斤,去子,水浸取汁;白砂糖八斤,炼净;右件,一同熬成煎。"③但同书另记载有"木瓜煎""香圆煎""株子煎""紫苏煎""金橘煎""樱桃煎""桃煎""石榴浆""小石榴煎",这些"煎"的制作方法与"五味子舍儿别"相同,均以果实取汁(或取肉)与白砂糖"同熬成煎"④。可见,"舍儿别"在元代又可称为"煎"。

元代医学家朱震亨认为,各种煎"味虽甘美,性非中和","且如金樱煎之缩小便,杏煎、杨梅煎、蒲桃煎、樱桃煎之发胃火,积而至久,湿热之祸有不可胜言者。仅有桑椹煎无毒,可以解渴。"⑤朱震亨对人们饮用各种"煎"提出了劝告,由于朱震亨一生生活在家乡浙东地区,这些劝告之语从一个侧面说明了各种"渴水"在内地汉人中也是相当流行的。

二、天然饮料

(一)动物性天然饮料

动物性天然饮料主要是指牛、羊、马、骆驼等牲畜所产的奶。

---

① 徐海荣:《中国饮食史》卷四,华夏出版社 1999 年版,第 753 页。

② (元)俞希鲁:《至顺镇江志》卷六《赋税·土贡》,江苏古籍出版社 1999 年版,第 253 页。

③ (元)忽思慧撰,刘玉书校点:《饮膳正要》卷二《诸般汤煎》,人民卫生出版社 1986 年版,第 56~57 页。

④ (元)忽思慧撰,刘玉书校点:《饮膳正要》卷二《诸般汤煎》,人民卫生出版社 1986 年版,第 54~56 页。

⑤ (元)朱震亨原著,胡春雨、马湃点校:《局方发挥》,天津科学技术出版社 2003 年版,第 26 页。

游牧为生的边疆少数民族将家畜的奶作为日常饮料，如作为元代统治者的蒙古族，"如果他们有马奶的话，他们就大量喝它；他们也喝母羊、母牛、山羊甚至骆驼的奶。"①

在蒙古族眼里，要数骆驼奶最为贵重。据《元史·谢仲温传》载，元世祖忽必烈赏赐功臣谢仲温，"饮以驼乳"，以示"他日不忘汝也"。元代宣徽院之下的尚舍寺，其职责之一就是"牧养骆驼，供进爱兰乳酪"②。文中的"爱兰"又称"爱剌"，是蒙古人对骆驼奶的称呼，可见骆驼奶是元代宫廷的常饮之物。

相对而言，内地汉族人饮用畜奶的机会较少，但人们对牛奶还算熟悉。值得注意的是，无论是游牧民族，还是内地汉族，人们所饮用的畜奶多为加热发酵后的"酪"，而非生乳。

（二）植物性天然饮料

天然植物的汁液亦可作为饮料，如北方汉人喜欢榨取石榴汁，"加蜜为饮浆，以代盃茗。甘酸之味，亦可取焉。"③ 大都人还流行饮用"树奶子"（白桦树汁），元代北京地方志《析津志·异土产贡》载："直北朔漠大山泽中，多以桦皮树高可七八尺者，刴而作斗柄稍。至次年正二月间，却以铜铁小管子插入皮中作瘿瘤处，其汁自下，以瓦桶收之，盖覆埋于土中，经久不坏。其味辛稠可爱，是中居人代酒，仍能饱人。"④

有学者认为，生活在东北森林中的蒙古人，早已知道利用白桦树汁作饮料。大都人饮用"树奶子"的习俗或许是受俄罗斯人的影响所致。元代大都有不少俄罗斯人，他们是在蒙古西征时来到大

---

① ［英］道森编，吕浦泽：《出使蒙古记》，中国社会科学出版社 1983 年版，第 17 页。

② （明）宋濂等：《元史》卷八七《百官志三》，中华书局 1976 年版，第 2202 页。

③ （元）王祯：《农书》卷九《百谷谱八·石榴》，《丛书集成》初编本，中华书局 1991 年版，第 98 页。

④ （元）熊梦祥著，北京图书馆善本组辑：《析津志辑佚·物产》，北京古籍出版社 1983 年版，第 239 页。

都的。"'树奶子'也许是满足这些人的需要而从斡罗思地面运来大都的，因为那里盛产白桦树，迄今白桦树汁仍是俄国斯人喜爱的饮料。"①

第五节 饮食市场与宴会

一、饮食市场

（一）饮食市场网点的分布

1. 饮食原料市场

米、面、肉、蔬等饮食原料市场多位于城内的一定区域内，如大都，"米市、面市，钟楼前十字街面南角。羊市、马市、牛市、骆驼市、驴骡市，以上七处市，俱在羊角市一带。" "菜市，丽正门三桥、哈达门丁字街。菜市，义和门外。" "鹌鸽市，在喜云楼下。鹅鸭市，在钟楼西。" "猪市，文明门外一里。鱼市，文明门外桥南一里。" "果市，和义门外、顺承门外、安贞门外。"② 这些饮食原料市场多是自发形成的，但得到了官方管理机构的承认，"在非特别的情况下，一般饮食市场的地点均有一定的安排与划分，未可随意变动。"③

2. 饮食成品市场

按经营者的规模大小，可将饮食成品市场分为上层的食肆、酒楼、茶坊等饮食店肆和下层的饮食摊贩。

食肆、酒楼、茶坊等饮食店肆，多位于繁华的中心城区。如大都分南北二城，南城为金代中都所在地，有不少酒楼，其中著名的寿安楼是在金代寿安殿基础上建造的；北城是元代新建的，齐政楼

---

① 徐海荣：《中国饮食史》卷四，华夏出版社 1999 年版，第 765 页。

② （元）熊梦祥著，北京图书馆善本组辑：《析津志辑轶·城池街市》，北京古籍出版社 1983 年版，第 5~7 页。

③ 陈伟明：《元代城镇饮食业的经营》，《中国社会经济史研究》1996年第 1 期。

（鼓楼）以西的西斜街"临海子，率多歌台酒馆"①。午门附近交通便利，十分繁华，聚集着不少饮食店肆。元代的高丽汉语教科书《朴通事谚解》卷下称："咱们食店里吃些饭去来。午门外前好饭店，那里吃去来。"② 也有少数饮食店肆设置于深巷偏僻之处，杨允孚《滦京杂咏》云："卖酒人家隔巷深，红桥正在绿杨荫。佳人停绣凭栏立，公子簪花倚马吟。"酒楼食肆不设在交通要道、人口众多之处，却坐落于深巷偏僻之处，显然是为了那些贵族富商提供安静幽深的寻欢场所，这类酒店显然是色情意义大于饮食意义③。

游客众多的风景名胜之地也是饮食店肆的集中分布区。如湖南的岳阳楼，在元代马致远《吕洞宾三醉岳阳楼》中，开场便是酒保说："在这岳阳楼下，开着一个酒店，但是南来北往经商客旅，做买做卖，都来这楼上饮酒。"后来则是郭马儿说："在这岳阳楼下，开着一座茶坊，但是南来北往经商客旅，都来我茶坊中吃茶。"④ 又如杭州西湖，"绿树当门酒肆"⑤。

下层的饮食摊主多喜欢在交通发达的路口设摊经营，如重阳节时，"都中以面为糕馈遗"，"亦于阛阓中笊笟芦席棚叫卖"⑥。在元杂剧《朱砂担滴水浮沤记》中，店小二道："自家是个卖酒的，在这十字坡口儿上，开张这一个小铺面，觅几文钱度日。"⑦ 这是固定的食摊、酒摊经营的情景。流动食贩或沿街叫卖或提供上门服务，如大都城内，"小经纪者，以蒲盒就其家市之，上顶于头上，

---

① （元）熊梦祥著，北京图书馆善本组辑：《析津志辑轶·古迹》，北京古籍出版社 1983 年版，第 108 页。

② ［朝］佚名：《朴通事谚解》卷下，京城帝国大学法文学部朝鲜印刷株式 1943 年版，第 322 页。

③ 陈伟明：《元代城镇饮食业的经营》，《中国社会经济史研究》1996年第 1 期。

④ （明）臧晋叔编：《元曲选》，中华书局 1958 年版，第 614、618 页。

⑤ 罗锦堂选注：《元人小令分类选注》，联经出版事业公司 1991 年版，第 34 页。

⑥ （元）熊梦祥著，北京图书馆善本组辑：《析津志辑轶·岁纪》，北京古籍出版社 1983 年版，第 223 页。

⑦ （明）臧晋叔编：《元曲选》，中华书局 1958 年版，第 388 页。

敲木鱼而货之"①。"如七夕，午节。市人又多以小扛车上街沿叫卖"②。

（二）饮食市场的管理

元代十分重视对饮食市场的管理，在大都还设有专职的市场管理官员。《元史·百官志一》载："马市、猪羊市，秩从七品。提领一员，从七品；大使一员，从八品；副使一员，从九品。世祖至元三十年始置。牛驴市、果木市，品秩、设官同上。鱼蟹市，大使一员，副使一员。至大元年始置。"③大都之外的其他城镇，对饮食市场的管理虽没有明确具体的记载，但应该也是由政府直接监控管理，或是由地方行政长官管治。

元代实行民族压迫政策，为便于管理，在一些城市实行宵禁政策，据《马可波罗游记》记载，在浙江杭州，"平时有一些卫戍兵在街上巡逻，检查是否有人在规定的熄火时间以后还在点灯。一经发现，就在他的门上作一个记号。第二天清晨，把这家主人，带到地方官那里审讯。他要是说不出合情合法的理由，就要受到惩处。如果他们在宵禁时间里发现谁在街头，就将他逮捕拘留。"④。宵禁政策的实行，使北宋以来开始兴起的夜市销声匿迹。元诗中对此有所反映，如仇远《题溧阳市》云："万家大县旧留都，一派中江入太湖。缩项鱼肥人鲙玉，长腰米贵客量殊。府分南北寒芜合，桥直东西夜市无。"⑤夜市是饮食业销售的重要场所，元代夜市的消失是中国古代饮食业发展上的一种倒退。

与夜市的消失形成鲜明对比的是元代早市的继续繁荣。大的酒

①　（元）熊梦祥著，北京图书馆善本组辑：《析津志辑轶·风俗》，北京古籍出版社 1983 年版，第 207 页。

②　（元）熊梦祥著，北京图书馆善本组辑：《析津志辑轶·岁纪》，北京古籍出版社 1983 年版，第 223 页。

③　（明）宋濂等：《元史》卷八十五《百官一》，中华书局 1976 年版，第 2129 页。

④　［意］马可波罗：《马可波罗游记》第二卷，福建科学技术出版社 1981 年版，第 183 页。

⑤　（清）顾嗣立编选：《元诗选》二集，中华书局 1987 年版，第 46 页。

楼茶馆往往黎明即开张营业，元人马臻《都下初春》云："茶楼酒馆照晨光，京邑舟车会万方。"① 小本经营的饮食摊贩，更是将赶早市视为重要的经营手段，如大都的卖蒸饼者，"五更早起，以铜锣敲击，时而为之"②。

二、宴会

（一）汉族宴会

汉族民间历来重视婚丧嫁娶、生育祝寿等人生礼仪，其间主人往往要倾力举行宴会，元代时这种习俗亦继续传承。如太原路"本路人民嫁女娶妻，不量己力，或作夜宴，看馔三二十道，按酒三二十桌，通宵不散"。元代一些官员认为，这种民间宴会"引惹斗讼，不惟耗费，有损无益"，因此上奏朝廷对民间宴会严加约束，"今后会亲，止许白日至禁钟已前筵会，除聊备按酒，饮膳上、中户不过三味，下户不过二味，无致似前费耗。其余筵会，亦同此例，遍行禁约施行。"③ 按照这一规定，民间的宴会只许在白天举行，除"按酒"（冷盘下酒菜）外，只许上两三种看馔。这一规定严重脱离了社会现实，最终成为一纸空文，并没有真正实施。

在元代的高丽教科书《老乞大谚解》中，记载了一个民间小型宴会的饮食："咱们做汉儿茶饭着，头一道团撺汤，第二道鲜鱼汤，第三道鸡汤，第四道五软三下锅，第五道干按酒，第六道灌肺、蒸饼、脱脱麻食，第七道粉汤、馒头，打散。"④ 这个宴会是"汉儿茶饭"，即汉族宴会食物，因此可视为汉族民间宴会的一般情况。宴会分七次上了五种汤（团撺汤、鲜鱼汤、鸡汤、五软三

① （元）马臻：《霞外诗集》卷四，（台湾）学生书局 1973 年版，第222 页。

② （元）熊梦祥著，北京图书馆善本组辑：《析津志辑轶·风俗》，北京古籍出版社 1983 年版，第 207 页。

③ （元）完颜纳丹编，方龄贵校注：《通制条格校注》卷二七《杂令·私宴》，中华书局 2001 年版，第 634 页。

④ （元）佚名：《老乞大谚解》卷下，京城帝国大学法文学部朝鲜印刷株式会社 1943 年版，第 194~195 页。

下锅和粉汤)、三种主食(蒸饼、脱脱麻食和馒头)、两种冷盘下酒菜(干按酒、灌肺)。从所上食物的顺序来看,是先上汤,后上菜肴,再上主食,最后又上汤。

在元代的另一本高丽教科书《朴通事谚解》中,记载了"官人们"的一次大型赏花宴席。宴席开始前,桌子上摆放着七种干果(榛子、松子、干葡萄、栗子、龙眼、核桃、荔枝)和八种鲜果(柑子、石榴、香水梨、樱桃、杏子、苹婆果、王黄子、虎刺宾)。在干果和水果中间,"放着象生缠糖,或是狮仙糖"。宴会正式开始后,上了八道热菜:烧鹅、白炸鸡、川炒豕肉、熘鸽子弹、燠烂膀蹄、蒸鲜鱼、㸆牛肉、炮炒豕肚。最后又上了七道点心和汤:燠羊蒸卷、金银豆腐汤、鲜笋灯笼汤、三鲜汤、五软三下锅、鸡脆芙蓉汤、粉汤馒头①。从宴会所上食物的品种来看,显然属于汉族的饮食范畴。所上食物的顺序是先干鲜果子,后热菜,最后是主食和汤。

大型宴会不仅所上菜点众多,而且特别讲究礼仪。据至顺本《事林广记》记载:"凡大筵席茶饭则用出卓,每卓上以小果盆列果子数般于前,列菜楪数品于后,长筯一双。厅前用大香炉、花瓶居于中央,祗应、乐人分列左右。若众官毕集,主人则进前把盏,客有居小者,亦随意出席把盏。凡数十回,方可献食。初巡用粉羹,各位一大满碗,主人以两手捧至面前,安在卓上,再又把盏。次巡或鱼羹或鸡、鹅、羊等羹(随主人意),复如前仪。三巡或灌浆馒头,或稍卖,用酸羹或群仙羹同上。末巡大茶饭用牛、马,常茶饭用羊、猪、鸡、鹅等。并完煮熟,以大卓盛之,两人抬于厅中,有梯己人则出剜肉,凡头牲各分面前,头、尾、胸肷献于长者,腿、翼净肉献于中者,以剩者并散与祗应等人。厅上再行劝酒,令熟醉。结席且用解粥讫,客辞退,主人送出门外。"② 由此

---

① (元)佚名:《朴通事谚解》卷上,京城帝国大学法文学部朝鲜印刷株式会社 1943 年版,第 11~18 页。

② (元)陈元靓:《事林广记》前集卷一一《仪礼类·大茶饭仪》,中华书局 1963 年版。

可知，在元代的正式大型宴会上，与宴人各据一桌。宴会中，先上
羹汤，后上主菜。当时最高级的宴会称"大茶饭"，主菜是整头
（匹）烹制的牛、马；次一级的宴会称"常茶饭"，主菜是整只
（头）烹制羊、猪、鸡、鹅等。要将主菜的头、尾、胸脯（胸肤）
敬献给贵宾，将腿、翅膀敬献给普通客人，剩下的则分赐给服侍的
仆人们。在宴会进行的过程中，主人要多次给客人"把盏"（敬
酒）。在正式的宴会中，"把盏都是要下跪的，同时主人要陪
饮"①。

（二）蒙古宴会

元代的最高统治者将宴会视为同战争、狩猎同等重要的大事，
"国朝大事，曰征伐，曰搜狩，曰宴飨，三者而已"②。元代最高
统治者之所以如此重视宴会，是因为按照蒙古族的习惯，国家大事
都要在宴会上讨论决定。

在元代最高统治者举办的国宴中，最著名者莫过于"质孙宴"
（或写作"只孙宴"）了，它是元朝皇帝在节庆或为其他重要事件
举办的大型宴会，以每年六月在上都举行的宴会规模最大。参加
"质孙宴"的蒙古王公贵族和高级官员，每天都要换穿同一种颜色
的衣服，由于"颜色"在蒙古语中读作"质孙"（jusun），故名为
"质孙宴"。蒙古语的 jusun 又来源于波斯语的 jāmah。Jāmah 音译
为"诈马"，故此宴又称"诈马宴"。

元代的"质孙宴"规模宏大，极尽奢华之能事。据目睹过上
都"质孙宴"盛况的周伯琦言："国家之制，乘舆北幸上京，岁以
六月吉日，命宿卫大臣及近侍，服所赐只孙珠翠金宝衣冠腰带，盛
饰名马，清晨自城外各持采仗，列队驰入禁中，于是上盛服御殿临
观，乃大张宴为乐。惟宗王、戚里、宿卫大臣前列行酒，余各以所
职叙坐合饮，诸坊奏大乐，陈百戏，如是者凡三日而罢。其佩服日

① 陈高华、史卫民：《中国风俗通史》（元代卷），上海文艺出版社
2011 年版，第 65 页。
② （元）王恽：《秋涧先生大全集》卷五七《吕公神道碑》，四部丛刊
本。

一易。太官用羊二千嗷，马三匹，他费称是，名之曰只孙宴。只孙，华言一色衣也，俗呼为诈马宴。"①

《事林广记》中元代贵族宴饮场面

　　除最高统治者举办的国宴外，各级蒙古贵族和普通民众也经常举办大大小小的宴会，以联络感情或讨论各种事务。在蒙古族人的宴会上，劝酒之风甚烈，"鞑人之俗，主人执盘盏以劝客，客饮若少留涓滴，则主人者更不接盏，见人饮尽乃喜。""且每饮酒，其俗邻坐更相尝换。若以一手执杯，是令我尝一口，彼方敢饮。若以两手执杯，乃彼与我换杯，我当尽饮彼酒，却酌酒以酬之，以此易醉。"和内地汉族不同，蒙古人并不以客人醉酒为失礼，"凡见外客醉中喧闹失礼，或吐或卧，则大喜曰：'客醉则与我一心无异也。'"② 在蒙古宴会中，人们"好以镊刀刺肉，宾主相唉，往复不容瞥"③，即以锋利的小刀扎上肉块，以极快的速度送到他人的口旁。这种奇特的做法，实际上是一种技巧和勇气的比赛。

　　①　（元）周伯琦：《近光集》卷一《诈马行》，文渊阁《四库全书》本。
　　②　（宋）赵珙：《蒙鞑备录》，《丛书集成》初编本，中华书局 1985 年版，第 8、9 页。
　　③　[朝] 郑麟趾：《高丽史》卷一〇三《金就砺传》，西南师范大学出版社，人民出版社 2014 年版，第 3160 页。

第六节 饮 食 著 作

由于元代的统治时间较短，所以其饮食文化典籍的数量相对较少，但其中仍有数部典籍在中国饮食文化史上占居重要地位。

一、食经类

（一）《云林堂饮食制度集》

《云林堂饮食制度集》，元倪瓒撰。倪瓒（1301—1374 年），初名珽，字元镇，号云林，江苏无锡人。本书仅 1 卷，52 条。本书对研究元代饮食文化的具有重要参考价值，主要表现在以下四点：

第一，本书反映了元代以无锡为代表的江南饮食风貌。本书收录的菜肴用料尽显江南水乡特色，在全书与饮食有关的 49 条资料中，水产品占了 17 条。其中，虾蟹 7 条，贝 6 条，鱼 4 条。从菜肴口味上看，现在的无锡菜偏甜，这在本书中也可以找到依据。如"蜜酿蛔蟑""烧猪肉""糖馒头""香橼煎""新法蟹""醋笋"等，在调料中均使用糖和蜜。

第二，本书所收菜肴制作精细，对后世产生了较大影响。如"烧鹅"是本书中最负盛名的一道菜。本书中记载的素菜名肴也很多，如"煮麸干法""醋笋法""烧萝卜法""糟姜法""煮摩茹（菇）法"诸条所记的各种菜肴。

第三，本书首次详细记载了花茶的窨制技术。花茶是北方人比较喜欢饮用的一种茶，不少人认为中国在明朝才出现花茶。实际上，中国至迟在元代就能窨制多种花茶了。在本书中共记载了"莲花茶""桔花茶"两种花茶的窨制技术。

第四，本书还较早记载了酱油的酿造方法，对研究中国酱油的发展史，乃至调味品发展史，无疑都具有重要意义。

（二）《馔史》

元代无名氏撰。本书共 1 卷，20 节，是一部与饮食有关的故事杂谈。本书从《酉阳杂俎·酒食编》《太平御览·食类》《食谱》《清异录》《武林旧事》等书中辑录了不少有关饮食的轶闻轶事。书中还将元代以前的 67 位饮食家划分为"味妙者""味工者""味俊者""味勇者""味洪者""味酷者""味猥者""味小人者",颇为风趣。

二、食疗养生类

(一)《饮食须知》

《饮食须知》,元贾铭撰。贾铭,字文鼎,自号华山老人,今浙江海宁人。贾氏生于南宋末年,在元代时曾官军职"万户",卒于明太祖洪武七年(1374 年),时年 106 岁。

《饮食须知》全书共 8 卷。卷一"水火",介绍了天雨水、立春节雨水、梅雨水等 30 种水和燧火、桑柴火、灶下灰火等 6 种火。卷二"谷类",介绍了粳米、糯米、稷米等 50 种粮食。卷三"菜类",介绍了韭菜、薤、葱等 86 种蔬菜。卷四"果类",介绍了李子、杏子、桃子等 59 种瓜果及"诸果有毒""解诸果之毒""收藏"等内容。其中,"落花生"条是现存文献中关于花生的较早的明确记载。卷五为"味类",介绍了盐、豆油、麻油等 33 调味品。其中,"茶"条所提到的"芥茶"和"苦荞",是元代同类文献中没有或很少提到的。卷六"鱼类",介绍了鲤鱼、鲫鱼、鳊鱼等 65 种鱼类及"诸鱼有毒""解诸鱼毒""收藏银鱼、鳖鱼法"等内容。卷七"禽类",介绍了鹅肉、鸭肉、鸡肉等 34 种禽鸟肉及"诸鸟有毒"等内容。卷八"兽类",介绍了猪肉、羊肉、黄牛肉等 40 种畜兽肉及"诸肉有毒""解诸肉毒"等内容。书中所列举的主食、副食品种,对于了解元代的食物构成很有价值。

《饮食须知》是研究古代食疗养生的重要著作,作者从诸家本草疏注中搜罗各种烹饪原料与食物,整理介绍其性味、功用、相反相忌、食物间的配伍与冲突、多食所致的病症等内容。本书对饮食卫生的论述,颇有独到之处,如指出污染的井水不能饮用,不能吃病死的牛肉,等等。《饮食须知》也是最早注意食物构成与搭配的专著,作者熟知饮食中毒、解毒诸方,强调合理调配才能避免因饮食不当而损害健康。

（二）《饮膳正要》

《饮膳正要》，元忽思慧撰，成书于元文宗天历三年（1330年），共3卷，内容比较芜杂。其中，卷一分"三皇圣纪""养生避忌""妊娠食忌""乳母食忌""饮酒避忌""聚珍异馔"等六门。前五目内容较为单薄，"聚珍异馔"内容稍丰，共介绍了94种药膳的作用和烹调方法。卷二分"诸般汤煎""诸水""神仙服食""四时所宜""五味偏走""食疗诸病""服药食忌""食物利害""食物相反""食物中毒""禽兽变异"等11门，介绍了56种药煎，24条延年益寿的药膳，以及61种食疗方法。卷三分"米谷品""兽品""禽品""鱼品""果品""菜品""料物"等七门，介绍了各种主副食原料和调料的性味功能。

本书收录了不少饮食保健方面的理论和食疗配方，其中不少食疗配方是许多少数民族和中原以外地区（包括外国）所有。《饮膳正要》中的食疗配方，所用原料不追珍逐奇，而是以日常用料为主，如"聚珍异馔"中共收94方，而以羊肉为主的就占了一半以上。

本书对西北少数民族菜点收录较多，如卷一"聚珍异馔"中，所收菜肴的原料以羊为主，兼及熊、鹿、狼、雁、猪、鸡、牛、鱼等。从菜点的烹饪方法上也可以看出这一点，如"柳蒸羊"是将带毛的羊放在地炕之中（炕中铺有烧红的石头），上面用柳条盖上，用土封埋，直至烤熟后再取出食用。这种烤羊的方法，当是游牧民族发明出来的，具有鲜明的民族特色。

《饮膳正要》中还提到不少外来食物品种，对于研究中外饮食文化交流具有重要的参考价值。如"八儿不汤"和"撒速汤"就是源自印度的汤。书中尚记有"马思答吉汤""沙乞某儿汤""秃秃麻食""马乞""乞马粥""脑瓦剌""细乞思哥""撒列角儿""米哈讷关列孙"等食物名称，从这些食物奇怪的名称上就可以推测出它们多是富于异国情调的佳肴。

《饮膳正要》中还保存了不少饮食史上的重要资料。如"回回豆子""赤赤哈纳"等原料均是本书第一次收录的，而新疆产的"哈昔泥"和来自西番的"咱夫兰"等也是其他饮食书、食疗书中所罕见的。尤为值得重视的是卷三"米谷品"中记载的"阿剌吉酒",其文称:"味甘辣,大热,有大毒。主消冷坚积,去寒气。用好酒蒸熬,取露成阿剌吉。"这段文字是中国关于烧酒——蒸馏白酒的最早文字记载,对于研究中国古代酒文化的发展史具有重要参考价值。

（三）《食物本草》

《食物本草》,旧题元李杲编,李时珍参订。李杲（1180—1251年）,字明之,号东垣、东垣老人,真定人（今河北正定）人。《食物本草》是研究古代食疗养生的重要参考文献,有22卷本和7卷本两种版本。就22卷本而言,内容相当丰富。全书分16部,58类,2000多条。此书分类细致,解说较详,尤为值得重视的是,书中对全国各地的泉水进行了详细介绍,具有较高的价值。书中还记载蚕豆、筋豆、蛾眉豆、虎爪豆、羊眼豆、劳豆、豇豆等皆可泡茶,反映了金元时期的人们饮茶有添加料物的风俗。然而,本书对食物烹饪的记载过于简单,如菜豆:"磨粉作饼炙,佳。"

（四）《寿亲养老新书》

《寿亲养老新书》共4卷,首卷为北宋陈直撰,第二至第四卷为元代邹铉增补。此书重点讲老人食治之方、医药之法、摄养之道,其中食疗部分可以和元代其他有关著作相互参证,有助于了解元代饮食的情况。

三、农书类

（一）《农桑辑要》

《农桑辑要》,元世祖时官撰,编成的时间大致在元世祖至元十年（1273年）,共7卷10门。从卷三"播种"门,卷五"瓜菜"门、"果实"门,卷七"孳畜"门,可以分别考察元代的粮食作物、瓜果蔬菜与家畜家禽等饮食原料的生产情况。

《农桑辑要》的大部分内容引自前代农书。在所引的各书中,不少已经佚失,如《务本新书》《山居要术》《博物录》等,故《农桑辑要》在保存古代文献方面也有一定的价值。对所引各书中不大常见的新作物,如菠菜、莴苣、茼蒿、人苋、莙达菜等,《农桑辑要》都逐个说明是新添的。"这些'新添'的内容，对于认识元代饮食的状况颇有价值。"①

（二）《农桑衣食撮要》

《农桑衣食撮要》，元鲁明善撰。鲁明善，维吾尔族人。此书始撰于元仁宗延祐元年（1314 年）。

《农桑衣食撮要》是一种月令体裁的综合性农书，分上下两卷。本书与烹饪有关的内容约有 30 多条。从书中所记的茄、匏、冬瓜、葫芦、黄瓜、菜瓜、山芋、韭、薤、苦荬、莴苣、芥、西瓜、椒、藕、莲、菘、蜀葵、豍豆、豌乌豆、山药、香菜、荽、笋、红豇豆、白豇豆等蔬菜中，可以了解元代人们常用的烹饪原料。

从本书所记载的农产品加工中，还可以看到当时农家的一些饮食习俗。如正月要"合小豆酱"；四月要"做笋干""煮新笋""造酪"；五月要"造酥油""晒干酪"；六月要"合酱""做麦醋""做老米醋""做米醋""做莲花醋""做豆豉""造麸豉""酱腌瓜茄"；七月要"做葫芦、茄、匏干"；八月要制"糟姜"；九月要"腌芥菜"；十月要"腌萝卜""腌咸菜"；十一月要"盐鸭子"（腌鸭蛋）；十二月要制"腊肉"。这些记述对研究元代饮食习俗均有一定的参考价值。

（三）《农书》

《农书》，元王祯撰。王祯，字伯善，东平（今山东东平）人。《农书》成书于元仁宗皇庆二年（1313 年），原书 37 卷②，包括《农桑通诀》《百谷谱》《农器图谱》三部分。其中，《百谷谱》与饮食的关系比较密切，它由"谷属""蓏属""蔬属""果属""竹木""杂类""饮食类"等部分组成。

除"饮食类"外，《百谷谱》其他部分所介绍的具体品种，都或多或少地涉及一些食用方法，如"谷属"中"荞麦"条云："治

---

① 徐海荣：《中国饮食史》卷四，华夏出版社 1999 年版，第 788 页。

② 邱庞同：《中国烹饪古籍概述》，中国商业出版社 1989 年版，第 96 页。

去皮壳，磨而为面，摊作煎饼，配蒜而食；或作汤饼，谓之'河漏'，滑细如粉、亚于麦面，风俗所尚，供为常食。然中土南方农家亦种，但晚收。磨食，溲作饼饵，以补面食，饱而有力，实农家居冬之日馔也。""蓏属"中的"瓠"条云："夫瓠之为物也，纍然而生，食之无穷，最为佳蔬，烹饪无不宜者。""蔬属"中的"菠薐"条云："又宜以香油炒食，尤美。春月出苔，嫩而又佳。至春暮茎叶老时，用沸汤掠过，晒干，以备园枯时食用，甚佳。实四时可用菜也。""竹木"中的"榆"条云："榆叶，曝干捣罗为末，盐水调匀，日中炙曝，天寒于火上熬过，拌菜食之，味颇辛美。榆皮，去上皱涩干枯者，将中间嫩处刳干，硇为粉，当歉岁亦可代食。昔丰沛岁饥民以榆皮作屑煮食之，人赖以济焉。"而"杂类"中的"茶"，则详细介绍了元代茶叶生产、加工和饮用方法。

《农器图谱》中的"杵臼门"介绍了杵臼、踏碓、堈碓、砻、辗、辊辗、扬扇、磨、连磨、油榨等粮食或油料的加工工具；"仓廪门"介绍了仓、廪、庾、囷、京、谷蚃、窖、窦、升斗、概、斛等粮食储存工具或设施；"鼎釜门"则介绍了鼎、釜、甑等炊器和老瓦盆、匏樽、瓢栖等饮器。《农书》中对这些器具的介绍和所绘图谱，也是研究古代饮食史的重要参考资料。

四、类书及笔记类

（一）《居家必用事类全集》

《居家必用事类全集》，元代无名氏编撰，全书共十集。其中，己集的全部和庚集的四分之三左右的内容与饮食有关。己集分"诸品茶""诸汤""渴水""熟水""法制香药""果食""酒曲类""造诸醋法""诸酱类""诸豉类""酝造腌藏日""饮食类"（下分"蔬食""肉食"）、"腌藏鱼品""造鲊品"等。庚集的"饮食类"下又分"烧肉品""煮肉品""肉下酒""肉灌肠红丝品""肉下饭品""肉羹食品""回回食品""女直食品""湿面食品""干面食品""从食品""素食""煎酥乳酪品""造诸粉品""庖厨杂用"等条目。

《居家必用事类全集》所录的众多肴馔，对于人们研究宋、元时期的饮食烹饪及古代特殊食品极具参考价值，其价值主要体现在以下三个方面：

第一，有助于对宋代食品的考证。宋代文献为后人留下数以百计的肴馔品种，然而它们多数只有名称而无具体制作方法。在《居家必用事类全集》中却保存了"兜子"两熟鱼""金山豆豉""水晶脍""糟蟹""酒蟹""玉板鲊""棋子""子母龟""羊羔酒""粱秆熟水"等不少宋代肴馔的制法，这是值得人们重视的。

第二，有助于对元代少数民族饮食的研究。元代是中国历史上首个少数民族建立的统一的中央王朝，其版图空前辽阔。元代的统一大大促进了国内各地区各民族乃至于中外的经济、文化交流，而这种交流在《居家必用事类全集》中也得到了反映，书中的"渴水""南番烧酒""筵上浇肉事件""回回食品""女直食品"及蒙族食品等，可以明显看出是源自少数民族或境外的食品。

第三，有助于对古代特殊食品的研究。《居家必用事类全集》中记载的不少食品制法特殊，风味独具，极有研究价值。如"生鱼脍"，从秦汉至唐宋，吃的人很多，歌咏它的诗文也不少。但是，关于其制法的资料却很罕见。然而，在《居家必用事类全集》的"肉下酒"类中，竟收有一种名为"照鲙"的菜，就是不折不扣的"生鱼脍"。《居家必用事类全集》中还记载有"米心棋子""玲珑拨鱼""水晶饆饠""驼峰角儿""盏酪焦油""圆焦油"等具有特色的面点，对人们研究古代的面点发展史也是有帮助的①。

（二）《说郛》

《说郛》，元末明初陶宗仪辑。陶宗仪，字九成，号南村，浙

① 邱庞同：《中国烹饪古籍概述》，中国商业出版社1989年版，第84~94页。

江黄岩人。《说郛》收录了不少元代以前的饮食文献,如唐代的韦巨源《食单》、皇甫松《醉乡日月》、宋代的黄庭坚《士大夫食时五观》、郑望之《膳夫录》、张能臣《酒名记》、郑獬《觥记注》等。

《说郛》

《说郛》收录的其他文献中亦有大量与饮食有关的内容,如佚名《四时宝镜》、孙思邈《千金月令》、苏鹗《同昌公主传》、李淖《秦中岁时记》、佚名《辇下岁时记》、沈括《忘怀录》、张舜民《画墁录》、子俞子《萤雪丛说》、王明清《摭青杂记》、张师正《倦游杂录》、方回《虚谷闲抄》、曾三异《同话录》、倪思《经鉏堂杂志》、陈继儒《北里志》、孙棨《北里志》、林洪《山家清事》、周密《乾淳岁时记》、王巩《续闻见近录》、李之彦《东谷所见》、顾文荐《船窗夜话》、赵葵《行营杂录》、赵溍《养疴漫笔》等书。由于这些文献的原著大多已经佚失,《说郛》保存的这些文献就成为人们研究古代饮食文化的珍贵资料。

（三）《南村辍耕录》

《南村辍耕录》，一名《辍耕录》，元末明初陶宗仪撰。本书共30卷，为记录元朝史事的札记，内容丰富，史料价值和学术价值都很高。书中有关饮食的内容并不太多，但仅有的"减御膳"（卷二）、"尚食面磨"（卷五）、"咸杬子"（卷七）、"迤北八珍"（卷九）等条对研究元代饮食文化均具有重要的参考价值。

第十五章

明代饮食文化

　　明代的饮食文化对过去有继承，但更有创新与发展。在明代，食物原料的生产能力有所提高，食源更加广泛，既有本土生产的，又有从外国引进的番薯、玉米、花生、辣椒、南瓜等新作物。明代在食品加工、菜肴烹饪方面也有不少新的进步，地方风味饮食、名特小吃蓬勃兴起。

第一节　食物原料的生产

一、粮食生产

（一）传统粮食作物的生产

　　在明代的粮食生产结构中，稻、麦居主导地位。南方以稻米为主，北方以小麦为主，豆类、黍、稷、高粱、荞麦等杂粮作物也占有一定比重。

　　1. 水稻

　　明代时，水稻的地位上升很快，稻米在整个粮食结构中已占

70%，明人宋应星称："今天下育民人者，稻居十七，而来、牟、黍、稷居十三。"①

明代的水稻品种众多，有早熟与晚熟，粘与不粘，长芒与短芒，长粒与尖粒，圆顶与扁面等的不同，宋应星《天工开物》载："不粘者禾曰秔，米曰粳。粘者禾曰稌，米曰糯（南方无粘黍，酒皆糯米所为）。质本粳而晚收带黏（俗名婺源光之类），不可为酒、只可为粥者，又一种性也。凡稻谷形有长芒、短芒（江南名长芒者曰浏阳早，短芒者曰吉安早）、长粒、尖粒、圆顶、扁面不一。其中米色有雪白、牙黄、大赤、半紫、杂黑不一。"② 众多的水稻品种，可使人们因地制宜进行合理种植，提高了水稻的种植效益。

明代的水稻种植主要集中于淮河以南的南方地区。随着长江流域和珠江流域经济地位的进一步确立，双季稻从岭南地区发展到长江流域，从四川遂宁到江苏里下河（北纬 33 度左右）以南的广大长江流域都有双季稻的种植③。双季稻的种植多采取早粳晚糯的形式，农历六月收割早粳稻后，即可插秧晚糯稻。广大北方地区的水稻生产，在明代进一步衰落。黄河流域的水稻种植十分分散，面积也不大，如永乐《顺天府志》记载，顺天府所辖七县中只有宛平、昌平两县有水稻生产。明代后期一些士大夫深感运河漕运所费甚大，多次在京津渤地区发展水稻生产，但都收效甚微。不过，由于水利技术和良种的推广，明代水稻种植的北界推进至河西走廊、河套平原和辽河流域，达到北纬 44 度④。

2. 小麦

黄河中下游地区是小麦的传统种植区，明代时这一地区的小麦

---

① （明）宋应星著，潘吉星译注：《天工开物译注》卷上《乃粒第一》，上海古籍出版社 2013 年版，第 6 页。

② （明）宋应星著，潘吉星译注：《天工开物译注》卷上《乃粒第一》，上海古籍出版社 2013 年版，第 6~7 页。

③ 梁家勉：《中国农业科学技术史稿》，农业出版社 1989 年版，第 489 页。

④ 梁家勉：《中国农业科学技术史稿》，农业出版社 1989 年版，第 489 页。

种植占农作物的一半，社会上层普遍以小麦为主食，宋应星《天工开物》称："四海之内，燕、秦、晋、豫、齐鲁诸道烝民粒食，小麦居半，而黍、稷、稻、粱仅居半"。在广大南方地区，小麦种植较少，为饮食的调配品种，"西极川、云，东至闽、浙、吴、楚腹焉，方长六千里中，种小麦者二十分而一，磨面以为捻头、环饵、馒首、汤料之需，而饔飧不及焉。"①

3. 杂粮

豆类、黍、稷、高粱、芋薯等传统杂粮，在明代的分布非常不平衡。"其中豆类作物分布最为普遍，南北各地皆有，尤以黄淮平原和长江三角洲种植为多，而在旱地所占比重较大的广大丘陵山地种植也为数不少；黍、稷、高粱等作物则以淮北平原种植最为广泛，淮河以南地区种植甚少，除了在一些山地丘陵地区见到小片的种植以外，广大的平原地带非常罕见；芋薯主要分布在长江以南，江北种植较少，其中太湖流域苏松二府交界处的吴淞江南北两岸，以及嘉兴府南部和湖州府东部一带，是芋薯类作物种植较多的地区之一，除此而外，浙江沿海各地、江西丘陵地区种植也不少。"②在杂粮种植较多的地区，当地的下层百姓也多以各种杂粮为主食。

（二）美洲高产粮食作物的引进

明代后期是继西汉张骞通西域以来又一次大规模引进外来农作物的时期，原产于美洲的番薯、玉米等高产粮食作物相继引进到中国，它们不仅丰富了中国粮食作物的品种，使中国粮食结构发生了重大变化，对于缓解由于人口迅速增长而出现的粮荒问题也具有重大意义。

1. 番薯的引进与初期传播

番薯又称红薯、白薯、甘薯、金薯、朱薯、玉枕薯、红苕、红芋、山芋、地瓜等，原产于墨西哥和哥伦比亚。番薯是在明神宗万

---

① （明）宋应星著，潘吉星译注：《天工开物译注》卷上《乃粒第一》，上海古籍出版社 2013 年版，第 16 页。

② 徐海荣：《中国饮食史》卷五，华夏出版社 1999 年版，第 17、18 页。

历年间（1573—1620 年）引进中国的，它的引进不是一时一地的偶然事件。一般认为，番薯最初引入中国的途经有三：一是从印度、缅甸引入云南，二是从越南引入广东，三是从菲律宾引入福建①。

番薯耐旱耐瘠，产量较高，适宜在沙地种植，具有极好的救荒作用，明人徐光启称："若旱年得水，涝年水退，在七月中气后，其田遂不及艺五谷，荞麦可种又寡收而无益于人计，惟剪藤种薯，易生而多收。至于蝗蝻为害，草木无遗，种种灾伤，此为最酷，乃其来如风雨，食尽即去。惟有薯根在地，荐食不及，纵令茎叶皆尽，尚能发生，不妨收入。若蝗信到时，能多并人力，益发土遍，壅其根、节枝干，蝗去之后，滋生更易，是虫蝗亦不能为害矣。故农人之家，不可一岁不种此，实杂植中第一品，亦救荒第一义也。"②

番薯极好的救荒作用，使其很快传播开来。在番薯初引进中国时，正值福建大旱，长乐县人陈经纶建议巡抚金学曾让人们种番薯以度饥荒。金学曾命其觅地试种，成功后予以推广。此后，番薯便在福建迅速传播开来。万历三十六年（1588 年），长江下游发生旱灾，徐光启托人从福建莆田把薯藤运至上海栽种，番薯在上海附近传播开来。在明代后期数十年间，番薯在福建、广东已广为种植，在江浙一带也开始种植了。

2. 马铃薯的引进

马铃薯又称土豆、洋芋、荷兰薯、荷兰豆、爪哇薯、山药蛋等，原产于美洲，明万历年间传入中国。蒋一葵《长安客话》卷二《皇都杂记》载："土豆绝似吴中落花生及香芋，亦似芋，而此差松甘。"徐光启《农政全书》卷二七《香芋》亦载："土芋，一名土豆，一名黄独。蔓生叶如豆，根圆如鸡卵。肉白皮黄，可灰汁

①　刘朴兵：《番薯的引进与传播》，《中华饮食文化基金会会讯》2011 年第 4 期。

②　（明）徐光启：《农政全书》卷二七《树艺》，文渊阁《四库全书》本。

煮食，亦可蒸食。"马铃薯传入中国可能有两路，南路从南洋印尼的爪哇传入广东广西，向云贵发展；北路可能由欧洲传教士由俄罗斯传入①。马铃薯生产期短，耐瘠耐寒，适宜在高寒地区种植，明代传入中国后推广不如番薯那么迅速。

3. 玉米的引进

玉米又称包谷、玉蜀秫、玉荌、芦粟、棒子、番麦、御麦等，原产于墨西哥和秘鲁，1492 年哥伦布到达美洲后陆续传播到世界各地。中国首次确切记载玉米的文献是嘉靖十四年（1535 年）编写的《鄢陵县志》（鄢陵位于河南中部）。"（玉米）最初应该在中国其他地区引种。在那之前，玉米可能是以适合各种谷物的通用名而被断断续续地引用。玉米肯定是经海路而来，同时也可能取陆路从云南入境。"② 根据何炳棣的研究，明代嘉靖年间玉米是沿着海路和陆路，分别从东南、西南和西北三个方向传入中国③。明末小说《金瓶梅》中提到了"玉米面果馅蒸饼"，说明明代晚期玉米已进入社会上层的食谱了。

与番薯不同，玉米在明末的种植并不很广泛，明末李时珍《本草纲目》卷二三称："玉蜀黍种出西土，种者亦罕。"从明代地方志记载来看，仅河南、江苏、甘肃、云南、浙江、安徽、福建、山东、陕西、河北、贵州 11 省的方志中有零星记载，这说明玉米在粮食生产中尚无地位。明末玉米种植较少的主要原因是玉米的救荒作用不如番薯，其高产、耐旱涝、适宜山地种植等优点尚未被人们广泛认识。

4. 美洲高产粮食作物的引进对中国饮食文化的影响

番薯、玉米等美洲高产粮食作物的引进与传播对中国饮食文化产生了重大影响，主要表现有二：

---

① 徐海荣：《中国饮食史》卷五，华夏出版社 1999 年版，第 212～213 页。

② ［美］尤金·N. 安德森著，马孆、刘东译：《中国食物》，江苏人民出版社 2003 年版，第 75 页。

③ 何炳棣：《美洲作物的引进、传播及其对中国粮食的影响》，《清史论丛》1962 年第 5 期。

第一，番薯、玉米等高产粮食作物的引进和传播增加了中国粮食的总产量，缓解了明末以来中国人口迅速增长所造成的粮荒。首先，高产的番薯、玉米大大提高了单位面积粮食的产量；其次，由于番薯、玉米等高产粮食作物即使在干旱贫瘠的土地上也能生长，番薯、玉米的推广使中国广大的山地、丘陵得到了开发，中国的耕地面积大大增加；最后，番薯、玉米等高产粮食作物的引进和推广，丰富了中国多熟种植和间作套种的内容。番薯、玉米与其他农作物的间作套种，增加了复种指数，提高了土地的利用率。这一切，都使社会能够提供比以前更多的食粮，有助于缓解明末以来人口迅速增长所造成的粮荒。

第二，番薯、玉米等粮食高产作物对于充实中国人的膳食结构、增强营养素的平衡、提高国人的体质发挥了重要作用。番薯、玉米的引进增加了中国粮食作物的品种，使国人的膳食结构更趋多元化，也更趋合理。如番薯的种植大大地改善了中国淀粉的供给状况，促使粉条、粉丝这类食品大量出现，甚至带动某些明显地域特征食品的形成，如东北的猪肉炖粉条、豫北的炒（煮）皮渣等。番薯还广泛用于造酒、制糖。有些地方的人们还开发出以番薯为原料的菜肴，如豫菜中的炒红薯泥、拔丝红薯。可以说，番薯大大丰富了国人的饮食生活。红皮番薯中还含有丰富的维生素 A，这在大部分中国人的饮食当中是很稀少的，它对于帮助治疗眼疾作用很大。美国学者尤金·N. 安德森认为，番薯"自引进以后的约 400 年间，它可能已拯救了好几百万人的眼睛"①。

二、肉类生产

（一）家畜、家禽

家畜、家禽是明人的主要肉食来源，意大利传教士利玛窦在他的中国札记中说："普通人民最常吃的肉是猪肉，但别的肉也很多。牛肉、羔羊和山羊肉也不少。可以看到母鸡、鸭子和鹅到处成

① ［美］尤金·N. 安德森著，马嬿、刘东译：《中国食物》，江苏人民出版社 2003 年版，第 118 页。

群。但是尽管有这么丰盛的肉食供应，马、骡、驴和狗的肉也和别的肉一样受欢迎，这些马属或狗属的肉在各处市场上都有出售。"①

在家畜、家禽肉中，猪肉受到人们的普遍重视，地位上升，开始被称为"大肉"。人们每当说"吃肉"时，如果不特别言明吃的是什么肉，一般指的就是猪肉。明代猪肉地位的上升，与明代养猪业的快速发展不无关系。明朝建立后，明太祖朱元璋十分重视小农经济的恢复与发展，小农经济的壮大与养猪业的繁荣相辅相成，养猪几乎成为明代每个自耕农家庭不可缺少的一项家庭副业。明代中期，养猪业曾一度遭到严重摧残。正德十四年（1519 年），明武宗下旨禁止百姓养猪："照得养豕宰猪，固寻常通事，但当爵本命，又姓字异音同，况食之随生疮疾，深为未便。为此省谕地方，除牛羊等不禁外，即将豕不许喂养及易卖宰杀，如若故违，本犯并当房家小发极边永远充军。"②其结果是"旬日之间，远近尽杀，减价贱售，小猪埋弃，一时骇异"③。但禁猪之事持续的时间并不长，正德以后养猪业又很快获得了发展，并在品种鉴别和饲养方法等养猪技术方面取得一些成就。张履祥《补农书》卷上、徐光启《农政全书》卷四一、涟川沈氏《农书》卷上等明代农书中均有如何养猪的记载。

明代羊肉的地位仅次于猪肉，在北方人们食羊肉较多。明代的北京人沿袭前代对羊肉的嗜好，每当秋末初冬时节，就开始享用肥羊了，蒋一葵《长安客话》卷二《秋羊》称："塞上寒风起，庖人急上供。戎盐春玉碎，肥羜压花重。"

狗肉在北方中原地区基本上被排除在食谱之外，但南方的普通

① ［意］利玛窦撰，何高齐等译：《利玛窦中国札记》第一卷第三章，中华书局 1983 年版，第 12 页。

② （明）沈德符：《万历野获编》卷一《禁宰猪》，《明代笔记小说大观》，上海古籍出版社 2005 年版，第 1929~1930 页。

③ （清）姚之骃：《元明事类钞》卷三十八《走兽门·豕二》，文渊阁《四库全书》本；（清）张英等：《渊鉴类函》卷四百三十六《兽部八·豕》，文渊阁《四库全书》本。

百姓仍保留有吃狗肉的习俗，尤其是岭南一带更是如此①。葡萄牙人加斯帕·达·克路士在《中国志》第十二章"土地的富饶及其特产的充足"中描述了明代的广州人吃狗肉的习俗："广州沿城墙外还有一条饭馆街，那里出卖切成块的狗肉，烧的、煮的和生的都有，狗头摘下来，耳朵也摘下来，他们炖煮狗肉像炖煮猪肉一样。这是百姓吃的肉，同时他们把活的狗关在笼里在城内出售。"②

牛马驴骡等大牲畜主要用作畜力，但违禁私宰者时亦有之。如北京万历年间"九门回回人号满剌者，专以杀牛为业"③。老、病而死的牲畜也往往很少被掩埋处理，而是被加工食用。

鸡的养殖在南北都很普遍，一般农家普遍以鸡为美食。涟川沈氏《农书》称："鸡鸭利极微，但鸡以待宾客，鸭以取卵，田家不可无。"鸭、鹅等水禽在南方养殖较多，明人以吃鹅为时尚，烧鹅一般是人们筵席待客的头道主菜，小说《金瓶梅》中对此屡有反映。

（二）水产品

鱼类等水产品来自江河湖海的自然捕捞与池塘的人工养殖，利玛窦记录了明朝后期的鱼类资源与消费情况："中国东面和东南的海里确实是鱼群充斥。江河在某些地方变宽得可以叫做小海，里面也出产大量的鱼。养鱼塘在这里和在欧洲一样普遍，每天都有人为自己食用或上市出售而打鱼；鱼是如此之多，渔人只要下钩就不会钓不到。"④

南方水乡，尤其是东南沿海一带，人们普遍食鱼，明人谢肇淛

---

① 刘朴兵：《略论中国古代的食狗之风及人们对食用狗肉的态度》，《殷都学刊》2006年第1期。

② 转引自徐海荣：《中国饮食史》卷五，华夏出版社1999年版，第218~219页。

③ （明）沈德符：《万历野获编》卷二十《禁嫖赌饮酒》，《明代笔记小说大观》，上海古籍出版社2005年版，第2441页。

④ ［意］利玛窦撰，何高齐等译：《利玛窦中国札记》第一卷第三章，中华书局1983年版，第13页。

即称："东南之人食水产。"① 鱼的种类十分丰富，如号称"鱼国"的吴地，有鲥鱼、河豚、鲤鱼、青鱼、白鱼、鳊鱼、鰔鱼、鲟鱼、鮰鱼、鲫鱼、鲢鱼、面条鱼、银鱼等数十种；在福建，海鱼众多，带鱼更是普通百姓日常所食之物，形成了待客不用带鱼的习俗；在广东，人工养殖的鱼有鲢鱼、鳙鱼、皖鱼、鲫鱼等。

北方因水域面积较小，所产鱼类等水产品也较少。明代前期北人食用鱼类等水产品较少，明代中后期后鱼类等水产品大量北运，北方城市中的上层居民也能够经常食用鱼类等水产品。谢肇淛的《五杂组》记叙了这一变化："余弱冠至燕，市上百无所有，鸡鹅羊豕之处，得一鱼，以为稀品矣。越二十年，鱼蟹反贱于江南，蛤蜊、银鱼、蛏蚶、黄甲累累满市。此亦风气自南而北之证也。"②

（三）野味

明代时，中国气候进入"明清小冰期"，加之人口增长，人类对生态环境的破坏加剧，野生动物资源急剧减少，人们猎捕到的野生动物的品种和数量大不如前。明末传教士利玛窦在札记中称："野味，特别是鹿、野兔和其他小动物的肉也很常见，并且售价便宜。"③ 从利玛窦的记叙可知，明人经常捕获的猎物多为鹿、野兔和其他小动物。鹿、兔等比较有价值的野味多为社会上层所享用，普通百姓食用其他野味的机会则多一些。

就地区而言，"江南多豺虎，江北多狼"，齐地"多猬、多獾、多鼠狼"，"江南山中多豪猪。"④ 由于南方人食性更杂，所食野味比北方人为多。对此，明人谢肇淛《五杂组》称："南人口食，可谓不择之甚。岭南蚁卵、蛳蛇，皆为珍膳，水鸡、虾蟆，其实一

　　① （明）谢肇淛：《五杂组》卷十一，《明代笔记小说大观》，上海古籍出版社 2005 年版，第 1722 页。

　　② （明）谢肇淛：《五杂组》卷九，《明代笔记小说大观》，上海古籍出版社 2005 年版，第 1683~1684 页。

　　③ ［意］利玛窦撰，何高齐等译：《利玛窦中国札记》第一卷第三章，中华书局 1983 年版，第 12 页。

　　④ （明）谢肇淛：《五杂组》卷九，《明代笔记小说大观》，上海古籍出版社 2005 年版，第 1667、1668、1669 页。

类。闽有龙虱者，飞水田中，与灶虫分毫无别。又有泥笋者，全类蚯蚓……燕、齐之人，食蝎及蝗。"①

三、蔬果生产

（一）蔬菜生产

1. 传统蔬菜的生产

据徐光启《农政全书》记载，明人种植的传统蔬菜有黄瓜、王瓜、丝瓜、茄子、瓠、芋、香芋、莲、菱、芰、芡、慈姑、菰、山药、萝卜、胡萝卜、葵、蜀葵、蔓菁、蒜、葱、韭、姜、茅、芫荽、芸苔、菠菜、苋菜、茼蒿、甜菜、芹等。据高濂《遵生八笺》记载，成为餐桌上菜肴的远不止上述蔬菜品类，还有莼菜、香椿、槐角叶、柳芽、马齿苋、笋、豆芽等。谢肇淛《五杂组》亦称："其平时如柳芽、榆荚、野蒿、马齿苋之类，皆充口食。"②

在传统蔬菜中，葵菜已丧失当家菜的地位，成为普通蔬菜中的一员。耐储存、可腌制的的萝卜、白菜地位上升，成为普通百姓过冬的家常菜。其中，白菜即前代的菘，初以江南吴地所产为主。明朝中后期，白菜在北方试种成功，遂成为北方的主要冬令蔬菜，每到秋末，京师人"比屋腌藏以御冬"③。

除按节令种植时蔬外，明人也生产反季节蔬菜。谢肇淛《五杂组》卷十一载："京师隆冬有黄芽菜、韭黄，盖富室地窖火坑中所成，贫民不能办也。今大内进御，每以非时之物为珍，元旦有牡丹花，有新瓜，古人所谓二月中旬进瓜，不足道也。"④ 文中的"贫民不能办也"说明了此类反季节蔬菜的消费对象是上层贵族。但

---

① （明）谢肇淛：《五杂组》卷九，《明代笔记小说大观》，上海古籍出版社 2005 年版，第 1683 页。

② （明）谢肇淛：《五杂组》卷十一，《明代笔记小说大观》，上海古籍出版社 2005 年版，第 1727~1728 页。

③ （明）陆容：《菽园杂记》卷六，《明代笔记小说大观》，上海古籍出版社 2005 年版，第 431 页。

④ （明）谢肇淛：《五杂组》卷十一，《明代笔记小说大观》，上海古籍出版社 2005 年版，第 1728 页。

下层百姓亦有简便的方法，高濂《饮馔服食笺》卷中"黄芽菜"条载："将白菜割去梗叶，只留菜心，离地二寸许，以粪土壅平，用大缸覆之。缸外以土密壅，勿令透气。半月后取食，其味最佳。黄芽韭、姜牙、萝卜芽、川芎芽，其法亦同。"①

2. 海外蔬菜的引进

明代后期，原产美洲的辣椒、蕃茄、南瓜等蔬菜开始引进到中国。

辣椒又称番椒、海椒、秦椒、辣子等，大约在嘉靖、万历年间传入中国，16世纪末高濂《草花谱》对其描述道："番椒，丛生，白花，子俨似秃笔头。味辣、色红，甚可观。子种。"辣椒传入中国后得到了迅速传播，其传播路线系从台湾、广东经贵州、湖南传入四川、陕西等地。

番茄，又称番柿、西番柿、西红柿、洋柿子等，大约16世纪末或17世纪初传入中国。当时的多种文献记载有番茄，如万历四十一年（1613年）的山西《猗氏县志》在《物产·果类》中记有西番柿，万历年间的《植品》也谈到当时有西方传教士传入西番柿，天启元年（1621年）成书的《群芳谱》称其为"番柿"。番茄传入中国后，很长时期并未正式进入菜圃，只停留在作为观赏植物的阶段。作为蔬菜大量栽培，只是近几十年的事。

南瓜，又称番瓜、倭瓜、北瓜等，在明末成书的《西游记》中已有南瓜，该书第十回《二将军宫门镇鬼 唐太宗地府还魂》载："太宗又再拜启谢：'朕回阳世，无物可酬谢，惟答瓜果而已。'十王喜曰：'我处颇有东瓜、西瓜，只少南瓜。'太宗道：'朕回去即送来，即送来。'"② 南瓜进入明人所写的小说之中，反映了南瓜在当时已很普遍。

（二）果品生产

1. 传统果品的生产

在人们日常饮食生活中，离不开各色果品，明人更是常用水果

① （明）高濂撰，王大淳等整理：《遵生八笺》，人民卫生出版社2007年版，第371页。

② （明）吴承恩：《西游记》第十回《二将军宫门镇鬼 唐太宗地府还魂》，人民文学出版社2010年版，第127页。

待客。蘋婆（苹果）、蒲萄（葡萄）、杨梅、荔枝是果品中的佼佼者，有人将四果和女人相比，"蘋婆如佳妇，蒲萄如美女，杨梅如名伎，荔支则广寒中仙子。"四果又以上苑、西凉、吴下、闽中所产者为佳①。

长江流域的柑橘种植在明代仍很兴盛，"闽、楚之橘"尤其驰名②。明代时，在贵州地区还形成了新的柑橘种植中心③。北方的黄河流域，果树的种植也很兴盛，名品众多，如黄河下游地区的齐鲁之地，"梨、枣之外，如沙果、花红、桃、李、柿、栗之属，皆称一时秀，而青州之蘋婆，濮州之花谢甜，亦足敌吴下杨梅矣。""青州虽为齐属，然其气候大类江南，山饶珍果，海富奇错。林薄之间，桃、李、楂、梨、柿、杏、苹、枣，红白相望，四时不绝。"④

2. 海外果品的引进

明代后期，原产于美洲的花生、向日葵、番荔枝等开始传入中国。

花生，又名落花生、蕃豆、"土豆"、土露子等，原产于南美的巴西、秘鲁，大约15世纪晚期或16世纪早期，花生从东南亚传入中国。中国最早记载花生的文献主要是江苏太湖一带的地方历史文献，如嘉靖《常熟县志》、万历《嘉定府志》、黄省曾《种芋法》等，但李时珍《本草纲目》、徐光启《农政全书》等全国性文献并没有记载，可能花生最先传入江苏，还没有普遍在全国种植。花生现在一般作为油料作物，明代时人们却作为干果食用。方以智《物理小识》卷六《饮食类》载："番豆，一名落花生、土露子，二三月种之，一畦不过数子。行枝如甕菜、虎耳藤，横枝取土压

①　（明）谢肇淛：《五杂组》卷十一，《明代笔记小说大观》，上海古籍出版社2005年版，第1724页。
②　（明）谢肇淛：《五杂组》卷十一，《明代笔记小说大观》，上海古籍出版社2005年版，第1726页。
③　蓝勇：《中国历史地理》，高等教育出版社2010年版，第255页。
④　（明）谢肇淛：《五杂组》卷十一，《明代笔记小说大观》，上海古籍出版社2005年版，第1726页。

之。藤上开花，花丝落土成实，冬后掘土取之。壳有纹，豆黄白色，炒熟甘香，似松子味。"本书同卷还载有"炒落花生法"："须以纸苴水浸，肤后入釜炒之，则内熟而不焦，其香如松子"。

向日葵，又称西番菊、西番葵、丈菊，原产于北美洲，17世纪经东南亚传入中国。《群芳谱》卷四六载："西番葵、茎如竹，高丈余，叶如蜀葵而大。花托圆二、三尺，如莲房而扁。花黄色。子如草麻子而扁。"《花镜》载："每干顶生一花，黄瓣大心，其形如盘，随太阳回转，如日东升，则花朝东，日中天则花朝上，日西沉则花朝西，结子最繁。"①

番荔枝，又名佛头果，原产于美洲热带雨林，明末传入中国。万历四十二年（1614年）的《台湾府志》中有记载。

第二节　食物原料的加工

一、粮食加工

（一）稻米加工

明代的稻米加工方法和工具与前代相比变化不大。据宋应星《天工开物》卷四《攻稻》载，水稻脱粒的方法有二：一是用手握稻秆摔打，二是牛拉石磙碾取，后者的工作效率是前者的三倍。在明代，两种方法各占一半。

稻谷去壳用木砻或土砻，军粮、官粮等大量加工稻谷用结实耐用的木砻，普通百姓少量加工稻谷用简便省力的土砻。稻谷砻磨后，用风车扇去谷糠和秕谷，用筛子筛去仍带壳的稻谷倒入砻中再次砻磨。

去壳的糙米，需放入杵臼、脚碓或水碓中舂捣，以去掉米糠加工成精米。人口少的人家，多用杵臼舂米；人口多的人家，则用脚碓或水碓舂米。

---

① 转引自徐海荣《中国饮食史》卷五，华夏出版社1999年版，第216页。

为了避免水碓的位置过高或过低，江西上饶一带的人们设计了一个十分巧妙的造水碓的方法：用一条船做地，打桩把船绑住，在船中填土埋臼。再在河中筑个小石坝，水碓就造成了，打桩筑坡的劳力也可以省掉了。

（二）小麦加工

明代割取小麦后，用手握麦秆摔打获取小麦粒，利用风力扬去麦糠和秕籽，用水淘洗干净晒干后就可磨成面粉了。明代做磨的石料南北差别较大，江南的磨石料性热粗糙，磨面时摩擦较大，磨用二十天就磨钝了磨齿，磨出的面粉较黑；江北的磨石料性凉细腻，磨面时摩擦较小，磨用半年才会磨钝，磨出的面粉很白。

根据磨的大小，可使用人力、牲畜或水力进行磨面。体弱的人一天只能磨一斗半面，强壮的人可以磨三斗，驴可磨一石，壮牛可磨二石，水磨的工作效率就更高了。

磨过的面，要用罗筛去麸皮。用浙江吴兴一带的丝绢所造的罗底，可罗面千石，其他地方的丝绢仅可罗面百石。面粉在寒冷的冬季可存放三个月，在温度较高的春夏季存放不到二十天就会闷坏。为了食用可口，明人一般随磨随吃。

二、肉蛋加工

除鲜食外，明人多将鲜肉、鲜鱼加工成可以长期储存的脯鲊等，明代还发明了腌制皮蛋的方法。

（一）畜肉加工

1. 肉脯加工

明代以前，人们多将鲜肉加工成干熟的肉脯。明代的肉脯加工技术更加成熟，加工肉脯用纯瘦肉，除盐外，明人还用酒、醋、花椒、茴香等多种香料，以使加工的肉脯味道更佳。如高濂《饮馔服食笺》卷上所载"千里脯"："牛羊猪肉皆可，精者一斤，浓酒二盏，淡醋一盏，白盐四钱，冬（葱）三钱，茴香、花椒末一钱，拌一宿，文武火煮，令汁干，晒之。妙绝，可安一月。"又如"捶脯"："新宰圈猪带热精肉一斤，切作四五块，炒盐半两，捵入肉中，直待筋脉不收，日晒半干，量好酒和水，并花椒、莳萝、橘皮，慢火煮干，碎捶。""算条巴子"："猪肉精肥各另切作三寸长条，如算子样，以砂糖、花椒末、缩砂末，调和得所，拌匀，晒干蒸熟。"①

2. 火腿加工

火腿是一种干制的生肉，明人称之为"火肉"，其制作工艺也日益精湛，高濂《饮馔服食笺》卷上"火肉"条载："以圈猪方杀下，只取四只精腿，乘热用盐。每一斤肉用盐一两，从皮擦入肉内，令如绵软。以石压竹栅上，置缸内二十日，次第三番五次用稻柴灰一重间一重叠起，用稻草烟熏一天一夜，挂有烟处。初夏，水中浸一日夜，净洗，仍前挂之。"②

3. 腊肉加工

明代的腊肉制作技术也获得了不少进步，主要表现有二：一是腊肉制作的方法日益多样化。仅高濂《饮馔服食笺》卷上"腊肉"条就记载有三种不同的腊肉制作方法："肥嫩獖猪肉十斤，切作二十段，盐八两，酒二斤，调匀，猛力揉入肉中，令如绵软。大石压去水分，晾十分干，以剩下所腌酒调糟涂肉上，以篾穿挂通风处。又法：肉十斤，先以盐二十两，煎汤澄清取汁，置肉汁中。二十日取出，挂通风处。一法：夏月盐肉，炒盐擦入匀，腌一宿挂起。见有水痕，便用大石压去水，干，挂风中。"③ 二是突破了腊肉只能在寒冷的冬季制作的局限，在炎热的夏季也能制作腊肉，方便了肉类在夏季的保存。

4. 糟肉加工

明代以前的糟制品多为鱼虾等水产品，明人将糟制的对象扩大到动物头蹄等"杂碎"。高濂《饮馔服食笺》卷上"川猪头"条载："猪头先以水煮熟，切作条子，用砂糖、花椒、砂仁、酱拌

① （明）高濂撰，王大淳等整理：《遵生八笺》，人民卫生出版社2007年版，第352、355页。

② （明）高濂撰，王大淳等整理：《遵生八笺》，人民卫生出版社2007年版，第353页。

③ （明）高濂撰，王大淳等整理：《遵生八笺》，人民卫生出版社2007年版，第353页。

匀。重汤蒸炖煮烂，剔骨扎缚作一块。大石压实，作膏糟食。"同卷"糟猪头蹄爪法"载："用猪头蹄爪煮烂去骨，布包摊开，大石压扁实落一宿，糟用甚佳。"①

5. 肉鲊加工

明代以前制鲊多用鱼，故在产鱼较少的北方人们很少食用鲊。明代时，制鲊原料大大扩展，北方常食的猪羊肉也可制鲊。高濂《饮馔服食笺》卷上"肉鲊"条载："精肉一斤，去筋，盐一两，入炒米粉些少，多要酸。肉皮三斤，滚水焯，切薄丝片，同精肉切细拌，用箬包，每饼四两重。冬天灰火焙三日用，盖上留一小孔。夏天一周时可吃。"明人还发明了不添加米粉制作肉鲊的方法："生烧猪羊腿，精批作片，以刀背匀捶三两次，切作块子，沸汤随漉出，用布内扭干。每一斤入好醋一盏，盐四钱，椒油、草果、砂仁各少许。"②

（二）水产品加工

明代鱼类等水产品加工方法众多，或干制，或腌制，或制鲊，或制酱。

1. 干制

明代干制水产品的方法很多。有火炙干者，"鲞鱼新出水者，治净，炭上十分炙干收藏"；有油炙干者，"一法：以鲞鱼去头尾，切作段，用油炙熟，每段用箬间，盛瓦罐内，泥封"③。明代更流行风干，如"风鱼"的制法为："用青鱼、鲤鱼，破去肠胃。每斤用盐四五钱，腌七日取起，洗净拭干。鳃下切一刀，将川椒、茴香，加炒盐，擦入鳃内并腹外里，以纸包裹，外用麻皮扎成一个，挂于当风之处。"又有一种"风鱼"，其制作方法为："每鱼一斤，盐四钱，加以花椒、砂仁、葱花、香油、姜丝、橘细丝，腌压十

①　（明）高濂撰，王大淳等整理：《遵生八笺》，人民卫生出版社 2007 年版，第 356、357 页。

②　（明）高濂撰，王大淳等整理：《遵生八笺》，人民卫生出版社 2007 年版，第 352、354 页。

③　（明）高濂撰，王大淳等整理：《遵生八笺》，人民卫生出版社 2007 年版，第 353 页。

日，挂烟熏处。"①

2. 腌制

传统腌制鱼类等水产品多用盐、酒糟等，明代仍盛行传统的盐糟腌鱼法，如"水腌鱼"："腊中，鲤鱼切大块，拭干，一斤用炒盐四两擦过，腌一宿，洗净晾干。再用盐二两，糟一斤拌匀，入瓮，纸箬泥封涂。"② 明人还发明了用酒腌制鱼虾的新方法，高濂《饮馔服食笺》卷上"酒发鱼法"条载："用大鲫鱼破开，去鳞、眼、肠胃，不要见生水，用布抹干。每斤用神曲一两、红曲一两，为末，拌炒盐二两，胡椒、茴香、川椒、干姜各一两，拌匀，装入鱼空肚内，加料一层，共装入坛内，包好泥封。十二月内造了，至正月十五后开。又翻一转，入好酒浸满，泥封，至四月方熟取吃。可留一二年。"同卷"酒腌虾法"条载："用大虾，不见水洗，剪去须尾。每斤用盐五钱，腌半日，沥干，入瓶中，虾一层，放椒三十粒，以椒多为妙。或用椒拌虾装入瓶中亦妙。装完，每斤用盐三两，好酒化开，浇入瓶内，封好泥头。春秋五七日即好吃，冬月十日方好。"③

3. 制鲊

明人常用鲤鱼、青鱼、鲈鱼、鲟鱼、鲞鱼等制作鱼鲊。制作传统鱼鲊需要米饭，其方法为："治去鳞肠，旧笊帚缓刷去脂腻腥血，十分令净，挂当风处一二日，切作小方块。每十斤用生盐一斤，夏月一斤四两，拌匀，腌器内。冬二十日，春秋减之。布裹石压，令水十分干，不滑不韧。用川椒皮二两，莳萝、茴香、砂仁、红豆各半两，甘草少许，皆为粗末，淘净白粳米七八合炊饭，生麻油一斤半，纯白葱丝一斤，红曲一合半，捶碎。以上俱拌匀，磁器或水桶按十分实，荷叶盖竹片扞定，更以小石压在上，候其自熟。

① （明）高濂撰，王大淳等整理：《遵生八笺》，人民卫生出版社 2007年版，第 357、359 页。

② （明）高濂撰，王大淳等整理：《遵生八笺》，人民卫生出版社 2007年版，第 353 页。

③ （明）高濂撰，王大淳等整理：《遵生八笺》，人民卫生出版社 2007年版，第 357~358 页。

春秋最宜造，冬天预腌下作坯可留。临用时旋将料物打拌。此都中造法也。"① "此都中造法"说明了当时北方人也掌握了制作传统鱼鲊的方法。

南方的湖广人还发明了用炒米粉代替米饭制作鱼鲊的新方法，高濂《饮馔服食笺》卷上"湖广鲊法"条载："用大鲤鱼十斤，细切丁香块子，去骨并杂物。先用老黄米炒燥碾末，约有升半，配以炒红曲升半，共为末听用。将鱼块称有十斤，用好酒二碗，盐一斤，夏月用盐一斤四两，拌鱼腌磁器内。冬腌半月，春夏十日。取起洗净，布包榨十分干。以川椒二两，砂仁一两，茴香五钱，红豆五钱，甘草少许，为末，麻油一斤八两，葱白头一斤，先合米曲末一升，拌和纳坛中，用石压实。冬月十五日可吃，夏月七八日可吃。"②

4. 制酱

中国人用鱼类等水产品制造肉酱的历史非常悠久。汉代以后，随着以豆、面为主料制成的谷物酱迅速成为中国酱的主流，肉酱的整体地位在下降③。明代仍可见到鱼类酱，高濂《饮馔服食笺》卷上"鱼酱"条载："用鱼一斤，切碎洗净后，炒盐三两，花椒一钱，茴香一钱，干姜一钱，神曲二钱，红曲五钱，加酒和匀，拌鱼肉，入磁瓶封好，十日可用。吃时，加葱花少许。"

（三）皮蛋加工

皮蛋是中国人民在禽蛋加工中的一大创造，因其蛋白呈半透明的褐色凝固体，有一定的韧性，形似皮革，故称皮蛋。在皮蛋褐色蛋白的表面上，常有美丽的松花状的花纹，故又称为"松花蛋"。切开后，蛋黄、蛋白层次分明，色泽变化多端，因而又有

①（明）高濂撰，王大淳等整理：《遵生八笺》，人民卫生出版社 2007年版，第 353～354 页。

②（明）高濂撰，王大淳等整理：《遵生八笺》，人民卫生出版社 2007年版，第 358 页。

③ 刘朴兵：《中国古代的肉酱》，《中华饮食文化基金会会讯》2005 年第 2 期。

"变蛋""彩蛋"之称。皮蛋加工时，蛋壳外常包有黄泥，故又称"泥蛋"。

最早记载皮蛋加工的文献是明崇祯六年（1633年）成书的戴羲《养余月令》，其书上篇称："腌牛皮鸭蛋，先以菜煎汤，内投松、竹叶数片，待温，将蛋浸洗毕，每百用盐十两，真栗柴灰五升，石灰一升，如常调腌之，入坛三日，取出盘调上下，复装之，过三日又如之，共三次，封藏一月余，即成皮蛋。"文中对加工皮蛋所需的各种原料、份量及加工方法都说得很清楚，其中加石灰一项更是关键，这是促成生鸭蛋蛋白凝固变成皮蛋的必要原料①。

明末的其他文献也记载有皮蛋的加工方法，方以智《物理小识》卷六载："池州出变蛋，以五种树灰盐之，大约以荞麦壳灰则黄白杂揉，加炉灰、石灰则绿而坚韧。"说明明人已掌握了利用不同的配方，加工成不同色泽的皮蛋。

三、蔬果加工

（一）蔬菜加工

1. 干菜

明代干菜的制作程度更加复杂，干菜在晒之前，一般用开水焯煮，如高濂《饮馔服食笺》卷中《家蔬类》"晒淡笋干"条载："鲜笋猫儿头，不拘多少，去皮，切片条，沸汤焯过，晒干收贮。用时，米泔水浸软，色白如银。盐汤焯，即腌笋矣。""淡茄干方"条载："用大茄洗净，锅内煮过，不要见水擘开，用石压干，趁日色晴，先把瓦晒热，摊茄子于瓦上，以干为度。藏至正二月内，和物匀食，其味如新茄之味。"②也有先蒸的，如高濂《饮馔服食笺》卷中《野蔌类》"藤花"条载："采花洗净，盐汤洒拌匀，入

---

① 徐海荣：《中国饮食史》卷五，华夏出版社1999年版，第61页。

② （明）高濂撰，王大淳等整理：《遵生八笺》，人民卫生出版社2007年版，第266、267页。

甑蒸熟，晒干，可作食馅子，美甚，荤用亦佳。"①

为了提高干菜的风味，明人晒制干菜时还多加盐、糖、姜、茴香等调料，如"糖蒸茄"："牛奶茄嫩而大者，不去蒂，直切成六棱。每五十斤，用盐一两拌匀，不汤焯令变色，沥干，用薄荷、茴香末夹在内，砂糖二斤，醋半钟，浸三宿，晒干，还卤直至卤尽茄干，压扁收藏之。"②

明代的有些干菜需要经过蒸、煮、晒等多个工序方能完成，如"三煮瓜"："青瓜坚老者，切作两片，每一斤用盐半两，酱一两，紫苏、甘草少许。腌伏时，连卤夜煮日晒，凡三次。煮后晒，至雨天留甑上蒸之，晒干收贮。""做蒜苗方"："苗用些少盐腌一宿，晾干，汤焯过，又晾干。以甘草汤拌过，上甑蒸之，晒干入瓮。"③

2. 腌菜

根据腌的方式不同，腌菜可分为盐腌、酱腌及糟腌等类。明代腌菜的对象有所扩大，新兴的白菜、萝卜、胡萝卜等耐储存蔬菜皆可制成腌菜。以高濂《饮馔服食笺》卷中《家蔬类》所记为例，明确以白菜、萝卜、胡萝卜为对象的腌菜有"糟萝卜方""胡萝卜菜""胡萝卜鲊""腌盐菜""食香萝卜""糟萝卜茭白天笋瓜茄等物"等多种。其中，"腌盐菜"的制法为："白菜削去根及黄老叶，洗净控干。每菜十斤，用盐十两，甘草数茎，以净瓮盛之，将盐撒入菜丫内，摆于瓮中，入莳萝少许，以手按实。至半瓮，再入甘草数茎，候满瓮，用砖石压定。腌三日后，将菜倒过，扭去卤水，于干净器内另放。忌生水。却将卤水浇菜内。候七日，依前法再倒，用新汲水淹浸，仍用砖石压之。其菜味美香脆。若至春间食不尽者，于沸汤内焯过，晒干收之。夏间将菜温水浸过，压干，入香油

① （明）高濂撰，王大淳等整理：《遵生八笺》，人民卫生出版社2007年版，第381页。

② （明）高濂撰，王大淳等整理：《遵生八笺》，人民卫生出版社2007年版，第262页。

③ （明）高濂撰，王大淳等整理：《遵生八笺》，人民卫生出版社2007年版，第263、265页。

拌匀，以磁碗盛于饭上蒸过食之"①。从文中记载可知，明代的腌菜已达到很高的水平，不仅腌渍工序复杂，而且还以莳萝、干草等调味。制作腌菜的一个重要目的是解决冬季菜蔬短缺的问题，对于"若至春间食不尽者"的情况，作者也提出了解决方案，充分体现了中国人饮食节俭的思想。

3. 豆芽菜

明代的豆芽菜种类也有所增多，除传统的黄豆芽外，人们还用绿豆、寒豆作豆芽菜。绿豆芽的培育方法为："将绿豆冷水浸两宿，候涨换水淘两次，烘干。预扫地洁净，以水洒湿，铺纸一层，置豆于纸上，以盆盖之。一日两次洒水，候芽长。"寒豆芽的培育方法为："用寒豆淘净，将蒲包趁湿包裹，春冬置炕旁近火处，夏秋不必，日以水喷之，芽出，去壳洗净……芽长作菜食。"②

（二）果品加工

新鲜水果常温下容易腐烂变质，长期保存更属不易。明代发明了多种长期保存新鲜水果的方法，如"用松毛包藏橘子，三四月不干，绿豆藏橘亦可。五月以麦面煮成粥糊，入盐少许，候冷，倾入瓮中，收新鲜红色未熟桃，纳满瓮中，封口，至月如生……用腊水同薄荷一握，明矾少许，入瓮中，投浸枇杷、林檎、杨梅于中，颜色不变，味凉可食"③。明人还发明了窖藏新鲜果梨、蜡藏樱桃、罐藏荔枝、金柑、橙、柑等④方法。如明代宫廷中，八月时将甘甜大玛瑙葡萄连枝剪下，"缸内着少许水，将葡萄枝悬封之，可留至正月尚鲜也。"⑤ 但这些保存方法多成本高昂，明代更普遍的保存

① （明）高濂撰，王大淳等整理：《遵生八笺》，人民卫生出版社 2007年版，第 370 页。

② （明）高濂撰，王大淳等整理：《遵生八笺》，人民卫生出版社 2007年版，第 363～364、383 页。

③ （明）高濂撰，王大淳等整理：《遵生八笺》，人民卫生出版社 2007年版，第 361 页。

④ 徐海荣：《中国饮食史》卷五，华夏出版社 1999年版，第 68 页。

⑤ （明）刘若愚：《酌中志》卷二十《饮食好尚纪略》，《明代笔记小说大观》，上海古籍出版社 2005年版，第 3065 页。

水果的方法是将其加工成干货或蜜饯。其中，明代的蜜饯加工尤其值得一提。

明代以前，蜜饯多写作"蜜煎"。"蜜饯"一词最早见于《宛署杂记》，该书卷十五"经黄下乡试"条载："乡试饮馔品物……干蜜饯四色……蜜饯杨梅二斤。"《宛署杂记》成书于明万历二十一年（1593年），说明至迟到16世纪末人们已将"蜜煎"改写为"蜜饯"了。与前代制作蜜饯多用蜂蜜不同，明代的蜜饯制作多用蔗糖，这与明代制糖技术的进步不无关系。明代蔗糖业在工具、技术和工艺上都比宋代大有进步，其中压榨糖汁广泛采用木制牛拉的蔗车，炼糖采取"三级炼糖法"，初炼成红糖，再炼成白糖，三炼成冰糖。制作蜜饯多使用二次炼制的白砂糖。

四、豆制品加工

明代时，豆类虽然名义上是粮食作物，但实际多用于加工豆腐、豆豉、豆酱、酱油等助餐副食，宋应星《天工开物》卷上《乃粒》即称："麻、菽二者功用已全入蔬、饵、膏馔之中，而犹系之谷者，从其朔也。"

（一）豆腐

明代时，豆腐的制作和食用在民间已基本普及。明人的不少著述，如宋应星《天工开物》、朱权《臞仙神隐书》、宁原《食鉴本草》、孙继儒《郡碎录》、李日华《蓬栊夜话》等，均有较为详尽的有关豆腐的记载。其中，李时珍《本草纲目》卷二五"豆腐"条所载的造法为："水浸，硙碎，滤去渣，煎成，以盐卤汁或山矾叶或酸浆、醋淀，就釜收之。又有入缸内，以石膏末收者。大抵得咸苦酸辛之物，皆可收敛尔。"文中的盐卤汁通常是指氯化镁、硫酸镁和氯化钠等饱和溶液，山矾叶是钾矾等含重水盐类的矿物，酸浆、醋中含有醋酸，石膏则是含水硫酸钙。这类凝固剂易得、有效、价廉，无毒，为豆腐制作的普及提供了重要条件。

明代的豆腐在质量上也达到了极高的水准，李日华《蓬栊夜话》载："歙人工制腐，硙皆紫石细棱。一具值二三金，盖砚材也。菽受磨，绝腻滑无滓，煮食不用盐豉，有自然之甘。箬山一老王姓，以砂锅炕腐，成片鬻之，味独胜。相传许文懿公在中书遇不得意，辄投其笔曰：人生几何？乃舍吾乡炕腐而食煤火肉耶！人因目此为许阁老腐。"除豆腐外，明人已能制造豆腐皮，李时珍《本草纲目》卷二五载："其面上凝结者，揭取晾干，名豆腐皮，入馔甚佳也。"

（二）豆酱

明代的多种文献载有豆酱的制法，如宋应星《天工开物》、邝璠《便民图纂》、刘基《多能鄙事》、李时珍《本草纲目》等。酱在酿造过程中易生蛆虫，为了解决这一问题，明人造酱十分注意卫生，并使用某些中药材驱蝇。刘基《多能鄙事》卷一"造酱法"载："凡造，先以水入缸，盐用梢箕盛，搅化土苴，任箕缸面。又搭罗推去黑浮茸，仍留些白盐盖面，又以莳萝撒面上，以鸡毛蘸香油抹酱面并缸，以御蝇蚋。治酱瓮生蛆法：草乌六、七枚，切作四半撒酱中，打时取在缸面。"

除传统的大豆酱外，明人还造小豆酱和豌豆酱。李时珍《本草纲目》卷二五《酱》所载大豆酱的制法为："用豆炒磨成粉，一斗入面三斗和匀，切片罨黄，晒之。每十斤入盐五斤，井水淹过，晒成收之。"小豆酱的制法为："用豆磨净，和面罨黄，次年再磨。每十斤入盐五斤，以腊水淹过，晒成收之。"豌豆酱的制法为："用豆水浸，蒸软晒干去皮。每一斗入小麦一斗，磨面和切，蒸过，罨黄，晒干。每十斤入盐五斤，水二十斤，晒成收之。"① 刘基《多能鄙事》所记"豌豆酱"法与此大致相同："豌豆不拘多少。水浸蒸软，晒干去皮。每净豆一斗小麦一斗，同磨作面。水和做硬剂，切作版蒸过，盒黄衣上晒干，依造面酱法下之。"

（三）酱油

明人或称酱油为"豆油"。李时珍《本草纲目》卷二五《酱》载："豆油法：用大豆三升，水煮糜，以面二十四斤，拌罨成黄，每十斤入盐八斤，井水四十斤，搅晒成油收取之。"文中的"豆

---

① （明）李时珍：《本草纲目》卷二五《饭》，人民卫生出版社2005年版，第1552页。

油"明显是指今天的酱油。有学者认为，《本草纲目》中所记的
"豆油法"是"我国有关酱油制法中记录较完整的文献之一"①。

明人也有直接称"酱油"的，戴羲《养余月令》载有一条
"南京酱油方"，其记载更为详细："每大黄豆一斗，用好面二十
斤。先将豆煮，下水以豆上一掌为度，煮熟摊冷，汁存下。将豆并
面用大盆调匀，干以汁浇，令豆、面与汁具尽，和成颗粒。摊在门
片上，下俱用芦席铺，豆黄于中腌之，再用夹被搭盖，发热后去
被。三日后，去豆上席，至七取出，用单布被摊晒，二七晒干，灰
末霉尘，俱莫弃莫洗。下时，每豆黄一斤，用筛净盐一斤，新汲冷
井水六斤，搅匀，日晒夜露，直至晒熟堪用为止。以篾筛隔下，取
汁淀清听用。共末及浑脚，乃照前加盐一半，水一半，再晒复油取
之。"

第三节　食物烹饪

一、主食烹饪

（一）饭粥

凡粮食谷物皆可炊成饭。在明代，有单一谷物炊成的大米饭、
粟饭、黍饭，也有添加其他配料炊成的复合饭，如田艺蘅《留青
日札》卷二六中的"桃花米饭"。除日常食用外，饭也可用于养生
食疗，如北方人常食的"飱饭"（水饭），系用酸浆水浸泡而成，
"热食解渴除烦。"又如"荷叶烧饭"，"主治厚脾胃，通三焦，资
助生发之气"②。

与饭相比，明代粥的品种更多，仅高濂《饮馔服食笺》卷上
《粥糜类》就载有芡实粥、莲子粥、竹叶粥、蔓菁粥、牛乳粥、
甘蔗粥、山药粥、枸杞粥、紫苏粥、地黄粥、胡麻粥、山栗粥、

---

① 徐海荣：《中国饮食史》卷五，华夏出版社 1999 年版，第 51 页。
② （明）李时珍：《本草纲目》卷二五《饭》，人民卫生出版社 2005 年
版，第 1534、1535 页。

菊苗粥、杞叶粥、薏苡粥、沙谷米粥、芜蒌粥、梅粥、荼蘼粥、河祗粥、山药粥、羊肾粥、麋角粥、鹿肾粥、猪肾粥、羊肉粥、扁豆粥、茯苓粥、苏麻粥、竹沥粥、门冬粥、萝卜粥、百合粥、仙人粥、山茱萸粥、乳粥、枸杞子粥、肉米粥、绿豆粥、口数粥等38种粥品。这些粥多为大米与其他谷物、蔬、果、肉、乳、药材等配料煮制而成的复合粥，也有少数为单一食材煮成的粥，如用沙谷米煮成的沙谷米粥，用绿豆煮成的绿豆粥，用赤小豆煮成的口数粥。

　　明代复合粥的煮制方法多样，有将多种原料混合在一起煮制的，如"山药粥"："用羊肉四两烂捣，入山药末一合，加盐少许，粳米三合，煮粥食之。"① 有先烹熟配料，再和米粥同煮或混合的，如"芜蒌粥"："用砂罐先煮赤豆烂熟，候煮米粥少沸，倾赤豆同粥再煮食之。"有先将米粥煮熟，再加配料的，如"梅粥"："收落梅花瓣，净，用雪水煮粥，候粥熟，下梅瓣，一滚即起，食之。"② 有先将米粥煮成半熟，再加配料同煮的，如"牛乳粥"："用真生牛乳一钟，先用粳米作粥，煮半熟，去少汤，入牛乳，待煮熟盛碗，再加酥一匙食之。"③ 还有在熟饭的基础上，再加汤煮成的，如"肉米粥"："用白米先煮成软饭。将鸡汁，或肉汁，虾汁汤调和清过。用熟肉碎切如豆，再加葵笋，香荬或松穰等物，细切，同饭下汤内，一滚即起。"④ 复合粥中由于添加有多种食物配料或药材，多具有养生或食疗效果，如芡实粥、莲子粥可"益精气，强智力，聪耳目"；竹叶粥"治膈上风热，头目赤"；蔓菁粥"治小便不利"；甘蔗粥"治咳嗽虚热，口燥，涕浓，舌干"；山药粥

---

　　① （明）高濂撰，王大淳等整理：《遵生八笺》，人民卫生出版社2007年版，第345页。

　　② （明）高濂撰，王大淳等整理：《遵生八笺》，人民卫生出版社2007年版，第346页。

　　③ （明）高濂撰，王大淳等整理：《遵生八笺》，人民卫生出版社2007年版，第345页。

　　④ （明）高濂撰，王大淳等整理：《遵生八笺》，人民卫生出版社2007年版，第349页。

"治虚劳骨蒸"；紫苏粥"治老人脚气"；地黄粥"食之滋阴润肺"①。

普通百姓经常食用的多是纯大米煮成的白粥，食白粥有利于节约粮食，明人有诗称："煮饭何如煮粥强，好同儿女熟商量。一升可作三升用，两日堪为六日粮。有客只须添水火，无钱不必问羹汤。莫言淡薄少滋味，淡薄之中滋味长。"② 由于粥易于消化吸收，简单的白粥也有利于养生，吴敬梓《儒林外史》中虞博士的娘子生儿育女，"身子又多病，馆钱不能买医药，每日只吃三顿白粥。后来，身子也渐渐好起来"③。

明代磨豆成浆的技术十分成熟，人们还发明了用豆浆代水煮粥的新方法，万历《帝乡纪略》卷五《政治志》"风俗"条载，泗州一带的民人不好吃面食，"多磨豆为浆，间以米掺和，无米则采野菜或家菜杂于其中，煮之以食"。

（二）面食

1. 水煮类

明代以前，水煮类面食统称为"汤饼"。明人蒋一葵《长安客话》卷二《皇都杂记》载："水瀹而食者皆为汤饼。今蝴蝶面、水滑面、托掌面、切面、挂面、馎饦、合络、拨鱼、冷淘、温淘、秃秃麻失之类是也。水滑、切面、挂面亦名索饼。"④ 这些水煮类面食多是前代传承下来的品种，明代新出现的水煮类面食为拉面，后世又称扯面、押面、桢条面、振条面等。最早记载拉面的文献是明代宋诩的《宋氏养生部》，该书卷二《面食制》称："用少盐入水和面，一斤为率。既匀，沃香油少许，夏月以油单纸微覆一时，冬

———————

① （明）高濂撰，王大淳等整理：《遵生八笺》，人民卫生出版社 2007 年版，第 344~345 页。

② （明）李诩：《戒庵老人漫笔》卷七，中华书局 1982 年版，第 305 页。

③ （清）吴敬梓：《儒林外史》第三十六回《常熟县真儒降生 泰伯祠名贤主祭》，上海古籍出版社 2000 年版，第 291 页。

④ （明）蒋一葵：《长安客话》卷二《皇都杂记》，中华书局 1993 年版，第 38 页。

月则覆一宿，余分切如巨擘，渐以两手扯长，缠络于直指、将指、无名指之间，为细条。先作沸汤，随扯随煮，视其熟而先浮者先取之。"

明代还出现了萝卜面、红丝面等"有味面条"，这类面条是将动植物原料和各种调料杂和于面粉之中制成的。据刘基《多能鄙事》卷二《饼饵米面食法》载，萝卜面的制法为："萝卜一斤，切碎煮三二沸，入韶粉一匙头，匀糁其上揽匀，煮至烂熟。漉出，擂，以粗布去滓，和面一斤，擀切任意。"红丝面的制法为："虾，鲜者二斤，净洗烂擂。以川椒二十粒，盐一两，水五升同煮熟。拣去椒，滤汁澄清，入白面三斤二两，豆粉一斤，搜和成剂，有盖一顷再搜。擀开，用米粉为粹。阔细任意切。煮熟自红色，汁随意，只不可用猪肉食，动风。"

水饺和馄饨也是水煮类面食。明人称水饺为水点心、扁食、匾食、水角儿等，不再像宋代那样称之为"馄饨"。吕毖《明宫史》卷四《饮食好尚》"十一月"条载："吃炙羊肉、羊肉包、匾食、馄饨，以为阳生之义。"可见在明代，匾食与馄饨是两种不同的水煮包馅面食。刘基《多能鄙事》卷二《饼饵米面食法》所载的馄饨制法为："白面一斤，用盐半两，凉水和如落索状。频入搜和如饼剂，一进再搜，拙为小剂，豆粉为粹，骨碌槌擀开，中厚边薄，入馅蘸水和缝。馅随意。下锅时将汤搅转，逐个下，频洒水，长要鱼腹沸，乳者为熟，先取之。"这一记载和元代类书《居家必用事类全集》庚集所载的馄饨制作及烹法基本相同，尤其是"入馅蘸水和缝"一句，是典型的制作馄饨的方法。高濂《饮馔服食笺》卷下《甜食类》亦记有"馄饨方"："白面一斤，盐三钱，和如落索面。更频入水搜和为饼剂，少顷操百遍，摘为小块，擀开，绿豆粉为粹，四边要薄，入馅其皮坚……下锅煮时，先用汤搅动，置竹筱在汤内。沸，频频洒水，令汤常如鱼津样滚，则不破，其皮坚而滑。"① 文中所述的馄饨制作及烹法与刘基《多能鄙事》和《居家

---

① （明）高濂撰，王大淳等整理：《遵生八笺》，人民卫生出版社2007年版，第397页。

必用事类全集》所述基本相同，但没有"蘸水和缝"一语。

2. 汽蒸类

汽蒸类面食又称为笼蒸类面食，蒋一葵《长安客话》卷二《皇都杂记》称："笼蒸而食者皆为笼饼，亦名炊饼。今毕罗、蒸饼、蒸卷、馒头、包子、兜子之类是也。"① 这些汽蒸类面食皆传承于前代。其中的馒头仍是传统的带肉馅的"馒头"，即厚皮发面的大型包子。宋诩《宋氏养生部》卷二《面食制》所记"馒头"的制法为："用醇素和面，揉其匀，擀剂，内馅，缄密之。"在明末文人冯梦龙生活的年代，馒头仍带馅。在他编写的《古今谭概》汰侈部第一四《大卵大馒头》中，提到有人家席间送上的点心是比斗还大的馒头，主人当着宾客将大馒头剖开，顿时从里滚出 200 多只小馒头，而这些小馒头又都包着各式各样的馅②。又如冯梦龙《醒世恒言》第二十七回《李玉英狱中诉冤》称："羊肉馒头没得吃，空教惹得一身膻。"③ 今天人们食用的馒头却是实心无馅的，这种无馅的实心馒头正式形成于明末，人们可以从明末小说《西游记》中找到蛛丝马迹。在《西游记》第九十九回《九九数完魔划尽 三三行满道归根》中，有猪八戒食馒头的情节，"饶他气满，略动手，又吃够八九盘素食；纵然胃伤，又吃了二三十个馒头。"④ 文中的馒头与素食对应，供僧人斋食，可见晚明时馒头已是实心无馅的了。对于古代的馒头为何失去肉馅而变为今天的实心馒头，尚须学者做进一步的考察。

角子亦是前代传承下来的包馅面食，其面皮多用烫面。高濂《饮馔服食笺》卷下《甜食类》载有"水明角儿法"："白面一斤，

---

① （明）蒋一葵：《长安客话》卷二《皇都杂记》，中华书局 1993 年版，第 38 页。

② 徐海荣：《中国饮食史》卷五，华夏出版社 1999 年版，第 107 页。

③ （明）冯梦龙：《醒世恒言》第二十七回《李玉英狱中诉冤》，人民文学出版社 1956 年版，第 566 页。

④ （明）吴承恩：《西游记》第九十九回《九九数完魔划尽 三三行满道归根》，人民文学出版社 2010 年版，第 1207 页。

用滚汤内逐渐撒下，不住手搅成稠糊，分作一二十块，冷水浸至雪白，放桌上拥出水。入豆粉对配，搜作薄皮，内加糖果为馅。笼蒸食之，妙甚。"① 白面一斤，再加豆粉对配，方作一二十个角子皮，可知角子仅皮就有一二两，可谓特大号的糖果馅角子。

3. 火烤类

火烤类面食又称炉烤类面食，蒋一葵《长安客话》卷二《皇都杂记》称："炉熟而食者皆胡饼、麻饼、薄脆酥饼、髓饼、火烧之类是也。"② 这些火烤类面食，有的有馅，有的无馅；有荤的，也有素的；有甜的，也有咸的。以高濂《饮馔服食笺》卷下《甜食类》所载部分炉烤类面食为例，"肉油饼方：白面一斤，熟油一两，羊猪脂各一两，切如小豆大。酒二盏，与面搜和，分作十剂，擀开，裹精肉，入炉内煿熟"，这是肉馅的咸烧饼。"素油饼方：白面一斤，真麻油一两，搜和成剂，随意加沙糖馅，印脱花样，炉内炕熟"③，这是素馅的甜烧饼。"光烧饼方：烧饼，每面一斤，入油两半，炒盐一钱，冷水和搜，轳辘捶研开，镟上煿待硬，缓火内烧熟用，极脆美"，这是无馅的咸烧饼；"复炉烧饼法：核桃肉退去皮者一斤，剁碎，入蜜一斤。以炉烧酥油饼一斤为末，拌匀，捏作小团。仍用酥油饼剂包之，作饼，入炉内烧熟"④，这是无馅的甜烧饼。

4. 煎烙类

加工煎烙类面食，需使用鏊子、饼铛之类的炊具，此类面食又可细分为油煎和直接烙两类。以高濂《饮馔服食笺》卷下《甜食

① （明）高濂撰，王大淳等整理：《遵生八笺》，人民卫生出版社2007年版，第398页。

② （明）蒋一葵：《长安客话》卷二《皇都杂记》，京：中华书局1993年版，第38页。

③ （明）高濂撰，王大淳等整理：《遵生八笺》，人民卫生出版社2007年版，第394页。

④ （明）高濂撰，王大淳等整理：《遵生八笺》，人民卫生出版社2007年版，第399页。

类》所载为例，油煎的面食有芋饼、卷煎饼、油饫儿，其作法为："芋饼方：生芋奶捣碎，和糯米粉为饼，油煎。或夹糖豆沙在内亦可，或用椒、盐、糖，拌核桃、橙丝俱可。""卷煎饼法：饼与薄饼同，馅用猪肉二斤，猪脂一斤，或鸡肉亦可，大概如馒头馅，须多用葱白或笋干之类，装在饼内，卷作一条，两头以面糊粘住，浮油煎令红焦色。""油饫儿方：面搜剂包馅作饫儿，油煎熟。馅同肉饼法。"①

烙类面食不需油脂，成本低廉，更易制作，在明代获得了较大发展。在明代食谱中，载有不少烙类面食，高濂《饮馔服食笺》卷下《甜食类》中有一"熯"字，多与"拖盘""拖炉"连用，其加工方式即为直接烙。如"肉饼方：每面一斤，用油六两。馅子与卷煎饼同，拖盘熯，用饴糖煎色刷面"；"韭饼方：带膘猪肉作臊子，油炒半熟。韭生用，切细，羊脂剁碎，花椒、砂仁、酱拌匀。擀薄饼两个，夹馅子熯之。荠菜同法。"②

5. 油炸类

明代比较流行的油炸类面食有馓子、油条、角子等。如刘基《多能鄙事》卷二《饼饵米面食法》所记的"锟锣角子"："面一斤，香油一两，倾入面内拌，以滚汤斟酌逐旋倾下，用杖搅匀，烫作熟面，挑出锅摊冷，擀作皮，入生馅包，以盏脱之，作蛾眉样，油炸熟。"

明代的不少甜点是用油炸加工而成的，如"酥儿印方：用生面挽豆粉同和，用手擀成条，如箸头大，切二分长，逐个用小梳掠印齿花收起。用酥油锅炸熟，漏杓捞起来，热洒白沙糖细末搅之"；"酥黄独方：熟芋切片，用杏仁、榧子为末，和面拌，酱拖

---

① （明）高濂撰，王大淳等整理：《遵生八笺》，人民卫生出版社2007年版，第394、395页。

② （明）高濂撰，王大淳等整理：《遵生八笺》，人民卫生出版社2007年版，第395、394页。

芋片，入油锅内炸食，香美可人。"①

二、菜肴烹饪

（一）油炒类

炒法烹饪在明代应用得越来越多，普遍用于加工各种荤素菜肴。炒制肉肴时，多添加酒、花椒、葱等佐料，以去腥除臊增香，如宋诩《宋氏养生部》卷三《禽属制》所载的"油炒鹅"："剖切为轩，先熬油入之，少酒水烹熟，以盐、缩砂仁末、花椒、葱白调和，炒汁竭。宜干薹（洗）、石耳（洗，俱用其余汁、炒香入）。"又如"盐炒鹅"："用剖为轩，入锅炒肉色改白，同少酒水烹熟，以盐、生蒜头、葱头、花椒调和。和物宜慈菇芼（熟去衣顶入）、山药芼（熟入）、水母（涤去矾入）、明脯须（先烹入）。"蔬菜的炒制相对比较简单，除盐、姜、葱之外，所需料物较少，故明代文献对炒蔬菜的记载相对比较简单，如灰苋菜："采成科，熟食、煎炒俱可。"蚕豆苗："二月采为茹，麻油炒，下盐酱煮之，少加姜葱。"②

大火急炒为"爆炒"，或简称为"爆"。明代的有些菜肴制作方法中明确记载有"爆炒"或"爆"字，如高濂《饮馔服食笺》卷上《脯鲊类》所记"肉生法"："用精肉切细薄片子，酱油洗净，入火烧红锅爆炒，去血水微白即好。"③又如宋诩《宋氏养生部》卷三《禽属制》所载的"油爆鹅"："用熟肉，切脔。以盐酒烦揉。加花椒、葱，投少香油中，爆干香。烦揉以赤砂糖、盐、花椒，投油中爆之。"

也有些菜肴制作方法中虽然没有"爆"字，但可以看出是爆炒，如"炒羊肚儿"："将羊肚洗净，细切条子。一边大滚汤锅，

---

① （明）高濂撰，王大淳等整理：《遵生八笺》，人民卫生出版社2007年版，第392、399~400页。

② （明）高濂撰，王大淳等整理：《遵生八笺》，人民卫生出版社2007年版，第375、378页。

③ （明）高濂撰，王大淳等整理：《遵生八笺》，人民卫生出版社2007年版，第357页。

一边热熬油锅。先将肚子入汤锅，笊篱一焯，就将粗布扭干汤气，就火急落油锅内炒。将熟，加葱花、蒜片、花椒、茴香、酱油、酒、醋调匀，一烹即起，香脆可食。如迟慢，即润如皮条，难吃。"又如"炒腰子"："将猪腰子切开，剔去白膜筋丝，背面刀界花儿。落滚水微焯，漉起，入油锅一炒，加小料葱花、芫荽、蒜片、椒、姜、酱汁、酒、醋，一烹即起。"① 从文中的"一烹即起"四字可以看出采用的是爆法烹饪。实际上，"炒羊肚儿"和"炒腰子"清代即改名为"爆肚儿"和"爆腰花"。

（二）水煮类

明代以前，用煮法烹饪的菜肴多为各种羹菜。明代时，仍可见到羹菜。如高濂《饮馔服食笺》卷中《野蔌类》"莼菜"条载："四月采之，滚水一焯，落水漂用……作肉羹亦可。""蘑菇"条载："采取晒干，生食作羹，美不可言。""葵菜"条载："采叶，与作菜羹同法食。""锦带花"条载："采花作羹，柔脆可食。"②但水煮的羹菜在明代日益式微，逐渐退出了下饭主肴的地位。

明代大量使用煮法烹饪各种肉食，因此积累了丰富的肉食烹煮经验，如"煮鱼法"："凡煮河鱼，先放水下烧，则骨酥。江海鱼先调滚汁下锅，则骨坚也。""煮蟹青色、蛤蜊脱丁"："用柿蒂三五个，同蟹煮，色青。用枇杷核内仁，同蛤蜊煮，脱丁。""煮鱼下末香，不腥。煮鹅下樱桃叶数片，易软。煮陈腊肉将熟，将烧红炭投数块入锅内，则不油敛气。煮诸般肉，封锅口，用楮实子一二粒同煮，易烂又香。夏月肉单用醋煮，可留十日。"③

由于肉类多腥膻臊臭，烹煮肉类时，明人多添加酒和花椒、茴香、葱、姜等佐料同煮，以去异味增香，如"水炸肉（又名擘烧）"："将猪肉生切作二指大长条子，两面用刀花界如砖阶样。

---

① （明）高濂撰，王大淳等整理：《遵生八笺》，人民卫生出版社2007年版，第358~359页。

② （明）高濂撰，王大淳等整理：《遵生八笺》，人民卫生出版社2007年版，第373、375、378、380页。

③ （明）高濂撰，王大淳等整理：《遵生八笺》，人民卫生出版社2007年版，第360页。

次将香油、甜酱、花椒、茴香拌匀。将切碎肉揉拌匀了，少顷，锅内下猪脂熬油一碗，香油一碗，水一大碗，酒一小碗，下料拌匀，以浸过为止。再加蒜榔一两，蒲盖焖。肉酥起锅食之。如无脂油，要油气故耳。"① 煮之前，也有先炒煎一下的，如宋诩《宋氏养生部》卷三《禽属制》所载的"酒烹鹅"："剖为轩，先炒改白，同水、甘草烹熟。宽注以酒，加少盐、醋、花椒、葱白调和。和物宜生竹笋（同入烹）、生茭白（肉熟入之即起）、芦笋（生入）、蒲蒻（生入），全体亦宜。"可以看出，明代煮法烹饪肉食的方法和今天已基本相同了。

除肉食外，明人也用煮法烹饪各种蔬食。萝卜、莲藕、竹笋等根茎类蔬菜和豆腐等可用冷水煮烹，花叶类蔬菜则不可，明人对此类蔬菜多采取"焯"即滚水汆煮的方式，如高濂《饮馔服食笺》卷中《家蔬类》"撒拌和菜"载："如拌白菜、豆芽、水芹，须将菜入滚水焯熟，入清水漂着。临用时，榨干拌油方吃，菜色青翠不黑，又脆可口。"② 同书卷中《野蔌类》又载："凡花菜采来，洗净，滚汤焯起，速入水漂一时，然后取起榨干，拌料供食，其色青翠，不变如生，且又脆嫩不烂，更多风味。家菜亦如此法。"③ 即用开水汆煮，迅速捞出，浸入冷水，控干水分，调料拌食。

（三）汽蒸类

明人亦用蒸来加工菜肴，蒸鱼肉等荤菜时，事先拌好盐、酒、花椒等调料，然后再蒸。如蒸鲥鱼："鲥鱼去肠，不去鳞，用布拭去血水，放荡锣内。以花椒、砂仁、酱擂碎，水洒葱拌匀其味蒸，去鳞供食。"又如清蒸肉："用好猪肉煮一滚，取净方块，水漂过，刮净，将皮用刀界碎。将大小茴香、花椒、草果、官桂，用稀布包作一包，放荡锣内，上压肉块，先将鸡鹅清过好汁调和滋味浇在肉

①　（明）高濂撰，王大淳等整理：《遵生八笺》，人民卫生出版社2007年版，第358页。

②　（明）高濂撰，王大淳等整理：《遵生八笺》，人民卫生出版社2007年版，第368页。

③　（明）高濂撰，王大淳等整理：《遵生八笺》，人民卫生出版社2007年版，第372页。

上，仍盖大葱、腌菜、蒜榔入汤锅内，盖住蒸之。食时，去葱蒜菜并包料食之。"① 文中的"荡锣"即蒸笼。鸡、鸭、鹅、猪头等皆可蒸制，以明代小说《金瓶梅词话》所记为例，第三十四回描写西门庆家午餐时，四碟"案鲜"中，有一味"秃肥肥干蒸的劈晒鸡"；四碗"嘎饭"中，有一味"一瓯儿滤蒸的烧鸭"。《金瓶梅词话》还常见"烧鹅""烧花猪肉""烧猪头"等，皆是用蒸法加工而成的。如第二十三回描写宋惠莲烹饪"烧猪头"："只用的一根长柴禾安在灶内。用一大碗油酱，并茴香大料，拌的停当，上下锡古子扣定，那消一个时辰，把个猪头烧得皮脱肉化，香喷喷五味俱全。"

明代普通百姓加工的干菜，食用时多蒸食，如高濂《饮馔服食笺》卷中《家蔬类》"蒸干菜"条载："将大棵好菜择洗干净，入沸汤内焯五六分熟，晒干……用时，着香油揉，微用醋，饭上蒸食。"新鲜蔬菜亦可蒸食，如高濂《饮馔服食笺》卷中《野蔌类》"商陆"条载："采苗茎洗净，蒸熟，食加盐料。"②

（四）其他类

1. 火炙类

炙即用火烧烤，主要用于加工各种肉食，如"肉巴，用精嫩切条片，盐少腌之，后用椒料拌肉，见日一晾，炭火铁床上炙之，食"③。烤鸭在明代甚为流行，当时称为"烧鸭子"，是用焖炉烤制的。"烧鸭子"油多，郑廷玉有一出杂剧《看钱奴买冤家债主》，反映了这一情况。剧中贾员外想吃烧鸭子，又舍不得花钱，于是伸手在油汪汪的烧鸭子上捋了一把，五个手指都沾满了鸭油。回家，他舔了一个指头吃了一碗饭，舔了四个指头吃了四碗饭，剩下一个指头，他想留到晚上再吃，没想到午睡时，让狗舔了个精光，气得

① （明）高濂撰，王大淳等整理：《遵生八笺》，人民卫生出版社2007年版，第356、358页。
② （明）高濂撰，王大淳等整理：《遵生八笺》，人民卫生出版社2007年版，第369、381页。
③ （明）高濂撰，王大淳等整理：《遵生八笺》，人民卫生出版社2007年版，第359页。

这位员外卧床不起。明朝永乐年间，烧鸭由南京传到北京，称"金陵片皮烤鸭"①。

2. 油炸类

明代的油炸类菜肴，已和现代类似，多在原料上裹以面粉糊后炸制，如栀子花："采花洗净，水漂去腥，用面入糖盐作糊，花拖油炸食。"蓬蒿："采嫩头，二三月中方盛，取来洗净，加盐少腌，和粉作饼，油炸，香美可食。"②玉簪花："采半开蕊，分作二片，或四片，拖面煎食。若少加盐、白糖，入面调匀拖之，味甚香美。"③

明代的不少菜肴多采取两种或两种以上的复合烹饪法，如前文所述的"炒羊肚儿""炒腰子"是先将原料汆煮后爆炒，"清蒸肉"是将猪肉先煮后蒸。复合烹饪法的大量采用，使明代的菜肴烹饪程序更为复杂，菜肴品种更为繁多、精美。

值得一提的是，前代一直盛行的各种肉脍（鱼鲙）在明代已基本上销声匿迹，明人谢肇淛称："脍即今鱼肉生也，聂而切之，沃以姜椒诸剂，闽、广人最善为之……今自闽、广之外，不但斫者无人，即啖者亦无人矣。"④ 明代文献中的"肉生""蟹生"已与前代生食的肉脍（鱼鲙）有着本质的区别，因为这些"肉生""蟹生"已是经过高温烹熟的了，以高濂《饮馔服食笺》卷中《脯鲊类》所记为例，"蟹生"的做法是"用生蟹剁碎，以麻油先熬熟，冷，并草果……共十味，入蟹内拌匀，即时可食"。"肉生"的做法是"用精肉切细薄片子，酱油洗净，入火烧红锅爆炒，去血水

---

①　萧放等：《中国民俗史》（明清卷），人民出版社 2008 年版，第 99 页。

②　（明）高濂撰，王大淳等整理：《遵生八笺》，人民卫生出版社 2007 年版，第 374 页。

③　（明）高濂撰，王大淳等整理：《遵生八笺》，人民卫生出版社 2007 年版，第 380 页。

④　（明）谢肇淛：《五杂组》卷十一，《明代笔记小说大观》，上海古籍出版社 2005 年版，第 1723 页。

微白即好。取出切成丝……临食加醋和匀，食之甚美"①。中国人抛弃生食肉脍（鱼鲙）习俗，其主要原因是越来越多的人们已意识到生食肉脍（鱼鲙）极易滋生疾病。在鱼鲙盛行的唐宋时期，文献中就不乏食鲙致病的记载。明代时，人们不再生食各种肉脍（鱼鲙），促进了国人身体的健康成长。

三、地方菜系的形成

明代时，不少地区开始拥有完整的菜肴体系，其烹饪原料、烹饪方法的选择和菜肴的口味有别于他乡。在南京、北京、扬州等大城市里，很多餐馆标榜自己为齐鲁、姑苏、淮扬、川蜀、京津、闽粤等地风味，这些地方风味餐馆的出现，表明中国的地方菜系已基本形成。其中，影响最大的为鲁、川、维扬、粤四大菜系。

（一）鲁菜

鲁菜源于山东地区，黄河流域及其以北的广大地区的菜肴均可纳入鲁菜的范畴。明代时，鲁菜已基本形成了"咸鲜"为主的特色，其烹饪技术也达到了纯熟的程度，鲁菜已成为京城内人人皆知的美食。上自宫廷贵族，下至庶民百姓都喜食鲁菜。

鲁菜是中国菜的典型代表，它犹如北方的大家闺秀，大方高贵而不小家子气，堂堂正正而不走偏锋，其味道纯正浓厚，咸甜分明，较少复合口味，以"清汤"取其鲜味，以"烹醋"取其酸香，以葱蒜取其辛辣，以"拔丝""挂霜"取其甘甜。

鲁菜主要由济南、济宁、胶东风味构成。其中济南菜取材广泛，菜品繁多，擅长爆炒、烧、炸等烹饪方法，以清鲜脆嫩著称；济宁菜选料讲究，制作精细，以烹制河鲜及干鲜见长；胶东菜擅长爆、炸、蒸、扒等烹饪方法，口味鲜嫩清淡。此外，曲阜的孔府菜、泰山斗母宫的斗母宫菜等，也是鲁菜的重要流派。

鲁菜的传统名菜有九转大肠、油爆双脆、奶汤蒲菜、三美豆腐、油泼豆莛、八仙过海、德州扒鸡、清汆赤鳞鱼、糖醋黄河鲤

---

① （明）高濂撰，王大淳等整理：《遵生八笺》，人民卫生出版社 2007
年版，第 353、357 页。

鱼、四味大虾、扒原壳鲍鱼、清蒸加吉鱼、炸蛎黄、蝴蝶海参、奶汤鱼翅、奶汤银肺、鸡茸海参等。

（二）川菜

川菜源于"天府之国"四川，范围涵盖长江上游地区的巴蜀地区。蜀人很早便"尚滋味……好辛香"①，早在北宋东京就有专营川菜的川饭店，说明北宋时川菜便走出蜀境步入中原了。明代时，川菜的风味更为鲜明，这在很大程度上得因于辣椒的引进。辣椒在巴蜀等西南地区的菜肴中使用很广，辣味成为贯穿于整个川菜的一条主线，加之巴蜀地区原有的川椒的麻，麻辣味遂成为川菜最鲜明的特征。

川菜注重选料，取材广泛，色调鲜明，富于变化；烹调技法多达数十种，以炒、煎、干烧、干煸、熏、泡、炖、烩、爆、焖等为主，讲究色香味形，以味多、广、厚而著称，素有"七味"（甜、酸、麻、辣、苦、香、咸）、"八滋"（干烧、酸、辣、煸、怪味、鱼香、椒麻、红油）之说和"一菜一格，百菜百味"之美誉。

川菜的主要名菜有东坡肉、东坡肘子、东坡墨鱼、清蒸江团、樟茶鸭子、开水白菜、回锅肉、蒜泥白肉、灯影牛肉、毛肚火锅、辣子鸡丁、鱼香肉丝、酸菜鱼、麻婆豆腐、夫妻肺片、干煸牛肉丝等。

（三）维扬菜

维扬菜又称淮扬菜，它是指以扬州为中心的长江下游地区的菜肴。扬州位于长江和京杭大运河的交汇处，水运交通发达，经济繁荣。明代时，扬州还是徽州盐商的大本营。明代中后期，以徽州盐商为代表的奢侈之风，使扬州成为南方人的享乐中心。在饮食上，扬州菜肴更是追精求细，以满足汇集于此的达官贵人、富商大贾的奢华饮食需要。据明万历《扬州府志》载："扬州饮食华侈，市肆百品，夸视江表。"以游大运河、瘦西湖而闻名的"船宴"，使维扬菜的影响扩大到大江南北、运河沿线。

维扬菜擅长炖、焖、煨、焐等需要慢火长时间的烹饪方法，厨

① （晋）常璩：《华阳国志》卷三《蜀志》，文渊阁《四库全书》本。

师们刀工极佳，代表性菜肴有清炖蟹粉狮子头、拆烩鲢鱼头、扒烧整猪头、云林鹅、三套鸭、叫化童鸡、松鼠鳜鱼、清蒸鲥鱼、软兜长鱼、双皮刀鱼、雪花蟹斗、文思豆腐、大煮干丝、水晶肴肉等。

（四）粤菜

粤菜源于广东，涵盖岭南地区的整个珠江流域。岭南人食性颇杂，宋代时岭南地区已是遇蛇必捉，不问长短，遇鼠必捕，不问大小。蛇鼠狗猫等中原人民拒食的杂物亦纳入粤人的食谱。粤菜除了食杂物外，也颇受由中原迁移而来的客家人的饮食影响，从而形成了独特的岭南风味。

粤菜主要由广州、潮汕、东江三种地方风味构成，其中以广州菜为正宗。广州菜以选料精、配料奇、善变化、品种多而著称，讲究口味清、鲜、滑、爽、脆、嫩，擅长爆、炒、煎、焗、炆、煲、烤、扣等烹饪方法；潮汕菜口味清纯，刀工细腻，善烹海鲜，擅长焖、炖、蒸、炒、炸、泡等烹饪方法，尤以甜菜、汤菜取胜；东江菜则保留较多的古代中原食俗遗风，口味偏咸，香浓油重，善烹鸡鸭，有独特的乡土色彩。

粤菜的主要名菜有烤乳猪、烧鹅、龙虎斗、太爷鸡、鼎湖上素、护国菜、东江盐焗鸡、东江窝全鸡、东江鱼丸、白灼螺片、大良炒牛奶、爽口牛肉丸等。

（五）其他菜系

除鲁、川、维扬、粤四大菜系外，明代其他地区的菜系亦有自己的特色。如主要由南昌、赣州和鄱阳湖区三种地方风味构成的江西菜，它是在历代"文人菜"的基础上发展而成的，具有油重味浓、主料突出、注重原汁原味等特点。江西菜选料以当地特产为主，口味侧重咸、辣、香，成菜讲究酥烂脆嫩，擅长烧、炒、蒸、焖、炖等烹饪方法。

浙江菜主要由杭州、宁波、绍兴等地区的菜肴构成，而以杭州菜为主。杭州菜清鲜爽脆、淡雅细腻；宁波菜擅烹海鲜，原汁原味；绍兴菜擅烹河鲜家禽，具有江南水乡风味。浙江菜口味清鲜滑嫩，秀丽雅致，菜如其景，用料精细、独特，擅烹海鲜、河鲜，注重火候。浙菜最具代表性的有龙井虾仁、宋嫂鱼羹、西湖醋鱼、金华火腿、西湖莼菜汤、八宝豆腐、砂锅鱼头豆腐、干菜焖肉、清汤越鸡等。

苏州菜清雅和谐，口味超甜。其选料严谨，以河鲜、家禽和时令蔬菜为烹饪主料。其加工精细，擅长焖、炖、蒸、烩等烹饪方法，重视调汤，保持原汁，风味清鲜，浓而不腻，淡而不薄，酥烂脱骨而不失其形，滑爽脆嫩而不失其味。

湘菜主要由湘江流域、洞庭湖区、湘西山区三大地方风味组成。湘菜品味丰富，尤嗜酸辣；技法多样，刀工精湛；腊味清香，适应性广。最具代表性的有东安仔鸡、腊味合蒸、君山银针鸡片、冰糖湘莲、龟羊汤、麻辣仔鸡、五元全鸡、祁阳笔鱼、吉首酸肉、油淋冬笋、板栗菜心、腊肉鳝片、小炒肉等。

徽州菜重油、重色、重火功，擅烹山珍野味，擅长炖、烧。徽菜名肴清炖马蹄鳖、石耳炖鸡、黄山炖鸽、问政山笋、金银蹄鸡等都是由小火煨炖而成。

河南菜四季分明，素油低盐，味道中和。湖北菜擅烹鱼鲜，陕西菜酸辣定味，山西菜离不开醋，等等。总之，地方菜是在四大菜系的基础上增加了各自的特色，其风味鲜明，体现了明代独具特色的饮食习尚。

第四节　宫廷饮食

一、宫廷饮食机构

明代的宫廷饮食机构可分外廷和内廷两大系统。外廷饮食机构是国家官署的一部分，负责以国家或朝廷的名义举办的各种祭祀、宴饮的饮食；内廷饮食机构属宫内机构的一部分，主要负责皇帝御膳的制作。二者之间又有着不可分割的联系。

（一）外廷饮食机构

明代外廷饮食机构的核心是光禄寺，其长官为光禄寺卿，次官为光禄寺少卿和寺丞，光禄寺卿的职责为："掌祭享、宴劳、酒醴、膳羞之事，率少卿、寺丞官属，辨其名数，会其出入，量其丰约，以听于礼部。凡祭祀，同太常省牲；天子亲祭，进饮福受胙；荐新，循月令献其品物；丧葬供奠馈。所用牲、果、菜物，取之上林苑。不给，市诸民，视时估十加一，其市直季支天财库。四方贡献果鲜厨料，省纳惟谨。器皿移工部及募工兼作之，岁省其成败。凡筵宴酒食及外使、降人，俱差其等而供给焉。传奉宣索，籍记而覆奏之。"光禄寺的下属机构有典簿厅，大官署、珍羞署、良酝署、掌醢署、司牲司、司牧局和银库，其核心为大官等四署，"大官供祭品宫膳、节令宴席、番使宴犒之事。珍羞供宫膳肴核之事。良酝供酒醴之事。掌醢供饧、油、醯、酱、梅、盐之事。司牲养牲，视其肥瘠而蠲涤之。司牧亦如之。"① 可见，光禄寺及其下属机构，负责具体承办以国家或朝廷的名义举办的各种祭祀和宴饮。

与光禄寺有职责协作关系的机构有礼部的仪制、祠祭、主客、精膳四司，工部的虞衡司，太常寺，上林苑和天财库等。大致说来，礼部四司和太常寺负责确定祭祀、筵宴的参加人员、等级规格和礼仪程序等，工部虞衡司负责提供饮食器具，上林苑负责提供饮食原料，天财库负责提供钱财以购买未备的食料、食器等。

就具体的祭祀、筵宴而言，有的是礼部奏请举行的，如元旦、冬至两大节筵宴；有的是光禄寺奏请举行的，"如立春则吃春饼，正月元夕吃元宵圆子，四月初八吃不落荚，五月端午吃粽子，九月重阳吃糕，腊月八日吃腊面，俱光禄寺先期上闻，凡朝参官例得餍恩"②。一些祭祀、筵宴的主管、发起机构由于时间推移也有所变化，如接待国外使节之宴，"本朝赐四夷贡使宴，皆总理戎政勋臣主席，唯朝鲜、琉球则以大宗伯主之，盖以两邦俱衣冠礼义，非他蛮貊比也……所设宴席，俱为庖人侵削，至于败腐不堪入口，亦有黠者作侏僇语怨詈，主者草草毕事，置不问也。窃意绥怀殊俗，宜加意抚恤，本朝既无接伴馆伴之使，仅以主客司一主事董南北二

① （清）张廷玉等：《明史》卷七四《职官三》，中华书局1974年版，第1798~1799页。
② （明）沈德符：《万历野获编》卷一《赐百官食》，《明代笔记小说大观》，上海古籍出版社2005年版，第1900页。

馆，已为简略，而赐宴又粗粝如此，何以柔远人？然弘治十四年，锦衣千户牟斌曾上言，四夷宴时，宜命光禄寺堂上官主其办设，务从丰厚，再委侍班御史一员巡视，上从之。今日久制湮，不复讲及此矣"①。

(二)　内廷饮食机构

明代内廷机构庞大，其核心为十二监四司八局。"按内府十二监：曰司礼，曰御用，曰内官，曰御马，曰司设，曰尚宝，曰神宫，曰尚膳，曰尚衣，曰印绶，曰直殿，曰都知。又四司：曰惜薪，曰宝钞，曰钟鼓，曰混堂。又八局：曰兵仗，曰巾帽，曰针工，曰内织染，曰酒醋面，曰司苑，曰浣衣，曰银作。以上总谓之曰二十四衙门也。"② 其中，司礼监、尚膳监、惜薪司、酒醋面局皆与宫中饮膳有直接关系。

司礼监，是明代内廷二十四衙门中权力最大的机构。明熹宗以前，皇帝所食的御膳，"俱司礼监掌印、秉笔、掌东厂者二、二人轮办之"。明熹宗登基后，改由尚膳监办理。明思宗崇祯十三年(1640年)，"复令司礼监掌印、掌厂、秉笔照先年例挨月轮流办膳，仍遵祖制也"③。由于办理御膳，司礼监的掌印、掌厂、秉笔三大宦官，每家都拥有为数众多的办膳人员。以熹宗朝为例，"初王体乾、宋晋、魏进忠三家，每月挨办膳。天启二年，进忠改名忠贤。四年以后，便是王体乾、魏忠贤、李永贞三家轮流办之。遇闰月则各四十日算之。惟客氏常川供办，共四家矣。每家经管造办膳羞掌家等官数十员，造酒、醋、酱等项，并荤素各局外，厨役将数百人，此紫禁城之外者。至于乾清宫以内，则每家各有领膳暖殿四员，管果酒暖殿二员，请膳近侍四、五十员，已上皆穿红者也。又

①　(明) 沈德符：《万历野获编》卷三十《赐四夷宴》，《明代笔记小说大观》，上海古籍出版社 2005 年版，第 2719 页。

②　(明) 刘若愚：《酌中志》卷十六《内府衙门职掌》，《明代笔记小说大观》，上海古籍出版社 2005 年版，第 2985 页。

③　(明) 刘若愚：《酌中志》卷十六《内府衙门职掌》，《明代笔记小说大观》，上海古籍出版社 2005 年版，第 2996 页。

司房管库房、汤局、荤局、素局、点心局、干碟局、手盒局、凉汤局、水膳局、馈膳局、管柴炭及抬膳，又各内官百余。"① 需要指出的是，天启年间（1621—1627 年）司礼监宦官所办理的御膳只用于赏赐，明熹宗并不进食，他只食用乳母客氏所烹者。刘若愚《酌中志》卷十四《客魏始末纪略》载："每月先帝所进之膳，皆客氏下内官造办，名曰老太家膳，圣意颇甘之焉。旧制：司礼监掌印掌东厂秉笔大膳房，遵照祖制所造办之膳酒，乃只为具文，备赏用而已，希进御也。"②

尚膳监，设"掌印太监一员，提督光禄太监一员，总理一员，管理、金书、掌书、写字、监工及各牛羊等房厂监工无定员，掌御膳及宫内食用并筵宴诸事"③。尚膳监"职掌造办，每日早午晚奉先殿供养膳品……至如南京等处进各样鲜品，皆属收纳"④。尚膳监下辖北膳房、南膳房、北花房等办膳之所，乾清宫内则有汤局、荤局、素局、点心局、干煠局、手盒局、冰膳局、馏膳局、面筋局、冻汤局等具体的办膳机构⑤。

惜薪司，设"掌印太监一员，总理、金书、掌道、掌司、写字、监工及外厂、北厂、南厂、新南厂、新西厂各设金书、监工俱无定员，掌所用薪炭之事"⑥。该司"专管宫中所用柴炭及二十四衙门、山陵等处内臣柴炭"，其中，宫中膳房烹饪饮食的柴炭为专

① （明）刘若愚：《酌中志》卷十四《客魏始末纪略》，《明代笔记小说大观》，上海古籍出版社 2005 年版，第 2963~2964 页。

② （明）刘若愚：《酌中志》卷十四《客魏始末纪略》，《明代笔记小说大观》，上海古籍出版社 2005 年版，第 2963 页。

③ （清）张廷玉等：《明史》卷七四《职官三》，中华书局 1974 年版，第 1819 页。

④ （明）刘若愚：《酌中志》卷十六《内府衙门职掌》，《明代笔记小说大观》，上海古籍出版社 2005 年版，第 2996 页。

⑤ （明）沈德符：《万历野获编》补遗《内监·内府诸司》，《明代笔记小说大观》，上海古籍出版社 2005 年版，第 2753~2754 页。

⑥ （清）张廷玉等：《明史》卷七四《职官三》，中华书局 1974 年版，第 1819~1820 页。

门的"马口柴"。惜薪司属下的"红箩厂",还负责收交"顺天府岁供糯米十五石五斗,永平府岁供红枣一万五千五百七十斤"①。

酒醋面局,"职掌内官宫人食用酒、醋、面、糖诸物。浙江等处岁供糯米、小麦、黄豆及谷草、稻皮、白皮有差,以备御前宫眷及各衙门内官之用,与御酒房不相统辖"②。

明代宫中还有一些机构与饮膳有关。如内府供用库,"专司皇城内二十四衙门、山陵等处内官食米。每员每月四斗……厅前悬一木鱼,长可三尺许,以示有余粮之意";甜食房,"经手造办丝窝虎眼等糖,裁松饼减煤等样一切甜食……又七月十五进献波罗蜜,亦所造也";林衡署、蕃毓署、嘉蔬署、良牧署,"职掌进宫瓜茄、杂果、菜,栽培树森、鸡黄、鹅黄、鸭蛋、小猪等项"③;御酒房,设"提督太监一员,金书无定员,掌造御用酒"④;御茶房,"职司茶酒、瓜果。凡圣驾出朝、经筵讲筵御用茶,及宫中三时进膳,圣驾匕箸,中宫匕箸,系其职掌"⑤。

与其他朝代不同,明代宦官、宫女的饮食不需要御膳房提供,宫女们各自有小厨房,宦官则就食于有"对食"关系的宫女处。沈德符《万历野获编》载:"贵珰近侍者俱有直房,然密迩乾清等各宫,不敢设庖厨,仅于外室移飧入内,用木炭再温,以供饔飧。唯宫婢各有爨室自炊,旋调旋供,贵珰辈反甘之,托为中馈,此结

---

①　(明)刘若愚:《酌中志》卷十六《内府衙门职掌》,《明代笔记小说大观》,上海古籍出版社2005年版,第2998~2999页。

②　(明)刘若愚:《酌中志》卷十六《内府衙门职掌》,《明代笔记小说大观》,上海古籍出版社2005年版,第3004页。

③　(明)刘若愚:《酌中志》卷十六《内府衙门职掌》,《明代笔记小说大观》,上海古籍出版社2005年版,第3004、3006~3007、3014页。

④　(清)张廷玉等:《明史》卷七四《职官三》,中华书局1974年版,第1821页。

⑤　(明)刘若愚:《酌中志》卷十六《内府衙门职掌》,《明代笔记小说大观》,上海古籍出版社2005年版,第3020页。

好中之吃紧事也。"①

二、宫廷饮食特点

(一) 食物原料极其广博

皇宫的饮食原料来自全国各地,极其广博。以宫中正月所食为例,"则冬笋、银鱼、鸽蛋、麻辣活兔,塞外之黄鼠、半翅鹖鸡,江南之蜜罗柑、凤尾橘、漳州橘、橄榄、小金橘、风菱、脆藕,西山之苹果、软子石榴之属,水下活虾之类,不可胜计。本地则烧鹅、鸡、鸭、猪肉,泠片羊尾、爆炒羊肚、猪灌肠、大小套肠、带油腰子、羊双肠、猪脊肉、黄颡管儿、脆团子、烧笋鹅,醦腌鹅、鸡鸭、炸鱼、柳蒸煎燂鱼、炸铁脚雀、卤煮鹌鹑、鸡醢汤、米烂汤、八宝攒汤、羊肉猪肉包、枣泥卷、糊油蒸饼、乳饼、奶皮、烩羊头、糟腌猪蹄尾耳舌、鸡肫掌。素蔬则滇南之鸡枞、五台之天花羊肚菜、鸡腿银盘等蘑菇,东海之石花海白菜、龙须、海带、鹿角、紫菜,江南乌笋、糟笋、香蕈,辽东之松子、蓟北之黄花、金针、都中之山药、土豆,南都之苔菜、糟笋,武当之鹰嘴笋、黄精、黑精,北山之榛、栗、梨、枣、核桃、黄连、芽木兰、芽蕨菜、蔓菁,不可胜数也。茶则六安松萝、天池、绍兴岕茶、径山茶、虎丘茶也。"②

宫中的食物原料来源途径有三:一是各地贡奉。如"顺天府岁供糯米十五石五斗,永平府岁供红枣一万五千五百七十斤"③;南直隶江阴县贡子鲚万斤④;宣德六年(1431年)常州宜兴县贡

① (明)沈德符:《万历野获编》卷五《碾匠》,《明代笔记小说大观》,上海古籍出版社2005年版,第2063页。
② (明)刘若愚:《酌中志》卷二十《饮食好尚纪略》,《明代笔记小说大观》,上海古籍出版社2005年版,第3062页。
③ (明)刘若愚:《酌中志》卷十六《内府衙门职掌》,《明代笔记小说大观》,上海古籍出版社2005年版,第2999页。
④ (明)沈德符:《万历野获编》补遗《户部·贡害》,《明代笔记小说大观》,上海古籍出版社2005年版,第2795页。

茶二十万斤①；湖广成化十七年（1481 年）以后贡鱼鲊三万斤②。上贡之品多为当地的土特精品，由于路途遥远或上贡数量较大，明代的贡品也有质劣粗恶者，如南京所贡的鲥鱼，由于路途遥远，鲥鱼难以保鲜，"唯折干而行，其鱼皆臭秽不可向迩"③。又如湖广所贡的鱼鲊，因所贡数量较多，质量难以保证，"神庙三十年，以进鲊粗恶，夺布政使程正谊官，则又属之有司"④。二是司苑局、上林苑、林衡署、蕃毓署、嘉蔬署、良牧署等内廷机构生产。如上林苑在北京东安门外有菜厂一处，"是在京之外署也。职掌鹿、獐、兔、菜、西瓜、果子。"⑤ 三是从市场上购买。明代的宦官与宫女多形成"对食"关系，宫女称所配者为"菜户"。"凡宫眷所饮食，皆本人菜户置买……凡煮饭之米，必捡簸整洁，而香油、甜酱、豆豉、酱油、醋，一应杂料，俱不惜重价自外置办入也。"⑥

（二）重视饮食养生保健

明代宫廷饮食重视饮食保健，讲究养生之道。明太祖朱元璋即位不久，即召见百岁老人贾铭，询问长寿之道，贾铭告诉朱元璋，长寿的秘诀在于注意饮食，并以自己撰著的《饮食须知》进献给朱元璋，朱元璋即命在宫廷中传阅。元代太医忽思慧撰写的《饮膳正要》一书也受到了明代皇帝的重视，景泰年间（1450—1456年）明代宗朱祁钰亲自为此书作序，称："朕嘉是书而用之，以资

① （明）沈德符：《万历野获编》卷一《贡鲊贡茶》，《明代笔记小说大观》，上海古籍出版社 2005 年版，第 1921 页。

② （明）朱国祯：《涌幢小品》卷三一，《明代笔记小说大观》，上海古籍出版社 2005 年版，第 3853 页。

③ （明）沈德符：《万历野获编》卷十七《南京贡船》，《明代笔记小说大观》，上海古籍出版社 2005 年版，第 2351 页。

④ （明）朱国祯：《涌幢小品》卷三一，《明代笔记小说大观》，上海古籍出版社 2005 年版，第 3853 页。

⑤ （明）刘若愚：《酌中志》卷十六《内府衙门职掌》，《明代笔记小说大观》，上海古籍出版社 2005 年版，第 3014 页。

⑥ （明）刘若愚：《酌中志》卷二十《饮食好尚纪略》，《明代笔记小说大观》，上海古籍出版社 2005 年版，第 3067 页。

摄养之助。且锓诸梓，以广惠利于人，亦庶几乎，好生之仁。"①
《饮膳正要》一书遂得到重新刊刻，流行于社会之中。在文献中，
也可见到明代宫廷重视饮食养生保健的记载，如刘若愚《酌中志》
卷二十《饮食好尚纪略》载，宫中在三月份"吃雄猪腰子，大者
一对可值五六分，传云食之补虚损也"②。

（三）喜食时新果品肴馔

明代诸帝，除明太祖及建文帝建都南京外，均建都北京。北京
地处暖温带大陆性季风气候区域，这里春暖夏炎秋凉冬寒，四季区
分明显，人们讲究按季节气候进食，喜食时新果品肴馔。受此影
响，明代的宫廷饮食有很强的季节性特色，宫中每季、每月均有一
些特色饮食，可谓月月有鲜食，节节有变化。如正月"凡遇雪，
则暖室赏梅，吃炙羊肉、羊肉包、浑酒、牛乳"；二月"清明之
前……食河豚，饮芦芽汤，以解其热……此时吃鲚，名曰桃花鲚
也"；三月"吃烧笋鹅，吃凉饼，糯米面蒸熟，加糖、碎芝麻，即
糍巴也。吃雄猪腰子"；四月"尝樱桃，以为此岁诸果新味之始。
吃笋鸡，吃白煮猪肉，以为冬不白煮，夏不熰也。又以各样精肥
肉，姜蒜锉如豆大，拌饭，以莴苣大叶裹食之，名曰包儿饭。造甜
酱豆豉……吃白酒、冰水酪，取新麦穗煮熟，剁去芒壳，磨成细条
食之，名曰稔转，以尝此岁五谷新味之始也"；五月"初五日午
时，饮硃砂、雄黄、菖蒲酒，吃粽子，吃加蒜过水面……夏至伏
日，戴蓖麻子叶，吃长命菜，即马齿苋也"；六月"吃过水面，嚼
银苗菜，即藕之新嫩秧也……立秋之日，戴楸叶，吃莲蓬、藕"；
七月"吃鲥鱼"；八月吃西瓜、月饼、蒸蟹；十月"吃羊肉、炮炽
羊肚、麻辣兔、虎眼等各样细糖……吃牛乳、乳饼、奶皮、奶窝、
酥糕、鲍螺，直至春二月方止"；十一月"糟腌猪蹄尾、鹅脆掌、
羊肉包，匾食馄饨，以为阳生之义。冬笋到，则不惜重价买之。是

① （元）忽思慧：《饮膳正要·御制〈饮膳正要〉序》，人民卫生出版
社1986年版，第10页。

② （明）刘若愚：《酌中志》卷二十《饮食好尚纪略》，《明代笔记小说
大观》，上海古籍出版社2005年版，第3063页。

月也，天已寒，每日清晨吃辣汤，吃生焗肉、浑酒，以御寒"；十二月"吃灌肠，吃油渣卤煮猪头、烩羊头、爆焗羊肚、炸铁脚小雀加鸡子、清蒸牛白、酒糟蚶、糟蟹、炸银鱼等鱼、醋溜鲜鲫鱼、鲤鱼"①。

（四）经常禁屠用斋食素

出于宗教信仰目的，明朝皇帝经常下旨禁屠斋食。沈德符《万历野获编》称："人主御膳用素，唯孝宗朝为甚，每月必有十余日斋。"② 朱国祯《涌幢小品》载："弘治十五年，先有旨，自正月初一日至十二月二十七日，但遇御膳进素日期，俱令光禄寺禁屠。户科给事徐昂等因言：今一岁之中，禁屠断宰者，就一百一十一日，此旨惟光禄寺知之，在京诸司，尚未有知者。乞申谕各衙门，今后凡遇禁屠日期，自御膳以至宴赐之类，俱依斋戒事例，悉用素食。礼部议谓，光禄寺各项供应，上有两宫之奉养，下有四夷之宴赐，今凡遇禁屠日期，一切以素食从事，揆诸事体，殊为未便。"③ 明孝宗弘治年间（1488—1505 年），宫中的禁屠日多达 111日，几乎占了全年的三分之一。幸亏这些禁屠日大多只在宫廷中实行，并未推行到社会中去，否则将大大影响明人的饮食生活。

由于素馔斋食多不如荤腥菜肴有滋有味，皇帝食之不甘，明世宗嘉靖年间（1522—1566 年），太监于"茹蔬之中，皆以荤血清汁和剂以进，上始甘之，所费不赀，行之凡三十年"④。

禁屠日的设置对民间饮食生活也产生了一些影响，从民间的"买肉日""买豆腐日"可见一斑。沈德符《万历野获编》载："吾乡吴生白中伟比部，故刘司空督学浙江时所赏拔士也，戊戌举

---

① （明）刘若愚：《酌中志》卷二十《饮食好尚纪略》，《明代笔记小说大观》，上海古籍出版社 2005 年版，第 3062~3067 页。

② （明）沈德符：《万历野获编》卷一《御膳》，《明代笔记小说大观》，上海古籍出版社 2005 年版，第 1924 页。

③ （明）朱国祯：《涌幢小品》卷一，《明代笔记小说大观》，上海古籍出版社 2005 年版，第 3136 页。

④ （明）沈德符：《万历野获编》卷一《御膳》，《明代笔记小说大观》，上海古籍出版社 2005 年版，第 1924 页。

进士，授南行人归，过淮阴，时刘以故少宰起田间，总督河漕。吴谒之，留款坐话旧，良久，因留之饭。又良久，忽若自失者，顾左右云：'可问内庖，今日是买肉日期乎？抑买豆腐日也？'左右入问，又对曰：'当买豆腐。'乃揖之出，曰：'果如此！今日不敢奉留矣，奈何！'"①

（五）前期尚俭后期奢靡

明代初年，宫廷饮食尚俭。"御膳亦甚俭，唯奉先殿日进二膳，朔望日则用少牢。"② 初一、十五才用猪羊肉改善生活。明太祖对于宫内眷属的饮食生活也进行约束，如果亲王、后妃某日已经支取了一斤羊肉的话，当天就免支牛肉，或免支牛乳。明成祖也相当节俭，曾怒斥宦官用米喂鸡："此辈坐享膏粱，不知生民艰难，而暴殄天物不恤，论其一日养牲之费，当饥民一家之食，朕已禁戢之矣，尔等识之，自今敢有复尔，必罚不宥。"③ 明代中期以后，皇家御膳日益奢靡。据万历年间的沈德符言，"常见一中贵卖一大第，止供上饔飧一口之需……赞御辈平居无策，唯以吏、兵二部为外府，居间之所得半充牙盘进献。"④

从御膳所用食物原料上，也可看出明代宫廷饮食由俭趋奢的变化。明初的御膳肉肴多用豆腐和猪鸡鹅等家常畜禽，明代中后期则多用山珍野味，如明熹宗"最喜用炙蛤蜊、炒鲜虾、田鸡腿及笋鸡脯，又海参、鳆鱼、鲨鱼筋、肥鸡、猪蹄筋共烩一处，恒喜用焉"⑤。

---

① （明）沈德符：《万历野获编》卷十九《刘晋川司空》，《明代笔记小说大观》，上海古籍出版社 2005 年版，第 2410 页。

② （明）李乐：《见闻杂记》卷六，上海古籍出版社 1986 年版，第 474 页。

③ （明）余继登：《典故记闻》卷六，转引自徐海荣：《中国饮食史》卷五，华夏出版社 1999 年版，第 258 页。

④ （明）沈德符：《万历野获编》卷一《御膳》，《明代笔记小说大观》，上海古籍出版社 2005 年版，第 1924~1925 页。

⑤ （明）刘若愚：《酌中志》卷二十《饮食好尚纪略》，《明代笔记小说大观》，上海古籍出版社 2005 年版，第 3062~3063 页。

明代中后期，宦官、宫女等在饮食上也极其讲究，"多不以箪食瓢饮为美"。"凡宫眷内臣所用，皆炙煿煎炸厚味，但遇有病服药，多自己任意调治，不肯忌口。"① 宦官、宫女对精馔佳肴的极力追求，使身怀绝技的烹饪人员身价倍增，刘若愚《酌中志》称："其手段高者，每月工食可须数两，而零星赏赐不与焉……总之，宫眷所重者，善烹调之内官；而各衙门内臣所喜者，又手段高之厨役也。"② 沈德符《万历野获编》亦称："以善庖者为上等，并视其技之高下为值之低昂，其价昂者每月得银四五两。"③

第五节　饮 食 习 俗

一、宴饮待客食俗

（一）待客饮食的由俭变奢

明代初年，人们的饮食生活普遍较为简朴。上自王公，下至庶民，都自觉遵守节俭原则。其原因是天下初定，社会物资匮乏，尚不能提供丰裕的各类饮食供人们充分消费。明太祖朱元璋出身淮右布衣，深知稼穑之艰难，谋生之不易，注意生活节俭，也为社会各阶层奉行节俭做出了表率。明初民间待客，饮食颇为简单。一般设席四人一桌，主人相陪，菜不过五七盘，酒杯共用。

明代中叶开始，特别是嘉靖（1522—1566 年）中期以后，待客饮食发生明显变化，开始崇尚奢华。浙江桐乡的李乐在万历年间回忆儿时参加的一个喜筵，席面上水果不过五盘，菜肴不过六盘，汤不过三盏。这还是特别的喜筵，如果是正月元旦邻居相互招呼应酬，就是五六人或八九人共坐，大家共用凉菜四品，以有把儿的瓷

---

① （明）刘若愚：《酌中志》卷二十《饮食好尚纪略》，《明代笔记小说大观》，上海古籍出版社 2005 年版，第 3066、3067 页。

② （明）刘若愚：《酌中志》卷二十《饮食好尚纪略》，《明代笔记小说大观》，上海古籍出版社 2005 年版，第 3067 页。

③ （明）沈德符：《万历野获编》卷五《馆匠》，《明代笔记小说大观》，上海古籍出版社 2005 年版，第 2063 页。

盅轮流饮酒，并不是一人一只酒杯。这种简朴的待客食俗在他成人之后，就"杳然不可复见矣"①。

崇祯《泰州志》亦载，往时待客菜肴只有几种，酒不过六七行，无论客人是否满座，"俱以一杯传送，仅将敬而已。"到崇祯时，"则觥筹无算，罗列盈前"，并且多以优伶戏子助兴，竟夜为乐，这样宴饮待客的做法，成为一般习惯，"而相沿成习矣"②。

顾元起在《客座赘语》卷七《南都旧日宴集》中，记述了明代正统（1436—1449年）至嘉靖期间南京待客习俗的由俭变奢的演变："外舅少冶公尝言：南都正统中延客，止当日早令一童子至各家邀云：'请吃饭'，至已时则客已毕集矣。如六人八人，止用大八仙桌一张，肴止四大盘，四隅四小菜，不设果。酒用二大杯轮饮，桌中置一大碗注水，涤杯更斟送次客，曰汕碗。午后散席。其后十余年，乃先日邀知，次早再速，卓及肴如前，但用四杯，有八杯者。再后十余年，始先日用一帖，帖阔一寸三四分，长可五寸，不书某生，但具姓名拜耳，上书'某日午刻一饭'，卓、肴如前。再后十余年，始用双帖，亦不过三摺，长五六寸，阔二寸，方书眷生或侍生某拜，始设开席，两人一席，设果肴七八器，亦已刻入席，申末即去。至正德、嘉靖间，乃有设乐及劳厨人之事矣。"③

松江人何良俊生活于嘉靖、隆庆（1567～1572年）、万历（1573～1620年）三朝，他的记述也反映了明朝待客食俗由俭尚奢的变化："余小时见人家请客，只是果五色，肴五品而已。惟大宾或新亲过门，则添虾、蟹、蚬、蛤三四物，亦岁中不一二次也。今寻常燕会，动辄必用十肴，且水陆毕陈；或觅远方珍品，求以相胜。前有一士夫请赵循斋，杀鹅三十余头，遂至形于奏牍。近一士

① （明）李乐：《见闻杂记》卷二，上海古籍出版社1986年版，第299页。

② 转引自萧放等：《中国民俗史》（明清卷），人民出版社2008年版，第128页。

③ （明）顾启元：《客座赘语》卷七，《明代笔记小说大观》，上海古籍出版社2005年版，第1369页。

夫请袁泽门，闻淆品计百余样，鸽子、斑鸠之类皆有。"①

明代晚期，奢侈之风大兴。"今之富家巨室，穷山之珍，竭水之错，南方之蛎房，北方之熊掌，东海之鳆炙，西域之马奶，真昔人所谓富有小四海者，一筵之费，竭中家之产不能办也。""先大夫初至吉藩，遇宴一监司，主客三席耳，询庖人，用鹅一十八、鸡七十二，猪肉百五十斤，它物称是。"② 富家大户、王侯阉宦如此，中产之家和平民在饮食上也由俭而奢。叶梦珠在《阅世编》中记述明末江南中产人家的宴会时说："肆筵设席，吴下向来丰盛。缙绅之家，或宴官长，一席之间水陆珍馐多至数十品。即庶士中人之家，新亲严席，有多至二三十品者。若十余品则是寻常之会矣。然品必用木漆果山如浮屠样，蔬用小瓷碟添案，小品用攒合，俱以木漆架架高，取其适观而已。即食前方丈，盘中之餐，为物有限。崇祯初，始废果山碟，用高装水果，严席则列五色，以饭盂盛之，相知之会则一大瓯而兼间数色，蔬用大铙碗，制渐大矣。"③

在晚明来华的欧洲传教士的记述中，也可以看出当时饮食的奢华。西班牙传教士、奥古斯丁会修士马丁·德·接达 1575 年访问福建后，撰写了《记大明的中国事情》，书中这样描绘福建泉州、福州的宴会："在一间大厅里，厅的上首，他们为每个教士排七张桌子，沿墙为在那里的西班牙俗人每人排五张桌子，陪我们的中国军官每人三张。邀我们的军官们坐在厅门附近，对着教士们，各就各位。在我们的地盘里，他们为我们每人在一边准备了三张放餐具的桌子。这些桌子上放有尽可能多的盛食物的盘碟，唯有烧肉放在那张主要的桌上，其他非烧煮的食物放在其他桌上，那是为讲排场和阔气。有整只的鹅鸭、阉鸡和鸡、熏咸肉及其他猪排骨、新鲜小牛肉和牛肉、各类鱼、大量的各式果品，还有用搪瓷制的精巧的

① （明）何良俊：《四友斋丛说》卷三十四《正俗一》，《明代笔记小说大观》，上海古籍出版社 2005 年版，第 1146~1147 页。

② （明）谢肇淛：《五杂组》卷十一，《明代笔记小说大观》，上海古籍出版社 2005 年版，第 1720~1721，1722 页。

③ 转引自徐海荣：《中国饮食史》卷五，华夏出版社 1999 年版，第 261 页。

壶、碗和别的小玩意儿，等等。"①

1582—1610 年在华生活的意大利传教士利玛窦在《利玛窦札记》中，也记述了晚明宴饮的奢华："有时候桌上摆满了大盘小盘的各种菜肴。他们的鱼和肉不象我们那样要遵守一定的上菜次序。菜一端上桌子，就不再撤去，直到吃完饭为止，所以饭没吃完，桌子就压得吱嘎作响；碟盘子堆得很高，简直会使人觉得是在修建一个小型的城堡。"②

（二）饮宴待客礼仪

明朝的待客礼仪南北大不一样，"凡客至，相见作揖，南方则主人让客在东边，是右手，北方则主人让客在西边，是左手……北方人北向布席，比肩而拜，则宾当在西，主当在东，亦以左为尊也。今南人不知布席之由，北向作揖，亦让客在东手，则是尚右。处以凶事，失礼甚矣。"③

在待客的筵席上，有些地区不让晚辈入席，只有主人作陪。也有的让子侄晚辈参与宴饮，以接受待客礼仪的熏陶。何良俊《四友斋丛说》卷三十四《正俗一》载："吾松士大夫家燕会，皆不令子侄与坐，恐亦未是。顷见顾东桥每有燕席，命顾茂涵坐于自己卓边，东江每燕，亦令顾伯庸坐于卓边，不另设席。今存斋先生家三子皆与席，衡山每坐，必有寿辰、休辰。皇甫百泉、许石城二家，其二郎亦皆出座，与客谈谐共饮。盖儿子既已长大，岂能绝其不饮？若与我辈饮，则观摩渐染，未必无益，不愈于与群小辈喧哄酗酒耶？"④

晚明来华的西方传教士对中国的待客礼仪怀有浓厚的兴趣，在

① 转引自徐海荣：《中国饮食史》卷五，华夏出版社 1999 年版，第220页。

② ［意］利玛窦撰，何高齐等译：《利玛窦中国札记》第一卷第七章，中华书局 1983 年版，第72页。

③ （明）何良俊：《四友斋丛说》卷三十四《正俗一》，《明代笔记小说大观》，上海古籍出版社 2005 年版，第1143~1144页。

④ （明）何良俊：《四友斋丛说》卷三十四《正俗一》，《明代笔记小说大观》，上海古籍出版社 2005 年版，第1146页。

他们的著述中较为详细地记述了明代的待客礼仪。1550 年来华的葡萄牙人、多明我修士加斯帕·达·克路士所著《中国志》称："当有人遇到外地来的或者好些天没有见面的熟人时，相互致敬，他马上问对方有没有用过饭。如果说没有，他便带他到一家饭馆，在那里私下吃喝……如果回答说已用过饭了，他便带他上一家卖酒和甲鱼的铺子，在那里饮酒，这类铺子也有很多，他就在那里招待客人。"①

　　西班牙传教士、奥古斯丁会修士马丁·德·接达所著《记大明的中国事情》称："在举行筵席的厅外，排列着我们主人的全部卫队，携带武器、鼓乐，我们到达时开始奏乐。出席宴会的军官出来在院内迎接我们，没有致敬或鞠躬大家就一同进到宴会厅前的待客室，在那里我们按他们的习惯——鞠躬。行过许多礼后，我们在那里坐下，每人一把椅子，他们立即送上我说过的热水（茶）。喝完水，我们交谈一阵，再到宴会厅，在那里行许多礼等，讲若干客套。最后他们把我们逐个引到我们将就坐的桌席。军官们在这桌上摆第一盘菜和一杯盛满的酒。当每人入席后，开始奏乐，有鼓、六弦琴、琴、大弓形琵琶，一直演奏到宴会结束。厅中央有另一些人在演戏……桌上虽摆满食物，仍不断上汤上肉。宴会中间，他们一直热情祝酒……他们认为主人先从席桌起身是小气的，相反，只要客人在那儿，就不断上菜，直到客人想起身为止。甚至我们起身后，他们再请我们坐下，等一两盘菜，他们这样做了两三次。"②

　　意大利传教士利玛窦在《利玛窦札记》一书中，对明人的待客礼节及宴客程序做了更为详尽的描写："当一个人被邀请去参加一次隆重的宴会，那么在预定日期的前一天或前几天，他就会收到一本我们已经讲过的那种小折子。那里面署有主人的姓名，还有一种简短的套语，很客气而又文雅地说明他已将银餐具擦拭干净，并

---

　　①　转引自徐海荣：《中国饮食史》卷五，华夏出版社 1999 年版，第 219 页。

　　②　转引自徐海荣：《中国饮食史》卷五，华夏出版社 1999 年版，第 220~221 页。

在一个预定的日子和钟点准备下菲薄的便餐。通常宴会在晚间举行……同样的请帖送给每个被邀请的人。在预定举行宴会的那天早上，又给每人送一份请帖，格式简短一些，请他务必准时到来。就在规定的宴会开始不久前，又送出第三份请帖，照他们的说法，是为了在半路上迎接客人。

"到达之后先照常互相行礼致意，然后客人被请到前厅就座喝茶，以后再进入餐厅……在全体就座用餐之前，主人拿起一只金或银或大理石或别的贵重材料制成的碗，斟上酒，放在一个托盘上，用双手捧着，同时姿势优美地向主客深深鞠一个躬。然后，他从餐厅走到院子里，朝南把酒洒在地上，作为对天帝的祭品。再次鞠躬之后，他回到餐厅，在盘子上再放另一只碗，在习惯的位置上向主客致敬，然后两人一起走到房间中间的桌前，第一号客人将在这张桌子就座。中国人的上座是在桌子长边的中间或一列排列的几张桌子的中间一张；而不是象我们那样在桌子的一端。在这里主人把碗放在一个碟子里，双手捧着，并且从仆人那里取过一双筷子，把它们小心翼翼地为他的主客摆好。

"筷子是用乌木或象牙或其他耐久材料制成，不容易弄脏，接触食物的一头通常用金或银包头。主人为客人安排好在桌子前就座之后，就给他摆一把椅子，用袖子撑一撑土，走回到房间中间再次鞠躬行礼。他对每个客人都要重复一遍这个礼节，并把第二位安置在最重要的客人的右边，第三位在他左边。所有的椅子都放好之后，主客就从仆人的托盘里接受一个酒杯。这是给主人的；主客叫仆人斟满了酒，然后和所有的客人一起行通常的鞠躬礼，并把放着酒杯的托盘摆在主人的桌上。这张桌子放在房间的下首，因此主人背向房门和南方，面对着主客席位。这位荣誉的客人也替主人摆好椅子和筷子，和主人为客人安排时的方式一样。最后，所有的人都在左右就座，大家都摆好椅子和筷子之后，这位主客就站在主人旁边，很文雅地重复缩着手的动作，并推辞在首位入席的荣誉，同时在入席时还很文雅地表示感谢。

"中国人不用手接触食物，所以饭前饭后都不洗手。在上述礼节做完之后，所有的客人一起向主人鞠躬，然后客人们相互鞠躬，大家入座。他们大家都同时饮酒，饮酒时，主人双手举起放酒杯的碟或盘，慢慢放下来并邀大家同饮。通常他们喝得很慢，一口一口啜饮，所以这一礼节要重复四五次才能把一杯酒喝完……第一杯酒喝完，菜肴就一道一道地端上来。

"开始就餐时还有一套用筷子的简短仪式，这时所有的人都跟着主人的榜样做。每人手上都拿着筷子，稍稍举起又慢慢放下，从而每个人都同时用筷子夹到菜肴。接着他们就挑选一箸菜，拿筷子夹进嘴里。吃的时候，他们很当心不把筷子放回桌上，要等到主客第一个这样做，主客这样做就是给仆人一个信号，叫他们重新给他和大家斟酒。吃喝的仪式就这样一次又一次地重复，但是喝的要比吃的时间多。在进餐的全部时间内，他们或淡论一些轻松和诙谐的话题，或是观看喜剧的演出。有时他们还听歌人或乐人表演，这些表演者常常在宴会上出现，虽然没被邀请，但他们希望照他们往常一样得到客人的赏钱。

"在宴会或特别的晚餐上，不上面包，也不上中国人用以代替面包的米饭，除非是在非正式的饭桌上，那也要等到吃完的时候。如果用米饭，那么在吃米饭以前决不喝酒。甚至在他们每日的常规中，中国人在吃米饭以前也是决不喝酒的。有时候，在宴会进行之中还要玩各种游戏，输了的人就要罚酒，别人则在一旁兴高采烈地鼓掌。快要吃完饭的时候就要换酒杯；虽然给大家斟酒的次数是一样的，但从不勉强哪个人喝过了量。换杯只是一种友好的表示，请他继续喝下去。"①

从上述西方传教士对明代待客礼仪的详尽描述，可知明代的饮宴待客礼仪已和近代十分相似了。如在座次的安排上，主宾的座位面对房门，主人的座位背对房门；在饮食所上次序上，先茶后酒，最后再上饭；饮酒时，不再按巡逐个饮尽，而是共同举杯，等等。明代的饮宴待客礼仪与现代也有明显的不同之处，如正式宴客须提前分三次给客人送请帖，饮宴开始之前先用酒敬天等。

---

① ［意］利玛窦撰，何高济等译：《利玛窦中国札记》第一卷第七章，中华书局1983年版，第69~72页。

二、节日饮食习俗

明代主要的岁时节日和近代已相差无几，春节、元宵、清明、端午、中秋、重阳、腊八、小年仍是传统的大节，龙抬头节地位上升，七夕节有衰落的趋势，兴盛一时的上巳、寒食、社日等节日则烟消云散。

（一）春季节日饮食习俗

春季为四季之首，节日较多。明代影响较大的春季节日，有春节、立春、元宵、龙抬头、清明和三月二十八日的东岳庙会等。

1. 春节

明代时，春节食俗的趋吉避凶寓义更为强烈。在北方中原地区，"是日，吃蜜汁蒿水，俗人五更饱食，谓之'填仓'。连日皆食隔年蒸馒头或米饭，取陈陈相因之义。是日间有设酒肴待宾客者。是后各为春酒召饮，迭为主宾，至于二月、三月。"① "吃蜜汁蒿水"寓义日子甜蜜、步步高升；食隔年蒸的馒头或米饭，则寓义饭食年年吃不完，反映了人们希望年年有食，免受饥饿的心理。

南方江浙一带，"为椒柏之酒以待亲戚邻里，以春饼为上供……签柏枝于柿饼，以大橘承之，谓之百事大吉"②。柏、柿、大橘组合在一起，谐音"百事大吉"，充分反映了明人的趋吉心理。

这些民间的食俗，在庄严的皇宫大内也甚为流行，刘若愚《酌中志》卷二十《饮食好尚纪略》记载了明代宫廷的岁时饮食状况，称："正月初一日正旦节……所食之物，如曰百事大吉盒儿者，柿饼、荔枝、圆眼、栗子、熟枣共装盛之。又驴头肉，亦以小

---

① 嘉靖《尉氏县志·岁时民俗》，丁世良、赵放主编：《中国地方志民俗资料汇编·中南卷（上）》，书目文献出版社 1991 年版，第 22 页。

② （明）田汝成：《西湖游览志余》卷二十《熙朝乐事》，文渊阁《四库全书》本。

盒盛之，名曰嚼鬼，以俗称驴为鬼也。"①

春节早上吃饺子的习俗正式形成于明代，当时人称水饺为水点心或扁食，人们还用其占卜家人中谁最有福气，"吃水点心，即扁食也。或暗包银钱一二于内，得之者以卜一年之吉"②。

2. 立春

立春是二十四节气中的第一个节气，明人在立春日有"咬春"的习俗。在宫中，"无贵贱皆嚼萝卜，曰咬春。互相请宴，吃春饼和菜"。这种春饼和菜，也是初七"人日"的节日食品③。在民间，人们"茹春饼，啖萝卜，曰'咬春'"④。"举酒则缕切粉皮，杂以七种生菜供奉筵间，盖古人辛盘之遗意也。"⑤

3. 上元

正月十五为上元节，民间又称为灯节、元宵节等。明人极重视上元节，悬灯游赏，并非一日。在京师北京，"自初九日之后，即有耍灯市买灯，吃元宵。其制法用糯米细面，内用核桃仁、白糖为果馅，洒水滚成，如核桃大，即江南所称汤团者。十五日曰上元，亦曰元宵……灯市至十六更盛，天下繁华，咸萃于此"⑥。在浙江杭州，上元节要"前后张灯五夜"⑦。就是在偏僻的豫东尉氏县，上元赏灯亦有四日，"十三、四日，谓之'试灯'，是日为'正

① （明）刘若愚：《酌中志》卷二十《饮食好尚纪略》，《明代笔记小说大观》，上海古籍出版社 2005 年版，第 3061~3062 页。

② （明）刘若愚：《酌中志》卷二十《饮食好尚纪略》，《明代笔记小说大观》，上海古籍出版社 2005 年版，第 3061 页。

③ （明）刘若愚：《酌中志》卷二十《饮食好尚纪略》，《明代笔记小说大观》，上海古籍出版社 2005 年版，第 3062 页。

④ 嘉靖《夏邑县志·岁时民俗》，丁世良、赵放主编：《中国地方志民俗资料汇编·中南卷（上）》，书目文献出版社 1991 年版，第 131 页。

⑤ （明）田汝成：《西湖游览志余》卷二十《熙朝乐事》，文渊阁《四库全书》本。

⑥ （明）刘若愚：《酌中志》卷二十《饮食好尚纪略》，《明代笔记小说大观》，上海古籍出版社 2005 年版，第 3062 页。

⑦ （明）田汝成：《西湖游览志余》卷二十《熙朝乐事》，文渊阁《四库全书》本。

明代版画中贵族家庭庆元宵

灯'，十六日谓之'残灯'"①。

　　由于赏灯的百姓众多，正好是售卖市食的绝好时机。在浙江杭州，"市食则糖粽、粉团、荷梗、字娄、瓜子、诸品果蓏，构灯交易。"② 其中的字娄亦名"爆字娄""卜流"，即今天的爆米花。南方人喜用爆米花，以卜一年休咎。明人李诩《爆字娄诗》称："东人吴门十万家，家家爆谷卜年华。就锅抛下黄金粟，转手翻成白玉花。红粉美人占喜事，白头老叟问生涯。晓来妆饰诸儿女，数片梅

　　① 嘉靖《尉氏县志·岁时民俗》，丁世良、赵放主编：《中国地方志民俗资料汇编·中南卷（上）》，书目文献出版社 1991 年版，第 23 页。
　　② （明）田汝成：《西湖游览志余》卷二十《熙朝乐事》，文渊阁《四库全书》本。

花插鬓斜。"① 这首诗形象生动地展示了吴地（今江苏苏州）一带以 "爆孛娄" 占卜的民俗。

4. 龙抬头节

农历二月二日为龙抬头节，龙抬头节形成时间大大晚于其他汉族传统节日。最早记载龙抬头节的文献是元末熊梦祥《析津志》，该书《岁纪篇》载："二月二日，谓之龙抬头。"② 有学者认为，龙抬头节是从惊蛰节和春社日发展而来的，或者说惊蛰节和春社日是龙抬头节的前身③。明代时，上自宫闱，下至百姓皆食煎饼。在京师，"各家用黍面枣糕，以油煎之，或白面和稀，摊为煎饼，名曰薰虫"④。在河南尉氏，"各家贴符禁语及摊煎饼食之，以厌胜蛇、蝎、蚰蜒，不使近人"⑤。

5. 清明

明代以冬至后 105 日为清明节，节前两日为寒食节，寒食节渐被明人遗忘。清明节时人们在祭祀先茔的同时，多踏青宴饮，如在河南尉氏，人们 "上坟拜扫，遍享祭余，或携酒游春，名曰'踏青'"⑥。在浙江杭州，"是日倾城上塚，南北两山之间车马阗集，而酒尊食罍，山家村店，享馂遨游……又有买卖赶趁香茶、细果、酒中所需"。青粳饭原是南方寒食节的重要节食之一，僧道人士也多用之养生。在明代南方的清明节中，仍可见到青粳饭的遗迹，

---

① （明）李诩：《戒庵老人漫笔》卷六，中华书局 1982 年版，第 226 页。

② （元）熊梦祥著，北京图书馆善本组辑：《析津志辑佚·风俗》，北京古籍出版社 1983 年版，第 214 页。

③ 吉成名：《龙抬头节研究》，《民俗研究》1998 年第 4 期。

④ （明）刘若愚：《酌中志》卷二十《饮食好尚纪略》，《明代笔记小说大观》，上海古籍出版社 2005 年版，第 3063 页。

⑤ 嘉靖《尉氏县志·岁时民俗》丁世良、赵放主编：《中国地方志民俗资料汇编·中南卷（上）》，书目文献出版社 1991 年版，第 23 页。

⑥ 嘉靖《尉氏县志·岁时民俗》，丁世良、赵放主编：《中国地方志民俗资料汇编·中南卷（上）》，书目文献出版社 1991 年版，第 23 页。

"僧道采杨桐叶染饭，谓之青精饭，以馈施主"①。

6. 三月二十八日

三月二十八日相传为东岳齐天圣帝的生辰日，明人多在此日进东岳庙进香。在京师北京，"二十八日，东岳庙进香，吃烧笋鹅，吃凉饼。糯米面蒸熟，加糖、碎芝麻，即糍巴也。吃雄猪腰子，大者一对可值五六分，传云食之补虚损也"②。乡间往往在此期间举行东岳庙会，热闹非凡，如河南尉氏县"二十六日、二十七日、二十八日三日，赛东岳之神于其庙"③。

(二) 夏季节日饮食习俗

明代的夏季节日主要有立夏、浴佛节、端午节、六月六等。

1. 立夏

立夏是夏季的开始，夏季的炎热对人们的身心有较大的影响，为了渡过难关，人们在立夏日要吃专门的食品，以期强壮身体。南方的杭州人立夏日要吃七家茶，"立夏之日，人家各享新茶，配以诸色细果，馈送亲戚比邻，谓之七家茶。富室竞侈，果皆雕刻，饰以金箔。而香汤名目，若茉莉、林檎、蔷薇、桂蕊、丁檀、苏杏，盛以哥汝瓷瓯，仅供一啜而已"④。

2. 浴佛节

农历四月八日为浴佛节，相传此日是佛祖释迦牟尼的生辰日。浴佛时，"以小盆坐铜佛，浸以糖水，覆以花亭，铙鼓迎往富家，以小杓浇佛，提唱偈诵，布施财物"⑤。在明代宫廷，人们要吃一

———————

① （明）田汝成：《西湖游览志余》卷二十《熙朝乐事》，文渊阁《四库全书》本。

② （明）刘若愚：《酌中志》卷二十《饮食好尚纪略》，《明代笔记小说大观》，上海古籍出版社2005年版，第3063页。

③ 嘉靖《尉氏县志·岁时民俗》，丁世良、赵放主编：《中国地方志民俗资料汇编·中南卷（上）》，书目文献出版社1991年版，第23页。

④ （明）田汝成：《西湖游览志余》卷二十《熙朝乐事》，文渊阁《四库全书》本。

⑤ （明）田汝成：《西湖游览志余》卷二十《熙朝乐事》，文渊阁《四库全书》本。

种称为"不落荚"的食品，"用苇叶方包糯米，长可三四寸，阔一寸，味与粽子同也。"四月正值樱桃初出时节，人们品尝樱桃，"以为此岁诸果新味之始"。此外，还要吃笋鸡、白煮猪肉，"以为冬不白煮，夏不燶也"。"又以各样精肥肉，姜蒜锉如豆大，拌饭，以莴苣大叶裹食之，名曰包儿饭。造甜酱豆豉。"①

3. 端午节

农历五月五日为端午节，饮雄黄、菖蒲酒，吃粽子是端午节传统的节日民俗，明人仍传承之，如皇宫之中，"午时，饮硃砂、雄黄、菖蒲酒，吃粽子，吃加蒜过水面"②。其中的"加蒜过水面"又称蒜面、蒜面条，是新形成的端午节食，这种面食是将面条煮熟捞出后，用凉水浸过，拌食肉菜和捣蒜。此时，天气渐热，"加蒜过水面"凉滑可口，有利于增进人们的食欲。

端午节也是人们彼此增进感情的有利时机，陆容《菽园杂记》卷一载："朝廷每端午节赐朝官吃糕粽于午门外，酒数行而出。"③这是皇帝对臣子们的礼遇。在民间，"有宴生徒，皆有仪物以酬师。家家以衣物、果品遗女家，如女未嫁，则男家行礼如之，皆谓之'追节'。又家家角黍相遗"④。

4. 六月六

六月六日，正值炎暑，日照强烈，北方人多在此日合酱制曲，"炒麦面食孩童，可治泄泻"⑤。明代皇宫于此日"吃过水面，嚼

---

① （明）刘若愚：《酌中志》卷二十《饮食好尚纪略》，《明代笔记小说大观》，上海古籍出版社 2005 年版，第 3063 页。

② （明）刘若愚：《酌中志》卷二十《饮食好尚纪略》，《明代笔记小说大观》，上海古籍出版社 2005 年版，第 3064 页。

③ （明）陆容：《菽园杂记》卷一，《明代笔记小说大观》，上海古籍出版社 2005 年版，第 366 页。

④ 嘉靖《尉氏县志·岁时民俗》，丁世良、赵放主编：《中国地方志民俗资料汇编·中南卷（上）》，书目文献出版社 1991 年版，第 23 页。

⑤ 嘉靖《尉氏县志·岁时民俗》，丁世良、赵放主编：《中国地方志民俗资料汇编·中南卷（上）》，书目文献出版社 1991 年版，第 23 页。

银苗菜, 即藕之新嫩秧也"①。由于白天气温较高, 人们外出游玩等多趁夜晚, 如浙江杭州, "自此游湖者多于夜间停泊湖心, 月饮达旦, 而市中敲铜盏卖冰雪者铿聒远近"②。

（三）秋季节日饮食习俗

明代时, 秋季的重要的节日有七夕节、中元节、中秋节和重阳节等。

1. 七夕节

农历七月七日为七夕节, 又称乞巧节、巧节、女儿节等。各式巧果仍是明代七夕节的传统食品, 在北京"市上卖巧果, 人家设宴, 儿女对银河拜"③。"儿女对银河拜"是女子祭祀织女, 向其乞巧。这天也是大人向孩子们讲述牛郎织女爱情故事的大好时机, 如浙江杭州"七夕人家盛设瓜果、酒肴于庭心或楼台之上, 谈牛女渡河事"④。

2. 中元节

农历七月十五日为中元节, 俗称"鬼节"。拜扫先茔、祭祀鬼神祖先是中元节的重要内容, 如河南光山, "此日亦设酒肴祭祖先于其家"⑤。又如河南夏邑, "人各设麻谷、瓜果于庭祀神, 墓祭"⑥。中元前后, 秋收在望, 人们以麻谷、瓜果祭祀祖先, 含有秋报之意。中元节又是佛、道二教的重要节日, 此日往往做法事道

① （明）刘若愚:《酌中志》卷二十《饮食好尚纪略》,《明代笔记小说大观》, 上海古籍出版社 2005 年版, 第 3064 页。

② （明）田汝成:《西湖游览志余》卷二十《熙朝乐事》, 文渊阁《四库全书》本。

③ （明）于敏中等:《日下旧闻考》卷一四七《风俗》引《北京岁华记》, 北京古籍出版社 1985 年版, 第 2360 页。

④ （明）田汝成:《西湖游览志余》卷二十《熙朝乐事》, 文渊阁《四库全书》本。

⑤ 嘉靖《光山县志·岁时民俗》, 丁世良、赵放主编:《中国地方志民俗资料汇编·中南卷（上）》, 书目文献出版社 1991 年版, 第 245 页。

⑥ 嘉靖《夏邑县志·岁时民俗》, 丁世良、赵放主编:《中国地方志民俗资料汇编·中南卷（上）》, 书目文献出版社 1991 年版, 第 131 页。

场。在宫廷之中，"十五日中元，甜食房进供佛波罗蜜"①。受佛道素食的影响，屠门罢市一天。

3. 中秋节

八月十五日为中秋节。与前代相比，中秋节更强调家人的团圆。象征团圆的月饼在明代开始流行开来，成为中秋佳节最具代表性的节日食品。节前月饼的消费量很大，人们多以月饼作为节礼，互相馈送。中秋节前后，正值瓜果上市的旺季，各种瓜果和月饼一样成为中秋佳节人们馈送亲友、拜月宴饮不可缺少的食品。如河南尉氏，"'中秋'，设月饼、瓜果祭月，并邀朋赏玩"②。在河南夏邑，"乡市民设西瓜、面饼于庭，曰'团月'"③。在京师北京，"自初一日起，即有卖月饼者。加以西瓜、藕，互相馈送。西苑蹦藕。至十五日，家家供月饼、瓜果，候月上焚香后，即大肆饮啖，多竟夜始散席者。如有剩月饼，仍整收于干燥风凉之处，至岁暮合家分用之，曰团圆饼也"。中秋节前后，螃蟹始肥，宫廷盛行吃蟹，"凡宫眷、内臣吃蟹，活洗净蒸熟，五六成群，攒坐共食，嬉嬉笑笑。自揭脐盖，细将指甲挑剔，蘸醋蒜以佐酒，或剔蟹胸骨八路完整如蝴蝶式者，以示巧焉。食毕，饮苏叶汤，用苏叶等件洗手，为盛会也"④。

4. 重阳节

九月九日为重阳节，其节日食俗为食花糕、饮菊花酒。花糕即前代的重阳糕，北方的花糕多用面粉和大枣制成，如河南尉氏县的

　　① （明）田汝成：《西湖游览志余》卷二十《熙朝乐事》，文渊阁《四库全书》本。

　　② 嘉靖《尉氏县志·岁时民俗》，丁世良、赵放主编：《中国地方志民俗资料汇编·中南卷（上）》，书目文献出版社1991年版，第23页。

　　③ 嘉靖《夏邑县志·岁时民俗》，丁世良、赵放主编：《中国地方志民俗资料汇编·中南卷（上）》，书目文献出版社1991年版，第131页。

　　④ （明）刘若愚：《酌中志》卷二十《饮食好尚纪略》，《明代笔记小说大观》，上海古籍出版社2005年版，第3064~3065页。

人们在这天"蒸面枣糕，上插菊花，或剪采为之"①。南方的花糕则多用糯米制成，如浙江杭州，"重九日，人家糜栗粉和糯米拌蜜蒸糕，铺以肉缕，标以彩旗"②。

除自己食用外，人们还将重阳花糕作为节日礼品互相馈送。在明代皇宫，"自初一日起，吃花糕……九月重阳节，驾幸万岁山或兔儿山、旋磨山登高，吃迎霜麻辣兔，饮菊花酒"③。在北京地区，人们特别重视重阳节，临近重阳，父母家必接出嫁的女儿回娘家吃花糕。如果娘家不接，母亲会生气骂人，女儿也会起怨心，小妹则望姊不归而哭泣，因此重阳节被称为"女儿节"④。

（四）冬季节日饮食习俗

明代时，冬季的重要的节日有冬至、腊八、小年和除夕等。

1. 冬至

冬至在唐宋时期是一个重大节日，明代时冬至的地位有所下降，就全国而言，冬至已沦为普通节日。但在一些地区冬至依然是最重要的节日之一，如江浙一带，"冬至谓之亚岁，官府民间各相庆贺，一如元日之仪。吴中最盛，故有肥冬瘦年之说。"⑤。又如河南尉氏，"'冬至'拜庆，近'元旦'祀仪。吃馄饨，男女家追节，如'端午'"⑥。

2. 腊八

腊八的节日食品为腊八粥。明人将腊八粥又称为"腊粥"，一

① 嘉靖《尉氏县志·岁时民俗》，丁世良、赵放主编：《中国地方志民俗资料汇编·中南卷（上）》，书目文献出版社1991年版，第23页。

② （明）田汝成：《西湖游览志余》卷二十《熙朝乐事》，文渊阁《四库全书》本。

③ （明）刘若愚：《酌中志》卷二十《饮食好尚纪略》，《明代笔记小说大观》，上海古籍出版社2005年版，第3065页。

④ （明）刘侗、（明）于奕正：《帝京景物略》卷二《城东内外》，北京古籍出版社1983年版，第69~70页。

⑤ （明）田汝成：《西湖游览志余》卷二十《熙朝乐事》，文渊阁《四库全书》本。

⑥ 嘉靖《尉氏县志·岁时民俗》，丁世良、赵放主编：《中国地方志民俗资料汇编·中南卷（上）》，书目文献出版社1991年版，第23页。

般是用果品、米、豆合煮而成，如在京师北京，"初八日，吃腊八粥。先期数日，将红枣捶破泡汤，至初八早，加粳米、白果、核桃仁、栗子、菱米煮粥，供佛圣前，户牖、园树、井灶之上各分布之。举家皆吃，或亦互相馈送，夸精美也"①。

明人腊八日亦食"腊八面"。沈德符《万历野获编》卷一《赐百官食》载，腊月八日朝廷赐百官"吃腊面"。

腊八日人们还做酒、醋，称之为腊酒、腊醋。如河南夏邑，"十二月八日，食'腊粥'，酿'腊酒'"②。又如河南光山，"腊月八日，畜水作酒醋，夏月不生虫蛆"③。

3. 小年

腊月二十四日，明人称小年或交年。小年的主要活动是祭祀灶神，明代中国大部分地区祭灶的食品开始由荤变素，饧茗代替牲酒成为祭灶的主要祭品。如在浙江杭州，"民间祀灶以胶牙饧、糯米花糖、豆粉团为献"④，祭品全为素食。其中，胶牙饧既粘又甜，后世逐渐演化为灶糖。祭灶用灶糖的解释有二：一是为了粘住灶神的嘴，免得他上天胡说八道；二是让灶神甜言蜜语，光说人间好话⑤。少数地区的祭灶，祭品中仍可见到肉荤，如河南尉氏，"二十四日，俗于是夕设饧糖、牲醴祀灶，名曰'送灶神'"⑥。牲即肉，醴即酒。用肉酒祭灶，是明代以前中国祭灶的传统。饧糖则是宋末以来新兴的祭灶食品。饧糖、牲醴一起供上，请灶神享用，反

---

①　（明）刘若愚：《酌中志》卷二十《饮食好尚纪略》，《明代笔记小说大观》，上海古籍出版社 2005 年版，第 3067 页。

②　嘉靖《夏邑县志·岁时民俗》，丁世良、赵放主编：《中国地方志民俗资料汇编·中南卷（上）》，书目文献出版社 1991 年版，第 131 页。

③　嘉靖《光山县志·岁时民俗》，丁世良、赵放主编：《中国地方志民俗资料汇编·中南卷（上）》，书目文献出版社 1991 年版，第 245 页。

④　（明）田汝成：《西湖游览志余》卷二十《熙朝乐事》，文渊阁《四库全书》本。

⑤　刘朴兵：《中国民间的灶神与祭灶》，《亚洲研究》第 59 期（2009 年 9 月）。

⑥　嘉靖《尉氏县志·岁时民俗》，丁世良、赵放主编：《中国地方志民俗资料汇编·中南卷（上）》，书目文献出版社 1991 年版，第 23 页。

映了新旧民俗转换时期人们的祭祀心理，也说明直到明代祭灶的祭品尚未完全素食化。

4. 除夕

除夕，即一年的最后一天。团圆"守岁"是除夕最重要的民俗活动，不少人家"守岁"时备有酒宴，如河南光山，人们"具节食果酒以祀祖先。家人大小，下至仆婢，人给鱼肉，谓之'散羹'……骨肉团栾（圞）而饮，坐以'守岁'"①。"人给鱼肉"取年年有余的好兆头。冬日夜长，"守岁"难熬，故有些地区"守岁"时，伴以游戏助兴。如浙江杭州，"家庭举燕则长幼咸集，儿女终夜博戏、藏钩，谓之守岁……以赤豆作粥，虽猫犬亦食之"②。也有的人家在除夕"守岁"时，邀请乡邻朋友共饮，以加深情谊，如河南尉氏，"有邀饮过夜者，谓之'守岁'"③。"邀饮"说明请的对象不是家人，应是朋友、邻居等熟识亲近之人。

综上所述，明代的岁时节日食俗已和近代十分相似了，春节饺子、上元元宵、端午粽子、中秋月饼、重阳花糕、腊八粥、小年灶糖等这些节日食品已成为中国传统节日的象征和标志。

三、人生礼仪食俗

中国人普遍重视生育、冠笄、婚庆、寿诞、丧葬、祭祀等人生礼仪活动。饮食与这些礼仪活动有着密不可分的联系和不可替代的作用。明代时，人生礼仪食俗的发展已相当成熟，它既有前代人生礼仪食俗的一些传统内容，又有根据时代的要求和各地具体实际而作出调整的新内容。

（一）生育食俗

十月怀胎，一朝分娩。在临产之前，为了生产顺利，民间常有

---

① 嘉靖《光山县志·岁时民俗》，丁世良、赵放主编：《中国地方志民俗资料汇编·中南卷（上）》，书目文献出版社1991年版，第245~246页。

② （明）田汝成：《西湖游览志余》卷二十《熙朝乐事》，文渊阁《四库全书》本。

③ 嘉靖《尉氏县志·岁时民俗》，丁世良、赵放主编：《中国地方志民俗资料汇编·中南卷（上）》，书目文献出版社1991年版，第24页。

一些催产活动。如京师北京，妇女临产，"妇家先期以果羹馈其女，曰催生"①。小孩子顺利出生后，首先要向外婆家报喜，报喜的礼物各地不同，多为酒羊蛋果等，外婆家随即将事先备好的小儿衣服、喜蛋、馓子等送来。生子之家将喜蛋等分送各亲友，亲友纷纷携带礼物上门恭贺，主人多以"姜酒""鸡蛋酒""鸡蛋粥"等饮食款待贺客②。在小孩子出生三日和满月、百日、周岁时，生子之家往往举行饮宴，请亲友们吃饭。

（二）冠笄食俗

在古代，男子加冠，女子加笄，即意味着长大成人。隋唐时期，冠笄礼衰，只象征性地保存在社会上层，宋代理学家将在社会生活中恢复冠笄礼作为重建礼仪文化的重要组成部分，其中司马光的《书仪》、朱熹的《家礼》都对古代冠笄礼有特定的规定与表述。明代时，在统治者大力恢复汉族传统的大背景下，古老的冠笄礼在民间得到了一定程度的复兴。

明代男子举行冠礼的年龄，一般在十六岁至二十岁。冠礼的仪式多简洁、随意，有些地方称举行冠笄礼为"上头"。上头时邀请亲邻，吃"上头糕"。如嘉靖《吴江志》记载江苏吴江地方："童子年十二或十四始养发，发长为总角，十六以上始冠。女子将嫁而后笄。冠笄之日，蒸糕以馈亲邻，名曰'上头糕'。"也有设宴招待贺客的，如河南尉氏，"士夫家子弟弱冠，延宾行三加礼。乡民既冠，亲朋来贺，设席款之"③。

（三）婚庆食俗

先秦时，婚姻遵循"六礼"，即纳采、问名、纳吉、纳征、请期、亲迎等六道程序。明代时，婚姻程序有所简化，大致分纳采、纳币、亲迎三目，其中纳采为议婚仪式，纳币为定婚仪式，亲迎为

---

① （明）沈榜：《宛署杂记》卷一七《土俗》，北京古籍出版社1982年版，第193页。

② 陈宝良、王熹：《中国风俗通史》（明代卷），上海文艺出版社2001年版，第642页。

③ 嘉靖《尉氏县志·礼仪民俗》，丁世良、赵放主编：《中国地方志民俗资料汇编·中南卷（上）》，书目文献出版社1991年版，第22页。

完婚仪式。

议婚由男方先提出，在此之前，男方对女方的家世人品已经多有了解，多请媒人或亲朋上门表达求婚意向，讨取女子的生辰八字。如果女方同意，就会办酒席招待。如河南尉氏，"男家延请贵重亲朋往女家求庚贴，女家设席，返则男家复设席以待"①。

如果男女双方命相符合，就可进入订婚阶段。明代的定婚一般分为小定、大定两道程序。小定又称"小茶礼"，相当于古代的纳吉。浙江新昌所用礼品为猪鹅、茶饼之类②，北京地区"行小茶礼，物止羹果，数用四或六，甚至十六，数随家丰俭"。大定相当于古代的纳征，又称"纳币""大茶礼""行大礼""聘礼"等，这是男家在迎娶前送给女方的一笔聘礼。聘礼多是具有象征意义的物品，更多是金钱财物，如北京地区"大茶，别加衣服。勋戚家富贵家，金珠、玉石有费百千者"③。在广大的农村，聘礼多为猪羊、粮食等农产品，如在河南尉氏，"数日后行谢亲礼，具筵席羊酒送至女家。过此乃行小定礼。具筵席、猪羊、布帛、粮食等仪物。两番约用猪羊十二只或二十四只者，其粮食约用四十石，或六十石、八十石至一百二十石者"④。

大定时，一般包含了古代的"请期"内容，双方商订好举行婚礼的吉日。吉日一到，进入迎娶阶段。明代的迎娶有"亲迎"与"接亲"两种。"亲迎"是由新郎亲自到女方家迎娶，如河南光山"男娶必亲迎"⑤。又如河南尉氏，"亲迎之日，男先于女。及

① 嘉靖《尉氏县志·岁时民俗》，丁世良、赵放主编：《中国地方志民俗资料汇编·中南卷（上）》，书目文献出版社1991年版，第22页。

② 万历《新昌县志·礼仪民俗》，丁世良、赵放主编：《中国地方志民俗资料汇编·华东卷（中）》，书目文献出版社1992年版，第843页。

③ （明）沈榜：《宛署杂记》卷一七《土俗》，北京古籍出版社1982年版，第192页。

④ 嘉靖《尉氏县志·礼仪民俗》，丁世良、赵放主编：《中国地方志民俗资料汇编·中南卷（上）》，书目文献出版社1991年版，第22页。

⑤ 嘉靖《光山县志·礼仪民俗》，丁世良、赵放主编：《中国地方志民俗资料汇编·中南卷（上）》，书目文献出版社1991年版，第245页。

门，女党导新人至寝室合卺，俗名‘交心盏’”①。“接亲”是由男方家长或尊辈带着礼物、花轿到女方家迎娶，如南京“婿之亲迎者绝少，惟姑自往迎之，女家稍款以茶果。妇登舆，则女之母随送至婿家，舅姑设宴款女之母。富贵家歌吹彻夜，至天明始归。婿随往谢妇之父母，亦款以酒。而妇之庙见与见舅姑，多在三日”②。

婚后数日，有些地方还行“媛饭”礼，即女家给新娘送饭。如在福建，“嫁女三日，父母家来饷食，俗谓之‘媛女’”③。在河南尉氏，“女家每日三饭以食其女，凡九日，中间亲党亦各馈送焉。毕之日，女家设席于婿家酬诸亲党，谓之‘完饭’。盖自是不复日三举矣”④。

（四）寿诞食俗

祝寿即庆祝生日。生日之礼，魏晋尚无。齐梁之间，以至唐宋以后，上自天子，下达一般庶民百姓，无不崇饰此日，开筵召客。明代祝寿习俗极盛，沈德符《万历野获编》称“至若万寿圣节……则有大宴；太后圣诞、皇后令诞、太子千秋，俱赐寿面”⑤，这是明代皇室成员的生日庆寿活动。何良俊《四友斋丛说》载：“余见人家子弟，凡所以事其父兄者，皆以客礼相待。每遇生朝或节序，则陈盛筵以享之，如待神明。”⑥“生朝”即生日，这说明庶民百姓普遍举行生日宴会。16 世纪来到中国的葡萄牙人伯来拉称：“他们也有庆祝生日的习惯，那天他们的亲友按惯例携带珠宝

① 嘉靖《尉氏县志·礼仪民俗》，丁世良、赵放主编：《中国地方志民俗资料汇编·中南卷（上）》，书目文献出版社 1991 年版，第 22 页。

② （明）顾起元：《客座赘语》卷九《礼制》，《明代笔记小说大观》，上海古籍出版社 2005 年版，第 1418 页。

③ （明）谢肇淛：《五杂组》卷十四，《明代笔记小说大观》，上海古籍出版社 2005 年版，第 1807 页。

④ 嘉靖《尉氏县志·礼仪民俗》，丁世良、赵放主编：《中国地方志民俗资料汇编·中南卷（上）》，书目文献出版社 1991 年版，第 22 页。

⑤ （明）沈德符：《万历野获编》卷一《赐百官食》，《明代笔记小说大观》，上海古籍出版社 2005 年版，第 1900 页。

⑥ （明）何良俊：《四友斋丛说》卷三十四《正俗一》，《明代笔记小说大观》，上海古籍出版社 2005 年版，第 1144 页。

或金钱去献礼，再得到盛大的欢迎作回答。他们的皇帝过生日，全国要同样盛宴庆贺。"①

明人不拘老少，每岁生日，往往大张宴乐做寿。以吴敬梓《儒林外史》一书为例，第十八回《约诗会名士携匿二 访朋友书店会潘三》记有杭州的胡三公子做寿，第十九回《匡超人幸得良朋 潘自业横遭祸事》记有杭州县里的蒋刑房做寿，第二十四回《牛浦郎牵连多讼事 鲍文卿整理旧生涯》记有南京鼓楼外薛乡绅做寿，第二十五回《鲍文卿南京遇旧 倪廷玺安庆招亲》记有天长县杜老太太要做七十大寿，第四十七回《虞秀才重修元武阁 方盐商大闹节孝祠》记有五河县的乡绅彭老二的小令爱整十岁，也要做寿。参加别人的寿筵，往往要带一些寿礼，明代盛行用羊、酒为人上寿。又有一种祝寿桃糕，上面往往插有八仙。②

（五）丧葬食俗

明代的丧葬礼仪大致可分为小殓、报丧、大殓、吊唁和出殡、烧七等程序。

小殓即将死者安放在灵床上。小殓时，要将几粒米放在死者口中，称为"含饭"，以免死者成为饿死鬼。又在"灵前供饭一盂，集秫秸七枝，面裹其头，插盂上，曰打狗棒"③。

报丧是将死者去世的消息讣告亲友。大殓是将死者从灵床转殓入棺，一般是在亡故的第三日。

吊唁是亲友得到凶讯后前来哭吊祭奠。明代时，吊唁习俗发生了较大变化。明代以前，亲友吊唁多携带财物助丧，主家自己主持祭祀。明代时，吊客反客为主，"屠割羊豕，崇饰果蔬，粔籹饧餭，寓钱楮币之类，阗塞于庭，客乃为酹酒致敬。夫酹乃主人之事，宾

---

① ［葡］伯来拉《中国报道》，［英］G. R. 博克舍编注，何高齐译：《十六世纪中国南部行记》，中华书局 1990 年版，第 11 页。

② 陈宝良、王熹：《中国风俗通史》（明代卷），上海文艺出版社 2001 年版，第 735 页。

③ （明）沈榜：《宛署杂记》卷一七《土俗》，北京古籍出版社 1982 年版，第 193 页。

客乃代而行之"①。主人则需备办饭席款待吊客，如在吴越一带，"亲友来致祭，主家皆用鼓乐筵宴款客。"而在福建地区，"客来祭者，一尝茶果而出，子姓族戚乃馂其祭余"②。

出殡是将死者的灵柩送往墓地安葬。出殡时，孝子要在灵柩前摔碎一只瓦盆，这只瓦盆摔得越碎越好，它是亡者带到阴间的饭锅③。

如果死者为高寿之人，寿终正寝而终，民间认为此为"喜丧"。在小殓至出殡期间，孝子们坐夜守灵时可以饮酒食肉，称为"暖丧"。如嘉靖《光山县志·丧礼》载："士大夫家行文公《家礼》，乡民多用道流设斋醮，亦有忘哀作乐，具酒肴坐夜暖丧敝俗。"④ 忘哀作乐，"具酒肴坐夜暖丧"者，当为"喜丧"之家。

安葬后，尚须为死者守灵七七四十九日，称"过七""应七""烧七""七七追荐"等。如福建地区，"死每七日则备一祭，谓之'过七'，至四十九日而止……死后朝夕上食，至百日而止。至六十日则不用本家食，而须外家或女家送之"⑤。

按照儒家礼制，居丧期间孝子们不许饮酒食肉。明代时，这一礼俗遭到严重的破坏。明人谢肇淛称："今执亲之丧不饮酒食肉者罕矣，百日之内禁之可也，过此恐生疾病，少加滋味，亦复何妨。至于预吉事赴筵席，则名教之罪人也。江南之人能守此戒者亦寥寥矣。"⑥

---

① （明）顾起元：《客座赘语》卷九《礼制》，《明代笔记小说大观》，上海古籍出版社 2005 年版，第 1419 页。

② （明）谢肇淛：《五杂组》卷十四，《明代笔记小说大观》，上海古籍出版社 2005 年版，第 1806 页。

③ 萧放等：《中国民俗史》（明清卷），人民出版社 2008 年版，第 273 页。

④ 嘉靖《光山县志·礼仪民俗》，丁世良、赵放主编：《中国地方志民俗资料汇编·中南卷（上）》，书目文献出版社 1991 年版，第 245 页。

⑤ （明）谢肇淛：《五杂组》卷十四，《明代笔记小说大观》，上海古籍出版社 2005 年版，第 1806 页。

⑥ （明）谢肇淛：《五杂组》卷十四，《明代笔记小说大观》，上海古籍出版社 2005 年版，第 1806 页。

（六）祭祀食俗

逢年过节祭祀先人是中国人的传统，无论是家祭，还是墓祭，食物供奉都是祭祀仪式的重要内容。祭祀所用食物要尽可能丰盛洁净，祭祀结束后，合族人往往还要一起宴饮。现以明代徽州祁门《窦山公家议》所载的岁时祭祀为例，以此管窥明代的祭祀食俗。

合族祀，每年的正旦，合族为首者备办酒水果饼祭奠祖先，仪式完毕后，按少长次第叩拜，分享祭饼。每年清明各门致祭。

合户祀，各房不时祭奠。

墓下祀，每年正旦、清明，合族人要到墓地进行祭祀。如正旦祭仪，所用祭品有：好腊肉一斤（去肥皮、黑膜），猪肚一斤，新鲜油煎塘鱼一斤（去头尾，腌鱼不用），猪心腰舌一斤，以上均切成细片。好冰梅糖串十二两，好酒十二瓶，水菜随备。

书院祀，除每年生、忌二辰外，清明、中元、冬至，合族人要到家族祠堂兼书院进行祭祀。如清明祭祀，所用祭品有：祭猪一口，祭羊一头，席面一张（油煎塘鱼，熟鸡一只，猪肉、炒骨、腊肉具求丰盛洁净），塘鱼六尾，大枝员堆糖共五碟，拖禄五碟，笋蕨水菜五碟（要求丰洁），好腊酒三十瓢；中元（冬至）祭祀所用祭品为：祭猪两口（共计一百二十斤，永为定则），祭羊一头，塘鱼若干，时果，面食，水酒十瓶，好腊酒二十五瓶，大椒、花椒各四两，大料红曲、闽笋、木耳各八两，盐五斤、酱两斤、醋一瓶，香油两斤，羹饭米，时菜葱等。所有祭品均由当年值祭者管办。①

第六节 饮食文献

一、饮食著作

（一）食经类

明代的食经类著作较少，主要有韩奕《易牙遗意》、宋诩《宋

---

① （明）程昌撰，周绍泉、赵亚光校注：《窦山公家议校注》，黄山书社1993年版，第20~24页。

氏养生部》、宋公望《宋氏尊生部》、高濂《饮馔服食笺》等。

1. 《易牙遗意》

《易牙遗意》，元末明初韩奕撰。《易牙遗意》托名于春秋时期的名厨易牙，有"以易牙的心得遗留后世之意"①。全书分上下两卷，上卷分酝造、脯鲊、蔬菜等3类，下卷分笼造、炉造、糕饵、汤饼、斋食、果实、诸汤、诸茶、食药等9类。全书共介绍了150余种调料、饮料、糕饵、面点、菜肴、蜜饯、食药的制作方法，内容相当丰富。《易牙遗意》一书所记菜谱，其烹饪特点多与现代的苏州菜相似，善用酒、醋提鲜，制作精良，注意色彩，重视用汤。此书保存了不少古代烹饪的技法，具有重要的史料价值。除菜点外，《易牙遗意》所收的饮馔品种也很值得重视。

2. 《宋氏养生部》

《宋氏养生部》，明宋诩撰。全书共六卷，卷一分"茶制""酒制""酱制""醋制"4类，卷二分"面食制""粉食制""蓼花制""白糖制""蜜煎制""餹剂制""汤水制"7类，卷三分"兽属制"和"禽属制"2类，卷四分"鳞属制"和"虫属制"2类，卷五分"菜果制"和"羹藏制"2类，卷六分"杂造制""食药制""收藏制"和"宜禁制"4类。在每一类中又详分细析，如"兽属制"中，分为牛、马、驴、羊、猪、犬、鹿、兔、野马、犀牛、麂、獐、黄羊、野猪、狼、狐、玉面狸、野猫等。在每种原料之下，记载有各种食物菜肴的名称和较为详细的烹制方法，具有较高的史料价值。本书中所收录的菜肴以北京和江南地区的为主，兼及广东、四川、湖北等其他省份。对于各种菜点的烹制方法记载较为详细是《宋氏养生部》的突出特色，书中还有不少关于虎肉、熊掌等野味的特殊制法，颇为少见。

3. 《宋氏尊生部》

《宋氏尊生部》，明宋公望编。本书共十卷，内容"以酒、醋、

---

① 周宁静：《选读〈易牙遗意〉》，《中华饮食文化基金会会讯》2006年第1期。

酱等调味料以及水果的收贮法为主"①。其中，卷一为"汤部"
（72 条），卷二为"水部"（14 条），卷三为"酒部"（31 条），卷
四为"曲部"（15 条），卷五为"酱部"（14 条），卷六为"醋部"
（21 条），卷七为"香头部"（2 条）、"爁料部"（8 条）、"糟部"
（2 条）、"素馅部"（2 条），卷八为"辣部"（2 条）、"面部"（11
条），卷九为"粉部"（3 条）、"餹部"（5 条）、"蜜部"（2 条）、
"饭粥部"（豆腐 3 条），卷十为"果部"（52 条）、餹部（5 条）。
本书具有资料汇编性质，不少汤、水、酒、酱、醋、果的制法、收
藏法均是从《居家必用事类全集》《事林广记》等书转录而来的。
《宋氏尊生部》中也有不少内容为它书所无，其中前六卷中有 94
条，占全部条目的 56%。而后四卷中的大多数条目，均不见他书
记载。

4. 《饮馔服食笺》

《饮馔服食笺》，明高濂撰。本书共三卷，内容包括"序古诸
论""茶泉类""汤品类""熟水类""粥糜类""果实粉面类"
"脯鲊类""家蔬类""野蔬类""酿造类""曲类""甜食类""法
制药品类""服食方类"等 12 大类。除"服食方类"外，书中收
录的饮料、面点、菜肴达 423 种。本书的"服食方类"，遍搜神仙
服食方药，不乏有迷信荒诞的地方，但其中一些方剂系用营养丰富
的原料配制而成，有强身健体的作用，不能一概否定。《饮馔服食
笺》沿用和参照了浦江吴氏《中馈录》、佚名《居家必用事类全
集》、韩奕《易牙遗意》、刘基《多能鄙事》等书中的内容，所收
录的各种食品制法简明，便于仿制，特别是不少失传的品种，更值
得挖掘。《饮馔服食笺》对清代的一些重要食经类著作也产生了较
大影响，如《食宪鸿秘》《养小录》中的不少条目都是采自《饮馔
服食笺》的。

5. 《饮食绅言》

《饮食绅言》，明龙遵叙撰。全书仅 1 卷，以"戒奢侈""戒多

---

① ［日］篠田统著，高桂林等译：《中国食物史研究》，中国商业出版
社 1987 年版，第 168 页。

食""戒杀生""戒贪酒"4个专题，系统地论述了"识食"和
"智识"的饮食观念，表达了明代士大夫的饮食思想，值得今人借
鉴。

（二）食疗类

食疗方面的著作有卢和的《食物本草》、吴禄的《食品集》、
宁源的《食鉴本草》。

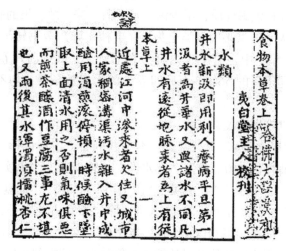

《食物本草》书影

1. 《食物本草》

《食物本草》，明卢和撰。《食物本草》是研究古代饮食疗法的
重要著作，本书是从本草诸书中辑录与食物关系密切的内容而成，
介绍了食物本草的形态、性味和食疗药效等。全书共两卷，分水、
谷、菜、果、禽、兽、鱼、味等8类，在每类之后，均加有总结性
的跋语。如在谷类后主张多种黄谷，多食黄谷。在菜类后，主张多
吃蔬菜，以疏通肠胃，有益于人。对于肉类，则主张节制，认为多
吃肉类会动火而致病。

2. 《食品集》

《食品集》，明吴禄撰。该书成书于嘉靖年间，其内容大抵从
前人的饮食、食疗著作中辑出。全书分上下两卷，上卷记述谷部

37 种、果部 58 种、菜部 95 种、兽部 33 种，下卷记述禽部 33 种、虫鱼部 61 种、水部 33 种。每种食物之下都具体说明形态、性味及疗效。本书还附录了"五味所补""五味所伤""五味所走""五脏所禁""五脏所忌""五味所宜""五谷以养五脏""五果以助五脏""五畜以益五脏""五菜以充五脏""食物相反""服食忌食""妊娠忌饮""诸禽毒""诸兽毒""诸鸟毒""诸鱼毒""诸果毒""解诸毒"等 18 则饮食宜忌和部分原料的毒性及解毒法。

3.《食鉴本草》

《食鉴本草》，明宁源撰。该书分上下两卷，涉及动物、果、蔬菜、味等类，所载食物皆寻常之品，其文字简明，纲目清晰。如"鹿"条，在鹿的下面分述肉、血、肾、茸、角等内容。这样，人们对鹿全身各部分的食疗作用就都了解了。本书在介绍完每种食物的形态、性味及疗效后，还录有不少药方。

（三）茶酒类

明代的茶书类著作众多，有朱权的《茶谱》、徐献忠的《水品》、钱椿年的《制茶新谱》、田艺蘅的《煮泉小品》、陆树声的《茶寮记》、张源的《茶录》、许次纾的《茶疏》、罗廪的《茶解》、黄龙德的《茶说》、何彬然的《茶约》、夏树芳的《茶董》、屠本畯的《茗笈》、万邦宁的《茗史》、冯正卿的《岕茶笺》、周高起的《阳羡茗壶系》、顾元庆的《茶谱》、闻隆的《茶笺》、熊明遇的《罗岕茶记》等。明代的酒学类著作则有徐炬的《酒谱》、冯时化的《酒史》、袁宏道的《觞政》、沈沉的《酒概》等。

二、饮食资料

（一）家政类

平日常用的家政类著作中，也有一些和烹饪的关系比较密切，主要有相传为刘基编撰的《多能鄙事》、邝璠的《便民图纂》、商濬的《博闻类纂》等。

1.《多能鄙事》

《多能鄙事》，旧题为明刘基撰。本书共 12 卷，其中一至四卷为饮食类内容。《多能鄙事》饮食类内容比较丰富，主要分造酒法、造醋法、造酱法、造豉法、造鲊法、糟酱腌藏法、酥酪法、饼饵米面食法、回回女真食品、造糖蜜果法、治蔬菜法、茶汤法、老人饮食疗疾方等500余条。"饮食类"抄录前人著作中的内容相当多，其菜点绝大部分抄自《事林广记》《居家必用事类全集》等书，其食疗方则抄自《奉亲养老书》等。

2.《便民图纂》

《便民图纂》，明邝璠撰。全书共16卷，与饮食有关的内容主要见于卷十一"起居类"和卷十六"制造类"。在"起居类"中，收录有饮食宜忌、饮酒宜忌、饮食反忌、解饮食毒、孕妇食忌、乳母食忌等资料；在"制造类"上编中，共收录了有关食品的加工、收藏方法83条，涉及茶、汤、酒、醋、酱、脯腊、乳品、腌菜、果品等。《便民图纂》的内容基本上是从元代的几本农书及《居家必用事类全集》饮食类中摘抄而成。

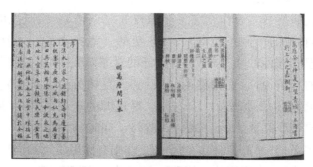

《便民图纂》

3.《博闻类纂》

《博闻类纂》，明商濬撰。本书共20卷，内容从修身、治家到农桑、医药、杂伎、谚语、阴阳、杂占等均有记载。其中，有关饮食的记载共计130条，主要分布于卷三的"饮食"类和卷十八的"贮藏"类、"醃醢"类、"鱼肉"类之中。与明代的食经类或家政类著作大量抄录前人文献不同，《博闻类纂》中的饮食记载与以前的食经内容重复较少。

（二）农书类

明代的农书众多，主要有朱橚《救荒本草》、姚可成《救荒野谱》、朱权《臞仙神隐书》、周履靖《茹草编》、王磐《野菜谱》、屠本畯《野菜笺》、《闽中海错疏》、《海味索隐》、鲍山《野菜博录》、遯园居士《鱼品》、无名氏《渔书》、杨慎《异鱼图赞》、胡世安《异鱼图赞笺》、《异鱼图赞补》、徐光启《农政全书》、黄省曾《种芋法》、潘之恒《广菌谱》、徐燉《荔枝谱》、邓庆采《荔枝通谱》、王世懋《学圃杂疏》、王象晋《群芳谱》、周文华《汝南圃史》、涟川沈氏《沈氏农书》、戴羲《养余月令》等。现择要介绍。

1. 《农政全书》

《农政全书》，明徐光启撰。全书共60卷，分为农本（3卷）、田制（2卷）、农事（6卷）、水利（9卷）、农器（4卷）、树艺（6卷）、蚕桑（4卷）、蚕桑广类（2卷）、种植（4卷）、牧养（1卷）、制造（1卷）、荒政（18卷）等12门。其中，"荒政"门中收录了朱橚的《救荒本草》和王磐的《野菜谱》两书。本书与饮食烹饪有关的内容主要集中在树艺、牧养、制造、荒政等门，对菜肴烹饪、腌腊食品、食物贮藏、酿酒、谷物历史等多有涉及。

2. 《臞仙神隐书》

《臞仙神隐书》，明朱权撰。本书主要记述了隐居习道者的日常琐事，共4卷。其中，"归田之计"中的"修馔"部分，共记述了150多种食物的加工、烹制方法，所述制法简便，易操作，较为实用。制品清淡，富有山林风味。

3. 《救荒本草》

《救荒本草》，明朱橚撰。全书共8卷，其中，卷一至卷四为"草部"，卷五、卷六为"木部"，卷七为"米谷部""果部"，卷八为"菜部"。本书详细介绍了414种可食用的草木野菜，其中出自前人本草的138种，新增276种。由于《救荒本草》以救荒为目的，因此重点对植物的可食用部分进行描述。《救荒本草》还介绍了不少有毒植物独特的食用加工方法。该书虽然为"救荒"所撰，但客观上却扩大了烹饪原料的范围，对今人研究野蔬入馔有一定的参考价值。

4.《野菜谱》

《野菜谱》，明王磐著。本书为明代中期的救荒书，是作者为防饥民误食有毒野菜而作。全书仅 1 卷，所记野菜共 60 种，各配以插图，但所录不及鲍山《野菜博录》丰富。在写作体例上，本书兼有宋代《本心斋疏食谱》与《救荒本草》两书的特点。在介绍每种野菜时，先系以有关诗歌，后介绍其食用方法。

5.《野菜博录》

《野菜博录》，明鲍山撰。本书原为 3 卷，按照野菜的品类、性味及调制方法归纳写成。全书共收 435 种野菜，每种均有附图，旁注性状和食法，较为简明。《四库全书》所收《野菜博录》为四卷本，分草部 2 卷，木部 2 卷，但仅载有 262 种野生植物。四卷本的来源可能是：《野菜博录》原本中的"草部下"佚失，只剩下"草部上"和"木部"两卷，有人又把它们各析为两卷，最终形成了四卷本的《野菜博录》。

6.《群芳谱》

《群芳谱》，又名《二如亭群芳谱》，明王象晋撰。全书共 30 卷，分为天、岁、谷、蔬、果、茶竹、桑麻葛苎、药、木、花、卉、鹤鱼等 12 谱。其中"谷谱""蔬谱""果谱""茶竹谱""鹤鱼谱"中的内容有不少与饮食有关。

（三）医书、科技类

明代李时珍的《本草纲目》中有许多内容也与饮食烹饪有关，宋应星的科技著作《天工开物》中也有部分内容涉及饮食烹饪。

1.《本草纲目》

《本草纲目》是明代李时珍所著的一部药物学巨著，共 52 卷，约 190 万字。《本草纲目》广征博引，图文并茂，在考证药物本草的名称、性味、功效等内容时，广泛涉及到饮食原料、日常食品加工及食疗药膳等，是研究食疗的重要参考文献。该书的谷部、菜部、果部、鳞部、介部、禽部、兽部中所收录的大量药物本身就是食物原料。除各种动植物原料外，《本草纲目》中还直接收入许多种食品作为药物来治病。《本草纲目》中的食物加工方法多直接引用前代的有关文献。书中也记载有少量的食物烹饪方法，但其文字一般很简略。此外，《本草纲目》征引古籍众多，无形中保存了许多食疗古书中的内容，这对于了解乃至考证古代食疗书籍的版本、流传情况均十分有益。

2. 《天工开物》

《天工开物》，明宋应星撰。全书共18卷，卷一的"乃粒"（谷物）、卷二的"作咸"（制盐）、卷六的"甘嗜"（制糖）、卷十二的"膏液"（油脂）和卷十七的"曲蘖"（制曲）等5卷涉及到饮食烹饪。其中，"乃粒"主要记述稻、麦、黍、粟、麻、菽等粮食作物的品种和种植方法，间或涉及食法；"作咸"主要记述了盐的生产情况，介绍了海水盐、池盐、井盐、末盐、崖盐等不同品种的特点；"甘嗜"主要记述了种蔗、制糖、养蜂等技术；"膏液"记述了部分食用油的情况；"曲蘖"主要记述了酒母、神曲、丹曲（红曲）的配方及制作过程，特别是关于"丹曲"的资料，对研究食品微生物学的历史极有参考价值。

宋应星

（四）笔记类

明代的笔记众多，其中与饮食关系比较密切的有沈德符的《万历野获编》、陆容的《菽园杂记》、叶子奇的《草本子》，刘若愚的《酌中志》，无名氏的《墨娥小录》，田汝成的《西湖游览志余》，蒋一葵的《长安客话》，刘侗、于奕正的《帝京景物略》，王士性的《广志绎》，田艺蘅的《留青日札》，谢肇淛的《五杂组》，张岱的《陶庵梦忆》等。

1.《万历野获编》

《万历野获编》，明沈德符撰。本书通行本 30 卷，分 48 类，另有补遗 4 卷。《万历野获编》以记述明代朝廷掌故和作者见闻为主，间或涉及饮食。在卷二六中写到了东坡肉，还论及京师人以饮食名物作对子的情况，从中可以见到明代北京饮食状况之一斑。

2.《菽园杂记》

《菽园杂记》，明陆容撰。本书共 15 卷，以记述明代朝野故事为主，旁及诙谐杂事。书中内容多涉及饮食，或列有各地土特产，或记述民间食俗、食物掌故，或考订某些食品的名称。

3.《草木子》

《草木子》，明初叶子奇撰。本书内容庞杂，天文、地理、人事、动植物等无不涉及，对于饮食烹饪也多有记载，且较为珍贵。如在饮食原料方面，记载有阴山之北的"雪蛆"，长江的"江蟹""鲥鱼""面条鱼"，南海的"石决明"，以及鲤、鲩、蝤蛑、蛤蜊、牡蛎、胡椒、荜拨、茄、豆等。在饮食习俗方面，记载有"北人茶饭重开割""诈马宴""五蔬五果五按酒"筵席程序等。此外，本书对豆腐、饮茶、糖霜、烧酒等也多有考证。

4.《酌中志》

《酌中志》，明刘若愚撰。本书共 23 卷，记述明代后期皇帝、后妃、太监、宫女各色人等的生活及宫廷内部的斗争。其中，与饮食有关的内容主要集中于卷二十"饮食好尚纪略"中，作者逐月记录了皇宫内的日常饮食和奇品珍味、皇帝的饮食嗜好、各地贡品等。所录食单非常详尽，极其细致地描述了明代宫廷生活的情况，可以补正一些史籍的不足。书中所记载的各种节令食品和进食礼仪，为我们提供了丰富的民俗资料，是研究明代宫廷饮食和京师食俗的重要文献。

5. 《墨娥小录》

《墨娥小录》，作者不详，通行本为 14 卷。本书内容涉及文艺、种植、服食、治生以至诸般怡玩。其中，饮膳集珍、汤茗品胜、禽畜宜忌等卷目涉及饮食烹饪之事，内容大多采自江浙一带。书中还有关于烧饼、火烧的区分和豆腐制作等的记载，对于研究明代江南饮食文化有一定的参考价值。

6. 《西湖游览志余》

《西湖游览志余》，明田汝成撰。本书是继《西湖游览志》而作，其内容以记载轶闻故事为主，共 26 卷。与饮食关系比较密切的有卷二十"熙朝乐事"、卷二十至卷二五的"委巷丛谈"。其中，"熙朝乐事"主要记述杭州节日风俗，多涉食俗；"委巷丛谈"记载杭州风俗习惯、文人轶事和社会现象。此外，在卷二四中还记载了杭州的特产天竺桂花、枇杷、杨梅、杭州茶、菌、莼菜、蟹、江鱼等。这些记载，对研究明代杭州的饮食均具有重要的参考价值。

7. 《长安客话》

《长安客话》，明蒋一葵撰。全书共 8 卷，分"皇都杂记""郊坰杂记""畿辅杂记"和"关镇杂记"等 4 部分。其中，卷二的"皇都杂记"详细记载了有北方特色的面点、果蔬、水酒、荤食原料，对研究明代北方的饮食文化有较大的参考价值。

8. 《帝京景物略》

《帝京景物略》，明刘侗、于弈正合撰。本书专记北京风土景物，共 8 卷。与饮食有关的内容集中于卷二的"春场"，主要记载了明代北京的岁时节日食俗。

9. 《广志绎》

《广志绎》，明王士性撰。本书是一部关于地理的笔记，共 5 卷，记述了各地的山川、名胜、物产、习俗、社会政治、少数民族等内容，其中几乎每卷都涉及饮食之事，对研究明代各地饮食具有重要的参考价值。

10. 《留青日札》

《留青日札》，明田艺蘅撰。本书以记述明代社会生活为主，共 39 卷。《留青日札》记载了大量饮食之事，如卷二四、卷二五专述酒事，卷二六记述有七件事、茶酒名春、小牙、竹篠歌、忘忧草、桃花米饭、御麦、重罗面、米豆、雕胡米、雕梅、八珍二种、养生妙法等饮食内容，卷三十、卷三一论及诸多荤素饮食原料，这些内容对研究明代饮食有一定的参考价值。

11. 《五杂组》

《五杂组》，明谢肇淛撰。本书共 16 卷，分天、地、人、物、事五部，内容涉及当时的社会政治、经济风俗、天文地理、草木蔬果、鸟兽虫鱼等。其中，与饮食关系比较密切的"物部"（九至十二卷）大量记载了各地荤素饮食原料特产、茶酒果蔬、饮食典故等内容。

12. 《陶庵梦忆》

《陶庵梦忆》，明张岱撰。全书共 8 卷，120 多条。书中涉及到的饮食内容较多，如卷三的"禊泉""兰雪茶""闵老子茶"等条目，卷四的"乳酪""方物"等条目，卷七的"闰中秋"等条目，卷八的"蟹会""露兄"等条目。

（五）类书类

明代的类书，如墨磨主人的《古今秘苑》、彭大翼的《山堂肆考》、方以智的《物理小识》中也有一些与饮食有关的资料。

1. 《古今秘苑》

《古今秘苑》，题墨磨主人编。本书卷十一至十五为"饮食"。其中，卷十一记茶、酒，收录有"千里茶""千里酒""辟暑酒""补元酒""三仙药酒"等茶、酒的制法；卷十二记饮食烹饪方面的小技术、小经验，如"卒做酱油""夏月煮肉法"等；卷十三收录有"假腊肉法""假火肉法""藏槽蟹不沙法"等；卷十四记"集香豆豉""建宁腐乳法"等一些素食制法；卷十五记一些食品的保藏法及制法等。

2. 《山堂肆考》

《山堂肆考》，明彭大翼编，明张幼学增订。本书正文共 228 卷，补遗 12 卷，分宫、商、角、徵、羽等 5 集，45 门，门下再列子目。《山堂肆考》有关饮食的内容主要集中在"羽集"的饮食、百谷、蔬菜，果品、羽虫、鳞虫等 12 部中。其中，饮食部又分茶、饭、粥、羹、饼、糕、肉、脯、鲊、炙（附胘）、盐（附酱）、醯（附油）等类。每类均先释名，谈源起，兼及制法和掌故。

3.《物理小识》

《物理小识》，明方以智撰。本书共 12 卷，卷六的"饮食类"，除引用《齐民要术》《饮膳正要》《遵生八笺》和王祯《农书》等食经和农书外，还广泛引用了正史、笔记等典籍中有关饮食的内容。和其他类的记述一样，"饮食类"的记述缺乏系统性，条目的排列显得杂乱无章，但仍为人们研究明代饮食文化提供了不少重要的线索和参考资料。

（六）小说类

明代的一些小说，如吴承恩的《西游记》、施耐庵的《水浒传》、兰陵笑笑生的《金瓶梅》中亦有不少饮食文化的资料，对研究明代饮食文化亦有一定的参考价值。其中，最受学者关注的是《金瓶梅》，书中有关饮食的内容十分丰富，反映了明代中晚期城市肴馔的精美与丰富多彩，表现了市井富豪饮食生活的奢侈与庸

《金瓶梅词话》

俗。书中提到的点心、小吃、水果、零食、菜肴羹汤、米面主食、茶酒饮料等，不下三四百种，其中点心杂食就有四五十种，菜肴亦有五十余种。具体叙述烹饪方法的则有来旺媳妇的"烧猪头肉"、常峙节娘子的"酿螃蟹"、应伯爵的"红糟香拌鲥鱼块"以及"鸡尖汤"之类。《金瓶梅》一书中菜肴的精致程度绝不亚于《红楼梦》中的菜肴，但前者却远不如后者那么出名。究其原因，一是《金瓶梅》历代为禁书，读的人少；二是《金瓶梅》描写的人物多为龌龊下流之辈。

第十六章

清代饮食文化

第一节　食物原料的生产

　　清代以前，中国的粮食生产主要局限于东部的平原和中部的盆地、低山丘陵区，南方水乡以种植水稻为主，北方旱地以种植小麦、粟、豆为主，中西部的广大山地多被森林、草地覆盖。清代前中期，玉米、番薯、马铃薯等原产于美洲的旱地高产作物迅速推广，使中国的粮食生产呈现出一种前所未所的格局。在南方，平原水乡仍以种植水稻为主，在山区以种植玉米为主，闽浙沿海地区则大量种植番薯；在北方，平原区广泛实行麦粟或麦豆轮作，人们也大量种植番薯，在山西、内蒙等高寒地带则以马铃薯的种植为主。此外，清代的副食原料生产也有了较大的变化，猪与家禽的饲养技术和渔业养殖与捕捞技术获得了较大进步。原产于美洲的海外蔬菜得以继续引进，夏季蔬菜品种较少、比重过低的状况得到改变，辣椒、葱、姜、蒜、韭、芥等辛辣类蔬菜被广为种植。

一、美洲高产粮食作物的推广

玉米、番薯、马铃薯等原产于美洲的旱地高产作物，在清代前期尤其是康乾时期（1662—1795 年）得到了快速推广，成为中国庶民百姓的半年之粮。

（一）玉米种植的推广

玉米在中国的推广，大致经历了先边疆后内地，先丘陵后平原的过程。清初，玉米的推广较为缓慢。如地处中原的河南省，在康熙（1661—1722 年）以前，仅有 10 府县的地方志记载有玉米。临近河南的陕西和山西两省，玉米种植更少。陕西仅有山阳、子长两县的地方志记载有玉米，山西仅有河津一县的地方志记载有玉米。清初玉米推广的广度和深度都不够，一般仅限于平原河谷地带种植，如河南省引种玉米的诸县都位于黄河两岸或淮河上游的交通便捷之地。这一时期，玉米推广较慢的主要原因是明清之际社会动荡不安，农业生产受到战争的严重破坏，人们面临的问题是如何恢复生产，而无暇顾及新作物的引种，加之受到传统习惯的影响，人们尚未认识到玉米耐旱涝、适于在山地沙砾土壤种植的优点。

康熙、雍正（1723—1735 年）、乾隆（1736—1795 年）三朝，是玉米推广较快的时期。这一时期社会相对稳定，便于新的农作物品种的推广。同时，土地兼并日益严重，川、湘、鄂、皖、豫等省平原区的大批农民破产，失去土地成为流民，他们迫于生活压力，流入人口稀少的荆襄、大巴山等山区进行垦殖。玉米根系发达，耐瘠、抗旱能力强，十分适宜在山地种植，因而玉米在山区得到了较快推广。这一时期，陕、鄂、川、湘、贵、桂六省区的亚热带山地是玉米的最大种植区，东南的浙皖山地玉米种植也不少。

玉米在南方亚热带山地的广泛种植，给中国社会造成了巨大影响。一方面，山地耕地大面积开垦，中国农业经济走上了一条外延式发展道路，在一定程度上解决了粮荒问题。这就使山地人口滋生和快速发展成为可能，也使平原、丘陵、低山地区因战乱、灾害而带来饥荒所造成的人口自然损耗得以减少，为清代中叶以来的人口膨胀创造了条件。另一方面，大量亚热带山区森林变成旱地，当地的生态环境遭到严重破坏，水土流失加剧，经济多样性和输出能力开始减弱，影响了本地区的可持续发展，成为后世亚热带山地结构性贫困的根源。[1]

进入 19 世纪以后，由于人口激增，玉米种植不仅继续向山区拓展，也逐渐走向平原地区。如嘉庆《汉中府志》称："数十年前，山内秋收以粟谷为大宗。粟利不及包谷，今日遍山漫谷皆包谷矣。"又如嘉庆二十三年（1818 年）成书的《扶风县志》称："近者瘠山皆种包谷，盖南山客民皆植之，近更浸及平原矣。"

19 世纪中期以后，玉米种植已推广到大江南北绝大多数府县。道光二十八年（1848 年）成书的吴其濬《植物名实图考》卷一载："又如玉蜀黍一种，于古无征，今遍种矣。"[2] 不仅南北山区丘陵广种玉米，在北方的平原、河谷地带，玉米也逐步取代了原有的低产作物。清代后期，玉米在部分地区甚至跃居粮食作物之首，成为当地百姓的主粮。至清代末年，玉米已成为仅次于水稻、小麦的中国第三大农作物。

（二）番薯种植的推广

清代前期，番薯的种植得到了较快的推广。从清初到乾隆年间（1736—1795 年），除甘肃、青海、新疆、西藏、内蒙及东北三省外，其他各省都已种植番薯。嘉庆（1796—1820 年）、道光（1821—1850 年）两朝，番薯的种植在各省区向纵深发展，逐渐成为中国主要粮食作物之一，在社会经济中占重要地位。

1. 番薯推广的路线

番薯推广的路线可分为西、中、东三路。西路以云南的景东、顺宁为起点；中路以广东的电白、广州为起点；东路以福建的泉州、长乐为起点。其中，东路是番薯推广的主力军，即中国大多数省份的番薯都是由福建传出的。

番薯首先传入的省区云南，因地处边远，与内地交通极为不

---

① 蓝勇：《中国历史地理》，高等教育出版社 2010 年版，第 250 页。

② （清）吴其濬：《植物名实图考》卷一《蜀黍》，《续四库全书》第 1117 册，第 517 页。

便，就对国内推广而言，西路番薯推广的重要性不大。番薯在云南、贵州两省广泛推广后，向北发展，推广至四川西南部，川西南的番薯种植时间早于四川其他地区，即是此推广路线的明证。

中路番薯的推广又可分为三支线：一是从韶关东趋南雄过梅岭、大余，经江西赣州而达南昌高地；二是从广州、韶关经坪石越南岭而达湖南郴县、衡阳、长沙、岳阳、湖北武昌以及河南的南阳盆地，湖南把番薯称为"粤薯"即是此推广线路的证明；三是从广州沿珠江西上，深入广西、贵州。

东路番薯的推广是从泉州、长乐沿海道直达山东、河北、河南、陕西各省。其中玉环岛、温州、台州、鄞县、舟山、上海等都是番薯推广的节点。其次序总的来说是次第北上的，但交通、经济、文化等因素也常扰乱其次序。如上海，早在明末，徐光启就从福建三次引进薯种，在松郡七县种植，而南面的鄞县、舟山要晚至康熙年间（1662—1722 年）才由陈世元传入。又如康熙、乾隆年间山东、河南早已遍植番薯，其推广也是绕过浙江、江苏径直从海道北上的。

2. 番薯推广的特点

纵观番薯在中国的推广史，可以发现番薯的推广有以下几个特点：

第一，粮食供应紧张地区先种植。番薯从明代后期传入中国以后，至清代鸦片战争前的 100 多年间在全国范围内得到了迅速推广，主要原因是这一时期中国人口激增，各地普遍存在人多地少、耕地不足、食物供给紧张的问题。形势迫使人们寻求能更有效地利用土地的高产作物。番薯亩产可达数千斤，极少有粮食作物可与之匹敌，番薯的大面积种植对缓解因人口激增而引起的粮荒起了很大作用。越是人口稠密、粮食供应紧张的地区，番薯的推广也越容易，推广的速度也越快。

第二，山区先种植。番薯适应性很强，耐瘠、耐旱，在一般粮食作物难生存的贫瘠土壤、深山干旱地区均可栽种。因此，番薯和玉米一样特别受到山区人民的青睐。中国番薯的推广多呈现由山区向平原发展的特点，如江南丘陵区番薯的种植早于长江中下游平原区的种植，川西山地番薯的种植早于四川盆地的种植，豫西山地番薯的种植普遍早于豫东平原的种植，陕南山区种植番薯的时间也早于关中平原的种植。

第三，在平原地区水陆交通要道附近先种植。以北方的山东省为例，漕运要冲的德州引种番薯的时间较早。德州大约在乾隆十一、十二年（1746—1747 年）开始种植番薯，四、五年间就推广了。乾隆十七年（1752 年），山东泰安府、济宁州、曹州府巨野县、兖州府宁阳县、东川府馆陶县等地开始种植番薯，而这些州县也大半在京杭大运河沿线。

第四，灾荒促进了番薯的推广。番薯生长期短，薯藤易成活，农民常常在常规作物种植失败后栽种它，这对抗灾救荒起着十分重要的作用。番薯在许多地区的大规模推广，多与灾荒有直接关系。如乾隆五十年（1785 年）河南发生大旱，之后番薯在该省的种植有了较快发展。

3. 影响番薯推广的主要技术因素及解决办法

影响番薯在中国推广的主要技术因素有二：

一是薯种如何在寒冷的北方越冬。番薯原产于热带，薯块惧湿怕冻。据今人研究，薯块贮藏温度应保持在 10～15 摄氏度之间，温度过高或过低，薯块皆易坏烂，而中国淮河以北一月平均气温在 0 摄氏度以下。因此，番薯要在中国北方推广必须解决薯种如何越冬问题。早在明代末年，徐光启就提出了"窖藏法"来解决这一问题，但这一方法在全国的推广进展缓慢，直到乾隆年间北方才普遍采用。

二是春季如何提早育苗。薯苗的萌发温度在 20～35 摄氏度之间，而四、五月春种时节中国江南大部分地区的气温多低于此，更不用说广大的北方了。因此，番薯要突破四时无霜的闽粤地区北上推广，必须解决春季提早育苗问题。人们通过早期的苗圃衬灰、铺草到后来的堆粪、火坑等技术，逐渐解决了番薯春季提早育苗问题。清代乾隆年间，随着薯种越冬和育苗技术的成熟，在北纬40

度以南的中国大部分地区，番薯得到了大面积的推广种植①。

4. 番薯种植的分布

清代中前期，番薯的种植主要分布于杭州湾以南的东南各省，其主要原因是清代前期该区的经济作物挤占了粮食作物地位，往往造成粮食不足，而番薯的传入正好弥补了这个不足②。四川盆地和华北平原、关中平原、晋南谷地等黄河中下游地区，番薯种植也较多。主要原因是这些地区人口密度大，粮食供应不足，加之土层深厚疏松，很适宜番薯的生长。

清代后期，番薯在湖北、湖南、江西、江苏、安徽等省的江湖平原地带也得以广泛种植。这里土地肥美，粮食丰足，鸦片战争之前番薯种植很少。到了同治（1862—1874 年）、光绪（1875—1908年）年间，全国粮食全面告匮，该区大米源源外运至北方的京津和南方的广州等地，番薯才姗姗来迟地在该地区落户。

（三）马铃薯种植的推广

明末马铃薯引进中国后，推广速度远较番薯、玉米为慢。美籍学者何炳棣认为，其原因是马铃薯味淡，不如番薯好吃③。笔者认为，马铃薯喜阴凉、耐低温，并不适宜在平原或南方低纬度的山区种植，而恰恰这些地区人口众多，粮食压力较大，在这些地区马铃薯竞争不过番薯和玉米。在北方高纬度的高原山区，虽很适宜马铃薯的种植，但这些地区人口稀少，人们普遍种植传统的粟、荞麦、莜麦等生长期较短的传统粮食作物，在粮食压力并不太大的背景下，让当地人尝试种植较为陌生的马铃薯尚需一个过程。总的说来，马铃薯虽可以佐食，有救荒功能，但在番薯、玉米普遍种植以后，这种作用很难发挥，这就大大限制了马铃薯的推广。

清代前期，在番薯、玉米在中国攻城略地式地快速推广的同

---

① 刘朴兵：《番薯的引进与传播》，《中华饮食文化基金会会讯》2011年第 4 期。

② 曹树基：《清代玉米、番薯分布的地理特征》，《历史地理研究》第 2辑，复旦大学出版社 1990 年版。

③ 何炳棣：《美洲作物的引进、传播及其对中国粮食生产的影响》，《清史论丛》1962 年第 5 辑。

马铃薯（吴其浚《植物名实图考》）

时，马铃薯却缓慢地在北方高寒地区推广。在康熙二十年（1681年）的《畿辅通志·物产志》中有"土芋，一名土豆，蒸食之味如番薯"的记载。这里的"土芋"似应是马铃薯。乾隆年间（1736—1795年），河北的祁州、丰润县、正定府等地的方志中，都有了"土芋"的记载，说明马铃薯的推广在缓慢的扩展。

清代后期，马铃薯的推广速度加快，开始在山西、冀北和内蒙等高寒地区广泛种植。山西马铃薯是在嘉庆后期始传入的①，多山、地势高寒的山西，较为适宜马铃薯的生长。山西马铃薯块大质优，不易出现他地常见的薯块退化现象，所以马铃薯在山西推广得很快，迅速成为当地居民的重要食粮。据道光二十五年（1845年）出任山西巡抚的吴其浚称："阳芋……山西种之为田，俗呼山药

---

① 李辅斌：《清代河北山西粮食作物的地域分布》，《中国历史地理论丛》1993年第1期。

蛋。尤硕大，花色白。"① 从嘉庆后期传入，到道光时即已成为大田作物，足见马铃薯在山西的推广速度之快。清代后期，大量晋冀移民流向长城以北的口外地区，与移民同来的还有马铃薯，口外的热河、察哈尔（今冀北和内蒙中部）等地遂开始大量种植马铃薯。

二、副食原料生产的新变化

清代，副食原料的生产大致可分为肉蛋、蔬菜、瓜果三类。与前代相比，变化较大的是肉蛋和蔬菜的生产。

（一）肉蛋生产的进步

1. 养猪技术的进步

猪是清代最主要的肉食来源，生活在平原地区的庶民百姓普遍以养猪为家庭副业。清代的养猪技术获得了巨大进步，主要表现有四：

第一，科学牧养原则的提出与实施，对于家畜饲养、畜牧业肉食产品的增产具有重要价值。乾隆十二年（1747 年），杨屾总结出"身测寒热、腹量饥饱、时食节力、期孕护胎"的科学牧养原则，指出："夫畜牧之道，虽云多端，其要实不越乎，身测寒热，腹量饥饱，时食节力，期孕护胎一十六字而已。诚能尽心于此，有不生息日盛而赀财丰者，盖未之前闻矣。"②

第二，乾隆五年（1740 年），"六宜七忌"养猪法的出现和实施，促进了生猪饲养的发展，提高了生猪的产肉率。"六宜"为：一宜冬暖夏凉，二宜窝棚小厂以避风雨，三宜饮食臭浊，四宜细筛拣柴，五宜除虱去贼牙，六宜药饵避瘟。"七忌"为：一忌牝牡同圈，二忌圈内泥泞，三忌猛惊挠乱，四忌急骤驱奔，五忌重击鞭

---

① （清）吴其濬：《植物名实图考》卷六《阳芋》，《续四库全书》1117册，第 650 页。

② （清）杨屾：《知本提纲·修业》，转引自徐海荣：《中国饮食史》卷五，华夏出版社 1999 年版，第 282 页。

打，六忌狼犬入圈，七忌误饲酒毒。①

第三，根据猪的长相鉴定优劣，对于指导人们提供优质猪肉作为食品原料具有巨大意义。乾隆二十五年（1760年），张宗法指出："喙短扁，鼻孔大，耳根急，额平正，腰背长，肷堂小，尾直垂，四齐蹄，后乳宽，毛稀者易养。""作种者生门向上易孕，乳头匀者产生匀，产后两月而思孕，不失其时，一岁二生其豚。"②

第四，肉猪阉割技术的推广与应用，促进了猪肉产量和肉质的提高。张宗法《三农记·豕相法》载："豚生，雄者一月去其势，雌者两月势其蕊。"趁其幼小去势势蕊，提高了阉割的成活率。肉猪阉割后，性激素不再分泌，猪的活动量减少，多余的能量转化为肉脂储存于体内，大大提高了猪肉的产量和品质。

2. 家禽饲养技术的进步

鸡、鸭、鹅等家禽不仅为人们提供肉，而且还提供蛋。这一时期禽蛋孵化、运输和家禽饲养技术都有了一些进步，其中照蛋法和嘌蛋技术尤其令人瞩目。

照蛋法是康熙元年（1662年）之前即已形成的家禽人工孵化看胎施温技术，这一技术在后世得到了广泛实施。王百家《哺记》一书在记述此技术时称："其始必择卵，择其状之圆者，大者，盖牧人贵雌贱雄，以圆者雌而长者雄也。其灶编稿为之，泥涂其内而置火焉，置缸其上为釜，又编稿为门闭火气，惧其过于火也，则釜内藉以糠秕，置筐其中，实以卵，上复编稿以盖之，惧其火候不匀也。又以一筐，上其下，下其上以易，如是者五，十五日上摊，摊状如床，设荐席焉，列卵其上，絮以绵，覆以被，日转八次而不用火，盖十五日以前，内未生毛，必藉温于火，十五日以后，毛自能温，但转之覆之而已。"

① （清）杨屾：《豳风广义》卷三《养猪有七宜八忌》，《续四库全书》978册，第85页。此条题目为"七宜八忌"，但宜忌各少一条，实为"六宜七忌"。

② （清）张宗法：《三农记·豕相法》，转引自徐海荣：《中国饮食史》卷五，华夏出版社1999年版，第282页。

嘌蛋是家禽种蛋孵化后期的运输方法，乾隆二十六年（1761年）成书的罗天尺《五山志林·火焙鸭》中称："其法巧妙，几夺造化，所鬻贩有远近，计其地里而予之，或三四日，或十数日，必俟到其地，乃破壳出，真神巧也。"嘌蛋技术的出现，大大节省了运输途中饲育雏禽的精力与成本。

3. 渔业养殖与捕捞技术的进步

在渔业养殖方面，人们对鱼类产卵、受精等有了更多的了解，屈大均《广东新语》载："当鱼汕种时，雄者擦雌者之腹，则卵出，卵出多在藻荇间，雄者出其腹中之膍覆之，卵乃出子。然见电则子不出矣，土人谓鱼散卵曰汕，膍者，鱼之精也。"① 人工养蚝、蟳等海产品的技术也日益成熟，如广东东莞新安人："以石烧红散投之，蚝生其上，取石得蚝，仍烧红石投海中，岁凡两投两取。蚝本寒物，得火气其味益甘，谓之种蚝。又以生于水者为天蚝，生于火者为人蚝。人蚝成田，各有疆界，尺寸不逾，逾则争。蚝本无田，田在海水中。"②

在渔业捕捞方面，清初广东人普遍应用火光夜间诱捕鹅毛鱼的技术，屈大均《广东新语》称："鹅毛鱼，取者不以网罟，乘夜张灯火艇中，鹅毛鱼见光辄上艇，须臾而满，多则灭火，否则艇重不能载。"③ 清代还出现了专门总结捕鱼经验的书籍，福建宁德发现的《官井洋讨鱼秘决》，详述了官井洋内的暗礁位置、寻找鱼群的方法和鱼群早晚随潮汐进退的动向等，这对于增加渔民的捕捞量，大有裨益。此书扉页注明为乾隆八年（1743年）抄录，至于著者与写作年代则均不详。④

---

① （清）屈大均：《广东新语》卷二二《鳞语》，《续四库全书》734册，第743页。

② （清）屈大均：《广东新语》卷二三《介语》，《续四库全书》734册，第754页。

③ （清）屈大均：《广东新语》卷二二《鳞语》，《续四库全书》734册，第743页。

④ 闵宗殿：《中国农史系年要录》，农业出版社1989年版，第198~227页。

（二）蔬菜生产的变化

1. 海外蔬菜的继续引进

与前代相比，清代的蔬菜品种更多。如吴其濬《植物名实图考》中就记有 176 种家蔬和野菜，又如清末杨巩编的《农学合编》汇集有 57 种蔬菜的栽培方法。造成这一时期蔬菜品种增多的主要原因是海外蔬菜的大量引进。除辣椒、南瓜、番茄等明末引进的原产于美洲的蔬菜外，清代继续引进了甘蓝、菜豆、西葫芦、笋瓜、花菜等原产于美洲的蔬菜。

甘蓝又称葵花白菜，吴其濬《植物名实图考》卷三称："葵花白菜，生山西，大叶青蓝如劈蓝。四面彼离，中心叶白，如黄芽白菜，层层紧抱如覆碗，肥绝可爱，汾沁之间菜之美者，为菹为羹无不宜之。"①

菜豆又称四季豆、二季豆、时季豆、芸豆、梅豆、架豆、碧豆等，张宗法《三农记·蔬属》载："时季豆乃菽属也，叶如绿豆而色淡嫩，可茹食……子鲜红色，亦有白色，每角中或三五粒，早于诸豆，可种两季故名二季豆，又名碧豆，云其色也。"

西葫芦又名美洲南瓜，原产北美南部，17 世纪后期已见于陕西、山西等省的地方志。

笋瓜，别名印度南瓜、玉瓜等，原产南美，中国笋瓜可能由印度传入。19 世纪中叶的安徽、河南等省地方志中有其记载。

花菜，光绪八年（1882 年）上海一带已有种植。据民国七年（1918 年）的《上海县续志·物产》载："花菜，欧洲种，光绪八年甬人试植于浦东，三十年来，沿浦一带种者日多，而以董家渡左近为著。"

2. 夏季蔬菜品种较少、比重过低的状况得到改变

中国早期栽培的蔬菜品种较少，其中夏季蔬菜的品种更少。北魏贾思勰《齐民要术》记述了 35 种栽培蔬菜，其中能在夏季栽培供应的只有甜瓜、冬瓜、瓠、黄瓜、越瓜和茄子 6 种，约占当时栽

---

① （清）吴其濬：《植物名实图考》卷三《葵花白菜》，《续四库全书》1117 册，第 561 页。

培蔬菜种类的 17.14%。唐宋金元时期，蔬菜品种的数量增长不多，夏季栽培的蔬菜品种增加的更少。

明末从海外大规模引进原产于美洲的蔬菜后，这种状况有了较明显的改变，清末《农学合编》汇集的 57 种栽培蔬菜中，能在夏季栽培的有 17 种，它们是白菜、菜瓜、南瓜、黄瓜、冬瓜、西瓜、越瓜、甜瓜、瓠、苋、蕹菜、辣椒、茄子、刀豆、豇豆、菜豆和扁豆，约占全部栽培蔬菜种类的 29.81%，初步形成了今天以茄果瓜豆为主的夏季蔬菜结构。

3. 辛辣类蔬菜被广为种植

清代时，辣椒、葱、姜、蒜、韭、芥等辛辣类蔬菜被广为种植。

辣椒自明末从海外引进中国后，在中华大地上迅速传播。至清代康熙、乾隆年间，今贵州一带普遍用之代替盐，嘉庆、道光年间则普遍作为辛香料在食物中运用。吴其濬《植物名实图考》卷六载："辣椒，处处有之，江西、湖南、黔、蜀种以为蔬。其种尖圆大小不一，有柿子、笔管、朝天诸名……或研为末，生味必偕，或为盐醋浸为蔬，甚至熬为油。"① 光绪以后，辣椒的种植和食用更是普遍，形成以四川、贵州、湖南为核心，包括陕西汉中、关中、陇南、云南、江西南部和西部、安徽南部的一个长江中上游食辣重区。②

在广大北方地区，葱蒜等传统的辛辣类蔬菜更是广为种植，清末徐珂《清稗类钞·饮食类》载："北人好食葱蒜，而葱蒜亦以北产为胜。直隶、甘肃、河南、山西、陕西等省，无论富贵贫贱之家，每饭必用。赵瓯北观察翼有《题旅店壁》诗云：'汗浆迸出葱蒜汁，其气臭如牛马粪。'"③

---

① （清）吴其濬：《植物名实图考》卷六《辣椒》，《续四库全书》1117册，第 643 页。

② 蓝勇：《中国古代辛辣用料的嬗变、流布与农业社会发展》，《中国社会经济史研究》2000 年第 4 期。

③ （清）徐珂编撰：《清稗类钞》第十三册《饮食类》，中华书局 1986年版，第 6499 页。

第二节　饮食原料的加工

清代时，随着各地菜系的最终确立和各民族、各地区饮食文化的频繁交流，饮食原料的加工技术可谓集传统社会之大成，尤其是肉蔬、豆制品等副食原料的加工更是呈现多样化、科学化、实用化的特点。

一、肉类加工

（一）畜肉加工

1. 腌肉加工

在清人消费的各种畜肉中，以猪肉为最多，清代的猪肉加工技术也日益完善。盐腌猪肉又称腊肉，腌制方法简便易行，十分普及。腌猪肉时，清人多用炒过的热盐擦拭猪肉，在腌制的过程中，人们充分注意时令气温等因素的影响，"夏月可腌猪肉，每斤以炒热盐一两擦之，令软，置缸中，以石压之一夜，悬于檐下。如见水痕，即以大石压干。挂当风处不败，至冬取食之，蒸、煮均可。冬日腌猪肉也，先以小麦煎滚汤，淋过使干，每斤用盐一两，擦腌三两日，翻一次，经半月，入糟腌之。一二宿出瓮，用原腌汁水洗净，悬净室无烟处。二十日后半干湿，以故纸封裹，用淋过汁净干灰于大瓮中，灰肉相间，装满盖密，置凉处，经岁如新。煮时用米泔水浸一小时，刷尽下锅，以文火煮之。"冬日气温较低，故腌猪肉的时间较长。如果急于进食，还可以"暴腌"，"暴腌猪肉者，以肥瘦参半之猪肉为之，微盐擦揉，三日可食，加葱末，蒸、煮皆可。"① 用酒糟腌制的猪肉为糟肉，其制作方法为："先以盐微渍之，再加米糟，可蒸食。"②

---

① （清）徐珂编撰：《清稗类钞》第十三册《饮食类》，中华书局 1986 年版，第 6441 页。

② （清）徐珂编撰：《清稗类钞》第十三册《饮食类》，中华书局 1986 年版，第 6442 页。

2. 干肉加工

传统的干肉加工，以肉脯居多。清代的肉脯加工，不再是简单的将肉煮熟晒干，而要用到酒、醋、酱油、茴香、花椒等多种料物，达到了很高的水平。如千里脯的加工："牛、羊、猪、鹿等同法。去脂膜净，止用极精肉。米泔浸洗极净，拭干。每斤用醇酒二盏，醋比酒十分之三。好酱油一盏，茴香、椒末各一钱，拌一宿。文武火煮干，取起。炭火慢炙，或用晒。堪久。尝之味淡，再涂，涂酱油炙之。或不用酱油，止用飞盐四五钱。然终不及酱油之妙。并不用香油。"又如牛脯的加工："牛肉十斤，每斤切四块。用葱一大把，去尖，铺锅底，加肉于上（肉隔葱则不焦，且鲜膻）。椒末二两、黄酒十瓶、清酱二碗、盐二斤（疑误，酌用可也），加水，高肉上四五寸，覆以砂盆，慢火煮至汁干取出。腊月制，可久……兔脯同法。加胡椒、姜。"①

风干加工，清代之前多用于鸡鸭鱼兔等体型较小的肉类。清代时，人们已用风干技术加工猪肉。"风肉者，以全猪斩八块，每块以炒盐四钱，细细揉擦，高挂有风无日处。设有虫蚀，以香油涂之。夏日取用，先放水中泡一夜再煮，水以能盖肉面为度。削片时，用快刀横切，不可顺肉丝而斩也。"②

3. 火腿加工

火腿是一种特殊的腌制肉脯，其制作主料为带皮的猪腿。清代火腿加工技术成熟，并形成了不同体系，有"南腿""北腿""云腿"之别。徐珂《清稗类钞》称："火腿者，以猪腿渍以酱油，熬于火而为之，古所谓火脯是也。产浙江之金华者为良，上者为茶腿，久者为陈腿。以蒋姓所制为更佳，人皆珍之，称曰南腿。杭人视之为常品，非数米为炊者，月必数食之。北腿首称如皋。"③ 金

① （清）朱尊彝：《食宪鸿秘》卷下《肉之属》，上海古籍出版社 1990 年版，第 182~183 页。

② （清）徐珂编撰：《清稗类钞》第十三册《饮食类》，中华书局 1986 年版，第 6441 页。

③ （清）徐珂编撰：《清稗类钞》第十三册《饮食类》，中华书局 1986 年版，第 6442 页。

华火腿的制法为："每腿一斤，用炒盐一两（或八钱），草鞋搥软套手（恐热手着肉则易败），止擦皮上。凡三五次，软如绵，看里面精肉盐水透出如珠为度。则用椒末揉之，入缸，加竹栅，压以石。旬日后，次第翻三五次，取出，用稻草灰层叠叠之。候干，挂厨近烟处，松柴烟薰之，故佳。"①

"云腿"又称"宣腿"，是指云南宣威所产的火腿，"较金华所产为肥"②。其制法为："猪腿选皮薄肉嫩者，剜成九斤或十斤之谱。权之每十斤用炒盐六两、花椒二钱、白糖一两。或多或少，照此加减。先将盐碾细，加花椒炒热，用竹针多刺厚肉上，盐味即可渍入。先用硝水擦之，再用白糖擦之，再用炒热之花椒盐擦之。通身擦匀，尽力揉之，使肉软如棉。将肉放缸内，余盐洒在厚肉上。七日翻一次，十四日翻两次，即用石板压紧，仍数日一翻。大约腌肉在'冬至'时，'立春'后始能起卤。出缸悬于有风无日处，以阴干为度。"③

4. 香肠、肉松加工

清人还创制了香肠和肉松，其香肠加工方法为："用半肥瘦肉十斤、小肠半斤。将肉切成围棋子大，加炒盐三两、酱油三两、酒二两、白糖一两、硝水一酒杯、花椒小茴各一钱五分、大茴一钱共炒，研细末。葱三四根，切碎和拌肉内。每肉一斤可装五节，十斤则装五十节。"④

江苏、福建人最擅长制作肉松，江苏肉松的制法为："以肩肉为佳，切成长方块，加酱油、酒，红烧至烂，加白糖收卤，检去肥肉，略加水，以小火熬至极烂，卤汁全入肉内，用箸搅融成丝，旋

---

① （清）朱尊彝：《食宪鸿秘》卷下《肉之属》，上海古籍出版社 1990 年版，第 180 页。

② （清）徐珂编撰：《清稗类钞》第十三册《饮食类》，中华书局 1986 年版，第 6445 页。

③ （清）曾懿撰，陈光新注释：《中馈录》第一节《制宣威火腿法》，中国商业出版社 1984 年版，第 3 页。

④ （清）曾懿撰，陈光新注释：《中馈录》第二节《制香肠法》，中国商业出版社 1984 年版，第 4~5 页。

搅旋熬。至极干无卤时，再分数锅，用文火，以锅铲揉炒，焙至干脆即成。"福建的肉松，"则色红而粒粗，炒时加油，食时无渣滓"①。

（二）鱼蟹水产加工

1. 鱼类加工

在各种水产品中，以鱼的消费量为最大。除现杀烹食外，清人还将鱼类加工成可长期保存的糟鱼、风鱼、熏鱼、鱼鲊、鱼松等。

糟鱼，多用鲤鱼、青鱼。徐珂《清稗类钞》中记录的加工方法为："将鲤鱼、青鱼去鳞及杂碎，用炒盐、花椒擦遍，置缸中，数日一翻，月余起卤晒干。至正月，截成块，先以烧酒涂之，再将甜糟略和以盐，糟与鱼相间，盛于瓮，封固。夏日蒸食之，味极甜美。如鱼已干透，至四五月，则不用甜糟，仅用烧酒，浸于瓮，封之，且免生蛆、生霉等患。"②

风鱼，用大鲫鱼。曾懿《中馈录》中记录的加工方法为："切，勿去鳞。鳃下挖一洞，掏去杂碎，塞以生猪油块、大小茴香、花椒末、炒盐等，塞满腹内。悬于过风处阴干。食时，去鳞，加酒少许蒸之。制时宜用冬日。至春初以之佐酒，肉嫩味鲜，若至二三月干透，则肉老无味矣。"③

熏鱼，多用较肥的青鱼或草鱼。徐珂《清稗类钞》中记录的加工方法为："去鳞及杂碎，洗净，横切四分厚片，晒干水气，以花椒及炒细白盐及白糖逐块摩擦，腌半日，去卤，加酒、酱油浸之，时时翻动。过一日夜，晒半干，用麻油煎之，捞起，掺以花椒及大小茴香之炒研细末，以细铁罩罩之，炭炉中用茶叶末少许，烧

_____

① （清）徐珂编撰：《清稗类钞》第十三册《饮食类》，中华书局1986年版，第6440页。

② （清）徐珂编撰：《清稗类钞》第十三册《饮食类》，中华书局1986年版，第6473页。

③ （清）曾懿撰，陈光新注释：《中馈录》第七节《制风鱼法》，中国商业出版社1984年版，第8页。

烟熏之，微有气即得，但不宜太咸。"①

　　鱼鲊，各种鱼皆可制作。顾仲《养小录》中记录的加工方法为："大鱼一斤，切薄片，勿犯水，用布拭净（生矾泡汤，冷定浸鱼。少顷沥干，则紧而脆）。夏月用盐一两半，冬月一两，淹食顷，沥干，用姜、橘丝、莳萝、葱、椒末拌匀，入瓷罐按实。箬盖，竹签十字架定，覆罐，控卤尽，即熟。"②

　　鱼松，以大鳜鱼最佳，大青鱼次之。曾懿《中馈录》中记录的加工方法为："将鱼去鳞，除杂碎，洗净，用大盘放蒸笼内蒸熟。去头、尾、皮、骨、细刺，取净肉。先用小磨麻油炼熟，投以鱼肉炒之。再加盐及绍酒焙干后，加极细甜酱瓜丝、甜酱姜丝。和匀后，再分为数锅，文火揉炒成丝。火大则枯焦，成细末矣。"③

　　2. 虾蟹加工

　　虾类的加工，清代亦取得了不少进步。除加工成传统的醉虾外，清人还将鲜虾加工成干虾，虾松、虾粉等。以顾仲《养小录》卷下《嘉肴篇》所记为例，醉虾："鲜虾，拣净入瓶，椒、姜末拌匀。用好酒炖滚泼过。夏可一二日，冬日不坏。食时加盐酱。"甜虾："河虾，滚水焯过，不用盐，晒干，味甜美。"虾松："虾米拣净，温水泡开，下锅微煮取起。酱、油各半拌浸。用蒸笼蒸过，入姜汁，并加些醋。虾小微蒸，虾大多蒸。以入口虚松为度。"虾米粉："白亮细虾米，烘燥磨粉，收贮。入蛋腐、乳腐及炒拌各种细馔，或煎腐洒入并佳。"④

　　螃蟹味道鲜美，以秋季蟹肥之时食用为佳。为了延长食用期限，清人常将蟹加工成酱蟹、糟蟹、醉蟹。在加工过程中，清人已

①　（清）徐珂编撰：《清稗类钞》第十三册《饮食类》，中华书局 1986年版，第 6472~6473 页。
②　（清）顾仲：《养小录》卷下《嘉肴篇》，三秦出版社 2005年版，第167 页。
③　（清）曾懿撰，陈光新注释：《中馈录》第四节《制鱼松法》，中国商业出版社 1984 年版，第 6 页。
④　（清）顾仲：《养小录》卷下《嘉肴篇》，三秦出版社 2005 年版，第179、181、181~182、184 页。

注意到雌雄混杂或酒酱混杂，会影响螃蟹的品质，造成蟹黄、蟹油松散。食用死蟹会损害人体健康，故清人加工酱蟹、糟蟹、醉蟹时，要求"蟹必全活，螯足无伤"①。现以顾仲《养小录》卷下《嘉肴篇》所记为例，介绍清代酱蟹、糟蟹、醉蟹的加工方法。

上品酱蟹："上好极厚甜酱，取鲜活大蟹，每个以麻丝缚定，用手捞酱，搵蟹如团泥，装入罐内封固。两月开，脐亮易脱，可供。如未易脱，再封好候之。食时以淡酒洗下酱来，仍可供厨，且愈鲜也。"

糟蟹："三十团脐不用尖，老糟斤半半斤盐。好醋半斤斤半酒，入朝直吃到明年。脐内每个入糟一撮，罐底铺糟，一层糟一层蟹，灌满，包口。装时以火照过，入罐，则不沙。团脐取其膏多，然大尖脐亦妙也。"

醉蟹："以甜三白酒注盆内，将蟹拭净投入。有顷，醉透不动。取起，将脐内泥沙去净，入椒盐一撮，茱萸一粒（置此可经年不沙），反纳罐内。洒椒粒，以原酒浇下，酒与蟹平，封好。每日将蟹转动一次，半月可供。"②

二、蔬菜加工

（一）干菜加工

清代用来加工成干菜的蔬菜品种很多，"如胡豆、刀豆、邪蒿、香椿、萱花、荠菜、苋菜、白蒿、苜蓿、菠菜、莱菔、胡莱菔、茄子、茭白之类，皆可作脯。惟茄及茭白宜去皮切片"。干菜的加工方法，"均宜洗净，于滚水中瀹过，晒干收贮，勿泄气"。这样做出来的干菜，"菜乏时照常法作食，较初摘者稍逊，然真味故在，与腌以盐酱本味全失者不同也"③。

---

① （清）顾仲：《养小录》卷下《嘉肴篇》，三秦出版社2005年版，第187页。

② （清）顾仲：《养小录》卷下《嘉肴篇》，三秦出版社2005年版，第188、189、190页。

③ （清）薛宝辰撰，王子辉注释：《素食说略》卷一《菜脯》，中国商业出版社1984年版，第10页。

有些干菜制作时还要加入盐、糖等调料，并以烘代晒，如笋脯的制作："取鲜笋加盐煮熟，上篮烘之，须昼夜环看，稍火不旺则滚矣。用清酱者色微黑。"人们常食的"玉兰片"，实为冬笋或春笋片。制作玉兰片时，"以冬笋供片，微加蜜焉。苏州孙春阳家有盐、甜二种，以盐者为佳"①。有些精致的干菜，制作工序较为复杂，如"香干菜"："春芥心风干，取梗，淡腌、晒干；加酒、加糖、加秋油拌后，再加蒸之，风干入瓶。"②

（二）腌菜加工

清人制作腌菜的原料众多，白菜、萝卜、胡萝卜、菜瓜、莴苣、雪里蕻、姜、蒜等皆可腌制。清代的腌菜加工技术十分成熟，在腌制的过程中，广泛使用倒缸、砖石压菜的方法，这是十分科学的，"从微生物的发酵作用看，倒缸有利于热气、酸臭气的挥发，压砖石则有利于有益微生物的正常发酵，防止有害霉菌的破坏"③。以薛宝辰《素食说略》所记"腌胡莱菔"为例："胡莱菔，洗净晾干，整个放缸中。每十斤入盐半斤，酌加茴香、花椒。以冷开水灌入，水须比莱菔稍高，上以重物压之。每日须翻转一次。十日，取出用刀于四面各劙一缝，以绳系之，悬于有风无日处干之。欲食时，以热水浸软，横切薄片，即成莱菔花之状矣。以香油与醋拌食，甚脆美。"④

（三）泡菜加工

泡菜又称酸菜、浸菜等，是从腌菜发展出来的新品种。制作泡菜须用专门的坛口有水槽的泡菜坛子，"除葱、蒜、韭等菜不用。余如胡瓜、茄子、豇豆、刀豆、苦瓜、莱菔、胡莱菔、白菜、芹菜、辣椒之类，皆可浸。浸用熟水。盐须炒过，酌加花椒、小香、

---

① （清）袁枚撰，周三金等译：《随园食单·小菜单》，中国商业出版社1984年版，第113、114页。

② （清）袁枚撰，周三金等译：《随园食单·小菜单》，中国商业出版社1984年版，第116页。

③ 徐海荣：《中国饮食史》卷五，华夏出版社1999年版，第323页。

④ （清）薛宝辰撰，王子辉注释：《素食说略》卷一《腌胡莱菔》，中国商业出版社1984年版，第5~6页。

生姜。浸好，以瓷碗盖之，碗必与坛檐相吻合，檐内必贮水，防泄气及见风也。取时必以净箸夹出，防见水及不洁也"①。也可直接用醋代水，制作成醋浸菜，其方法为："好醋若干，入锅中，加花椒、八角、莳萝草果及盐烧滚。俟水气略尽，候冷，放坛中。浸入莱菔、胡莱菔、生姜、王瓜、豇豆、刀豆、茄子、辣椒等，愈久愈佳。太原人作法甚佳。"② 人们一般在蔬菜旺盛的秋季制作泡菜，如山西隰州"九月制酸菜，溪内洗净，藏之瓮中，味变为酸，蓄之供一年之用"③。

（四）糟菜加工

糟菜为用酒糟腌制的蔬菜，如糟白菜："取隔年好糟，每斤加盐四两，拌匀，选长梗白菜洗净去叶，晾干，每菜二斤，糟一斤，菜糟相间，隔日一翻，待熟入缸，即可食。"糟茄子："茄五斤，糟六斤，盐十七两、河水两三碗拌糟，其味自甜，可久藏。盐中略加白矾末少许，经年不黑。"④ 清人还将风干腌制的菜心继续加工成糟菜，"取腌过风瘪菜，以菜叶包之，每一小包铺一面香糟，重叠放坛内。取食时开包食之，糟不沾菜，而菜得糟味"⑤。

（五）酱菜加工

传统的酱菜是将瓜笋时蔬等放入豆面酱中腌制而成的，清代制作酱菜多沿用此法。以袁枚《随园食单》所记酱菜为例，萝卜："萝卜取肥大者酱一二日即吃，甜脆可爱"；"酱石花"："将石花洗净入酱；临吃时再洗，一名'麒麟菜'"；"酱姜"："生姜取嫩者

① （清）薛宝辰撰，王子辉注释：《素食说略》卷一《浸菜》，中国商业出版社1984年版，第7页。

② （清）薛宝辰撰，王子辉注释：《素食说略》卷一《醋浸菜》，中国商业出版社1984年版，第8页。

③ 康熙四十八年《隰州志·生活民俗》，丁世良、赵放：《中国地方志民俗资料汇编·华北卷》，书目文献出版社1989年版，第665页。

④ （清）徐珂编撰：《清稗类钞》第十三册《饮食类》，中华书局1986年版，第6506、6508页。

⑤ （清）袁枚撰，周三金等译：《随园食单·小菜单》，中国商业出版社1984年版，第118页。

微腌，先用粗酱套之，再用细酱套之，凡三套而始成。古法，用蝉退一个入酱，则姜久而不老"；"酱瓜"："酱瓜腌后，风干入酱，如酱姜之法，不难其甜，而难其脆。杭州施鲁箴家制之最佳。据云：酱后晒干又酱，故皮薄而皱，上口脆"；"菱瓜脯"："菱瓜入酱，取起风干，切片成脯，与笋脯相似"；"酱王瓜"："王瓜初生时，择细者腌之入酱，脆而鲜"①。

清代还发明了"包瓜酱菜"的新制法，据徐珂《清稗类钞·饮食类》载："酱菜首推潼关之所制者。制时，剖瓜去瓤，实以茄菜、王瓜、壶卢之稚者，用甜酱酿之。至沉浸酿郁时，瓜亦可食，名曰包瓜酱菜。味甘鲜，惟以过咸为戒。保定制法相仿，惟不包瓜耳。"②

清代还出现了新兴的辣椒酱，制辣椒酱所选用的辣椒，非南方所产的"有皮无肉"者，而是北方的"肉厚"者，"外去其皮，内去其子，专以肉捣成酱，而和以饧盐"③。为了减轻辣度，可添加少量的胡萝卜，如薛宝辰《素食说略》所载辣椒酱的作法为："辣椒七斤、胡莱菔三斤，均切碎。炒过盐十二两，水若干，搅匀令稀稠相得。以磨豆腐拐磨磨之，收贮瓷瓶，久藏不坏。"④

三、豆制品加工

清代时，豆类加工技术有了更大的进步，人们把豆类加工成种类繁多的豆制品，极大地丰富了人们的副食生活。这些豆制品主要有各种豆腐、豆酱、豆豉、酱油等。

---

① （清）袁枚撰，周三金等译：《随园食单·小菜单》，中国商业出版社 1984 年版，第 119~123 页。

② （清）徐珂编撰：《清稗类钞》第十三册《饮食类》，中华书局 1986年版，第 6506 页。

③ （清）徐珂编撰：《清稗类钞》第十三册《饮食类》，中华书局 1986年版，第 6530 页。

④ （清）薛宝辰撰，王子辉注释：《素食说略》卷一《辣椒酱》，中国商业出版社 1984 年版，第 9 页。

（一）豆腐

清代的豆腐品种及其衍生品众多，据汪日祯《湖雅》卷八载："豆浆点以石膏或点以盐卤成腐。未点者曰豆腐浆。点后布包成，整块曰干豆腐。置板上曰豆腐箱，因呼一整板曰一箱。稍微嫩者曰水豆腐，亦曰箱上干。尤嫩者以勺挹之成软块，亦曰水豆腐脑，又名盆头豆腐。其最嫩者不能成块，曰豆腐花。下铺细布，泼以腐浆，上又铺细布交之，施泼施交，压干成片曰千张，亦曰百叶。其浆面结衣者，揭起成片曰豆腐衣，《本草纲目》中作豆腐皮。今以整块干腐上下四旁批片曰豆腐皮，非浆面之衣也。干腐切小方块油炖，外起衣而中空曰油豆腐。切三角块曰三角油腐。切细条曰人参油腐。有批片略油炖者，外不起衣不空者曰半炖油豆腐。干腐切方块布包，压干清酱煮黑曰香豆腐干。有五香豆腐干、元宝豆腐干等。其皮软而黄黑者曰蒸干。有淡煮白色者曰白豆腐干。木屑烟熏白豆腐干成黄色曰熏豆腐干。酸芥卤浸白豆腐干使成而臭曰臭豆腐干。"

还可将豆腐进一步加工成豆腐乳、冻豆腐等。如豆腐乳："豆腐晾干水气，切四方块，约二两一块。入笼蒸透，再于暗处置稻草上的仍覆以稻草。俟生霉起毛，取出。拭去毛，每块用花椒、小细末、盐末撒匀，然后密铺盆内，以陈酒浸之，加香油于上。酒以淹合豆腐为准。外以纸封固，令不泄气。二十余日可食。加皂矾为臭豆腐。"① "冻豆腐者，冬始有之。以豆腐切方块，置于户外，先浇热水一次，复以冷水频浇之，冻一夜，即结冰，一名冰豆腐。"②

豆腐皮又可进一步加工成腐竹，其制作方法是："竹篾按一尺许长，削如线香样，要极光滑。以新揭豆腐皮铺平，再以竹篾匀排于上，卷作小卷，抽去竹篾，挂于绳上晾之。每张照作，晾干收

---

① （清）薛宝辰撰，王子辉注释：《素食说略》卷一《豆腐乳》，中国商业出版社 1984 年版，第 8 页。

② （清）徐珂编撰：《清稗类钞》第十三册《饮食类》，中华书局 1986 年版，第 6513 页。

之，经久不坏，可以随时取食，各菜可酌加。"①

（二）豆酱

清代民人多趁伏日晒酱，其中豆面酱最为普及，其制作方法为："用小麦面若干，入炒熟大豆屑，不拘多少，滚水和，揉成饼，按二指厚两掌大。蒸熟晾冷，于不透风处放芦席上铺匀，上用楮叶盖厚。俟黄醭上匀为度，去叶翻转一过，黄透，晒一、二日。捣成碎块，入盐水内浸成酱。酱黄入盐水后，每日早间，用竹把搅一次。半月后磨过即成，无庸再搅矣。酱造成，总得磨过，否则内有颗粒，味便不佳。酱要三熟，谓饼得蒸熟，熟水调面，熟水浸盐也。每酱黄十斤，入盐三斤，水十斤，盐亦要炒熟。"②

（三）豆豉

豆豉是清代重要的调味品和佐肴佳品，品种众多，除普通豆豉之外，还有水豆豉、酒豆豉、香豆豉、熟茄豉、燥豆豉等③。据徐珂《清稗类钞·饮食类》称："豆豉之制，四川为最，出隆昌者尤佳。"④ 制作豆豉多用黄豆或黑豆，其一般制法为："大黄豆，洗净，煮极烂，晾冷，装坛内，置凉处。俟发霉上黄，取出，以茴香、花椒末、盐拌匀，作成圆饼，晒微干，收贮。喜食辛，可加入辣椒末。大黑豆一斗，煮熟透，于不透风处摊席上，以楮叶覆之。俟发霉，晒干，去黄，入八角、小香、砂仁、紫苏叶末、去皮苦杏仁各四两，陈皮、甘草末各二两，生姜米三斤，晒干瓜丁二、三斤，再入陈酱油六斤，绍酒十斤，油桂、白蔻末五钱，收贮瓷器内，总以不透风为要。此与前法稍异。此法味最佳，前法

---

① （清）薛宝臣撰，王子辉注释：《素食说略》卷一《腐竹》，中国商业出版社 1984 年版，第 9 页。

② （清）薛宝辰撰，王子辉注释：《素食说略》卷一《造酱》，中国商业出版社 1984 年版，第 3 页。

③ （清）朱尊彝：《食宪鸿秘》卷上《酱之属》，上海古籍出版社 1990 年版，第 80~84 页。

④ （清）徐珂编撰：《清稗类钞》第十三册《饮食类》，中华书局 1986 年版，第 6514 页。

较便。"①

清人还发明了用胡豆（蚕豆）制作豆豉的新方法："鲜胡豆，去皮，置暗处，覆以楮叶。俟生黄，取出，置日中晒干，拭去黄。以黄酒炒盐，加辣椒粗片浸。浸后置日中晒之。晒至豆软可食，分坛收贮。干胡豆浸软去皮，如前法作之亦可。"②

（四）酱油

清代酱油多用大豆酿造，如朱尊彝《食宪鸿秘》卷上《酱油》载："黄豆或黑豆煮烂，入白面，连豆汁揣和使硬，或为饼，或为窝，青蒿盖住。发黄磨末，入盐汤。晒成酱，用竹篾密挣缸下半截贮酱于上，沥下酱油或生绢袋盛滤。"③

清代还有用豆渣、麦麸等造酱油者，如顾仲《养小录》卷上《秘传造酱油方》所载："好豆渣一斗，蒸极熟，好麸皮一斗，拌和。盦成黄子。甘草一斤，煎浓汤，约十五六斤，好盐二斤半，同入缸。晒热，滤去渣，入瓮，愈久愈鲜，数年不坏。"同卷《急就酱油》载："麦麸五升，麦面三升，共炒红黄色，盐水十斤，合晒淋油。"④

第三节 饮食烹饪

清代时，随着食物原料的不断丰富，无论是主食饼饭，还是副食菜肴，都出现了不少新的花色、品种，原有的食品烹饪技艺也有了不少改进。

---

① （清）薛宝臣，王子辉注释：《素食说略》卷一《咸豆豉》，中国商业出版社 1984 年版，第 6 页。

② （清）薛宝臣，王子辉注释：《素食说略》卷一《制胡豆瓣》，中国商业出版社 1984 年版，第 6~7 页。

③ （清）朱尊彝：《食宪鸿秘》卷上《酱之属》，上海古籍出版社 1990 年版，第 69 页。

④ （清）顾仲：《养小录》卷上《酱之属》，三秦出版社 2005 年版，第 40、41 页。

一、主食烹饪

（一）粒食烹饪

1. 粥

粥为清代人常食之物，在长期的熬粥实践中，人们总结出许多有益的经验来。如："煮粥须水先烧开，然后下米，则水米易于融和。粥须一气煮成，否则味便不佳。煮粥以泉水为上，河水次之，井水又次之。井水之稍咸苦者，皆不宜也。煮粥须按米多少，水少则过浓，水多则过薄矣。煮粟米粥，初下米时，加生香油一匙，粥煮成时，但觉其味厚而腴，而不知有油味，加油迟则不可下咽矣。粟米粥加淡红小豆颇佳，豇豆、刀豆、白红扁豆亦可，若绿豆、黄豆、黑豆，皆不宜。不加豆，米将熟时，加荠菜、邪蒿、白菜、菠菜、芹菜等作菜粥，尤佳。黄米性粘，煮粥甚浓厚，惟不宜加豆。粳米粥须用生米，蒸过者不佳也。"①

北方人所食之粥多为小米粥，用粟米或黄米熬制而成；南方人所食之粥多为大米粥，用粳米或糯米熬制而成。"粳米粥名目甚多，略列于后。荷叶粥，鲜荷叶一片，以水煮数滚，去荷叶，下粳米，味极清香。惟荷叶水内，须著生白矾少许，否则粥色红而不绿。腊八粥，以粟子、芡实、菱米、莲子、薏米、白扁豆、松子仁、核桃仁之类，与粳米同煮，粥成加糖，腊八日供佛，故名佛粥……其余如扁豆、莲子、薏米、百合之类，与何者同煮，即名何粥，初无一定之法，不能缕述也。"② 南方人还常食大麦粥、绿豆粥、红枣粥等③。清代的山区居民多食杂粮粥，"玉米陕西名包谷，碾成粒，煮粥甚佳。与山芋切块同煮，南山人名曰糊汤。糊读若

① （清）薛宝辰撰，王子辉注释：《素食说略》卷四《粥》，中国商业出版社1984年版，第45页。

② （清）薛宝辰撰，王子辉注释：《素食说略》卷四《粥》，中国商业出版社1984年版，第45~46页。

③ （清）徐珂编撰：《清稗类钞》第十三册《饮食类》，中华书局1986年版，第6378页。

沍。终年食之。杂粮粥以此为佳名也"①。

粥中添加肉荤则成高档的肉粥："或以燕窝入之，或以鸡屑入之，或以鸭片入之，或以鱼块入之，或以牛肉入之，或以火腿入之。粤人制粥尤精，有曰滑肉鸡粥、烧鸭粥、鱼生肉粥者。三者之中，皆杂有猪肝、鸡蛋等物。别有所谓冬菇鸭粥者，则以冬菇煨鸭与粥皆别置一器也。"②

同前代一样，清人也常将粥用于食疗养生，如清人认识到"薏米粥，除湿热，已泻。莲子粉粥，健脾胃，止泄痢。芡实粉粥，固精，明耳目。菱实粉粥，益肠胃，解内热。粟子粥，补肾，益腰脚。核桃仁粥，补命门火，宜少加盐。白术末粥，健脾胃，去风湿，宜加糖"③。

2. 饭

清代著名学者袁枚称："饭者百味之本……往往见富贵人家，讲菜不讲饭，逐末忘本，真为可笑。""饭之甘，在百味之上，知味者，遇好饭不必用菜。"④ 袁枚之语，道出了饭在中国人心目中的主食地位。按烹饪方式分，饭可分为捞饭、煮饭和蒸饭三种。

捞饭流行于北方，其做法为："先以水煮米，米心微开，入笼蒸之。"⑤ 煮饭流行于南方，上佳的煮饭，颗粒分明，入口软糯。清人总结出不少煮饭的要领，如袁枚称："其决有四：一要米好，或香稻，或冬霜，或晚米，或观音灿，或桃花灿，春之极熟，霉天风摊播之，不使惹霉发疹；一要善淘，淘米时不惜工夫，用手揉

---

① （清）薛宝辰撰，王子辉注释：《素食说略》卷四《粥》，中国商业出版社 1984 年版，第 46 页。

② （清）徐珂编撰：《清稗类钞》第十三册《饮食类》，中华书局 1986年版，第 6378 页。

③ （清）薛宝辰撰，王子辉注释臣：《素食说略》卷四《粥》，中国商业出版社 1984 年版，第 46 页。

④ （清）袁枚撰，周三金等译：《随园食单·饭粥单》，中国商业出版社 1984 年版，第 141、142 页。

⑤ （清）薛宝辰撰，王子辉注释：《素食说略》卷四《饭》，中国商业出版社 1984 年版，第 46 页。

擦，使水从箩中淋出，竟成清水，无复米色；一要用火，先武后文，闷起得宜；一要相米放水，不多不少，燥湿得宜。"① 按照今天营养学的观点，袁枚之论未必尽善。如"舂之极熟"是取精米，而精米不如糙米营养丰富；淘米达到"无复米色"的程度，势必将米中残存的维生素淘洗殆尽。袁枚煮饭之法的舂、淘两则，是取口感而弃营养，实不可取。清人薛宝辰称："煮饭之法，其诀在始终俱用熟水，生水万不可用。用生水，饭定不佳。米以滚水淘净，漉入锅，视米多少加入滚水。米老则水稍多，米嫩则水稍少。煮至水尽微有膈膊之声，则饭成矣。饭须一气煮成，不可搅动。"②

无论是捞饭或煮饭，其烹制都有一些缺点："北方捞饭去汁而味淡。南方煮饭味足，但汤水火候难得恰好，非餲则太硬，亦难适口。惟蒸饭最适中。"③ 除普通蒸饭外，清人还新创了"碗蒸法"："一大碗可蒸米三两有余。其淘米加水，视煮饭法。置碗于笼内笼之，蒸熟，味亦浓厚。大约饭成即食，香味特别，稍缓则米香即减。"④

（二）面食烹饪

1. 饼馍类

清代时，饼馍类面食的制作技艺已达到相当高的水平。制作前，视品种灵活运用发酵面团、油酥面团、冷水面团、温水面团或烫面团。制成的饼、馍形状各异，针对不同的品种，运用擀、切、包、裹、卷、叠、压、捻、搓、扭、推等技法成形。饼馍成熟的方法也多种多样，蒸、烙、烤、油煎、水煎、油炸、不拘一格。生于晚清民国时期的陕西人薛宝辰对饼馍类食品的制法作了归纳：

① （清）袁枚撰，周三金等译：《随园食单·饭粥单》，中国商业出版社 1984 年版，第 141 页。
② （清）薛宝辰撰，王子辉注释：《素食说略》卷四《饭》，中国商业出版社 1984 年版，第 47 页。
③ （清）朱彝尊：《食宪鸿秘》卷上《饭之属》，上海古籍出版社 1990 年版，第 38 页。
④ （清）薛宝辰撰，王子辉注释：《素食说略》卷四《饭》，中国商业出版社 1984 年版，第 47 页。

　　饼为北人日用所必需，无人不知作法，似可无庸缕述。然未可略也，姑列其作法如左。其蒸食之法有七。以发面蒸之，曰蒸馍，俗呼馒头。以油润面糁以姜米、椒盐作盘旋之形，曰油楜。以发面实蔬菜其中蒸之，曰包子，古称馉饳，亦呼馒头。以生面捻饼，置豆粉上，以碗推其边使薄，实以发菜、蔬笋，撮合蒸之，曰捎美。生面，以滚水汤之，扞圆片，一二寸大，实以蔬菜摺合蒸之，曰汤面饺。以发面扞薄涂以油，反复摺叠，以手匀按，愈按愈薄，约四五寸大，蒸热，切去四边，拆开卷菜食之，曰薄饼，以汤面扞薄糁以姜盐，涂以香油，卷而蒸之，曰汤面卷。

　　其烙之法十有一。以生面或发面团作饼烙之，曰烙饼，曰烧饼，曰火烧。视锅大小为之，曰锅规。以生面扞薄涂油，摺叠环转为之，曰油旋。《随园》所谓蓑衣饼也。以酥面实馅作饼，曰馅儿火烧。以生面实馅作饼，曰馅儿饼。酥面不实馅，曰酥饼。酥面不加皮面，曰自来酥。以面糊入锅摇之使薄，曰煎饼。以小勺挹之，注入锅一勺一饼，曰淋饼。和以花片及菜，曰托面。置有馅生饼于锅，灌以水烙之，京师曰锅贴，陕西名曰水津包子。作极薄饼先烙而后蒸之，曰春饼。

　　其油炸之法有五。以发面作饼炸之，曰油饼。搓为细缕，摺合炸之，曰馓子。扭如绳状炸之，曰麦花，一曰麻花。以汤面实以糖馅，作圆饼炸之，曰油糕。以碱、白矾发面搓长条炸之，曰油果，陕西名曰油炸鬼，京师名曰炙鬼。以上作法，容有未备，然大略不外是矣。①

　　各地因食品原料、传统习惯等不同，对某一种或某几种饼馍的制作方法会有所偏好，逐渐形成了各地特色。在技术精益求精的基础上，一些地方的饼馍食品脱颖而出，成为名食。以黄河中游地区

---

　　①（清）薛宝辰撰，王子辉注释：《素食说略》卷四《饼》，中国商业出版社1984年版，第47~48页。

的陕西省为例,有西饼、西安的大肉饼、油酥饼、朱家包子、渭北的石子馍、泾阳的天然饼、蒲城的橡头蒸馍、富平的太后饼、临潼的黄桂柿子饼、乾州的锅盔、定边的糖馓子、宁强的王家核桃烧饼、三原的泡泡油糕、马鞍桥油糕、合阳的面花、兴平的云云馍、延安的火烧等特色饼馍。

各地饼馍类名食,制法各具特色,如西饼:"秦人制小锡罐装饼三十张,每客一罐,饼小如柑,罐有盖,可以贮。馅用炒肉丝,其细如发;葱亦如之。猪羊并用,号曰'西饼'。"① 泾阳天然饼:"泾阳张荷塘明府家制天然饼,用上白飞面加微糖及脂油为酥,随意搦成饼样如碗大,不拘方圆,厚二分许,用洁净小鹅子石衬而煠之,随其自为凹凸,色半黄便起,松美异常。或用盐亦可。"② 晋府千层油旋烙饼:"白面一斤、白糖二两(水化开)入香油四两,和面作剂,擀开。再入油成剂,擀开。再入油成剂,再擀。如此七次,火上烙之。甚美。"③ 广州老婆饼:"广州有饼,人呼之为老婆饼。盖昔有一人,好食此饼,至倾其家,后复鬻其妻购饼以食之也。以梁广济饼店所售者为尤佳。"④ 扬州小馒头:"作馒头如胡桃大,就蒸笼食之,每箸可夹一双,扬州物也。扬州发酵最佳,手捺之不盈半寸,放松仍隆然而高。"⑤

(三) 面条类食品

面条类食品是清代北方居民的常食之品,其品种众多。薛宝辰《素食说略》卷四《面条》载:"面条,古名索饼,一名汤饼。索

① (清) 袁枚撰,周三金等译:《随园食单·点心单》,中国商业出版社 1984 年版,第 126 页。

② (清) 袁枚撰,周三金等译:《随园食单·点心单》,中国商业出版社 1984 年版,第 138~139 页。

③ (清) 顾仲:《养小录》卷上《饵之属》,三秦出版社 2005 年版,第 71 页。

④ (清) 徐珂编撰:《清稗类钞》第十三册《饮食类》,中华书局 1986 年版,第 6411 页。

⑤ (清) 袁枚撰,周三金等译:《随园食单·点心单》,中国商业出版社 1984 年版,第 137 页。

饼言其形，汤饼言其食法也。面条北方家家能作，然工拙高下，有不可以道里计者。大抵调碱合宜，揉面有法，则可以擀薄，可以切细，可以久煮而不断碎。其食时以何卤浇之，即以其名命之，无定也。其以水和面，入盐、碱、清油揉匀，覆以湿布，俟其融和，扯为细条。煮之，名为桢条面。作法以山西太原平定州，陕西朝邑、同州为最佳。其薄等于韭菜，其细比于挂面。可以成三棱之形，可以成中空之形，耐煮不断，柔而能韧，真妙手也。其余如面片、面旗之类，无庸赘述矣。"① 清代还出现了刀削面等新品种，其制法为："面和硬，须多揉，愈揉愈佳，作长块置掌中，以快刀削细长薄片，入滚水煮出，用汤或卤浇食，甚有别趣。平遥、介休等处作法甚佳。"②

　　清代的多数面条类食品多以汤美卤鲜取胜，而面条本身却缺滋少味。新兴的有味面条较好地弥补了传统面条的这一缺陷，清代的有味面条品种很多，如八珍面、鳗面、五香面等。其中，八珍面的制法为："以鸡、鱼、虾肉晒极干，加鲜笋、香蕈、芝麻、花椒为极细末，和入面，将鲜汁（焯笋、煮蕈及煮虾之汁均可）及酱油、醋和匀拌面，勿用水，擀薄切细，滚水下之，为闽人所嗜。"鳗面的制法为："以大鳗一条，蒸烂，拆肉去骨，和入面，加鸡汤清揉之，擀成面皮，以小刀划成细条，入鸡汁、火腿汁、磨菇汁煨之。"五香面的制法为："先以椒末、芝麻屑拌入面，后以酱、醋及鲜汁和匀拌之，勿用水。"③

　　煮好的面条，除直接食用外，还可进一步炒食。如薛宝辰《素食说略》卷四"炒面条"载："面条煮出，浸以冷水，匀摊筛上，晾干水气，入油锅同笋丝或白菜丝、豆腐干丝炒之，腴脆不

　　① （清）薛宝辰撰，王子辉注释：《素食说略》卷四《面条》，中国商业出版社 1984 年版，第 49 页。
　　② （清）薛宝辰撰，王子辉注释：《素食说略》卷四《削面》，中国商业出版社 1984 年版，第 52~53 页。
　　③ （清）徐珂编撰：《清稗类钞》第十三册《饮食类》，中华书局 1986 年版，第 6392~6393 页。

腻。天津素饭馆作法颇好。"①

二、菜肴烹饪

(一) 荤菜烹饪

清代荤菜烹饪方式多样，品种不可尽数，现以徐珂《清稗类钞·饮食类》所载荤菜分类略述，以管窥清代荤菜的烹饪水平和时代特色。

1. 家畜肉类

清代的荤菜烹饪，以猪肉为首。《清稗类钞·饮食类》所载的猪肉肴馔众多，有炖猪肉、白片肉、四喜肉、八宝肉、东坡肉、芙蓉肉、荔枝肉、薹菜心煮猪肉、霉菜肉、西瓜煮猪肉、炸猪排、熏煨猪肉、煨猪裹肉、红煨猪肉、白煨猪肉、菜花煨猪肉、煨猪肉丝、干锅蒸肉、粉蒸肉、荷叶粉蒸肉、黄芽菜包猪肉、炒猪肉片、炒猪肉丝、韭黄炒猪肉丝、瓜姜炒猪肉丝、炒肉生、小炒肉、炙肉、油灼肉、烧猪肉、锅烧肉、狮子头、八宝肉圆、空心肉圆、鸡蛋肉圆、肉燕、家乡肉、煮鲜猪蹄、神仙肉、走油猪蹄、水晶蹄肴、丁蹄、煨猪爪、煨猪蹄筋、氽猪肉皮、炒排骨、煮猪头、八宝肚、清汤花生猪肚、煨猪肺、煨猪腰、猪肝油、蒸煮腌猪肉、蒸煮暴腌猪肉、蒸煮风肉、煮腊肉、蒸糟肉、笋煨火腿、西瓜皮煨火腿、火腿煨猪肉、火腿煨猪爪、蜜炙火蹄、蜜炙火方等，其烹饪方式涵盖了炖、煮、煨、炒、蒸、烧、炙、灼（炸）、氽等。这些肴馔或纯用猪肉烹制，或配以干菜、鲜菜、坚果、水果。在外形上，这些肴馔也各具特色，或条或片，或丁或块，或丝或馅。

《清稗类钞·饮食类》中所载的牛羊肉肴馔较少，仅有煮羊羹、羊肚羹、牛肉、煨牛舌、烧羊肉、红煨羊肉、炒羊肉丝、煮羊头、煨羊蹄等数味。这种情况，基本反映了清代以猪肉为主的肉食结构。

---

① （清）薛宝辰撰，王子辉注释：《素食说略》卷四《炒面条》，中国商业出版社1984年版，第53页。

2. 禽蛋类

清代的禽蛋类肴馔，以鸡肴居多。《清稗类钞·饮食类》所载的鸡肴有鸡血汤、煨鸡、蘑菇煨鸡、焖鸡、酱鸡、灼八块、炒鸡片、炒生鸡丝、炒鸡丁、栗子炒鸡、梨炒鸡、黄芽菜炒鸡、蘑菇鸡腿、西瓜蒸鸡、焦鸡、蒸小鸡、爆鸡、生炮鸡、松子鸡、鸡圆、烧野鸡、拌野鸡丝等，其加工方法有煨、焖、炒、蒸、焙、爆、炮、烧、灼等。有整只烹饪者，也有加工成块、片、丁、丝者，还有加工成肉泥者。所用的配料既有蔬菜（黄芽菜）、菌类（蘑菇），也有干果（栗子、松子）和水果（梨、西瓜）。《清稗类钞·饮食类》所载的以鸡蛋为原料制作的菜肴有蛋汤、白煮鸡蛋、煮茶叶蛋、混套、芙蓉蛋、八珍蛋、燉蛋、三鲜蛋、跑蛋、皮蛋拌鸡丝、蛋饺等。

《清稗类钞·饮食类》所载的鸭肴有清燉鸭、蒸鸭、干蒸鸭、滷鸭、鸭脯、八宝鸭、石鸭、烧鸭、煮野鸭、炮野鸭、小八宝鸭、野鸭团等，其加工方法有燉、蒸、烧、煮、焖、炮等。有整只烹饪者，也有加工成块、片者。《清稗类钞·饮食类》所载的其他禽肴，尚有蒸鹅、炙鹅掌、煨鸽、煨麻雀、炒桃花鶏等。其中，蒸鹅即元明两代非常流行的烧鹅。[1] 而炙鹅掌的烹饪方法相当残忍，"以鹅置铁楞上，文火烤炙，鹅跳号不已，以酱油、醋饮之。少焉鹅毙，仅存皮骨，掌大如扇，味美无伦"[2]。此种虐食习俗，理应抛弃。

3. 水产品类

《清稗类钞·饮食类》所载的鱼类肴馔有鱼羹、黄鱼羹、鳝丝羹、煎鱼、蒸腌鱼、莲房鱼包、炒姆鱼、蒸鲥鱼、蒸鰣鱼、蒸白鱼、爆鱼、五香熏鱼、炒青鱼片、醋搂鱼、杭州醋鱼、蒸水腌鲤鱼、醋搂黄花鱼、酒蒸黄花鱼、油炒黄花鱼、假蟹肉、蒸鲫鱼、煎

---

① 刘朴兵：《中华食鹅史略》，《中华饮食文化基金会会讯》2008年4期。

② （清）徐珂编撰：《清稗类钞》第十三册《饮食类》，中华书局1986年版，第6465~6466页。

鲫鱼、冬芥煨鲫鱼、酥鲫鱼、蒸风鲫鱼、煨刀鱼、蒸刀鱼、煎刀鱼、烧鳜鱼、炒鳜鱼、煨银鱼、炒银鱼、煎鲜鱼、瓠子煨鲜鱼、煨班鱼、蒸边鱼、蒸炙鲚鱼、连鱼豆腐、清蒸鸽子鱼、炒鳝、炙鳝、蒸鳗鱼、清煨鳗鱼、红煨鳗鱼、炸鳗鱼等。从烹饪方法上看，清人多用煎、蒸、爆、炒、烧、煨、炙、熏等方式烹饪鱼类。多数鱼类可用多种烹饪方式进行加工，如黄花鱼可醋搂、酒蒸、油炒，刀鱼可煨可蒸可煎，但也有少数鱼类只适合于某一种烹饪方式，如鲥鱼只宜清蒸，"煎炒则无味"①。有些鱼肴的加工，需要多道烹饪方式才能完成，如蒸炙鲚鱼是"以新出水之鲚鱼置净炭上炙干，去豆尾，切为段，油炙熟。每段间以箸，盛瓦罐，封以泥。欲食，取出蒸之"②。

除鱼肴外，《清稗类钞·饮食类》还记有不少其他水产品肴馔。如蛤汤、蛤蜊鲫鱼汤、玉兰片瑶柱汤、海参羹、虾羹、蚶羹、蟹羹、河豚羹、西施舌羹、拌鳖裙、带骨甲鱼、青盐甲鱼、汤煨甲鱼、酱炒甲鱼、生炒甲鱼、炒淡菜、煨淡菜、醉虾、酒腌虾、虾生、虾球、虾饼、煨虾团、面拖虾、蟹生、醉蟹、煨车螯、炒蛤蜊、醉蚶、炒香螺肉、炒田鸡、煨海参、炒海参丝、拌海参丝等。

（二）素菜烹饪

1. 蔬菜类

蔬菜类菜肴多成本低廉，烹饪简单，是清代人们食用最为广泛的菜肴。多数蔬菜宜于炒制，如蒌蒿，"生水边，其根春日可食。以酱油、醋炒之，清脆而香"③。为提鲜增香，清人炒制蔬菜时，往往与菌类、笋、虾皮、火腿片等同炒，如"炒青菜"："青菜以嫩者炒笋，或火腿片或虾干均可。"质地比较薄的绿叶类蔬菜，清人也多余后拌食，如"拌枸杞头"："采取枸杞嫩叶及苗，煮熟，

① （清）徐珂编撰：《清稗类钞》第十三册《饮食类》，中华书局 1986 年版，第 6471 页。

② （清）徐珂编撰：《清稗类钞》第十三册《饮食类》，中华书局 1986 年版，第 6480 页。

③ （清）薛宝辰撰，王子辉注释：《素食说略》卷二《蒌蒿》，中国商业出版社 1984 年版，第 27 页。

以麻油拌食之"①。

质地比较厚的块茎类蔬菜，宜于煮煨，如"芋煨白菜"："芋煨至极烂，入白菜心煮之，加酱水调和。惟须新摘肥嫩者，色青则老，历时久则枯。"为了提高煮煨菜的鲜度，人们也用鸡汤煨制，如"煨蕨"："蕨去枝叶，取直根洗尽煨烂，入鸡汤煨之。"②

花叶类蔬菜多不宜油炸，但勾以面糊，炸之则美。在陕甘等西北地区，人们称之为托面。据薛宝辰《素食说略》卷四载："秦人以花瓣或菜之嫩者，裹以面糊，入油锅炸之，谓之托面。朱藤花、玉兰花、牡丹花、木槿花、荷花、戎葵花、蜜萱花、倭瓜花，皆可作。牡丹、玉兰稍苦，荷花戎葵稍韧，倭瓜花最佳。菜则嫩香椿、嫩红苋叶、嫩同蒿叶之类，皆可作也。"③

2. 豆腐类

豆腐是清人常食的素菜，其烹饪方法多样。以徐珂《清稗类钞·饮食类》所记为例，以豆腐或豆腐皮为主料烹制成的豆腐菜肴有：煎豆腐、京冬菜炒豆腐、芙蓉豆腐、虾仁豆腐、虾油豆腐、虾米煨豆腐、鸡汤鲗鱼煨豆腐、八宝豆腐、煨冻豆腐、菜豆花、煨豆腐皮、素烧鹅、豆豉炒豆腐。从这些豆腐的烹饪来看，主要采用煎、炒、煮、煨等烹饪方法。清代的不少豆腐菜制作别具一格，具有很高的水平。如素烧鹅："一煮烂山药，切寸为段，包以豆腐皮，入油煎之，加酱油、酒、糖、瓜、姜，以色红为度。一纯以豆腐皮为之，将豆腐皮折叠成卷，略浸以酱油，置铁丝上，以木屑熏之，加麻油及盐，更香。"④

---

① （清）徐珂编撰：《清稗类钞》第十三册《饮食类》，中华书局 1986 年版，第 6500、6502 页。

② （清）徐珂编撰：《清稗类钞》第十三册《饮食类》，中华书局 1986 年版，第 6500、6501 页。

③ （清）薛宝辰撰，王子辉注释：《素食说略》卷四《托面》，中国商业出版社 1984 年版，第 50~51 页。

④ （清）徐珂编撰：《清稗类钞》第十三册《饮食类》，中华书局 1986 年版，第 6514 页。

第四节　烟草与鸦片

一、烟草的普及

（一）吸烟之风的普及

烟草，原产于美洲，中国人最早音译为"淡巴菰""淡巴姑"，又名"金丝薰""相思草"。明代万历年间（1573—1619年），烟草从吕宋（今菲律宾）传入福建漳、泉二府，很快向北传播到长江流域，明末已传播至长城内外。清代前期，吸烟之风已遍及全国，"康熙时，士大夫无不嗜吸旱烟，乃至妇人孺子，亦皆手执一管，酒食可阙也，而烟决不可阙。宾主酬酢，先以此为敬。光绪以前，北方妇女吸者尤多，且有步行于市，而口衔烟管者。"① 嘉庆年间（1796—1820年），清仁宗一反过去的禁烟态度，任其发展，吸烟之风遂更为普及。

清人在赞誉烟草具有御寒排郁功效的同时，也逐渐意识到长期吸烟的危害。如清代名医王士雄称："淡巴菰，辛温。辟雾露秽瘴之气，舒忧思郁懑之怀，杀诸虫御寒湿。前明军营中，始吸食之，渐至遍行天下……然圣祖最恶之。而昧者犹以熙朝瑞草誉之，谬矣。"② 清人徐珂称："烟草……辛温有毒，治风寒痹湿、滞气停积、山岚瘴雾。其气入口，不循常度，顷刻而周一身，令人通体俱快。《续本草》云：'醒能使醉，醉能使醒。饥能使饱，饱能使饥。人以代酒代茶，终身不厌，与槟榔同功。然火气熏灼，耗血损年，人每不觉。'"③

清人还对吸烟的宜、忌、节、憎等情况进行总结，称："烟有

① （清）徐珂编撰：《清稗类钞》第十三册《饮食类》，中华书局1986年版，第6357页。

② （清）王士雄撰，周三金注释：《随息居饮食谱·水饮类》，中国商业出版社1985年版，第22页。

③ （清）徐珂编撰：《清稗类钞》第十三册《饮食类》，中华书局1986年版，第6354页。

宜者八事，睡起也，饭后也，对客也，作文也，观书欲倦也，待好友不至也，胸中烦闷也，案无酒肴也。忌者七事，听琴也，饲鹤也，对幽兰也，看梅花也，祭祀也，朝会也，与美人昵枕也。宜节者亦七事，马上也，被中也，事忙也，囊悭也，踏落叶也，坐芦篷船也，近故纸堆也。可憎者五事，吐痰也，呼吸有声也，主人吝惜也，恶客贪饕也，取火而火久不至也"①。清人所总结的八宜，不尽科学，如饭后抽烟，实有损于身体健康。七忌的角度多为氛围而非健康，七节则多从安全和经济角度概括而来。

(二) 吸烟的方式

清代吸烟的方式，有鼻烟、水烟、旱烟三种。

1. 鼻烟

鼻烟，是将烟叶研末后，掺入花露调制而成的。"有红色者，玫瑰露所和也。有绿色者，葡萄露所和也。有白色者，梅花露所和也。"② 平时将鼻烟末装入特制的鼻烟壶中保存，使用时捏上少许，吸入鼻中即可。由于鼻烟末吸入鼻中时，会感觉到辛辣芳香，所以有开通鼻塞、提神醒脑的功效。

吸食鼻烟，无需火石点燃，可以避免草原、森林起火，又携带方便，因此深受草原牧民的欢迎。如蒙古人，"遇人于途，各出鼻烟相饷为礼。"③ 清代的宫廷贵族也十分喜欢鼻烟，雍正皇帝、慈禧太后、光绪皇帝等人均吸食过鼻烟，如光绪皇帝早晨起床后先饮茶，"其次闻鼻烟少许，然后诣孝钦后宫行请安礼"④。

清初皇帝也常用鼻烟赏赐大臣，"国初，西洋人屡以入贡，朝

---

① （清）徐珂编撰：《清稗类钞》第十三册《饮食类》，中华书局 1986年版，第 6354 页。

② （清）徐珂编撰：《清稗类钞》第十三册《饮食类》，中华书局 1986年版，第 6364 页。

③ 光绪三十三年《蒙古志》，丁世良、赵放：《中国地方志民俗资料汇编·华北卷》，书目文献出版社 1989 年版，第 725 页。

④ （清）徐珂编撰：《清稗类钞》第十三册《饮食类》，中华书局 1986年版，第 6306 页。

廷颁赐大臣率用此。其品以习烟为上，鸭头绿次之。"清代王公贵族对鼻烟嗜好，使鼻烟价格日升，以至于"一器值数十金，贵人馈遗以为重礼"①。光绪中叶以后，由于旱烟的兴起，吸食鼻烟之风渐衰，"然烟愈贵，而讲求之者愈专，往往有以百金千缗购一甔半瓮者"②。

2. 水烟

水烟是将烟叶加入食油等作料进行拌制，再压成饼块，最后刨成细丝的一种烟，它需要借助水烟筒来吸食。"水烟有皮丝、净丝、青条之别。皮丝产自福建，净丝产自广东，青条产自陕西。吸烟之具，截铜为壶，长其嘴，虚其腹，凿孔如井，插小管中，使之隔烟，若古钱样，中盛以水，燃火而吸之。吸时水作声，汩汩然，以杀火气。吸者以上中社会之人为多，非若旱烟之人人皆吸也。光绪中叶，都会商埠盛行雪茄与卷烟，遂鲜有吸水烟者矣。"③然清代宫廷之中，仍盛行吸水烟，皇帝、后妃均吸食之。马德清《清宫太监回忆录》称，初进宫中的小太监首先就要学会侍候主子吸水烟。

3. 旱烟

清代，吸食旱烟最为普及，旱烟又有烟斗、卷烟、雪茄之别。

旱烟最初用烟斗吸食，其斗为金属制成，其管或竹或木，"其种类甚多，约言之，有元奇、呈奇、紫玉秋等。杭州宓大昌所售者，吸时香透鼻观，为最有名"④。许多名人都喜吸食旱烟，如乾

①　（清）徐珂编撰：《清稗类钞》第十三册《饮食类》，中华书局1986年版，第6364页。
②　（清）徐珂编撰：《清稗类钞》第十三册《饮食类》，中华书局1986年版，第6365页。
③　（清）徐珂编撰：《清稗类钞》第十三册《饮食类》，中华书局1986年版，第6354~6355页。
④　（清）徐珂编撰：《清稗类钞》第十三册《饮食类》，中华书局1986年版，第6357页。

隆年间的著名文人纪晓岚"嗜旱烟，斗最大，能容烟叶一两许"①。又如晚清的湖广总督张之洞"素嗜旱烟，其烟管粗而且巨"②。用烟斗吸食的烟丝，又有不同的品种，"有黄烟者，产于闽……其味香而韵，惟不易燃，呼吸稍缓即息。谚以'红''松''通'三字为吸烟决。嘉庆以前，有所谓大号、抖丝、抖绒者，每斤价一二百文，继有顶高、上高、超高之别，后又易为头印、二印、三印、四印，最贵之价，每斤至钱一千六百文。"又有兰花烟者，"入珠兰花于中，吸时甚香"③。

卷烟，因以纸包裹，故又称"纸烟"；因吸时有香，故又称"香烟"。卷烟因携带方便、利于吸食，清代后期从欧美输入中国后，便迅速流行开来，"可噙于口以吸之，自王公贵人以至贩夫走卒，无不嗜之，以其便也。有用管者，其材为金、银、牙、晶、竹、木，吾国能自制之……光、宣间，妇女亦起而效尤，出行且吸之，不顾西人之诮为行同泰西之娼妓也"④。

雪茄系用烟末粘合成棒，因质实而燃烧较慢，价格也较卷烟为贵。清末，雪茄在上海等对外开放程度较高的大城市社会上层中颇为流行，清人徐珂称："吾国之富贵者类嗜之，而上海则吸者甚多。"⑤

二、鸦片的肆虐

鸦片，清代又称亚片、阿片、阿扁、阿芙蓉、苍玉粟、藕宾、乌香、乌烟、药烟、亚荣、合甫融、洋药膏、洋药土、膏土、公班

---

① （清）徐珂编撰：《清稗类钞》第十三册《饮食类》，中华书局1986年版，第6358页。

② （清）徐珂编撰：《清稗类钞》第十三册《饮食类》，中华书局1986年版，第6359页。

③ （清）徐珂编撰：《清稗类钞》第十三册《饮食类》，中华书局1986年版，第6358页。

④ （清）徐珂编撰：《清稗类钞》第十三册《饮食类》，中华书局1986年版，第6363页。

⑤ （清）徐珂编撰：《清稗类钞》第十三册《饮食类》，中华书局1986年版，第6364页。

烟、公烟、公膏、菰烟、大土、白皮、红皮、小土、洋药、洋烟等。提取鸦片的植株为罂粟，"刺取罂粟果实之汁，候干，制为褐色之块，谓之曰土。熬成酽汁，曰膏，一曰浆。味苦，有异臭，内含吗啡等质，性毒，为定痛安眠之药品"①。清代之前，中国从国外进口鸦片，基本上为药用，量不甚大。

清代前期，英国殖民者为了扭转对华贸易入超的不利局面，在印度等地广种罂粟，提炼鸦片后大量从广东输入中国，"其公班土出明雅喇，白皮出孟买，红皮出曼达喇萨。乌土为上（即公班），白皮次之，红皮又次之。红皮则以花红为上，油红次之。出吗喇及盆叽哩者，名鸭屎红"②。鸦片的大量输入，不仅使中国的白银大量外流，对外贸易由出超变为入超，而且极大地损害了国人的体质。"一入迷阵，至不可离，七八年必登鬼箓，以此倾家殒命者不可枚举。"③ 吸食鸦片者，"形容憔悴，面目黧黑，俗呼之曰鸦片鬼"。嘉庆时（1796—1820 年），有人作诗讽刺鸦片烟鬼，云："有鬼有鬼日之夕，两肩高耸骨如腊。倒身径上榻旁眠，袖中管竹横三尺。一灯荧然大如粒，挑烟入管向灯吸。是烟非墨亦非漆，如涂之附腻而湿。大口小口妃呼豨，覆手翻手身交欹。不知白日是何样，俾昼作夜天旋移。可怜万钱一两土，令人食之如食盅。始则精力顿充盈，继乃形神日消沮。如潮之信来有期，如痁之作候无差。否则其死可立致，请看涕泗先横颐。屋梁有鼠环而伺，每遇灯开亦吸气。昨宵此处无人来，早起开门鼠坠地。不识何人作俑者，于今流毒遍朝野。闻道台州罂粟花，家家种取逾桑麻。"④

---

① （清）徐珂编撰：《清稗类钞》第十三册《饮食类》，中华书局 1986 年版，第 6359 页。

② （清）徐珂编撰：《清稗类钞》第十三册《饮食类》，中华书局 1986 年版，第 6360 页。

③ 光绪十九年重刻乾隆四十年《潮州府志·生活民俗》，丁世良、赵放主编：《中国地方志民俗资料汇编·中南卷（下）》，书目文献出版社 1991 年版，第 770 页。

④ （清）徐珂编撰：《清稗类钞》第十三册《饮食类》，中华书局 1986 年版，第 6359、6360 页。

　　鸦片的肆虐，带来了严重的社会问题。"初则富贵人吸之，不过自速其败亡。继则贫贱皆吸之，因而失业破家者众，而盗贼满天下。以口腹之欲，致毒流宇内，涂炭生民，洵妖物也。"① 为了解决鸦片泛滥所带来的严重的社会危机，道光帝派林则徐为钦差大臣前往广东查禁鸦片。道光十九年（1839年），林则徐在广州虎门海滩当众销毁收缴来的鸦片，这就是著名的"虎门销烟"事件。英国以此为借口，发动了旨在打开中国国门的鸦片战争。由于清政府的腐败无能，中国战败。1856—1860年，英、法两国又发动了第二次鸦片战争。鸦片贸易开始合法化，鸦片输入量剧增，鸦片之害向中国内地纵深蔓延。中国的西南边疆和东南沿海地区开始大量种植罂粟，以提炼烟土，"约举之，有云土、川土、砀土、建浆、葵浆、台浆、象浆之别。"吸食鸦片的人群也开始向下层百姓扩展："贩夫走卒之吸鸦片者，率为我国自制之浆。其尤贫者，早吞土皮饮笼头水以代之。土皮者，土之外皮，切为片，咀嚼之。笼头水者，熬膏时所滤下之水也。"②

　　晚清政府屡行烟禁，官吏亦须接受调验。由于烟瘾一犯，其丑立现，有些烟鬼不惜挖空心思进行投机取巧。如徐珂《清稗类钞·饮食类》"吸鸦片烟者之巧计"载："宣统己酉秋，福州鼓楼前某鞋肆出售新履，其底空，为中藏烟泡吗啡之用，冀调验时，不至为所搜及也。值奇昂，每双银三十圆。旋制售夹袋靴，则附一小囊于靴之骑缝处以藏吗啡。闽县令叶新第被察破案，总督松寿奏革其职……有人馈京师西城新街口铁匠营胡同德宅节礼两匣，其门丁启视，均腊肠也，乃私窃一串，预备午馂佐酒。熟而剖之，中皆墨汁，臭之，有异味，细察之，知为大土烟膏，复出以献主人，主人大惭，给以银币数圆，戒勿声张。"③

---

　　① （清）王士雄撰，周三金注释：《随息居饮食谱·水饮类》，中国商业出版社1985年版，第22页。
　　② （清）徐珂编撰：《清稗类钞》第十三册《饮食类》，中华书局1986年版，第6359~6360页。
　　③ （清）徐珂编撰：《清稗类钞》第十三册《饮食类》，中华书局1986年版，第6362~6363页。

在民间有自发组织禁烟者，在鸦片肆虐的广东，"东莞县陈姓村，族人不满五百，而乡规肃然。阿芙蓉一物，村人视若仇寇。有染之者，族长必严惩，令自革除。屡戒不悛，则迸之出族"①。惜乎！清代民间这样的村庄之少！

吸食鸦片上瘾之后，极难戒断，"断引之方，验者甚少。且用烟或烟灰者居多。似乎烟可少吸。一不服药，引即如故。"针对于此，清代名医王士雄在长期的实践中，探索出数则戒瘾之方："方用鲜松毛数斤，略杵，井水熬稀膏。每晨开水化服一二钱或每上一斤，用松树皮半斤煎汤熬烟。如常吸食，引亦渐断。或以一味甘草熬为膏，调入烟内。初且少入，渐以加多。如常吸之。断引极效。"王士雄还摸索出了一套吸食鸦片中毒的解救方法："肥皂或金鱼杵烂，或猪屎水和绞汁灌之，吐出即愈。甘草煎浓汁，俟凉频灌。生南瓜捣绞汁频灌。青蔗浆恣饮。凡服烟而死，虽身冷气绝，若体未僵硬，宜安放阴处泥地（一经日照即不可救），撬开牙关以竹箸横其口中，频频灌以金汁、南瓜汁、甘草膏之类。再以冷水在胸前摩擦，仍将头发解散，浸在冷水盆内，或可渐活。"②

第五节 宫廷饮食

一、清宫日常饮膳

（一）清宫饮膳机构

清代统治者鉴于明代宦官专权的教训，尽废司礼监等内廷二十四衙门，新设内务府管理宫廷庶务。内务府管理事务大臣例由满清贵戚担任，待遇极为优厚，"承平时，内务府堂郎中岁入可二百万

---

① （清）徐珂编撰：《清稗类钞》第十三册《饮食类》，中华书局1986年版，第6433~6434页。
② （清）王士雄撰，周三金注释：《随息居饮食谱·水饮类》，中国商业出版社1985年版，第23页。

金"①。清宫日常饮膳的具体筹办主要由内务府属下的"御茶膳房"负责，所用米面菜糖酒醋等饮食原料由内务府所属"掌关防管理内管领事务处"管理。此外，内务府属下的广储司茶库负责提供茶叶，营造司炭库、柴库负责提供柴炭，掌仪司果房负责提供干鲜果品，庆丰司牛房、羊房负责提供牛、羊肉等。

清初，御茶膳房下设茶房、清茶房和膳房，分别负责提供御用奶茶、清茶和膳食。康熙十年（1671年），御茶膳房增设侍卫饭房，专掌宫内太监和御前侍卫的日常膳食。乾隆时，内廷妃嫔、太监众多，宫内饮膳机构渐增。乾隆十五年（1750年）五月，将右内门内太监等预备膳之膳房改为外膳房，饭房改为内膳房。自此，膳房有了内外之分。内膳房下设荤局、素局、点心局、饭局、挂炉局等膳食制作机构，专门承做帝后及妃嫔的日常膳食；外膳房下设买办肉类处、肉房和干肉库等，负责提供内膳房所需的各项饮食原料。乾隆三十六年（1771年），御茶膳房又增设档案房，负责记录皇帝和内廷各项饮宴事宜。嘉庆二十五年（1820年），寿康宫又添设茶膳房，专门负责太后、太妃的茶膳。清末，御茶膳房的设置又有较大变化。光绪时期，设置了专门负责慈禧太后饮膳的西膳房，下辖荤局、素局、饽饽局、饭局、粥局、蘸吃局、干果局、鲜果局、野意膳房，大量征募民间厨役进宫。

为了保证宫中的饮膳安全，清代专设有司膳太监和尚膳侍卫。司膳太监是负责帝后妃嫔饮膳的服务人员；尚膳侍卫是御茶膳房的管理和保安官员，负责宫内的进膳、办膳事宜。尚膳侍卫是皇帝的近侍官，为了确保皇帝的绝对安全，内务府对尚膳侍卫的管理有着严格的规定。凡在御茶膳房供职的尚膳侍卫，每人均要有三人作保。尚膳侍卫要"确无嗜好"（无私念和情欲），而净身则是"确无嗜好"的保证，形迹可疑、又未净身之人则无人敢保。②

---

① （清）徐珂编撰：《清稗类钞》第十三册《饮食类》，中华书局1986年版，第6460页。

② 吴正格：《清王朝的侧影》，百花文艺出版社2007年版，第134~135页。

（二）帝后日常饮膳

清朝皇帝日常用膳的地点并不固定，多在皇帝的寝宫、行宫或经常活动的地方。皇帝每天分早、"晚"两次用膳，早膳多在卯正以后（早上六七点），"晚"膳在午未时（中午十二点至十四点）。清宫两膳制的传统自康熙时即已采用，康熙曾对大臣言："朕一日两餐，常年出师塞外，日食一餐。"① 由于"晚膳"距离晚上休息的时间太长，在晚上酉时（晚上十八点）前后，还要进一次"晚点"（小吃）。因此，有些文献称清代皇帝三膳②。每到皇帝用膳时，司膳太监要先布置好膳桌，当膳食从膳房运来后，迅速按规定在膳桌上摆好，如果没有皇帝的特别御旨，任何人都不能与皇帝同桌用膳。此外，按照清代宫廷的规矩，凡皇帝、太后、皇后用膳后余下未动用过的菜点膳食，一般赏赐给妃嫔、皇子、公主、大臣等；而妃嫔用膳后所余菜点膳食，则多赏赐给宫女及太监等人③。

在饮食内容上，清初皇帝的御膳十分简朴，康熙皇帝曾言："朕每食仅一味，如食鸡则鸡，食羊则羊，不食兼味，余以赏人。"④ 乾隆前期，基本继承了康熙皇帝的传统，御膳相对节俭。据清宫《节次照常膳底档》记载，乾隆元年二月十五日，"上，养心殿进早膳，用方盘摆素菜七品（白里黄碗）、点心三品（黄盘）、奶子饭一品（黄碗）、银葵花盒小菜一品、银碟小菜二品、干湿点心六盘。上进毕赏用"。乾隆中期，清代国势达于极盛，随着社会经济的繁荣，乾隆皇帝开始追求口腹之欲，御膳逐渐变得奢华。乾隆晚期，宫廷饮食奢靡腐化之风有增无减，御膳佳肴纷呈，耗费惊人。以《节次照常膳底档》所记乾隆五十三年七月十七日的早膳

① （清）徐珂编撰：《清稗类钞》第十三册《饮食类》，中华书局 1986年版，第 6256 页。

② （清）徐珂编撰：《清稗类钞》第十三册《饮食类》，中华书局 1986年版，第 6256 页。

③ 徐海荣：《中国饮食史》卷五，华夏出版社 1999 年版，第 339 页。

④ （清）徐珂编撰：《清稗类钞》第十三册《饮食类》，中华书局 1986年版，第 6256 页。

为例，"卯正二刻，勤政殿进早膳，用填漆花膳桌，摆额思克森一品、全猪肉丝一品（此二品大银碗）、燕窝鸭腰锅烧鸭子一品、燕窝攒丝肥鸡一品（此二品八仙碗）、燕窝葱椒鸭子一品（江黄碗）、烧肉烧肝血肠攒盘一品、塞勒肝肚抓攒盘一品、肥鸡腿烧狍肉猪尾庄一盘、竹节卷小馒首一品、孙泥额芬白糕一品（此二品黄盘）、江米饷藕一品、煮藕一品（此二品珐琅盘）、珐琅葵花盒小菜一品、珐琅碟小菜四品。随送，燕窝红白鸭子大菜汤膳进一品（此一次亦未赏额食）。次送，东西两边，赏随营王公大人福康安、海蓝察、鄂辉、普尔普巴图里辖人等九十余人，用桌五十张。每桌：全猪肉一盘、全羊肉一盘、蒸食一盘、米食一盘、银螺蛳盒小菜二个、乌木快子二双、肉丝汤、膳房饭"①。

乾隆的奢华，淘空了大清的江山。到道光（1821—1850 年）时，国运多艰，府库空虚。皇帝的御膳重新变得节俭起来，徐珂《清稗类钞·饮食类》载："宣宗最崇俭德，故道光时内务府岁出之额，不过二十万，堂司各官皆有臣朔欲死之叹。一日，上思片儿汤，令膳房进之。次晨，内务府即奏请设置御膳房一所，专供此物，尚须设专官管理，计开办费若干万金，常年经费又数千金。上乃曰：'毋尔，前门外某饭馆，制此最佳，一碗四十文耳，可令内监往购之。'半日后奏曰：'某饭馆已关闭多年矣。'上无如何，但太息曰：'朕不以口腹之故妄费一钱也。'"②

咸丰皇帝登基后，抛弃了乃父饮食节俭的作风，重新恢复乾隆朝的奢华。咸丰朝的御膳，"每膳必有四款燕窝大菜和一二道鱼翅大菜，燕窝菜还要拼出'万''寿''无''疆'，'万''年''如''意'或'迎''喜''多''福'等字样，使燕窝珍上添吉，升展为人间至味"③。

---

① 转引自徐海荣：《中国饮食史》卷五，华夏出版社 1999 年版，第 343、346 页。

② （清）徐珂编撰：《清稗类钞》第十三册《饮食类》，中华书局 1986 年版，第 6395 页。

③ 吴正格：《清王朝的侧影》，百花文艺出版社 2007 年版，第 92~93 页。

同治（1862—1874 年）、光绪（1875—1908 年）两朝，慈禧太后当权。内务府秉承其意旨，出台一份宫内食制："皇帝每膳四十八味，称'全份'；皇后每膳二十四味，称'半份'；妃子每膳十二味；其余以次递减。"慈禧太后则享用两个"全份"，即每膳九十六味。这只是明文的规定，实际上慈禧太后"每日进膳的数量大约是三百碗菜"①。慈禧太后在饮食上可谓穷奢极欲。

清末，"皇帝三膳，掌于御膳房，聚山珍海错，书于牌，除远方珍异之品以时进御外，常品如鸡、鱼、羊、豚等，每膳皆具，必双，御膳房主之"。然而，清末有些皇帝的饮食生活质量却并不高，如受慈禧太后挟制的光绪皇帝，"虽饮食品，亦不令太监以新鲜者进。一日，觐孝钦，微言所进者为草具，孝钦曰：'为人上者亦讲求口腹之末耶？奈何独背祖宗遗训！'言时声色俱厉，德宗默不敢声。光绪戊戌，德宗被幽瀛台，每膳虽有馔数十品，离座稍远者半已臭腐，盖连日呈进，饰观而已，无所易也。余亦干冷，不可口，故每食不饱。偶欲令御膳房易一品，御膳房必奏明孝钦，孝钦辄以俭德责之，竟不敢言"②。光绪皇帝在饮食上还屡被身边的太监诓诈，连普通人常食的烧饼、鸡蛋之类，光绪皇帝也不敢多多享用，因为太监们提供的价格高得匪夷所思！据徐珂《清稗类钞·饮食类》载："德宗喜食烧饼，太监为购之以进，一枚须银一两。""德宗尝同翁叔平相国曰：'南方肴馔极佳，师傅何所食？'翁以鸡蛋对，帝深诧之。盖御膳若进鸡蛋，每枚须银四两，不常御也。"③

（三）清宫御膳特色

清代宫廷御膳的风味特色，主要是由三种各具风味的地方菜系发展而成的。第一种是满族菜。满族早期为游牧生活，牛、羊、马等肉类便成为日常生活常用食品的原料。满州贵族入主中原以后，

———————

① 吴正格：《清王朝的侧影》，百花文艺出版社 2007 年版，第 95、97 页。

② （清）徐珂编撰：《清稗类钞》第十三册《饮食类》，中华书局 1986 年版，第 6256、6258 页。

③ （清）徐珂编撰：《清稗类钞》第十三册《饮食类》，中华书局 1986 年版，第 6409、6461 页。

清宫内府的厨师利用这些原料，加以改良，从而形成一种独特的风味。第二种是山东菜。本来北京的饮食没有什么特色，明朝都城移到北京时，皇室中的厨师大多来自山东，因此山东风味便在宫中普及开来。此后宫廷饮食便以山东风味为主并沿袭下来。第三种是苏杭菜。乾隆皇帝数次巡行江南，每次都到苏杭等地，乾隆皇帝对苏杭菜点十分欣赏，下令编制菜谱，从此苏杭菜也在宫中流行起来。

　　清代宫廷御膳在菜肴形式与内容、选料与加工、造型与拼配、口味与营养、盛器与取名等方面，都有严格的要求。在原料选择上，宫廷御膳有其他风味菜系无法与之相比的优越条件。它可以随意选取民间上品烹调原料、各地进贡的名优土特产品，广收博取天下万物中的稀世之珍。清代宫廷御膳对菜肴的造型艺术十分讲究，在造型手段上主要是运用"围、配、镶、酿"等工艺方法。围、配、镶、酿等各种方法往往是混用于同一道菜的烹制加工过程中，如围中有配，配中有镶，镶中有酿，酿中有围。

　　"皇帝不吃寡妇菜"，这是宫廷御膳的又一特点。意思说，宫廷御膳菜切忌菜品原料单一化，一般都要求由二种或二种以上的菜肴品种拼制组合而成。菜肴原料的大小规格，也有特殊的要求。不大不小，不多不少，入口恰好，此是御膳菜原料切配操作的原则。成菜装盘时，力求具有饱满平整、松散浑圆的风格。在原料的加工切配上，宫廷御膳菜对刀工有严格细微的要求。在刀法运用上除要考虑根据原料的特性进行造型的因素外，还要注重烹制时使原料便于入味。

　　宫中的达官贵人、司膳太监，为了迎合宫廷御膳菜享用者的特殊心理，赢得他们的欢心，给宫廷御膳菜的每一样菜肴和宴席都冠以一个吉祥富丽的名称，如龙凤呈祥、金凤卧雪莲、宫门献鱼、鹤鹿同春、百鸟朝凤、嫦娥知情、麒麟送子、雪月桃花、全家福等菜肴名。

　　宫廷御膳菜不仅对菜肴的造型十分讲究，所使用的餐具也都色泽华贵、造型古雅特异。宫廷餐具的材质有金、银、玉石、水晶、玛瑙、珊瑚、犀角、玳瑁、象牙等，还有大量是官窑特制的精美瓷器。宫廷餐具的造型千姿百态，应有尽有，如仿古、象形餐具有周邦簠、伯申宝彝、尊鬲、雷纹豆、钟形味鼎、曲耳宝鼎等，其形状有鱼形、鸭形、瓜形、鹿头形、寿桃形、琵琶形等。这些餐具的周围和盖面等处，都有甲骨文、钟鼎文、大篆、小篆等文字装饰，并绘有云龙凤鹤等图案和万寿无疆等吉祥文字，有些还在显眼处镶嵌点缀上翡翠、玛瑙、珍珠、玉石等珍宝。

此外，宫廷御膳还具有讲究时令，多糕点面食、干鲜果品，多烧、烤、焖、煮技法烹制的菜肴，以及菜肴原料、配方、调料固定不变的特点。不论何时何地，皇帝吃的一切菜点不许改变味道，这是宫中一贯的旧例。

二、清宫饮食养生

（一）康熙皇帝的饮食养生主张

康熙皇帝是大清定鼎中原后的第二位皇帝，是康乾盛世的开创者，同时也是一位重视自然科学、精通医道的养生家。在饮食养生方面，康熙皇帝也有较深的造诣。对于饮食与养生之道二者的关系，康熙皇帝在《庭训格言》中指出："节饮食，慎起居，实却病之良方也。"认为要靠饮食起居的有序、有节、有度，来保持自己的身心健康，并使之延年益寿，这是他"养生"之道思想中的一个核心部分。对此，康熙皇帝还有一系列的主张和论述。更难能可贵的是，他不但这样主张，而且还坚持身体力行。

康熙皇帝所提出的"节饮食"有饮食节俭的含义。康熙皇帝虽然贵为天下之尊，但在饮食上并不奢糜，他每日仅吃两餐，山珍海味之类的食物难得一见，就是鸡、鱼、羊、猪等肉，也是食不兼味，一餐只吃一种。曾与康熙皇帝过从甚密的法国天主教传教士白晋，在所著《康熙皇帝》一书中，这样记述康熙皇帝的日常膳食："康熙皇帝满足于最普通的食物，绝不追求特殊的美味；而且他吃得很少，在饮食上从未看到他有丝毫铺张浪费的情况。"康熙认为，老年人饮食宜淡薄。康熙皇帝所言淡薄有二：一是少吃肉荤，多吃菜蔬，他指出："高年人饮食宜淡薄，每兼菜蔬食之则少病，于身有益。所以农夫身体强壮，至老犹健者，皆此故也。"二是所吃食物的滋味要淡和，尤其是不应吃过咸的食物。他指出："七十老人，不可食盐酱咸物，夜不可食饭。"

康熙皇帝提出，人们要养成良好的、合乎科学的饮食卫生习惯，决不可贪食和多食，指出："凡人饮食之类，当各择其宜于身者，所好之物不可多食。"他还指出："各人所不宜之物，知之即当永戒。"因为"人自有生以来，肠胃自各分别处也"。康熙皇帝提出，凡果实最好在成熟时吃，而不要在未成熟时过早地摘吃，他指出："诸样可食果品，于正当成熟之时食之，气味甘美，亦且宜人。如我为大君，下人各欲尽其微诚，故争进所得初出鲜果及菜蔬等类。朕只略尝而已，未尝试食一次也。必待其成熟之时始食之，此亦养身之要也。"康熙主张，每餐饭后应营造一个愉快谐美的气氛环境，他说："朕用膳后必谈好事，或寓目于所作珍玩器皿。如是则饮食易消，于身大有益也。"

康熙皇帝主张要慎于进补，他特别告诫人们要合理服用人参。满族起源于盛产人参的长白山地区，故于入关前常服用人参治病。清军入关后，满洲贵族仍沿用旧俗习惯服用人参治病。然而，关内、关外的气候、水土等自然条件差异很大，而地区、时令等自然条件的不同，在服用人参时也应加以考虑。康熙皇帝对此有深刻的见解，例如康熙五十一年（1712年）七月，他在评论曹寅的病时，称："南方庸医，每每用补剂，而伤人者不计其数，须要小心。曹寅元肯吃人参，今得此病，亦是人参中来的。"

康熙皇帝非常强调饮水的卫生，他指出："人之养身，饮食为要，故所用之水最切。"在郊游猎狩、外出巡视中，康熙皇帝常常告诫左右随扈的大臣、侍卫和官兵，要注意饮水卫生，以防止疾病的发生。对于当时人们在山区经常饮用河水的情况，他指出："平时不妨。但夏日山水初发，深当戒慎。此时饮之易生疾病。必须大雨一二次后，山中诸物尽被涤荡，然后洁清可饮。"在他晚年时，康熙皇帝又把这一饮水理论推而广之，由不饮山洪之水发展到不饮雨后河沟之水，提倡饮用井水。据《康熙起居注》记载，康熙五十四年（1715年）六月，他在巡幸途中命令官兵："断不可饮雨后河沟之水。晓示兵丁、执事人等，此处井水甚多，令食井水。河池之水，从此至立秋，暂停取用。"①

（二）乾隆皇帝的饮食养生实践

乾隆皇帝是大清定鼎中原后的第四位皇帝，他活到 89 岁，是中国古代皇帝中最高寿者。乾隆皇帝能够高寿与他深通食疗与养生之道不无关系，根据乾隆时期的膳单进行分析，乾隆皇帝所食用的膳品营养全面，大多是根据自己的身体状况来选择对健康有利或有益于治疗其疾病的食品。

乾隆皇帝比较喜欢吃素馔，一次在南巡期间，他到常州天宁寺游览，午时在此寺进膳，主僧以素馔呈进于乾隆皇帝。他吃后很是高兴，含笑对主僧说："蔬食殊可口，胜鹿脯、熊掌万万矣。"②在素馔中，乾隆皇帝对豆腐、豆芽及其他豆制品有特殊的嗜好。我们可以从乾隆四十四年（1799 年）《驾行热河哨鹿节次膳底档》中看到，乾隆皇帝几乎每餐都有豆腐或豆制品，而且餐餐不重样。有时御膳中没有豆腐，乾隆皇帝还立即传旨添加豆腐菜肴或豆片汤、炒豆芽等。除了豆腐和其他豆制品外，乾隆皇帝还喜欢吃各种蔬菜和蛋类做成的小菜。对于各种山珍蔬食，尤其是东北的松蘑、蕨菜、江南的冬笋等乾隆皇帝更是喜欢食用。在乾隆皇帝的膳品中，无论是主食，还是副食都可见到用松蘑、香菇做成的食物。

只有荤素搭配，膳食营养才能均衡。因此，除了各种素馔外，乾隆皇帝也喜欢食用各种肉食菜肴，尤其是鸭子。在乾隆皇帝的膳食底档中，我们可以发现许多鸭子菜肴，如燕窝红白鸭子南鲜热锅、燕窝烩五香鸭子热锅、燕窝鸭子热锅、燕窝挂炉鸭子等。在乾隆皇帝经常吃的鸭子菜肴中，常常添加燕窝。燕窝具有大补元气、滋阴润肺、壮阳益气、和中开胃的作用。它既能补气，又能养阴，是气阴双补的食物，具有与西洋参相似的功效。燕窝是乾隆皇帝膳食中食用最多的一种海味，可以说每餐必用。

---

① 姚伟钧、刘朴兵：《清宫饮食养生秘籍》，中国书店 2007 年版，第 113~121 页。

② （清）徐珂编撰：《清稗类钞》第十三册《饮食类》，中华书局 1986 年版，第 6257 页。

乾隆皇帝吃的主食也很丰富，花样颇多。以乾隆四十八年（1783年）正月为例，据《用膳底档》统计，该月乾隆皇帝所食用的主食共有粳米干膳、象眼小馒首、大馒首、竹节卷小馒首、孙尼额芬白糕、荷叶饼、匙子饽饽红糕、白面丝糕、鸭子馅提摺包子、鸭子口蘑馅提摺包子等47种，每次早膳并随送容易消化的热汤面及粥类食品。乾隆皇帝所用粥的品种很多，他按照不同的时令进食，如冬季用腊八粥、果子粥，春季用药粥，夏季用绿豆老米粥，秋季用肉粥等。

除合理膳食外，乾隆皇帝还擅长食补、食疗。在他年近古稀之际，他还亲自配制了符合自己身体状况的八珍糕方。乾隆皇帝的八珍糕配方为：党参、茯苓、白术、莲子、薏苡仁、芡米、扁豆、白糖等，共研为细末，同白米粉和而蒸糕。据《清宫医案研究》记载：乾隆四十一年（1776年）二月十九日至八月十四日，合上用八珍糕四次，用过二等人参八钱。五十二年（1787年）十二月初九日至五十三年十二月初三日，合上用八珍糕九次，用过四等人参四两五钱。从上面这些记载上看，乾隆皇帝本人所用八珍糕配方，有一定变化。最初用党参，乾隆四十一年（1776年）以后改用人参。说明乾隆皇帝处于暮年时期，阴阳气血虚损，故改用人参。在乾隆皇帝步入古稀之年以后，也常服用人参补充阳气。据《上用人参底簿》记载：乾隆皇帝于嘉庆二年（1797年）十二月初一日始至嘉庆四年正月初三日止，一年余的时间内共用参脉饮剂359次，用四等人参37两9钱。乾隆皇帝不仅认识到人参的善补特性，还指出了补之不当而受害的可能，他在《咏人参》一诗中云："性温生处喜偏寒，一穗垂如天竺丹。五叶三桠云吉拥，王茎朱实露甘溥。地灵物产资阴隲，功著医经著大端。善补补人常受误，名言子产悟宽难。"①

（三）慈禧太后的食疗保健之术

慈禧太后是同治皇帝的生母，是同治、光绪两朝的实际统治

① 姚伟钧、刘朴兵：《清宫饮食养生秘籍》，中国书店2007年版，第122~135页。

者，实际统治清朝达 48 年之久。在饮食养生上，慈禧太后除了像乾隆皇帝那样喜欢用鸭子、燕窝等食品来补养外，还十分注意结合自己身体的状况进行合理膳食。

慈禧年轻时，容貌颇佳。为了保持住自己的美貌，她很注意从饮食上进行调理。如慈禧喜欢吃猪皮、猪蹄、鸭皮、鸭掌等富含胶质的肉皮菜肴。据在慈禧身边最得宠的女官德龄回忆，慈禧年青时最爱吃的一味菜当属烧猪肉皮，慈禧还给这道菜起名为"响铃"。而富含胶质的盐水鸭掌更是慈禧"小吃"的必备菜。慈禧太后还经常食用具有美容抗衰老等作用的花和花粉，如榆钱、玫瑰、荷花、桂花、菊花等。此外，慈禧太后还爱用莲花蕊制成香茶饮用，她还喜欢喝用菊花、莲花、桂花等为配料酿制而成的菊花白、莲花白、桂花陈酒。

用火锅吃菊花的方法更是慈禧太后的发明，人们常称这种火锅为"菊花火锅"。菊花火锅的发明不仅与慈禧太后喜欢吃菊花有关，也与她喜欢吃火锅有关。火锅在清代宫廷中又称为暖锅或热锅。由于满清贵族起源于东北，故很早就有吃火锅的习惯。慈禧太后非常喜欢吃各种火锅，据德龄讲，慈禧太后"每逢要尝试这种特殊的食品之前总是十分兴奋，像个乡下人快要赴席的情形一样"。慈禧太后把宫中吃火锅的季节大大延长，不分春夏秋冬，一年四季火锅不断。

新鲜蔬菜不仅口味鲜美，营养价值也较高。慈禧太后在饮食上非常重鲜，宫中菜园每到播种之际，她必亲自监临。园中鲜蔬成熟时，她也常去督促收获。对一些种植成绩显著的人，慈禧太后还给以奖赏。慈禧太后处于清朝统治的权力中心，实际统治中国达半个世纪之久，平常的脑力消耗自然不少，因此她十分喜好用各种坚果来补脑。在慈禧太后最喜欢吃的菜肴中，有一道用核桃、松子等各种坚果和鸡肉为原料烹制的菜肴，这就是"西瓜盅"。慈禧太后晚年时，消化功能有所减弱，因此十分喜欢酥香软烂的食物，上文所记的"西瓜盅"烹制得就十分酥烂。除此之外，还有不少具有酥香软烂特点的菜肴为慈禧太后所喜爱，如樱桃肉、清炖肥鸭等。

各种汤粥易于消化吸收，是老年人最佳的养老饮食，晚年的慈禧太后也非常喜欢进食各种汤、粥，尤其是萝卜汤和鸭舌汤。据德龄回忆说：“太后还有一种特别爱好的菜，那便是清炖鸭舌。这鸭舌就和鸭子的肉放在一起炖的，每次至少要有二三十条，浮起在汤的上面。因为这是太后所最中意的一样菜，所以每次总是装在一个特备的杏黄色的大碗里的，而且总是安得最近太后。”慈禧太后每次吃这道菜时，鸭舌多数吃完。慈禧太后晚年还喜欢进食一种加了珍珠粉的汤粥。

由于茶叶中的多酚类有延缓衰老、美容护肤的功能，清代宫廷中的后妃宫娥们多喜欢以茶养生。慈禧太后一生也得益于饮茶，她最喜欢饮用的茶叶是君山银针。她饮茶时，“喜以金银花少许入之”①。慈禧太后在食疗保健上还有一个鲜为人知的地方，这就是每当身体不适或患小病时，就饮用各种代茶饮料或药酒，如：“清热化湿代茶饮方一。光绪□年正月十二日，张仲之、姚宝生谨拟：老佛爷清热化湿代茶饮。鲜芦根二枝切碎，竹茹一钱五分，焦楂三钱，炒谷芽三钱，桔红八分老树，霜桑叶二钱。水煎，代茶。”这款代茶饮祛邪而不伤正，清利头目，调和脾胃。脾胃健则湿可去，热不留则头目清，药味少而轻，符合茶饮原则，故能为慈禧太后赏用。②

三、清代宫廷御宴

（一）隆重庄严的太和殿国宴

按照清朝国制，每年元旦（即现在的春节）都要在太和殿举行盛大的国宴，招待蒙古王公及外国使节，庆贺新年。太和殿国宴原设宴桌210席，用羊百只、酒百瓶。乾隆四十五年（1780年）规定，减去19席，并减去羊18只、酒18瓶。嘉庆、道光以后又根据实际情况有所增减。与其他宴饮不同，太和殿国宴在膳品上的

---

① （清）徐珂编撰：《清稗类钞》第十三册《饮食类》，中华书局1986年版，第6314页。

② 姚伟钧、刘朴兵：《清宫饮食养生秘籍》，中国书店2007年版，第136~149页。

花费并非由国库负担。按照规定，皇帝所用的御膳由内务府恭备，其他宴桌上的膳食由大臣们按规定进献，如若不够，再由光禄寺负责增备。

举行太和殿国宴主要是出于政治及礼仪的需要，在筵宴上皇帝一般亲临，却不进食。太和殿国宴一般在午正时刻（12时）开始，先进行进茶、赐茶、行谢茶礼，进酒、赐酒、行谢酒礼，进馔、赐馔、行谢馔礼等一套极其繁琐的仪式。然后进舞，上演各种娱乐节目，以助宴兴。此时先由进舞大臣舞"喜起舞""庆隆舞"，后演蒙古乐曲，朝鲜族、回族等杂技和百戏，筵宴进入高潮。最后鸣鞭奏乐，皇帝起驾还宫，众人皆出。至此，隆重庄严的太和殿国宴即告结束。

（二）亲情融融的乾清宫家宴

乾清宫是皇宫内廷最大的宫殿。每逢元旦、冬至、除夕及万寿等节日，皇帝都要在乾清宫举行内朝礼和家宴。乾清宫家宴，虽然也表现出一定的礼仪制度，但与国宴比较起来，显得较为随便一些。以乾隆二年（1737年）的除夕家宴为例，参加这次家宴的后妃人数不多，都是原来弘历当皇子时的福晋、侧福晋。家宴的宴桌摆设为：在乾清宫正中地平上，南向面北摆着乾隆皇帝的金龙大膳桌。在皇帝金龙大膳桌的左侧地平上，面西座东摆着皇后的金龙膳桌。乾清宫地平下，东西向一字排开5个内廷宴桌。西边头桌为贵妃的，二桌为纯妃的，三桌为海贵人、裕常在的；东边二桌为娴妃的，三桌为嘉妃、陈贵人的。

家宴正式开始后，先进热膳。先送乾隆皇帝的汤饭一对盒，次送皇后的汤饭一对盒，最后送其她妃嫔的汤饭一盒。进膳完毕，总管太监李英向乾隆皇帝跪献奶茶，乾隆皇帝饮后，才献上皇后及诸位妃嫔的奶茶。帝后等人饮完奶茶，进酒馔桌。乾隆皇帝的酒馔有40品，皇后的酒肴32品，其她妃嫔的酒肴15品。总管太监跪进"万岁爷酒"，乾隆皇帝饮完后，方进皇后、诸位妃嫔等人的酒。家宴最后进果桌，亦是先呈进皇帝，再送皇后和诸位妃嫔。家宴结束时，中和韶乐奏响，乾隆皇帝离座，后妃出座跪送皇帝还宫后，才能各回住处。

（三）论功行赏的丰泽园凯旋宴

丰泽园位于北京西华门外，西苑内结秀亭之西。这里原来是康熙皇帝的养蚕之所，乾隆皇帝曾在这里先后两次设宴，为凯旋而归的将士庆功。

乾隆十四年（1749年），清军平定了大小金川的叛乱。乾隆二十五年（1760年），清军又平定了新疆回部的叛乱。这两次大军凯旋后，乾隆皇帝都在丰泽园为出征的将士举行凯旋礼，礼毕在园内大摆筵宴，以慰劳征战的大小官员。

凯旋宴的程序安排同太和殿国宴相同，先进茶，后进酒，最后进膳。进茶分为向皇帝献茶和皇帝赐臣下茶两个步骤。进酒和进膳像进茶一样，也分两个步骤进行。无论是进茶、进酒还是进膳，都有皇家乐队伴奏，大家随着音乐而进退。在进膳时，还要表演各种娱乐节目。

（四）忆苦思甜的凉棚宴

凉棚宴是清朝皇帝在长至节举办的一种御宴。长至节即民间的冬至，与民间不同，清代宫廷中的长至节不在冬至当天，而在冬至的次日。

凉棚宴在清朝刚刚建立时就已经形成了，它在一定程度上是清朝贵族"忆苦思甜"的一种仪式。因为满族自古是一个狩猎的民族，常年在寒冷的北方从事生产和征战活动，不曾享受过安居乐业的美好生活。清军入关统一中国后，许多王公贵族便骄逸居安、挥霍腐化起来。为防止和提醒他们不要奢侈败国，清朝统治者便在长至节这一天，在太和殿外搭起凉棚，要求赴宴的王公贵族席地而坐，冷饮冷食，以重温艰苦的狩猎和征战生活。

因天寒地冻，凉棚四处露风，吃的又是冻饽饽，冻果子，人人不免冻得颤抖。因此，民间称此宴为"冻人儿吃冰食儿"，在赴宴者中也流传出"上头风吹，下头凉吸，冰桲子肚内打的的"的俚语。凉棚宴持续的时间，一般从卯初（清晨5时）开始，直到辰时末（上午9时）宴会结束。由于赴凉棚宴非常受罪，所以每当举办此宴时，总有一些元老重臣心有怨言，皇帝虽然有所察觉，但囿于先祖旧制，不便撤销，只得照例举办。直到光绪以后，凉棚宴的举办次数才逐渐减少。

（五）空前绝后的千叟宴

千叟宴，顾名思义就是由数千名年龄较大的老人参加的宴会，它是清代参加人数最多、规模最大的宫廷御宴。据清代文献记载，千叟宴共举办过4次，时间分别为康熙五十二年（1713年）三月、康熙六十一年（1722年）正月、乾隆五十年（1785年）正月和嘉庆元年（1796年）正月。

以乾隆五十年正月举办的千叟宴为例，参加宴会的共有3000多名耆老。宴会在乾清宫举行，在乾清宫地平正中摆着乾隆皇帝的御膳桌，殿内地平下和殿外两廊下摆王公和一、二品大臣、外国使臣一等桌。一等桌的膳品为：火锅2个（银、锡火锅各1个），猪肉片1盘，羊肉片1盘，鹿尾烧鹿肉1盘，煺羊肉乌叉1盘，荤菜4碗，蒸食寿意1盘，炉食寿意1盘，螺蛳盒小菜2盘，乌木箸2只，另备肉丝汤饭。次等桌摆在丹墀甬路和丹墀以下，为三品至九品官员、蒙古台吉、顶戴、领催、兵民等宴桌。每桌摆火锅2个（铜制），猪肉片1盘，烧狍肉1盘，蒸食寿意1盘，炉食寿意1盘，螺蛳盒小菜2盘，乌木箸2只，同备肉丝汤饭。加上乾隆皇帝的御膳桌，共摆筵桌800张。

这次千叟宴所用膳食物料计有：白面750.75斤，白糖36.125斤，澄沙30.5斤，香油10.125斤，鸡蛋100斤，甜酱10斤，白盐5斤，绿豆粉3.125斤，江米4斗2合，山药25斤，核桃仁6.75斤，干枣10.125斤，香蕈0.5斤，猪肉1700斤，菜鸭850只，菜鸡850只，猪肘子1700个，玉泉酒400斤，柴3848斤，炭412斤，煤300斤。

清宫举办的四次千叟宴，都是在国家政权稳固、经济殷实富足的大好形势下举办的。嘉庆以后，清代国力衰败，再也无力举行这样大规模的筵宴了，千叟宴遂成为千古绝唱。

（六）心旷神怡的野宴

清代帝王不仅经常举行盛大的正式宴会，而且也会选择适当的时机举行一些便宴。由于便宴不必像正式宴会那样必须遵守各种繁琐的礼节，有较大的随意性，因而在便宴之上，君臣可以相对放松地开杯畅饮。

在清代帝王的便宴中，野宴是很受帝王喜爱的一种形式。这种宴会一般是在地域辽阔、温度适宜、空气清新的环境下进行。清代帝王们在出巡塞北蒙古大草原时，经常举行野宴。如康熙时，外萨克等蒙古四部落归顺，这些部落为了表示向清朝的投诚忠心，每岁以"九白"为贡，即白骆驼一匹、白马八匹。贡品进献后，清廷要设宴招待使臣，称"九白宴"。野宴对长期生活在宫廷环境下的帝王来说，无疑是一种特殊的体验。在宴饮过程中与臣民们共同开杯畅饮，是在宫殿筵宴活动中所无法享受到的。

（七）琴瑟和鸣的婚宴

清代皇帝结婚称为"大婚"。在清军入关之后的 10 位皇帝中，在清宫中大婚的却只有 5 位，他们是顺治皇帝、康熙皇帝、同治皇帝、光绪皇帝和清逊帝溥仪。皇帝大婚，要举行隆重的纳彩礼、大征礼、册立礼、奉迎礼、合卺礼。在这些礼仪活动中，都要大摆筵宴进行庆贺，其中，尤以皇帝、皇后大婚典礼后在洞房内进行的"合卺宴"最能体现清代的宫廷婚宴特色。

在"合卺宴"上，一旁侍候的福晋、夫人们指导皇帝、皇后一起用膳，要求年轻的夫妻一同举筷。这种行动的统一，寓有夫唱妇随之意。在"合卺宴"上，皇后还要吃"子孙饽饽"。当皇后用筷子夹起一只子孙饽饽来吃时，在一旁的福晋、夫人们大声地问皇后："生不生？"皇后应声答道："生！"接着，皇帝、皇后再用连着红丝线的筷子吃长寿面、饮交杯酒。饮完交杯酒后，合卺礼就可以结束了。

从清代皇帝大婚合卺宴的过程，可以看出清代宫廷仍继承了满族传统婚俗的美好祝愿和象征。在合卺宴上，人们往往以食物来寓意各种美好的祝福，如吃子孙饽饽寓意子孙满堂，吃长寿面寓意夫妻白头偕老、长命百岁，饮交杯酒寓意夫妻彼此交心，等等。清代宫廷帝王的大婚筵宴虽然比较奢华，但基本上与民间满族结婚的筵宴是一致的。

（八）增福延年的寿宴

中国人有尊老、敬老的传统，六旬以后的生日宴习惯上又被人们称为寿宴。清代宫廷中最为隆重的寿宴当属皇帝的整旬寿宴。有清一代，大规模的皇帝庆寿活动有：康熙五十二年（1713年）三月十八日皇帝玄烨的六旬万寿、乾隆五十五年（1790年）八月十三日皇帝弘历的八旬万寿，嘉庆二十四年（1819年）十月六日皇帝颙琰的六旬万寿。

与皇帝寿宴具有同等规格的是皇太后的寿宴。以光绪二十年十月初十日（1894年11月7日）举办的慈禧太后六旬寿宴为例，为了筹办这次"万寿庆典"，清宫早在两年前就着手准备了。在庆典期间，要举行隆重的朝贺仪式、盛大的筵宴。十月初五日，光绪皇帝率王公大臣诣皇极殿筵宴；初六日，皇后率妃嫔、公主、福晋、命妇等诣皇极殿筵宴；十二日，光绪皇帝率近支王公等诣皇极殿筵宴；十三日，皇后率妃嫔、公主、福晋、命妇等家宴。在慈禧太后的"六旬庆典"期间，上自帝后、王公，下至各省督抚等官员，都要向慈禧太后进献礼品，其中不乏名食珍馔。

慈禧太后的"六旬庆典"，正值中日甲午战争爆发。一边是日本侵略军的隆隆炮声，一边是慈禧太后在宫中庆寿的丝竹豪宴。在签订丧权辱国的中日《马关条约》之后，北京城门口曾出现过"万寿无疆，普天同庆；三军败绩，割地求和"和"一人庆有，万寿疆无"的对联，充分表达了人民群众对慈禧太后正值国难之时大办"万寿庆典"的无比愤慨。

（九）推陈出新的茶宴

在名目繁多的清代宫廷御宴中，还有一种别开生面的茶宴。清代宫廷茶宴始于乾隆初年，茶宴举行的时间为每年正月初二至初十的某一个黄道吉日，地点为乾隆皇帝的潜邸重华宫。参加茶宴的大臣均为皇帝亲自选定。

茶宴时，皇帝御重华宫正殿，王公坐重华宫西配殿，大臣坐重华宫东配殿。茶宴中，以皇帝为首，按规定的题目作诗联句。联句内容十分广泛，有对景物节令的赞颂，也有对重大政治事件的纪念。联句一句一韵，按人数多寡分排分句。

茶宴的另一个内容，当然是饮茶了。但是，这种茶并不是"清香醇厚"的香茗，而是用梅花、佛手、松子仁加雪水烹制的"三清茶"。茶宴时用的茶碗，也绘有松、竹、梅岁寒三友纹饰及摹御制的三清茶诗。宴毕，诸臣可以将碗"怀之以归"。茶宴之后，皇帝要对诸臣进行颁赏。清代的入宴大臣将参加茶宴看成是最高荣誉，能够与皇帝一起赋诗联句，品饮三清茶，是无比荣耀的事。

宫廷茶宴并非清代独创，但以"三清茶"作饮品，却是清代宫廷饮茶艺术的升华。茶宴是清代宫廷饮食在接受中原传统饮食文化之后产生的一种特殊筵宴，它不仅丰富和发展了宫廷饮茶的品种，在客观上也起到了联络帝王与满汉群臣感情的重要作用①。

第六节　饮　食　习　俗

一、日常饮食习俗

(一) 日常餐制

1. 三餐制

在清代，人们多一日三餐。如南方的浙江绍兴、宁波人"日必三饭"，北方的蒙古人"一日三餐"，西南的乾州红苗人"日三餐"。三餐的时间为："约午前八时至九时为早餐，十二时至一时为午餐，午后六时至七时为晚餐。"②

---

①　姚伟钧、刘朴兵：《清宫饮食养生秘籍》，中国书店 2007 年版，第 61~109 页。

②　(清) 徐珂编撰：《清稗类钞》第十三册《饮食类》，中华书局 1986 年版，第 6242、6248、6251、6239 页。

　　三餐之中，以午餐为正餐。"朝餐恒用粥与点心，午餐较丰，肉类为多，晚餐较淡泊"①。这种三餐结构在南北各地皆行之，如南方的苏州、常州，"早餐为粥，晚餐以水入饭煮之，俗名泡饭，完全食饭者，仅午刻一餐耳。其他郡县，亦以早粥、午夜两饭者居多"②。又如北方的蒙古人，"一日三餐，两乳茶，一燔肉"③，早晚以奶茶代餐，午餐则吃肉食。

　　在夏日白昼较长时，"中等以上之人家，又有于午后三四时进点心者，其点心为糕饼等物"④。在有些地区，不仅下午有点心，在上午的早餐和午餐之间也会吃些点心。江苏苏州一带就有这样的饮食习惯，乾隆皇帝南巡回来，曾对臣下说："吴俗奢侈，一日之中，乃至食饭五次，其他可知。"⑤ 其实，这是对苏州城内富裕之家正餐之外"小食"的误解。

　　2. 两餐制

　　清代时，实行两餐制的地区南北皆有，如北方的甘肃兰州"其居民日皆二食，一米一麦"⑥，南方"湘、鄂之人日二餐"⑦。总的看来，北方实行两餐制的地方稍多。广大农民在冬季农闲时节，多一日两餐。

　　实行一日两餐者，以早餐为正餐，两餐的时间及饮食为："朝

---

① （清）徐珂编撰：《清稗类钞》第十三册《饮食类》，中华书局1986年版，第6239页。
② （清）徐珂编撰：《清稗类钞》第十三册《饮食类》，中华书局1986年版，第6240页。
③ （清）徐珂编撰：《清稗类钞》第十三册《饮食类》，中华书局1986年版，第6248页。
④ （清）徐珂编撰：《清稗类钞》第十三册《饮食类》，中华书局1986年版，第6239页。
⑤ （清）徐珂编撰：《清稗类钞》第十三册《饮食类》，中华书局1986年版，第6239页。
⑥ （清）徐珂编撰：《清稗类钞》第十三册《饮食类》，中华书局1986年版，第6239页。
⑦ （清）徐珂编撰：《清稗类钞》第十三册《饮食类》，中华书局1986年版，第6244页。

餐约在十时前后，晚餐则在六时前后。朝餐多肉类，晚餐亦较淡泊。而早间起床后及朝晚餐之中，亦进点心，多用饼面及茶。"①

清圣祖康熙皇帝一日两餐，他曾对大臣张鹏翮说："尔汉人，一日三餐，夜又饮酒。朕一日两餐，常年出师塞外，日食一餐。今十四阿哥领兵在外亦然。尔汉人若能如此，则一日之食，可足两食，奈何其不然也?"② 康熙皇帝是出于节省粮食的角度，想让汉族人实行两餐制。

汉族人也有主动改一日三餐为一日两餐者，如"光绪癸卯、甲辰间，新会伍秩庸侍郎廷芳以多病而药不瘳，考求卫生之法……长日两餐，仅于日午、日晡一进饮食，腥膻、脂肪悉屏不御。久之，而夙疾顿蠲，步履日健，两鬓且复黑矣"。光绪癸卯、甲辰即公元1903年、1904年。这位伍廷芳大人尝到了一日两餐的甜头，遂大肆主张国人采取两餐制："伍秩庸尝以吾人一日二食为最适当，午前以在十一时、十二时之间为宜，午后以六时前后为宜，两餐以外，不进杂食。若粤人之消夜，则尤不可，以其密迩睡时，有碍消化也。"③

又如蒋竹庄因患胃病，主张"废止朝食"，实行两餐制。徐珂也认为："废朝食而为二食，实有至理。"他还提出实行两餐制的两种不同方案："至若因职业之性质，不受时刻制限者，可于晨起为四五小时之活动，午前十时朝食，午后五时至六时晚食，如我国北方之习俗，颇与废朝食为二食主义之理想为合。然非普通人所能适用，惟农夫能之。故废朝食为二食之规定时刻，其最适当者，则正午十二时昼食，午后七时至八时晚食是也。"④

---

① （清）徐珂编撰：《清稗类钞》第十三册《饮食类》，中华书局1986年版，第6239页。

② （清）徐珂编撰：《清稗类钞》第十三册《饮食类》，中华书局1986年版，第6256页。

③ （清）徐珂编撰：《清稗类钞》第十三册《饮食类》，中华书局1986年版，第6260页。

④ （清）徐珂编撰：《清稗类钞》第十三册《饮食类》，中华书局1986年版，第6262页。

3. 其他餐制

除三餐制和两餐制外，清代还有实行其他餐制者。如前文提到的康熙皇帝和十四阿哥，在军中"日食一餐"。南方的富贵之家，迟起晚睡，夜生活发达，"有日食四次而在半夜犹进食者"。此谓一日四餐，当然这种四餐制，"则为闲食之习惯，非普通之风俗矣"①。清代的藏族人，"日必五餐"，前四餐食酥油茶和糌粑，"唯晚餐或熬麦面汤、芋麦面汤、豌豆汤、元根汤。如仍食糌粑，亦须熬野菜汤下之，或以奶汤、奶饼、奶渣下之"②。

（二）各地食性

清代地域辽阔，地理环境复杂多样，在特定区域生活的人们，根据不同的生活资源与气候条件，逐渐形成了特定的生活习性。这种生活习性体现在饮食上，就是人们具有不同的食性，即不同的口味嗜好。

1. 北方人之食性

生活于北方的农业居民，其饮食多以面食和粟豆杂粮为主，佐以猪羊肉、蔬菜和豆腐、豆芽等豆制品，大米和鱼类则较少食用。如河北遵化居民，"居常饮食，相率以俭，或粥，或饭，或面。面用麦或杂豆粉；粥用小米；饭用高粱，或亦用小米。粳稻，多留以饷客。肴则瓜、瓠、菜、腐而已，鱼肉惟宴会用之"③。又如，河南开封居民的饮食"以小米、小麦、高粱、粟、荞麦、红薯为主品。而下饭之物，则为葱、蒜、韭菜、莱菔，调料以盐、醋为主，而大米、鱼、肉、油、酱等，食之甚稀"④。河南、河北、山东等地的中原居民还有食蝎子、蜈蚣、蝗虫等昆虫的习俗，据徐珂

① （清）徐珂编撰：《清稗类钞》第十三册《饮食类》，中华书局 1986年版，第 6239 页。

② （清）徐珂编撰：《清稗类钞》第十三册《饮食类》，中华书局 1986年版，第 6250 页。

③ 乾隆五十九年《直隶遵化州志·生活民俗》，丁世良、赵放：《中国地方志民俗资料汇编·华北卷》，书目文献出版社 1989 年版，第 246 页。

④ （清）徐珂编撰：《清稗类钞》第十三册《饮食类》，中华书局 1986年版，第 6247 页。

《清稗类钞·饮食类》载："蝎及蜈蚣，北人亦有生啖之者。间有巨蝎、长蚣，则展转乞求，得则去其首尾，嚼之若有余味。其食之之法，先浸以酒，后灼以油。"在"豫、直间，乡民喜食蝗虫，火之使熟，藉以果腹……而是虫味本不劣，以此食之者，大不乏人。其食也，恒以油灼之，谓有香气"。而"山左食品，有蝗，有蚱蜢，食之者甘之如饴，每以下酒"①。

生活于北方、西北的游牧民族，多食牛羊肉，喜饮奶茶、烧酒等。如大漠南北的蒙古人，其"饮食之品，为酪酥、砖茶、烧酒、兽肉、面粉等，恶鱼鸟，不食，见人食且作恶欲呕。膳无定时，有即食，或以事冗，数日不食，亦无饥色，而久饿一饱，竟可兼数人之量。饮喜砖茶，食喜羊肉。砖茶珍如货币，贫富皆饮之，二、三日不得，辄叹己福薄。切为片，碎末投于沸汤，调之乳盐，而后饮之，若和黄油，味更美。客至饷之，为异常优待，一饮尽数大碗，或数十大碗……羊肉以胸尾为佳，持片入口，半入而以刀切之，用刀之巧，同汉人用箸。一餐能尽一腿，或一昼夜竟尽一羊"②。

2. 南方人之食性

生活于平原的南方居民，多以稻米为主食，佐以鱼虾、鹅鸭、蔬菜。如湖南永兴居民，所食"以稻为主，炊饭酿酒皆用之。夏秋，包谷红薯，耕山者用以承乏。岁歉，常掘蕨根为粉。宴享以鱼肉、鸡鸭为厚品，余仅菜蔬、果蓏"③。又如福建平阳居民"多食稻粱，罕食麦面。宴客，水族多，刍豢少"④。就饮食口味而言，"滇、黔、湘、蜀人嗜辛辣品，粤人嗜淡食，苏人嗜糖。即以浙江

---

① （清）徐珂编撰：《清稗类钞》第十三册《饮食类》，中华书局1986年版，第6497~6498页。

② 光绪三十三年《蒙古志·生活民俗》，丁世良、赵放：《中国地方志民俗资料汇编·华北卷》，书目文献出版社1989年版，第726页。

③ 光绪九年《永兴县志·生活民俗》，丁世良、赵放主编：《中国地方志民俗资料汇编·中南卷（上）》，书目文献出版社1991年版，第518页。

④ 乾隆二十五年《平阳县志·生活民俗》，丁世良、赵放主编：《中国地方志民俗资料汇编·华东卷（中）》，书目文献出版社1992年版，第912页。

言之，宁波嗜腥味，皆海鲜。绍兴嗜有恶臭之物，必俟其霉烂发酵而后食也"①。此外，苏州人"尤喜食多脂肪品"，绍兴人"饭时必先饮酒者居大多数"，福建、广东人"食品多海味，餐时必佐以汤。粤人又好啖生物，不求火候之深也"②。

居住在山区的居民，喜食酸辣，多以糯米为主食，佐以畜肉、蔬菜，鱼虾水产则鲜见。如西南的贵州，"物产有竹荪、雄黄之类，蔬菜价值亦廉。居民嗜酸辣，亦喜饮酒，惟水产物则极不易得，鱼虾之属，非上筵不得见。光绪某岁，有百川通银号某，宴客于集秀楼，酒半，出蟹一篮，则谓一蟹值银一两有奇，座客皆骇，以足以见水产之难得而可贵也"③。居住于青藏高原的藏族和其他少数民族，则以牛羊肉、糌粑为主食，饮以奶茶。如川西的打箭炉，"不产五谷，种青稞，牧牛羊，所食惟酪浆、糌粑，间有食生牛肉者。嗜饮茶，缘腥膻油腻之物塞肠胃，必赖茶以荡涤之，此川菜之所以行远也"④。

二、宴客饮食习俗

宴客饮食较日常更加丰盛，多备有酒茶等饮料。国人宴客，尤重礼节，清代亦然。徐珂《清稗类钞·饮食类》"宴会"条载："宴会所设之筵席，自妓院外，无论在公署，在家，在酒楼，在园亭，主人必肃客于门。主客互以长揖为礼。既就坐，先以茶点及水旱烟敬客，俟筵席陈设，主人乃肃客一一入席。席之陈设也，式不一。若有多席，则以在左之席为首席，以次递推。以一席之坐次言之，则在左之最高一位为首座，相对者为二座，首座之下为三座，

① （清）徐珂编撰：《清稗类钞》第十三册《饮食类》，中华书局1986年版，第6238~6239页。

② （清）徐珂编撰：《清稗类钞》第十三册《饮食类》，中华书局1986年版，第6240~6242页。

③ （清）徐珂编撰：《清稗类钞》第十三册《饮食类》，中华书局1986年版，第6245页。

④ （清）徐珂编撰：《清稗类钞》第十三册《饮食类》，中华书局1986年版，第6251页。

二座之下为四座。或两座相向陈设，则左席之东向者，一二位为首座二座，右席之西向，一二位为首座二座，主人例必坐于其下而向西。将入席，主人必敬酒，或自斟，或由役人代斟，自奉以敬客，导之入坐。是时必呼客之称谓而冠以姓字，如某某先生、某翁之类，是曰定席，又曰按席，亦曰按座。亦有主人于客坐定后，始向客一一斟酒者。惟无论如何，主人敬酒，客必起立承之。肴馔以烧烤或燕菜之盛于大碗者为敬，然通例以鱼翅为多。碗则八大八小，碟则十六或十二，点心则两道或一道。猜拳行令，率在酒阑之时。粥饭既上，则已终席，是时可就别室饮茶，亦可径出，惟必向主人长揖以致谢意。"①

　　清代的宴客，以婚丧嫁娶饮宴最受人们重视，也最为糜费，其饮宴的规模往往很大。如豫东的永城县举行婚礼时，"亲友会饮，常二三百席。百余席、数十席即为俭约。每席碟十三、碗十，肴馔所费约七八百，仍以酒、馍为大宗"。遇有亲丧，"来吊者皆供酒食，亦动辄数百席，与婚娶无异。凡赙钱者，既葬仍酬酒食，间有力难供客而不能葬者"②。

　　清代宴席的名称，有以主菜的名称命名者，如烧烤席、燕菜席、鱼翅席、鱼唇席、海参席、蛏干席、三丝席等。其中，烧烤席俗称"满汉大席"，为清代最豪华的待客宴席。烧烤席"于燕窝、鱼翅诸珍错外，必用烧猪、烧方，皆以全体烧之。酒三巡，则进烧猪，膳夫、仆人皆衣礼服而入。膳夫奉以待，仆人所佩之小刀脔割之，盛于器，屈一膝，献首座之专客。专客起箸，簜座者始从而尝之，典至隆也。次者用烧方。方者，豚肉一方，非全体，然较之仅有烧鸭者，犹贵重也"③。燕菜席是仅次于烧烤席的宴席，"惟享

　　①　（清）徐珂编撰：《清稗类钞》第十三册《饮食类》，中华书局1986年版，第6263～6264页。

　　②　光绪二十九年《永城县志·礼仪民俗》，丁世良、赵放主编：《中国地方志民俗资料汇编·中南卷（上）》，书目文献出版社1991年版，第136页。

　　③　（清）徐珂编撰：《清稗类钞》第十三册《饮食类》，中华书局1986年版，第6266～6267页。

贵宾时用之。客就席，最初所进大碗为燕窝者，曰燕窝席，一曰燕菜席。若盛以小碗，进于鱼翅之后者，则不为郑重矣"①。

也有以碟碗之多寡命名宴席者，如十六碟八大八小、十二碟六大六小、八碟四大四小等。宴席之上，碟可盛冷荤、热荤、糖果、干果、鲜果，"碗之大者盛全鸡、全鸭、全鱼或汤、或羹，小者则煎炒"。除菜肴外，正式的宴席还要上点心，"点心进二次或一次。有客各一器者，有客共一器者。大抵甜咸参半，非若肴馔之咸多甜少也"②。

晚清之际，不少地方的待客筵席渐渐趋奢。如河南新乡县，"酒席宴会，咸、同之间风尚俭朴，有曰四大冰盘、五碗四盘、八大碗、十大碗，荤素相间，惟肉而已，每席不过一、二千文。光、宣以来，稍近侈靡，有八大四小、八大八小、四大件，则鱼翅、海参尚矣，然费不过四五千文"③。晚清筵席所用的餐具也有所变化，"光、宣间之筵席，有不用小碗而以大碗、大盘参合用之者，曰十大件，曰八大件。或更于进饭时加以一汤，碟亦较少，多者至十二，盖糖果皆从删也。点心仍有，或二次，或一次，则任便"④。

三、节日饮食习俗

清代主要节日有正月初一的春节、正月十五的元宵节、三月的清明节、五月五日的端午节、七月七日的七夕节、七月十五的中元节、八月十五的中秋节、九月九日的重阳节、十一月的冬至节、腊月的腊八节和小年节。其节日食俗，如春节吃饺子、食年糕，元宵

---

①　（清）徐珂编撰：《清稗类钞》第十三册《饮食类》，中华书局1986年版，第6267页。

②　（清）徐珂编撰：《清稗类钞》第十三册《饮食类》，中华书局1986年版，第6265页。

③　民国十二年《新乡县续志·生活民俗》，丁世良、赵放主编：《中国地方志民俗资料汇编·中南卷（上）》，书目文献出版社1991年版，第50页。

④　（清）徐珂编撰：《清稗类钞》第十三册《饮食类》，中华书局1986年版，第6265页。

节吃汤元，端午节食粽子，中秋节吃月饼，重阳节食花糕，冬至节吃饺子，腊八节喝腊八粥，小年食灶糖等，多为全国之通俗。不同地区、不同民族之间，对不同节日的重视程度和具体食俗方面，又有不少差异。这里仅以乾隆六年《宁波府志·岁时民俗》所记为例，以管窥清代的节日食俗。

正月 "立春"，前一日府县官以彩仗迎春，次日祭芒神，试耕种。各家作春盘、春饼，饮春酒。"元日"，先夕洒扫室堂及庭，五鼓而兴，设香烛，男女礼服拜上下神祇及祖先遗像，序拜尊长。宗邻亲朋各相拜贺，具酒食相延款。正月上旬夜，女子邀天仙或厕姑问吉凶。十四夜，以火照墙壁及园圃，逐蛇虫诸物。"元宵"十四夜，各家以秫粉作圆子如豆大，谓之"灯圆"，享祖先毕，即少长共食之，取团圆意。"元宵"，自十三夜起，各设竹棚、彩障，悬灯于上，祠庙皆张灯，游观达曙，或以火药为锦树之戏，至十八日乃止。

三月 "清明"，各家为青糍黑饭、牲醴祭墓，封土插竹，挂纸钱于颠。门户皆插柳，或簪于首。

四月 "立夏"，以赤小豆和米煮"立夏饭"。八日，浮屠"浴佛"。

五月 "端午"，取菖蒲及艾插门户，或系以彩胜佩于身。杂菖蒲、雄黄和酒饮之，以角黍相馈遗。

七月 "七夕"，妇女陈瓜果"乞巧"。新谷既登，各家皆先荐之祖先，然后食。"中元"，各家以牲醴、羹饭祀其先，缁黄之流诵经供佛，谓之"兰盆会"。

八月 "中秋"，各家皆置酒玩月，以月饼相馈。八月，各乡皆以龙舟竞渡，报赛神庙，与各处"端午"竞渡不同。

九月 "重阳"，各家置酒，亦用角黍相馈遗。九月中，在城各坊隅祠庙皆迎社火，灯烛辉煌，鼓吹喧阗，悬灯于大竹竿之上，谓之"高照"，或用龙灯角逐，凡五六日。

十一月 "冬至"，各家具香烛以礼神祇及先祖，惟仕宦之家有以牲醴祀其先者。

十二月 腊月二十四日，各家拂尘，至夜"祀灶"。"岁除"前数日，各以牲羞、果饵相馈，谓之"馈岁"。"除夕"，各祀神及先，谓之"送岁"。随召亲邻或聚家人饮食，谓之"分岁"。明烛烧香，或长幼坐以待旦，谓之"守岁"。先期预备品物为新岁之用，罢市数日。蒸米为粹，新岁复爨而饭之。换桃符，写春贴，易门神，烧爆竹以辟鬼，岁以为常。①

四、人生礼仪食俗

清代时，前代流行的冠礼基本已废，但生育、婚庆、丧吊等人生礼仪习俗仍很流行。饮食与这些人生礼仪活动有着密不可分的联系，发挥了不可替代的作用。清代的人生礼仪食俗发展已相当成熟，它既有前代人生礼仪食俗的一些传统内容，又有随社会生活的发展变化而出现的新内容。

（一）尊重生命的生育食俗

生育在中国人的思想观念中占有非常重要的地位，"不孝有三，无后为大"的观念在明清至民国时期早已深入人心。因此，人们普遍重视生育，尤其是新妇的初次生育。

1. 临产催生饮食习俗

新妇怀孕将生时，一些地方流行娘家送食物"催生"，如湖南沅陵、永绥厅等地，"将产之前月，母以食物馈之，曰'催生'"②。在广东，"产妇之饮食品，当未分娩之一月，亲故预送醋及生姜所炼之膏以饷之"③。醋与生姜相结合，其谐音正为"催生"。醋、生

① 乾隆六年《宁波府志·岁时民俗》，丁世良、赵放主编：《中国地方志民俗资料汇编·华东卷（中）》，书目文献出版社1995年版，第764~765页。

② 光绪二十八年《沅陵县志·礼仪民俗》、宣统元年《永绥厅志·礼仪民俗》，丁世良、赵放主编：《中国地方志民俗资料汇编·中南卷（上）》，书目文献出版社1991年版，第609、634页。

③ （清）徐珂编撰：《清稗类钞》第十三册《饮食类》，中华书局1986年版，第6243页。

姜两物，其性皆温补，利于孕妇养胎。在浙江安吉，"女将生子，母家先送食物、果品，谓之'解缚盘'，丰俭不等"①。之所以称之为"解缚盘"，寓意胎盘脱落，有瓜熟蒂落子女降生之意。

2. 生后贺喜饮食习俗

大多数地方在生育之前并不举行庆贺活动，而比较重视小孩子出生后的三日、九日、满月和周岁。在这些时间里，一般都要举行一些特定的祝贺活动，而饮食活动是其重要内容。以湖北通城为例，"三日，温水沐浴儿身，衣裸抱出见祖，鸡肉献奠，名曰'洗三朝'。初生子，名曰'冢嗣'。贫用樽酒、脡肉，富用猪羊报知蓐母母家，办腥醴盒报媒人，名曰'报喜'。越三五日，母家贺喜，穷用笼鸡、蓝布、米一抬，或族戚凑助一抬；富馈鸡、米、裸裙、细布，并族戚凑助，或至十余抬不等。媒贫一抬，富二抬。迄匝月，具酒馔醮祖，且诹日具柬会请筵燕，名曰'谢三朝'……周岁，盘罗百玩任摸，名曰'试周'。富家族邻竞送冠鞋、对联，母家制绸缎衣服、冠履、饼饵一抬或二抬，名曰'贺周诞'。家诹日柬请，盛馔宴谢"②。

3. 产妇哺乳饮食习俗

产妇生育体力消耗较大，除青藏高原的游牧地区外，中国的多数地方均让产妇休养一月，称之为"坐月子"。坐月子期间，产妇由专人侍候，不从事任何生产、生活劳动。为保证产妇身体的快速恢复和促进产妇奶水分泌，要为产妇提供充足的高营养的食物，不少地方流行熬老母鸡汤让产妇进补。在福建一带，人们认为"雌鸡于人无甚滋养，而雄鸡则大补益……中人之家，产妇以食雄鸡百只为尚"③。产妇因哺乳婴儿，又有诸多食忌，如湖北通城，"生

①　同治十三年《安吉县志·礼仪民俗》，丁世良、赵放主编：《中国地方志民俗资料汇编·华东卷（中）》，书目文献出版社 1995 年版，第 747 页。

②　同治六年《通城县志·礼仪民俗》，丁世良、赵放主编：《中国地方志民俗资料汇编·中南卷（上）》，书目文献出版社 1991 年版，第 374 页。

③　（清）徐珂编撰：《清稗类钞》第十三册《饮食类》，中华书局 1986 年版，第 6242 页。

子蓐母，惟啖鸡，最忌食猪肉，谓滞气血；忌食牛肉，谓乳子舌謇"①。在河南洛阳，"妇人生产，百日之内，仅饮小米粥汤，此外概不敢食"②。

（二）喜庆吉祥的婚庆食俗

清代时，中国各地区、各民族的婚庆习俗不尽相同，但在各项婚礼程序中，饮食活动多贯穿其中，寓有丰富的民俗内涵，起着不可替代的作用。以道光八年的浙江《建德县志》所记婚礼为例，建德当地"婚礼，择门第相当者倩媒通意，允则媒氏以女之年庚来，星家推算既吉，乃筮日通柬，曰'传红'。次将币、簪、珥、彩帛，外兼馈白金，曰'行聘'（聘金多不受，或受之，嫁时即以助奁）。次请期，馈羊酒、果饵，曰'送日'，亦有纳币时并行者。临娶，先期送羹礼，女家以之祀祖。娶之日，用彩舆，鼓乐迎导，女花冠盛服，绣帕蒙首升舆，男不亲迎。进门，吉祥女眷揭舆幕，童女执灯烛引入新房交拜，行合卺礼。夕设盛席，宴女之父兄。宴毕，宾客送婿进新房，称喜乃退。翌日，新妇出拜祖先，谒见舅姑，戚属以序见，曰'拜堂'。近亦有即日行之者。是日，舅姑飨妇，使小姑为主，曰'待新人'。或三朝，或五朝，外家先期具启延婿偕女至家，款以盛筵，曰'上门'，亦曰'回门'。道远者不拘时日"③。从文中的记载来看，举行婚礼之前的饮食活动有请期的馈羊酒、果饵，有临娶的送羹礼；举行婚礼当天的饮食活动有新夫妇的合卺礼、晚宴女之父兄；婚后的饮食活动有次日的舅姑飨妇和三日（或五日）的外家宴婿。饮食活动可谓贯穿于整个婚礼程序之中。

（三）寄托哀思的丧吊食俗

饮食活动是人们办理丧事不可或缺的重要内容，清代的丧吊饮

---

① 同治六年《通城县志·礼仪民俗》，丁世良、赵放主编：《中国地方志民俗资料汇编·中南卷（上）》，书目文献出版社1991年版，第374页。

② （清）徐珂编撰：《清稗类钞》第十三册《饮食类》，中华书局1986年版，第6381页。

③ 道光八年《建德县志·礼仪民俗》，丁世良、赵放主编：《中国地方志民俗资料汇编·华东卷（中）》，书目文献出版社1995年版，第622页。

食习俗和饮食风尚因地而异，民族之间亦不尽相同。其中有些是中国传统文化的精华，体现了中国人民慎终孝道的理念。如按照宋代朱熹制定的《家礼》，居丧期间禁止饮酒茹荤，以示哀戚。清代的一些州县仍保持着这种居丧不饮酒不食肉的古风，如山西代州在乾隆年间，"居丧待客及会葬者，只设豆粥、蔬食，不用酒肉。后少变而靡，而守礼之士，尚有仍其旧者"①。一些地方，还有丧葬互助的美俗，如山西平遥光绪年间的丧礼，"（葬日）来奠宾客，旁亲、朋友代宴，名曰'歇主'"②。

　　然而，清代不少地区的丧吊食俗中，也有不少陈规陋习、文化糟粕。如在多数州县，居丧不用酒肉的礼制破坏已久，普通民众对于居丧饮酒食肉不以为怪，甚至以酒馔美恶争长较短。一些文人士大夫对这种违礼行为感到痛心疾首，如康熙年间的河南内乡县绅士张助甫叹道："夫坏礼之端非一，而酒席之失滋甚。凡来奠者，皆骨肉之亲也，谊当哀戚与同，而乃纠朋引类，浮白飞觞叫号乎？几席之上，宁知孝子之有亲，而孝子者亦复相与往来乎？深杯大嚼之间，宁复知亲丧之在侧；即不然者，当客之群然而至也，主人方肆筵设席，以延客之不暇，又何暇为吾亲出一涕乎？虽在尽孝之子，亦姑且收泪，而先为款客计矣。害礼伤教，莫此为甚。"③ 一些州县的丧葬宴客规模巨大，严重影响了人们的生计。如河南伊阳县在道光年间，每逢人家丧葬，"乃有吊者日数十起，起各十余人或数十人，恣意饮唉，丧家所费不赀，或至弃产以应，家以是落，尤为恶习"④。

-----

　　① 　乾隆四十九年《代州志·礼仪民俗》，丁世良、赵放：《中国地方志民俗资料汇编·华北卷》，书目文献出版社 1989 年版，第 562 页。

　　② 　光绪八年《平遥县志·礼仪民俗》，丁世良、赵放：《中国地方志民俗资料汇编·华北卷》，书目文献出版社 1989 年版，第 582 页。

　　③ 　康熙三十二年《内乡县志·礼仪民俗》，丁世良、赵放主编：《中国地方志民俗资料汇编·中南卷（上）》，书目文献出版社 1991 年版，第 252 页。

　　④ 　道光十八年《伊阳县志·礼仪民俗》，丁世良、赵放主编：《中国地方志民俗资料汇编·中南卷（上）》，书目文献出版社 1991 年版，第 268 页。

第七节　中西饮食文化交流

鸦片战争之后，大清的国门被欧美列强的坚船利炮轰开，西餐及西式烹饪开始传入中国，并逐渐为沿海地区的上层社会所接受。色香味美的传统中餐也令欧美人士大加赞赏，走出国门，在欧美各国遍地开花。

一、欧美饮食文化的输入

（一）西餐礼仪的输入

清代晚期，随着与欧美人士接触的增多，生活于繁华都会商埠的上层人士渐习西餐礼仪。徐珂《清稗类钞·饮食类》"西餐"条称："国人食西式之饭，曰西餐，一曰大餐，一曰番菜，一曰大菜。席具刀、叉、瓢三事，不设箸。光绪朝，都会商埠已有之。至宣统时，尤为盛行。"徐珂还对西餐礼仪作了详述："席之陈设，男女主人必坐于席之两端，客坐两旁，以最近女主人之右手者为最上，最近女主人左手者次之，最近男主人右手者又次之，最近男主人左手者又次之，其在两旁之中间者则更次之。若仅有一主人，则最近主人之右手者为首座，最近主人之左手者为二座，自右而出，为三座、五座、七座、九座，自左而出，为四座、六座、八座、十座，其与主人相对居中者为末座。既入席，先进汤。及进酒，主人执杯起立（西俗先致颂词，而后主客碰杯起饮，我国颇少）。客亦起执杯，相让而饮。于是继进肴，三肴、四肴、五肴、六肴均可，终之以点心或米饭，点心与饭亦或同用。饮食之时，左手按盆，右手取匙。用刀者，须以右手切之，以左手执叉，叉而食之。事毕，匙仰向于盆之右面，刀在右向内放，叉在右，俯向盆右。欲加牛油或糖酱于面包，可以刀取之。一品毕，以瓢或刀或叉置于盘，役人即知其此品食毕，可进他品，即取已用之瓢刀叉而易以洁者。食时，勿使食具相触作响，勿咀嚼有声，勿剔牙。进点后，可饮咖啡，食果物，吸烟（有妇女在席则不可。我国普通西餐之宴会，女主人之入席者百不一见）。并取席上所设之巾，揩拭手指、唇、面，向主人鞠躬致谢。"①

与中式餐饮相比较，西餐广泛采用分食制，"不论常餐盛宴，一切食品，人各一器"。而传统的中式餐饮，"大众杂坐，置食品于案之中央，争以箸就而攫之，夹涎入馔，不洁已甚"②。除不讲卫生外，传统的中式宴饮还广泛存在着过丰过奢的现象。在西式餐饮的影响下，先进的中国人开始倡导改良中式宴会，如"无锡朱胡彬夏女士尝游学于美，习西餐，知我国宴会之肴馔过多，有妨卫生，且不清洁而糜金钱也，乃自出心裁，别创一例，以与戚友会食，视便餐为丰，而较之普通宴会则俭"③。

（二）西式饮食的输入

西式主食多为面包，有白黑两种。"白面包以小麦粉为之，黑面包以燕麦粉为之……较之米饭，滋养料为富，黑者尤多。较之面饭，亦易于消化。"在西方基督教文化中，由于面包被视为"耶稣基督之肉所化"，在举行"圣餐"仪式时，皈依基督教的中国人和外国基督教徒一样，也要进食面包。除基督教徒外，常与西方人打交道的买办商人、外交使节等也常以面包为主食，"且有终年餐之而不粒食者，如张菊生、朱志侯是也"④。欧美人常以布丁和冰淇淋为饭后的甜点，其中布丁"以面粉和百果、鸡蛋、油糖，蒸而食之，略如吾国之糕。近颇有以之为点心者"⑤。冰淇淋，清末又称作"冰忌淋"。在受西方影响较大的上海，在炎热的夏季，"中

① （清）徐珂编撰：《清稗类钞》第十三册《饮食类》，中华书局 1986 年版，第 6270 页。

② （清）徐珂编撰：《清稗类钞》第十三册《饮食类》，中华书局 1986 年版，第 6269 页。

③ （清）徐珂编撰：《清稗类钞》第十三册《饮食类》，中华书局 1986 年版，第 6295 页。

④ （清）徐珂编撰：《清稗类钞》第十三册《饮食类》，中华书局 1986 年版，第 6413 页。

⑤ （清）徐珂编撰：《清稗类钞》第十三册《饮食类》，中华书局 1986 年版，第 6413 页。

流以上，则饮冰忌淋矣"①。

　　西式的副食菜肴，清末多称为番菜、大菜，多用烤法烹饪，香气四溢，故当时人评价道："欧洲食品宜于鼻，以烹饪时有香可闻也。"② 中国最早的西餐馆是上海福州路的一品香番菜馆，"其价每人大餐一元，坐茶七角，小食五角，外加堂彩、烟酒之费。当时人鲜过问，其后渐渐有趋之者，于是有海天春、一家春、江南春、万长春、吉祥春等继起，且分室设座焉"③。清末的西餐馆还提供团体宴会服务，赴宴者多为公司的职员，故时人又将西餐宴会之菜称之为"公司菜"。"公司菜，西餐馆有之，肴馔若干品，由馆中预定，客不能任意更易，宜于大宴会，以免客多选肴之烦琐也。谓之公司者，意若结团体而为之也"④。欧美人家居、旅行常食的罐头食品在清末也传入中国，"罐头食物所装为肉食、果物，可佐餐，可消闲，家居旅行，足备不时之需。惟开罐后不能过久，盖空气侵入，易致损坏也"⑤。

　　清末输入中国的西式饮料有葡萄酒、啤酒、咖啡、汽水等。清人对葡萄酒的评价甚高，认为它有食疗养生之功效："葡萄酒为葡萄汁所制，外国输入甚多，有数种。不去皮者色赤，为赤葡萄酒，能除肠中障害。去皮者色白微黄，为白葡萄酒，能助肠之运动。别有一种葡萄，产西班牙，糖分极多，其酒无色透明，谓之甜葡萄酒，最宜病人，能令精神速复。"⑥ 在基督教"圣餐"

---

　　① （清）徐珂编撰：《清稗类钞》第十三册《饮食类》，中华书局 1986年版，第 6304 页。
　　② （清）徐珂编撰：《清稗类钞》第十三册《饮食类》，中华书局 1986年版，第 6237 页。
　　③ （清）徐珂编撰：《清稗类钞》第十三册《饮食类》，中华书局 1986年版，第 6271 页。
　　④ （清）徐珂编撰：《清稗类钞》第十三册《饮食类》，中华书局 1986年版，第 6271 页。
　　⑤ （清）徐珂编撰：《清稗类钞》第十三册《饮食类》，中华书局 1986年版，第 6417 页。
　　⑥ （清）徐珂编撰：《清稗类钞》第十三册《饮食类》，中华书局 1986年版，第 6325 页。

仪式中，"谓葡萄酒曰圣血"①，故中国的基督教徒经常接触葡萄酒。1892 年，苏门答腊爱国华侨张弼仕在烟台创办 "张裕葡萄酿酒公司"，引进法国葡萄良种，酿制中国的葡萄酒，不使洋酒专美于中国。

啤酒，清末又称皮酒、麦酒。清人认为，饮用啤酒有益于健康，"饮后，有止胃中食物腐败之效，与他不同"。1900 年之前，中国所需的啤酒全部依赖进口。1900 年，俄国商人在哈尔滨开设啤酒厂，是为中国第一家啤酒厂。清末的少数上层人士，已逐渐接受了啤酒，如 "蒋观云大令智由在沪，每入酒楼，辄饮之"②。

咖啡，原产于美洲，有提神醒脑之功效。新航路开辟后，咖啡广泛传播到欧美诸国。清代后期，饮咖啡之俗渐传入中国，天津、上海等地亦设有咖啡馆，乃 "华人所仿设者也，兼售糖果以佐饮"③。

汽水，为西方的消夏饮品，清人又称为 "荷兰水"，是 "以炭酸气及酒石酸或枸橼酸加糖及他种果汁制成者，如柠檬水之类皆是。吾国初称西洋贡品多曰荷兰，故沿称荷兰水，实非荷兰人所创，亦非产于荷兰也。今国人能自制之，且有设肆专售以供过客之取饮者，入夏而有，初秋犹然"④。

（三）西式烹饪的输入

清代后期，伴随着番菜、西点的输入，西式烹饪技术也开始在中华大地上落地生根。如面包，"其制法，入水于麦粉，加酵母，使之发酵，置于炉，热之，待其膨胀，则松如海绵"。由于面包的消费量大，且保质期较短，不能依靠进口满足需要，故面包多在中

---

①　（清）徐珂编撰：《清稗类钞》第十三册《饮食类》，中华书局 1986 年版，第 6413 页。

②　（清）徐珂编撰：《清稗类钞》第十三册《饮食类》，中华书局 1986 年版，第 6326 页。

③　（清）徐珂编撰：《清稗类钞》第十三册《饮食类》，中华书局 1986 年版，第 6320 页。

④　（清）徐珂编撰：《清稗类钞》第十三册《饮食类》，中华书局 1986 年版，第 6304 页。

国本土由外国人烤制。时间既久，"国人亦能自制之"①。为适应中国人的口味，西式菜肴、面点的烹饪积极走本土化的道路，"今繁盛商埠皆有西餐之肆，然其烹饪之法，不中不西，徒为外人扩充食物原料之贩路而已"②。

清代最早系统介绍西式烹饪技术的专书为《造洋饭书》。该书是同治五年（1866 年）美国传教士高丕第夫人为培训西餐厨师在上海编写的。《造洋饭书》与中国传统的食谱、食经有明显不同。该书开篇为"厨房条例"，教导厨子如何维持厨房的整洁和秩序，强调做厨子的应该留心三件事：一是要将各样器具、食物摆好，不可错乱；二是按着时刻，该做什么就做什么，不可乱做，慌忙无主意；三是要将各样器具刷洗干净。除"厨房条例"外，本书分汤、鱼、肉、蛋、饼、糕、杂类等 25 章，介绍了 267 种成品和半成品的烹调方法，外加 4 项洗涤法。《造洋饭书》所载饮食，大都列出用料和制作方法。书中所记的有些饮食采用中西合璧的烹饪方法，如以人米为原料的"朴定饭（即布丁饭）"："二法：把米洗净，煮一刻时候，加盐，篦去饭汤，加牛奶煮成厚粥，盛在几个茶杯内，冷后，将各杯内粥倒于大盆内，每个用小匙挖一个洞，加上糖食，拿冷喇师吠（即冻吉士）倒在上面。""三法：照第二法做厚粥，冷后切成片，放于朴定盆内，一层冻粥，一层刨好的苹果、糖、香料，层层加满，把厚粥盖在上面，用匙摊平，烘三刻时候，苹果熟时可吃。不用苹果、化红，可用桃、梨等果烘之。"《造洋饭书》中饮食的译名，与今天常用的不同，如"小苏打"译成"唦哒"，"咖啡"译成"磕肥"，"布丁"译成"朴定"等。书后并附有英文索引③。

---

① （清）徐珂编撰：《清稗类钞》第十三册《饮食类》，中华书局 1986 年版，第 6413 页。

② （清）徐珂编撰：《清稗类钞》第十三册《饮食类》，中华书局 1986 年版，第 6270 页。

③ 徐海荣：《中国饮食史》卷五，华夏出版社 1999 年版，第 631~632 页。

二、中国饮食文化的输出

(一) 中国食物原料的输出

1. 茶叶的大量输出及茶树的外播

清代时，中国的茶叶开始大量输出海外。以英国为例，1644年英国即在福建厦门设立了采购茶叶的机构，购买武夷茶。查理二世时期，王后卡特林娜倡导饮茶，饮茶之风遂在英国宫廷之中兴起，茶逐渐成为上层社会崇尚的饮料。17世纪末，英国购买的中国茶叶年均在2万磅左右，茶叶开始由贵族富人的饮料向平民开放。18世纪初，茶叶的需求量开始激增。起初，英国以进口中国绿茶为主，由于绿茶掺假很严重，大大破坏了绿茶的信誉，红茶后来居上，逐渐统治了英国市场。18世纪后半期，茶饮代替啤酒、牛奶成为经济型饮料，走入普通百姓之家。鸦片战争后的20年，是中国茶叶出口贸易的黄金期。中国茶叶的出口总额从1844年的7047.65万磅上升到1860年的12138.81万磅，其中大部分出口到了英国。19世纪60年代以前，中国茶叶基本垄断了英国茶叶市场。19世纪60年代以后，受印度茶叶的排挤，英国市场上的中国茶叶数量开始减少，特别是1885年以后，输入英国的中国茶叶绝对数额大幅度下降①。

除茶叶外，世界各地的茶树也是从中国传播出去的。清代以前，茶树已传播至东亚的日本、朝鲜和西亚的伊朗等国。清代时，茶树开始广泛传播至世界各地。乾隆二十八年（1763年），茶树及培育技术传至北欧的瑞典，是为欧洲大陆种茶之始。道光十八年（1838年），俄国从中国输入茶苗到克里米亚一带种植。十年后，又把茶树从克里米亚移植到黑海沿岸的高加索地区。19世纪八九十年代，在中国茶叶技师刘峻周的帮助下，格鲁吉亚阿扎里亚开辟茶园植茶。乾隆四十五年（1780年），印度引进中国茶籽进行种植，此为印度第一次种植茶树。茶树种植在印度的推广很快，19

---

① 姚伟钧、刘朴兵：《从茶文化的传播看中外文化交流》，《饮食文化研究》2006年第4期。

世纪 80 年代后期，印度已成为茶叶的最大供给国了。锡兰在 1841 年开始引种中国茶树，1867 年成为产茶国，1877 年成为茶叶出口国。嘉庆十七年（1812 年），茶籽和种茶、制茶技术传播至巴西，此为南美洲种茶之始。咸丰八年（1858 年），中国的茶籽、茶苗大量输往美国。

2. 中国良种畜禽及家禽人工孵化技术的输出

除茶叶、茶树外，中国的良种畜、禽及先进的家禽人工孵化技术也在这一时期输出海外，如嘉庆初年，广东的良种猪传入英国，并与当地的土猪杂交，育成著名的腌肉用猪"大约克夏"。道光、咸丰年间，中国的良种鸡"九斤黄"从上海输入欧洲。不久，这种鸡即在西欧各国普遍饲养。同治十一年（1872 年）初，中国的另一种良鸡"狼山鸡"传入英国，后又由英国传入美洲和法国，1879 年又传入德国。又如光绪十三年（1887 年），中国的家禽人工孵化技术传入日本，从而促进了日本家禽养殖与饮食业的兴盛发展。①

（二）中式烹饪技术的输出

中国烹饪技术博大精深，清人也颇以为豪，称："欧美各国及日本各种饮食品，虽经制造，皆不失其本味。我国反是，配合离奇，千变万化，一肴登筵，别具一味，几使食者不能辨其原质之为何品，盖单纯与复杂之别也。博物家言我国各事与欧美各国及日本相较，无突过之者。有之，其肴馔乎？见于食单者八百余种。合欧美各国计之，仅三百余，日本较多，亦仅五百有奇。"② "西人尝谓世界之饮食，大别之有三。一我国，二日本，三欧洲。我国食品宜于口，以有味可辨也。日本食品宜于目，以陈设时有色可观也。欧洲食品宜于鼻，以烹饪时有香可闻也。其意殆以吾国羹汤肴馔之精，为世界第一与？"③ 精美的中国肴馔，吸引了蓝眼睛、高鼻梁

---

① 徐海荣：《中国饮食史》卷五，华夏出版社 1999 年版，第 642～644 页。

② （清）徐珂编撰：《清稗类钞》第十三册《饮食类》，中华书局 1986 年版，第 6237 页。

③ （清）徐珂编撰：《清稗类钞》第十三册《饮食类》，中华书局 1986 年版，第 6237 页。

的欧美人前来品尝。晚清重臣李鸿章的哥哥李瀚章担任两广总督时，一次宴清外国人，"循例设西筵，某则谓其味劣，且曰：'此来实冀一尝贵国之烧烤、鱼翅美味也。'"①

晚清之际，随着大量华人华侨到海外谋生，博大精深的中国烹饪也走出国门，落户于世界各地。以美国为例，"仅美之纽约一埠，已有杂碎馆三四百家。此外东方各埠，如费尔特费、波士顿、华盛顿、芝加高、必珠卜等，亦无不有之。全美华侨衣食于是者，凡三千余人，所入可银数百万"。文中的"杂碎馆"即经营中国菜肴的餐馆，之所以称为"杂碎馆"，与李鸿章使美有关，徐珂《清稗类钞·饮食类》载："光绪庚子，拳乱既平，李文忠公鸿章奉使欧美。其在美时，以久厌膻腥，令华人所设餐馆进馔数次。西人问其名，难于具对，统名之曰杂碎。自此杂碎之名大噪……凡杂碎馆之食单，莫不大书曰李鸿章杂碎、李鸿章饭、李鸿章面等名。"②

第八节　饮食文献

一、饮食著作

(一) 食经类

在食经类著作方面，有曹寅的《居常饮馔录》、张英的《饭有十二合》、朱彝尊的《食宪鸿秘》、顾仲的《养小录》、李化楠的《醒园录》、谢墉的《食味杂咏》、袁枚的《随园食单》、无名氏的《调鼎集》、施鸿保的《乡味杂咏》、黄云鹄的《粥谱》、曾懿的《中馈录》、彭菘毓的《中馈录》、薛宝辰的《素食说略》等。现择要述之。

---

① （清）徐珂编撰：《清稗类钞》第十三册《饮食类》，中华书局1986年版，第6294页。

② （清）徐珂编撰：《清稗类钞》第十三册《饮食类》，中华书局1986年版，第6421页。

1. 《食宪鸿秘》

《食宪鸿秘》，清朱彝尊撰。全书共2卷，上卷分"食宪总论""饮食宜忌""饮之属""饭之属""粉之属""煮粥""饵之属""馅料""酱之属""蔬之属"，下卷分"餐芳谱""果之属""鱼之属""蟹""禽之属""卵之属""肉之属""香之属""种植"以及附录《汪拂云抄本》等。该书共收录400多种调料、饮料、果品、花卉、菜肴、面点的制法，涉及的区域以浙江地区为主，兼及北京及其他地区。该书所收肴馔的制法比较简明，实用性强。

2. 《养小录》

《养小录》，清代顾仲撰。本书共3卷。卷上又分"饮之属""酱之属""饵之属"；卷中分"蔬之属""餐芳谱""果之属"；卷下为"嘉肴篇"，分"鱼之属""禽之属""卵之属""肉之属"等。全书共介绍了276种饮料、调料、菜肴、糕点等的制作方法，简明扼要，实用性强。由于顾仲特别注意菜肴的清洁卫生，故书中所收菜肴糕点多以精洁取胜。在风味上，以浙江地方风味为主，兼及中原地区及北方风味。与其他食经相比，《养小录》具有较强的独创性。

3. 《醒园录》

《醒园录》，清李化楠撰，经其子李调元整理而成。全书分上下两卷，大致是按酱、豉、腐、醋、保存食、食肉、鸡蛋、乳酪、糕饼、咸菜、杂话的顺序编写的，共收录菜肴烹饪39种、酿造24种、糕点小吃24种、食品加工25种、饮料4种、食品贮藏5种，总计121种。《醒园录》所记菜肴制法简明，尤以山珍海味类最有特色。书中所收菜点，以江浙风味为主，亦有四川当地风味，还有少数北方风味及西洋品种。尤其值得注意的是，书中还记载有明末新输入中国的番薯和花生等食物原料的加工烹饪方法。

4. 《随园食单》

《随园食单》，清代袁枚撰。本书是清代前期系统论述饮食文化理论、烹饪技术和南北菜点的重要著作，全书共分14"单"。在"须知单"和"戒单"中，他开创性地总结了中国古代的烹饪经验，使其上升到理论的高度。在"海鲜单""江鲜单""特牲单"

"杂牲单""羽族单""水族有鳞单""水族无鳞单""杂素菜单""小菜单""点心单"10 单中，分门别类介绍了中国 14 世纪到 18 世纪在社会上广为流行的 300 余种菜点。"饭粥单"介绍了"饭""粥"。在"茶酒单"中，袁枚提出，烹茶须先验水；须用好茶；须讲究用火；对于酒道艺术，须深知酒味，酒以陈为贵，品酒以初开坛之"酒头"为佳。

5.《调鼎集》

《调鼎集》，凡 10 卷，不著撰者姓名。该书共收录全国各地菜点 2000 多种。北京图书馆所藏手抄本，卷一为油盐酱醋与调料类，卷二为宴席类，卷三为特牲、杂牲类菜，卷四为鸭、鹅、鸡类菜，卷五为羽族及江鲜类。其中，特牲是指猪，杂牲是指其他家畜或野兽。这 5 卷的编辑方法与清代袁枚《随园食单》极为相似，各种原料大抵按烹饪方法排列所做的菜。卷六为海味菜及其他荤素菜点，卷七为蔬菜类，卷八为茶酒类，卷九为饭粥类，卷十为点心类、糖卤及干鲜果类。1986 年中国商业出版社出版了该书的注释本，"注释本"与"手抄本"在卷次编排上略有不同。

6.《粥谱》

《粥谱》，黄云鹄撰。全书共 1 卷，分为"序""食粥时五思""集古食粥名论""粥之宜""粥之忌""粥品"等六部分。"粥品"是全书的重点，依照制粥原料的不同，本书将粥品分为谷类、蔬类、蔬实类、柎类、蓏类、木果类、植药类、卉药类、动物类等 9 类，共计 247 种粥品。由于所列粥品多是药粥，因此具有较高的食疗价值。本书的卷末还附有作者自撰的《广粥谱》，系关于荒年赈粥的资料简编。

7.《中馈录》

《中馈录》，清曾懿撰。本书共 1 卷，由"总论"和 20 节构成。在 20 节中，分别介绍了"制宣威火腿法""制香肠法"等 20 种家庭常备食品的做法，有的还兼及保藏方法。本书收录的食品虽然数量不多，但云南、四川、湖南、江苏风味均有涉及。本书所收的食品制作方法较为详明，具有很强的实用性、极大的可操作性和一定的科学性，故至今仍为人们所采用。

8.《食品佳味备览》

《食品佳味备览》，鹤云氏撰。全书编排稍乱，共收菜肴、调料、糕点、水果、菜蔬、茶、酒等名品 200 种。除食品名称外，书中还提到一些菜点的制法，如"做桶子鸡法""做酱鸭法""醉蟹法""烧烤（小猪）法""做烙渣法""做枣糕法""做山芋糕法"等，但均极简略。书中还提到厨师必须注重"五样手段"："一要洗刷干净，二要配合得当，三要刀法合式，四要烹调得味，五要火候到家。"可谓经验之谈。

9.《素食说略》

《素食说略》，晚清薛宝辰撰。《素食说略》共 4 卷，收条目 170 多条。卷一主要记述各种调料、腌菜及豆制品的制法。其中，不少制法工艺独特，极富北方特色，如腌制大白菜、五香咸菜以及山西太原人腌制醋浸菜的加工技术与方法，卷二记述豆制品菜肴的烹饪，卷三记述蔬菜及菌类菜肴的烹饪，卷四则记述了饭粥、饼、面条、汤等主食的制法等。本书注意到当时新出现的食品，在附录中收录了"罐头""酱油精""味精"等内容。

（二）食疗类

食疗方面的著作主要有曹庭栋的《养身随笔》、沈李龙的《食物本草会纂》、章穆的《调疾饮食辩》、王士雄的《随息居饮食谱》、费伯雄的《食鉴本草》等。

1.《养生随笔》

《养生随笔》原名《老老恒言》，清曹庭栋著。本书共 5 卷。与饮食有关的内容主要是第五卷《粥谱》，分《粥谱说》及《粥品》两部分。《粥谱说》着重记食粥的好处和煮粥的方法，又分"择米第一""择水第二""火候第三""食候第四"等部分。《粥品》列举了 100 种粥类食品配方，并按等级将其分为上、中、下 3 品。其中，上品 36 种，中品 27 种，下品 37 种。所记粥品大多从历代医药、养生著作中辑得。

2.《食物本草会纂》

《食物本草会纂》，清沈李龙著。全书共 8 卷，卷首为本草图。正文分水、火、谷、菜、果等 10 部，共收录食药 220 种，各记其

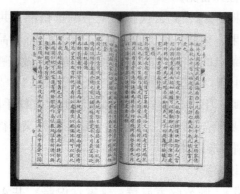

《老老恒言》书影

性味、主治、食疗功效等，并附有药方。本书内容大抵从《本草纲目》及有关食疗著作中采辑而来。另有附录2卷。其一为《日用家钞》，载有救荒方、食物宜忌，有毒及解毒、食物调摄、病机赋、药性赋等内容；其二为论述脉法的《脉诀秘传》。该书另有12卷本，内容与8卷本相同。

3.《调疾饮食辨》

《调疾饮食辨》又名《饮食辨录》，清章穆著。共6卷，分总类（包括水、火、油、代茶）、谷类（包括饭、粥、酒等）、菜类、果类、鸟兽类、鱼虫类等6大类。本书约收食药600种，每种均以《本草纲目》为主，附益诸说。

4.《随息居饮食谱》

《随息居饮食谱》，清王士雄著。全书分水饮、谷食、调和、蔬食、果实、毛羽、鳞介等7类，列举各种食品330多种，对每种食物原料的性味、营养、食疗效用、饮食宜忌等均有记述，有些原料后还附有单方，有的则提及食法。

5.《食鉴本草》

《食鉴本草》，清费伯雄著。全书仅1卷，正文可分为两部分，第一部分介绍了谷、菜、瓜、果、味、禽、兽、鳞、甲、虫等10大类101种食物，分论其功用、主治、宜忌等；第二部分将常见疾

《随息居饮食谱》书影

病归为风、寒、暑、湿、燥、气、血、痰、虚、实等 10 类病因，介绍了治疗不同病症所用的 74 种食疗剂方。《食鉴本草》对研究清代的饮食疗法有重要的参考价值。

（三）茶酒类

1.《续茶经》

《续茶经》，清陆廷灿撰。本书正文 3 卷，附录 1 卷。全书按陆羽《茶经》体例，分为 10 目，补充了许多前人著作的内容和作者本人的见闻，资料较为丰富。附录内容为历代茶法。有学者认为："有清二三百年，系统论述品饮茶并能发其精蕴的著作却不多，只以陆廷灿的《续茶经》较为突出，但稍嫌芜杂。"①

2.《酒志》

《酒志》，清吴秋渔撰。本书将人们的饮酒活动升华为一种文化现象加以考察和评述，共 28 卷，分为"原始""辨性""述义""备法""详品""稽典""列事""纪言""考器""征令""录乡""识录"等 12 子目。

---

① 刘昭瑞：《中国古代饮茶艺术》，陕西人民出版社 2002 年版，第 144 页。

二、饮食资料

（一）农书类

农书中与饮食关系比较密切的有顾景新的《野菜赞》、汪昂的《日食菜物》、陈定园的《荔谱》、陈淏子的《花镜》、林嗣环的《荔枝话》、陈鼎的《荔枝谱》、吴林的《吴蕈谱》、陈廷灿的《续茶经》、汪灏的《广群芳谱》、丁宜曾的《农圃便览》、清代官方编辑的《授时通考》、胡炜的《胡氏治家略》、金学曾的《金薯传习录》、陆燿的《甘薯录》、陈鑑的《江南鲜鱼品》、郝懿行的《记海错》、郭柏苍的《海错百一录》《闽产录异》、李调元的《然犀志》、褚人获的《续蟹谱》、佟世志的《鲊话》、鉏瑹的《广东月令》、褚华的《水蜜桃谱》、吴其濬的《植物名实图考》、赵信的《醖略》、何刚德的《抚郡农产功略》、刘应堂的《梭山农谱》等。现择要述之。

1.《广群芳谱》

《广群芳谱》，汪灏等人奉敕编定，共 100 卷，分天时谱、谷谱、桑麻谱、蔬谱、茶谱、花谱、果谱、木谱、竹谱、卉谱、药谱等 11 谱。其中，谷谱、蔬谱、茶谱、果谱中有不少关于饮食的记载。《广群芳谱》对每种植物都从"综说""汇考""集藻"（即诗文）、"别录"（种植、收获和制用）等方面作了记述，与饮食烹饪有关的是"制用"部分。

2.《授时通考》

《授时通考》，清代官方编辑，共 78 卷，分"天时""土宜""谷种""功作""劝课""蓄聚""农余""蚕桑"等 8 门。其中"谷种门""农余门"介绍了数以千计的粮食、蔬菜、水果品种，有的还提及食法。本书的畜牧部分，收录了家畜、家禽的饲养法及食用方法。书中还载有养蜂割蜜法、种茶法等内容，亦与饮食有一定的联系。①

---

① 邱庞同：《中国烹饪古籍概述》，中国商业出版社 1989 年版，第 184~186 页。

3. 《农圃便览》

《农圃便览》，清丁宜曾撰。全书不分卷次，按季节、月令分述农耕、园艺、气象等农事。其中，涉及食品加工、菜点制作、饮食养生等内容的近200条，是研究清代山东地方饮食的重要参考资料。

4. 《海错百一录》

《海错百一录》，清郭柏苍撰。全书共5卷，比较全面地记载了福建的海产。由于台湾当时属福建管辖，因此也收入了台湾的海产。该书共记载有鱼类161种、介类123种、虫类29种、盐类5种、海藻24种，书后还附记了海鸟34种、海兽5种、海草19种。作者在介绍完每种海产后，一般还附有简单的加工和烹调法。本书所载的很多资料都是第一次见诸文字，对研究清代福建、台湾的海味原料及海产入馔有一定的参考价值。

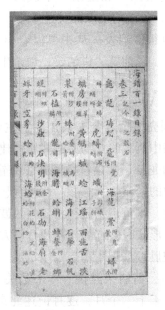

《海错百一录》书影

（二）笔记类

笔记方面与饮食烹饪关系密切的有李渔《闲情偶寄》、屈大均的《广东新语》、周亮工的《闽小记》、李斗的《扬州画舫录》、顾禄的《桐桥倚棹录》《清嘉录》、钱泳的《履园丛话》、汪森的《粤西丛载》、陈译裔的《蜀都碎事》、黄本骥的《湖南方物志》、潘荣陛的《帝京岁时纪胜》、富察敦崇的《燕京岁时记》、汪曰桢的《湖雅》、陈作霖的《金陵琐记》等。其他如王士禛的《池北偶谈》《香祖笔记》、阮葵先的《茶余客话》、梁章钜的《乡言解颐》、王有光的《吴下谚联》、金埴的《不下带编》《巾箱说》、欧阳兆熊、金安清的《水窗春呓》等，也有涉及饮食烹饪的内容。

1. 《闲情偶寄》

《闲情偶寄》，清李渔撰。全书分 8 部，其中"饮馔部"较为全面地反映了李渔的饮食观与饮食美学思想，分为"蔬菜第一""谷物第二""肉食第三"和附录"不载果实茶酒说"等部分。《闲情偶寄·饮馔部》收录的菜点品种并不多，涉及的烹饪方法也很少，但却能给人以很多启发。从中可以看出李渔重蔬食、崇俭约、尚真味、主清淡、忌油腻、讲洁美、慎杀生、求食益的饮食养生观。

2. 《闽小记》

《闽小记》，清周亮工撰。全书共 4 卷，主要记载福建风土人情、物产和工艺。书中所载的食物原料多属福建特产，以水果、海产居多，如卷一中的龙虾、江瑶柱、闽茶、海错、佛手柿、荔枝、燕窝、土笋，卷二中的蜜渍兰、海参、西施舌、闽酒，卷三中的番薯、长乐瓜荔、墨鱼、鲦鱼，龙虱，卷四中的鼓山茶等。本书在介绍这些特产的性味、形状时，有的还兼及食用方法。

3. 《帝京岁时纪胜》

《帝京岁时纪胜》，清潘荣陛撰。本书是关于北京岁时风物的专著，仅 1 卷，按一年十二个月，逐月记述北京的风俗、物产等。书中有关节日饮食的内容比较多，具有浓厚的地方色彩。在每月末还列"时品"一节，共记有上百种北京的时令食品，特别是十二月的"皇都品汇"条，专记京师的名特食品，从中可以了解当时

《闽小记》书影

北京的名店名食。

4. 《扬州画舫录》

《扬州画舫录》，清李斗撰。全书共 18 卷，书中提到扬州的不少名食、名肴、名店。《扬州画舫录》还记载了扬州的不少特色饮食原料。卷四中还载有一份"满汉席"的菜单，这对学者研究满汉全席的历史有重要的参考价值。书中还涉及盐商奢侈的饮食、文人的酒会、扬州出产的名酒等内容，因此本书对研究中国饮食史和扬州饮食文化有重要的参考价值。

5. 《清嘉录》

《清嘉录》，清顾禄撰。本书是一部记述苏州风土的笔记。全书共 12 卷，每月 1 卷，按月分条记载民间的节令风俗，共 242 条。本书有关饮食习俗的内容比较丰富，几乎收录了清代中期苏州的全部饮食习俗，并附有考证。

6. 《燕京岁时记》

《燕京岁时记》，清富察敦崇撰。全书共 1 卷，是一本关于北京岁时风物的著作，书中关于节日饮食的品种，与《帝京岁时纪

《扬州画舫录》书影

胜》所记大致相同。如正月初一吃"煮饽饽",立春日吃萝卜"咬春"、吃春饼、吃太阳糕,灯节吃元宵,端午吃粽子,中秋吃月饼,重阳吃糕,冬至吃饺子、腊八粥等。当然,也有一些新变化,如"端阳"条所记的五毒饼、玫瑰饼,就是新出现的端午节日食品。

(三) 类书类

类书方面与饮食烹饪有联系的主要有《艺林汇考》《古今图书集成》《子史精华》《格致镜原》《清稗类钞》等。

1.《艺林会考》

《艺林会考》,清沈自南编。全书分栋宇、服饰、饮食、称号、植物5篇,共40卷。《艺林会考·饮食篇》共7卷,分别为饔膳类、羹豉类、粉饎类、臡脍类,酒醴类(上下)、茶茗类。《艺林会考·饮食篇》和一般的菜谱不同,它把前人对各种食品的考述,分门别类编在一起,供人阅读参考,且取材较严谨,具有较高的学术性。除了食品外,本书中还汇集了不少考述资料。如书中汇集了"蓐食""传餐""一顿""一头""小食""点心""案酒""下饭"等饮食词语和"寒"等烹饪方法的考述资料。

2.《古今图书集成》

《古今图书集成》,陈梦雷、蒋廷锡纂集,共1万卷,分历象、方舆、明伦、博物、经济等6编32典。其中的禽虫典、草木典、食货典等与饮食的联系比较密切。食货典中的饮食部、米部、糠部、饭部、粥部、糕部、饼部、粽部、糁部、粉面部、糗饵部、酒部、茶部、酪部、油部、盐部、糟部、酱部、醋部、糖部、蜜部、曲糵部、肉部、羹部、脯部、脍部、炙部、鲊部、醢部、菹部、齑部、豉部等32部，涉及菜点、作料、茶酒等的制作方法、饮食源流、诗文掌故等，为人们研究中国古代饮食文化提供了丰富的史料。禽虫典、草木典收录了大量的动植物资料，对研究食物烹饪原料也大有帮助。另外，考工典中收录了大量的古代器皿资料，对研究烹饪器具也大有补益①。

3.《格致镜原》

《格致镜原》，清陈元龙编。全书共100卷，分乾象、坤舆、身体、冠服、宫室、饮食、布帛、舟车、朝制、珍宝、文具、武备、礼器、乐器、耕织器物、居处器物、谷、蔬、木、草、花、果、鸟、兽、水族、昆虫等30类。其中，"饮食类"又分饭、粥、茶、酪、酥、酱、醋、豉、肉、脯、脍、炙、鲊、羹、醢、齑、菹、豆腐、面、糕、饼、馒头、馄饨等类。在每一类中，均引用大量资料，或论菜点肴馔的制作，或论饮食典故的来源，条理清晰，引文较准，便于检索。

4.《渊鉴类函》

《源鉴类函》，清代张英、王士祯等奉敕编撰。本书是以《唐类函》为底本增补而成，共450卷，分43部。书中与饮食有关的主要有食物、五谷、药、菜蔬、果、花、草、木、鸟兽、鳞介、虫豸等部。其中，"食物部"共6卷（卷三八八至卷三九三），分食总载、饭、粥、糜、糁、饼、馄、餺饦、粽、粗粉、面、胡饭、冷淘、饵、馄饨、馒头、饤饾、糕、肉、脯、腊、炙、蒸、包、鲊、脍、茶、羹、饮、盐、豉、蜜、酱、脂油、酪酥、酒等50类。

5.《清稗类钞》

《清稗类钞》，清末徐珂编。本书取材于各种笔记、杂史，汇

___

① 邱庞同：《中国烹饪古籍概述》，中国商业出版社1989年版，第208~210页。

集清代的人物、故事等，共分92类。其中"饮食类"，约15万字，共收条目868条，被认为是20世纪初记述中国烹饪资料最为丰富的史籍。《清稗类钞·饮食类》不仅收录了全国各地的名菜名点500多种，还收录了较为丰富的清末烟、酒、茶资料、宴席资料、饮食习俗资料、外国饮食及中外饮食交流的资料、食品科学的知识和大量的名人饮食典故。

（四）诗文、小说类

清代还有一些诗文集及小说，如《邗上三百吟》《成都竹枝词》《红楼梦》《儒林外史》《老残游记》《醒世姻缘传》等，里面也有不少饮食方面的内容。现择要述之。

1. 《红楼梦》

《红楼梦》，清曹雪芹著，无名氏续补。《红楼梦》一书以贾宝玉、林黛玉的爱情悲剧故事为中心线索，在广阔的社会背景下，描写了以贾府为代表的四大家族由盛转衰的过程，被誉为传统社会末期的一部百科全书。书中对人们饮食生活的记载很多，所记肴馔相当真实地反映了当时贵族之家豪华奢侈的生活，是研究清代贵族饮食文化的重要资料。

2. 《儒林外史》

《儒林外史》，清吴敬梓著。《儒林外史》是我国清代一部杰出的现实主义长篇讽刺小说，原本55回。《儒林外史》的故事背景发生在明代，地点基本上是从山东到福建。书中有不少地方涉及这些地区的饮食，特别是民间的家常饮食。

3. 《醒世姻缘传》

《醒世姻缘传》，作者署名"西周生"。全书共百回，每一回中都叙述有饮食之事，体现了作者对饮食文化的重视。《醒世姻缘传》中的饮食描写表现出浓郁的山东地方特色。同《金瓶梅》《红楼梦》等小说相比，《醒世姻缘传》中的饮食描写更多地带有下层色彩，其饭菜多为家常菜肴。书中最常见的饮食是薄饼加小米（或大米）、绿豆水饭。小说中多次描写到酒，却少见酒的名称，对茶也是偶尔提及，写得极为简略，这和《金瓶梅》《红楼梦》两书对酒、茶的大量细致的描述迥然不同。

第十七章

黄河流域的饮食文化

黄河是中华民族的母亲河，她发源于青藏高原的巴颜喀拉山，流经青海、四川、甘肃、宁夏、内蒙古、山西、陕西、河南、山东等九省区，注入渤海。以内蒙古的河套和河南的孟津为界，将黄河分为上游、中游和下游三段。黄河流域的饮食文化历史悠久、源远流长，是中国饮食文化的重要组成部分。

第一节　黄河上游的饮食文化

河套以上为黄河的上游，属于黄河上游的省区有青海、四川、甘肃、宁夏、内蒙古。四川饮食文化将在长江流域的饮食文化中介绍，这里不再赘述。内蒙古自治区地跨黄河上中游，其饮食文化在《黄河中游的饮食文化》一节中进行介绍。本节主要介绍青海、甘肃和宁夏三省区的饮食文化。

一、青海饮食文化

青海地处青藏高原，大多数地方寒冷干燥，只宜饲养牦牛、绵羊等家畜，进行畜牧生产。东南部的湟水谷地海拔较低，气候比较温和，是青海的主要农业区，种植有青稞、春小麦、豌豆、蚕豆等粮食作物，这里也是青海苹果、冬果梨的主要产地。广袤的青海大地还盛产岩羊、雪鸡、蕨麻、蘑菇等山珍。青海又有中国最大、最高的咸水湖——青海湖，湖中盛产湟鱼。而黄河源头的姊妹湖——扎陵湖、鄂陵湖，鱼类资源也很丰富，出产扁咽齿鱼、花斑裸鲤、黄河裸鲤等冷水性无鳞鱼。早在新石器时代晚期，青海即有人类活动。在青海东南部，分布着距今5200—4000年的马家窑文化遗址和距今约4000年的齐家文化遗址。青海古为西戎地，汉代为羌地，以后中央政权都在青海设郡、州、卫、府等进行有效的管理。数千年来，青海境内各民族杂居，藏、汉、回、撒拉、蒙等民族和睦相处，共同发展，其饮食文化互有渗透，但又都保持着各自的民族特色。

（一）藏族饮食文化

藏族是典型的游牧民族，饮食较为简单，藏族人"以牛羊肉、酥油、曲拉、奶为常品，无菜蔬、瓜果之类，最喜奶茶"①。其中的"曲拉"为牛乳提炼酥油后的渣滓，故又称乳滓。

藏族的牛羊肉与内地不同，肉中多含有大量血液，这是由于牛羊的宰杀方式与内地不同的缘故，"盖番杀牛羊不以刀，以绳箍其口，闭气令死，然后宰割，见汉人刃杀流血，以为残忍"②。当地牧民多以羊背肉为美，"为敬奉长者及宾客之食品。每当较弱之羔羊长成至标准羔皮时，一概宰杀，取其毛而食其肉，肉味肥嫩，亦为敬客之上品"③。藏族人对牛羊肉的烹制较为粗犷，"非生食即

---

① 民国二十三年《最近之青海》，丁世良、赵放主编：《中国地方志民俗资料汇编·西北卷》，书目文献出版社1989年版，第263页。

② 民国九年《玉树调查记》，丁世良、赵放主编：《中国地方志民俗资料汇编·西北卷》，书目文献出版社1989年版，第300页。

③ 民国三十四年《青海》，丁世良、赵放主编：《中国地方志民俗资料汇编·西北卷》，书目文献出版社1989年版，第287页。

仅煮烧，绝不至大熟，有时煮过者，仍鲜血淋漓"①，又"忌炒食，云炒则腥味招魔"②。食肉时，用刀片割，"刀锋宜向内奏，并不得插刀于脯，或插刀于地。肉尽留骨，骨不得乱掷"③。青海藏族也食用牛羊的内脏，如玉树地区的特色菜肴"香煮油脾"就是用羊脾脏煮制而成的。此菜先将羊的鲜脾脏洗净，在其边缘开一小口，用手指将其挖成袋形，再把羊油剁碎拌上适量的花椒盐等填入脾脏袋内，一个个做成后用竹签串起来，入锅煮熟捞出即可食用④。除待客宴饮外，肉类多用于晚餐，一般是先食肉块，后喝肉汤。藏族人"黄昏进晚膳，各有半熟之大肉一方，重可三斤。左手持肉，右手执刀（即佩于腰带上之小刀），且割且嚼，而留其少半藏于木盘，以待翌晨早餐时食用。然后，就肉汤内削煮生肉片及挂面，人尽一碗而罢"⑤。藏族妇女分娩后，"大都食鲜嫩之羯羊肉，饮浓味之羯羊肉汤，滋补休养"⑥。

　　藏族所用之乳多取自牦牛，"牛乳制成的东西不少，比方酥油、酸乳、胶乳、乳渣、乳饼、乳饭等等，算是美味，非充饥要品，所以他们十分珍重"⑦。另外，"柴达木区域畜养山羊、橐驼，

---

① 民国三十二年《青海志略》，丁世良、赵放主编：《中国地方志民俗资料汇编·西北卷》，书目文献出版社 1989 年版，第 266 页。

② 民国九年《玉树调查记》，丁世良、赵放主编：《中国地方志民俗资料汇编·西北卷》，书目文献出版社 1989 年版，第 298 页。

③ 民国九年《玉树调查记》，丁世良、赵放主编：《中国地方志民俗资料汇编·西北卷》，书目文献出版社 1989 年版，第 288 页。

④ 薛麦喜主编：《黄河文化丛书·民食卷》，山西人民出版社 2001 年版，第 242 页。

⑤ 民国三十四年《青海》，丁世良、赵放主编：《中国地方志民俗资料汇编·西北卷》，书目文献出版社 1989 年版，第 287 页。

⑥ 民国二十二年《青海风土记》，丁世良、赵放主编：《中国地方志民俗资料汇编·西北卷》，书目文献出版社 1989 年版，第 280 页。

⑦ 民国二十二年《青海风土记》，丁世良、赵放主编：《中国地方志民俗资料汇编·西北卷》，书目文献出版社 1989 年版，第 273 页。

其乳亦可为饮料及其他乳类食品。"①藏族用以充饥果腹的日常食物为青稞炒面（糌粑），人们食用炒面时，多配以酥油和茶。在玉树一带，青稞匮乏的当地贫民，"时掘脚麻食之，亦有种蔓菁而食其根者，叶以饲畜"②。

藏族一般无固定的餐制，饥则食，渴则饮。据民国二十二年（1933）的《青海风土记》记载：藏族人"每天清晨起来，用粪烧茶一锅（砖茶及松潘茶），男女围着灶头两旁坐下，主妇在各人碗内放酥油一片、炒面一撮，盛茶给大家饮。且饮且谈，经一两时之久，各人茶已喝足。这时酥油因浮在茶面，也被喝完，炒面仍沉在碗底。各人将碗交给主妇，主妇从双格木匣中（一格装酥油，一格装炒面）再取酥油一大片、炒面一大撮，搁在碗中，交付各人用手拌搅，炒面酥油融成面泥，然后徐徐吃之。吃了后，再喝茶一二碗，起身作事。一日之间，每隔一二小时，照前次方法吃炒面一回。有出帐作事的人，定要他喝上些茶，吃上些炒面；甫经回来，也照样饮食一次。有客到帐房来，也拿这些东西款待。若是尊客到来，格外给一块馍吃（馍是由内地带去，经年搁在帐房，其干非常；因为天气寒冷，虽是经年，也不会坏）。余每饮（内地每吃必饭，故云'吃'；青海人多饮少吃，故云'饮'），主妇给馍一块，优礼再没有了。有钱的人亦有买些挂面搁在帐房，预备待客的。"③藏族的这种无固定餐制的习俗仍然保留到今天，据当代人编写的《黄河文化丛书·民食卷》载：青海藏民的进餐次数和数量不受限制，"常见牧民们闲暇时坐下，边谈边嚼干肉和喝奶茶；如果正在狩猎，也要不时割下一块肉放进嘴里"④。

————————

①　民国二十二年《青海风土记》，丁世良、赵放主编：《中国地方志民俗资料汇编·西北卷》，书目文献出版社 1989 年版，第 287 页。

②　民国九年《玉树调查记》，丁世良、赵放主编：《中国地方志民俗资料汇编·西北卷》，书目文献出版社 1989 年版，第 298 页。

③　民国二十二年《青海风土记》，丁世良、赵放主编：《中国地方志民俗资料汇编·西北卷》，书目文献出版社 1989 年版，第 273 页。

④　薛麦喜主编：《黄河文化丛书·民食卷》，山西人民出版社 2001 年版，第 242 页。

青海藏族多喜饮酒，他们"饮甚豪，每饮辄醉，酒酣耳热，且歌且舞，圹野之乐，非内地人士所可梦想也"①。以前藏民不会造酒，"完全由内地商人驮到青海地面卖给他们，所以不得常喝。可是见商人来卖，无论如何总得换些，买些喝喝，一喝便要醉倒。拿我们的眼光看去，到这个光景，他们委实非常高兴"②。

（二）其他民族的饮食文化

1. 汉族的饮食文化

同内地汉族相同，青海汉族亦以粮食为主要的食物来源，与内地不同的是当地汉族多食青稞。据民国二十三年（1934 年）出版的《最近之青海》称："豆、麦、杂粮，各地不同，惟青稞粮最普通。乡间及一般平常人家，青稞面馍，岁以为常。除冠、婚、丧、祭及岁时节日用肉与白面外，其余无论何时，皆以青稞面为饮食主品。其造作法，与麦面略同。"由于地高天寒，青海汉族普遍有饮酒吸烟的习惯，他们"性好酒。所饮之酒，曰'酩馏'，大半为青稞粮所制造，内含麻醉性，过饮则中毒，惟嗜之者辄竟终日，以为天人乐事。此外，吸旱烟者十之八九"③。

与其他民族相比较，汉族的饮食烹饪水平较高。当地汉族充分利用青海特产，烹饪出许多有独特地方风味的菜肴。如用青海特产湟鱼制作的松鼠湟鱼，是将净湟鱼肉锲上花刀，用干淀粉挂糊，入油炸熟定形，锅内葱、姜、蒜炝锅后加入番茄酱、白糖、高汤、醋、水淀粉制成汁，浇在鱼身上而制成的。又如青海盛产蘑菇，海北皇城所产的钉子蘑菇在清代已是贡品，这种蘑菇质地洁净，肉嫩味鲜。选用这种蘑菇与羊肉制作的羊肉菇片，是将羊肉用姜粉和酱油拌匀，先爆炒羊肉片，随即下入经处理切好的蘑菇以及泡蘑菇的水，文火焖炖，汤浓缩适中时淋香油出锅。成菜后蘑菇洁白，羊肉

---

① 民国三十二年《青海志略》，丁世良、赵放主编：《中国地方志民俗资料汇编·西北卷》，书目文献出版社 1989 年版，第 266 页。

② 民国二十二年《青海风土记》，丁世良、赵放主编：《中国地方志民俗资料汇编·西北卷》，书目文献出版社 1989 年版，第 275 页。

③ 民国二十三年《最近之青海》，丁世良、赵放主编：《中国地方志民俗资料汇编·西北卷》，书目文献出版社 1989 年版，第 263 页。

粉艳薄软，味香滑嫩爽口。利用当地特产制作出的著名的风味菜肴还有烧羊筋、蜜汁羊筋、发菜蒸蛋、清蒸牛蹄筋、汤烩牛口条等①。此外，青海西宁的著名小吃酿皮，系以面粉制成面筋、粉糊，再蒸成面饼，吃时切成长条，面筋切块，色泽棕褐，质软性韧，既可作菜肴，又可当主食，食法多样，可凉可热②。

2. 回族的饮食文化

青海回族的饮食生活，与内地大同小异，具有农耕文化和游牧文化相结合的特色。他们"五谷皆用，尤以牛羊肉为大宗。不喝酒，禁食猪肉"③。结婚时，用到的食物有牛肉、馍馍、油面疙瘩（油香）、馓子等④。同内地回族一样，茶在青海回族人民生活中居于重要地位，如"允亲后，即送茶两包为聘礼"⑤，结婚当日，"婿家女眷奉奶茶四杯，同送亲女眷对拜三拜"⑥。

青海回族喜用牛羊内脏加工菜肴，最著名者当属"筏子肉"，这是用羊内脏加工的一种独特的地方菜。将刚宰杀的羊肺、肝、心、肾等内脏切碎后拌入生姜、花椒、精盐、胡椒、酱油、蒜末、葱末等掺入团粉及面粉拌匀做馅，以羊胃壁脂肪膜作皮卷紧馅成条块状，将洗净的肠管作环状绕扎包紧两端封口煮熟，就是"筏子肉"。其吃法有三：切圆片，浇上蒜泥及羊肉汤的叫清炖筏子；切厚片，煎，蘸椒盐食用的叫干炸筏子；切块段，另作汤汁浇上叫作

---

① 薛麦喜主编：《黄河文化丛书·民食卷》，山西人民出版社 2001 年版，第 67 页。

② 薛麦喜主编：《黄河文化丛书·民食卷》，山西人民出版社 2001 年版，第 439 页。

③ 民国二十三年《最近之青海》，丁世良、赵放主编：《中国地方志民俗资料汇编·西北卷》，书目文献出版社 1989 年版，第 263 页。

④ 不著年代抄本《循化志》，丁世良、赵放主编：《中国地方志民俗资料汇编·西北卷》，书目文献出版社 1989 年版，第 295 页。

⑤ 民国二十三年《最近之青海》，丁世良、赵放主编：《中国地方志民俗资料汇编·西北卷》，书目文献出版社 1989 年版，第 261 页。

⑥ 不著年代抄本《循化志》，丁世良、赵放主编：《中国地方志民俗资料汇编·西北卷》，书目文献出版社 1989 年版，第 295 页。

汤筷子。全部原料均为新鲜内脏，色彩斑斓，油花闪闪，不肥不腻①。青海西宁有一道著名小吃"马杂碎"，因当地出售此食的多系回民，且马姓又为当地回族大姓，故称之为马杂碎。系以牛羊的内脏、头蹄，加盐、花椒、葱、姜、蒜等作料炖熟，再用煮肉的汤蒸至肉烂脱骨即成。此食汤滚肉香，泡馍食用尤佳②。

3. 撒拉族的饮食文化

青海撒拉族的饮食习俗和回族相似，食用五谷和牛羊肉。"面食是他们的主食之一。用白面清油蒸制的'比利麦亥'（油搅团）又是最好的面食。他们认为，该食品营养丰富有补虚强身作用，所以在庆贺婴儿出生、慰问老幼病人等方面大量使用，它不仅清香可口、油而不腻，还常用于品尝新油、犒赏帮工等方面。"③ 同当地回族一样，撒拉族也喜食"筷子肉"。

撒拉族的饮食习俗可从青海循化撒拉族的宴席菜单中可见一斑："1. 六干果糖食：红枣、核桃、葡萄干、杏脯、糖花生、糖。2. 碗茶：茶叶、桂圆、冰糖所沏之茶。3. 馓子：筷子细的条条，绕成一束煎成。面粉里加上鸡蛋和花椒水，煎成的细条条既松又脆。4. 碗菜：这道菜用普通的大口碗盛装。由羊肉、大白菜、土豆、粉丝煮成糊。5. 面点：糖包、肉包、花卷。6. 主食：羊油炒饭。7. 手抓羊肉。8. 涮羊肉。9. 雀舌面：指面粒之形而言，它不是条形，也不是块状，而是模仿麻雀舌头的大小厚薄和形状制成的面粒。10. 冷冻的酸奶。"④ 从这份宴席菜单中，可知青海撒拉族的饮食不仅有大量面食和茶，还有不少羊肉菜肴和酸奶等，体现出农耕文化和游牧文化相结合的特点。

---

① 薛麦喜主编：《黄河文化丛书·民食卷》，山西人民出版社 2001 年版，第 68 页。

② 薛麦喜主编：《黄河文化丛书·民食卷》，山西人民出版社 2001 年版，第 439~440 页。

③ 薛麦喜主编：《黄河文化丛书·民食卷》，山西人民出版社 2001 年版，第 189 页。

④ 费孝通：《撒拉餐单》，《中国烹饪》1987 年第 11 期。

4. 蒙古族的饮食文化

同藏族一样，青海蒙古族也多从事游牧生产，其饮食生活与藏族接近，他们"不用五谷，除内地运入少量之食粮外，以青稞炒面为上品，且无菜蔬之类，以牛羊肉为常品。牛乳、酥油、曲拉等，皆饮食品也"①。青海蒙古族也嗜食酥油茶，徐珂《清稗类钞·饮食类》称："茶汁非乳不甘，复以牛羊乳熬茶和酥油，色如酱，腻如饴。"②

与内地蒙古族一样，青海蒙古族也嗜烟酒。其烟有鼻烟、水烟和旱烟之分，当地"土职、喇嘛皆有吸鼻烟之嗜好。鼻烟壶多用牛角制成，外嵌宝石、珊瑚、银花，甚为精美，大者可容一合，毡毹为囊，遇有宾客，则互出壶相敬……其不吸鼻烟之男子，皆备有长杆旱烟管，管附绣花烟袋，常吸不离口。柴达木北部一带之蒙妇，亦吸旱烟"③。青海蒙古族虽然嗜酒，"但仅限婚事及宴会时始得饮之。藏族不能酿酒，多向湟中购买。而蒙人则有，可用马乳酿成富有营养、滋味浓厚之马乳酒，以供饮用"④。

二、甘肃饮食文化

甘肃以北魏始名的甘州（今张掖）和隋代始名的肃州（今酒泉）两地之首字得名。据考古发现，早在新石器时代早期，甘肃即有人类活动，在陇东的秦安大地湾出土有距今7800—7200年的新石器时代早期遗址。在陇西的临洮马家窑和广河齐家坪分别出土有距今5200—4000年和距今约4000年的新石器时代晚期遗址。战国以后，甘肃的社会经济发展加速。秦统一六国后，在甘

---

① 民国二十三年《最近之青海》，丁世良、赵放主编：《中国地方志民俗资料汇编·西北卷》，书目文献出版社1989年版，第263页。

② （清）徐珂编撰：《清稗类钞》第十三册《饮食类》，中华书局1986年版，第6249页。

③ 民国三十四年《青海》，丁世良、赵放主编：《中国地方志民俗资料汇编·西北卷》，书目文献出版社1989年版，第287~288页。

④ 民国三十四年《青海》，丁世良、赵放主编：《中国地方志民俗资料汇编·西北卷》，书目文献出版社1989年版，第287页。

肃设置陇西郡，甘肃与中原内地的联系日益加强。汉代张骞出使西域后，甘肃成为沟通西域与中原内地的重要通道。中原汉族与西域各族的饮食文化在此激烈碰撞、交融，逐渐演化为今天的甘肃饮食文化。

（一）食物原料

甘肃地处河西走廊，东西狭长，这里既有宜于农耕的沙漠绿洲，也有宜于畜牧的高山草场，故农牧产品都很丰富。甘肃地处内陆，昼夜温差较大，利于瓜果糖分积累，故名优瓜果众多。此外，甘肃还是发菜、薇菜等山珍蔬菜的重要产地。

1. 粮食

传统上，甘肃大多数州县的人们均以小麦和玉米、豆、黍、粟、荞麦等杂粮为主食，如陇东的华亭县，"食料以麦及玉蜀黍为大宗，荞麦、糜、谷、豆、芋等次之"①；灵台县，"人民食用，全靠麦、米、杂粮，副之以黍稷"②；天水县，"食品以黍稷、荞麦最多"③。在靠近青藏高原的一些地区，人们也以青稞为主食，如甘南的藏族自治州，其饮食就以"青稞为主，佐以豆、荞、燕麦"④。

在一般百姓的心目中，小麦为细粮，多用以待客或在岁时节日、婚丧嫁娶时改善生活。不少地方的人们平日食麦时，多配以杂粮食用，如陇东南的岷州，"所食惟麦、豆、青稞；麦为食之精而贵者，必以稞、豆佐之。早用乳茶，食面饼；午用面汤，食稞、豆。民间常膳，不过如此，亦有朝夕并用稞、豆，以燕麦佐之者。若芥籽、蔓菁，用以出油，而蔓菁之茎与根，则俱可食。秋末掘而

---

① 民国二十二年《华亭县志》，丁世良、赵放主编：《中国地方志民俗资料汇编·西北卷》，书目文献出版社1989年版，第175页。
② 民国二十四年《重修灵台县志》，丁世良、赵放主编：《中国地方志民俗资料汇编·西北卷》，书目文献出版社1989年版，第184页。
③ 民国二十八年《天水县志》，丁世良、赵放主编：《中国地方志民俗资料汇编·西北卷》，书目文献出版社1989年版，第201页。
④ 不著年代抄本《洮州厅志》，丁世良、赵放主编：《中国地方志民俗资料汇编·西北卷》，书目文献出版社1989年版，第217页。

蓄之，为来岁疗饥之需，然为贫农为然，其余则否"①。小麦因其价昂，一些地方的人们种植小麦的目的并非为了自己食用，而在于出售换钱，如灵台的百姓，"无论时当丰歉，尽挪食其稷黍，储蓄小麦，希多枭钱，供支完粮纳款，并日常杂用"②。

　　与小麦相比，甘肃水稻的种植面积和产量更少，因此更为珍贵。徐珂《清稗类钞·饮食类》"兰州人日皆二食"条载："兰州为甘肃之省会，其居民日皆二食，一米一麦。米产甘州，然非贫者所得尝。"③甘州即今之张掖，在乾隆四十四年（1779 年）的《甘州府志》中亦记载当地产水稻，而且当地人"食重……谷、麦、稻、糯，性温味甘，积数年不烂"④。与小麦一样，稻米多用于出售或待客，如高台县，人们"食主麦、粟，间以稻。贫者饭粟。中产家款客或奉尊长，则以肉、菜与稻麦，余皆以粟，间以麦"⑤。

　　2. 肉类

　　甘肃的畜禽主要有牛、羊、猪、鸡。与内地所饲的黄牛、水牛不同，甘肃饲养的牛为牦牛，乾隆四十四年的《甘州府志》载"又产牦牛，力不能耕，饲以为食"⑥。甘肃牦牛以天祝县所产的白牦牛最为著名，作为肉食动物，它的肉蛋白质很高，肉味嫩香可口，风味独特，是国内外市场上罕见的高级肉类。白牦牛的奶是奶中珍品，用它可以生产特优奶粉，深受用户喜爱。

　　甘肃的羊以滩羊最为著名，这种羊主要产于宁夏、甘肃、内蒙

　　①　不著年代抄本《岷州志》，丁世良、赵放主编：《中国地方志民俗资料汇编·西北卷》，书目文献出版社 1989 年版，第 214 页。

　　②　民国二十四年《重修灵台县志》，丁世良、赵放主编：《中国地方志民俗资料汇编·西北卷》，书目文献出版社 1989 年版，第 184 页。

　　③　（清）徐珂编撰：《清稗类钞》第十三册《饮食类》，中华书局 1986年版，第 6239 页。

　　④　乾隆四十四年《甘州府志》，丁世良、赵放主编：《中国地方志民俗资料汇编·西北卷》，书目文献出版社 1989 年版，第 221 页。

　　⑤　民国十四年《高台县志》，丁世良、赵放主编：《中国地方志民俗资料汇编·西北卷》，书目文献出版社 1989 年版，第 227 页。

　　⑥　乾隆四十四年《甘州府志》，丁世良、赵放主编：《中国地方志民俗资料汇编·西北卷》，书目文献出版社 1989 年版，第 221 页。

古、陕西等四省区毗邻的干旱荒漠地带，其中，甘肃境内就占到三分之一以上。滩羊的肉少膻气，鲜美可口，含有蛋白质、脂肪、糖、烟酸等多种成分，能滋补健体，尤其是为取羔皮而宰杀的羊羔肉，更是鲜嫩无比，味道独特，是当地群众待客的佳肴①。

不同畜禽在甘肃各地的地位不尽相同，如华亭县"肉食以猪、羊、鸡为最多"②，从次序上看，猪的地位最高，其次是羊，最后是鸡；而甘州"食重羔、豚、鸡、鸭"③，羊肉的地位又高于猪肉，鸡鸭垫底。以前甘肃百姓的生活大多十分贫困，许多人家饲养畜禽的目的并非是为了自己食肉，如抄本《岷州志》载："所畜牛、羊、鸡、豕，惟孳息之求，不以自奉。"④

在兰州等临近黄河的地方，人们也食黄河鲤鱼，甚至以鲤鱼为主要原料制成"金鲤全席"⑤。在甘肃的其他地方，因地处内陆，鱼虾等水产品较少，多数人并不喜食鱼虾。如抄本《岷州志》载："洮河、闾井有鱼，然不多得，人亦不喜。"⑥ 徐珂《清稗类钞·饮食类》"甘肃人不食虾"条称："甘肃无虾，有南人携虾米以往，曝之于庭者，小儿见之，辄警而却走，谓为虫也。或赴南人宴，见肴中有虾干，则相戒不敢食。"⑦

台湾唐鲁孙《中国吃的故事》一书中，讲述了他早年在甘肃

① 薛麦喜主编：《黄河文化丛书·民食卷》，山西人民出版社 2001 年版，第 363 页。
② 民国二十二年《华亭县志》，丁世良、赵放主编：《中国地方志民俗资料汇编·西北卷》，书目文献出版社 1989 年版，第 175 页。
③ 乾隆四十四年《甘州府志》，丁世良、赵放主编：《中国地方志民俗资料汇编·西北卷》，书目文献出版社 1989 年版，第 221 页。
④ 不著年代抄本《岷州志》，丁世良、赵放主编：《中国地方志民俗资料汇编·西北卷》，书目文献出版社 1989 年版，第 214 页。
⑤ 薛麦喜主编：《黄河文化丛书·民食卷》，山西人民出版社 2001 年版，第 107 页。
⑥ 不著年代抄本《岷州志》，丁世良、赵放主编：《中国地方志民俗资料汇编·西北卷》，书目文献出版社 1989 年版，第 214 页。
⑦ （清）徐珂编撰：《清稗类钞》第十三册《饮食类》，中华书局 1986 年版，第 6487 页。

吃鱼的故事，称："记得有一回我到甘肃考察，足足两个月吃不到鱼，一天，有位友人请吃饭，没想吃到一半竟来了一盘糖醋鱼，大伙儿太久没尝鱼鲜，不禁食指大动，都想先尝为快，谁知举箸一夹，居然笃笃有声，仔细一瞧，竟是一只淋了糖醋作料的木刻鱼。主人歉然解释，甘肃不易弄到鲜鱼，用木头鱼象征诚意罢了。"①这则故事有趣地反映了过去甘肃大多数地方缺鱼少虾的情景。

3. 瓜果

甘肃昼夜温差较大，利于瓜果糖分积累，故名优瓜果众多，如兰州、靖远、安西、敦煌、民勤的白兰瓜，兰州的籽瓜，敦煌的甜瓜，天水的花牛苹果，兰州的冬果梨、软儿梨，兰州香桃，陇南的猕猴桃，敦煌的李广杏，东乡的桃杏，临泽的红枣，甘肃西部的沙枣等都比较有名。

4. 蔬菜

甘肃位于青藏高原的边缘，境内多山，盛产山珍蔬菜。甘肃是发菜、薇菜、蕨菜、黄花菜等"黄河四菜"的重要产地。其中，发菜主要产于与腾格里沙漠接壤的山丹、张掖、永昌、民勤、景泰、靖远等县，薇菜主要产于陇南山区，蕨菜主要产于临夏、平凉、甘南、定西、兰州等地高山地带，黄花菜主要产于陇东。甘肃还是花椒、小茴香等调料的重要产地。此外，兰州的百合，甘谷、永登的羊角辣椒，民乐的大蒜，康县的木耳等特产也都驰名中外。

（二）食物烹饪

1. 面食烹饪

甘肃人以小麦和各种杂粮为主食，人们将其磨成面粉后，通过煮、蒸、烤、炸等烹饪方式，加工成各种面食。

甘肃的汉族人最擅长制作各种煮制面食。在陇东一带，面条样多味美。甘肃最著名的面条当属兰州的清汤牛肉面，其汤为羊肝子、鸡肉和牛骨熬制的"三鲜汤"，其肉为质地细嫩的牦牛肉，其面为筋道十足的拉面。兰州清汤牛肉面的历史已有一百多年了，据《黄河文化丛书·民食卷》言："其研制者是年轻时靠挑担卖凉面

---

① 唐鲁孙：《中国吃的故事》，百花文艺出版社 2003 年版，第 78 页。

为生的马保子，后来租了三间铺面房，取名'八新会馆'，专门经营羊肝子汤面。不料，有人在他附近另开了家清汤牛肉面馆，抢了马保子的生意。马保子跑去察看，回来后在羊肝子汤面里兑上鸡和牛骨汤，一鲜变三鲜，受到顾客欢迎，声誉日隆。"①

甘肃有名的煮制面食还有永登的窝窝面，广河、和政等地的面糊糊、煮嘎嘎，甘西的杂面疙瘩等。其中，窝窝面的制法为：将面粉用水和成较硬的面团，用刀切成小丁，撒上粹面，滚搓成圆球形，用小竹签在面球中间捣个窝窝。下锅煮熟后，加入臊子汤肉烩制，调入油辣子、香醋蒜末、香菜等②。面糊糊是用青稞、糜谷、大小豆等杂面煮成的不稀不稠的面糊粥，有时还要往粥中添加酸菜，以使味道更加香美。煮嘎嘎是用玉米面煮制的一种汤食，煮制时先用葱姜炝锅，再放虾皮及青菜等，熟时加酱油、盐等调料。杂面疙瘩用谷面、糜面、麻麸等杂面制成的疙瘩状食品。兰州一带的人们喜欢将洗净的豌豆、红枣加水煮，再加适量灰蓬草烧结后的碱性浸出液，然后将其煮烂，使它变成酱红色稠粥，再调入白糖，吃来甜香可口③。

汉族还擅长蒸制面食，最著名者当属武威一带蒸制的大月饼。这种月饼每个需用二十斤面粉，饼层中夹有酱黄、红黄等香料。蒸好后，"如果能放上一天再吃，味道会更美。"④ 甘肃的撒拉族人则喜欢用白面、清油蒸制"比利麦亥"⑤。

回族人则擅长烤制"沓呼日"圆饼，这种饼用面粉、青油、

①　薛麦喜主编：《黄河文化丛书·民食卷》，山西人民出版社2001年版，第432页。

②　薛麦喜主编：《黄河文化丛书·民食卷》，山西人民出版社2001年版，第187页。

③　薛麦喜主编：《黄河文化丛书·民食卷》，山西人民出版社2001年版，第206页。

④　薛麦喜主编：《黄河文化丛书·民食卷》，山西人民出版社2001年版，第164页。

⑤　薛麦喜主编：《黄河文化丛书·民食卷》，山西人民出版社2001年版，第189页。

盐水和成，直径一尺左右，厚度有一寸多。烤成的"沓呼日"表面焦黄，里面松酥香脆。当地回族人常用此饼待客或作为媳妇回娘家的礼品。"而同事间共享的'沓呼日'更是别具一格，它既酥又香，色味俱佳。而且形似车轮或磨扇，一般直径有 1.5 尺、厚约 3 寸，需用 50—80 斤面粉。因此，常是喜庆节日或向寺院献贡表虔诚的上好物品。"① 甘南裕固族也非常擅长烘烤各种面食，用带盖的平底铁锅烤制"烧馃子""烤花卷"是他们得心应手的技艺。

油炸面食在甘肃也比较流行，比较有名的有"馓馓馍馍""包适左""排岔""酥散""油馓餲"等品种。其中，"馓馓馍馍"可分圆、矩两种，圆的是专为孩子们制作的幼儿食品，因为它小于桂元；矩形的如两指大小，一般作为出远门和干活的人们的干粮②。

2. 菜肴烹饪

甘肃人擅长烹制各种羊肉菜肴，民国年间在省会兰州就出现有"全羊席"。据徐珂《清稗类钞·饮食类》"全羊席"条载："（兰州）居人通常所用者，曰全羊席。盖羊值殊廉，出二三金，可买一头。尽此羊而宰之，制为肴馔，碟于大小之碗皆可充实，专味也。"③ 当地比较有名的羊肉菜肴有珊瑚羊肉、梅花羊脑④等，羊肉小吃有高三酱肉、羊羔肉⑤、烤羊肉串⑥等。

甘南藏族最擅长烹制烧猪，这道菜的制作原料为甘南草原的特产蕨麻猪，这种猪肉质鲜嫩，肉多脂肪少。因其常在牧地寻食蕨

---

① 薛麦喜主编：《黄河文化丛书·民食卷》，山西人民出版社 2001 年版，第 191 页。

② 薛麦喜主编：《黄河文化丛书·民食卷》，山西人民出版社 2001 年版，第 192 页。

③ （清）徐珂编撰：《清稗类钞》第十三册《饮食类》，中华书局 1986 年版，第 6267 页。

④ 薛麦喜主编：《黄河文化丛书·民食卷》，山西人民出版社 2001 年版，第 66 页。

⑤ 薛麦喜主编：《黄河文化丛书·民食卷》，山西人民出版社 2001 年版，第 436 页。

⑥ 薛麦喜主编：《黄河文化丛书·民食卷》，山西人民出版社 2001 年版，第 439 页。

麻，故名蕨麻猪。制作烧猪时，先将猪宰杀后去内脏洗净，用花椒粉伴食盐或其他香料，涂遍猪全身，然后用稀泥涂满猪全身，埋入牛羊粪火灰中煨制。至泥巴呈黄褐色时取出，将泥巴剥去，猪毛也随之脱落，再将其切割成块，蘸盐等调味品食用。此法可谓原始，但皮脆肉嫩，具有特殊的鲜香。①

兰州临黄河，人们擅烹鲤鱼，当地的"金鲤全席"十分有名，其菜肴有：冷拼：鱼跃龙门（鱼松、鱼卷、鱼丝、鱼丁、鱼条）；大菜：花篮鲤鱼（带瓜姜鲤鱼、珍珠鱼圆）、柴把鲤鱼（带百合鲤鱼、韭黄鱼卷）、糖醋鲤鱼（带芙蓉鱼羹、金钱鲤片）、宫灯鲤鱼（带茄汁鱼饼、软熘鱼块）、拔丝鲤鱼、银芽鱼丝（带鲤鱼烧麦、四喜鱼饺）②。

甘肃厨师在山珍蔬菜的烹饪上也值得称道，尤其是对百合的利用上有独到之处。聂凤乔《蔬菜斋随笔》称："百合，促使我重新考虑了中国烹饪中的地方风味问题，使我思路大为活跃，并且认识了不为人们所注意的甘肃风味——'陇菜'。"兰州号称"百合之乡"，其百合大而洁白，没有苦味，非常适宜入菜。对百合的巧妙利用是甘肃菜的一大特色。在其他地区，以百合制作的菜肴多为甜味菜，然而在兰州人们也用百合制作咸味菜。当地厨师通过烧、蒸、炒、溜、烩、炖等烹饪方法，或配荤或配素，可做出金菊百合、百合鸡丝、百合炒肉片等几十种百合菜肴来。如金菊百合，是将百合处理后，炸至金黄色，摆在盘中，炒糖至发红加水、白糖熬浓，浇在百合上，此菜酥香似蜜，造型美观。甘肃比较有名的山珍菜肴还有金钱发菜、一品发菜、金盏玉兔、荷花羊肚菌等③。

（三）饮食风俗

1. 朴实节俭

由于自然条件的限制，甘肃农牧业生产十分不易，故当地百姓

---

①　薛麦喜主编：《黄河文化丛书·民食卷》，山西人民出版社 2001 年版，第 69 页。

②　薛麦喜主编：《黄河文化丛书·民食卷》，山西人民出版社 2001 年版，第 107 页。

③　薛麦喜主编：《黄河文化丛书·民食卷》，山西人民出版社 2001 年版，第 66 页。

十分注意节俭，"虽遇婚丧大礼，极求樽节，不尚奢侈，以其俭约积之有素也"①。平时一日三餐，"具有代表性的早餐有武威的山药等为原料制成的马铃薯米拌面、山药搅团；张掖的馍馍、烙饼和米汤或荬菜；酒泉的糊锅等。午、晚两餐一般以面条、面片多见"②。

在饮食上，普通百姓只在招待贵客时才用到肉，如西和县，"客至待以鸡子，非尊敬不设酒肉。俭朴深思，有唐魏之遗风"③。在岷州，"寻常时，尊客偶至，供以乳茶，设点数碟，俱以面和蜜为之，而品类不等。遇大宴会，先设蒸羊，食毕乃敬酒，不设馔，饮毕供面饭，始以肴佐之，不过五簋，鸡、豕之外别无他品。小宴，但不刲羊，余皆如前"④。在华亭县，"山珍海味，非上户婚葬鲜有用者"⑤。

但在兰州等大城市，过去不少不事稼穑的上层阶层汇集于此，与全省的节俭习俗相比，颇有追求奢华者。据徐珂《清稗类钞·饮食类》"全羊席"条载，清代时，"甘肃兰州之宴会，为费至巨，一烧烤席须百余金，一燕菜席须八十余金，一鱼翅席须四十余金。等而下之，为海参席，亦须银十二两，已不经见"⑥。

2. 酸辣口味

在饮食口味上，甘肃百姓普遍喜食酸辣，如民国二十二年

①　民国二十四年《重修灵台县志》，丁世良、赵放主编：《中国地方志民俗资料汇编·西北卷》，书目文献出版社 1989 年版，第 184 页。

②　薛麦喜主编：《黄河文化丛书·民食卷》，山西人民出版社 2001 年版，第 239~240 页。

③　乾隆三十九年《西和县志》，丁世良、赵放主编：《中国地方志民俗资料汇编·西北卷》，书目文献出版社 1989 年版，第 203~204 页。

④　不著年代抄本《岷州志》，丁世良、赵放主编：《中国地方志民俗资料汇编·西北卷》，书目文献出版社 1989 年版，第 214 页。

⑤　民国二十二年《华亭县志》，丁世良、赵放主编：《中国地方志民俗资料汇编·西北卷》，书目文献出版社 1989 年版，第 175 页。

⑥　（清）徐珂编撰：《清稗类钞》第十三册《饮食类》，中华书局 1986 年版，第 6267 页。

（1933 年）《华亭县志·生活民俗》载，当地人"味喜酸辣"①。

就酸而言，醋是全国大多数地方的主要酸味剂。甘肃也有佳醋，如湟源县就以出产陈醋著名。但甘肃百姓喜欢吃的酸，主要不是来自醋，而是来自酸浆水。抄本《岷州志》载："又多需茋菜作酸，贮以大缶，以备调和麦面所去酸浆者即是。当春之季，妇女携筐采茋者，且遍郊原也。"② 制成的酸浆水，入口清凉爽快，既可做清凉饮料，又可作为面条汤。兰州、定西、天水、临夏等地百姓喜食的"浆水面"用的就是这种酸浆水。

就辣而言，甘肃张掖等地的人们喜爱辛辣的程度不亚于长江流域的湘川两地人③。酸辣结合的肴馔在甘肃广受欢迎，如甘肃永登的窝窝面，汤中调以油辣子、香醋，酸辣鲜香，是当地的著名小吃。近年来，这种酸辣鲜香的窝窝面还从家常饭变成了大型宴席上的佳肴④。

3. 嗜饮酒茶

甘肃多数地方天寒水冷，因酒有活血驱寒之效，故百姓多喜欢饮酒。如合水县人民"尚饮，而易醉者多"⑤。

甘肃酒的品种亦不少，乾隆四十四年（1799 年）《甘州府志》载："酒有数种：酒肆煮米和曲酿成者，曰'黄酒'；以稞麦、糜谷和曲酿成者，曰'汾酒'；以糯、稻和曲，内入汾酒酿成者，即绍兴、玉兰、金盘、三白诸色酒。又有缸子酒者，煮大麦和曲酿成，装坛内，入黄酒、鸡汤，截芦为筒，各吸饮之。杜工部所谓

---

①　民国二十二年《华亭县志》，丁世良、赵放主编：《中国地方志民俗资料汇编·西北卷》，书目文献出版社 1989 年版，第 175 页。

②　不著年代抄本《岷州志》，丁世良、赵放主编：《中国地方志民俗资料汇编·西北卷》，书目文献出版社 1989 年版，第 214 页。

③　薛麦喜主编：《黄河文化丛书·民食卷》，山西人民出版社 2001 年版，第 215 页。

④　薛麦喜主编：《黄河文化丛书·民食卷》，山西人民出版社 2001 年版，第 187 页。

⑤　不著年代抄本《合水县志》，丁世良、赵放主编：《中国地方志民俗资料汇编·西北卷》，书目文献出版社 1989 年版，第 187 页。

'芦酒'是也。"①

在过去，由于甘肃大多数百姓比较贫困，所饮之酒多是从酒肆中沽来的劣酒，而实力雄厚的富贵之家则有酿酒的习俗。如抄本《合水县志》载："富家作酒，贫者沽于肆。夏日则浑酒，味亦极薄，壶值二厘。"②

甘肃百姓也喜饮茶，如华亭县"饮料尚茶"③，甘州府"饮用茶、酪、枸杞"④。各地喝茶的方式是不一样的，"在城市中多用清茶冲饮，在牧区喜爱奶茶煮饮，但在广大农村则普遍流行喝罐罐茶。这种茶是用炒青中、低档绿茶经罐内熬煮而成的，故而得名"⑤。

三、宁夏饮食文化

被誉为"塞上江南"的宁夏在晚更新世就有人类活动了，在宁夏灵武的水洞沟，考古工作者发现了旧石器时代晚期的文化遗存。进入阶级社会以后，在宁夏大地上一直有人类生息繁衍。目前，在宁夏生活的民族主要有汉、回、蒙古等。各民族在宁夏交错杂处，在饮食上也相互影响，共同促进了宁夏饮食文化的发展。

（一）食物原料

宁夏特产丰富，民间有"天下黄河富宁夏"之说。就粮食而言，"宁省东部，以稻麦产量甚丰，故居民食品多以米面兼用，其次糜、谷、荞麦面等，亦为一般主要食粮。糜子俗称'黄米'，分

---

① 乾隆四十四年《甘州府志》，丁世良、赵放主编：《中国地方志民俗资料汇编·西北卷》，书目文献出版社 1989 年版，第 221~222 页。

② 不著年代抄本《合水县志》，丁世良、赵放主编：《中国地方志民俗资料汇编·西北卷》，书目文献出版社 1989 年版，第 187 页。

③ 民国二十二年《华亭县志》，丁世良、赵放主编：《中国地方志民俗资料汇编·西北卷》，书目文献出版社 1989 年版，第 175 页。

④ 乾隆四十四年《甘州府志》，丁世良、赵放主编：《中国地方志民俗资料汇编·西北卷》，书目文献出版社 1989 年版，第 221 页。

⑤ 薛麦喜主编：《黄河文化丛书·民食卷》，山西人民出版社 2001 年版，第 277 页。

为两种：糯性曰'黍'，粳性曰'稷'；颗粒较大，可以煮饭、酿酒、造糖，用途甚大。谷子即粟，俗称'小米'，颗粒较小，仅能煮粥"①。目前，宁夏北部的贺兰山麓和东部的银川平原盛产水稻和小麦，南部地区盛产土豆、小麦、荞麦、糜子、莜麦和豌豆等杂粮。其中，宁夏稻米又称为银川香稻，"尤其是灵武、永宁二县生产的稻米，粒形均匀，洁白透亮，口味香馥，色、香、味俱佳，被誉为'珍珠米'"②。

宁夏畜牧业发达，肉食以羊肉为主，其次为牛肉，而且"牛羊乳产量均甚丰富"③。宁夏比较有名的畜禽品种，除了滩羊外，还有北部贺兰山区的青羊，西部山区固原、海原、西吉、隆德、泾源等县的固原鸡。宁夏的鱼类也较丰富，"宁夏各河渠、湖泊及黄河干流，均产鲤、鲫，亦颇驰名，有'冰冻鱼'、'开河鱼'等称谓。冰冻鱼，即于黄河冰冻时，渔人凿冰为渊，置灯于渊口，鱼见光出跃，遇冷即僵，一夜之间，捕获甚夥。开河鱼，即于每年三月河冻初解时，鱼即纷纷出泥，游泳水中或出现水面，用网罟等所捕获。二者均味极鲜美，为疱厨珍品，宴席佳馔。更有一种鸽子鱼，亦宁夏黄河中的特产，俗传为鸽子的化身，实误；鳞细身扁，肉甚腴嫩"④。

宁夏盛产发菜、山药、百合、花椒等菜蔬和调料。在过去，宁夏的蔬菜生产不太发达，种菜者也多为外省人，民国三十六年（1947年）的《宁夏纪要》载："菜蔬一项，以气候关系，冬季微感缺乏。本省之种菜业者，多为来自鲁、豫等省客籍人，以本省居民对菜蔬用量既少，且不善栽培。"新中国成立后，这种局面有所

① 民国三十六年《宁夏纪要》，丁世良、赵放主编：《中国地方志民俗资料汇编·西北卷》，书目文献出版社1989年版，第241页。

② 薛麦喜主编：《黄河文化丛书·民食卷》，山西人民出版社2001年版，第331页。

③ 民国三十六年《宁夏纪要》，丁世良、赵放主编：《中国地方志民俗资料汇编·西北卷》，书目文献出版社1989年版，第241页。

④ 民国三十六年《宁夏纪要》，丁世良、赵放主编：《中国地方志民俗资料汇编·西北卷》，书目文献出版社1989年版，第241页。

改善，中卫县还以生产羊角辣椒驰名国内。宁夏的瓜果质量也较佳，"西瓜、葡萄、苹果、红枣、冬梨等，亦均有名"①。

（二）食物烹饪

1. 主食烹饪

在宁夏的稻麦产区，主食就是以米食和面食为主，有干饭、稀饭、干拌面条、连锅汤面、揪面片、浇汤和蘑菇面、羊肉臊子面、馒头烙饼子等。羊肉水饺粉汤是宁夏颇具地方特色的一道主食，"先把包好的羊肉水饺下锅煮熟捞出，同时将羊肉丁少许略炒后放入羊骨头汤中，待汤煮沸，倒入骰子般大小的凉粉，并在上面撒上香菜末、寸段韭菜、鸡蛋饼丝再稍放一些辣椒油和醋，将调好的粉汤浇在羊肉水饺上即成。这种水饺吃起来甜、咸、辣、酸诸味俱全。这种肉、面合一的饮食，也正是农牧融合的结果"②。

宁夏回族还擅长利用杂粮制作各种主食。在回族聚居的农村，人们只用荞麦面就可以做出许多味美的食物来，如刀削面、饸饹面、荞剁面、搅团、批面子、鱼鱼、窝头、摊饼、烙葱饼等。"最有名气的算是用荞麦面制的摊饼了，它不仅香酥可口，而且味美色鲜。还有用新磨的荞麦面撒到水开的锅中，边煮边搅，搅至失去流体状时，舀入碗内，用饭勺沾油压成凹形，使面团紧贴碗壁，便成碗状，再将调料盛入碗内而食，名之'搅团'。在宁夏回族地区，同样人们用黄黏米或江米碾成面，蒸熟后裹以炒熟的豆面，擀成卷、切块，制成'驴打滚'吃，其特点是软黏甜香，为儿童及老人最爱吃的食物，是当地有名的吃食。"③

2. 菜肴烹饪

宁夏人擅烹羊肉，"烧烤羊肉、爆涮羊肉，均别具风味，而手抓羊肉，尤脍炙人口。法以羔羊切成大块，入笼清蒸至熟，另备盐

---

① 民国三十六年《宁夏纪要》，丁世良、赵放主编：《中国地方志民俗资料汇编·西北卷》，书目文献出版社1989年版，第241页。

② 薛麦喜主编：《黄河文化丛书·民食卷》，山西人民出版社2001年版，第194页。

③ 薛麦喜主编：《黄河文化丛书·民食卷》，山西人民出版社2001年版，第205页。

末、椒面、酱油等调味品；食时，即以手持肉蘸盐末等调味食之，食毕以纸或面巾揩去手中油汁。更有所谓'全羊席'，全部菜肴悉取给于羊，而味则各有不同"①。用羊下水也可制作许多菜肴，如宁夏著名菜肴"杏花长寿"，就是用生羊苦肠为主要原料制作而成的，"将鸡蛋、菠菜、木耳等制成红、白、黄、绿、黑五色的五样羊肠，沸水煮后改刀，再次入沸水煮开后捞出，入汤盘，用鸡汤、姜粉、胡椒粉、绍酒、精盐、味精、菠菜片、葱丝等制汤浇上即成。其汤色洁白，如杏花在盘中盛开，且味美鲜嫩"②。

宁夏的禽类烹饪多采用烧烤方法，"省城内银川饭店之烤鸭，颇为有名。又有一种所谓手抓鸡，其制法、食法与手抓羊肉无大差异"③。鱼类烹饪则多采用清蒸、油炸等，著名的鱼肴有清蒸鸽子鱼、糖醋鲤鱼等。此外，金钱发菜、绣球发菜、清炒枸杞头等素菜也闻名遐迩。

宁夏还擅烹驼峰、驼掌，著名的菜肴有清炒驼峰丝、扒驼掌等。省会银川还推出了具有浓郁塞上风味特色的驼掌席，所有菜肴皆以宁夏的特产驼掌、驼峰、发菜、牛羊肉等为主要原料制成。其主要菜肴有："1. 主碟：瀚海驼铃。2. 围碟：炸发菜卷、熏鲤鱼片、麻辣油鸡、水晶鸽蛋。3. 正菜：百花驼掌（带五彩鱼丝、鸡茸蹄筋），金钱发菜（带荷叶鸡松），糖醋鲤鱼（带炒驼峰丝），凤凰暖雏（带熘鱿鱼卷），金钩牛脯（带雪花鸡片、葱炮羊肉），干贝发菜（带馓子、油果）。"④

（三）饮食风俗

生活在宁夏的汉、回、蒙古各族人民在饮食风俗上互相影响，

---

① 民国三十六年《宁夏纪要》，丁世良、赵放主编：《中国地方志民俗资料汇编·西北卷》，书目文献出版社 1989 年版，第 241 页。

② 薛麦喜主编：《黄河文化丛书·民食卷》，山西人民出版社 2001 年版，第 68~69 页。

③ 民国三十六年《宁夏纪要》，丁世良、赵放主编：《中国地方志民俗资料汇编·西北卷》，书目文献出版社 1989 年版，第 241 页。

④ 薛麦喜主编：《黄河文化丛书·民食卷》，山西人民出版社 2001 年版，第 103 页。

但又保持着相对独立的特色。

1. 汉族饮食风俗

在饮食口味上，宁夏汉族尚辣，夏天多喜食咸辣，冬天多喜食酸辣。酸辣的浆水面，在汉族人群中也非常受欢迎。普通人家"每日二餐或三餐，早在九时或十时，晚在四时或五时，农人有一日四餐者。春夏多吃面，喜凉食；秋冬多吃米，喜热品。冬季各家室内炕中，常日夜生火取暖，用饭时即除履登炕，就炕中小几家人围坐共食，其乐融融"①。受回族禁食猪肉习俗的影响，宁夏汉族也很少食用猪肉。

由于宁夏的冬季寒冷，时间较长，"且出产有名的'黄酒'，寒夜客来，烹羔煮酒，围炉共话，亦民间乐事，故一般人民多嗜酒，解曰取暖。以是街头巷尾，可时闻猜拳声，或嗅到酒味香，自餐馆或住户内发出，尤以年节时为最"②。

除尚酒外，宁夏汉族还很尚茶。如民间举行婚礼，"婚期既定，男家必备礼盒、酒果，倩宾送期于女家，曰'通信'，盖古请期之遗。既复，择日为茶饼，具羊酒，并衣物、首饰送女家，曰'下茶'，亦纳征之遗意也"③。除夕夜"守岁"时，"闺中以枣、柿、芝麻及杂果堆满盏，着茶叶奉翁姑及尊客，曰'稠茶'"。这种"稠茶"习俗相传始于明王府。在有女客参加的筵席上，人们尤其重视"稠茶"。在新妇拜见舅姑时，"稠茶"更是一道不可缺少的程序，"多者至百余盏。计其费，一盏数十钱"④。

宁夏汉族饮食尚礼，在家宴客时，一般用方桌或炕桌，客人按辈分和年龄依次上座。每桌六人，迎门为上首，坐二人，左右各坐

---

① 民国三十六年《宁夏纪要》，丁世良、赵放主编：《中国地方志民俗资料汇编·西北卷》，书目文献出版社1989年版，第241页。

② 民国三十六年《宁夏纪要》，丁世良、赵放主编：《中国地方志民俗资料汇编·西北卷》，书目文献出版社1989年版，第242页。

③ 嘉庆三年《宁夏府志》，丁世良、赵放主编：《中国地方志民俗资料汇编·西北卷》，书目文献出版社1989年版，第232页。

④ 嘉庆三年《宁夏府志》，丁世良、赵放主编：《中国地方志民俗资料汇编·西北卷》，书目文献出版社1989年版，第233页。

二人，下首空着，专为上菜送饭、斟酒的人留着①。在丧葬食俗中，这种重礼的倾向尤其突出，据嘉庆三年（1798年）《宁夏府志》载："将葬，先期讣亲友。前一日，各以酒盒奠仪往祭，丧家备酒食相酬，多者至数百人。赙奠之仪，恒不足为肴核费。每进食饮，孝子必出稽颡谢，礼尤烦琐，羸弱者至惫不能支。"②

2. 回族饮食风俗

除禁食猪肉外，宁夏回族在主食、菜肴上与汉族大致相同。与汉族一样，宁夏回族在饮食上也十分尚礼。在回族筵席上，坐席严格按辈分、年龄依次就座。吃饭时，必须让长辈客人"请口道"，礼示众人动手后，众人方可动筷。婚宴中，有的还要请灵巧的妇女唱《谢厨子》之类的道谢歌，感谢厨师热情帮忙，并要送礼品③。

在丧葬食俗上，"孝子朝夕省墓，三年不宴客"④。这种习俗明显受到汉族传统丧礼的影响。在婚丧食俗上，宁夏回族还保持着诸多饮食美俗。如民国年间朔方回族举行丧葬时，"三日不宴客，不治馔。亲知僚友馈食于其家"⑤。"丧家不宴客"可使丧家专心筹办丧事；"亲知僚友馈食"则又体现了团结互助的传统美德。又如隆德县回族婚礼，"亲邻来吃筵席，油香并分送戚党"；丧礼"饮食毕，每人送油香一饼、牛肉一块"⑥。主人给参加筵席的客人们分发油香等食物，让其带回与未参加筵席的家人们一道分享，充分体现了回族重视家庭和睦的理念。

① 薛麦喜主编：《黄河文化丛书·民食卷》，山西人民出版社2001年版，第126~127页。

② 嘉庆三年《宁夏府志》，丁世良、赵放主编：《中国地方志民俗资料汇编·西北卷》，书目文献出版社1989年版，第232页。

③ 薛麦喜主编：《黄河文化丛书·民食卷》，山西人民出版社2001年版，第127页。

④ 民国三十六年《宁夏纪要》，丁世良、赵放主编：《中国地方志民俗资料汇编·西北卷》，书目文献出版社1989年版，第239页。

⑤ 民国十六年《朔方道志》，丁世良、赵放主编：《中国地方志民俗资料汇编·西北卷》，书目文献出版社1989年版，第235页。

⑥ 1956年甘肃图书馆油印本《隆德县志》，丁世良、赵放主编：《中国地方志民俗资料汇编·西北卷》，书目文献出版社1989年版，第256页。

与汉族尚酒不同，宁夏回族完全禁酒，"招待来宾，不设酒醴"①，"即宴请非回教客人，设酒亦仅为礼仪上形式，主人不以入口。"② 回族民众还对一些饮食恶习自觉加以排斥，如晚清民国年间，鸦片之祸，流毒宁夏，"然吸食鸦片者，尽为汉人，回民可谓绝无"③。

3. 蒙古族饮食风俗

宁夏蒙古族的饮食方式与汉回两族差异较大，"蒙人饮食之品，为牛、羊、驼、马肉，与奶茶、砖茶、炒米、糖、酒等物。鱼禽之肉，认为腥酸不食。晨起，饮奶茶和炒面；晚多肉食，食量颇大，一餐需肉十斤，多者能食一全羊，偶或绝食三五日，不见饥色。食不用箸，以左手持肉，右手刀切而已。砖茶一项，无间贫富，均嗜之若命，每饮辄十数碗。每人皆有自用之木碗，恒藏于怀中"④。在过去，宁夏蒙古族普遍有吸食鼻烟的嗜好，"蒙人怀中恒藏鼻烟壶，彼此相见，必互供鼻烟以为礼"⑤。

与其他地方的蒙古族相同，宁夏蒙古族也以好客闻名，"至两蒙旗地方，蒙人之对行人前往投宿，不论其为何人，均欣然延纳，并优款以饮食，必令饱暖信宿而后已。是以蒙地冬日，虽在冰天雪地，寒风砭骨之气候下，而鲜有因冻并死于道途中者，全赖有此良好的习俗"⑥。

---

① 1956 年甘肃图书馆油印本《隆德县志》，丁世良、赵放主编：《中国地方志民俗资料汇编·西北卷》，书目文献出版社 1989 年版，第 256 页。

② 民国三十六年《宁夏纪要》，丁世良、赵放主编：《中国地方志民俗资料汇编·西北卷》，书目文献出版社 1989 年版，第 242 页。

③ 民国三十六年《宁夏纪要》，丁世良、赵放主编：《中国地方志民俗资料汇编·西北卷》，书目文献出版社 1989 年版，第 246 页。

④ 民国三十六年《宁夏纪要》，丁世良、赵放主编：《中国地方志民俗资料汇编·西北卷》，书目文献出版社 1989 年版，第 242 页。

⑤ 民国三十六年《宁夏纪要》，丁世良、赵放主编：《中国地方志民俗资料汇编·西北卷》，书目文献出版社 1989 年版，第 240 页。

⑥ 民国三十六年《宁夏纪要》，丁世良、赵放主编：《中国地方志民俗资料汇编·西北卷》，书目文献出版社 1989 年版，第 243 页。

第二节 黄河中游的饮食文化

内蒙古河套以下，河南孟津以上，为黄河中游。本节主要介绍内蒙古、陕西、山西三省的饮食文化。

一、内蒙古饮食文化

(一) 食物原料

内蒙古幅员辽阔，牧业发达，在辽阔的内蒙古草原上牧养着大量的羊、牛、马和骆驼。在靠近内地的半农半牧区，人们也饲养鸡、猪等。民国五年（1916 年）的《内蒙古纪要》在记述内蒙古人民所食肉类时称："鸟兽肉：主用牛、马、羊、鸡、豚，与他之鹿、兔、野羊，山雉及野鸟之类。牛，非富者大宴会时，屠宰者甚稀，平常不过食已毙之牛、马而已。羊肉，各地通用，为数极巨。鸡、豚则只开垦地方用之。野兽之肉，以兔为最，鹿、狼、野羊仅用于狩猎地方。"① 今天，在内蒙古人们食用量最大的肉类仍是羊肉，产于锡林郭勒盟的大尾肥羊尤其受到人们的喜爱。人们食羊肉时，以 "胸尾为佳"②。与过去相比，人们已不再食用死牛马肉，也很少食用各种野味了。受民间信仰的影响，蒙古人普遍 "禁食鱼、鸟之肉与酸辛之味"③，"见人食且作恶欲呕"④。

乳奶在内蒙古人民的生活中居重要地位，其奶制品众多，除鲜乳外，还有酸酪、酪蛋子、奶皮子、奶豆腐、酥油、乳酒等。《内蒙古纪要》称："蒙人巧用牛乳……但于取得生乳之后，必将乳入

---

① 民国五年《内蒙古纪要》，丁世良、赵放：《中国地方志民俗资料汇编·华北卷》，北京图书馆出版社 1989 年版，第 732 页。

② 光绪三十三年《蒙古志》，丁世良、赵放：《中国地方志民俗资料汇编·华北卷》，北京图书馆出版社 1989 年版，第 726 页。

③ 民国二十六年《蒙旗概观》，丁世良、赵放：《中国地方志民俗资料汇编·华北卷》，北京图书馆出版社 1989 年版，第 728 页。

④ 光绪三十三年《蒙古志》，丁世良、赵放：《中国地方志民俗资料汇编·华北卷》，北京图书馆出版社 1989 年版，第 726 页。

锅，暂为煎煮，以二、三次为度，使成熟乳，以免饮之下痢。惟于煎时凝集之脂肪分另行存贮，称'奶皮子'。其一部则混茶食之，或仍以款客。特奶皮子视为牛乳中之最贵者，以为乳精。他之大部分，用制牛酪，色清澈，类似无色酒精或清水……余以乳汁强煎，去其水分，置诸箱中，曝以日光，如冻豆腐形，是为'奶豆腐'，恒备之以御冬。又或为发酵之用，恰如制造烧酒，是名'乳酒'。大兴安岭之西部，或使用羊乳，有臭气，稍带色，与牛乳同一需要。"①

除了食用各种肉乳外，粮食在蒙古人民生活中也占有一定的地位。"杂谷以黍为主，小麦粉亚之。又有少数地方，略同于移住民之用高粱、粟者……杂粟产自东南部各地，西北地方惟黍不产（黍又称硬米），其产于东南部者，耕作无法，殆同野生之草也。"② 今天，内蒙古地区种植的农作物，除了冬、春小麦外，播种面积较广、产量较大、适应性强的农作物，还有荞麦、莜麦、玉米和高粱等。

内蒙古盛产口蘑、发菜、黑木耳，清水河县的小瓜小果、卓资县的山药、河套地区的小茴香等也闻名于世。但牧区民众食用瓜果蔬菜的量普遍较少。民国五年（1916 年）的《内蒙古纪要》称："野（蔬）菜，如白菜、葱、胡瓜等，仅用于开拓地方，若乌珠穆沁迤而西北，野（蔬）菜绝无，只生野韭，食之者鲜。"③ 民国二十六年（1937 年）的《蒙旗概观》亦称，菜蔬"在未垦牧之地，殊少见用"④。今天，内蒙古人民的瓜果蔬菜食用量已经有所增加。

---

① 民国五年《内蒙古纪要》，丁世良、赵放：《中国地方志民俗资料汇编·华北卷》，书目文献出版社 1989 年版，第 732 页。

② 民国五年《内蒙古纪要》，丁世良、赵放：《中国地方志民俗资料汇编·华北卷》，书目文献出版社 1989 年版，第 733 页。

③ 民国五年《内蒙古纪要》，丁世良、赵放：《中国地方志民俗资料汇编·华北卷》，书目文献出版社 1989 年版，第 733 页。

④ 民国二十六年《蒙旗概观》，丁世良、赵放：《中国地方志民俗资料汇编·华北卷》，书目文献出版社 1989 年版，第 728 页。

（二）食物烹饪

1. 主食烹饪

过去蒙古百姓的主食烹饪较为简单，多为炒米、炒面。炒米是将糜米干炒后贮入容器内，吃时放入奶茶中或拌入白油。与此相似的还有炒莜面、炒燕麦碎粒的"新特勒"，也是将燕麦脱壳成米，炒熟后压成细面粉，食用时拌入牛奶、黄油、白糖等。受陕晋等周边汉族人的影响，蒙古人也烹饪其他米面主食，如用黄豆或白黑豆制成的"钱钱饭"，用高粱面制成的"搓鱼鱼"，用大米、糜米、黄米制成的焖饭等。其中，"用糜米、黄米、谷米、二米（大米掺小米）制的粥饭，如果熬煮时，放入山药蛋，可做成带蛋焖饭、带蛋粥。粥里还可加入窝瓜、西葫芦等瓜片，或在粥里撒上白糖，或在焖饭中加入牛奶，再调以胡麻盐、辣酱或菜等就食，各具一番风味。如果用酸米来做焖饭和粥等，则变成了有名的土默川酸饭。还有直接用牛奶和杂粮拌掺成的饭菜，比如内蒙东部地区人喜将燕麦去壳后，加水熬粥。这时，有的人用去壳的荞麦做成荞麦米粥，还有用稷米煮熟后都要加入牛奶的"牛奶粥"、"牛奶干饭"等，不仅是当地老人最喜爱的食物，同时也是乡间的名食"①。

2. 菜肴烹饪

蒙古人擅烹羊肉，其烹调方法有烧烤、清煮、炖、涮、汆等。内蒙古的"全羊席"，在巧妙的厨师手中，就可以用一只羊烹制出味各不同的菜肴几十种，乃至上百种，堪称调味艺术的上乘之作。比较有名的羊肉菜肴有煮全羊、烤全羊、手把羊肉、炸羊尾等。其中，煮全羊选用当年生的小口绵羊羔，经宰杀、剥皮、去内脏后，将带骨整羊肉按要求分头部、颈脊椎、带左右三个肋条和连着肥羊尾的羊背、四肢整腿共割成七大块，不加盐和调料在大锅内原汁煮熟。捞出后装入长方形的大盘内，在盘中的最下方摆好前后四肢整羊腿，上面放上一大块颈脊椎，再上面放上左右肋条、连着尾巴的

———————

① 薛麦喜主编：《黄河文化丛书·民食卷》，山西人民出版社 2001 年版，第 203~204 页。

羊背，最上面摆羊肉，将七大块肉拼成整羊状①。烤全羊又称烧全羊，是在元代"柳蒸羊"的基础上发展而来的。手把羊肉，其烹制用体壮膘肥的小啮羯羊宰杀去皮、头、蹄、肉脏，把羊肉分成几大块，把水烧开后放入肉，煮得不要过老，用刀割开，肉里微有血丝即捞出装盘，牧民随身都带有餐刀，大家围坐，用刀割肉吃，不用调料。煮出来的肉鲜嫩肥美②。

在蒙古，仅次于羊肉的是牛肉。内蒙古著名的手把肉，亦可用牛肉烹制，内蒙比较有名的牛肉菜肴还有盐水牛肉等。内蒙古亦产骆驼，驼峰向来被列为"上八珍"原料之一，其糖醋驼峰是内蒙古民间流传的名贵菜肴，其营养丰富，有大补强身作用。烹饪时，将熟驼峰切片，挂蛋清糊，入油炸至金黄色，锅内留油少许，加入葱、姜、蒜，爆锅后加糖、醋、酱油、水，开后勾芡浇在炸好的驼峰上即成。此菜色泽金黄，芡汁明亮，酥香不腻③。

蒙古的乳奶制品众多，除用于主食外，也用于菜肴烹饪。如以奶豆腐为主要原料制成的拔丝奶豆腐，是吸取了汉族的拔丝烹调方法制作而成的。制作时将奶豆腐切成条，挂糊入油锅中炸至金黄色捞出，炒锅内炒糖成糖浆时放入炸过的奶豆腐翻拌均匀，盛在抹了油的盘内即成。趁热食用，金丝缕缕颇有情趣④。

内蒙古盛产口蘑和发菜，以其为原料的著名蒙古菜肴有烧口蘑发菜球。此菜烹饪时，将发菜作成球状，放在汤盘中加鸡汤、盐等上笼蒸制入味。取出放入另一汤盘中，另起锅加油、葱、姜、蒜，炝锅后加入口蘑片煸，放入料酒、酱油、鸡汤、盐，烧至入味，勾

---

①　薛麦喜主编：《黄河文化丛书·民食卷》，山西人民出版社 2001 年版，第 106~107 页。

②　薛麦喜主编：《黄河文化丛书·民食卷》，山西人民出版社 2001 年版，第 68 页。

③　薛麦喜主编：《黄河文化丛书·民食卷》，山西人民出版社 2001 年版，第 64~64 页。

④　薛麦喜主编：《黄河文化丛书·民食卷》，山西人民出版社 2001 年版，第 68 页。

芡淋猪油后浇在发菜上即成①。

（三）饮食风俗

1. 嗜饮奶茶

蒙古人民嗜饮奶茶，蒙古地方志中多有类似的记载，如光绪三十三年（1907年）的《蒙古志》载：蒙古人"饮喜砖茶……砖茶珍如货币，贫富皆饮之，二三日不得，辄叹己福薄。切为片，碎末投于沸汤，调之乳盐，而后饮之，若和黄油，味更美。客至饷之，为异常优待，一饮尽数大碗，或数十大碗"②。民国二十五年的《绥蒙辑要》记载："茶，蒙古人甚嗜之，用必多量，如汉人吃饱饭而方止。其用法则与汉人全异，茶之中混以牛、羊乳与少量之盐，名为'奶子茶'。"③ 民国二十六年（1937年）的《蒙旗概观》称："蒙人以乳茶为普通饮料……至于砖茶一项，无论男女老幼，咸酷嗜如命；在茶之中，恒和以牛乳及少许咸盐，名曰'奶子茶'。"④ 蒙古人民所饮的砖茶，因叶质粗老，故需在锅里充分煎煮才能使茶汁充分浸出。

由于砖茶的消费量较大，1949年以前砖茶还可代替货币。当时内蒙古出售羊肉的价格是，胸脯及两前腿值砖茶2~3块；两后腿值4~6块。活牛羊交易，则羊1头值砖茶10~16块，牛1头值30~50块。每箱24块砖茶，约值银19两2钱⑤。买不起砖茶的蒙古贫民，"辄以丹噶尔茶代之。丹噶尔茶者，野草所制，产甘肃西宁府丹噶尔厅，故名。其日用饮食之物，凡彼地所不产者，率赴丹

---

① 薛麦喜主编：《黄河文化丛书·民食卷》，山西人民出版社2001年版，第64~65页。

② 光绪三十三年《蒙古志》，丁世良、赵放：《中国地方志民俗资料汇编·华北卷》，书目文献出版社1989年版，第726页。

③ 民国二十五年《绥蒙辑要》，丁世良、赵放：《中国地方志民俗资料汇编·华北卷》，书目文献出版社1989年版，第740页。

④ 民国二十六年《蒙旗概观》，丁世良、赵放：《中国地方志民俗资料汇编·华北卷》，书目文献出版社1989年版，第728页。

⑤ 薛麦喜主编：《黄河文化丛书·民食卷》，山西人民出版社2001年版，第280页。

噶尔，以家畜皮毛等物易之。"①

尽管砖茶来之不易，但蒙民并不因此而吝啬。自饮，淋漓而酣畅；待客，慷慨而大方。一般的蒙民，每日早起就煮好一壶奶茶，放在微火上，以便随时取饮，每人盛一碗热奶茶，一边喝茶，一边吃炒米和酪蛋子，直至吃饱为止。有的则把炒米、酪蛋子和酥油泡在茶汁内，连带炒米一齐吃，这是最好的早餐。除正餐外，如从外面放牧归来，也要增加一次奶茶。如果晚餐吃了牛羊肉，要喝完茶才能睡觉。一般人每天至少饮茶二至三次，多到五六次。年轻人大多饮淡茶，老年人爱饮浓茶。在蒙民的日常生活中，茶不仅是必需品，更是交往待客的上品。客人中既有盛情邀请来的，也有不请自来的，两者都少不了以敬奉奶茶开始的款待②。

由于茶在蒙古族生活中的特殊地位，蒙古族妇女个个都是煮茶能手。姑娘们还未出嫁之前，母亲就悉心地向她们传授煮茶技艺。姑娘结婚时，一到男子家，拜过天地，见过婆婆，在众目睽睽之下，婆婆便要她试一试煮茶的本领，让众人品饮，以显示自家媳妇出手不凡。要不然，就会被认为是娘家缺少家教，媳妇不会理家③。

2. 喜烟好酒

蒙古人民多嗜吸烟草，在蒙古男人的袍带上多携带有烟具，"带之前面，挂鼻烟壶袋，左挂烟荷包，右挂刀箸，后则挂燧石。其烟袋插入长靴靿中，或插左腰为常"④。年轻的蒙古女子往往制作精美的烟荷包和鼻烟壶袋赠送给情郎。在蒙古，吸烟之风并不局

---

① 光绪三十三年《蒙古志》，丁世良、赵放：《中国地方志民俗资料汇编·华北卷》，书目文献出版社 1989 年版，第 726 页。

② 薛麦喜主编：《黄河文化丛书·民食卷》，山西人民出版社 2001 年版，第 271 页。

③ 薛麦喜主编：《黄河文化丛书·民食卷》，山西人民出版社 2001 年版，第 272 页。

④ 民国二十五年《绥蒙辑要》，丁世良、赵放：《中国地方志民俗资料汇编·华北卷》，书目文献出版社 1989 年版，第 738 页。

限于男子，"特异者，妇人女子大半多携旱烟管，亦习俗之一端也"①。烟草在蒙古日常生活中居重要地位，是人们待客表达礼敬的重要媒介。传统上是先呈鼻烟，后进旱烟，其进烟的礼节为：客人进门就座后，"出鼻烟壶，下左肩而献之主人，主人亦出烟壶荐客，互相嗅之，如以套语寒暄。……嗅鼻烟毕，客乃更出鼻烟，对主人之妻子、兄弟，逐一同样相敬。如座有先来之客，无论熟识与否，亦如法应酬。然后，徐徐谈笑，客若曰'台木克塔塔'，即请吸烟也，出其右手，主人付以烟袋，客即将自己之烟装入，点火下肩而献之主人；主人亦同取客之烟袋，以自己之烟，点火而送于客，又向同室内者，逐一行之……惟茶与烟，在谈话之中不断用之。"② 在路上相遇时，人们也互相敬烟，光绪三十三年（1907年）的《蒙古志》载：蒙人"遇人于途，各出鼻烟相饷为礼"③。民国五年（1916年）的《内蒙古纪要》载：蒙人"无急事时，例须交敬旱烟"④。

以前蒙古人所饮之酒多为自酿的乳酒（又称奶酒、奶子酒），其酒无色透明，无臭无味，宛同清水。酿造乳酒时，"于夏季收集牛奶，置缸中，以棍搅之使酸，置蒸溜器中，蒸取其气即成（法同内地蒸高粱然）。"普通百姓酿造的乳酒质量一般较差，"味酸劣，几难入口，亦无酒味"⑤。乳酒的酒精含量虽然不太高，但蒙古人的饮酒量颇大，所以乳酒亦能醉人。蒙古人虽然善饮，但平常却很少饮酒，饮酒多于婚娶、丧葬之时，如蒙古人举行婚礼时，

　　① 民国五年《内蒙古纪要》，丁世良、赵放：《中国地方志民俗资料汇编·华北卷》，书目文献出版社1989年版，第731页。
　　② 民国二十五年《绥蒙辑要》，丁世良、赵放：《中国地方志民俗资料汇编·华北卷》，书目文献出版社1989年版，第737~738页。
　　③ 光绪三十三年《蒙古志》，丁世良、赵放：《中国地方志民俗资料汇编·华北卷》，书目文献出版社1989年版，第725页。
　　④ 民国五年《内蒙古纪要》，丁世良、赵放：《中国地方志民俗资料汇编·华北卷》，书目文献出版社1989年版，第730页。
　　⑤ （清）徐珂编撰：《清稗类钞》第十三册《饮食类》，中华书局1986年版，第6248页。

"饮酒至大醉方止，不醉为不诚"①。和大多数民族一样，蒙古人平时也用酒招待客人。在蒙古宴席上，主人必请客人坐在左方，不论地位高低，主人先尝酒和乳酪等食品来侍奉客人。而客人则以一手执杯，请主人先饮一口，这种饮食礼节一直流传至今②。今天，蒙古族人也大量饮用白酒，在请客人饮酒之前，人们还常唱各种祝酒歌。

3. 食无定时

任何民族的生活都和生产紧密联系，蒙古人的饮食生活与其游牧生产联系得尤为密切，他们"早晨但食炒米、饮茶；饭后则出外牧放牲畜，春、秋、冬三季，至晚方归，夏日于上午还家少息，亦仅食炒米、饮茶以果腹；至晚归家，富者食面，贫者亦仍食炒米、喝茶而已"③。但这种一日两餐或三餐的餐制，远没有中原内地那么明晰。更准确地讲，蒙古人食无定时，"有即食，或以事冗，数日不食，亦无饥色"④。

在较长时间未进食的情况下，一位蒙古人可吃下数人之食，故蒙古人给外族人的印象是饭量较大，"蒙人通常之食量颇巨，每次饮茶十数碗，餐肉十数斤，饥甚频有食全羊之事"⑤。蒙古人的这种不餐则已、餐则鲸吞的饮食习俗是与蒙古游牧生活的不确定性相适应的。所谓"饥甚则食香"，蒙古人的"食事无定"，又使其不

① 民国二十五年《绥蒙辑要》，丁世良、赵放：《中国地方志民俗资料汇编·华北卷》，书目文献出版社1989年版，第735页。
② 薛麦喜主编：《黄河文化丛书·民食卷》，山西人民出版社2001年版，第177页。
③ 民国二十三年《绥远省分县调查概要·包头县》，丁世良、赵放：《中国地方志民俗资料汇编·华北卷》，北京图书馆出版社1989年版，第746页。
④ 光绪三十三年的《蒙古志》，丁世良、赵放：《中国地方志民俗资料汇编·华北卷》，书目文献出版社1989年版，第726页。
⑤ 民国二十六年的《蒙旗概观》，丁世良、赵放：《中国地方志民俗资料汇编·华北卷》，书目文献出版社1989年版，第728页。

挑剔食物，"纵极粗恶，亦甚甘之，偶得美味，宜其大嚼无厌也"①。

食无定时也使草原人民养成了热情好客的习俗，每逢"客至必善遇之，不问知与不知，供以烟茶，谈话殷勤，如逢旧雨"②。蒙古人的好客当然也与其居住的地理环境密切相关，因为辽阔的蒙古草原人烟相对稀少，在无现代交通工具的情况下，过境的旅客无法保证食宿。为避免抛尸草原，人们普遍将为旅客提供食宿视为自己应有的责任，"倘有旅客投宿，则无限之亲切待遇，让旅客坐于佛坛旁之上座，主妇捧茶，主人献烟，次日他去，复赠一日之粮，概不受分文之报酬。此种诚挚亲切之态度，实为欧亚文明国之所难能也"③。

二、陕西饮食文化

（一）饮食原料

陕西物产丰富，就粮食作物而言，中部的关中平原盛产小麦，陕北黄土高原盛产小米、荞麦等杂粮，陕南的汉中盛产大米、玉米。陕西优质的粮食名品有米脂的小米，汉中香稻，洋县的黑米、香米等。

陕西肉用的畜禽主要有猪、羊、牛和鸡，比较有名的品种有秦川牛④、关中驴、陕北佳米驴⑤、关中奶山羊、同山羊、陕南白山羊、略阳乌鸡、陕南画鸡、太白白鸡等。

陕西的蔬菜名品有宝鸡、西安等地的辣椒、关中的白皮大蒜、临潼的韭黄、大荔沙苑的黄花菜、商洛地区的蕨菜等。

---

① 民国五年《内蒙古纪要》，丁世良、赵放：《中国地方志民俗资料汇编·华北卷》，书目文献出版社1989年版，第733页。
② 光绪三十三年《蒙古志》，丁世良、赵放：《中国地方志民俗资料汇编·华北卷》，书目文献出版社1989年版，第725页。
③ 民国二十六年《蒙旗概观》，丁世良、赵放：《中国地方志民俗资料汇编·华北卷》，书目文献出版社1989年版，第728~729页。
④ 主要产于渭南、蒲城、临潼、乾县、扶风、岐山等县。
⑤ 主要产于佳县、米脂、绥德三县。

陕西的水果名品有陕北的苹果，华县的大接杏，临潼的石榴、火晶柿子等。陕南属亚热带湿润气候，还盛产茶叶，著名的紫阳毛尖就产在这里。

（二）食物烹饪

1. 主食烹饪

陕西人重主食，人们善烹各种米面食品。具体而言，在小麦主产区的关中地区，人们以制作各种面、馍、饼驰名。以省会西安为例，比较有名的面食有：畚畚面、浆水面、岐山臊子面、猴头面、猴耳朵面、油泼箸头面、牛羊肉泡馍、春发生葫芦头涮馍、羊肉小炒煮馍、王记粉汤羊血泡馍、白剂馍、罐罐馍、大肉饼、糖酥烧饼、油酥饼、红油饼、萝卜饼、大油旋、金线油塔、乾州锅盔、柿子面锅盔、荠菜春卷、柿子面糊拓、萝卜糊拓、蜜饯张口酥饺、德发长饺子、水晶菊花酥、素糊饽、疙瘩油茶、糖栲栳、小笼蒸饺、朱家包子、贾三灌汤包子、大麻子馄饨等。

莜面栲栳

在盛产小米、荞麦、莜麦等杂粮的陕北黄土高原，人们擅长制作小米干饭、油糕、饸饹、栲栳等杂粮食品。其中，油糕用粘性的糜子面包馅油炸而成，外皮酥松，内部甜糯。结婚喜庆时，陕北人常以炸油糕招待贺客。饸饹是陕北人居家待客和市面上常见的小吃，它用特制的饸饹床将荞麦面团压漏成细长的圆条，用开水煮成，筋道滑润，食用时可凉可热。凉食时，调入盐末、香醋、蒜汁、芝麻酱、油泼辣子等调料。热食时，则加工成炒饸饹、臊子饸饹等。栲栳用莜面蒸制而成，莜麦加工须经三熟：收获时要充分成熟，制粉前要充分炒熟，食用前要充分蒸熟，否则不易消化，会引起腹痛和腹泻。刚出笼的莜面"栲栳"犹如一个大蜂窝，一个个紧紧相连。吃莜面栲栳时，可浇上羊肉卤汁，配以姜、葱、蒜、酱油、醋等调料。

在盛产大米的汉中，人们擅长制作米面皮子、泡粑馍、菜豆腐等米制食品和杂粮食品。其中，米面皮子又称凉皮、面皮，是街头巷尾常见的小吃，系用米浆蒸后凉拌而成，既能做主食单吃，又能当菜肴佐餐侑酒。泡粑馍西乡人最擅长制作，用大米、黄豆磨浆加糖、碱蒸制而成，形如馒头，色白似雪，松软可口。菜豆腐则是用大米与嫩豆腐合煮而成，食用时撒上用开水焯过的应时蔬菜及咸菜，并淋上辣椒油，味道酸辣鲜香。

2. 菜肴烹饪

陕西菜又称秦菜，它由关中、陕北、汉中菜组成，长于蒸、炸、炒、烩、拌，味重咸鲜酸辣。名菜有葫芦鸡、莲蓬鸡、贵妃鸡翅、芥末肘子、带把肘子、同心生结脯、商芝肉、茄汁牛舌、红烧牛尾、炒羊羔肉、波斯羊腿、酸辣肚吊、温拌腰丝、三皮丝、金边白菜、奶汤锅子鱼、清蒸白鳝、白雪团鱼、木棉虾球、枸杞炖银耳、酿金钱发菜、骆驼羹等。

古都西安，历史名肴众多。如烤乳猪，源于西周八珍中的"炮豚"，外皮红润油亮、光泽夺目，吃起来酥脆甘香，鲜嫩不腻。张学良、杨虎城、于右任、周恩来、贺龙等都曾给以很高的评价。三皮丝则是一道普通的大众菜肴，它是用浅红的海蜇皮、黑色的乌鸡皮、白色的猪皮分别烹制，调以葱丝、精盐、香醋、芝麻酱、香油、白酱油，吃起来脆韧筋柔，清爽利口。

关中的蓝田是北方著名的烹饪之乡，西安的不少名厨均来自蓝田，蓝田厨师善于从历史中汲取烹饪营养，结合现代人们的需要，积极从事仿唐菜的开发。如"同心生结脯"，原出自唐代韦巨源《烧尾宴食单》。今天仿制的同心生结脯，选用鲜牛肉，腌制入味后，扭成麻花状，入油锅炸之，以卤汤烧烤，成熟后晾凉装盘，佐炒熟的甜面酱食用。

西安北部的三原，号称"陕西的苏州"，菜肴烹制精致如江南，著名菜肴有冰糖肘子、搅瓜鱼翅、白风肉、粉蒸肉、笼笼肉等。台湾著名美食家唐鲁孙称，三原天福园的冰糖肘子，其烂如泥，入口即化。明德楼的搅瓜鱼翅，"鱼翅"实际是搅瓜丝，把搅瓜擦成透明的细丝，素菜荤烧，再一勾芡，谁也不敢说不是鱼翅。宾和园的白风肉，用花椒、盐水焖烂，很像镇江的肴肉，拿来夹马蹄饼吃，肥而不腻，颇可解馋①。

陕北的黄土高原，人们以烹制羊肉最为拿手。精细的如陕北榆林的清蒸羊肉，先将羊肉煮至半熟，再放入蒸笼中蒸至烂熟，达到入口即化的程度。粗放的如路遥《平凡的世界》中黄原地委书记田福军招待副总理所用的大块子煮羊肉，可以用手抓着吃②。

（三）饮食风俗

1. 喜食酸辣

陕西人在口味上普遍喜食酸辣，如岐山臊子面的标准为"韧柔光，酸辣汪，煎稀香"，其中的"酸辣汪"体现了岐山臊子面在味道上的特色。又如汉中梆梆面，面汤中要下入辣椒油和陈醋，使其酸辣醇香。而汉中的米面皮子和西安的绿豆粉皮，配料中也都少不了辣椒油和香醋，味道咸鲜酸辣，食之开胃提神。

同样是喜食酸，陕西与邻省的山西却大不相同，山西人喜食老陈醋，陕西人却更喜欢食用酸浆。酸浆是一种发酵的稀面汤，它比陈醋清淡爽滑，是制作"浆水面"的主要原料。在关中地区，每至盛夏，几乎家家户户都制作酸浆，吃浆水面。城镇的大街小巷，售卖浆水面的生意也格外红火。

陕西南临不怕辣的四川、重庆，人们普遍嗜辣。中原民间有称辣椒为"秦椒"者，这从一个侧面说明了秦人（陕西人）嗜食辣椒的传统。辣椒（陕西人多称为"辣子"）在广大北方多作为调

---

① 唐鲁孙：《唐鲁孙谈吃》，广西师范大学出版 2005 年版，第 48 页。

② 路遥：《平凡的世界》（下），人民文学出版社 2006 年版，第 216 页。

味品来使用，但"关中八大怪，油泼辣子是道菜"，说明了辣子在陕西是可以当作菜肴来食用的。

辣子在陕西的吃法很多，有干调辣面子、醋合辣子、酱合辣子、浆水合辣子、油泼辣子等。其中，以油泼辣子最受人们欢迎。"用油泼辣子调制的辣油肉汤，可泡馍，可调面，可配多种面食，是一种多用的汤味食品。"① 以流行于户县、周至一带的"辣子疙瘩"为例，它是以油泼辣子配肉臊子、香菇等煮疙瘩（面片包馅）而成，味道酸辣。人们食用辣子疙瘩时，往往还要配上大蒜，食客多吃得满头大汗。

2. 饭菜合一

陕西人的日常饮食，主食和菜肴的界限并不十分清晰，往往是饭菜合而为一的。牛羊肉泡馍可谓是这方面的典型名食。泡馍选用烘烤好的饦饦馍饼，食用时，将馍饼掰成玉米粒大小的碎块，浇上煮有肉块的牛羊肉汤。吃牛羊肉泡馍有"水围城"（多汤）、"干泡"（尢汤）、"一口汤"（少汤）、"单走"（将肉烩成汤，汤中不泡馍，就汤吃馍）等花样。在吃法上，还讲究沿碗边一点点地"蚕食"，不能用筷子满碗搅动，否则鲜味难以保持不变。与牛羊肉泡馍相类似的还有葫芦头渀馍，二者的区别是前者用的是牛羊肉，后者用的是猪大肠头。

臊子面、臊子饸饹、臊子馄饨等臊子类食物也是饭菜合一的典型。所谓的"臊子"是一种煎熟的带汤碎肉菜，分猪肉、羊肉两种②。以岐山臊子面为例，做臊子是用薄猪肉片，入热油锅内煎炒，同时加入生姜、食盐、辣椒粉、陈醋。将豆腐、黄花菜、木耳炒好做为底菜，鸡蛋摊成蛋皮，切成菱形小片，加蒜苗段做漂菜。吃时先将又薄又细的手擀面条煮熟，捞入大海碗内，打入底菜，再浇汤，放臊子和漂菜。这样一碗臊子面，既有面条，又有肉蛋，还

---

① 李正权主编：《中国米面食品大典》，青岛出版社 1997 年版，第 87 页。

② 薛麦喜主编：《黄河文化丛书·民食卷》，山西人民出版社 2001 年版，第 201 页。

有豆腐、黄花菜、木耳、蒜苗等，可谓主食、副食合一。陕西人吃臊子面时，往往只吃面而不喝汤。

陕西的不少饼食，亦体现饭菜合一的特色。如肉夹馍、萝卜饼等。肉夹馍所用的馍为白剂馍，它实际上是一种两面鼓起的烙饼。白剂馍皮薄略脆，内心松软，虽然也可以单吃，但更多的是夹入腊炙肉食用。馍肉相配，有主食亦有副食，两三个肉夹馍即是一顿完整的饭食。萝卜饼系以酥皮面皮卷包萝卜丝火腿馅烤制而成，它融面粉、蔬菜、肉食于一体，荤素相间，可谓亦饭亦菜。

3. 注重礼俗

传统筵席最能体现陕西人对饮食礼俗的重视。"陕南筵席，年长者要坐上座，第一杯酒先敬长者。全鸡菜或全鱼菜上桌，亦必须由长者先动筷子。鱼头、鸡头必须让长者享用，而鸡翅、鸡爪却要让给年龄最小的人吃。据说有'愿青年人勤奋，飞黄腾达'之意。吃菜时要在离自己近的盘碟中夹菜。陕北高原婚宴中一席为首席，首席的上席是介绍人和男女外家的坐席，首席坐不下，再安排次席。一般每席八人，有三个上座，左上右次。"①

在婚庆食俗方面，农村和城市颇不相同。在农村，尚保留着较多的传统食俗。如定婚时，叔叔、婶子要请侄儿和未过门的侄媳妇吃一顿早饭。在婚礼的前一天晚上，新郎家要用荞麦面饸饹招待前来贺喜的亲朋。婚礼当天的"流水席"则要丰盛得多，以路遥《平凡的世界》中孙少安结婚时的"席面菜"为例，主菜是以肥肉为主的八个碗菜，主食是油糕和白面馍。婚宴的座次也格外讲究，"第一轮坐席的是少安的娘舅亲和村里的队干部。炕上同时开两桌。后炕头是亲戚，前炕头是社队干部"。婚宴持续的时间也很长，"这顿饭一直从中午吃到晚上"②。婚后数日，新娘家多设盛宴招待回门的新姑爷，台湾美食家唐鲁孙在民国二十一年（1932

①　薛麦喜主编：《黄河文化丛书·民食卷》，山西人民出版社2001年版，第126页。

②　路遥：《平凡的世界》（上），人民文学出版社2006年版，第267、268页。

年）曾赴三原巨绅党崇安接新姑爷回门的宴席，"席面上四海味、四冷荤、四干果，正当中放着径尺空盘子，入席之后，除了四干果之外，海味冷荤一起倒在大空盘子里拌搅享客。还有个名堂叫'十三花'"①。

在城市，婚宴多在酒店举行。以路遥《平凡的世界》中李向前、田润叶的婚宴为例，婚宴的地点在黄原县招待所的大餐厅里。在婚宴开始之前，"几十张大圆桌铺上了干净雪白的台布，每张圆桌上都摆满了瓜子、核桃、红枣、苹果、梨、纸烟和茶水。早到的客人已经十人一桌，围成一圈，吃水果，嗑瓜子，抽纸烟，喝茶水，拉闲话"。吉时一到，司仪宣布婚礼开始，等主婚人发表祝福词后，婚宴就开始了。"接着，餐厅里就响起了一阵乒乒乓乓的碰杯声和吆喝声，整个大厅顿时像一锅煮沸了的水一般开始喧腾了……"②

在丧吊食俗方面，在死者的灵案前，要摆上供果和猪肉。如果讲排场的话，甚至是"一头褪洗得白白胖胖的整猪"③。棺木之上，放上一只绑住爪子的活公鸡，此鸡民间称为"引魂鸡"。出殡时，由"阴阳先生"象征性地在鸡周围砍几刀，此鸡就归"阴阳先生"啦。入葬的前一天，丧家的亲戚、族人和所有被邀请的宾客，"从早到晚一直不断地轮流吃两顿非吃不可的饭。第一顿是饸饹油糕；第二顿是'八碗'和烧酒"④。第二天出殡以前，还要举行"游食上祭"仪式。由两个手脚麻利的村人，用三指托供果盘，穿行于男女孝子按辈数跪成的方阵中间。

三、山西饮食文化

（一）饮食原料

山西的平川河谷、大小盆地盛产小麦、玉米，广大山地丘陵则

---

① 唐鲁孙：《唐鲁孙谈吃》，广西师范大学出版社2005年版，第48页。
② 路遥：《平凡的世界》（上），人民文学出版社2006年版，第303、306页。
③ 路遥：《平凡的世界》（下），人民文学出版社2006年版，第173页。
④ 路遥：《平凡的世界》（下），人民文学出版社2006年版，第173页。

盛产马铃薯（土豆）、玉米、高粱、谷子、莜麦、荞麦、豆类等杂粮。比较有名的山西粮食作物有太原的晋祠大米、沁县的沁州黄小米、河津县的沙地花生等。

在蔬菜瓜果方面，山西名品众多，如高平的白萝卜、应县的紫皮大蒜、晋城的巴公大葱、大同的黄花菜、垣曲的猴头菇、平陆的百合、临猗的石榴、永济的蒲柿、运城的相枣、稷山的板枣、清徐的葡萄、榆次和太谷的西瓜等均质量上佳。

山西多山，易于牧羊，人们多有养羊食肉的传统。猪、牛、驴、鸡等家畜家禽，在山西也大量饲养，为人们提供了多样化的肉食来源。

（二）食物烹饪

1. 主食烹饪

山西的面食品种十分丰富，有"世界面食在中国，中国面食在山西"的美誉。在山西，面食甚至可以单独成宴，各种面点或筋韧，或柔软，吃法别致，风味各异，从头至尾，并不雷同。在山西民间，家庭主妇也多有"一年三百六十天，餐餐面饭不重样"的本领。山西面食尤以刀削面、刀拨面、拉面、拨鱼面等"四大名面"为代表。在地方名食方面，主要有运城"三倒手"硬面馍、闻喜煮饼、稷山麻花、孟封饼、太谷饼、太谷油面、忻州瓦酥等。

拨鱼

与其他省区相比，山西的主食取材范围较广。除小麦、大米外，小米、玉米、荞麦、莜麦、高粱、豆类等"杂粮"也大量作为主食原料。如小米，山西人除熬小米粥外，还将小米作成"捞饭"。山西有不少特色食品是用"杂粮"做成的。如晋中一带人们喜食的油糕，是以黍米面为皮，糖料或枣泥、豆沙为馅，经油炸制而成。油糕色泽金黄，外焦里嫩，绵软香甜，美味可口。

与其他省区不同，山西人还将马铃薯纳入主食原料的范畴。晋北和晋东、晋西山区是山西马铃薯的主产区，那里的人们常以马铃薯为主食。在现代文学史上，人们称以赵树理为代表的山西农村土生土长的作家为"山药蛋派"，也反映了过去山西百姓普遍以马铃薯为主食的传统。

2. 菜肴烹饪

山西菜又称晋菜，可分为晋中、晋南、晋北三大流派。晋中以太原菜为主，注重火候，选料精细，切配讲究，口味以咸味为主，酸甜为辅，技法上多用烧、熘、焖、爆、煨，菜肴具有酥烂、香嫩、重色、重味的特点，著名菜肴有"头脑"、平遥牛肉、六必斋酱肉等。晋南一派主要以运城、临汾、长治等地区的菜肴为主。运城、临汾等地区的菜品以海味为最，口味偏重清淡，多用熘、炒、烩等烹饪方法，著名的菜肴有蜜汁葫芦、阳城肉罐肉等。以长治为中心的上党菜多用烧、卤等，著名菜肴有腊驴肉、烧大葱、肚肺汤等。其中，腊驴肉是全国腊肉中的少有品种，成品色泽红润，香甜酥软而不腻。晋北的大同、忻州地区，历史上多为半农半牧地区，故烹饪方法上多用涮、炖、烤，著名菜肴有涮羊肉、定襄蒸肉等。

山西本地蔬菜种类不多，在制作菜肴方面，人们对有限的蔬菜品种进行了充分挖掘。如外地人常用作调料的大葱，山西晋城人改用为主料，烹饪出色艳味浓、香而不腻的名肴"烧大葱"。为了弥补菜肴的不足，山西人甚至还将一些主食原料加工成副食菜肴，其杰出的代表是平遥古城的"碗脱"。平遥碗脱是山西地区酒席宴上下酒必备的上等冷菜，其色白亮、质嫩。做法是取高粱或荞麦面，加熟油、少量盐水及大料粉，和成硬面，再加水调成软面糊，分放到直径为几厘米长的碟子内，用急火蒸至半熟，用筷子搅动，以防沉淀，蒸熟后冷却切片，佐以醋蒜食用。

山西的肉食主要取材于羊猪牛驴等家畜，尤其以羊肉最受人们

蒸"碗脱"

羊杂割

的欢迎，山西菜也以擅烹羊肉而闻名，如晋西北岢岚、神池、五寨
等地的炖羊肉，酥烂香浓，肥而不腻，是乡人冬天的佳肴。山西人
还善于利用各种羊杂碎制汤，山西人称之为羊杂割、羊杂烩、羊头
菜、羊汤等。不同地区的"羊杂割"，在制作方法上有所差异。在
晋北的大同一带，制作比较简单，将羊头、蹄、心、肝、胃、肠等
"羊杂碎"洗净煮熟，捞出晾凉后切成丝状或块状，吃时放入用开
水稀释的原汤中，用大锅煮沸，趁热随吃随舀，不拘形式。在晋中
的太原一带，以料全见长，熬煮时加葱、姜及小料。有的还加入了

香菜、粉条、豆腐等，别有一番风味。在晋南的曲沃，主要用羊内脏做成，讲究一水熬煮，原汤原汁，羊骨砸烂放入锅内熬煮，制作精细，对人体的五脏六腑有滋补作用。在晋东南的壶关一带，则有远近驰名的"壶头羊汤"，它以羊肉为原料，配以各种调味品，可用来泡吃各种馍、饼、面条等。除羊肉外，猪肉、牛肉、驴肉在山西也有大量的消费，比较著名的猪肉菜肴有太原"六味斋"的酱猪肘、定襄蒸肉，牛肉菜肴有平遥酱牛肉，驴肉菜肴则有长治的腊驴肉、酱驴肉等。

山西菜多以中药入膳。山西药用植物众多，上党人参、雁北黄芪均是全国闻名的中药材，以中药入膳在山西菜中较为突出，如太原的"头脑""沙棘菊花鱼""枸杞鸡仁""黄花炖羊肉""十全大补汤"等均是具有养生滋补作用的山西名菜。

（三）饮食习俗

1. 嗜食酸香

在饮食口味上，山西人多嗜酸成性。过去，外省区的人们多将山西人称为"老西"。"老西"之"西"，普通人多解释为"山西"之"西"，也有一些学者将之解释为"醯"的音转，醯即古代的醋，谓山西人喜吃老陈醋，故称为"老醯"。的确，醋是山西城乡日常生活必备的调料，除菜肴中要放醋外，吃各种面食时人们都把醋作为主要调料佐食，或用醋稀释的蒜泥佐食。"常在山西住，哪有不吃醋"这一俗语，反映了山西人嗜酸成性的特点。在路遥的长篇小说《平凡的世界》中，多次提到山西人爱吃醋，如"还叫人奇怪的是，少安为什么不娶一个本地女子，而跑到远路上找了一个爱吃老陈醋的山西人呢？"① "办事处主任武宏全知道苗书记是山西人，还给他准备了一瓶清徐出的特制山西老陈醋。"②

2. 喜喝汤饭

在山西居民的日常食谱中，汤饭的种类最多，吃法也最为讲究。低档的可满足人们的口腹之欲，中档的可款待宾客，高档的则

---

① 路遥：《平凡的世界》（上），人民文学出版社2006年版，第219页。
② 路遥：《平凡的世界》（中），人民文学出版社2006年版，第40页。

为高级筵席中的佳汤美羹。如晋中一带的三合面流尖、三合面抿蝌蚪、什锦空心拌汤等，都是比较讲究的汤饭。山西人喜喝汤饭的习惯由来已久。除晋南部分地方外，各地居民大多如此。长治一带居民邻里相见，开口先问"喝了没有？"山西民间还有"吃饭先喝汤，一辈子不受伤"的说法。吃干饭前先喝点汤饭，是许多农家的"饮食规范"。

山西人喜喝汤饭这一习惯是由多种原因造成的。首先，山西绝大部分地区长年干旱多风，普通百姓辛勤劳作，绝少有饮水啜茗的条件，全靠吃饭时的汤水一次补充。其次，山西的主食以馍、饼、面、糕等干食为主，需要流食汤饭配合食用。吃完干面条后喝点面汤是山西居民最突出的饮食习惯。"喝原锅汤，化原锅食"是许多农家代代相传的习俗。最后，山西饮食口味偏重，人们过去吃饭少有蔬菜，全凭盐、醋相佐，生理上需要大量水分，从而形成了喜汤食的习俗。

3. 生育食俗

在山西西部，流行让婴儿"尝五味"的风俗。人们让新生的婴儿舔食醋、盐、黄连、糖等味道强烈的食料①，希望孩子知道以后人生的道路曲曲折折，就像这些味道一样酸甜苦咸俱全。

小孩子生育时，人们多烹饪一些特色面食以示庆贺。以闻喜县为例，小孩子生下三日后，小孩子的姥姥就会送来一定数量的烙饼，一般而言，产妇的年龄是多大就送多少个烙饼。其他亲戚朋友前来道贺，带来的食品则是"火燫"。火燫用十分柔软的发面烤制而成，个子较大，单枚重达三四斤以上。主家则多以小米稀饭和饼招待前来贺喜的亲友。

在小孩子满月时，山西人要蒸"鼓鼓馍""枣长花馍"。在晋南河谷一带，婴儿满月时，姥姥家要蒸一种又圆又大、中间空心的称之为"囫囵"的礼馍。而在闻喜县，婴儿满月时，人们要制作一种称为"油饦"的特色食品。主家要举行"散油"活动，即以

---

① 薛麦喜主编：《黄河文化丛书·民食卷》，山西人民出版社2001年版，第169页。

所炸的油饦回赠亲友。回赠小孩子姥姥家的油饦数量最多，生了男孩子要送 99 个，女孩子则送 101 个。给其他亲友回赠的油饦数量，视其所送火爆的数量而定，接受亲友一枚火爆，要回赠 6 个油饦。

小孩子一周岁时，多举行"抓周"活动，以预测小孩子未来的志向爱好。亲友们要携带"骨嗟"前来道贺，平时人们所吃的"骨嗟"是一种用发面烤制的呈双条状的面食，但小孩子一周岁时所用的"骨嗟"是蒸制的，比平时所吃的"骨嗟"也要大很多，很像小孩子的两条腿。因此，当地民间认为，这是为小孩子安腿。①

4. 婚丧食俗

男女结婚时，除一般的筵席待客外，山西人还要蒸各种花馍。以闻喜县为例，"男子聘女，喜饼、布帛以外，必有花馍六十枚，俗名'花儿馍'。用重罗之面，浼亲邻巧妇制之。枚重不及斤，上饰面捏花鸟人物，竞奇斗异，白逾求白。女家回礼，有花馒头十余枚，枚重二、三斤，亦饰以花，间有无花者。俗以酵发之面抟个笼蒸者，名为馍，重过二十两者，名为'馒头'。"② 现在婚庆花馍花样更多、体积更大，如"九凤朝阳""九龙戏珠"等花馍，一个往往重达十多公斤，馍上要捏出活灵活现的龙凤、人物、花鸟、鱼虫等，几个蒸馍高手几乎要忙碌一整天方可赶捏完工。在晋南、晋中一带，在婚礼进行中，新郎要背新娘向婆婆讨口馍馍吃，新娘说："妈呀妈，给俺们个馍馍吃。"婆婆回答："馍馍不是白吃的，明年我要抱孙子嘞。"③ 山西介休人订婚时，丈母娘一般以"猫耳朵"招待女婿，其意是让姑爷（女婿）听话。这里的"猫耳朵"又称猫耳面，是山西颇具特色的面食。

在丧吊活动中，饮食多含有丰富的寓意，有着不可替代的作

①　民国八年《闻喜县志·生育》，丁世良、赵放主编：《中国地方志民俗资料汇编·华北卷》，书目文献出版社 1989 年版，第 698 页。

②　民国八年《闻喜县志·婚礼》，丁世良、赵放主编：《中国地方志民俗资料汇编·华北卷》，书目文献出版社 1989 年版，第 698 页。

③　薛麦喜主编：《黄河文化丛书·民食卷》，山西人民出版社 2001 年版，第 168 页。

用。在晋中一带，家中有人故去，一停尸就要蒸"下气馒头"献于灵前，以免故人空腹上路。在晋东南地区，则做"米面洞洞"并装上五谷做祭品，表示亡人有粮仓可享用。① 在山西的多数地方，献于灵前的祭品为空心大馒头。空心大馒头多以碗背为"托模"塑形蒸制，馒头上层还要用五色染好的面做成各种花卉、动物装饰。此外，亲友们也以花馍来祭奠亡者，晋中一带还有分吃馒头的习俗。丧家回赠亲朋时，以小馒头或切片的馒头为礼。人们认为，如果亡者是高寿人，吃了丧家的馒头可长寿。②

第三节　黄河下游的饮食文化

一、河南饮食文化

（一）饮食原料

广大的豫东平原和南阳盆地，盛产中国最优质的冬小麦。河南冬小麦的播种面积和产量一直居全国首位，占全国的四分之一，并形成了豫南弱筋小麦、豫东中筋小麦和豫北强筋小麦三大产区。除小麦外，豫南信阳地区和沿黄灌区盛产水稻，其中新乡原阳大米、郑州凤台仙大米是全国有名的优质大米。玉米、红薯、大豆、绿豆等在全省各地均可种植，其中尉氏所产的青豆，大小匀称，色泽青绿，碧如翡翠，青如海水，有很高的营养价值，是闻名中外的豆类。

河南的禽畜鱼虾等也很有特色，如豫东、豫北的猪鸡禽蛋，豫西的牛羊，豫南的鸭子鱼虾，质优量大颇有名气。其中比较有名的品种有南阳黄牛、泌阳驴、淮阳驴、淮南猪、周口槐山羊、豫西脂尾羊、正阳三黄鸡、淮南麻鸭、唐河鸭蛋、鹤壁缠丝鸭蛋、郸城火

---

① 薛麦喜主编：《黄河文化丛书·民食卷》，山西人民出版社2001年版，第173页。

② 薛麦喜主编：《黄河文化丛书·民食卷》，山西人民出版社2001年版，第174页。

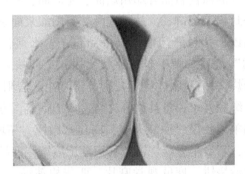

鹤壁缠丝鸭蛋

虾鸭蛋、黄河鲤鱼、淇河鲫鱼、伊河鲂鱼、沈丘鲈鱼、淮南元鱼、罗山黄鳝、百泉白鳝等。

河南比较有名的种植蔬菜有封丘芹菜、灵宝莲藕、焦作怀山药、焦作香椿、开封韭黄、扶沟莴苣、孟县蔓菁、淮阳黄花菜、西华芦笋、兰考香菇、修武大葱、中牟大蒜、永城辣椒、淅川辣椒、南阳小辣椒等。除种植的家蔬之外，豫西山区还盛产猴头菇、羊肚菌、黑木耳等野生菌类。

河南的大部分地区属于暖温带半湿润地区，盛产西瓜、苹果、梨、杏、樱桃、山楂、石榴、柿、葡萄、猕猴桃、大枣、板栗、核桃等瓜果。如比较有名的西瓜就有开封汴梁西瓜、洛阳偃师西瓜、商丘西瓜。其他比较有名的水果有灵宝苹果、孟津梨、宁陵金顶谢花酥梨、夏邑酥梨、济源马村梨、灵宝贵妃杏、原阳大杏、仰韶黄杏、洛阳樱桃、济源山楂、辉县山楂、河阴石榴、封丘石榴、荥阳广武石榴、荥阳柿子、渑池牛心柿、镇平仙柿、民权葡萄、卢氏猕猴桃、灵宝大枣、内黄大枣、新郑小枣、确山板栗、济源坡头镇核桃等。

（二）饮食烹饪

1. 主食烹饪

在河南的主食中，面食占绝对统治地位。河南面食的品种十分丰富，面条、馒头、包子、大饼、油条、饺子为河南人日常的面食。各地代表性的面食名品有郑州烩面、龙虎面、葛记焖饼，新郑古甄泡馍、登封焦盖烧饼、少林八宝酥，洛阳酸浆面条、马蹄街馄饨，新安烫面饺，开封灌汤包子、一品包子、水煎包子、羊肉炕馍、"大救驾"烧饼、萝卜丝饼、状元饼，三门峡石子馍、大刀面、灵宝脂油烧饼，济源土馍，陕县大营麻花，信阳"勺子馍"、神仙饺、油炸绿豆丸子，息县油酥火烧，博望锅盔，方城烧麦、新野板面，濮阳羊肉壮馍、油酥火烧，商丘水激馍，柘城鸡爪麻花，虞城陈店麻花，新乡牛忠喜烧饼，长垣蔡记蒸饺，许昌锅贴、安阳缸炉烧饼、水治烧饼，鹿邑观堂麻片，西华胡辣汤，武陟油茶等。其中，郑州烩面是最能代表河南的面食品种。

烩面有羊肉烩面、牛肉烩面、三鲜烩面等品种，其中以羊肉烩面口味最佳，饕餮者众。烩面好吃不好吃，一在汤，二在面。以羊肉汤为例，先将水烧开，下入上等的嫩羊肉、劈开露出骨髓的羊骨和七八味中药材，用大火猛滚后，改小火炖煮5个小时以上，羊骨中的骨髓、钙质大都融解于汤中，煮出来的羊肉汤，白亮犹如牛乳。面用优质精白面粉，兑以适量盐、碱，用温开水和成软面团，反复揉搓，使其筋韧十足，饧半小时左右，擀成10厘米宽，20厘米长的面片，抹上植物油，一片片码好，用塑料纸覆上备用。烩面是伸拉而成的，但拉的技法又与拉面不同。拉出的烩面有1米多长，2厘米宽，厚度犹如玉兰片。烩面讲究单锅下面，即将拉好的烩面下入添加羊肉汤的锅中煮熟，连汤盛入放有芝麻酱、精盐、味精等佐料的大海碗中。碗中再放入几大块煮熟的羊肉，辅以海带丝、豆腐丝、粉条、香菜、鹌鹑蛋等，上桌时再外带香菜、辣椒油、糖蒜等小碟。这样一碗烩面，有滑韧筋道的面条，有乳白味鲜的骨头汤，有喷香扑鼻的羊肉，有鹌鹑蛋，有海带丝、豆腐丝、粉条、香菜等菜蔬。一碗之中，面、肉、蛋、蔬、汤、作料皆有，面肴汤合一。

2. 菜肴烹饪

河南菜又称豫菜，它集宫廷菜、官府菜、市肆菜、寺庵菜为一体，素油低盐烹制，选料广博，精工细作，调味适中，极擅用汤，鲜香清淡。以一味领色香形器，以一和而悦八方食客，没有时髦，没有浮躁，不以华丽逞一时，而以醇厚平和续千年。豫菜的烹饪技法有 50 多种，擅长爆、炒、炸、熘、烧、炝、扒，美国学者尤金·N. 安德森在《中国食物》中谈道："讲技能、下功夫是河南烹调法的特点，河南烹调法几乎没有突出的地方菜肴（主要因为它最好的菜肴已泛中国化了），但在创造所有这些菜肴方面，从最普通的小麦面包到最精美的糖醋黄鱼，却都绝对杰出。"①

豫菜的主要代表是开封菜和洛阳菜。其中，开封菜讲究清淡，调味适中，素油低盐，以制作鱼肴、鸡肴和鸡汤闻名，代表菜肴有糖醋熘鲤鱼焙面、套四禽（宝）、清汤鲍鱼、扒广肚、大葱烧海参、黄焖鱼、煎扒青鱼头尾、汴京烤鸭、炸八块、葱扒羊肉、清汤东坡肉、陆稿荐卤肉、炸紫酥肉、杞忧烘皮肘、羊双肠汤、琥珀冬瓜、红薯泥等。开封菜是河南菜的主流，除盛行于开封外，也遍及整个豫东、豫中、豫北、豫西南等地。

洛阳则以水席为代表，水席的全部热菜皆有汤水，例如牡丹燕菜、莲汤肉片、水漂肉丸、生氽丸了、酸辣木樨汤等。这里的"水"还有另外一重含义，即上菜似流水。水席共设 24 道菜，包括 8 个冷盘，4 个大件，8 个中件，4 个压桌菜。上菜时，先上 8 个冷盘作为下酒菜。酒过三巡后，再上热菜，3 个 1 组，1 个大件菜带 2 个中件菜，依次上席。最后上 4 道压桌菜，最后一道为木樨汤，又称送客汤，以示全席已经上满。水席的菜肴取料广泛，有荤有素，天上的飞禽，地上的走兽，水中的鱼虾，地里的菌类时蔬，无不可以入馔。水席的菜品口味多样，酸辣甜咸俱全。成品有丝，有片，有条，有块，有丁；烹饪方式有煎，有炒，有炸，有烧，变化无穷。

素油低盐、口味清淡的豫菜，很符合人体健康的需求，代表了中国饮食未来的发展方向。与南方菜系喜欢使用动物性油脂（荤油）不同，豫菜多用植物油（素油）烹制。植物油中的饱合脂肪酸的含量远低于动物性油脂，经常食用植物油有利于降低血脂，减

① ［美］尤金·N. 安德森著，马孆、刘东译：《中国食物》，江苏人民出版社 2003 年版，第 108 页。

少动脉硬化疾病的发生。中国人的口味普遍偏重，据统计，中国人每日的平均食盐量为 6 克左右，远远超过了人体需求的 2～3 克。过量的食盐摄入，使血液中的钠钾离子失衡，加重了肾脏等器官新陈代谢的负担，增加了人们患心血管病的几率。素油低盐、口味清淡的河南饮食，饱合脂肪酸和盐的含量较低，很符合现代饮食吃出健康的要求。

（三）饮食习俗

1. 崇尚中和

河南位于中原地区，在地理位置上，居东西南北之中。在文化上，人们习惯于固守"中庸"之道。一个"中"字，或许是最具河南特色的方言土语。"中"意味着不偏不倚，不走极端。在饮食口味上，河南人也是如此，他们不像江、浙、沪、闽等东南诸省嗜食甜，不像河北、东北嗜食咸，不像川、湘、赣、鄂、贵、陕诸省嗜食辣，不像山西嗜食酸。河南人不偏甜、不偏咸、不偏辣、不偏酸，而在甜咸酸辣诸味之间求其中，求其平，求其淡。

地处中原的地理位置，又使河南各地汇集了来自四面八方不同口味嗜好的人们，为了照顾人们的不同口味，河南有"另备调料，请君自便"的传统，餐馆的饭桌上往往放置有一些瓶、壶、盏之类，盛放着辣椒油、花椒盐、酱油、陈醋、大蒜等调料，供食客选用。因此，偏嗜一味的他省人士吃起河南饭菜来，也并不感觉到有太多的不便，这说明河南饮食适应性极强，可谓四面八方咸宜，男女老少适口。

除尚"中"外，河南饮食还尚"和"。"和"在中国传统文化中，其本质是和谐，即虽然有所不同，却能和睦相处，能够统一在一个有机的整体之中，这就是孔子所言的"和而不同"。中和之道可谓是中原饮食文化之本，从中国烹饪之圣——商代的宰相伊尹在3600 年前创"五味调和"之说至今，河南饮食借中州之地利，得四季之天时，调和鼎鼐，溶东甜西酸南辣北咸诸口味为一体。以开封名菜糖醋鲤鱼为例，其味甜中透酸，酸中有咸，达到酸甜咸诸味的中和统一。

2. 宴客食俗

河南民风古朴，人们十分好客。由于位于中国传统文化的核心区，正式宴客时人们十分讲究尊老尚和的传统礼仪。宴客的上席（即首席）或上座，一定要给长者或最尊贵的客人坐。全鸡菜或全鱼菜上桌，必须由长者先动筷子。鱼头、鸡头也必须让长者享用。这些习俗都是中原人民尊老思想在饮食生活中的具体体现。在豫南一带的喜宴上，头道菜必须上鱼，以示吉祥如意；丧宴头碗菜必须上鸡，以示哀思。豫中地区的喜宴头道面点是油炸糖包，以示生活甜蜜，压桌菜是鸡汤。在豫南地区，当宾客用完饭后，要双手将筷子横平托起，环视席间并说"诸位请慢吃"，尔后将筷子放在左手一侧，以示吃好。

河南人凡遇红白喜事大多要宴请亲朋，筵席的丰简根据具体的经济条件而定，可分为"燕席"① 和"水席"两种。"燕席"的酒菜、饭菜较丰，酒菜一般为六荤六素，饭菜多至十几道或二十几道。与"燕席"相比，"水席"较简。酒菜多是四荤四素，饭菜多为十大碗，一碗一碗陆续上。十大碗又称"十大件"，一般由鱼、鸡、牛肉、羊肉、猪肉等做成。而酒菜、饭菜的数目多为六、四、十等，有六六大顺、四平八稳、十全十美等含义，体现了人们追求顺利、平安、完美的心理。

3. 祝寿食俗

河南人习惯把六十岁作为祝寿的起点，故民间有"不到花甲不庆寿"的说法。人们把六十岁后的每十年称为"大寿"，六十岁以后的每五年称作"小寿"。祝寿这天的早餐，一定要吃鸡蛋。鸡蛋煮熟后，用凉水冰过，老人拿在手里，双手对揉。这种举动，称为"骨碌运气"，据说吃了滚运气的鸡蛋，可除百病，去晦气，交好运。平时祝寿，都要吃长寿面，出嫁的女儿要给父母送寿糕、寿桃。不少地方要求长寿面长三尺，一百根一束，并盘成塔形，表面用镂花的红绿纸束裹。

_____

① "燕席"，有的地方又称"参席"。一般而言，以燕窝菜领头者称"燕席"，以海参菜领头者称"参席"。

父母到了六十六、七十三、八十四岁的年龄，女儿给父母的寿礼就特殊了。六十六岁，是寿俗中最为隆重的一次。因为这个年龄，占了两个六字，按中国的风俗习惯，象征着六六大顺，老人和晚辈对六十六岁庆寿活动都很重视。如在河南汉族中流行着"六十六，娘吃闺女一块肉"的说法。父母六十六岁生日那天，出嫁的闺女要回娘家给父母拜寿，寿礼必须是一块猪肉。这块肉，象征着女儿是父母身上的一块肉。女儿长大了，趁父母六六大顺之时，买肉来报答父母的养育之恩。虽然是买的肉，也意味着是割自己身上的肉。为此，买肉者不能计较肉的多少，更不能讨价还价，必须是一刀割下来，有多少是多少，全部送给父母，以表示闺女对老人的敬意。

七十三、八十四是老人的忌年，豫北称之为"循头年"。因为圣人孔子活了七十三岁，亚圣孟子活了八十四岁，人们认为自己的年龄是不应超过孔孟的，故民间有"七十三，八十四，阎王不叫自己去"的说法。每当老人到了这两个年龄，心情都非常紧张。当父母到这个年龄的时候，做儿女的要帮助老人渡过难关。父母生日时，儿女要买一条大活鲤鱼，让老人吃了。因为人们认为鲤鱼善"窜"（向上跳），鲤鱼一"窜"，老人就算过了七十三或八十四的难关，以后就会太平无事了。在豫南有些地方，儿女们要把寿鱼放在锅里整个炖，放入盐、葱、姜等调味。炖鱼时不能翻动，待鱼汤煮成白色，鱼肉化在汤里时，将鱼汤盛出让老人喝了，然后小心翼翼地把鱼骨架放在村中的河里顺水漂走，人们认为这样老人的灾祸就可免除了。在豫北，女儿要在父母"循头年"的时候，选择农历立春的早晨，天色还未亮时，以满怀祝愿的心情，将亲手煮的两个熟鸡蛋拿到麦场上，骨碌几圈后，回家让父亲或母亲躲在门后吃掉。这样，父母在神不知鬼不觉的时候，就会像鸡蛋滚麦场一样，顺利渡过"循头年"。

二、山东饮食文化

（一）饮食原料

山东物产丰富，是全国粮食和经济作物的重点产区，小麦、玉

米、红薯、大豆、谷子、高粱、花生的产量都很大。其中，辽阔的
鲁西华北大平原盛产小麦、玉米和大豆，中部的沂蒙山区盛产玉
米、大豆、谷子、红薯等杂粮，东部的胶州半岛则盛产花生、玉米
和高粱。

就肉蛋水产而言，山东内陆地区的家畜、家禽和淡水鱼产量颇
丰，著名的品种有鲁西黄牛、寿光鸡、"九斤黄"鸡、青山羊、莱
芜瘦肉型猪、麻山湖麻鸭、黄河鲤鱼、毛刀鱼、甲鱼、鳜鱼、泰山
赤鳞鱼等。滨海地区的鱼虾贝蟹等资源丰富，对虾、扇贝、鲍鱼、
刺参、海胆等海味的产量均居全国首位，鱿鱼、乌鱼、加吉鱼、带
鱼、海螺等的产量也较大。

山东瓜果丰富，产量较大，有"中国温带水果之乡"之称，
比较有名的瓜果有德州西瓜、昌乐西瓜、青州银瓜、烟台苹果、莱
阳梨、肥城佛桃、峄县石榴、菏泽大耿柿、乐陵金丝小枣、平度大
泽葡萄等。山东蔬菜品种繁多，质地优良，被誉为"世界三大菜
园"之一，比较有名的陆生蔬菜有胶县白菜、章丘大葱、苍山大
蒜、金乡大蒜等，养殖海藻有海带、裙带菜、石花菜等。

（二）饮食烹饪

1. 主食烹饪

山东位于中国面食的核心区，人们的日常主食以各类面食为
主。山东面食或煮，或煎，或烤，或炸，或蒸，品种有面条、煎
饼、火烧、馃子、馒头等，花色众多。以李正权主编《中国米面
食品大典》所记为例，山东有名的面食品种有八宝脂油千层发糕、
白皮酥、菜煎饼、叉子火食、春饼、籴子面、豆米糕、豆沙面丁
包、豆沙酥皮火烧、鹅脖银丝卷、瓠馏、荷花酥、厚锅饼、黄米年
糕、黄米切糕、鸡丝卷、家常饼、江米夹沙糕、景芝三盖饼、开花
小馍、六角馓饼、绿豆豆沙包、绿豆糕、绿豆丸子汤、萝卜丝饼、
麻汁酥饼、玫瑰糖炸糕、盘丝饼、蓬莱小面、清油小馃子、肉烧
饼、山东煎饼、水晶桃、酥合、酥皮饼、泰山豆腐面、糖鼓子、糖
蜜果、糖酥火烧、糖酥煎饼、潍县杠子头火烧、武城馆饼、五仁
包、五香甜沫、蟹壳黄、油锅饼、油酥大饼、油馓、月、炸鸡子
包、炸酱面、芝麻酥等。

山东煎饼

在各类面食中，煎饼可谓最具山东特色的日常面食。山东煎饼多以小米黄豆糊摊煎而成，也有以小麦、玉米、高粱、红薯干等制煎饼者。不同原料的煎饼，口味也有不同。如小米煎饼，酥脆香甜；大豆煎饼，味道较香；小麦煎饼，韧性十足。山东煎饼为典型的粗粮细作面食，其制法有鲁西、鲁中之别，鲁西的泰安一带为刮煎饼，鲁中的淄博一带为摊煎饼。

摊煎饼

制煎饼之前，要先将小米、黄豆、玉米、高粱、红薯干等粮食淘洗浸泡，用石磨磨成细腻均匀、稀稠适当的糊状物。有的地方在磨糊子之前，还要加入三分之一或一半的熟料，称"对半子"。加入熟料的糊子，更好烙制，烙出来的煎饼口感也更好。制作煎饼的专用工具有铁鏊子、勺子、耙子、刮子和油擦子等。摊制时，将鏊子烧热，用沾过油的油擦子擦一下鏊子，以防摊熟的煎饼粘在鏊子上。用勺子将糊子浇到鏊子上，将耙子放在糊子的中央，绕场一周，糊子便涂抹在鏊子上了，趁糊子尚未完全凝固之前，用刮子在上面刮一下，以使煎饼平整和厚薄均匀。由于煎饼很薄，这一过程要非常快，否则就会焦了。

刚刚摊成的煎饼很柔软，可以将其卷起来。冷却之后，煎饼失去水分会很干，干煎饼可长期保存。叠在一起的煎饼，渐渐又会返潮而变得柔软，在上面盖上布就可长期保持。待吃时，只要揭一张就成，非常方便。煎饼可卷大葱、面酱食用，这是山东煎饼最典型的吃法。

2. 菜肴烹饪

山东的猪、羊、牛等家畜和鸡鸭等家禽饲养量较大，畜禽所提供的肉蛋是山东内地人民主要的肉食来源。鲁菜，尤其是济南菜和孔府菜人量使用畜禽为原料。山东代表性的猪肉类菜肴有九转大肠、炒腰花、火爆燎肉、黄家烤肉、坛子肉、红烧圆子等。山东的羊肉类菜肴也很多，如孔府全羊席共有 79 种菜肴，其中羊头菜 20 种，羊内脏菜 37 种，羊肉、羊腿蹄菜 18 种，羊尾菜 4 种。全席所有菜肴虽取材于羊，但菜名却无一"羊"字，全以象征性的别名出现。山东代表性的鸡、鸭类菜肴则有八宝鸭子、香酥鸭子、神仙鸭子、宫保鸡丁、带子上朝、西瓜鸡、烧"安南子"（鸡鸭心）、德州扒鸡、临沂肉糁等。

火爆炒菜

　　山东沿海地区的各种海产品资源丰富，厨师们也擅烹各种海味，代表性的菜肴有竹影海参、山东海参、浓汤瑶柱菜心、乌龙戏珠、烹大虾、姜汁螺片、烧什锦、燕窝八仙汤、八仙过海闹罗汉等。山东厨师甚至可以做出全部菜肴皆取自海产品的海味席来。

　　山东菜肴的烹饪，以炒、爆、煨、扒、烤、炸为多，山东厨师尤其擅长于爆和煨。爆是用大火在极短时间内完成的烹饪方法，有火爆、油爆、汤爆、酱爆、葱爆、芫爆等。煨又称"锅煨""锅溻""锅塌""锅塔"等，是将鲜软脆嫩的原料加工成一定形状并调味后，或夹以馅心或粘粉挂糊，放入油锅煎上色，控出油后再加汁和调料，以微火煨收汤汁，使成菜酥烂柔软，色泽金黄，味道醇厚。山东的锅煨之菜，有煨豆腐、肉片、对虾、鱼肚等几十种。

拔丝香蕉

　　山东厨师还有一些独特的烹饪技法，如干熸、姜汁、抓炒、拔丝等。其中，干熸又称"干烂"，是把原料油炸后，加入调料汁在锅内烧，用中火把调料汤汁慢慢收尽，使调料味道尽量吸收到烹饪原料里。姜汁并非生姜压出来的汁液，而是用生姜蓉、白酱油、食盐、陈醋、味精、香油调制而成的调料汁。它适宜与酸、甜、咸诸味配合，用于夏季凉拌菜。抓炒是将肉类原料放入湿淀粉中，用手快速抓匀，然后在油锅中大火烹炒，如抓炒里脊、抓炒鱼片等。拔丝菜又脆又甜，口感较好，一般作为筵席中的收尾菜。用来拔丝的原料种类繁多，苹果、香蕉、草莓等水果，莲子、核桃、栗子等干果，山药、红薯等块茎，甚至肉丸子、冰激凌，均可用来拔丝。

山东菜肴的烹饪多为复合型的，需要对原料进行氽炸蒸煮等处理，然后再二次加工。如济南传统菜"锅烧肘子"的制作，是先煮后蒸，最后炸。用这样的方法烹制的猪肘子，醇香滋润，外焦里嫩，肥肉不腻，瘦肉不柴，香酥利口。

山东厨师精于制汤，有"汤在山东"之称。民间常言："马连良的腔，山东馆子的汤。"传统的山东师傅做筵席，往往提前一天让徒弟熬制一大锅汤，烹饪菜肴时不加其他调料，只加一勺鲜汤，用于增加菜肴的鲜味。山东厨师擅烹熊掌、猴头菇等山珍和海参、鱼翅、燕窝等海味，这些山珍海味虽然价格较高，但本身却没有什么鲜味，必须依靠鲜汤来增加滋味。

（三）饮食习俗

1. 嗜食葱酱

山东人多嗜食大葱。与其他地方大葱多用作作料不同，山东人喜欢吃生葱。将生葱段蘸些甜面酱，卷在煎饼里吃，这就是山东人的美食"煎饼卷大葱"。除主食煎饼外，山东的不少肉肴也配大葱食用。如济南的"黄家烤肉"，食用时，将烤肉片成大薄片，配食大葱段、甜面酱。食用"锅烧肘子"时，也要配大葱丝、甜面酱，用荷叶饼夹食。

山东厨师烹饪菜肴时，有时将大葱作为配料使用。如山东的标志菜肴"葱烧海参"，就以大葱为主要的配料。烹饪此菜时，既要选用一大捆好葱，用其葱白炸葱油，又要以鸡汤煨制炸黄的葱段。离开了大葱，则无法烹制此菜。将大葱作为作料来调味，在山东菜肴的烹制中更为常见，在爆法烹饪中，还专门有葱爆一法，使用该方法烹饪，要先将油锅烧热，然后下入大葱爆香，最后下入食物原料爆炒成熟。其他烹饪方法，无论是炒、烧、熘，还是烹调汤汁，都以葱丝或葱末爆锅。就是蒸、扒、炸、烤等烹饪方法，也均以葱段作为作料。

酱的发明已有数千年的历史了，春秋时期的孔子十分重视酱的配食，称："不得其酱，不食。"①山东厨师是使用甜面酱烹饪的佼佼者，他们巧妙地利用甜面酱的色香味改变原料的异味，突出甜面酱特有的酱香味，烹制出很多风味独特的著名菜肴，如烤鸭、锅烧肘子、火爆燎肉、酱汁鱼、黄焖鸭肝、酱爆鸡丁、酱爆茄子等。就连普通的炒肉丝、炸藕夹等菜肴的制作，济南厨师也多用甜面酱。炸酱面、萝卜馅大包子，在山东厨师眼中，更要用甜面酱来调味。对甜面酱的多种应用，无论在烹饪技法上，还是在饮食味型上，都使山东饮食更加丰富多彩，并成为山东饮食文化的一大特色。

2. 宴客习俗

山东人宴客十分讲究礼仪，鲁西阳谷县有一民谣，称："茶食果子先打底，递酒安席三二一，三碗四扣八铃铛，琉璃丸子露绝技，文腹武背有讲究，鸡头鱼尾大吉利。"此民谣将山东传统宴客的礼仪、格局等都提到了。

琉璃丸子

"茶食果子先打底"，是说客人到后，要先敬茶，后上点心、干鲜果品。山东人又称之为"先垫底"，以免直接饮酒醉倒。一些地方在酒宴正式开始之前，也让客人吃碗面条或饺子垫底的。

"递酒安席三二一"，是说饮宴开始后，宾主要起立连干三杯

---

① 《论语·乡党》，（清）阮元校刻：《十三经注疏》（下），中华书局1980年版，第2495页。

酒，品酒肴后再连干两杯酒，稍品菜肴后再干一杯酒。六杯酒喝完，仅是酒宴的开始，才能较自由地畅饮、品菜，此谓"安席"。

"琉璃丸子露绝技"，是说酒宴之上，各种下酒的菜肴制作得非常精美。乡人比较贫困，多没有品尝过山珍海味，在他们的眼中，专业厨师烹制的"琉璃丸子"就是美味佳肴，可谓宴客大菜了。

"文腹武背有讲究"，是说整鱼上桌时，如果客人是骚人墨客，就要鱼头朝左，鱼腹朝向主宾。因有文人相轻之说，如鱼背对宾客则有背离相轻之意。如果客人是行武之人，则要鱼头朝左，鱼背朝向主宾。之所以如此，与春秋战国时期的专诸刺王僚的故事有关。刺客专诸将短剑藏于鱼腹之内，献于主人王僚，接近主人时，从鱼腹中抽出短剑，刺杀了王僚。山东人宴客，上鱼时，鱼背朝向主宾，表示心诚无歹意。

"鸡头鱼尾大吉利"，是说上菜的程序，先上鸡肴，后上鲤鱼。这是取"鸡鲤"两字的谐音"吉利"之意。

鲁东胶州半岛一带，农村宴席一般在中午，开宴之前要派人"请客"，亦有"酒前点心"的习俗。另外，山东人一向有吃"炸蝎子""炸蝗虫"等的传统，即使宴请贵宾也并不忌讳这些昆虫菜。

3. 婚庆食俗

在婚庆仪式中，多伴随着宴饮等饮食活动。其中，以结婚当日的宴客席最为隆重。在济南一带的婚宴上，在开席上大件菜之后，主宾要给主厨"刀礼"，即首席客人要将事先用红纸包好的钱送给主厨。宴席上的肴馔数目，多取双数。如十盘十碗者，称之为"十全十美席"。婚宴上的酒也很有讲究，忌喝瓶底酒，即开瓶倒过的酒一定要留下一点儿，不能喝干。在鲁东胶州半岛一带，婚宴的头一杯还必须喝红酒，酒宴终了亦须同干红酒，称之为"满堂红"。

在中国古代，婚后多举行馈饭礼，即新娘的父母或族党给新娘的送饭之礼。在山东民间，馈饭礼又称"送饭"，并分两次进行。首次送饭称为"送小饭"，时间在新婚的当天晚上，所送食物为饺子和面条，这是让新婚夫妇吃的。第二次送饭称为"送大饭"，多为各式肴馔，是送给新娘的公婆吃的，含有孝敬男方父母之意。今天，山东不少地方仍保留着传统的"送饭"习俗，所送之"饭"在内容上也有所变化，亲朋好友多用精白面粉制作出龙、凤、百足虫等祥瑞动物的造形，用油炸之，作为贺喜的礼品。

4. 丧葬食俗

中国人极重丧葬，以礼安葬死者是儒家提倡的"孝"道之一。山东是儒家的创始人孔子的故乡，人们更重视丧葬。在各种传统丧葬礼仪中，饮食多发挥着不可替代的民俗作用。以青城县为例，死者去世后，移尸灵床，家人须立即为死者做最后一顿饭，称之为"倒头饭"。同时将一面饼放于死者左手之中，民间谓此饼为"打狗饼"。"倒头饭"和"打狗饼"，俱有不让死者做饿死鬼，饿着肚子上路的含义。

死者去世至安葬，一般要停尸三日。在这三日之中，要按照"视死如视生"的原则对待死者，生者一日要三餐，也要让死者享受这种待遇，民间称之为"送浆水"。让死者享用的这种"浆水"，实际上是一种煮到半熟的米汤。死者享用"浆水"的地点，不能在家中，而是在庙里或十字路口。

丧葬饮食更重要的对象是活着的人，对于前来吊唁的客人，主人须暂忍悲伤，尽力款待。有些地方的丧葬宴客与婚嫁无异，甚至有过之者。按照传统礼制，丧葬期间主人要"茹素"，即断绝酒肉，只吃素食，以示哀戚。在商河县，丧家甚至连蔬菜也要禁食，只喝稀粥。

第十八章
中国民间信仰饮食习俗

信仰上的饮食习俗，是民间信仰和宗教仪式在中国人民饮食生活中形成的惯制。中国先民的宗教活动实际上是从人们的饮食活动中发展起来的。早期的宗教仪式主要是祭祀，祭祀总是同人类的某种祈求心理分不开，而这种祈求又是以奉献饮食的形式反映出来。《诗经·楚茨》云："苾芬孝祀，神嗜饮食。卜尔百福，如几如式。"中国古代的祭祀，无论是大祭或薄祭，都是以最好的食物侍之。饮食不仅促进了宗教信仰的发展，反过来，宗教的发展也为人们信仰食俗的形成产生过重大影响。

第一节　佛教信仰饮食习俗

在中华文化漫长的发展历程中，吸纳过多种来源于异国他邦的宗教。在它们当中，尤以来源于南亚次大陆的佛教对中华文化的影响最为深远。

佛教不仅包含着深刻的哲理思辨、人生理想、伦理道德、艺术形式，就连人们日常生活中一天也离不开的饮食，也留下了佛教信仰的深深印迹。事实上，在世界各民族的历史上，成熟宗教的出现，无不给予该民族的社会生活以极为巨大的影响。

经过一千多年的发展，由佛教信仰而产生的食俗，已成为一种独特的文化现象，因此而制作的素菜、素食、素席都闻名于世。这些素馔常以用料与烹制考究，做工精细，菜肴的色、香、味、形独特和别具风味，深受民众的喜爱和赞赏，所以，有人形容佛教饮食已成为中国饮食文化园地中，一朵常开不凋的素洁小花。

一、佛教吃素的起源

谈到佛教寺院中的饮食生活，人们都会联想到素菜。素菜是中国传统饮食文化中的一大流派，悠久的历史使它很早就成为中国菜的一个重要组成部分。特殊的用料、精湛的技艺，使这一流派绚丽多姿；清鲜的风味、丰富的营养，使它在中国菜系中独树一帜。

然而，素菜的起源本与佛教没有直接的联系。中国素菜的发展历史说明，早在东汉初年佛教传入中国之前，素菜就已出现，并得到了一定程度的发展。不过，随着佛教的传入，素菜开始在寺院中流行起来，并不断有所改进，促进了素菜制作的日趋精湛和食素的普及。

早期佛教传入时，其戒律中并没有不许吃肉这一条。僧徒托钵化缘，沿门求食，遇肉吃肉，遇素吃素，只要吃的是"三净肉"，即不自己杀生，不叫他人杀生和未亲眼看见杀生的肉都可以吃。正如赵朴初先生在《佛教常识答问》中所说："比丘（指受过具足戒之僧男）戒律中并没有不许吃肉的规定。"[①]

三国时，佛教寺院中也还没有律行素食，从《三国志》中这段史料可以看出这一点，"笮融者，丹阳人，初聚众数百，往依徐州牧陶谦，谦使督广陵、彭城运漕，遂放纵擅杀，坐断三郡委输以自入。乃大起浮图祠，以铜为人，黄金涂身，衣以锦采，垂铜槃九重，下为重楼阁道，可容三千余人，悉课读佛经，令界内及旁郡人有好佛者听受道，复其他役以招致之，由此远近前后至者五千余人

---

①　赵朴初：《佛教常识答问》，江苏古籍出版社 1988 年版，第 105 页。

户。每浴佛，多设酒饭，布席于路，经数十里，民人来观及就食且万人，费以巨亿计。"① 上述笮融"放纵擅杀"和"多设酒饭，布席于路"，从一个侧面反映了当时佛教并未实行素食。

到了魏晋南北朝时，佛教盛行。这时，中国汉族僧人主要是信奉大乘佛教，而大乘佛教经典中有反对食肉、反对饮酒、反对吃五辛（葱、薤、韭、蒜、兴蕖）的条文。他们认为"酒为放逸之门"，"肉是断大慈之种"，饮酒吃肉将带来种种罪过，背逆佛家"五戒"。这一时期译出的《楞枷》《楞严》《涅槃经·四相品》等经文，都提倡"不结恶果，先种善因""戒杀放生""素食清净"等思想，这与中国儒家的"仁""孝"等思想颇为契合，因而深得统治者推崇。特别是南朝梁武帝萧衍，以帝王之尊，崇奉佛教，素食终生，为天下倡。所以，赵朴初先生说："从历史来看，汉族佛教吃素的风习，是由梁武帝的提倡而普遍起来的。"②

据记载，梁普通二年（521年），梁武帝萧衍在宫里受戒，自太子以卜跟着受戒的达48000余人。他还下了《断酒肉文》诏，认为断禁肉腥是佛家必须遵从的善良行为。为守杀生戒起见，他规定祭祀用的牲牢都改用面制，甚至禁止当时的丝织品上出现鸟兽纹样，以避免裁剪时"破了它们的身体"。在梁武帝的倡导下，南朝的僧徒和香客大增，这使寺院有必要制作出素餐系列，以便自给自足。

然而，在南朝以后，尽管佛教中素食的戒律已逐步形成，但还是有僧徒不履行这一戒律。特别是到唐代，在当时开放自由风气的影响下，僧徒不守戒律的现象也增多了，以致唐朝政府不得不发布诏书以整饬规矩，其云："迩闻道僧，不守戒律。或公讼私竞，或饮酒食肉……宜令州县官严加捉搦禁止。"③ 从此，断酒禁肉，终

① （晋）陈寿撰，（南朝宋）裴松之注：《三国志·吴书》卷四九《刘繇太史慈士燮传》，中华书局2006年版，第704页。
② 赵朴初：《佛教常识答问》，江苏古籍出版社1988年版，第105页。
③ （清）董诰等：《全唐文》卷二九《元宗皇帝·禁僧道不守戒律诏》，中华书局1983年影印本，第327页。

身吃素，成为佛门子弟的严格戒律。

需要指出的是，在中国的蒙、藏地区，由于蔬菜种植不易，不吃肉就难以生活，所以这些地区的佛教徒一般都吃肉，这是属于特殊环境下的"开戒"。

二、佛寺素菜的特点

吃素经过梁武帝提倡以后，素菜在佛寺中得到了迅速的发展，其制作也日益精美。据《梁书》载，当时建业寺中的一个僧厨，对素馔特别精通，掌握了"变一瓜为数十种，食一菜为数十味"的技艺。[①] 由于佛寺中不断出现这种技艺高超的僧厨，这就给佛寺素食的发展，起到了推波助澜的作用。此后，佛寺素菜经过历代僧厨的不断改进和提高，不仅素菜品种增多，技艺逐步完善，而且还形成了佛寺素菜清香飘拂的独特风味，成为素菜中的一个主流。它的主要特点为：

其一，清鲜淡雅，擅烹蔬菽。佛寺素菜制作的主要原料有三菇六耳、瓜果鲜蔬、菌类花卉、豆类制品等。这些四季蔬果清幽、淡雅、素净，给人以新鲜、脆嫩、清爽的感觉；软糯的面筋豆皮之类，给人以爽口、软滑的感受；香味醇厚的蕈类，给人以鲜嫩馨香的回味。另加以芝麻香油、笋油、蕈油调味，无不独具风味。

例如，在清代苏州附近山地的松林深处，清明节前后产"松花糖蕈"，经佛寺僧厨烹制后，清香甜嫩，入口即化，是苏州佛寺素菜中特有的珍品佳肴。由于苏州佛寺的素菜口味鲜美，声誉日隆。据《清稗类钞》高宗在寒山寺素餐条记载，乾隆皇帝也慕名而来，微服私访，特地到寒山寺去品尝僧厨所烹治的素菜，且食后大加赞赏。

再如常州天宁寺的素菜也是远近闻名，《清稗类钞》高宗谓蔬食可口条说："高宗南巡，至常州，尝幸天宁寺，进午膳。主僧以素肴进，食而甘之，乃笑语主僧曰：'蔬食殊可口，胜鹿脯、熊掌

---

① （唐）姚思廉：《梁书》卷三八《贺琛传》，中华书局1973年版，第548页。

万万。'"

其二，工艺考究，以素托荤。佛寺素菜使用的原料虽然比较平常，但工艺考究的制作，能使素菜变得丰富多彩。山珍海味中的参、翅、窝、肚、鲍、筋、掌、峰等，都可用素料来仿制，如发菜、藕粉制成的素海参软糯而形真；豆油皮制成的素鸡肥嫩而鲜美，食时"鸡丝"可见；玉兰笋制成的素鱼翅，翅筋玉白，难辨真伪；冬瓜或白萝卜制成的燕窝莹洁逼真。

为了使佛寺素菜更充分地表现"肉类"的外形，一些僧厨还在烹饪工艺上不断推陈出新。如清代安徽安庆迎江寺僧厨，发明了一种捆扎法，即将豆腐皮或千张，用细麻布包裹捆扎，蒸热冷却后，使表面呈现毛孔状，用来仿制鸡鸭猪羊等荤菜。他们还创制了一些模具，用以仿制象形菜，如做蛋，就在淀粉熟浆中加入少许绿色素和碱，倒入两只小酒杯中，用胡萝卜或栗子粉做蛋黄，将两杯合起即成。做烧大肠则以竹棍为心，用面筋浆子裹绕，油炸后，用八角、酱油卤煮，抽出竹棍即成。如加放糯米、冬菇、玉兰片，还可做出素腐乳糟大肠，更具大肠的味道。

这些以素托荤的象形菜，极大地丰富了素菜的内容，开拓了素菜制作的新领域，使素菜不仅清香飘拂，而且千姿百态，由此可见佛寺素菜的制作工艺和僧厨技艺已达到了炉火纯青的境地。

其三，历史悠久，影响至今。佛寺素菜经历了一个由单一到多样，由纯素到仿荤，由寺内到寺外的发展过程。许多名菜，至今仍在烹坛上占有重要位置，为人们所喜食，如桂花鲜栗羹、罗汉斋、鼎湖上素、半月沉江、糟烩鞭笋、桑莲献瑞、糖醋素鲤、笋炒鳝丝、金钱素里脊、清炒素虾仁、三鲜素海参、松子肥鹅、口蘑鱼元汤等。下面对几款著名素菜的制法略作介绍：

桂花鲜栗羹：此羹以鲜栗子肉为主料，配以干藕粉、桂花等煮烧而成。特点是羹汁浓稠，栗肉脆嫩，桂花芳香，清甜适口。此羹创始于杭州灵隐寺的僧厨，相传唐玄宗时，灵隐寺的香火僧德明正在烧栗子粥，这时正值中秋，桂花飘落粥中，众僧食之，都说味道好，后来又加入西湖藕粉作羹，流传至今，闻名遐迩。①

罗汉斋：罗汉斋初时制作比较简单，是将选用的原料合煮一锅而食，后来因佛事活动日益隆重，如法师讲经、沙弥受戒、居士拜佛等，常由法师、沙弥、居士出钱设斋供众，罗汉斋的制作也逐渐丰盛讲究，并根据出钱多少，分为千僧斋、上堂斋、吉祥斋或如意斋。此菜流传至市肆素餐馆后，又得到进一步改进和提高，根据所用原料和汤料的质量高低可分为上斋，中斋，下斋三等。由于各地物产不同，原料选择可能不尽一致，但所用原料一般不少于十余种。制作方法也同中有异，但均具有咸鲜、清香、淡雅的特色。

鼎湖上素：又称鼎湖罗汉斋，是用三菇、六耳等原料经蒸、焯、炒、煨而制成。相传位于广州西门惠爱路的西园酒家，过去敬奉佛寺名菜罗汉斋。一次，肇庆鼎湖山庆云寺庆云大师来广州六榕寺，到西园酒家吃罗汉斋，这里的罗汉斋虽也由竹笋、发菜、冬菇、草菇、蘑菇、榆耳、桂花耳、银耳、黄耳、湘莲子、佛手果、炸面筋、银针、菜心等主料烹制而成，但质、味欠佳，庆云大师遂提出了与上述用料相似，但烹制有所变更的方法。试制后为西园厨师所采纳，定名为鼎湖上素，其特点是色彩典雅、层次分明、鲜嫩滑爽、清香适口。

半月沉江：此菜源于福建厦门南普陀寺，已有60余年的历史。它以面筋为主料，配以香菇、冬笋等煮、蒸而成。因该菜有半片香菇沉于碗底，犹如半月，1962年郭沫若在该寺品尝了此菜后题诗云"半月沉江底，千峰入眼窝"，点出了"半月沉江"的菜名，使此菜更加闻名中外。此菜的特点是汤清味鲜，清脆芳香。

桑莲献瑞：此菜源于福建泉州开元寺，相传该寺内有古桑一棵，唐初建寺时曾开过莲花，故名桑莲。该寺香积厨以莲子、豆腐为主料，配以香菇、荸荠、冬笋等，经炒、蒸、炸，烹制出的菜肴俨如出水莲花，其特点是豆腐细润，馅料香脆，尤以莲子更香，余味无穷。

糖醋素鲤：此菜源于四川成都宝光寺，早在本世纪初年就享有

---

① 姚伟钧：《佛教寺院中的饮食生活》，《文史知识》1995年第3期。

盛名。一些富商巨贾不惜花数倍于荤菜的价格，专程到宝光寺品尝此菜。这道菜是以土豆为主料，配以牛尾笋、玉兰片、豆腐皮等，经酿、炸而成。其特点是"鱼"形逼真，体内结构完整，"鱼皮"酥脆，"鱼肉"香嫩，"鱼骨""鱼鳍"又不会刺破喉咙，酸甜适口，堪称素菜荤做、素质荤形的工艺名菜。

糟烩鞭笋：此菜源于宋代杭州孤山广元寺，距今已有千年历史。相传苏东坡出任杭州知州时，将他的"食笋经"传授给寺内的僧人，僧人以之改进而成，经历代相传至今，现为浙江著名的素菜。此菜以嫩鞭笋肉为主料，配以香糟，再煸、烩而成。其特点是糟香浓郁，笋肉鲜嫩。

佛寺素菜品种繁多，难以尽述其详，以上简介数种，由此可知其特定的饮食文化内涵和命名之雅致。

三、佛寺僧人的饮食习俗

在佛教戒律中，和素食一起奉行的还有一种"过午不食"的规定，即午后不吃食物。只有病号可以过午以后加一餐，称为"药食"。但中国汉族僧人从古时起就有耕种的习惯，由于劳动消耗体力较大，晚上不吃不行，所以在多数寺庙中开了过午不食的戒，不过名称仍为"药食"。

佛寺僧人用膳一般都在斋堂进行，吃饭时以击磬或击钟来召集僧徒。钟声响后，从方丈到小沙弥，齐集斋堂用膳。佛寺饮食为分食制，吃同样的饭菜，每人一份。只有病号或特别事务者可以另开小灶。每天早斋和午斋前，都要依照《二时临斋仪》的规定念供，以所食供养诸佛菩萨，为施主回报，为众生发愿，然后方可进食。唐人顾少连的《少林寺厨库记》生动地记述了少林寺的斋食情形，其中说："每至花钟大鸣，旭日三舍，缁徒总集，就食于堂。莫不咏叹表诚，肃容膜拜，先推尊像，次及有情。泪蒲牢之吼余，海潮之音毕，五盐七菜，重柤香秔，来自中厨，列于广榭，咸造物艺。"

佛寺僧人一般早餐食粥，时间是晨光初露，以能看见掌中之纹为准。午餐大多食饭，时间为正午之前。晚餐即"药食"，大多为粥。本来"药食"要取回自己房内吃，但由于大家都吃，所以也在斋堂就餐。

佛寺中负责管理斋饭的职务为典座饭头、菜头。斋堂中供护侍菩萨像，传为"洪山大圣"，元代以后多供奉"紧那罗王"像。

一年之中，围绕着纪念释迦牟尼和菩萨的佛教节日名目繁多，饮食活动也多种多样，其中，对后世影响最大者莫过于腊八节吃腊八粥了。

古代将阴历十二月称之为腊月，在腊月里，人们祭祀的诸神有八种，因此称为"腊八"，汉代以来行祭的日子就逐渐固定在腊月初八这一天了。另外，根据佛教的传说，佛祖释迦牟尼出家修道，苦行六年，每日仅食一麻一米，后因饥饿劳累昏倒在地。一位牧女给他喂了用泉水熬成的乳糜状的粥后，恢复了元气，终于在腊月初八这天夜里，悟道成佛。后来，佛教僧侣们为了不忘佛祖成道以前所受的苦难，便仿效牧女的做法，熬粥供佛。所以腊八粥就流行起来了，腊八也成了佛教的节日，被称为"佛成道日"。

吃腊八粥之俗，始于宋代，至今已有一千多年了。宋人孟元老《东京梦华录》记载：十二月"初八日，街巷中有僧尼三五人作队念佛，以银、铜、沙罗或好盆器，坐一金铜或木佛像，浸以香水，杨枝洒浴，排门教化。诸大寺作浴佛会，并送七宝五味粥与门徒，谓之'腊八粥'。都人是日各家亦以果子杂料煮粥而食也。"①"七宝五味粥"的说法，大概是取法于佛教中的"七菩提分"和"五善""五菩提"之类，实际是以枣、杏仁、核桃仁、莲子、花生和米豆等物煮成稀粥而成。

一开始，吃腊八粥之俗仅流传于佛教徒中，各地佛寺在腊八熬粥除了自己食用外，还以此馈送四方善男信女，所以腊八粥又称为"佛粥""福寿粥"。后来，此俗流传渐广，民间争相效法，特别是到清代，吃腊八粥之风更盛。在宫廷中，每逢腊八，皇帝都要向文武百官、侍从宫女赐腊八粥，并向各大寺院发米、果，以供僧侣食

---

① （宋）孟元老著，邓之诚注：《东京梦华录注》卷十《十二月》，中华书局1982年版，第249页。

用。在民间，更是家家户户熬煮食用，以致腊八粥的花样也越来越多了。

综上所述，可以看到，佛教寺院中的饮食生活，在发展中国传统饮食文化方面，也有着卓越的贡献。

第二节　道教信仰饮食习俗

道教伦理作为一种宗教道德，在现代社会中仍然以其特有的方式影响着中国人。道教思想中的生命伦理、生态伦理、生活伦理等直接或间接地影响着人们的世俗生活。其中"天人合一""道法自然"与"重人贵生"观是道教伦理的重要内容，它试图解决如何建立人与自然的和谐共生关系，反映了人与自然的息息相关、相依共存的关系，反映了人对自然的一种依赖感与亲和感。而道教的饮食文化就充分反映了"道法自然"与身心和谐的统一，由此我们可以挖掘出有利于与今天环境保护和饮食养生相协调的营养与智慧，充分借鉴，用以指导我们的行动。

一、"天人合一"观念的传承及其对道教的影响

天人和谐是道教思想的核心理念和理想诉求，在中国古代社会里，无论是学者还是统治者，对此都高度重视。

中华文明的起源是以农业为先导的，农业保障了人们的生息繁衍，是人们进行一切社会活动的前提，是中华文明产生的先决条件。古代生产力落后低下，农业生产深受自然环境的影响制约。农业生产的顺利进行，必须紧紧依赖于天时、地利等自然条件。正是因为这个缘故，中国上古先民很早就建立了天人合一、人与自然亲和的思想意识。几千年来，"天人合一"观念不断地积淀、发酵，经过中国历代思想家的探索、宣扬，最终成为中华文明的光辉标记和宝贵财富，在世界文明中独树一帜。

"天人合一"的观念，真正发端于商代先民的祭祀占卜类的活动之中，《礼记·表记》中说："殷人尊神，率民以事神。"当时的"天人合一"关系，表现为人对上天的绝对服从。西周天的权威性

逐渐发生动摇，人的地位相应地获得了提升。周公以德配天，将天命与人类道德的优劣联系起来，"天人合一"观念开始与伦理道德联系起来。

　　春秋战国时期，儒道两家均为显学。两者在"天人合一"问题上既有相似看法，又有不同见解。老子在《道德经》讲"道生一、一生二、二生三、三生万物"，指出"道"为万物之本根，由"道"化生阴阳，继而生出天地万物。孟子将天道德化，他把天看作是具有道德属性的实体，他的"天人合一"是指人性与天道的合一，"尽其心者，知其性也。知其性则知天矣。"① 认为人们只要修身养性，提高自身道德修养，便可以与天地同流。

　　战国时期道家代表人物庄子也承认"天人合一"思想，他曾说"天地与我并生，而万物与我为一"②，进一步发挥了老子的顺应自然的思想，主张抑制人的行为，取消了人的主观能动性，要求人们"虚静恬淡，寂寞无为"③。

　　"天人合一"思想真正形成并为统治者接收和推崇是在西汉时期。董仲舒为适应封建社会大一统时代的政治需要，构建了一套庞杂的"天人合一"的思想体系。董仲舒"天人合一"思想的核心命题是"天人感应"理论，"天人感应"理论有着十分浓厚的宗教神学色彩，鼓吹君权神授理论，目的在于为政治伦理服务。但同时董仲舒也认识到尊重自然规律，实现人与自然和谐相处的重要性："是以阴阳调而风雨时，群生和而万民殖，五谷孰而草木茂，天地之间被润泽而大丰美，四海之内闻盛德而皆徕臣，诸福之物，可致之祥，莫不毕至，而王道终矣。"④ 董仲舒认为，顺从自然，实现天人和谐，有着重大的意义。

　　创立于东汉时期的道教，深受"天人合一"的思想的影响，

---

　　① 杨伯峻：《孟子译注·尽心章句上》，中华书局 2008 年版，第 233 页。

　　② 方勇译注：《庄子·齐物论》，中华书局 2010 年版，第 31 页。

　　③ 方勇译注：《庄子·天道》，中华书局 2010 年版，第 206 页。

　　④ （汉）班固：《汉书》卷五十六《董仲舒传》，中华书局 2007 年版，第 563 页。

主张道法自然，珍爱生命和自然环境，追求人与自然和谐，实现修身养性，延年益寿，得道成仙。

尽管不同时代的不同思想家对"天人合一"观念见解不一，他们的观点或许有着些许摩擦，却无大相径庭之处。他们对"天人合一"的内涵有着高度的认同。综合起来看，"天人合一"的思想内涵应该包括以下几个方面：

其一，人和大自然是一个不可分割的整体，人是大自然的一部分，亦即天人一体。如老子说："天大，地大，道大，人亦大。域中有四大，而人居其一焉。"① 我国古代"天人合一"学说认为，人与自然彼此是息息相关的，你中有我，我中有你，一损俱损，一荣俱荣。在此基础上形成了道教的"道法自然"的宇宙观。

其二，重视生命价值，爱护自然万物。这是"天人合一"观的另一个重要内涵。古人认为天是哺育万物的总源泉，天的最大特点在于生生不息，化生万物，人要敬天就必须尊重生命。《周易》云"天地之大德曰生"②，孔子云"天何言哉？四时行焉，百物生焉，天何言哉"③，二程也讲"仁者以天地万物为一体"④……古代思想家在表达自己的天人观时都主张将对天的敬爱之情延伸到人类社会、自然万物，以一颗仁爱之心去善待自然。

其三，人与自然的和谐发展，亦即天人和谐。"天人合一"观认为，人具有主观能动性，能作用于自然界，但必须尊重自然规律，以使人类活动与自然界协调发展，达到人与自然界的和谐统一。《易·系辞》中说："与天地相似，故不违；知周万物而道济天下，故不过；旁行而不流，乐天知命，故不忧；安土敦乎仁，故能爱。范天地之化而不过，曲成万物而不遗。"天人和谐表达的是

① 陈鼓应：《老子注译及评价》，中华书局 2013 年版，第 159 页。

② 黄寿祺、张善文：《周易译注》卷九《系辞下》，上海古籍出版社 2004 年版，第 530 页。

③ 杨伯峻译注：《论语译注·阳货篇第十七》，中华书局 2006 年版，第 209 页。

④ （宋）程颐、程颢著，王孝鱼点校：《二程集·河南程氏遗书》卷二上《先生语二上》，中华书局 1981 年版，第 15 页。

一种人与自然和谐共融的高远境界，是中国"天人合一"思想的核心理念和终极目标。

二、道教"道法自然"的饮食原则

《老子》第二十五章中说："人法地，地法天，天法道，道法自然。"因此，道教认为人与自然是融会贯通的。同时，道教是在生存意识基础上建立起来的，对生命的尊重是道教思想的根本。人的生命为什么可贵？道教认为，人是宇宙的精华，体现着天地的神统。"夫人者，乃天地之神统也。灭者，名为断绝天地神统，有可伤败于天地之体，其为害甚深。"[1] 生命一旦消失，就再也不会出现，所以要特别珍重。道教的这些思想既体现着传统的重视自然环境的精神，又带有对人的生命的尊重。

道教既以追求长生为主要宗旨，因此，它在饮食上有自己的一套信仰，其主要表现为"回归自然、崇尚绿色、身心和谐"。道教主张饮食与自然界和谐统一，既吸纳中国传统文化中一些饮食养生成就，也注意自己创造，形成了"道法自然"、生态和谐、身心和谐的饮食原则。

道教产生于东汉顺帝年间，这时期我国人民的日常饮食的原料和调料已经相当丰富。早期道教兴起于民间，道教徒的饮食与普通群众大致一样，据记载，南朝高道陶弘景《神农本草经集注》所选食物和食疗药物就有 195 种，包括禽兽、果菜、米食等类，这些都是自然生态的饮食原料。到了唐代，孙思邈在《急救千金要方》专设"食治"一篇，其中仅药用食物就收载 164 种，分为果实、菜蔬、谷米、鸟兽四大门类。元代成书的道经《三元延寿参赞书》卷三《食物》分果实、米谷、菜蔬、飞禽、走兽、鱼类六类，各类下面分别介绍几十种食物的性能、宜忌，条分缕析，方便人们取舍。以上各书所载食物并非道教徒日常所用的全部，它只是从一个侧面反映了道教饮食原材料的丰富性和自然生态性。

---

[1] 王明编：《太平经合校》卷四十《乐生得天心法第五十四》，中华书局 1977 年版，第 80 页。

在充实自然生态原材料的同时，道教徒也注意避忌有损身体健康的食物。如北宋茅山道士刘词在《混俗颐生录》卷上指出："凡人常忌鸡猪自死，牛肉陈臭难消，咸酸粘滑冷腻，生葱，大、小蒜，生香菜，不时之物，瓜果、粉粥、冷淘等物，非养生摄理之道。凡服药饵之时，尤忌三般受气不足之肉，肉者，鸡、猪、无鳞鱼；又忌三般受飞不足之菜，菜者，莙达、莴苣、波薐（菠菜），闭血触故也。"又如《三元延寿参赞书》卷三《饮食》引经书云，"酒浆照人无影，不可饮"；"阴池流泉，六月行路勿饮之，发虐"；"食第屋漏水堕脯肉，成癥痕，生恶疮"；"人汗入肉，食之作丁疮"；"食诸兽自死肉，生丁疮"。

如何选择符合人体健康的食物，并对它进行合理的搭配，这方面的问题在道教经典《太清道林摄生论·黄帝杂忌法第三》《养性延命录·食诫篇第二》《孙真人摄养论》《四气摄生图》《保生要录·论饮食门》《修真秘录》《混俗颐生录》《三元延寿参赞书·饮食》《备急千金要方·食治》中都有比较多的叙述。例如，道教主张人体应保持清新洁净，认为人禀天地之气而生，气存人存，而有些谷物、荤腥等都会破坏"气"的清新洁净。所以，陶弘景《养性延命录》云："少食荤腥多食气。"

道教把食物分为三、六、九等，认为最能败清净之气的是荤腥及"五辛"，所以尤忌食肉鱼荤腥与葱蒜韭等辛辣刺激的食物，主张"不可多食生菜鲜肥之物，令人气强，难以禁闭"。此外，《胎息秘要歌诀·饮食杂忌》亦云："禽兽爪头支，此等血肉食，皆能致命危，荤茹既败气，饥饱也如斯，生硬冷须慎，酸咸辛不宜。"

那么，什么样的食物最理想呢？《抱朴子·内篇·对俗》说："餐朝霞之沆瀣，吸玄黄之醇精，饮则玉醴金浆，食则翠芝朱英。"道教认为只有这种饮食，才能延年益寿，这就充分体现了道教崇尚自然生态的饮食观念。

此外，道教还主张少食，进而达到辟谷的境地。所谓辟谷，亦称断谷、绝谷、休粮、却粒等。辟谷之术，由来已久。据说辟谷术源于赤松子，而赤松子是神农时的雨师，传说中的仙人。《史记》

记载汉初名臣张良"欲从赤松子游，乃学辟谷，导引轻身"①。后经吕后劝阻，张良不得已才进食。长沙马王堆汉墓发现的《却谷食气》是我国现存最早的辟谷文献。

汉代行辟谷之术的道人较多，据传有着较好的效果，如《淮南子》云："单豹倍世离俗，岩居而谷饮，不衣丝麻，不食五谷，行年七十，犹有童子之颜色。"② 也有人以食枣来辟谷，如《后汉书》载："（郝）孟节能含枣核，不食可至五年十年。"③ 枣子是一种温补的药物，专门吃枣子是可以维持生命的。还有人以食药来辟谷，如曹丕《典论》记载汉末郄俭"能辟谷，饵茯苓"，郄俭到处传授其术，以致"伏苓价暴贵数倍"。曹植在《辩道论》亦云："余尝试郄俭，绝谷百日，躬与之寝处，行步起居自若也。"

晋代盛行辟谷，其方法也多种多样，正如葛洪《抱朴子》云："近有一百许法、或服守中石药数十丸，便辟四五十日不饥，练松柏及术，亦可以守中，但不及大药，久不过十年以还。或辟一百二百日，或须日日服之，乃不饥者，或先作美食极饱，乃服药以养所食之物，令不消化，可辟三年。欲还食谷，当以葵子猪膏下之，则所作美食皆下，不坏如故也……余数见断谷人三年二年者多，皆身轻色好，堪风寒暑湿，大都无肥者耳。"④

辟谷者虽不食五谷，却也不是完全食气，而是以其他食物代替了谷物，这些食物主要有大枣、茯苓、巨胜（芝麻）、蜂蜜、石芝、木芝、草芝、肉芝、菌芝等，即服饵。

饮食养生的最高境界是怎样的呢？《内经》有一篇叫做"生气通天论"，意思是说人的生命之气与天地自然是息息相关的，因

---

① （汉）司马迁：《史记》卷五五《留侯世家》，中华书局 1959 年版，第 2048 页。

② （汉）刘安等编，（汉）高诱注：《淮南子》卷十八《人间训》，上海古籍出版社 1989 年版，第 205 页。

③ （宋）范晔撰，（唐）李贤等注：《后汉书》卷八二下《方术列传下》，中华书局 2007 年版，第 807 页。

④ 王明：《抱朴子内篇校释》卷十五《杂应》，中华书局 1986 年版，第 266～268 页。

此，"天人相应"从研究健康与疾病问题的基本出发点。所谓"天人相应"，是指人生存在天地之间，宇宙之中，是自然界长期演化的结果，一切生命活动都与大自然息息相关；同时，自然界的四时轮回、气候变化、日月运行、地理差异等都会对人体的生命活动产生影响。由此可见，中医中的"天人相应"与"天人合一"是相通的。

道教饮食养生的理念和方法不仅仅着眼于小小的人体，而是将人放在无比恢宏的宇宙之中，即充分考虑生命活动的共性，也不忽略个体所处的独特的时间和空间特点，力图通过自然生态的饮食生活来维持身体的健康，进而达到人与自然协调统一的理想境界。可以看出，道教饮食，绝不只是一般生活的学问，而是融汇并反映了中国道教哲学的深邃精神。

三、发展自然生态的道教饮食文化

随着社会的进步，尤其是人们生活水平、生活质量的不断提高，人们吃饭不只是追求口感、口味，讲究色香味形，而且越来越讲究营养，讲究饮食的合理和科学，讲究营养与搭配，讲究食品安全。营养餐饮、保健餐饮的出现将会对餐饮文化提出更高的要求，烹饪营养学将会被人重视，而在这一点上，道教饮食文化中讲究自然生态的饮食观念尤其值得我们重视。

道教素菜主要以绿叶菜、果品、菇类、菌类、植物油为原料，味道鲜美，富有营养，自然生态，容易消化。从营养学角度看，蔬菜和豆制品、菌类等素食含有丰富的维生素、蛋白质、水，以及少量的脂肪和糖类，这种清淡而富于营养的素食，对于中老年人来说更为适宜。特别是道教素食中蔬菜往往含有大量的纤维素，还可及时清除肠中的垢腻，保持身体健康。

道教是我国固有的宗教，它的方方面面都有中国的风采，在烹饪技术上也不例外。

道教饮食烹饪方法呈现出多姿多彩的特点。总的说起来，道门烹饪基本方法大致有：煮、烧、炒、炸、烤、煎、炖、焖、煨、熬、蒸、煲、凉拌等等。这些方法，我们中国人大多耳熟能详。而由这些制作方法产生的食物成品大概有：汤、羹、粥、糊、饼、糕、锅贴、冻、包子、汤丸，等等。道教素食中，经常使用的是煮、烧、炖等比较健康的烹饪方法。"道门烹饪技术中的火候功夫，是道士的看家本领之一。火，是燃料燃烧释放的热能，它是使食物原料发生由生到熟转变的关键因素；候，体现了对火的把握。由于火的变化微纤精妙，所以不同的火候可以形成不同的技法，制作出不同质地和风味的菜品。鼎中之变，得失成败往往就在刹那之间，火候至要，却难于驾驭。难于驾驭，不等于无法驾驭，炼丹道士在千锤百炼中，掌握了高深的'进阳火，退阴符'的技术。……道士在制药过程中获得的对火力的敏锐的感觉，也给制作中国食物时的火候（火力）的灵活运用和烹调技术的多样化发展带来巨大的影响。"

在道教素菜制作中，武当山与龙虎山都有许多成功的经验，值得推广。

武当道教斋饭源于武当山道士日常饮食和香客信士用于朝山进香的常用食物。明代武当山道教享有特殊的经济和政治地位，为防止各色人等鱼目混珠或滋事生非，明永乐皇帝特意委派内宫太监提督武当山外。永乐帝还明令下旨约束武当道教，进一步明确管理规制：道士出家、入庵、禁俗念、脱俗缘、禁食荤腥、戒酒、节食。后来，全真龙门派王常月撰《初真戒律》对道士受戒后的衣食住行也都做了明确规定。时至今日，在宗教政策和道教传统文化的基础上，在武当山紫霄宫和金顶贵宾楼制作了一系列道教斋饭，并于1998 年正式对外开放，并以其独特风味，为人津津乐道。

武当道教斋饭戒荤腥，忌食兔、蛇、黄鳝、牛、犬、猪肉及生葱、蒜等刺激食物，而以自然食物为主。其原料来源主要是山生山长的植物和果实（山内采摘和道士种植），诸如盐干笋、盐干鹰咀笋、鹿尾笋、九仙子、冻豆腐、核桃、板栗、猕猴桃、木耳、香菇、黄精等。这些原料不施任何现代肥料，只是依靠山上腐败的枝叶和其它自然肥料给足植物生长所需营养，油料则一律选用植物油（主要来源于河南、湖北、陕西等地香客贡送的芝麻油、豆油等）。

武当道教斋饭的特点主要是素菜荤做，即以素菜为原料，如面筋、豆干、蕨菜各类野菜等做成鱼、兔、牛肉、猪肉等荤菜造型并冠以荤菜之名，故曰素菜荤做，有望梅止渴之趣。

用餐形式分宴席和流水席。道教筵席是在古代道教祭礼活动基础上发展起来的，在规模、席位、菜点、食序和礼仪方面都非常讲究。现今，武当山道教斋饭筵席对传统筵席形式和内容进行了改革，精简菜点，缩短时间，突出传统筵席的文化特色，使其在菜肴搭配、口味标准、装潢点缀、营养卫生等方面更为科学和合理。

江西龙虎山天师八卦宴是南宋理学家朱熹创制的用来待客的一种饮食礼仪。八卦宴以朱熹平时的饮食为基础，菜肴中有拼盘、羹、汤、丸等形式，制作上有煎、炸、清炖等烹饪方法。八卦宴最大的特色是各种菜肴的排列，无不按照朱熹所推崇的八卦图来进行。

八卦宴的排列方法是：先在八仙桌上画上八卦图，正中为太极，其八方分别为乾、坤、震、巽、艮、坎、离、兑八种卦覆，每种卦覆各陈列上一道有关卦理意义的佳肴，整个宴席犹如一幅八卦图，可谓匠心独具。在菜肴名上，更是寓意悠远。太极之首为翡翠羹；易生两仪，分别置上玄天混丸和太乙阴阳蛋；两仪生四象，四种菜肴分别为百发圆子、莲塘君子，桂花虾仁，油焖双冬。这四道菜还暗寓了春夏秋冬四季之象。按八卦方位，每方位上的菜肴又分别为素炒鳝鱼丝，香油凤腿、酒酿冬菇，宫保鸡丁、竹笋肉丝、溜鸡肝卷、白炒木耳、八宝吉祥等。

天师八卦宴集道家素菜精华于一体，是历代天师宴请宾客，举行重大活动排摆的宴席。其程序有简有繁，简单的一般一荤三素，为天师平日用餐之食，如今只要花上几十元钱就可以在上清千年古街品尝到。复杂的八卦宴也叫"大餐"，做起来颇为讲究，而且充满道家的玄机。设宴时，取老式八仙桌，按八卦图中的"乾、坤、震、巽、坎、离、艮、兑"的八个方位，按宾客的身份、贵贱、辈份、属相依次入座。宴席中央的八卦——八宝饭，是道教饮食文化中最有特色的标志，甚至连围在周围的餐具，也恰好拼成八卦图形。

道教在中国发展的几千年来，已经形成了自己独特的饮食文

化。道教饮食养生文化十分高雅，也十分通俗，其中一部分已演化
为民间世俗，成为劳动群众饮食生活的组成部分。道教饮食是道教
文化的深刻反映，是道教思想和信仰体系的生动体现，加强对道教
饮食养生文化研究，可以帮助我们全方位、多层次地了解中国传统
文化，也可以为今天的饮食养生文化提供有益的借鉴。同时，对于
今天的人民来说，反思当今日益恶化的生态环境和各种疾病不断增
多的问题，吸收"道法自然"的智慧，尊重生态环境，坚持发展
道教的素菜饮食文化，做到身心和谐，应该是一个很好的选择。

第三节　伊斯兰教信仰饮食习俗

伊斯兰教在中国旧称回教、回回教、清真教、天方教。公元七
世纪，伊斯兰教由阿拉伯人穆罕默德创立，盛行于中东地区。七世
纪中传入中国，在回族、维吾尔、哈萨克、乌孜别克等十多个民族
中流传。由于伊斯兰教徒认为"真主原有独尊，谓之清真"，清真
教就成了伊斯兰教在中国的译称，因而人们习惯将教徒们制作出来
的、具有回教风味的菜也称之为清真菜。

一、清真菜的饮食禁忌

清真菜的主要特点是饮食禁忌较多。伊斯兰教认为，猪、狗、
驴、骡为"不洁之物"，不得食用，尤其禁食猪肉，并不能言及和
接近之。伊斯兰教还禁食自死的动物、血液，以及未诵安拉之名而
宰杀的动物。此外，无鳞鱼和凶狠食肉、性情暴躁的动物也不能
吃。

据《天方典礼择要解》中说，回族禁食的有"暴目者，锯牙
者、环喙者、钩爪者、吃生肉者、杀生鸟者、同类相食者、贪者、
吝者、性贼者、污浊者、秽食者、乱群者、异形者、妖者、似人
者、善变化者"等等。伊斯兰教还规定，即使是可食的畜禽，也
必须经过阿訇或者懂得宰杀规矩的人宰杀，宰杀时，还要口诵安拉
之名，方能食用。同西亚、北非阿拉伯伊斯兰教国家的菜肴相比，
中国清真菜的风味迥异，但在饮食禁异上则是完全相同的。

　　伊斯兰教在饮食方面还有一些附加规定，首先是可食之物在食用时也不能过分和没有节制。《古兰经》中说："你们应当吃，应当喝，但不要过分，真主确是不喜欢过分者的。"另外，禁食之物在迫不得已的情况下食之无过，《古兰经》又说："他只禁戒你们吃自死物、血液、猪肉，以及诵非真主之名而宰的动物。凡为势所迫，非出自愿，且不过分的人（虽吃禁物），毫无罪过。"

　　此外，伊斯兰教还认为饮酒是一种"秽行"，"是恶魔行为"，饮酒使人乱性，故应远离，因此，教民都不得饮酒。

二、清真菜的风味特色

　　清真菜选料严谨，工艺精细，食品洁净，菜式多样，其用料主要取材于牛、羊两大类，特别是羊肉。如早在清代乾隆年间就已经有清真全羊席。全羊席即以羊肉、羊头、羊尾、羊蹄、羊舌、羊脑、羊眼、羊耳、羊脊髓和羊内脏为原料，做出品味各异的菜肴一百余种，体现了厨师高超的烹饪技艺，是清真菜中最高级的代表。全羊席在清代同治、光绪年间极为盛行。《清稗类钞》中说："清江庖人善治羊，如设盛筵，可以羊之全体为之。蒸之、烹之、炮之、炒之、爆之、灼之、熏之、炸之。汤也、羹也、膏也、甜也、咸也、辣也、椒盐也。所盛之器，或以碗、或以盘、或以碟，无往而不见为羊也。多至七、八十品，品各异味，号称一百有八品者，张大之辞也。中有纯以鸡鸭为之者。即非回教中人，亦优为之，谓之曰全羊席。同、光间有之。"[①]

　　后来，由于烹制全羊席过于靡费，遂逐渐演化为全羊大菜。全羊大菜包括八道菜：独脊髓（羊脊髓）、炸蹦肚仁（羊肚仁）、单爆腰（羊腰子）、烹千里风（羊耳朵）、炸羊脑（羊脑子）、白扒蹄须（羊蹄）、红扒羊舌（羊舌）、独羊眼（羊眼）。全羊大菜规模虽然小些，但基本包含全羊席的精华，都是清真菜中的名菜。

　　清真菜的口味偏重咸鲜，汁浓味厚，肥而不腻，嫩而不膻。由

---

① （清）徐珂编：《清稗类钞》第十三册《饮食类》，中华书局 1984 年版，第 6267 页。

于各地的物产和饮食习俗不同，清真菜在中国又可分为三个地域流派。其一是西北地区的清真菜，他们善于运用当地的特产，如牛羊肉、牛羊奶及哈密瓜、葡萄干等原料制作菜肴，保留了较多的阿拉伯人饮食特色，风格古朴；其二是京、津、华北地区的清真菜，取料广博，除牛羊肉外，海味、河鲜、禽蛋、果蔬无不具备，讲究火候，精于刀工，色香味形并重；其三是西南地区的清真菜，善于使用家禽和菌类植物，菜肴清鲜，注重保持原汁原味。

三、节日饮食习俗

信仰伊斯兰教的民族，一年中有两个隆重的节日：

第一是开斋节，又称"肉孜节"，时间为伊斯兰教历十月一日。在这之前的一个月内，穆斯林们实行斋戒，称为"把斋"。在"斋月"期间，每天日出前吃好封斋饭，从日出到日落，严格禁食任何东西。老弱病幼者可不守斋，但也要尽量节制饮食。期满29天，新月（月牙）出现时即行开斋，次日为开斋节。如不见新月，则继续斋戒一天，开斋节顺延。开斋节这一天，穆斯林们头戴小白帽，身穿节日服装来到清真寺会礼，互致节日问候，各家都要炸"油香""油馃""馓子"等，互相赠送。① 开斋节又谓之小年，一般要欢庆三日。

第二是古尔邦节，又称"献生节"，意为宰牲、献祭之意。时间为回历十二月十日，此节犹如汉人之春节。节前要把家中打扫干净，过节这一天不吃早点，要赶在太阳未升之前去清真寺听阿訇念《古兰经》，互致节日问候。然后再回家宰羊煮肉，欢庆节日。

伊斯兰教的节日宴会也很有特色，大体可分为燕菜席、鱼翅席、鸭果席、便果席和便席五类。这些宴席具有繁简兼收，雅俗共赏，高中低档咸备，色香味形并美的特点。据胡朴安《中华全国风俗志》载："回回宴会，总以杀牲畜为敬，驼、牛、马均为上品，羊或数百只。各色瓜果、冰糖、塔儿糖、油香，以及烧煮各

---

① 马静：《北京牛街清真饮食文化析》，《中华食苑》第 1 集，经济科学出版社 1994 年版。

肉、大饼、小点、馎饦、蒸饭之属，贮以锡铜木盘，纷纭前列，听便取食。乐器杂奏，歌舞喧哗，群回拍手，以应其节，总以极醉为度，有通宵达旦，醉而醒，醒而复醉者，所陈食品或散给于人，或宴罢携之而去，则主人大喜，以为尽欢。"① 充分显示了回族饮食的丰富多彩和回民性格的豁达。

---

① 胡朴安：《中华全国民俗志》下册，河北人民出版社 1986 年版，第449 页。

第十九章

中国古代居丧饮食

居丧饮食是中国礼俗文化的重要内容，它是孝子在居父母丧期间哀痛之情在饮食上的集中体现，彰显了中国孝道的基本精神。本章主要从居丧饮食的概况、特点和宗教因素三个大的方面来论述中国古代居丧饮食的发展演变及其所反映的社会生活变迁。居丧饮食的变迁实际上也是孝道观的变迁。最终，居丧饮食中的精神内涵随着时代的推移而逐渐淡化，原有的饮食规范也逐渐遭到破坏，以致流于形式。

第一节　居丧饮食概况

丧礼是我国古代“五礼”中凶礼的重要组成部分，与人们的生活密切相关。它既包括对死者遗体的处理，还包括生者哀悼死者的仪式。在居丧期间，守丧者的言语、服饰、居住、饮食等各方面都有着严格的规定，以表达哀思之情。

关于丧礼的研究，一直以来都是学界的热点问题。20 世纪以来，出现了许多关于丧葬问题研究的专著和论文。它们大多利用考

古与传世文献相结合的方式，从丧葬的起源及发展、丧葬制度、丧
服制度、丧居、厚葬与薄葬、陵寝、葬法、明器、丧葬习俗、丧葬
与宗教、少数民族丧葬等方面论述。这些著作与论文的研究几乎涉
及到丧礼的方方面面，但在居丧饮食的研究上却涉及甚少，仅有台
湾学者林素娟在其《丧礼饮食的象征、通过意涵及教化功能——
以礼书及汉代为论述核心》一文从祭食、丧食两个大的方面对先
秦秦汉时期的丧礼饮食问题做过一定的梳理和论争①。遗憾的是，
林素娟一文并未对魏晋之后各时期的居丧饮食进行论述。而且在林
素娟之后，几乎没有专门论述丧葬饮食问题的研究。居丧饮食作为
中国礼俗文化中的一个重要内容，反映了中国孝道的基本精神，因
此，研究居丧者的饮食问题意义重大。本节主要从子女居父母丧期
间的饮食着手，探讨古代社会各个时期的居丧饮食变迁及其思想文
化内涵。

居丧饮食在先秦时期就已经产生。但是，它起源的具体时间，
学界目前尚无定论。直到春秋战国时期，以孔子为代表的儒家学派
在整合前代习俗的基础上，制定了一套系统的居丧饮食规则。根据
与死者关系的亲疏远近规定了不同的饮食行为，突出表现在丧礼的
"五服"制度之中。如《礼记》中说："斩衰三日不食，齐衰二日
不食，大功三不食，小功、缌麻再不食，士与敛焉则一不食。故父
母之丧既殡食粥，朝一溢米，莫一溢米；齐衰之丧疏食水饮，不食
菜果；大功之丧不食醯、酱；小功、缌麻不饮醴酒。"② 这是对居
丧者在五服之人初死及葬后的饮食要求，其中服制最重的就是子女
为父母的斩衰之服和齐衰之服。此外，《礼记》还单独对居父母丧
期之间不同阶段的饮食做了详细规定。"父母之丧既虞、卒哭，疏
食水饮，不食菜果；期而小祥，食菜果；又期而大祥，有醯、酱；

---

① 林素娟：《丧礼饮食的象征、通过意涵及教化功能——以礼书及汉代
为论述核心》，《汉学研究》第 27 卷第 4 期，2009 年 12 月。

② （清）孙希旦撰：《礼记集解》，中华书局 2010 年版，卷五五，第
1365 页。

中月而禫，禫而饮醴酒。始饮酒者先饮醴酒，始食肉者先食干肉。"① 礼制规定居丧者在守丧期间的饮食逐渐由禁食、节食向正常饮食转变，饮食的转变同时也应是守丧者心境的转变，要做到"送死有已，复生有节"②，不能因一味的沉浸于哀伤之中而影响生者的正常生活。

从以上的内容可以看出，儒家在子女居父母丧期间主要是在始死、既殡、既虞及卒哭、小祥、大祥、禫六个阶段制定了相应的饮食行为。这一套饮食规则成为之后历代王朝修订丧礼的标准。

一、"三日不食"礼

前文已经提及，"斩衰三日不食"。斩衰作为五服之中最重的服制，在血缘关系中突出表现为子为父服。而子为母服却降杀为第二等服制——齐衰，"齐衰二日不食"。也就是说，在亲人初死之时，为父居丧三日不食，为母居丧二日不食。之所以如此设定，皆由传统的宗法伦理观念所致。"父母之丧，其哀痛迫切之情初无降杀，唯以家无二尊，而母之服杀而为齐衰。"③ 为母服本来应该与父同，然而，为了在饮食中树立父系家长制的地位，子为母服只能屈而降低。这种尊尊观念在之后的丧礼中也一直扮演着重要角色。

之所以"三日不食"，是因为亲人初死之时，"恻怛之心，痛疾之意，伤肾、干肝、焦肺，水浆不入口，三日不举火。"④ 哀伤之情突发，悲痛而无意饮食。同时，死后三日而敛，是因为孝子

① （清）孙希旦撰：《礼记集解》，中华书局 2010 年版，卷五五，第 1366 页。
② （清）王先谦撰：《荀子集解》，中华书局 1988 年版，卷十三，第 372 页。
③ （清）孙希旦撰：《礼记集解》，中华书局 2010 年版，卷三二，第 859 页。
④ （清）孙希旦撰：《礼记集解》，中华书局 2010 年版，卷五四，第 1349 页。

"俟其生也，三日而不生，亦不生矣"①。由此可知，"三日不食"
与"三日而敛"之间存在着密切联系，表明孝子以哀痛之心、抱
万分之一之希望等待确认亲人能否复生。三日不生，便可着手准备
丧事服具。"三日不食"使得巨大的变故在饮食上首先表露出来。

魏晋南北朝是我国古代历史中一个极具特色的时期，这一时期
"三日不食"礼变得更加严苛。特别是在南北朝中后期，已经普遍
突破三日的期限，出现五日、七日甚至更多日不食的现象。如南朝
齐时期，杜栖父杜京产亡，"水浆不入口七日"②；顾欢"母亡，
水浆不入口六七日"③。萧梁时期，刘昙净父卒，"不食饮者累
日"，母亡，"水浆不入口者殆一旬"④；更有甚者如褚修"丁母
忧，水浆不入口二十三日"⑤。北魏时期，李显达"父丧，水浆不
入口七日"⑥；仓跋丧母，"水浆不入口五日"⑦。如此之人，不胜
枚举。同时，在这期间，"三日不食"也依然存在，主要出现在北
朝后期。北齐时，高叡丧母，"三日水浆不入口"⑧。北周时期，
荆可"及母丧，水浆不入口三日"⑨。不管是为父还是为母，魏晋
南北朝时皆打破了先秦时期"斩衰三日不食，齐衰二日不食"的

---

① （清）孙希旦撰：《礼记集解》，中华书局 2010 年版，卷五四，第
1352 页。

② （梁）萧子显撰：《南齐书》，中华书局 1974 年版，卷五五，第 966
页。

③ （梁）萧子显撰：《南齐书》，中华书局 1974 年版，卷五四，第 929
页。

④ （唐）姚思廉撰：《梁书》，中华书局 1973 年版，卷四七，第 654 页。

⑤ （唐）姚思廉撰：《梁书》，中华书局 1973 年版，卷四七，第 658 页。

⑥ （北齐）魏收撰：《魏书》，中华书局 1974 年版，卷八六，第 1885
页。

⑦ （北齐）魏收撰：《魏书》，中华书局 1974 年版，卷八六，第 1886
页。

⑧ （唐）李百药撰：《北齐书》，中华书局 1972 年版，卷十三，第 170
页。

⑨ （唐）令狐德棻等撰：《周书》，中华书局 1974 年版，卷四六，第
830 页。

规定。

由上可以看出，魏晋南北朝时期，"三日不食"礼在向着更为极端的方向发展。特别是萧梁时期诸如刘昙净"一旬"不食、褚修"二十三日"不食的现象，完全超出了人类生命的极限，甚至让人怀疑其史料记载的真实性。高二旺先生认为这种情况表明魏晋时期居丧毁卒达到前所未有的地步。① 这些数字记载可能存在着一定的虚假和浮夸，但它反映了这一时期人们在居丧饮食上更为严苛的主流意识，而这种意识也得到了国家层面的认可和鼓励，实为时代发展畸形的产物，这与魏晋时期儒学衰微、崇尚自然的社会风气有着莫大的关联。

隋唐及以后各朝代，"三日不食"礼在继承魏晋的基础上依然存在，过礼遗风也继续发挥作用。但相对于魏晋时期的严苛情况，这一时期的过礼情况明显趋于缓和。如唐朝时期，焦怀肃与泉州林攒母终，皆"水浆不入口五日"②。宋元时期，传统的儒家丧礼几乎被破坏殆尽。一些开明士大夫虽然力图通过修订礼书来纠正时俗，扭转世风，诸如《司马氏书仪》和《朱子家礼》主张恢复先秦时期的"三日不食"③ 礼，但世俗之中过礼而行的情况仍时有发生。如宋朝陈思道"母丧，水浆不入口七日"④；明朝顾琇父卒，"水浆不入口五日"⑤。然而，相对于魏晋旬日、甚至是二三十日不食的情况而言，隋唐之后的"三日不食"之礼已经在很大

---

① 高二旺：《魏晋南北朝时期毁卒考论》，《南都学坛（人文社会科学学报）》，2014 年第 6 期。

② （宋）欧阳修、宋祁撰：《新唐书》，中华书局 1975 年版，卷二一三，第 5590 页。

③ 司马光撰，汪郊校：《司马氏书仪》卷六《丧仪·饮食》，同治七年（1868 年）江苏书局刻本；（宋）朱熹撰：《朱子全书（第七册）》，上海古籍出版社 2002 年版，第 902 页。

④ （元）脱脱等撰：《宋史》，中华书局 1977 年版，卷四五六，第 13396 页。

⑤ （清）张廷玉等撰：《明史》，中华书局 1974 年版，卷二九六，第 7589 页。

程度上呈现出向古礼回归的意向。

综上可见，"三日不食"礼在先秦时期确立，在魏晋南北朝时期发生了巨大变化，其后的唐宋元明清时期也基本继承了魏晋时期的变俗，突破了三日的界限，反映了丧礼随着社会的变迁而变化。

二、既殡之后饮食礼

"三日不食"之后便可以饮食，主要分为既殡、卒哭、小祥、大祥、禫几个阶段，而各个阶段的饮食都各不相同。这些都是"哀之发于饮食"①的表现，通过饮食的变化来展现守丧者在居丧过程中心态的变化。所谓"哭泣之哀，日月降杀，饮食之宜，自有制度"②，具有强烈的人本主义色彩。

《礼记·间传》曰："既殡食粥。"食粥是居丧初始之时的重要饮食，粥有稀、稠之分，孔颖达疏："厚曰饘，希曰粥，朝夕食米一溢，孝子以此为食，故曰'饘粥之食'。""三日不食"之后之所以选择先食粥，主要有两个原因：首先，从医食同源的角度来看，粥有食疗养生的作用，易于消化吸收。三日不食，必定"空腹胃虚"，食粥"与肠腑相得，最为饮食之良"③。《司马氏书仪》卷六《饮食》篇亦曰食粥"足以充虚续气"。其次，食粥是一种清贫的表现，正好符合居丧的要求。"既虞、卒哭，疏食水饮，不食菜果。"郑玄《笺》曰："疏，麤也，谓粝米也。"孔颖达认为，"既葬哀杀，可以疏食，不复用一溢米也。"水饮但指饮水而已。然而，徐吉军、贺云翱认为，这里的"水饮"大概为豆浆之类的东

---

① （清）孙希旦撰：《礼记集解》，中华书局 2010 年版，卷五五，第 1365 页。

② （唐）房玄龄等撰：《晋书》，中华书局 1974 年版，卷三三，第 989 页。

③ （宋）张耒撰，李逸安等点校：《张耒集》，中华书局 1998 年版，第 780 页。

西①。他们根据贾公彦的解释，认为未虞以前渴亦饮水，而在既虞后与疏食同言水饮者，恐虞后饮浆酪之等，故云饮水而已。其实，食粥与疏食水饮，皆谓三日不食之后也。孙希旦认为："疏食但不为粥。"② "主人未葬食粥，兼可解渴，故不饮水，既葬疏食，然后亦饮水也。"③ 同时，他还认为 "饮有浆醴之属，今但饮水而已，饮之贫也"④。所以，在亲人初丧的境况下，饮水更符合当时的哀痛之情。小祥之后食菜果，郑玄认为："果，瓜桃之属。"《间传》云："始饮酒者先饮醴酒，始食肉者先食干肉。"《丧大记》解释说："醴酒味薄，干肉又涩，所以先食之，以丧初除，孝子不忍即御醇厚之味，故饮醴酒、食干肉也。"《黄帝内经·素问》云："五谷为养，五果为助，五畜为益，五菜为充，气味合而服之，以补精益气。"⑤ 从《黄帝内经》记载来看，只有五谷、五果、五畜、五菜 "合而服之" 才能达到健康平衡的饮食。而健康的饮食也在丧期逐渐结束的过程中逐渐恢复。

魏晋南北朝时期，居丧食粥的现象十分盛行。然而，这一时期的居丧粥大多为麦粥。宋齐之际人庾沙弥居母丧时，"初进大麦薄饮，经十旬方为薄粥。"⑥ 萧梁时期，吴兴沈崇傃母卒，"久食麦屑，不啖盐酢"⑦。甚至是梁武帝在丁父忧期间，"服内不复尝米，

---

① 徐吉军、贺云翱：《中国丧葬礼俗》，浙江人民出版社 1991 年版，第 350 页。

② （清）孙希旦撰：《礼记集解》，中华书局 2010 年版，卷四三，第 1155~1156 页。

③ （清）孙希旦撰：《礼记集解》，中华书局 2010 年版，卷四三，第 1156 页。

④ （清）孙希旦撰：《礼记集解》，中华书局 2010 年版，卷十一，第 279 页。

⑤ （唐）王冰撰：《重广补注〈黄帝内经·素问〉》卷七，明嘉靖二十九年（1550 年），顾从德刻本。

⑥ （唐）李延寿撰：《南史》，中华书局 1975 年版，卷七三，第 1829 页。

⑦ （唐）姚思廉撰：《梁书》，中华书局 1973 年版，卷六四九，第 649 页。

惟资大麦，日止二溢。"① 到南朝陈时，吴郡张昭父卒，"不食盐醋，日唯食一升麦屑粥而已"②。麦食作为一种粗食，是普通百姓乃至穷人的饮食③。因此，麦粥也被称为清贫粥④。而在北朝社会，明确记载这种饮食现象的很少，但从侧面可以看出居丧食麦依然盛行北方。北魏时期，天水人赵琰因三十年而不能"越关葬（双亲）于旧兆"乃"绝盐粟，断诸滋味，食麦而已"⑤。王琰的此种行为虽然不是在丧期之内进行，但他的这种行为确是因为孝心所致，完全可以看作是居丧的延续。在麦作物盛行的北方，钦慕汉文化的北方少数民族政权必定会学习引进南方社会的居丧饮食风尚。同时，这种现象也说明这一时期麦作物在南北社会得到广泛推广。由此可见，居丧食麦的现象确实为魏晋时期的一大特色。

同时，这一时期的居丧饮食打破了先秦时期循序渐进的饮食规范，服丧期内饮食节制长时间内保持"蔬食水饮"的状态，甚至延续到丧毕之后的日常饮食之中。如晋武帝居其父文帝丧时，因为不堪"食旨服美"，所以"水饮疏食"⑥。南朝刘宋时期，谢弘微丁"母忧去职，居丧以孝称，服阕逾年，菜蔬不改"⑦；刘瑜丧母，"服除后，二十余年布衣蔬食"⑧。南齐时，晋陵薛天生"母遭艰菜食，天生亦菜食，母未免丧而死，天生终身不食鱼肉"⑨。

---

① （唐）姚思廉撰：《梁书》，中华书局1973年版，卷三，第96页。

② （唐）姚思廉撰：《陈书》，中华书局1972年版，卷三二，第430页。

③ 徐海荣主编：《中国饮食史（卷三）》，华夏出版社1999年版，第74页。

④ 徐海荣主编：《中国饮食史（卷三）》，华夏出版社1999年版，第80页。

⑤ （北齐）魏收撰：《魏书》，中华书局1974年版，卷八六，第1882页。

⑥ （唐）房玄龄等撰：《晋书》，中华书局1974年版，卷二〇，第614页。

⑦ （梁）沈约撰：《宋书》，中华书局1974年版，卷五八，第1592页。

⑧ （梁）沈约撰：《宋书》，中华书局1974年版，卷九一，第2243页。

⑨ （梁）萧子显撰：《南齐书》，中华书局1974年版，卷五五，第958页。

萧梁时，到溉"遭母忧，居丧尽礼，朝廷嘉之。服阕，犹蔬食布衣者累载"①；豫章滕昙恭及父母卒，"蔬食终身"②。此外，上党韩怀明、颍阴庾沙弥皆此类也。北朝的居丧饮食也同样如此，如北周荆可、秦族等人。这一时期之所以在居丧饮食上有如此多的关于"蔬食水饮"的记载，实是这一时期的社会现实情况所致。玄学的兴起、佛道的盛行都在很大程度上对人们的饮食与观念产生重大影响。

由上可以看出，魏晋南北朝时期的居丧饮食在具体操作中以"蔬食水饮"为主流，贯穿于丧期始终。此外，对于那些丧期已终而仍然行居丧饮食之礼的行为，既表明饮食在丧礼中的重要地位，也表明这一时期国家对以饮食为标志的居丧礼中蕴含的孝道的推崇，因此，它得到社会的广泛遵循。但是，我们还可以看出，南朝政权对这种饮食礼的实施要比北朝早得多，而且严酷得多，这可能与北朝少数民族的汉化进程有关。

唐宋之后，传统丧礼经历魏晋南北朝时期的变异继续发生变化，然而，魏晋时期的"食粥"和"蔬食水饮"的居丧饮食习俗继续发挥作用，成为后代王朝居丧饮食的主要标准，并成是否行孝道的重要原则。唐朝元让居母丧，"菜食饮水而已"③；罗让丁父忧，"服除，尚衣麻茹菜，不从四方之辟者十余年"④。宋朝丧礼崩坏，《司马氏书仪》和《朱子家礼》应时代之要求根据古礼重新修订丧礼，并在大祥之后的饮食上做了重大调整。《司马氏书仪》载："父母之丧……大祥食肉饮酒。"《朱子家礼》亦载："大祥……始饮酒食肉而复寝。"也就是说大祥之后便可恢复正常饮食。与先秦时期的饮食规范相比，这两部礼书规定的居丧饮食恢复正常的时间大大提前了。然而，由于受到之前"蔬食水饮"饮食

---

① （唐）姚思廉撰：《梁书》，中华书局1973年版，卷四〇，第568页。
② （唐）姚思廉撰：《梁书》，中华书局1973年版，卷四七，第648页。
③ （后晋）刘昫等撰：《旧唐书》，中华书局1975年版，卷一五二，第4923页。
④ （后晋）刘昫等撰：《旧唐书》，中华书局1975年版，卷一五二，第4937页。

风尚的影响，两部礼书的饮食规范并没有得到很好的实施。特别是大祥之后可以饮酒食肉的规范，更是为恪守孝道之人所不从。宋朝祁暐母卒，"蔬食，经六冬，堕足二指"①，朝廷有诏旌美；刘永一"居亲丧，不饮酒食肉，终三年。司马光传之，以为今士大夫所难"②。《司马氏书仪》的作者司马光对刘永一的评价说明当时居丧饮酒食肉违礼行为的普遍性，其《书仪》中所规定的大祥之后饮酒食肉的行为其实是在违礼行为普遍情况下所做的一种妥协，希望以此能够有限地约束违礼行为。元明清三朝，纳入《孝友传》或《孝义传》的诸人中，在居丧饮食上，也都以"啜粥""蔬食""疏食"等而称孝，具体人物，不再一一列出。

此外，唐宋时，居丧期间"日一食"或"日一溢米"的行为也大量存在，唐焦怀肃母终，"日一食，杖然后起。继母没，亦如之"③；武弘度父卒，"日一溢米"。宋朝常真妻卒，其次子守规"日一食，庐墓三年"④；杜谊居丧"日一饭，不荤"⑤；孔旼葬其父，"庐墓三年，卧破棺中，日食米一溢"⑥。这些人也都因此而获得朝廷嘉奖。宋袁韶《钱塘先贤传赞》将"居丧日一食"的翰林学士沈遘列入先贤之列，可见"日一食"或"日一溢米"的居丧饮食行为也成了唐宋时期孝道观的又一体现。王承举认为，正是

① （元）脱脱等撰：《宋史》，中华书局 1977 年版，卷四五六，第13398 页。
② （元）脱脱等撰：《宋史》，中华书局 1977 年版，卷四五九，第13475 页。
③ （宋）欧阳修、宋祁撰：《新唐书》，中华书局 1975 年版，卷二一八，第 5578 页。
④ （元）脱脱等撰：《宋史》，中华书局 1977 年版，卷四五六，第13401 页。
⑤ （元）脱脱等撰：《宋史》，中华书局 1977 年版，卷四五六，第13402 页。
⑥ （元）脱脱等撰：《宋史》，中华书局 1977 年版，卷四五七，第13435 页。

这种过礼的行为才使得居丧者成为模范孝子①。

三、饮酒食肉现象

先秦时期，在"尽哀"为本的丧礼之中的，虽然居丧饮食只是作为居丧者的外在"痛饰"② 而已，但为了与哀痛之情相匹配，诸如饮酒食肉之类的饮食行为在丧期是被禁止的。然而，在一些特殊情况下，也有权变的余地。如守丧者身患疾病或者年过七旬，可以饮酒食肉。《礼记》说："故有疾饮酒食肉，五十不致毁，六十不毁，七十饮酒食肉，皆为疑死。"③ 孔子也说："身有疡则浴，首有创则沐，病则饮酒食肉。"④

两汉时期，自汉文帝短丧之后，丧礼在上层社会没有得到严格的实行，帝王或者臣属经常因为权变、夺情而不能终丧。当然，这其中也不乏恪守居丧之礼的人，如胡广、薛包、崔寔等人。然而，由于厚葬之风的兴起，使得人人专营墓葬，而薄于厚养和居丧礼。《盐铁论·散不足》载："古者事生尽爱，送死尽哀……今生不能致其爱敬，死以奢侈相高；虽无哀戚之心，而厚葬重币者，则称以为孝，显名立于世，光荣著于俗。故黎民相慕效，至于发屋卖业。"⑤ 在居丧饮食上，"今俗因人之丧以求酒肉，幸与小坐而责辨，歌舞俳优，连笑伎戏。"⑥ 这与先秦时期的"邻有丧，舂不相杵，巷不歌谣"和"食于有丧者之侧，未尝饱"的行为大相径庭。

① 王承举：《唐代孝子行孝方式述略》，《兰州教育学院学报》，2013 年第 3 期。

② （清）王先谦撰：《荀子集解》，中华书局 1988 年版，卷十三，第372 页。

③ （清）孙希旦撰：《礼记集解》，中华书局 2010 年版，卷四一，第1100 页。

④ （清）孙希旦撰：《礼记集解》，中华书局 2010 年版，卷四一，第1101 页。

⑤ （汉）桑弘羊撰，王利器校注：《盐铁论校注》，中华书局 2014 年版，卷六，第 354 页。

⑥ （汉）桑弘羊撰，王利器校注：《盐铁论校注》，中华书局 2014 年版，卷六，第 353~354 页。

上行下效，这种风气对下层社会也产生了重大影响，但是，以孝治天下的汉朝统治者还是大力宣扬应当恪守居丧之礼，对那些恪守丧礼之人给予褒奖，而对于居丧饮酒食肉的行为则给予惩罚。如昌邑王刘贺因居丧饮酒食肉而被废，而东汉东海王刘强"丧母如礼，有增户之封"①。不管昌邑王被废的主要原因到底是不是居丧饮食违礼，但是可以说明居丧饮食礼已经开始具有法律效益。因此，在汉代，居丧饮酒食肉是被禁止的。

魏晋南北朝时期，居丧饮酒食肉现象出现了具有孝观念的新内涵。这种现象早在东汉时期就已出现端倪。戴良在母丧时，"食肉饮酒，哀至乃哭"，其兄伯鸾"居庐啜粥，非礼不行"，然而"二人俱有毁容"。当有人问戴良这是否合乎礼仪时，戴良却回答曰："然。礼所以制情佚也。情苟不佚，何礼之论！夫食旨不甘，故致毁容之实。若味不存口，食之可也。"②台湾学者林素娟认为这是在守丧礼仪逐渐僵化的情况下回归内在情感的跃动渴望③，而这正好符合"丧易宁戚"④的内涵。同样的例子在西晋时期也出现过。王戎居母丧，"不拘礼制，饮酒食肉，或观弈棋，而容貌毁悴，杖然后起。"而当时和峤"亦居父丧，以礼法自持，量米而食，哀毁不逾于戎"。对于此种情况，刘毅对晋武帝说："峤虽寝苦食粥，乃生孝耳。至于王戎，所谓死孝，陛下当先忧之。"⑤于是武帝"遣医疗之（王戎），并赐药物"。"生孝"与"死孝"便在这一时期正式产生了。不管是戴良还是王戎，虽然在丧期饮酒食肉，但他

---

① （南朝宋）范晔撰、（唐）李贤等注：《后汉书》，中华书局1973年版，卷四二，第1426页。

② （南朝宋）范晔撰、（唐）李贤等注：《后汉书》，中华书局1973年版，卷八三，第2773页。

③ 林素娟：《丧礼饮食的象征、通过意涵及教化功能——以礼书及汉代为论述核心》，《汉学研究》第27卷第4期，民国98年12月。

④ （唐）房玄龄等撰：《晋书》，中华书局1974年版，卷二○，第618页。

⑤ （唐）房玄龄等撰：《晋书》，中华书局1974年版，卷四三，第1233页。

们由衷的孝心确是世人皆可见的，这正是"死孝"的行为。同样的，名士阮籍"性至孝，母终，正与人围棋，对者求止，籍留与决赌。既而饮酒二斗，举声一号，吐血数升。及将葬，食一蒸肫，饮二斗酒，然后临诀，直言穷矣，举声一号，因又吐血数升，毁瘠骨立，殆致灭性"①。后阮籍又"以重哀饮酒食肉"② 于司马昭之宴而招致何曾的弹劾，但宣扬"以孝治天下"的司马昭却不予理睬。从阮籍"吐血数升，毁瘠骨立，殆致灭性"的体貌来说，实则是与王戎一样的"死孝"。南秀渊认为，阮籍的行为实则是因为在魏晋南北朝时期，孝的内容与形式已经发生分离，真正的名士开始冲破礼的束缚，展现真性情③。同时，魏晋时期诸如阮籍之类的名士居丧饮酒食肉可能还与当时服食之风有关。鲁迅先生在《魏晋风度及文章与药及酒之关系》一文认为，名士服食五石散之后必须吃冷食、喝温酒，由此导致"居丧无礼"。台湾学者陈秀慧在《论魏晋南北朝服散之风气》一文中也持此种观点，认为服散后不能忍饥渴，不能悲伤忧愁，所以居丧亦不守礼法，形成"居丧无礼"的情形④。

　　魏晋时期居丧饮酒食肉为孝的现象毕竟只是一时之特例，到隋唐时期，饮酒食肉之风气便又回归为居丧违礼的行为。唐高宗龙朔二年四月十五日诏曰："如闻父母初亡，临丧嫁娶，积习日久，遂以为常；亦有送葬之时，共为欢饮，递相酬劝，酖醉始归；或寒食上墓，复为欢乐，坐对松槚，曾无戚容，既玷风猷，并宜禁断。"⑤本来应该哀伤节食的丧礼在唐朝竟然成了人们吃喝娱乐的由头。为

---

　　① （唐）房玄龄等撰：《晋书》，中华书局1974年版，卷四九，第1361页。

　　② （唐）房玄龄等撰：《晋书》，中华书局1974年版，卷三三，第995页。

　　③ 南秀渊：《论阮籍的"居丧无礼"》，《现代语文（学术综合版）》，2012年第8期。

　　④ 高明士主编：《战后台湾的历史学研究1945—2000：第三册（秦汉至隋唐史）》，台北行政院国家科学委员会2004年版，第202页。

　　⑤ 王溥撰：《唐会要》，中华书局1955年版，第439页。

了净化社会风气，维护丧礼，统治者修订礼书，对违者予以严惩。如唐宪宗朝驸马都尉于季友因在嫡母丧期间与进士刘师服"欢宴夜饮"① 而被处以削官杖刑。同样在宪宗朝，陆慎余与其兄陆博文在居父丧期间，因"衣华服过坊市，饮酒食肉"② 而受到惩罚。

宋元明清时期，居丧饮酒食肉之风更为突出普遍，丧礼成为世人宴饮的契机。《司马氏书仪》中云："今之士大夫，居丧食肉饮酒，无异平日。又相从宴集，腼然无愧，人亦恬不为怪。礼俗之坏，习以为常。悲夫！乃至鄙野之人，或初丧未敛，亲宾则赍酒馔往劳之，主人亦自备酒馔，相与饮啜，醉饱连日，及葬亦如之。甚者初丧作乐以娱尸，及丧葬殡则以乐导辒车，而号哭随之。亦有乘丧即嫁娶者。噫！习俗之难变，愚夫之难晓，乃至此乎？"因此，《司马氏书仪》与《朱子家礼》皆将回归正常饮食的时间改为大祥之后，企图有限地遏制和调适这种饮食违礼行为。然而，徐吉军、贺云翱认为，这种情况的出现与宋代统治者在政治上崇尚宽厚的政策有关③。陈华文则认为，除政治宽厚外，还因为官僚士庶对繁琐居丧礼的不满④。到了元朝时期，由于是异族统治，加上宋俗的影响，当时"父母之丧，小敛未毕，茹荤饮酒，略无顾忌。至于送殡管弦歌舞导引，循柩焚葬之际，张筵排宴不醉不已"。对于此种行为，元朝也下令禁断之，并规定"除蒙古、色目合从本俗，其余人等居丧送殡，不得饮宴动乐"⑤。可见，居丧饮食的禁令在元朝的实施也是很不彻底的，有很强的种族色彩。这种禁令自然会遭到汉人和南人的抵抗。明代考虑宋元旧俗弊端甚多，重新改定礼制，但是积习日久，一时难以扭转。《日知录之馀》引《明太祖实录》曰："京师人民循习元氏旧俗，凡有丧葬，设宴会亲友，作乐

① （后晋）刘昫等撰：《旧唐书》，中华书局1975年版，第459页。
② （清）顾炎武著，黄汝成集释，栾保群，吕宗力校点：《日知录集释》，上海古籍出版社2006年版，第916~917页。
③ 徐吉军、贺云翱：《中国丧葬礼俗》，浙江人民出版社1991年版，第368页。
④ 陈华文：《丧葬史》，上海文艺出版社2007年版，第107页。
⑤ 陈高华等点校：《元典章》，天津古籍出版社2011年版，第1064页。

娱尸，惟较酒肴厚薄，无哀戚之情。流俗之坏至此，甚非所以为治。"在苏州地区，"丧葬之家，置酒留客，若有嘉宾，丧车之前，綵亭绣帐，炫耀道途"①。清康熙二十六年的一个上谕中也说："近者汉军居父母之丧，亲朋聚会，演聚饮酒，呼庐斗牌，俨如筵宴，毫无居丧之体。"②

唐宋元明清时期居丧饮酒食肉的违礼行为在全社会久盛不衰，并由居丧者个人的饮酒食肉行为演变为亲人朋友的集体宴会。虽然各个朝代都通过官方或者私人修订丧礼以求遏止不正之风，但皆没有发挥太大作用，传统的居丧饮食行为至此破坏殆尽。当然，历朝历代也有主动坚守居丧饮食原则的人，特别是宋元之后，居丧饮食中坚持不饮酒食肉的行为都被认为是孝而受到褒扬。如宋代李玭居母丧期间，"不食肉衣锦，不预人事"③；常真父母死，"不茹荤血"④。元朝訾汝道母卒，"终丧不御酒肉"⑤。以上诸人皆因主动坚守丧礼规则而被朝廷嘉奖。居丧三年而坚持不饮酒食肉曾被司马光认为"士大夫所难"，也是孝道的表现。因此，在宋元明清时期被纳入《孝义传》或《孝友传》的人中，大多在饮食上都突出表现出戒肉戒酒的内容。

四、长者或尊者赐食

先秦时期，对于大夫之子女守丧，未殡之时，国君会因其困病而"命食之"⑥。孙希旦认为，主要是命之食粥，是"以尊者之命

① 张亮采：《中国风俗史》，上海三联书店 1988 年版，第 199 页。

② 《清实录·圣祖实录（二）》，中华书局 1985 年版，第 415 页。

③ （元）脱脱等撰：《宋史》，中华书局 1977 年版，卷四五六，第13398 页。

④ （元）脱脱等撰：《宋史》，中华书局 1977 年版，卷四五六，第13401 页。

⑤ （明）宋濂撰：《元史》，中华书局 1976 年版，卷一九七，第 4461页。

⑥ （清）孙希旦撰：《礼记集解》，中华书局 2010 年版，卷十，第 257页。

夺其情也"①。对于身份较低的士则无君命，故"邻里为之糜粥以饮食之"②。除了食粥之外，还有长者、尊者赐酒肉的现象。《礼记》云："三年之丧，如或遗之酒肉，则受之，必三辞。主人衰绖而受之。如君命，则不敢辞，受而荐之。"郑玄注曰："受之必正服，明不苟于滋味。"孔颖达疏曰："衰绖而受之……尊者食之，乃得食肉，犹不得饮酒。"③《丧大记》也云："若君食之，则食之。大夫、父之友食之，则食之矣。不辟粱肉，若有酒醴则辞。"可以看出，作为长者或尊者的君、大夫、父之友如若赐之酒肉，则要接受，长者和尊者吃，守丧者才敢吃，但是不能饮酒。这是尊者或长者的夺情之举，守丧者出于对死去亲人的尊敬，进而延伸至对与死去亲人有血缘、君臣、朋友关系的尊长的尊敬。

这种长者或尊者赐食的行为在之后的朝代中也有发生。如西晋时期，齐献王司马攸居文帝丧，"哀毁过礼"，太后亲往勉谕，并"常遣人逼进饮食"，"攸不得已，为之强饭。"④ 南朝梁时，甄恬年数岁居父丧，"哀戚有过成人。家人矜其小，以肉汁和饭饲之，恬不肯食"⑤。唐时，任敬臣父亡，"数殒绝"，继母勉之，"敬臣更进饘粥"⑥。这种赐食的行为既体现了尊尊的观念，同时又是为了让丧主"达礼"⑦。

————————

① （清）孙希旦撰：《礼记集解》，中华书局 2010 年版，卷十，第 258 页。

② （清）孙希旦撰：《礼记集解》，中华书局 2010 年版，卷五四，第 1349 页。

③ （清）孙希旦撰：《礼记集解》，中华书局 2010 年版，卷四一，第 1096 页。

④ （唐）房玄龄等撰：《晋书》，中华书局 1974 年版，卷三八，第 1131 页。

⑤ （唐）姚思廉撰：《梁书》，中华书局 1973 年版，卷四七，第 653 页。

⑥ （宋）欧阳修，宋祁撰：《新唐书》，中华书局 1975 年版，卷一九五，第 5580 页。

⑦ 徐吉军：《中国丧葬史》，武汉大学出版社 2012 年版，第 177 页。

第二节　居丧饮食期限与特点

一、居丧饮食期限

五服制度中，关于子女为父母居丧的要求集中体现在服制最重的为父斩衰服和为母齐衰服中。服制的不同，饮食的要求也不同。

《礼记·丧服四制》曰："为父斩衰三年。"为母服齐衰则根据情况而又有所不同。"父卒则为母"齐衰三年；父在而母卒，为母服丧止于期。因为父为至尊，"至尊在，不敢伸其私尊"①，故为母屈而为期。贾公彦曰："父在子为母屈而期，心丧犹三年。"从亲亲的角度说，这是由于"资于事父以事母而爱同"②。

陈华文指出，丧服制是一个以父系血缘关系为根本原则的缜密的宗亲联络图，它通过不同的丧服表明个人的身份以及亲疏远近甚至嫡庶，深刻体现了宗法制原则和长幼有序、尊卑有别、男女有别等原则③。在为父母的斩衰、齐衰服制中表现出强烈的尊尊亲亲思想，而当尊尊与亲亲发生冲突时，往往选择尊尊。

然而，丧服制度并不是一成不变的，在之后的历史发展中，丧服制度也不断变化着。西汉自汉文帝短丧之后，儒家的三年之丧便被以日易月而成"三十六日"④。"大臣不行三年之丧，遂为定例。"⑤ 当时之臣属，"自愿行服者，则上书自呈。有听者，有不听者，亦有暂听而朝廷为之起复者"⑥。三年之丧在整个汉代时废

---

① 《十三经注疏》整理委员会整理：《仪礼注疏》，北京大学出版社2000年版，第658页。

② （清）孙希旦撰：《礼记集解》，中华书局2010年版，第1470页。

③ 陈华文：《丧葬史》，上海文艺出版社2007年版，第96页。

④ （唐）房玄龄等撰：《晋书》，中华书局1974年版，卷二〇，第620页。

⑤ 张亮采：《中国风俗史》，上海三联书店1988年版，第73页。

⑥ 张亮采：《中国风俗史》，上海三联书店1988年版，第73页。

时绝，赵翼因此说"两汉丧服无定制"①。

唐朝时期，多次进行制礼活动，先后出现了《贞观礼》《显庆礼》《开元礼》。在这一时期关于父母丧最大的变化就是父在为母齐衰三年。上元元年，武则天上表曰："若父在为母服止一期，尊父之敬虽周，报母之慈有阙。且齐斩之制，足为差减，更令周以一期，恐伤人子之志。今请父在为母终三年之服。"② 高宗下诏依议施行。于是，自此便出现了父在为母齐衰三年的丧服制度。唐玄宗时期，由于"俗乃通行"③，经中书令萧嵩等人改定，父在为母齐衰三年正式确立，并纳入《开元礼》之中。

到明朝时期，为母服制又发生了重大变化。明太祖颁《大明令》，制《孝慈录》，规定"子为父母，庶子为其母，皆斩衰三年。嫡子、众子为庶母，皆齐衰杖期。仍命以五服丧制，并著为书，使内外遵守"④。这一规定使得子女为母服在唐朝齐衰三年的基础上更进一步，达到了与父同等的服制。

此外，关于"三年之丧"的具体时间期限，也有一个变化的过程。《礼记·三年问》和《荀子·礼论》皆曰："三年之丧，二十五月而毕。"⑤ 到两汉时期，郑玄等人在为《礼记》"中月而禫"作注时曰："中犹间也。禫，祭名也，与大祥间一月。自丧至此，凡二十七月。"魏晋南北朝时期，针对"二十五月"与"二十七月"展开了多次争论。崔鸿曰："三年之丧，二十五月大祥。诸儒

---

① （清）赵翼著，王树民校证：《廿二史札记校证》，中华书局 2013 年版，第 69 页。

② （后晋）刘昫等撰：《旧唐书》，中华书局 1975 年版，卷二七，第 1023 页。

③ （后晋）刘昫等撰：《旧唐书》，中华书局 1975 年版，卷二七，第 1026 页。

④ （清）张廷玉等撰：《明史》，中华书局 1974 年版，卷六〇，第 1493 页。

⑤ （清）孙希旦撰：《礼记集解》，中华书局 2010 年版，卷五五，第 1374 页；（清）王先谦撰：《荀子集解》，中华书局 1988 年版，卷十三，第 372 页。

或言祥月下旬而禫，或言二十七月，各有其义，未知何者会圣人之旨。"① 到唐朝时期，《开元礼》中明确规定了"男子二十七月禫祭"②。此后，二十七月便成为定制为宋明清所遵循。

关于"三年之丧"由二十五月转变为二十七月，丁鼎认为是为了解决丧期遇闰的问题③。丧服制度中为母服制的变化说明亲情关系在礼制中的地位越来越重要。同时也体现了人们对现世亲属关系认识的改变，姻亲在服制中的地位得到很大加强④。另外，服制的变化必然会引起居丧饮食规格的变化。

二、居丧饮食的特点

饮食是人类社会得以存在和发展的重要因素。《礼记·礼运》曰："饮食男女，人之大欲存焉。"《尚书大传》亦曰："食者，万物之始，人事之所本者也。"饮食随着社会的进步而不断发展完善，与所处的时代有着密切的关联。因此，饮食也是社会变迁的一面镜子。居丧饮食作为古人饮食生活中的一部分，也表现出强烈的时代特色。

（一）由重精神向重形式转化

我国自古以来就是一个礼仪之邦，重德崇礼一直是儒家所强调和推崇的价值观。这种德行也体现在日常行为方式之中，饮食也同样如此。先秦时期，齐国大饥，齐人不食黔敖施舍的带有侮辱性的"嗟来之食"⑤ 而饿死。孔子弟子颜回"家贫居卑"，不入仕途，孔子赞之曰："贤哉，回也！一箪食，一瓢饮，在陋巷，人不堪其忧，回也不改其乐。贤哉，回也！"⑥ 孔子赞扬颜回的正是他那种超脱饮食之外的安贫乐道的精神。不管是不食"嗟来之食"而饿

---

① （北齐）魏收撰：《魏书》，中华书局1974年版，第2796页。
② （唐）中敕撰：《大唐开元礼》，民族出版社2000年版，第621页。
③ 丁鼎：《"三年之丧"源流考论》，《史学集刊》，2001年第1期。
④ 陈华文：《丧葬史》，上海文艺出版社2007年版，卷十一，第98页。
⑤ （清）孙希旦撰：《礼记集解》，中华书局2010年版，第298页。
⑥ 程树德撰：《论语集释》，中华书局2014年版，卷十一，第498页。

死的齐人,还是"一箪食、一瓢饮"的颜回,尽管他们生活落魄,饮食稀薄,但是世人所称道的却是他们身上那种重视道义德行的人格尊严。因此,相对于饮食本身而言,饮食所蕴含的道德精神则更为重要。

居丧饮食是孝子的哀痛之情在饮食上的表现。《荀子》云:"刍豢、稻粱、酒醴、飺鬻、鱼肉、菽藿、酒浆,是吉凶忧愉之情发于食饮者也。"① 《礼记·间传》也曰:"此哀之发于饮食者也。"② 孔子亦有言:"啜粥者,志不在于饮食。"③ 可见,饮食作为一种外在形式,它是子女内在孝心的外在流露。因此,"丧,与其易也,宁戚"④。孔子又曰:"丧礼,与其哀不足而礼有余也,不若礼不足而哀有余也。"⑤"哀"是丧礼饮食中的核心内涵,即使是特殊情况下的饮酒食肉现象,也并没有与这个核心内涵有必然的冲突。因此,居丧期间的饮食实在于"养志",而不在于"养口"。宰我以"三年之丧"问孔子,孔子曰:"夫君子之居丧,食旨不甘,闻乐不乐,居处不安,故不为也。"⑥ 可见,外在的饮食来源于内在的心境,即使存在长者或尊者夺情的状况,那也是出于对他们的尊敬所致,于孝无损。荀子更进一步指出,如果不哀不敬,"则嫌于禽兽矣,君子耻之"⑦。可见古人对道德情操的看重。

---

① (清)王先谦撰:《荀子集解》,中华书局 1988 年版,卷十三,第 364 页。
② (清)孙希旦撰:《礼记集解》,中华书局 2010 年版,卷五五,第 1365 页。
③ (清)王聘珍撰:《大戴礼记解诂》,中华书局 1983 年版,卷一,第 9 页。
④ 程树德撰:《论语集释》,中华书局 2014 年版,卷五,第 186 页。
⑤ (清)孙希旦撰:《礼记集解》,中华书局 2010 年版,第 202 页。
⑥ 程树德撰:《论语集释》,中华书局 2014 年版,卷三五,第 1592 页。
⑦ (清)王先谦撰:《荀子集解》,中华书局 1988 年版,卷十三,第 362 页。

两汉时期，厚葬之风盛行，世人多"违志俭养，约生以待终"①。服丧期间，"虽无哀戚之心，而厚葬重币者，则称以为孝"②。为了达到厚葬的目的，有的人"竭家尽业"③，甚至负债累累。这不仅违背了"称家之有无"的宗旨，更使得这一时期的孝显得那么虚伪。因此，在饮食上即使遵循规范，也是徒有仪式而无内涵。魏晋时期阮籍、王戎等人外表放荡不羁而内心哀伤过人的行为其实就是对礼仪形式化感到不满而又无可奈何的表现。

唐宋元明清时期，随着丧礼的法律化，礼仪的形式化越来越严重。即使将居丧饮食违礼的行为纳入法律体系之中，但唐宋之后居丧饮酒食肉之风仍然盛行。两宋时期在居丧期间竟然出现了大摆筵席肥吃海饮和"初丧作乐以娱尸"④ 的行为。到此时与丧礼哀戚之情相匹配的蔬食节食规范显然已荡然无存，丧礼俨然带有亲朋好友聚会性质的"喜悦"色彩。到了明清时期，丧礼制度"惟服制而已"⑤，不管是居丧蔬食还是饮酒食肉，都已经失去了最初的形式和内涵。

（二）饮食过礼成为主流

中庸一直是儒家所强调的处世态度，不偏不倚、无过不及，力求恰到好处。"喜怒哀乐之未发，谓之中；发而皆中节，谓之和。中也者，天下之大本也；和也者，天下之达道也"⑥。一个人能时刻控制住自己的情绪和言行也是中庸之道的重要表现，孔子言：

---

① （汉）王符著，（清）汪继培笺，彭铎校正：《潜夫论笺校正》，中华书局1997年版，第20页。

② （汉）桑弘羊撰，王利器校注：《盐铁论校注》，中华书局2014年版，第354页。

③ （唐）魏徵等：《群书治要》，世界书局股份有限公司2011年版，第1181页。

④ 张亮采：《中国风俗史》，上海三联书店1988年版，第166页。

⑤ （清）顾炎武著，黄汝成集释，栾保群，吕宗力校点：《日知录集释》，上海古籍出版社2006年版，第192页。

⑥ （宋）朱熹撰：《四书章句集注》，中华书局2015年版，第18页。

"夫礼，所以制中也。"①

先秦时期的居丧饮食规范正是这一中庸思想的强烈体现。"丧食虽恶，必充饥。饥而废事，非礼也；饱而忘哀，亦非礼也。视不明，听不聪，行不正，不知哀，君子病之。故有疾饮酒食肉，五十不致毁，六十不毁，七十饮酒食肉，皆为疑死。"② 这一饮食礼制的内涵是既要居丧者由衷地通过饮食上节制来展现对逝去亲人的哀思之情，同时还要保存好自己的身体，不能因为丧食恶或者居丧过哀而损害身体，甚至毁卒，否则，就是不孝。这一饮食规范实际上就是对既虞、卒哭、小祥、大祥、禫这一循序渐进饮食礼的补充，力图做到"送死有已，复生有节"③。

魏晋南北朝以后，居丧饮食过礼的行为日渐猖獗，甚至成为孝的标准。首先，就"三日不食"礼而言，魏晋时期出现的"五日""七日""旬日"甚至"二十三日"不食的状况都大大突破了"三日"的界限。子思曾对执亲之丧而"水浆不入于口者七日"的曾了口："先王之制礼也，过之者俯而就之，不至焉者跂而及之，故君子之执亲之丧也，水浆不入于口者三日。"④ 在极重"礼"的儒家思想体系之中，曾子因为居丧过哀而过礼，致七日不食，因此遭到子思的指责。所以，这些突破"三日不食"的行为皆是过礼。其次，在可以饮食之后，儒家规定的那一循序渐进的饮食规则被打破，除了那些饮酒食肉的名士之外，"蔬食水饮"成为饮食主体，甚至更为恶劣。而这些过礼的行为却成为社会褒扬的对象。如萧梁沈崇傃母卒，因"久食麦屑，不啖盐酢，坐卧于单荐"而致"虚

---

① （清）孙希旦撰：《礼记集解》，中华书局 2010 年版，卷四九，第1268 页。

② （清）孙希旦撰：《礼记集解》，中华书局 2010 年版，卷四一，第1100 页。

③ （清）王先谦撰：《荀子集解》，中华书局 1988 年版，卷十三，第372 页。

④ （清）孙希旦撰：《礼记集解》，中华书局 2010 年版，卷八，第 189页。

肿不能起"①，郡县举其至孝；南朝陈殷不害"居父忧过礼，由是少知名"②。再次，丧期已毕，饮食仍如居丧礼时。如刘宋时期，谢弘微丁"母忧去职，居丧以孝称，服阕逾年，菜蔬不改"③；刘瑜丧母，"三年不进盐酪，……服除后，二十余年布衣蔬食。"④魏晋时期是乱世，其独特的饮食行为可能受时代之影响，但是这一时期的饮食过礼行为却为后代王朝所效仿。唐宋之后在居丧饮食上被冠以孝的基本都沿袭了魏晋的饮食风气，特别是突破"三日不食"和蔬食的行为，如唐朝的焦怀肃、林攒，宋朝的郭琮、陈思道、李祥、杜谊，元朝的李彦忠、赵荣，明朝的来知德，清朝的许季觉、葛大宾等人。

（三）亲亲超越尊尊

儒家的宗法伦理观念中，存在着严格的贵贱亲疏之别。父子之情是亲情中最基本、最重要的关系。然而，随着孝观念的发展，父子之情上升为君臣之义，"忠君以事其君，孝子以事其亲，其本一也"⑤。于是，体现血缘的"亲"与体现伦理的"尊"便合而产生了"家国同构"的观念。《礼记·丧服小记》曰："亲亲、尊尊、长长、男女之有别，人道之大者也。"因此，父子之间不仅具有自然的血缘亲情，还存在着上下的尊卑关系。

在居丧饮食中，这种"亲亲""尊尊"的观念都得到了明显的体现。"亲亲"是依据血缘而定，因此，在此基础上的丧服制度也以子为父的斩衰服最重。"其恩厚者其服重，故为父斩衰三年，以恩制者也。"⑥ 何以行"三年之丧"，孔子曰："子生三年，然后免

---

① （唐）姚思廉撰：《梁书》，中华书局1973年版，卷四七，第649页。
② （唐）姚思廉撰：《陈书》，中华书局1972年版，卷三二，第424页。
③ （梁）沈约撰：《宋书》，中华书局1974年版，卷五八，第1592页。
④ （梁）沈约撰：《宋书》，中华书局1974年版，卷九一，第2243页。
⑤ （清）孙希旦撰：《礼记集解》，中华书局2010年版，卷四七，第1237页。
⑥ （清）孙希旦撰：《礼记集解》，中华书局2010年版，卷六一，第1469页。

于父母之怀。"① 这是从子女对父母敬爱之情的角度而言。但是，在父权制社会，由于男性在家庭中占据主导地位，丧礼中尊卑观念在亲情之上也日渐突出。虽然"资于事父以事母而爱同"，但"天无二日，土无二王，国无二君，家无二尊，以一治也。故父在为母齐衰期者，见无二尊也"②。《仪礼·丧服》也说为父斩衰是因为"父至尊"。因此，在先秦时期的父母与子女关系中，"尊尊"的观念显然要重于"亲亲"。为父服是最重的斩衰三年，为母服则降为第二等齐衰，齐衰之服又分为父在为母期而心丧三年和父卒为母齐衰三年。关于父在为母期，《仪礼·丧服》曰："屈也。至尊在，不敢伸其私尊也。"出妻之子为父后者甚至因为"与尊者为一体，不敢服其私亲"③ 而为其母无服。除了时间的长短之外，在饮食方面，居父丧饮食与居母丧饮食也大不相同，如"斩衰三日不食，齐衰二日不食"等，前文已经提及。这些不同在很大程度上都是为了体现父尊的地位，亲情服从"尊尊"。

隋唐时期，武则天首先提出父在为母齐衰三年的服制。甚至以"请升慈爱之丧，以抗尊严之礼"④ 的口号加重为母的服制。武则天主张加重为母服制，虽然有企图扭转"家无二尊"、为其称帝做准备的动机，但也说明这一时期人们亲情意识的提高。

到了明朝时期，朱元璋认为："人情无穷，而礼为适宜。人心所安，即天理所在。"⑤ 朱元璋从宋儒独言尊父的言论中提升情感的重要性，在唐朝的基础上更进一层，把子为母、庶子为其母皆提升到与父同等的斩衰三年之服。"服勤三年，思慕之心，孝子之志

① 程树德撰：《论语集释》，中华书局 2014 年版，卷三五，第 1594 页。
② （清）孙希旦撰：《礼记集解》，中华书局 2010 年版，卷六一，第 1470 页。
③ 《十三经注疏》整理委员会整理：《仪礼注疏》，北京大学出版社 2000 年版，卷三〇，第 660 页。
④ （后晋）刘昫等撰：《旧唐书》，中华书局 1975 年版，卷二七，第 1027 页。
⑤ （清）张廷玉等撰：《明史》，中华书局 1974 年版，卷六〇，第 1493 页。

也，人情之实也。"① 针对此种情况，柳诒徵曰："明代丧礼……父母并尊，盖特异于前代。……而清制沿而不革，盖惮复古而循人情也。"② 父权在这一时期受到了严重的挑战，人们开始谋求亲情与"尊尊"的协调。刘永青认为父权的威严在情感的弥散中逐渐淡化了。③

综上可见，通过居母丧与居父丧在礼制上不断地趋于等同，表明了"亲亲"最终超越"尊尊"而成为社会的普遍意识，同时也彰显了人们开始突破儒家礼制的束缚而追求内心真实的情感。正如梁满仓所言："缘人情而制礼，而又用于人情。"④

（四）居丧饮食中政治性超越道德性

"民以食为天"是自古以来不变的真理，饮食是人类社会的生存之本。"夫礼之初，始诸饮食。"⑤ 也最初的礼也就是从饮食中产生的。饮食是关乎国计民生的大事而为统治阶层所重视，而饮食礼则对社会各阶层的饮食行为和饮食道德做出了具体规定。因此，饮食与政治有着密切的关联。《尚书·洪范》将"食"列为"八政"之首，"食以体政"的观念在先秦时期便已经被统治者所接受⑥。而居丧饮食作为饮食整体的一部分，也与政治有着紧密的联系。

居丧饮食作为丧礼的具体实践是为了展现孝子之道，"君子之

---

① （清）孙希旦撰：《礼记集解》，中华书局 2010 年版，卷五四，第1352 页。

② 柳诒徵：《江苏书院志初稿》，载《江苏省立国学图书馆年刊（第 4册）》，江苏省立国学图书馆 1928 年版，第 1436 页。

③ 刘永青：《情礼之间——论明清之际的礼学转向》，人民出版社 2014年版，第 144 页。

④ 梁满仓：《魏晋南北朝五礼制度考论》，社会科学文献出版社 2009 年版，第 18 页。

⑤ （清）孙希旦撰：《礼记集解》，中华书局 2010 年版，卷二一，第586 页。

⑥ 徐海荣主编：《中国饮食史（卷一）》，华夏出版社 1999 年版，第11 页。

事亲孝，故忠可移于君"①，"三日不食，教民无以死伤生，毁不灭性，此圣人之政也"②。居丧饮食关乎圣人之政，因此，合理执行居丧饮食礼至关重要。在中国古代社会，按照居丧饮食的规范行礼之人被冠以孝，而居丧饮食违礼的行为则会受到批判，甚至受到惩罚，以致丢官去职。两汉之后，随着孝观念在治国理念中的日渐突出及礼制的法律化，居丧饮食的政治性也不断提升。居丧饮食礼虽然在历史变迁中不断简化，形成了与哀戚相匹配的"蔬食水饮"，但是禁食、节食的饮食习俗一直是丧礼所推崇的。在饮酒食肉之风盛行的宋元明清时期，那些能够在居丧饮食中突出表现"不茹荤""不饮酒食肉"的行为就会被冠以孝名而受到褒扬。当然，对于居丧饮酒食肉的现象也会受到舆论的谴责，甚至成为攻击政敌或者入罪的原因。汉昌邑王以"服斩缞，亡悲哀之心，废礼谊，居道上不素食……常私买鸡豚以食"③ 为由而被废；魏晋阮籍居母丧饮酒吃肉而被何曾弹劾；唐宪宗朝驸马都尉于季友、法曹陆赓之子陆慎余皆因居丧饮酒食肉或被鞭笞、或被削官、或被流放。

居丧饮食的政治化使得丧礼的形式化越发得严重，致使世人只重形式而不注重精神。而这最终使得居丧饮食在政治上的作用也越来越小，宋元明清时期饮食违礼成风便是这一形势的体现。

（五）居丧饮食中的不平等

居丧饮食还表现出形式上的平等与实质上的不平等观念。

儒家所规划出的一套居丧饮食流程在名义上突破等级的界限，自上而下，为整个社会所遵从。曾子曰："哭泣之哀，齐、斩之情，饘粥之食，自天子达。"孔颖达疏曰："父母之丧，贵贱不殊，故曰：'自天子达'。"④ 在曾子看来，虽然天子、诸侯，以至于平

① （清）阮元校刻：《十三经注疏》，中华书局1980年版，第2558页。
② （清）阮元校刻：《十三经注疏》，中华书局1980年版，第2561页。
③ （汉）班固撰：《汉书》，中华书局1964年版，卷六八，第2940页。
④ （清）孙希旦撰：《礼记集解》，中华书局2010年版，卷七，第173页。

民，存在着严格的身份差别，但是，人人皆有父母，父母情同，从这一点来看，子女对父母的情怀都是一样的。《中庸》载："三年之丧达乎天子，父母之丧无贵贱一也。"① 孟敬子也曾言："食粥，天下之达礼也。"② 因此，"三年之丧，天下之达丧也"③。在这个层面上看，居丧饮食确实体现了强烈的平等思想，在等级森严的宗法社会，这一点也是很难能可贵的。

　　然而，在现实生活中，看似平等的饮食规范在实际运行中却有很大的不同。《礼记·曲礼》曰："礼不下庶人。"清人孙希旦曰："不为庶人制礼也。"④ 这并不是说庶人不行礼。因为在先秦时期只为士以上的人制礼，庶人之礼在先秦没有任何已形成文本的痕迹⑤。如果庶人有事，则"假士礼以行之"。对于为何"礼不下庶人"，孔颖达疏云："礼不下庶人者，谓庶人贫，无物为礼。又分地是务，不服燕饮，故此礼不下庶人行也。"⑥ 在古代社会，统治阶层几乎据有天下所有的物质财富，而卜层百姓则穷困不堪，物质资料最多仅能维持生活，因此不可能有多余的物质来行礼。"不服燕饮"便是"礼不下庶人"在饮食上的强烈体现。儒家制定的一系列居丧饮食礼，只是给世人提供了一个标准，而能不能全部按照标准实施则是另外一回事。张捷夫甚至认为，这一套居丧生活只是

---

① （宋）朱熹撰：《四书章句集注》，中华书局 2015 年版，第 26～27 页。

② （清）孙希旦撰：《礼记集解》，中华书局 2010 年版，卷十，第 266 页。

③ （清）孙希旦撰：《礼记集解》，中华书局 2010 年版，卷五五，第 1377 页。

④ （清）孙希旦撰：《礼记集解》，中华书局 2010 年版，卷四，第 81 页。

⑤ 杨志刚：《中国礼仪制度研究》，华东师范大学出版社 2000 年版，第 196 页。

⑥ （清）孙希旦撰：《礼记集解》，中华书局 2010 年版，卷四，第 81～82 页。

儒者的丧礼，民间很难做到①。又如既殡之后所食之粥，对于那些平民百姓而言，大多为豆粥之属。"啜菽饮水"是劳动人民简陋生活的写照，《战国策·韩策》云："韩地险恶，山居，五谷所生，非麦而豆；民之所食，大抵豆饭藿羹；一岁不收，民不厌糟糠。"②而黍、稷、稻、粱则多为上层社会的饮食，《周礼·天官·膳夫》载："凡王之馈，食用六谷。"《礼记·内则》对六谷作出的解释为"黍、稷、稻、粱、麦（小麦）、菰（薏米）"。以此为原料的粥对于平民百姓而言可望而不可及。同样是粥，但在原料的使用上就存在明显的等级差别。关于"水饮"，若但指饮水而已，是"饮之贫也"，然而贵族"饮有浆醴之属"③。徐吉军、贺云翱认为"水饮"为豆浆之类的东西，在一定程度上也可以体现饮食的等级差别。至于居丧有疾可以饮酒食肉，对于普通百姓则更不可能做到。《礼记·王制》中说："诸侯无故不杀牛，大夫无故不杀羊，士无故不杀犬豕，庶人无故不食珍。"肉食在西周被认为是珍食，是很少吃的④，更何况普通百姓。来自饮食的"肉食者"更是成为统治阶层的代名词。《左传·庄公十年》中所载的"肉食者谋之"便是如此。由此可知，肉食在先秦时期作为具有权力意味的饮食与下层人民相隔甚远。所以，居丧饮食规范在实际操作上存在着很大的等级差别。

此外，在饮食礼的执行方面还存在着权变。如皇帝因为天下之主的身份而无法长期履行居丧礼，经常以"降席撤膳"⑤来代替。而"降膳撤席"并不包括不食肉饮酒，这为他们不遵从居丧饮食

---

① 张捷夫：《丧葬史话》，社会科学文献出版社 2011 年版，第 41 页。

② （汉）刘向集录：《战国策》，上海古籍出版社 1985 年版，第 934 页。

③ （清）孙希旦撰：《礼记集解》，中华书局 2010 年版，卷十一，第 279 页。

④ 徐海荣主编：《中国饮食史（卷二）》，华夏出版社 1999 年版，第 149 页。

⑤ （唐）房玄龄等撰：《晋书》，中华书局 1974 年版，卷二十，第 614 页。

提供了借口，而这些正是饮食不平等的表现。

第三节 居丧饮食中的宗教因素

饮食作为社会生活的重要组成部分，与宗教有着密切的关联。两汉之际，是本土道教产生和西域佛教传入的初期。时至魏晋，儒学衰微，出现了继春秋战国以来的第二次思想大争鸣时期，给佛道的发展提供了一个良好的契机。因此，三国至六朝隋唐为佛教极盛之时代，而道教亦于此时风靡天下①。自此以后，佛道二教便在中国社会广泛传播，渗透到社会生活之中，对人们的衣食住行产生了重要影响。

任何宗教都有自己的饮食禁忌。道教的服食养生与佛教的茹素思想则是其在饮食规范上的集中体现。随着二教在中国社会的落地生根，其饮食行为必然为信奉者所遵从，从而给人们的饮食观念带来极大的改变。居丧饮食也同样如此。

一、佛教

佛教传入中国后，在南朝梁武帝时期，通过《断酒肉文》的制定，借助皇权在全社会确立了僧人的素食戒律。僧人除了不准食肉之外，凡是气味浓烈的蔬菜也在禁忌之内。《梵网经》曰："佛子不得食五辛。"所谓五辛是指蒜、慈葱、兴渠、韭、薤。多次舍身佛寺的梁武帝本人也仅仅"日止一食，膳无鲜腴，惟豆羹粝食而已……不饮酒"②。上行下效，佛教的素食行为使得社会上大开吃素的风气③。

僧人在素食主义戒律下"食不过蔬，衣不出布"④ 的宗教生活对世俗生活产生了重要影响。特别是魏晋南北朝时期居丧期间大

① 张亮采：《中国风俗史》，上海三联书店 1988 年版，第 76~77 页。
② （唐）姚思廉撰：《梁书》，中华书局 1973 年版，卷三，第 97 页。
③ 徐海荣：《中国饮食史》（卷一），华夏出版社 1999 年版，第 39 页。
④ （梁）沈约撰：《宋书》，中华书局 1974 年版，卷二一，第 2100 页。

量出现的"蔬食布衣"便是这一戒律在居丧生活中的突出反映。如陈朝王固"清虚寡欲,居丧以孝闻。又崇信佛法,及丁所生母忧,遂终身蔬食,夜则坐禅,昼诵佛经"①。

此外,魏晋南北朝时期,居丧初期经常出现五日、七日、旬日,甚至二十三日不食的现象,这与僧人的入定不食有着莫大关联。在《高僧传》中有着大量的僧人入定不食记载。东晋时期,僧人昙摩耶舍因"年将三十,尚未得果",于是"累日不寝不食,专精苦到,以悔先罪"②。齐梁年间,释昙霍"蔬食苦行","能七日不食"③,而霍无饥渴之色,"国人既蒙其佑,咸称曰'大师'。出入街巷,百姓并迎为之礼。"齐建元中,释保志"数日不食,亦无饥容"④。释慧崇则因沙门法达逝去而"累日不食"⑤。如此之类,比比皆是,不难令人想到魏晋时人居丧多日不食的现象与佛教之关联。

再者,魏晋时期居丧普遍食麦的行为也与僧人的饮食有关。僧人食麦的现象在这一时期十分盛行。宋齐年间,僧人释法晤停住武昌期间,"不食粳米,常资麦饭,日一食而已。"⑥ 僧人释慧益,大明四年(460),"始就却粒,唯饵麻麦。"⑦ 到了大明六年(462),又"绝麦等,但食苏油。有顷又断苏油,唯服香丸"。释法恭"少而苦行殊伦,服布衣,饵菽麦"⑧。当时乌衣寺还有一个

---

① (唐)姚思廉撰:《陈书》,中华书局1972年版,卷一,第284页。

② (梁)释慧皎撰:《高僧传》,中华书局1992年版,卷一,第41页。

③ (梁)释慧皎撰:《高僧传》,中华书局1992年版,卷十,第375页。

④ (梁)释慧皎撰:《高僧传》,中华书局1992年版,卷十,第395页。

⑤ (梁)释慧皎撰:《高僧传》,中华书局1992年版,卷十一,第413页。

⑥ (梁)释慧皎撰:《高僧传》,中华书局1992年版,卷十一,第422页。

⑦ (梁)释慧皎撰:《高僧传》,中华书局1992年版,卷十二,第453页。

⑧ (梁)释慧皎撰:《高僧传》,中华书局1992年版,卷十二,第466页。

叫僧恭的僧人，"德业高明，纲总寺任。亦不食粳粮，唯饵豆麦。"① 僧人食麦的行为当与西域的饮食结构有关，但当麦食作为一种粗食与中国的居丧礼结合起来的时候，便成为居丧饮食的一部分。加上世人对高僧的崇敬及佛教与孝道的结合，必然会引起社会各界的效仿，如曾"剃发为沙门"的徐孝克和以"皇帝菩萨"自称的梁武帝便是如此。

唐宋以后，佛教依然盛行，佛事成为一种超度死者亡魂的活动，对人们的社会生活产生了更为广泛的影响。如在魏晋时期形成的与佛教有关的盂兰盆节成为人们的传统节日；人们把僧道法会引入丧礼之中而成"七七追荐"（或"七七斋"）的习俗，以此为死者消除罪恶、往生天堂，名曰"资冥福"；火葬之风也日益普遍。佛事在丧礼中的作用日渐突出，从而形成了佛事消费习俗。丁双双认为佛事消费习俗在唐宋时期的丧葬消费习俗中占有重要的地位②。冉万里则从考古学的角度说明宋代佛教在丧礼中的普遍反映，如佛像、僧侣俑、佛经、壁画等等③。佛教在丧礼之中的影响更加深入，在居丧饮食上依然继承魏晋之风。如宋代"刺血写佛经数卷"的顾忻在父丧母病之时"荤辛不入口者十载"④。又如通直郎张潜每当在父母死日则"必前期疏素，为佛事，瞻仰如在，悲动左右"⑤。由此可见，从魏晋至明清，中国的居丧饮食中都被打上深深的佛教烙印。

---

① （梁）释慧皎撰：《高僧传》，中华书局 1992 年版，卷十二，第 467 页。

② 丁双双、魏子任：《论唐宋时期丧葬中的佛事消费习俗》，《河北学刊》2003 年第 6 期。

③ 冉万里：《宋代丧葬习俗中佛教因素的考古学观察》，《考古与文物》2009 年第 4 期。

④ （元）脱脱等撰：《宋史》，中华书局 1977 年版，第 13394 页。

⑤ 陈柏泉编著：《江西出土墓志选编》，江西教育出版社 1991 年版，第 84 页。

二、道教

除了佛教之外，道教的避世无为在饮食上也表现为趋于蔬食、少食。道教极注重修行养生，以求达到长生的境界。《养性延命录序》曰："夫禀气含灵，唯人为贵。人所贵者，盖贵为生。生者神之本，形者神之具。神大用则竭，形大劳则毙。若能游心虚静，息虑无为，服元气于子后，时导引于闲室，摄养无亏，兼饵良药，则百年耆寿，是常分也。"① 在陶弘景看来，养生主要追求精神上的虚静无为，通过服气、导引，加之良药而达到长寿，最终实现形神的统一。《神农经》曰："食谷者智慧聪明……食芝者延年不死，食元气者地不能埋、天不能杀。是故食药者，与天相翼，日月并列。"② 同时，"所食愈少，心愈开，年愈益。所食愈多，心愈寒，年愈损焉"③。由此可知，食气、少食是延年益寿的重要途径，而这种少食发展到极端便是"辟谷"。抱朴子曰："断谷，人止可息肴粮之费，不能独令人长生也。问诸曾断谷积久者，云差少病痛，胜于食谷时。"又云："欲得不死，肠中无滓。"要想长生，需要断谷，但光断谷还不行，还要"吞气服符饮神水"④。去粒绝食是道教服食养生中的重要修行方法，甚至在战乱灾荒年代，采用此法，可以不至饿死。"若遭世荒，隐窜山林，知此法者，则可以不饿死。"⑤ 所以，道教的修行饮食行为不论是在上层还是在下层都得到了广泛的传播。

---

① （南朝梁）陶弘景：《养性延命录》，上海古籍出版社 1990 年版，第1页。

② （南朝梁）陶弘景：《养性延命录》，上海古籍出版社 1990 年版，第1页。

③ （南朝梁）陶弘景：《养性延命录》，上海古籍出版社 1990 年版，第3页。

④ （晋）葛洪著，王明校释：《抱朴子内篇校释》，中华书局 1980 年版，第242页。

⑤ （晋）葛洪著，王明校释：《抱朴子内篇校释》，中华书局 1980 年版，第242页。

魏晋之际，上层社会对道教的信奉加深了对道教的研究与传播。陈寅恪《天师道与滨海地域之关系》一文指出，"东西晋南北朝时之士大夫，其行事遵周孔之名教，言论演老庄之自然。玄儒文史之学著于外表，传于后世者，亦未尝不使人想慕其高风盛况。然一详考其内容，则多数之世家其安身立命之秘，遗家训子之传，实为惑世诬民之鬼道，良可嘅矣"①。如以王祥为代表的琅琊王氏、以杜栖为代表的吴郡杜氏、殷钧为代表的陈郡殷氏、孔奂为代表的会稽孔氏等皆为天师道世家。道教辟谷食气的养生观必然会影响其信奉者的日常习俗，杜栖的"水浆不入口七日……不食盐菜"、殷钧的"所进殆无一溢"皆有辟谷的倾向。道教以少食或不食为尚的养生观正好符合居丧期间的饮食规范。到了明代，口味清淡成为倡导素净的道家养生主张。一般来说蔬菜素净，肉食浓酽，主张清淡的都以素食为主②。因此，李渔在《闲情偶寄》中也说："论蔬食之美者，曰清、曰洁、曰芳馥、曰松脆而已矣。不知其至美所在，能居肉食之上者，忝在一字之鲜。"这一时期，口味清淡成为时尚。

总之，在佛道二教素食观的推动下，素食之风渗透到社会生活的饮食之中，以节食为尚的居丧饮食也与这一风气紧密结合起来，成为中国饮食文化中的特色。

居丧饮食作为丧礼的重要组成部分，是孝道的具体实践，因而得到了统治阶层的重视和宣扬。居丧饮食的规范是孝子在居丧过程中自发的内在情感在食物上的体现，禁食或节食的行为通过内在的孝而使饮食行为上升到道德的层面，并与政治相关联，成为品评世人德行的重要标准。由于社会环境的变迁，居丧饮食在历史的潮流中也不断发生变化，它在一定程度上也是社会生活的反映。饮食的变迁，同样也是孝道的变迁。随着朝代的更迭，原有的一套居丧饮食行为逐渐向更为简易便行的方向发展，而寓于饮食之中的哀戚之

---

① 陈寅恪：《金明馆丛稿初编》，上海古籍出版社1980年版，第39页。

② 徐海荣主编：《中国饮食史（卷五）》，华夏出版社1999年版，第253页。

情也因饮食的改变而逐渐丧失，最终居丧饮食流为形式，甚至被废除。但是，在两千多年的古代社会，居丧饮食一直是联系死者与生者的重要一环，同时也是"家国同构"下父子尊卑关系的重要体现，饮食的节制与道德的修养相辅相成，从而通过止欲止乱以化成天下。

第二十章

中国茶文化

茶与咖啡、可可并列为当今世界最流行的三大非酒精类饮料。中国有悠久的种茶、饮茶历史，这一方面为人类提供了最普遍和最受人们欢迎的饮料，另一方面也奉献给世界丰富多彩的饮茶文化。中国茶文化的起源、传播和衍化，折射和反映了中国文化和社会生活众多方面的历史演变。

第一节　唐前粥茶文化

中国是茶的故乡，茶树的原产地和原始分布中心位于中国的西南地区。陆羽《茶经》卷上《一之源》载：“茶者，南方之嘉木也。”一些古代文献也记载茶树起源于中国四川省及其周围地区。从古生物学观点来看，茶树是山茶属中较原始的一种，据有关专家研究，茶树的起源距今已有数万年之久。从古代地理气候来看，云南、贵州等少数民族地区的气候非常适宜茶树生长，这些地区存在较多的野生乔木大茶树，叶生结构等都较原始。1961 年在云南勐海大黑山原始森林中，发现了一株目前最大的茶树，树高 32. 12

米，胸径 1.03 米。另外，在贵州晴隆县笋家菁曾发现茶子化石一块，有三粒茶子。

中国对茶叶的开发利用可能始于史前时代，它是古老巴蜀文化的特殊成就之一。中国民间广泛流传着神农（炎帝）尝百草，遇茶而解的传说。《尔雅·释木》第十四云："槚，苦荼"。可见"荼"即"槚"，"槚"是四川方言。茶是唐代才形成的后起字，为了和"荼"字相区别，少写一短横，写成了"茶"，音和"槚"相近。

据晋人常璩《华阳国志·巴志》记载，西周初年，重庆涪陵一带产茶，当地人把茶作为贡品上贡给周王室，说明当时涪陵的茶叶生产已达到了一定的水平。先秦时期，人们也将茶叶作为菜食用。如《茶经》卷下《七之事》引《晏子春秋》称："婴相齐景公时，食脱粟之饭，炙三弋五卵，茗菜而已"。由于当时蔬菜的烹饪方式为煮，茗菜即煮的茶汤，与粟饭配合食用。

茶是如何煮制呢？三国时期魏人张揖的《广雅》给了后人明确的答案，陆羽《茶经》卷下《七之事》引《广雅》云："荆巴间采叶作饼，叶老者，饼成以米膏出之。欲煮茗饮，先炙令赤色，捣末置瓷器中，以汤浇覆之，用葱、姜、橘子芼之。其饮醒酒，令人不眠。"翻译成白话文即为："在两湖、重庆一带，人们采摘新鲜的茶叶捣碎制成茶饼。如果茶叶老的话，还要添加米汤以增加粘度，以便制成茶饼。烹煮茶饮时，要先将茶饼烘烤至赤红色，然后捣成碎末，放入瓷器中，浇上开水，盖好盖子，再放些葱、姜、橘子调味。饮用这种茶汤可以醒酒，使人兴奋不睡。"很明显，这种煮茶方式，犹如煮菜粥，故称之为"粥茶法"。这种煮茶方式一直延续到魏晋南北朝时期，唐人杨晔《膳夫经手录》载："茶，古不闻食之，近晋、宋以降，吴人采其叶煮，是为茗粥。"

西汉时，西南地区吃茶已是蔚然成风。西汉辞赋大家司马相如的《凡将篇》提到了"荈诧"，杨雄的《方言》则云："蜀西南人谓茶曰蔎。"茶叶贸易市场也在四川出现了。西汉宣帝时，蜀人王褒《僮约》记载蜀郡资中（今四川资中）人王子渊规定僮仆的任务，其中有"烹茶尽具""武阳买茶"。说明茶不仅成为当地日常生活的重要饮料，而且已作为商品在市场上广为流通。

三国时期，茶饮开始传播到长江下游的江浙一带。《三国志·吴志·韦曜传》载："（孙）皓每飨宴，无不竟日，坐席无能否率以七升为限，虽不悉入口，皆浇灌取尽。曜素饮酒不过二升，初见礼异时，常为裁减，或密赐茶荈以当酒。"饮茶逐渐成为南方常见的一种饮食习俗。

魏晋南朝时，江浙一带饮茶之风已很盛行，这从《茶经》卷下《七之事》所记载的诸多事迹可以反映出来。由于饮茶之风盛行，已有少数人嗜茶成瘾了。《世说新语》载："晋司徒长史王濛好饮茶，人至辄命饮之，士大夫皆患之，每欲往候，必云：'今日有水厄。'"这一时期的人们也常以茶待客，《茶经》卷下《七之事》引《晋中兴书》云："陆纳为吴兴太守时，卫将军谢安常欲诣纳。纳兄子俶怪纳无所备，不敢问之，乃私蓄十数人馔。安既至，所设惟茶果而已。俶遂陈盛馔，珍羞毕具，安既去，纳杖俶四十，云：'汝既不能光益叔父，奈何秽吾素业？'"

西晋时期，茶饮开始北传至中原地区。《茶经》卷下《茶之事》引《续搜神记》载："晋四王起事，惠帝蒙尘。还洛阳，黄门以瓦盂盛茶上至尊。"北朝时期，一些南方人士由于各种原因来到中原地区，他们中的不少人有饮茶的习惯，茶饮逐渐北传至中原地区。杨衒之《洛阳伽蓝记》卷三《城南》载：

（王）肃初入国，不食羊肉及酪浆等物，常饭鲫鱼羹，渴饮茗汁。京师士子道肃一饮一斗，号为漏卮。经数年已后，肃与高祖殿会，食羊肉酪粥甚多。高祖怪之，谓肃曰："卿中国之味也，羊肉何如鱼羹？茗饮何如酪浆？"肃对曰："羊者是陆产之最，鱼者乃水族之长。所好不同，并各称珍。以味言之，甚是优劣。羊比齐鲁大邦，鱼比邾莒小国，唯茗不中与酪作奴。"高祖大笑……彭城王谓肃曰："卿不重齐鲁大邦，而爱邾莒小国。"肃对曰："乡曲所美，不得不好。"彭城王重谓曰："卿明日顾我，为卿设邾莒之食，亦有酪奴。"因此复号茗饮为酪奴。时给事中刘缟慕肃之风，专习茗饮。彭城王谓缟

曰："卿不慕王侯八珍，好苍头水厄。海上有逐臭之夫，里内
有学颦之妇。以卿言之，即是也。"其彭城王家有吴奴，以此
言戏之。自是朝贵宴会虽设茗饮，皆耻不复食，唯江表残民远
来降者好之。后萧衍子西丰侯萧正德归降，时元乂欲为之设
茗，先问卿于水厄多少。正德不晓乂意，答曰："下官虽生于
水乡，而立身以来，未遭阳侯之难。"元乂与举坐之客皆笑
焉。①

这则史料表明，至迟在北魏时期，茶饮已传入北方中原地区
了。在当时的朝廷及贵族的宴会上常设茗饮，以茶待客在社会上层
中也已经开始出现。不过，虽然当时北方人（如刘缟）开始模仿
南方人饮茶，但真正喜好饮茶的仍然是那些南方移民。而中原地区
的居民，尤其是社会上层对饮茶还抱有一种鄙视和排斥态度。虽然
如此，魏晋南北朝时期，北方中原地区的人们对茶饮毕竟由声闻渐
进为始习，这就为以后唐宋时期茶饮在北方中原地区的流行奠定了
初步基础。

第二节　隋唐煮茶文化

隋唐时期，随着茶叶的生产规模急剧扩大，加工技术迅速提
高，饮茶之风也从江南扩大到北方中原地区。先是社会上层以及士
大夫阶层的争相品饮与传播推动，最后茶饮终于走入北方的寻常百
姓家，成为社会各阶层人民日常生活不可或缺的一部分。在饮茶风
尚普及的同时，"人们尤其是士人们改变了解渴式的粗放饮法，从
采制、煎煮与品饮以及与之相关的茶具、环境、水品、人品都异常
考究，有意识地把品茶作为一种能够显示高雅素养、寄托感情、表
现自我的艺术活动去刻意追求、创造和鉴赏了，饮茶走向艺术化，
而文学艺术的各个门类也纷纷把饮茶作为自己的表现对象加以描述

---

① （魏）杨衒之撰，周祖谟校释：《洛阳伽蓝记校释》卷三《城南》，
中华书局 2010 年版，第 109~112 页。

和品评，茶文化开始形成了。"① 这一时期茶文化的形成还与佛教的发展、科举制度的实行、诗风的大盛、贡茶的兴起和中唐以后唐王朝的禁酒等因素有关，正是这些因素促使饮茶之风的盛行，形成了独具魅力的茶文化②。

一、饮茶之风在北方中原地区的兴起

隋唐时期，饮茶之风在北方中原地区的普及有一个渐变发展的过程。杨晔《膳夫经手录》载："至开元、天宝之际，稍稍有茶，至德、大历遂多，建中以后盛矣。"开元（713—741 年）、天宝（742—756 年）为唐玄宗的年号，至德（756—758 年）是唐肃宗的年号，大历（766—779 年）为唐代宗的年号，建中（780—783 年）为唐德宗的年号。这记载大体反映了北方中原地区饮茶的传播情况。

隋代和初唐之际，饮茶之风仍局限于东南、西南等地，北方中原地区虽已有人饮茶，但还未蔚然成风。到了 8 世纪初，随着国家的统一稳定，交通运输的便捷，经济文化的交流，饮茶之风开始在北方蔓延。北方中原地区是全国的政治、文化中心，大量的南方人来到该地区做官谋生，他们把饮茶之风带到京师或其他地方，饮茶便先在达官贵人等社会上层流行开来。

饮茶之风的另一个重要传播途径是僧人。茶很早就与佛教结缘，魏晋南北朝时的南方寺院中，僧人饮茶已很普遍。随着禅宗大兴并盛于北方，广大北方也迎来了饮茶的普及之风。唐人封演《封氏闻见记》载："学禅务于不寐，又不夕食，皆许其饮茶。人自怀挟，到处煮饮，从此转相仿效，遂成风俗。"③ 8 世纪中叶以后，饮茶之风在北方中原地区广泛传播，茶叶开始作为贡品献给朝廷，从皇室、官吏到文人墨客，饮茶都比较普遍。

---

① 郭孟良：《中国茶史》，山西古籍出版社 2003 年版，第 34~35 页。

② 王玲：《中国茶文化》，中国书店 1992 年版，第 35~38 页。

③ （唐）封演撰，赵贞信校注：《封氏闻见记校注》卷六《饮茶》，中华书局 2005 年版，第 51 页。

唐代后期，宫廷经常利用上贡名茶设置茶宴，并以茶赏赐臣下。建中三年（782 年），唐德宗因兵变巡狩奉天（今陕西乾县），韩滉在遣使运粟帛入关中的同时，没有忘记"以夹练囊缄茶末，使步以进"①。由此可知唐德宗平日嗜茶。

政府机构中，饮茶也极为流行。唐赵璘《因话录》卷五《徵部》载："御史台三院……三曰察院……兵察常主院中茶，茶必市蜀之佳者，贮于陶器，以防暑湿，御史躬亲缄启，故谓之'茶瓶厅'。"朝官办公，还有一定的饮茶时间，并且御史还亲自主持进行，真可谓饮茶成风了。

士大夫阶层饮茶风气之盛，更为典型。许多官吏、文人饮茶成癖，士人相聚，迎宾待客，多烹茶品茗，清谈吟诗。唐诗之中不乏反映朋友之间不远千里寄赠佳茗的诗句。

随着饮茶的风行，有关茶叶的专著和诗文也大量涌现，除陆羽《茶经》外，还有张又新《煎茶水记》、温庭筠《采茶录》、裴汶《茶述》等。至于茶诗就更多了。仅白居易一人就有 20 多首咏茶诗，晚唐诗人皮日休、陆龟蒙各有茶事十咏，互相唱和。这些专著和诗文，不仅是当时饮茶之风盛行的具体体现，对当时及后世茶文化的发展也起到了极大的推动作用。

佛教僧侣本是饮茶的有力推动者，晚唐以后，僧侣饮茶更加普遍，且把茶奉为长寿的秘药。当时各寺院都有专门饮茶之所，称茶寮、茶堂，遇节日盛典，还要举行茶会。可见，茶驱除困魔的功效，恰好为禅家所利用。而"天下名山僧占多"，名山又多产好茶，近水楼台，茶为禅用，也是顺理成章。但是，光有渊源还不够，茶禅之所以能够融为一体，还因为茶对禅宗而言，即是养生饮品，又是得悟途径，更是体道法门。饮茶能清心寡欲、养气颐神。养生、得悟、体道这三重境界，对禅宗来说，几乎是同时发生的，它悄悄地、自然而然地使两个分别独处的东西达到了合一，从而使中国文化传统出现了一项崭新的内容——茶禅一味。

---

① （唐）王谠：《唐语林》卷六，上海古籍出版社 1978 年版。

平民百姓开始普遍饮茶是饮茶普及的重要标志。唐代后期，北方中原地区的平民百姓也开始饮茶了。据杨晔《膳夫经手录》言，江西的浮梁茶在北方中原地区普通民众中很受欢迎，"今关西、山西，闾阎村落皆吃之。累日不食犹得，不得一日无茶也。"蕲州茶、婺源茶等在河南、山西一带也很畅销，"人皆尚之。"可见，茶已经开始走入北方中原地区的寻常百姓家，成为社会各阶层人民日常生活不可或缺的一部分。

二、茶的种类与来源

1. 以饼茶为主的四大茶类

按陆羽《茶经》卷下《六之饮》记载，当时的成品茶可分为粗茶、散茶、末茶和饼茶四类。这四类茶，只有原料老嫩，外形整碎和松紧之别，其制作方法基本相同，都属于蒸青不发酵茶。粗茶是用梢枝老叶加工或加工粗糙的茶；散茶是呈碎叶状的散条形古老绿茶；末茶是经蒸舂加工成末，没有加以拍制的茶末；饼茶是这一时期成品茶的主要形式。饼茶的加工比较复杂而费工，按陆羽《茶经》卷上《三之造》所言，唐时饼茶要经过采、蒸、捣、拍、焙、穿、封七道工序，即采来的茶要先用釜甑蒸熟，再用杵臼捣碎，并经拍打成形和焙干，然后用竹签将茶饼串起来，封装保存。按上述工序加工的饼茶虽然去掉了茶中的青草味，但美中不足的是茶的苦涩味仍然很重。所以后来出现了将蒸过的茶叶榨出茶汁再制成饼的加工方法。这种榨汁工艺，唐人称之为"出膏"。陆羽《茶经》卷上《三之造》讲述饼茶时说："出膏者光，含膏者皱。"意为茶汁被压出来的饼茶光滑，未被压出来的就皱缩。饼茶便于贮藏和运输，也有利于增进茶叶的醇厚度，为茶叶加工开辟了新天地，扩大了饮茶区域，培养了饮茶人群，提高了茶的地位，具有重大意义。

2. 来源于南方的贡茶和商品茶

隋唐时期，宫廷所消费的茶是南方产茶区的贡茶。"唐代以前贡茶尚未制度化，至少说制度还很不完备。作为一种独立的制度，

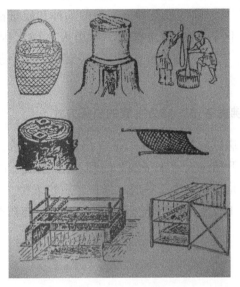

唐代茶的采制工具（钟敬文主编《中国民俗史（隋唐卷）》）

当自唐代始。"① 唐代贡茶制大抵始于唐玄宗天宝年间（742—756年）。据《新唐书·地理志》载，当时主要贡茶地遍及 5 道 17 州府。名气较大的贡茶有湖州顾诸紫笋、雅州蒙山石花等茶。通过各地上贡，皇室积累了大量的上等茶叶，如元和十二年（817年）五月，内库一次拿出 30 万斤茶叶（约合今 179000 千克），足见朝廷存茶数量之多。这些贡茶，仅靠皇室成员自身肯定是消费不完的，它的流向有二：一是用于赏赐臣僚将士；二是被皇家变卖，仍投入流通领域，以缓解其财政危机。唐朝末年，财政困难，这种茶助国用的作用更为明显②。

北方中原地区普通百姓所消费的茶叶多是通过当地的茶市购得。当时贩茶的商人很多，他们通过长途贩运，满足了各地对茶叶的需求。据唐人封演《封氏闻见记》所载，广大北方地区所消费

---

① 郭孟良：《中国茶史》，山西古籍出版社 2003 年版，第 45 页。
② 郭孟良：《中国茶史》，山西古籍出版社 2003 年版，第 47 页。

的茶多由茶商从江淮贩运而来，数量巨大，"舟车相继，所在山积，色额甚多"①。除江淮茶外，蜀茶的品种和质量都非常好，也是北方中原地区人们购买的首选。如唐人赵璘《因话录》卷五《徵部》记载，当时的御史台察院，"兵察常主院中茶，茶必市蜀之佳者"。

三、"三沸煮茶法"成为主流的烹茶方式

如果说隋唐以前的饮茶方式是"粥饮法"的话，隋唐时期人们的饮茶方式开始进入"末茶法"时期。"末茶法"的最大特点是人们饮用的多是饼茶、末茶等成品茶粉碎后的茶粉。"末茶法"的采用与茶叶加工技术的进步是分不开的，特别是与饼茶技术的成熟有密切关系。

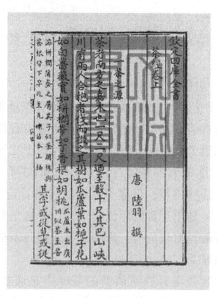

陆羽《茶经》

---

① （唐）封演撰，赵贞信校注：《封氏闻见记校注》卷六《饮茶》，中华书局 2005 年版，第 51 页。

陆羽在《茶经》卷下《五之煮》中，介绍了一种后世称之为"三沸煮茶法"的烹茶方式。这种烹茶方式，在烹茶之前，要先炙茶，即把饼茶存放时吸收的水分用缓火烘干，使其变硬。饼茶炙热后立即放入纸囊中，不使泄其香，待茶冷却后，取出用茶碾加工成松黄一般的茶末，再经"罗合"罗成均匀细碎、光莹如玉的茶粉备用。

烹茶时，先把水放入茶釜中烧至"如鱼目，微有声"的"一沸"程度。这时，往水中加入少许食盐，以使茶汤去苦增甜。继续烧水至"边缘如涌泉连珠"的"二沸"程度。此时，先舀出一瓢水，随即用竹夹搅动釜中之水，使沸度均匀，再取适量的茶粉从当中投入，继续轻轻搅动。不久，釜中之水犹如奔涛，浮出茶沫，即汤花。这时，把事先舀出的一瓢水徐徐倒入釜中，缓和热度，使水中浮现出更多的汤花来。汤花可分为花、沫、饽三种，细而轻者为花，薄者为沫，厚者为饽。饽是茶的精华，要等到加入二沸时舀出的水，煮之，方能与沉淀的茶粉形成厚而绵的茶饽。至饽生成，茶汤方为煮成。茶汤煮好后，把茶釜从风炉上取下，放于交床之上，将茶按汤花分于茶碗之中，以供饮用。

唐人煮茶时，不随意加水。水多则味淡，按陆羽的说法，煮一升水，可分五碗茶，"夫珍鲜馥烈者，其碗数三；其次者，碗数五"①。前三碗为上等好茶，第四碗居中，第五碗最下。而饮用时要趁热饮之，"如冷，则精英随气而竭"，且要连饮，"啜半而味寡"②。汤色嫩绿，香味至美，入口微苦，过喉生津，即为好茶。

除了居主流地位的"三沸煮茶法"外，当时社会上还流行着一种"以汤沃焉"的方法，陆羽"谓之庵茶"，类似于现代的沏茶、泡茶法。这种饮茶方式为陆羽所反对。以此种方法来泡当时的末茶、饼茶等成品茶粉碎后的茶末，其味道肯定会差些，因此被陆

---

① （唐）陆羽：《茶经》卷下《六之饮》，载郭孟良：《中国茶典》，山西古籍出版社 2004 年版，第 29 页。

② （唐）陆羽：《茶经》卷下《五之煮》，载郭孟良：《中国茶典》，山西古籍出版社 2004 年版，第 25 页。

羽否定。不过，明清时，随着茶叶加工技术的进步，饼茶被散叶茶所取代，"以汤沃焉"就可以沏出好茶。

受传统"粥茶法"的影响，当时社会上还流行煮茶添加作料的习俗，所加作料有葱、姜、枣、橘皮、茱萸、薄荷等。陆羽反对大加作料的饮茶方法，认为"斯沟渠间弃水耳"①。陆羽的反对意见，为后人饮用纯茶提供了理论依据。但陆羽并不完全摒弃这种添加作料煮茶的方法，主张可往茶水中加少量的盐，以去苦增甜。

四、茶肆业的初步形成

茶肆是以聚众饮茶为主业的营业场所，同时也为人们提供休闲的环境，它是随着唐代茶市的兴旺、饮茶之风的盛行应运而生的。《封氏闻见记》卷六载"自邹、齐、沧、棣，渐至京邑，城市多开店铺煎茶卖之，不问道俗，投钱取饮"②，便是广大北方中原地区茶肆兴起的史实记述。北方中原地区各地的城市中和交通要道上多开设茶肆，供应茶水。隋唐都城长安也有茶肆，如唐文宗太和九年（835 年），宦官仇士良等发动兵变，宰相王涯等人从宫中"苍惶步出，至永昌里茶肆，为禁兵所擒"③。可见，茶肆已在居民区的里坊中开设了。

都城外的州县也开设有茶肆，日本僧人圆仁《入唐求法巡礼行记》卷二载："九日，到郑州……遂于土店里任吃茶，语话多时。"这是州郡有茶肆的记录。李肇《唐国史补》卷中载："巩县陶者，多为瓷偶人，号陆鸿渐。买数十茶器，得一鸿渐。市人沽茗不利，辄灌注之。"说明当时北方中原地区连县城都有茶肆，而且数量不少，从祈求"沽茗"之利看，北方中原地区茶肆业内部的竞争还是比较激烈的。

---

① （唐）陆羽：《茶经》卷下《六之饮》，载郭孟良：《中国茶典》，山西古籍出版社 2004 年版，第 28 页。

② （唐）封演撰，赵贞信校注：《封氏闻见记校注》卷六《饮茶》，中华书局 2005 年版，第 51 页。

③ （五代）刘昫：《旧唐书》卷一六九《王涯传》，中华书局 1961 年版，第 4404 页。

　　由于茶肆的经营成本较低，故一般人家均能开设。甚至只要在路边树下临时搭个茅草屋，便可售卖茶水。段成式《酉阳杂俎》续集卷二载："贞元中，望苑驿西有百姓王申，手植榆于路傍成林，构茅屋数椽。夏月尝馈浆水于行人，官者即延憩具茗，有儿年十三，每令伺客。"这种个体小摊位的售茶方式在当时应当更加普遍。

　　茶肆行业在唐代形成后，店主都供奉陆羽为行业神，凡是售茶场所，均可见到陆羽像。《因话录》卷三载："太子陆文学鸿渐名羽……性嗜茶，始创煎茶法，至今鬻茶之家，陶为其像，置于炀器之间，云宜茶足利。"茶肆经营者一开业，就注重供奉行业神，说明茶肆行业很快走向成熟，处于整体发展阶段。

五、茶具迅速发展成为系列

　　隋唐以前，还没有专门的茶器，人们煮茶、饮茶是借用日常的炊具和饮具进行的。隋唐时期，饮茶之风日盛一日，饮茶水平不断提高，茶在人们日常生活中的地位越来越重要，在这种背景下，专门的茶具开始出现，并迅速发展成为系列。

　　对这一时期的茶具记载最为系统的是陆羽的《茶经》。他在《茶经》卷中《四之器》中，提到了28种煮茶和饮茶用具。他对这些用具的名称、形状、制作、用料、使用方法以及对茶汤品质的影响，都作了比较详细的记述。这28种茶具可分为以下八类：

　　第一，生火用具。包括生火的风炉、储炭的筥（竹筐）、碎炭的炭樜、夹炭的火夹和承接炭灰的灰承等5种。

　　第二，烤茶、碎茶、量茶用具。包括夹茶、炙茶的夹、储存炙茶的纸囊、碎茶的碾、扫茶末的拂末、筛茶的罗、储茶的合、量茶末的则等6种（罗合算1种）。

　　第三，盛水、滤水和取水用具。包括盛生水的水方、漉水的漉水囊、取水的瓢和贮热水的熟盂等4种。

　　第四，盛盐、取盐用具。包括盛盐的鹾簋（cuó guǐ）和取盐的揭2种。

　　第五，煮茶用具。包括煮水烹茶的釜、置放茶釜的交床和击汤的竹夹等3种。

第六，饮茶用具，即饮茶的碗。

第七，清洁用具。包括洗刷器物的札、擦拭器物的巾、贮存洗涤余水的涤方和汇集各种沉滓的滓方等4种。

第八，盛贮用具。包括贮碗的畚、烹茶时陈列茶具的具列、收贮茶具的都篮等3种。

法门寺地宫出土的鎏金镂空鸿雁纹银茶笼（姚国坤、胡小军《中国古代茶具》）

隋唐时期，中国的制瓷技术已经相当成熟，大批物美价廉的瓷器进入人们的饮食生活，普通人饮茶时，多用瓷碗。选择茶碗时，人们还注意到按瓷色和茶色的协调与否来选择最佳的饮茶器，如陆羽《茶经》卷中《四之器》所言："邢州瓷白，茶色红；寿州瓷黄，茶色紫；洪州瓷褐，茶色黑，悉不宜茶。"而类玉似冰的越州（今浙江绍兴）青瓷因盛茶水时"茶色绿"而被陆羽评为最佳的饮茶器具。

值得一提的是，隋唐五代时期，金银饮食器皿很流行，豪门贵族更是以此为尚，甚至专门制作金银茶具烹茶、饮茶。1987年在陕西扶风法门寺地宫中，发掘出一套唐僖宗御用的银质鎏金烹茶用具。主要有：壶门高圈足座银风炉（用于烧水）、系链银火箸（用于夹炭）、金银丝结条笼子（用于炙饼茶）、鎏金镂空鸿雁纹银笼子（用于储饼茶）、鎏金壶门座银茶碾子（用于碾碎饼茶）、鎏金仙人驾鹤壶门座银茶罗子（用于罗茶末）、鎏金银龟形茶合（用于贮茶末）、摩羯纹蕾纽三足盐台（用于盛调茶之盐）、鎏金人物画银坛子（用于放其他作料）、鎏金伎乐纹银调达子（用于调茶）、鎏金飞鸿纹银匙（用于取茶），共计 11 种 12 件，这是迄今为止见到的最高级别的古代茶具实物。它们制作非常精美，已达到很高的工艺水平，是当时饮茶风气盛行的有力物证。这套茶具的主要种类，与陆羽《茶经》的记载基本吻合，可见《茶经》的影响和价值。

第三节　宋元点茶文化

　　宋元时期是中国饮茶史上的重要时期。北方中原地区虽然不产茶叶，但宋元时期这一区域的饮茶之风却很兴盛。北宋蔡絛的《铁围山丛谈》卷六云："茶之尚，盖自唐人始，至本朝为盛；而本朝又至祐陵（指宋徽宗）时益穷极新出，而无以加矣。"北宋茶叶的"采择之精，制作之工，品第之胜，烹点之妙，莫不咸造其极"①。北宋时，茶开始成为北方中原地区人们日常生活不可缺少的东西，"夫茶之为民用等于米盐，不可一日以无"②。北宋灭亡后，北方中原地区成为金朝的统治区域，饮茶之风在金朝各阶层中都很盛行，"比岁上下竞啜，农民尤甚，市井茶肆相属"③。据《金史·食货志》记载，金宣宗元光二年（1223 年）"今河南、陕西凡五十余郡，郡日食茶率二十袋，袋直银二两，是一岁之中妄费民银三十余万也"④。金代的饮茶之风甚至影响到国计民生，以至

　　① （宋）赵佶：《大观茶论》，载郭孟良：《中国茶典》，山西古籍出版社 2004 年版，第 86 页。

　　② （宋）王安石：《临川集》卷七〇《议茶法》，文渊阁《四库全书》本。

　　③ （元）脱脱：《金史》卷四九《食货四》，中华书局 1975 年版，第 1108 页。

　　④ （元）脱脱：《金史》卷四九《食货四》，中华书局 1975 年版，第 1109 页。

金代统治者屡次下令禁止民间饮茶："遂命七品以上官，其家方许食茶，仍不得卖及馈献。不应留者，以斤两立罪赏。"① 元代饮茶之风更加普及，王祯《农书·百谷谱十》"茶"条载："夫茶，灵草也。种之则利博，饮之则神清。上至王公贵人之所尚，下而小夫贱隶之所不可阙。诚生民日用之所资，国家课利之一助也。"② 从这段话中，可以看出元代饮茶之风的盛况。元杂剧常有"早晨起来七件事，柴米油盐酱醋茶"的唱词，说明茶在元代家庭饮食生活中有着不可或缺的地位。

一、茶叶来源和类别的演变

（一）茶叶从南方产茶区以榷茶的形式输入

北方中原地区的大多数地区是不产茶叶的，这一区域所消费的茶叶来自秦岭淮河以南的产茶区。北宋在东南地区和川陕地区先后实行榷茶制度。北宋榷茶的基本特征是：官府首先严密控制茶叶生产，几乎完全垄断茶叶资源，然后高价把茶叶批发给商人，再由商人转运到各地销售。东南地区榷茶实行自宋仁宗嘉祐四年（1059年），川陕地区榷茶则开始于宋神宗熙宁七年（公元1074年）。北宋时期陕西和汴京等大中城镇是茶叶的重要销售市场。

陕西茶叶市场的茶叶主要来自四川，在这里宋政府同西北少数民族进行茶马交易。川茶从成都府北行，经绵州（今四川绵阳）、剑州（今四川剑阁）、利州（今四川广元）至兴州（今陕西略阳）、兴元府（今陕西汉中）进入陕西。运输的办法起初是沿途设搬茶铺，由当地厢军充役，在人烟稀少难以置铺的地方，就雇百姓以牲口驮运。蜀道自古艰险，因此川茶入陕在当时极为困难，在沉重的劳役下，"其铺兵递马皆增于旧，又卒亡马死相寻"③，甚至

---

① （元）脱脱：《金史》卷四九《食货四》，中华书局1975年版，第1108~1109页。

② （元）王祯：《农书》卷十《百谷谱十·茶》，《丛书集成》初编本，中华书局1991年版，第113页。

③ （宋）李焘：《续资治通鉴长编》卷二九四"元丰元年十一月乙酉"，中华书局2004年版，第7167页。

出现"搬运不逮，糜费步乘，堆积日久，风雨损烂，弃置道左，同于粪壤"的严重情形①。宋哲宗元祐（1086—1094 年）之后，川茶搬运制度有了很大改进，在成都府设排岸司，在兴州长举县设装卸库，在两地之间设有多处转搬库。

运往汴京等大中城镇的茶主要来自东南产茶区，主要是靠经济实力雄厚的大商人进行长途贩运。北宋政府在各产茶区和交通要地设置了六个榷货务和十三个山场，专管茶的生产和贸易。茶农采茶加工以后，要把茶全部卖给政府，交榷货务或山场。商人贩茶时，要先向榷货务交纳钱帛，由榷货务按款给付茶引（提茶凭证），茶商凭茶引到指定的山场和榷货务领茶进行贩运。

北宋灭亡后，北方中原地区并入金朝的版图，该区域所需茶叶"自宋人岁供之外，皆贸易于宋界之榷场"②，即主要来自与南宋的贸易。元朝统一全国后继续实行榷茶制度，让商人买引贩茶，并在北方非产茶区征收茶税。

（二）饼茶生产技术的重大革新

从制作方法上看，宋元时期的茶可分草茶、末茶和饼茶三类。草茶又称茗茶、叶茶，实际上就是现在通用的散条形茶叶，宋元时期的草茶是通过蒸青制成的。末茶是草茶的继续加工品，是将蒸过的茶叶捣碎制成的茶末。草茶和末茶在当时又合称散茶。饼茶又称团茶、片茶，是将末茶继续加工，印制成饼制成的。由于"饼茶多以珍膏油其面"③，所以这种茶的表面光滑如腊，又被称为腊茶或腊面茶。北宋时期的茶叶生产以饼茶为主，最有名的饼茶是建州建安（今福建建瓯）的北苑茶，为北宋的贡茶。

北宋的饼茶制作技术比前代有了不少改进与发展。就碎茶而言，唐朝主要用杵臼手工操作。北宋时，杵臼普遍改为碾，有的地

---

① （宋）李焘：《续资治通鉴长编》卷二八四"熙宁十年九月癸亥"，中华书局 2004 年版，第 6962 页。

② （元）脱脱：《金史》卷四九《食货四》，中华书局 1975 年版，第 1107 页。

③ （宋）蔡襄：《茶录》，载郭孟良：《中国茶典》，山西古籍出版社 2004 年版，第 56 页。

方还用水磨加工茶叶。水磨用于茶叶加工，是茶叶加工工具的重大革新，极大地提高了劳动生产率，降低了茶叶的生产成本，使茶叶的质量更有了保证①。中原地区是北宋最早使用水磨加工茶叶的区域，《宋史·食货志》载："元丰（1078—1085 年）中修置水磨，止于在京及开封府界诸县，未始行于外路。及绍圣（1094—1098年）复置，其后遂于京西郑、滑、颖昌府、河北澶州皆行之。""四年（1097 年），于长葛等处京、索、溆水河增修磨二百六十余所。"

再如拍制工艺，北宋的饼茶在"饰面"上有了突出发展。特别是贡茶，茶面上龙腾凤翔，栩栩如生。生产饼茶的工艺复杂，制作极精，特别是北宋北苑焙所所制的大小"龙团"更是追精求细，当时就有"黄金易求，龙团难得"的说法。宋徽宗大观年间（1107—1110 年）所制的贡茶，"每胯计工价近三十千"②。这些极品茶只供极少数统治者享用，普通百姓难得一见。由于饼茶走向极品化道路，脱离了大众消费。物极必反，到了宋朝后期，饼茶的主导地位便被散茶取代。元朝时，饼茶虽仍保留，但数量已大大减少，"此品惟充贡献，民间罕见之"③。

宋代散茶主要产区是淮南、荆湖归州（湖北秭归）等处。元朝由于统治时间较短，茶叶生产情况基本上和宋朝差不多。

二、以点茶为主的饮茶方式

宋元时期的饮茶方式有煎茶和点茶两种，但后者更为流行，是当时主要的饮茶方式。

（一）煎茶的传承

煎茶又分煎茶末和煎茶芽两种。煎茶末创始于唐代的陆羽，唐

---

① 周荔：《宋代的茶叶生产》，《历史研究》1985 年第 6 期。
② （宋）姚宽撰，孔凡礼点校：《西溪丛语》卷上《北苑茶》，中华书局 1993 年版，第 53 页。
③ （元）王祯：《农书》卷十《百谷谱十·茶》，《丛书集成》初编本，中华书局 1991 年版，第 113 页。

代人饮茶多用这种方式。到了宋元时期，煎煮茶末的饮茶方式虽然已经衰落，但并没有销声匿迹，一些文人士大夫为怀古计，偶一为之。

煎茶芽是把散条形茶叶放入沸水中煎煮的一种饮茶方式，这和明代以后的开水泡茶不同。北宋时，人们发明了通过蒸青制作草茶的方法，饮用草茶时，不碾成碎末，全叶烹煮，不用盐姜调味，重视茶叶原有的香味。到了元代，煎茶芽这种饮茶方式就愈来愈普及了。

（二）点茶的创新

宋元时期，最为流行的饮茶方式为点茶。点茶始于晚唐五代，唐末苏廙的《十六汤品》所叙制茶汤的方法即为"点茶"法。点茶与煎茶不同的是水沸时不再将茶末投入水中，而是事先将茶末置于茶盏中"调膏"，待水沸后将水注入茶盏内，同时用竹片制成的茶筅击拂茶盏中的茶，边点边搅，令茶沫泛起。

点茶时茶和水的比例要适当，蔡襄《茶录·点茶》中说："茶少汤多，则云脚散；汤少茶多，则粥面聚。""云脚散"是指茶与水分散，未做到水乳交融，茶的表面未形成白色的茶沫，或形成的茶沫较少不能持久；"粥面聚"是指茶汤表面浓稠如粥，难以形成茶沫。点茶的关键在于用茶筅击拂茶盏中的茶，使茶与水均匀地混合，成为乳状茶液。茶的表面形成白色茶沫布满盏面，茶沫多而持久方为点茶成功。

在点茶的过程中，茶面上会呈现出千变万化的幻象，"禽兽虫鱼花草之属，纤巧如画。但须臾即就散灭。此茶之变也，时人谓之'茶百戏'。"[1] 擅长点茶的高手甚至能在茶面上点成文字，联字成诗。如北宋陶穀《清异录》卷下载："沙门福全生于金乡，长于茶海，能注汤幻茶，成一句诗，并点四瓯，共一绝句，泛乎汤表。小

---

[1] （宋）陶穀撰，李益民等注释：《清异录（饮食部分）》，中国商业出版社 1985 年版，第 125 页。

小物类，唾手办耳。"① 真是匪夷所思，神乎其神，令人难以想象。

《大观茶论》

宋徽宗赵佶《大观茶论》把点茶注水的过程分为七步，分别称第一汤至第七汤。此书对每一汤的击拂都作了细致的描述。其中第一汤为点茶成功的关键，要做到茶量适中，调膏后注水要环盏而注，水势要细而缓，一手轻轻搅动茶膏，腕指环动，上下搅透，使茶面的汤花"疏星皎月，灿然而生"；第二汤沿汤面四周注水，使汤花泛出光泽；第三汤仍沿汤面四周注水，击拂要轻而匀，使汤花形成"粟文蟹眼"；第四汤注水要少，击拂要大要慢，使茶面上生起云雾；第五汤注水稍多，击拂要匀，使茶面如霜如雪，使茶色完全显露；第六汤只点在汤花郁结之处，使之均匀；第七汤视茶稀稠决定是否加水。如果稀稠正好，则停止加水，这时汤花倍生，紧紧地附在茶盏的边缘，久而不散，称为"咬盏"，说明点

---

① （宋）陶穀撰，李益民等注释：《清异录（饮食部分）》，中国商业出版社 1985 年版，第 124 页。

茶已成功了。

三、饮茶习俗的丰富

（一）斗茶之风的盛行

宋元时期斗茶十分盛行，上至帝王将相，下至黎民百姓都乐于此道。斗茶始于唐朝，最初只流行于茶叶产地，目的是比赛茶叶的质量。北宋范仲淹《斗茶歌》云："北苑将期献天子，林下群雄先斗美。鼎磨云外首山铜，瓶携江上中泠水。黄金碾畔绿尘飞，碧玉瓯中翠涛起。斗茶味兮轻醍醐，斗茶香兮薄兰芷。其间品第胡能欺，十目视而十手指。胜若登仙不可攀，输同降将无穷耻。"① 诗中把斗茶的原因和现场情景都描述得十分清楚。

元代赵孟頫《斗茶图》（伊永文《宋代市民生活》）

斗茶的主体后来从制茶者走向卖茶者，走向市井百姓。宋人刘松年《茗园赌市图》便描写了市井斗茶的情景。图中有老人，有妇女，有儿童，也有挑夫贩夫。民间斗茶既起，文人学士也不甘落

---

① （宋）范仲淹：《斗茶歌》，载郭孟良：《中国茶典》，山西古籍出版社 2004 年版，第 273 页。

后，书斋、亭园也成了斗茶的场所，最后连宋徽宗赵佶也加入了斗茶行列，亲自与群臣斗茶，非把大家斗败才痛快。到了元代，斗茶仍很盛行，元代著名画家赵孟頫的《斗茶图》就描写了民间斗茶的情况。

斗茶使用的是团茶，除了有高超的点茶技艺外，茶、水、器都十分考究，四者缺一不可。斗茶最后决定胜负的是茶汤的颜色与汤花。汤色主要由茶质决定，也与水质有关。茶汤以纯白为上，青白、灰白次之，黄白乃至泛红为下。汤花主要由点茶的技艺决定，以白者为上，其次看"水痕"（茶沫与水离散的痕迹）出现的早晚，以水痕先退者为负，持久者为胜。

（二）添加料物的风气

宋元时期，饮茶时有加盐、姜、香药等佐料的风气，此风在北方中下层居民中尤其盛行。因为茶叶产自南方，北方中下层居民不容易得到茶叶，一旦得到茶叶，又以为茶叶味道不好，所以爱在茶叶里放入许多调料煎点。正如苏辙所云："又不见北方俚人茗饮无不有，盐酪椒姜夸满口。"① 又如北宋苏轼《和蒋夔寄茶》一诗中记蒋夔寄给苏轼"紫金百饼费万钱"的上等好茶，苏轼引为奇货，觉得"吟哦烹噍两奇绝""只恐偷乞烦封缠"，不料"老妻稚子不知爱，一半已入姜盐煎"②。北宋话本《快嘴李翠莲》中所煎的"阿婆茶"，里面加了"两个初煨黄栗子，半抄新炒白芝麻。江南橄榄连皮核，塞北胡桃去壳粗"。王巩《甲申杂记》载，仁宗时"出七宝茶以赐考官"，梅尧臣有诗咏其事云："七物甘香杂蕊茶，浮花泛绿乱为霞。啜之始觉君恩重，休作寻常一等夸。"③ 可见七宝茶是加了多种料物制作的香茶。而元代忽思慧《饮膳正要》卷二《诸般汤饮》中载有"香茶"的配方："白茶（一袋）、龙脑成

---

① （宋）苏辙：《栾城集》卷四《和子瞻煎茶》，文渊阁《四库全书》本。

② （清）王文诰辑注，孔凡礼点校：《苏轼诗集》卷十四《和蒋夔寄茶》，中华书局 1982 年版，第 655 页。

③ （宋）朱东润：《梅尧臣集编年校注》卷二九，上海古籍出版社 2006年版。

片者（三钱）、百药煎（半钱）、麝香（二钱），同研细，用香粳米熬成粥，和成剂，印作饼。"显然，这是一种用多种药物佐料配制而成的茶。

（三）茶之社会价值的形成

宋元时期饮茶之风的普及对社会风俗也产生了一定的影响。普通百姓开始把饮茶作为增进友谊，进行社会交际的手段。据孟元老《东京梦华录》卷五《民俗》记载："或有从外新来，邻左居住，则相借借动使，献遗汤茶，指引买卖之类。更有提茶瓶之人，每日邻里互相支茶，相问动静。"

来客献茶的礼俗在这一时期也形成了。宋佚名《南窗纪谈》载："客至则设茶，欲去则设汤，不知起于何时，然上至官府，下至里闾，莫之或废。"金朝由于不产茶叶，又曾禁止饮茶，因而更显得茶叶可贵，与北宋客至则设茶相反，金人婚嫁时"宴罢，富者瀹建茗，留上客数人啜之。或以粗者煎乳酪"[1]。

帝王更是通过赐臣下茶来显示皇恩浩荡。帝王赐臣下茶在唐代已经出现，北宋时这种情况越来越普遍。北宋不少朝臣都曾写过皇帝赐茶于己的诗句，如欧阳修在仁宗朝作学士，其《感事诗》注云："仁宗因幸天章……亟命赐黄封酒一瓶，果子一合，凤团茶一斤。"[2] 苏轼《用前韵答两掖诸公见和》一诗中有"赐茗时时开小凤"之句[3]；韩琦《苦荠》一诗中有"时摘嫩苗烹赐茗，更从云脚发清香"之句等[4]。皇帝赐茶臣下，不仅赐以饼茶，有时也赐以茶汤，欧阳修《归田录》卷一载："（杨亿）大年在学士院，忽夜召见于一小阁，深在禁中。既见，赐茶，从容顾问。"

茶除了用以表示礼敬外，还用于婚俗。当时，人们认为茶只能直播，移栽则不能成活，所以称茶为"不迁"，以表示爱情的坚定

---

①　（宋）宇文懋昭撰，崔文印校证：《大金国志校证》卷三九《婚姻》，中华书局1986年版，第553页。

②　（宋）欧阳修：《文忠集》卷十四，文渊阁《四库全书》本。

③　（宋）苏轼：《苏轼全集》卷一六，文渊阁《四库全书》本。

④　（宋）韩琦著，李之亮、徐正英笺注：《安阳集编年笺注》卷九《中书东厅十咏》，巴蜀书社2000年版。

苏轼《啜茶贴》

不移。在宋代，茶便用于婚礼了，如李纲就记载了"东村定婚来送茶"，而田舍女的"翁媪"却"吃茶不肯嫁"的事情①。而当时的媒人又称"提茶瓶人"。人们在结婚前一日，"女家先来挂帐，铺设房卧，谓之铺房。女家亲人有茶酒利市之类"②。

　　茶会是文人品茗论诗谈文的聚会，亦称会茶、汤社、茗酌。唐代时，茶会已屡见不鲜。宋元时，文人举行茶会更是蔚然成风。钱恤《钱氏私志》载，宰相王歧公设斋宴请，饭后"歧公会茶"。宋僧人希昼《留题承旨宋侍郎林亭》记士人与方外僧人会茶的情形说："会茶多野客，啼竹半沙禽。"北宋的太学生经常以茶会的方式交流信息，指斥时政，朱彧《萍州可谈》卷一载："太学生每路有茶会，轮日于讲堂集茶，无不毕至者，因以询问乡里消息。"

四、饮茶器具的变革

　　同唐代相比，宋元时期人们在饮茶、烹茶方式上都有了很大变化。这种变化又引起茶具的相应变化。宋元时期的茶具选料考究，

---

① （宋）李纲：《济南集》卷三《田舍女》，文渊阁《四库全书》本。

② （宋）孟元老撰，伊永文笺注：《东京梦华录笺注》卷五《娶妇》，中华书局 2006 年版，第 479 页。

综合考虑到原料属性与茶性是否相配、原料属性能否最佳发挥茶具的功能等因素。茶具的制作样式与功能十分相配，保证了茶具能发挥最佳作用。宋元时期的烹茶、饮茶器具在不同书籍中记叙略有不同。北宋蔡襄《茶录》下篇《论茶器》中列有：茶焙、茶笼、砧椎、茶钤、茶碾、茶罗、茶盏、茶匙、汤瓶9种。稍后成书的宋徽宗赵佶《大观茶论》中则列有罗、碾、盏、筅、瓶、杓6种。如果考虑到这种不同是由于作者增加或省略了烹茶的某些器具，则这些茶具是基本相同的。最能体现这一时期茶文化特色的茶具是汤瓶、茶匙（茶筅）、茶盏和茶托。

宋代蔡襄《茶录》拓片

（一）煮水点茶的汤瓶

汤瓶为煮水、点茶器。汤瓶以"黄金为上，人间以银、铁或瓷石为之"①，汤瓶多用金属制成，易于加热煮水。据《茶录》讲，汤瓶要小，这样"易候汤，又点茶注汤有准"②。《大观茶论》提出"瓶宜金银，大小之制，惟所裁给。注汤害利，独瓶之口嘴而已"，即大小视具体情况而定。汤瓶的最关键部位是流子（瓶嘴），"瓶之口，欲差大而宛直，则注汤力紧而不散；嘴之末，欲圆小而峻削，则用汤有节而不滴沥。盖汤力紧，则发速；有节而不滴沥，则茶面不破"③。从中不难看出汤瓶在点茶过程中的重要性。宋元时期汤瓶外形的发展趋势是：汤瓶的腹身由饱满走向瘦长，汤瓶的流嘴由肩部下降至壶腹部。

（二）击拂茶汤的茶匙、茶筅

茶匙、茶筅是点茶工具，其作用是击拂茶盏中的茶汤，令茶乳泛起。"茶匙要重，击拂有力。黄金为上，人间以银、铁为之。竹者轻，建茶不取。"④ 因为金银铁等金属密度大，制成的茶匙比较重，击拂有力，便于点茶。茶匙在北宋末期被茶筅取代，茶筅以比较厚重的老竹制成，"盖身厚重，则操之有力而易于运用"⑤。

（三）盛汤饮茶的茶盏

茶盏又名茶瓯，是饮茶器。北宋的茶盏虽有黑、酱、青、青白、白五种釉色，但黑釉茶盏因便于衬托白色的茶沫、观察茶色而受到斗茶者的珍视。黑釉茶盏从釉色上说不上美丽，但到了有才智的制瓷工匠手中，却能在黑釉釉面上能烧出丰富多彩的装饰：有的呈现出兔毫或圆点等不同形式的结晶，有的釉面色泽变化万千，有

---

① （宋）蔡襄：《茶录》，郭孟良：《中国茶典》，山西古籍出版社 2004 年版，第 67 页。

② （宋）蔡襄：《茶录》，郭孟良：《中国茶典》，山西古籍出版社 2004 年版，第 67 页。

③ （宋）赵佶：《大观茶论》，郭孟良：《中国茶典》，山西古籍出版社 2004 年版，第 98 页。

④ （宋）蔡襄：《茶录》，郭孟良：《中国茶典》，山西古籍出版社 2004 年版，第 66 页。

⑤ （宋）赵佶：《大观茶论》，郭孟良：《中国茶典》，山西古籍出版社 2004 年版，第 98 页。

的又剔刻出线条流畅的各种纹饰。

宋代兔毫茶盏

除颜色外，对盏的要求有二：一是"其坯微厚"。因为"凡欲点茶，先须熁盏令热，冷则茶不浮"，茶盏的坯微厚就能够"熁之久热难冷"①；二是"底必差深而微宽"。因为"底深，则茶宜立而易于取乳；宽则运筅旋彻，不碍击拂"②。元代时，随着团茶的衰落，人们饮用散条形茶叶的兴起，倍受宋人珍视的黑釉茶盏风光不再，南方景德镇的青花茶具因便于观察茶汤的颜色，不仅为国内所共珍，还远销国外。

（四）承载茶盏的茶托

茶托为茶盏的附件，作用是承托茶盏。茶托出现于唐代中后期，民间相传为唐代西川节度使崔宁之女所造，始为木托，后以漆制。唐代李匡乂《资暇集》卷下记叙其事云："始建中，蜀相崔宁之女以茶杯无衬，病其熨指，取楪子承之。既啜而杯倾，乃以蜡环楪子之央，其杯遂定，即命匠以漆环代蜡，进于蜀相。蜀相奇之，为制名而话于宾亲，人人为便，用于代。是后传者更环其底，愈新

———————

① （宋）蔡襄：《茶录》，郭孟良：《中国茶典》，山西古籍出版社 2004年版，第 61、66 页。
② （宋）赵佶：《大观茶论》，郭孟良：《中国茶典》，山西古籍出版社 2004 年版，第 97 页。

其制，以至百状焉。"实际上，盏托的出现要早得多，崔宁相蜀在唐德宗建中时（780—783年），而陕西西安大历元年（766年）曹惠林墓已出土白瓷盏托，足以说明之前已有盏托。

北宋时的茶托比唐朝的要精细多样，托口突起，远远高出下面的托盘，有些茶托本身就像一个盘子上又加了一只小碗。且茶托的托沿多作莲瓣形，托底中凹。

元代冯道真壁画童子侍茶图

根据考古发掘，宋元时，北方中原地区的茶托除了瓷、银制品外，还有漆制品。实际上，当时茶托多为漆器，因为茶盏在点茶之前已经加热，茶末用沸水冲点后，茶盏更烫，茶盏因没有把手，故用茶托以方便拿取，而漆器的隔热性能比金属和瓷器要好，故漆器作茶托最为合适。但由于漆托不易保存，所以在出土文物中，漆托反而出土较少。不过许多绘画中都把茶托画成漆器，如河南白沙2号宋墓墓室东南壁所画的送茶者，端的即是朱红漆托，上放白瓷盏。

由于漆托一般为红色，中国古代有举丧不用朱红的传统，因而在北宋时期还形成了居丧不用茶托的习俗。周密《齐东野语》卷一九《有丧不举茶托》转引宋景文（祁）《杂记》云："夏侍中薨于京师，子安期他日至馆中，同舍谒见，举茶托如平日，众颇讶之。"又云："平园《思陵记》载，阜陵居高宗丧，宣坐、赐茶，亦不用托。始知此事流传已久矣。"

第四节　明清以来的泡茶文化

明清以来，茶的制作、饮用、茶器等都发生了根本的变化。唐宋形成的文人领导茶文化潮流在这一时期逐渐衰退，代之而起的是茶文化的世俗化，茶与普通百姓的生活、伦理日用紧密结合起来。同时，对茶文化的研究有所加强，大量茶著问世。如明代朱权的《茶谱》、徐献忠的《水品》、钱椿年的《制茶新谱》、田艺蘅的《煮泉小品》、陆树声的《茶寮记》、张源的《茶录》、许次纾的《茶疏》、罗廪的《茶解》、黄龙德的《茶说》、何彬然的《茶约》、夏树芳的《茶董》、屠本畯的《茗笈》、万邦宁的《茗史》、冯正卿的《岕茶笺》、周高起的《阳羡茗壶系》、顾元庆的《茶谱》、闻隆的《茶笺》、熊明遇的《罗岕茶记》等。这些著作多在继承前人成果基础上，结合当时人们的实践活动，在理论上有所创新，在认识上有所升华，对中国茶文化的普及、推广起到了不可磨灭的作用。

一、炒青、瀹饮的兴起

（一）炒青的出现

宋元时期占统治地位的团茶被明太祖朱元璋明令废止，代之而起的是以炒青法（包括揉、炒、焙诸工序）制成的散条形茶叶。明代还有人倡导把采摘来的茶叶放在太阳下曝晒，认为日晒的茶，色、香、味均超过炒制的茶。如高濂认为，"茶以日晒者佳甚，青翠香洁，更胜火炒多矣"[1]；田艺蘅也认为，"芽茶以火作者为次，生晒者为上，亦更近自然，且断烟火气耳。况作人手器不洁，火候失宜，皆能损其香色也。生晒茶瀹之瓯中，则旗枪舒畅，清翠鲜明，万为可爱"[2]。

---

[1]　（明）高濂撰，王大淳等整理：《遵生八笺》，人民卫生出版社 2007 年版，第 329 页。

[2]　（明）田艺蘅：《煮泉小品·宜茶》，载郭孟良：《中国茶典》，山西古籍出版社 2004 年版，第 222~223 页。

如果说唐代的团茶重蜀茶、宋代的团茶贵建茶的话，炒青名茶的地域则大大扩大了。以中国十大名茶为例，一般认为，浙江西湖龙井、江苏洞庭碧螺春、安徽黄山毛峰、江西庐山云雾、安徽六安瓜片、湖南君山银针、河南信阳毛尖、福建武夷岩茶、福建安溪铁观音、安徽祁门红茶名列中国十大名茶之列①。名茶的范围包括浙江、江苏、安徽、江西、湖南、河南、福建六省。

（二）瀹饮的兴起

在饮茶法上，从唐代开始研末而饮的末茶法，变成沸水冲泡茶叶的瀹饮法（亦称泡茶法）。明万历年间（1573—1620 年）的沈德符称这种饮茶法是"遂开千古茗饮之宗"②。明人对炒青制茶法和瀹饮法颇为自诩，如文震亨《长物志·香茗·品茶》载："简便异常，天趣悉备，可谓尽茶之真味矣。"明人还根据春夏秋冬温度的不同，总结出不同的泡茶方式，张源《茶录·投茶》称："投茶有序，毋失其宜。先茶后汤曰下投。汤半下茶，复以汤满，曰中投。先汤后茶曰上投。春秋中投。夏上投。冬下投。"

二、花茶、粗茶的普及

（一）花茶的流行

花茶又称"香片茶"，"茶叶用茉莉花拌和而窨藏之，以取芳香者，谓之香片"③。花茶在宋代就已发明了，但其逐渐普及到民

①　中国十大名茶还有其他说法，如《解放日报》1999 年 1 月 16 日刊登：洞庭碧螺春、西湖龙井、安徽祁门红、六安瓜片、屯溪绿茶、太平猴魁、西坪乌龙茶、云南普洱茶、高山云雾茶是中国十大名茶。美联社和《纽约日报》2001 年 3 月 26 日同时公布：西湖龙井、黄山毛峰、洞庭碧螺春、蒙顶甘露、信阳毛尖、都匀毛尖、庐山云雾、六安瓜片、安溪铁观音、银毫茉莉花是中国十大名茶。《香港文汇报》在 2002 年 1 月 18 日公布：西湖龙井、洞庭碧螺春、黄山毛峰、君山银针、信阳毛尖、安徽祁门红、六安瓜片、都匀毛尖、武夷岩茶、安溪铁观音是中国十大名茶。
②　（明）沈德符：《万历野获编·补遗》卷一《供御茶》，《明代笔记小说大观》，上海古籍出版社 2005 年版，第 2741 页。
③　（清）徐珂编撰：《清稗类钞》第十三册《饮食类》，中华书局 1986 年版，第 6309 页。

间却是在明代。明代以前，花茶仅是文人隐士别出心裁的雅玩。明以后，花茶成为普通人品茶的又一新天地，尤其受到福建和广大北方居民的欢迎。

制作花茶的花品种很多，"梅、兰、桂、菊、莲、茉莉、玫瑰、蔷薇、木樨、橘诸花皆可"①。不同品种的花，制作花茶的方法不尽相同，如梅花茶，"梅将开时，摘半开之花，带蒂置于瓶，每重一两，用炒盐一两洒之，勿用手触，必以厚纸数重密封之，置阴处。次年取时，先置蜜于盏，然后取花二三朵，沸水泡之，花头自开而香美"。莲花茶，"以日未出时之半含白莲花，拨开，放细茶一撮，纳满蕊中，以麻皮略札，令其经宿。明晨摘花，倾出茶叶，用建纸包茶焙干。再如前法，随意以别蕊制之，焙干收用"。茉莉花茶，"以熟水半杯候冷，铺竹纸一层，上穿数孔，日暮，采初开之茉莉花，缀于孔，上用纸封，不令泄气。明晨取花簪之，水香可点茶"。玫瑰花茶或桂花茶，"取未化之燥石灰，研碎铺坛底，隔以两层竹纸，置花于纸，封固。俟花间湿气尽收，极燥，取出花，置之净坛，以点茶，香色绝美"②。制作花茶，花与茶的比例要适当，"量茶叶之多少以加之。花多，则太香而分茶韵；花少，则不香而不尽其美，必三分茶叶一分花而始称也"③。在诸多花茶中，以茉莉花茶最受人们青睐，其原因是茉莉花虽不艳美，但花香异常，很受追求清雅的茶人们的欢迎。

（二）粗茶的应用

宋代以后，开门七件事——柴米油盐酱醋茶。可以说，茶之于民用，总不能缺。受经济条件的限制，北方地区的一些普通百姓喝不起茶叶时，便利用常见的食物和植物、树叶开发出许多代茶品。为了区别于真正的茶叶，人们将这些代茶品称之为"粗茶"。如河

---

① （清）徐珂编撰：《清稗类钞》第十三册《饮食类》，中华书局1986年版，第6308页。

② （清）徐珂编撰：《清稗类钞》第十三册《饮食类》，中华书局1986年版，第6308~6309页。

③ （清）徐珂编撰：《清稗类钞》第十三册《饮食类》，中华书局1986年版，第6308页。

南阳武端午节时，人们往往于日出之前"采树叶作茶"①。除柳叶、枣叶、苹果叶、柿叶、竹叶外，制作"粗茶"的原料还有艾叶、姜片、白萝卜片、国槐米、绿豆、糖等。这些粗茶除用于来客敬献外，也大量用于防病、治病②。

现代人常用冬凌草、胖大海、地黄、枸杞、山楂片、干枣片等中药材或干果泡"茶"。如河南的鹤壁、济源，有加工冬凌草茶的传统。鹤壁的冬凌草茶还被誉为"淇河三珍"之一，所生产的冬凌草茶品质较高，有抗菌消炎、清热解毒、舒肝健脾的功效。在广大北方地区，常可见到人们冲泡枸杞、山楂片、干枣片、胖大海、地黄等当做茶饮的。由此可以看出，中国北方茶文化偏重礼俗和实用，这与重视精神陶冶的南方茶文化有很大的区别。

三、茶文化的世俗化

明清以来，茶文化的发展出现两种倾向：一是文人化、典雅化。文人士大夫多喜品茶，把品茶看作艺术，非常讲究用水及饮茶的方法，重视饮茶时的环境氛围（包括自然环境、社会环境、品饮者自己的状态等），极力追求与环境的和谐，从品茶中追求旨趣。二是大众化、世俗化。茶与普通百姓的生活、伦理日用紧密结合起来，人们婚丧嫁娶、饮宴待客、岁时祭祀往往都要用到茶。茶文化的文人化、典雅化对广大北方地区影响不深，但茶文化的大众化、世俗化却对广大北方地区相对影响较深，因此的北方茶文化在这一时期表现出明显的世俗化倾向。

（一）以茶待客更为普遍

以茶待客是中国人的普遍习俗。有客来，端上一杯芳香的茶水，是对客人的极大尊重。如河南正阳县"旦日"时，"老幼男女

---

① 　民国二十五年《阳武县志·岁时民俗》，丁世良、赵放主编：《中国地方志民俗资料汇编·中南卷（上）》，书目文献出版社 1991 年版，第 85 页。以树叶制成的假叶，称为"托叶"。黄河中游区域的人们多以杨柳叶制"托叶"。

② 　刘晓航：《中原饭场与茶俗》，《农业考古》2002 年第 2 期。

皆新衣，设酒果、茶点款贺客"①。大户人家有所谓敬三道茶的习惯：有客来，主人出室，迎入客厅，奴仆或子女都要献茶。第一道茶，只是表明礼节，并不真的非要客人喝掉。这是因为，主客刚刚接触，洽谈未深，而茶本身精味未发。客人或略品一口，或干脆折盏。第二道茶，便要精品细尝。这时，主客谈兴正浓，情谊交流，茶味正好，边啜边谈，茶助谈兴，水通心曲，所以正是以茶交流感情的时刻。待到第三次将水冲下去，再斟上来，客人便可表示告辞，主人也起身送客了。因为礼仪已尽，话也谈得差不多了，茶味也淡了。当然，若是密友促膝畅谈，终日方休，一壶两壶，尽情饮来，自然没那么多讲究②。人们在设席宴客时，酒菜上来之前，往往先饮茶。而在山西，婚礼宴客讲究以茶相待，常常在菜上完后上茶。

在不产茶叶的北方地区，有时人们招待客人的"茶"并非真正的茶叶。如豫东南的周口一带用白开水待客，亦美其名曰为"茶"。只有贵客，或是自家的经济条件许可时，才给客人喝红糖水或白糖水，称为"糖茶"。有些地方给上门的客人喝荷包蛋汤，称之为"鸡蛋茶"。喝"鸡蛋茶"时，一碗中一般要打三个或五个荷包蛋。忌讳碗中放两个荷包蛋，因为有骂人"二蛋"之嫌。将并不是茶的待客饮料称之为"茶"，是来客敬茶礼俗高度发达与茶原料匮乏矛盾背景下形成的民俗，它充分体现了北方居民对茶礼的崇尚。

（二）婚礼用茶广为流行

茶用于婚礼，大约自宋代开始，明清以来更是广为流行。明代汤显祖《牡丹亭》中有"我女已亡故三年，不说到纳彩下茶，便是指腹裁襟，一些没有"的描写。清代孔尚任《桃花扇》亦云："花花彩轿门前挤，不少欠分毫茶礼。"曹雪芹《红楼梦》第二十

① 民国二十五年《重修正阳县志·岁时民俗》，丁世良、赵放主编：《中国地方志民俗资料汇编·中南卷（上）》，书目文献出版社 1991 年版，第 225 页。

② 王玲：《中国茶文化》，中国书店 1992 年版，第 187 页。

五回《魇魔法姊弟逢五鬼红楼梦通灵遇双真》中，凤姐对黛玉说："你既吃了我们家的茶，怎么还不给我们家作媳妇?"茶，已经成为婚姻的表征。

人们把茶看得比聘金还要重要，如山西应州人"临娶前期，乃用茶饼、冠服、衣饰送至女家，不用聘金"①。又如河南郾城，"将娶，先期男家行聘礼，以绸缎、羊酒、茶饼等物"②。以茶代币行聘，往往十分严肃、慎重，非娶正室妻子不用。

也有一些人婚娶时不用茶，但定亲的聘礼却称"下茶"，意即此事不可移易、更改。如山西大同县，"迎娶有日，行纳币礼，名曰'下茶'"③。在河南上蔡的传统定亲仪式上，男方要送给女方六斤称之为"茶果"的点心。从表面上看，点心与茶没有任何关系，而命名为"茶果"，用之于婚礼，这就寓义深刻，意味着男方下茶定亲，永不反悔。

（三）重要节日祭祀用茶

岁时祀神祭祖，常供之外，往往用茶，但并非所有的祭祀都用茶。人们只在重要的节日如除夕、旦日、中秋、祭灶之时才用。如河南信阳，除夕祭祀祖先，"祭品丰俭称家，并陈果实、酒茗、粳米饭"④；山西襄垣县，元旦"设香烛、茶果祀神、祭先，与海内同"⑤；河南汝阳、舞阳、南阳等地在中秋祭月时都要

① 乾隆三十四年《应州续志·礼仪民俗·婚礼》，丁世良、赵放主编：《中国地方志民俗资料汇编·华北卷》，书目文献出版社1989年版，第555页。

② 乾隆十九年《郾城县志·礼仪民俗·婚礼》，丁世良、赵放主编：《中国地方志民俗资料汇编·中南卷（上）》，书目文献出版社1991年版，第190页。

③ 道光十年《大同县志·礼仪民俗·婚礼》，丁世良、赵放主编：《中国地方志民俗资料汇编·华北卷》，书目文献出版社1989年版，第546页。

④ 民国二十五年《重修信阳县志·礼仪民俗·祭礼》，丁世良、赵放主编：《中国地方志民俗资料汇编·中南卷（上）》，书目文献出版社1991年版，第230页。

⑤ 民国十七年《襄垣县志·岁时民俗》，丁世良、赵放主编：《中国地方志民俗资料汇编·华北卷》，书目文献出版社1989年版，第613页。

用茶；河南光山在腊月二十三祭灶时，"夕以饴茗斋供"①。饴是胶芽糖，用来粘灶王之嘴，免得他到天上有不利言语；茶则是给灶王润口的。既给灶王润口，又要粘住其嘴，这灶王也实在难当，反映出中国人对神既敬奉又捉弄的态度。

（四）以"茶"命名的众多粥汤类饮食

广大北方地区由于不产茶，过去普通百姓多买不起茶，所以在日常生活中用茶不多。值得一提的是豫西不少州县在上元节和二月二龙抬头节时，习惯做"米茶""面茶"以祭祀、饮用，但它实际上是用米粉杂菜做成的粥，只取茶名而已。河南民间小吃"杏仁茶"和"油茶"也并无茶的成份。杏仁茶以河南开封的最为著名，它选用精制杏仁粉为原料，配以杏仁、花生、芝麻等十余种作料，用龙凤铜制大壶烧制的沸水冲制。油茶是河南武陟的著名风味小吃，其主料为精制面粉，配以淀粉、花生、芝麻、芝麻香油、怀山药、茴香、花椒等作料。从"杏仁茶"和"油茶"这两味民间小吃中，人们依稀可见唐宋北方民间饮用末茶，放核桃、芝麻等作料的影子。无论是杏仁茶，还是油茶，都可以视为流行于唐宋民间添加各种作料和调料而不加茶粉的"茶汤"。北方地区出现的众多以"茶"命名的粥汤类饮食，从一个侧面反映了这一时期茶文化的大众化和世俗化倾向。

四、返璞归真的茶具

茶具发展是艺术化、文人化的过程，大体依照由粗趋精、由大趋小、由简趋繁，再向返璞归真、从简行事的方向发展。唐代茶具以古朴典雅为特点，宋代茶具以富丽堂皇为上品，明清以来茶具又返璞归真，推崇陶质、瓷质。

（一）明代新兴的白瓷茶具

茶盏和茶壶是明代最基本的茶具。茶盏主要是瓷质，多为白瓷或青瓷，由于明代"斗"茶已不时兴，宋元时期流行一时的黑釉

---

① 光绪十五年《光山县志·岁时民俗》，丁世良、赵放主编：《中国地方志民俗资料汇编·中南卷（上）》，书目文献出版社1991年版，第247页。

茶盏已很少使用。明代散茶流行，崇尚莹白如玉的茶盏，认为"品茶用瓯，白瓷为良"①，"蓝白者不损茶色，次之"②。在茶盏胎质厚度上，明代前期受前代燔盏习俗影响，崇尚"质厚难冷"，后来渐渐崇尚薄如纸、白如玉、声如磬、明如镜的高质量瓷器。明代的白瓷茶壶多清新雅致，令人赏心悦目。

（二）明代创制的紫砂茶具

明代的茶具，最为人们称道的不是艺术成就很高的白瓷，而是至今身价未减的江苏宜兴紫砂陶制茶壶、茶盏。宜兴紫砂不仅胎土细腻，而且有较好的可塑性，茶具烧成时收缩率小，不易变形，用紫砂作茶具，"能发真茶之色香味"③。

明代供春壶（左）和时大彬壶（右）

明代的供春、董翰、赵梁（作良）、袁锡、时朋、时大彬、李大仲、徐大友等都是制作紫砂茶具的名家。其中以供春和时大彬成就最大。供春壶，"今传世者，栗色暗鍮，如古金铁，敦庞

---

①　（明）周高起：《阳羡茗壶系》，载郭孟良：《中国茶典》，山西古籍出版社2004年版，第256页。

②　（明）张源：《茶录》，载郭孟良：《中国茶典》，山西古籍出版社2004年版，第141页。

③　（明）周高起：《阳羡茗壶系》，载郭孟良：《中国茶典》，山西古籍出版社2004年版，第242页。

同正"①。供春壶在明代就备受珍视了，据闻龙《茶笺》所记，他的老朋友周文甫，藏一供春壶，"摩挲宝爱，不啻掌珠，用之既久，外类紫玉，内如碧云，真奇物也"。时大彬所造的壶，当时人称："不务研媚，而朴雅坚栗，妙不可思。"② 清人陆绍曾见时大彬所造"六合一家"壶，壶身分为四个部分，底盖各一，合之为一壶，离之乃为六，水注其中，滴屑不漏，可谓巧夺天工。

紫砂壶多做得体小壁厚，有助于保持茶香。明人以及后人从品茶艺术出发，对紫砂陶壶评价甚高。周高起认为这种壶"宜小不宜大，宜浅不宜深；壶盖宜盎不宜砥"，即紫砂茶壶应该制作得尽量小一点、浅一点，紫砂茶壶的壶盖应做成隆起状的，而不能做成平直状的。这样，可以做到"汤力茗香，俾得团结氤氲"③。

紫砂壶的兴起影响到品饮方式的变迁。明中叶以后，以凝重的紫砂小壶对嘴自斟自饮成为文人士大夫阶层的时尚。壶饮克服了盏饮时茶水易凉和落尘的缺点。

（三）清代出现的盖碗茶杯

清代，北方出现了盖碗茶杯。这种茶杯一式三件，下有托，中有碗，上置盖。盖碗茶杯的流行与北方冬季天气严寒有关，有盖有托，既可保温，又不致于烫手。盖碗茶杯又称"三才碗"，茶盖在上，谓之"天"；茶托在下，谓之"地"；茶碗居中，是为"人"。一副茶具便寄寓一个小天地、小宇宙，包含古代哲人"天盖之，地载之，人育之"的道理。盖碗受到了广大北方居民的喜爱，这从山西人常说的"香片叶子盖碗茶"中可见一斑。沏盖碗茶时，将少许茶叶拨入茶碗中，冲入开水加盖，双手捧送给客人。客人饮茶时，边刮边喝边添沸水，故民间称"刮碗子"。在有些地方，如

① （明）周高起：《阳羡茗壶系》，载郭孟良：《中国茶典》，山西古籍出版社2004年版，第244页。

② （明）周高起：《阳羡茗壶系》，载郭孟良：《中国茶典》，山西古籍出版社2004年版，第245页。

③ （明）周高起：《阳羡茗壶系》，载郭孟良：《中国茶典》，山西古籍出版社2004年版，第255页。

果客人想继续喝茶，则要保留杯中的残茶，主人将继续倒水，如果客人不想再喝，就将杯中残茶泼掉，主人就不再续水了。

（四）近代以来茶具的多样化

近代以来，茶碗（又称茶盏、茶瓯）逐渐退出了艺术化、高雅化的饮茶场所，但大众化、世俗化的饮茶场所却甚为流行。无论在西南的巴蜀，还是广大的北方，以普通百姓为消费对象的大众茶馆和茶摊，多以茶碗卖茶。直到 20 世纪 80 年代，仍可见到大碗卖茶的茶摊。茶摊多设在人流集中的地方，如城市的车船码头、公园门前、乡间的大道两旁。每当盛夏，在树荫之下，高搭凉棚，其旁放上几条凳子，专供小憩。中间桌上，放一摞大海碗，上盖纱布，在大茶壶或茶桶里，盛着消暑茶水，茶客可根据需要，随喝随倒。

成套的紫砂茶具因其名贵，多用于高档茶馆的茶艺表演。有茶瘾的北方老者，则习惯早晚手持紫砂茶壶进行壶饮。下有托、中有碗、上置盖的"三才碗"，用于极为正式的饮茶场所。后来，简化型的配有杯盖的白瓷茶杯流行开来，在官方会议场所常可见到其身影。

容量较大的搪瓷茶缸在 20 世纪七八十年代流行一时，在路遥《平凡的世界》中，常可见到人们用这种茶缸喝茶的情景。在这部现实主义小说中，给读者印象最深的可能是金波的茶缸："下班后，他首先做的第一件事，就是用那只白搪瓷缸子，泡一缸茶水静静地坐着喝。即使不渴，他每天也要用这缸子泡一次茶，哪怕面对着茶缸发一会呆呢。这是一只极普通的白瓷缸，上面印着一行'为人民服务'的红字。"①

玻璃器皿在中国古代属于贵重的"宝器"。近代以来，由于玻璃技术的东传，制造成本大大降低，玻璃茶杯遂成为使用范围很广的大众茶具。由于玻璃杯是无色透明的，非常便于观察茶色，因此

---

① 路遥著：《平凡的世界》（中），人民文学出版社 2006 年版，第 265 页。

不少人喜欢用玻璃杯泡茶。在龙井茶的茶艺表演中，茶艺师多用玻璃杯。碧绿的龙井绿茶，在茶水中舒展开来，透过玻璃茶杯，的确令人赏心悦目。

第二十一章

中国酒文化

　　无论是中国，还是世界，酒都是流行最广泛、历史最悠久的一种饮料。在漫长的历史时期，酒一直是社会文化的重要载体。中国文化精神的许多特质通过造酒与饮酒，得以凝结、传承和张扬。

第一节　中国酿酒的起源和发展

　　中国是酿酒历史最悠久的国家，最初是以独具风味的芳香黄酒闻名于世。随着科学的发展，人们又在黄酒的基础上酿造出了白酒。酒的起源和发展与中华民族的文明进程有着密切的关系，中国名酒的发展更是中国古代科学技术、社会风俗、文学艺术等众多文化因素发展的综合反映。因此，酒不但是中国先民对人类饮食的重大贡献，也是中国古代灿烂文化的重要组成部分。

一、原始社会末期：中国米酒的起源

　　酒的起源可以追溯到原始社会末期。那时，果品采集和粮食有了剩余，这些含糖的物质堆积在一起，在一定的温度、湿度和微生

物的作用下，自然发酵成酒。经过长期反复实践，人类逐渐学会了
人工酿酒。与西方不同，中国酿酒的始源是从谷物发酵开始的①。
一些考古学、人类学学者根据陶器、储藏粮食的洞穴推断，在仰韶
或龙山文化时期中国人已经开始使用谷物酿酒了。

1979 年，在山东莒县大汶口文化晚期的 M17 墓葬中，出土了
4 件 1 套酿酒的工具，包括沥酒漏缸、接酒盆、盛酒盆、盛贮发酵
物品的大口尊。这套酿酒工具，包括大口尊上所刻的图案，符合中
国最早谷物酿酒的工艺流程，足以证明中国酿酒的起源最迟当在距
今 4000 年的龙山文化晚期。酒诞生后，在史前时期是作为奢侈品
而存在的。酒所带来的陶醉效果，使它与原始社会的巫术紧密联系
在一起。当时的人们只有在占卜、祭祀、庆典等特定活动中才使用
酒。

二、夏商周：米酒酿造的初步发展

中国酿酒的传说始于夏代。《世本·作篇》载："仪狄始作酒
醪变五味。少康作秫酒。"仪狄是一位女性，传说是夏代的开创者
大禹时期的人。《战国策·魏策二》进一步丰富了仪狄酿酒的传
说，称："昔者，帝女令仪狄作酒而美，进之禹。禹饮而甘之，遂
疏仪狄，绝旨酒，曰：'后世必有以酒亡其国者'。"少康则是大禹
的第五世孙，传说少康亦名杜康。仪狄和杜康造酒的传说，在先秦
时期就已十分流行了，后世文献中也一直沿用这种说法。如宋人朱
翼中《北山酒经》卷上称："酒之作尚矣，仪狄作酒醪，杜康作秫
酒，以善酿得名，盖抑始于此耶。"

目前，人们尚不知夏人酿酒用什么谷物，用什么曲，如何酿
造。古代的不少典籍，有夏桀造酒池的传说。如《韩诗外传》卷
二载："昔者，桀为酒池、糟堤，纵靡靡之乐，而牛饮者三千。"
桀是夏代的最后一位国君。夏桀造酒池的传说，说明在夏代上层社
会中，酒的供应十分充裕，人们已将饮酒作为一种高层次的生活享

---

① 王赛时：《中国酒的沿绵不绝：谷物与酒曲的变奏》，《三联生活周
刊》2013 年第 38 期。

受。夏代的酿酒工艺还很原始，据酒史专家王赛时先生估计，夏代的酒，酒精度为1至2度，最高不会超过2度。这样的酒，不喝到一定量是不会醉的，因此才会出现酒池①。

殷商时期，人们根据所酿酒类的不同，使用曲或蘖酿酒。曲是由谷物霉变制成的酒母，含有大量的霉菌和酵母菌，其发酵力较强，兼有糖化和酒化两种作用，能使淀粉糖化后充分酒化，这种发酵技术称为"复式发酵法"。先秦时期，人们将使用曲酿成的酒称为"酒"。用曲复式发酵酿酒，在中国一直流传到今天。蘖是利用麦芽霉变而成的发酵剂，其发酵力较弱，蘖虽能使淀粉充分糖化，但酒化的程度不高。古人将使用蘖酿出的酒称为"醴"，醴的酒精度数只有1度左右。直到汉代，人们还常饮用醴。魏晋以后，醴就淡出酒界了。用蘖酿酒的方式并没有传承下来，明代宋应星《天工开物》卷下《曲蘖第十七》称："古来曲造酒，蘖造醴。后世厌醴味薄，遂至失传，则并蘖法亦亡。"

先秦时期的酒，酿造时间短，酒化程度低，酒的质量总体不高。根据所酿米酒的观感，又有浊酒和清酒之别。浊酒又称"白酒"或"醪"，这种酒成熟快，保存期短，其酒液稠浊，不加过滤，酒面上往往漂着米滓，酒精度数偏低；清酒的酿造时间较长，保存期长，其酒液清澈，酒精度数相对较高。另外，先秦时期，人们已能在酒曲中添加香料，酿造出高档的配制酒。在殷商王室中，有一种称为"鬯"的香酒，它是用秬（黑黍）酿造而成的。酿造鬯的酒曲中添加了某种香草的汁液，所酿之酒芬芳四溢。这种名贵的鬯，多用于王室祭祀，也用于王室盛宴和赏赐，在商代的毛公鼎和大盂鼎铭文中都有"赐鬯"的记载。

殷人好鬼，巫术盛行，商代的王巫祭祀大量用酒。据甲骨文记载，商王武丁在一次祭祀中，用鬯三百卣。酒在商代的使用范围也大大扩展，由贵重的祭祀用品扩展为上层贵族的日常饮用品，考古发掘中出土的大量商代青铜酒器如实地反映了商代贵族的好酒之

---

① 王赛时：《中国酒的沿绵不绝：谷物与酒曲的变奏》，《三联生活周刊》2013年第38期。

风。商代末年，纣王更加放纵好酒，他"以酒为池，悬肉为林……为长夜之饮"①。整个社会上层的饮酒活动十分活跃和铺张，就连一些中上层平民也沾染了好酒之风。商代的这种浓郁的酒风与当时的酿酒业密切相关，只有酿酒业发展到十分成熟时，才能够为上层社会乃至中等阶层的平民提供足够的饮用酒。

西周时，酒的酿造技术有所进步。周王室中设有专门负责酒类酿造的"酒正"，据《周礼·天官·酒正》载，其职责是："辨五齐之名，一曰泛齐，二曰醴齐，三曰盎齐，四曰缇齐，五曰沈齐。辨三酒之物，一曰事酒，二曰昔酒，三曰清酒。"对于"五齐三酒"，历代解释不一，有学者将"五齐"解释为周代酿酒过程中先后出现的五种状态。"五齐三酒"名称的出现，反映出周代酿酒技术的进步与所酿酒类的增多。

在饮酒方面，周代统治者鉴于殷人好酒亡国的教训，颁布了《酒诰》等禁酒令，对过度饮酒行为进行约束，规定什么等级的人能喝多少酒、用什么器物喝酒、怎么喝酒等，饮酒和用酒开始有了一套等级森严的规定。酒的饮用纳入礼仪规范，使周代的酿酒和饮酒受到一定程度的控制，中下阶层即使有钱，也不被允许喝好酒。春秋时期，随着礼制的瓦解，人们的饮酒生活开始变得随意。酿酒业也走向市场，卖酒的酒肆开始兴起。战国时期，人们的礼仪规范更为淡薄，只要有钱，便可买到好酒饮用，酒被迅速世俗化，成为人们的日常饮品。

三、秦汉魏晋南北朝：米酒酿造的缓慢进步

秦汉魏晋南北朝时期，中国米酒的总产量迅速增加，酒不再神秘化和特权化，成为不分阶层都可享用的日常饮品。与先秦时期相比，这一时期米酒的酒精度数有所提高，据王赛时的研究，秦汉时

---

① （汉）司马迁：《史记》卷三《殷本纪》，中华书局1982年版，第105页。

期米酒的酒精度数为 3 度，魏晋时期为 4~4.5 度①。酒精度数的提高反映出这一时期米酒酿造的缓慢进步，这是由多方面的因素造成的。

首先，酿酒原料的科学甄选。这一时期，人们已将食用谷物与酿酒谷物分开使用。北方普遍以黍米酿酒，南方以糯米酿酒。无论是黍米，还是糯米，都是黏性的。与食用的粟米、粳米相比较，它们的产量虽然较低，但出酒率较高。专门种植酿酒谷物，已成为当时人的常识。

其次，制曲的专门化。汉代时，部分酿酒者开始把主要精力投向制曲，以提高酒曲的发酵力，酿出度数更高的酒液。酿酒和制曲开始分工，出现了专门制曲的技术人员，他们将原始的散状麦曲加工成质量较高的饼曲，出售给酿酒者。在居延汉简中，记载有当时酒曲的售价，同一地区的酒曲售价差别很大，这说明酒曲的质量有高有低。

最后，连续投料技术（亦称喂饭法）的发明与应用。这种技术将酿酒用的原料分成几批，分批加入发酵，使发酵较为透彻，提高了出酒率。汉代的九酝酒即连续投料九次。东汉末年，曹操将九酝酒法呈现给汉献帝，使这种新的酿酒方法在酿酒界逐渐传播开来。

秦汉魏晋南北朝时期，配制酒获得了较大发展，按使用功能的不同，可分为供人们节日饮用的屠苏酒、椒柏酒、菖蒲酒、雄黄酒、菊花酒、茱萸酒等节令酒和用于防病疗疾、滋补养生的药酒两大类。大多数配制酒以米酒为酒基，加入动植物药材或香料，采用浸泡、掺兑、蒸煮等方法加工而成。如椒柏酒、雄黄酒、菊花酒等均系泡制而成。也有少数配制酒是在制曲过程中加入香料草药酿制而成的，如桂酒多是将桂皮研末加入曲中酿制而成的。这种加入香料或药材的配制酒在后世都有发展。如今天的绍兴黄酒的酿造，就在曲中添加辣蓼草，既增加了曲的发酵力，又使酿出的黄酒具有一

---

① 王赛时：《中国酒的沿绵不绝：谷物与酒曲的变奏》，《三联生活周刊》2013 年第 38 期。

种独特的香味。

四、隋唐宋元：酿酒技术的飞跃

（一）传统米酒到黄酒的升华

隋唐宋元时期，米酒的酿造技术有了质的飞跃。如制曲，至迟到晚唐时中国人已经研制出红曲。红曲的发明，为传统米酒升华为黄酒提供了转化条件。酿酒投料的次数也较前代有所减少，宋代时投料次数基本固定在三次。按照现代酿酒工艺的经验，投料以三次为宜，并非越多越好。这说明传统米酒的连续投料技术在宋代时也已基本成熟。

在发酵技术上，为了避免酒液酸败，唐人发明了石灰降酸工艺，即在发酵的最后一天，往酒醪中加入适量的石灰。这种石灰降酸工艺被宋人所继承。宋人还发明了"卧浆"技术，即用事先调制好的酸浆水调节发酵液的酸度，保障发酵的安全进行。

发酵过滤后的酒称为生酒，仍含有较多的微生物，会继续发生酵变反应，导致酒液变质。唐代时，人们发明了生酒加热处理技术，以控制酒中微生物的继续反应。唐人给生酒加热处理有"煮"和"烧"两种方法，煮酒法采用高温沸点灭菌，烧酒法采用低温微火加热。唐人把经过"烧"法加热处理的酒称为"烧酒"，这种"烧酒"并不是后世的蒸馏白酒。

宋代时，在煮酒工艺的基础上，人们又发明了蒸酒法，即将生酒放入器皿中用蒸汽加热的高温灭菌法。同时，低温加热的烧酒法形式更加多样，出现了新的"火迫酒法"。火迫酒法给酒加热的时间更长，除能达到灭菌的效果外，还能生成更多的乙醇和其他多醇类物质，加速了新酒的"陈化"，使酒的味道更加醇美可口。

米酒酿造技术的提高，使传统米酒升华为黄酒，这在酒色、酒味上都有明显的表现。唐代以前的米酒多呈绿色，"灯红酒绿"这一成语如实地记载了中国古代酒的颜色。酒呈绿色的原因是酿酒时未能保证酒曲的纯净，以致制曲及酿造过程中混入了大量的其他微生物，导致酒色变绿。唐代的米酒仍以绿色居多，但已经能够酿造出黄色或琥珀色的米酒。宋代时，绿色酒仍较常见，但黄色酒和琥珀色酒变得较为普遍。元代时，浅绿色的米酒逐渐消失，大多数米酒呈现黄色或琥珀色，中国古代的传统米酒跨入黄酒阶段。

按味道的不同，中国古代的米酒可分为辛、苦、甘、酸等不同的等级。其中，辛为最佳，苦次之，甘又次之，酸为最下。辛即辣，说明酒液之中酒精的含量较高；苦，尝不到甜味和辣味，说明酒精度数不太低也不太高；甘即甜，说明糖分未能充分酒化，酒精度数较低；酸为酒败的特征，可作醋矣，是为最下。甘甜是唐代米酒的主要口味，唐人言及米酒，多以甘、甜喻其味。宋代米酒的酒精含量相对较高一些，故宋人在评论美酒佳酿时，多以劲、辣、辛、烈等词汇，以示与甜酒不同。据王赛时的研究，宋朝酒的度数高低不齐，有3度的酒，也有9度的酒，最高可能到12度。从宋初到宋末，3度的酒逐渐少了，9度、10度的酒则越来越多①。

（二）药酒的增多和荤酒的发明

唐代以前，配制酒的生产主要是各种节令酒。唐代时，由于酿酒业的发展和医学的进步，药酒开始异军突起，成为配制酒生产的主要产品。用于养生益寿的松醪酒在唐代尤为流行。松醪酒又称松醪春，使用松脂、松节、松花、松叶为原料，配酿于酒中。凡使用各种松料所酿之酒，均可统称为松醪酒。单独使用松脂、松节、松花、松叶为原料配酿的酒，则可具体命名为松脂酒、松节酒、松花酒、松叶酒。宋代配制酒的生产仍以各种药酒为大宗，李华瑞《宋代酒的生产与征榷》列举了82种配制酒，其中各种药酒有75种②，占配制酒的91.5%。与唐代相比，宋代配制酒的制作方法变化不大，还是以采用浸泡工艺为主。

羊羔酒（又称白羊酒）、狗肉酒等"荤酒"的出现是宋代配制酒生产的一个新现象。宋代以前，中国便出现了用动物原料配制的药酒，如猪膏酒、猪胆苦酒、虎骨酒、蛇酒、乌蛇酒等。不过这些

---

① 王赛时：《中国酒的沿绵不绝：谷物与酒曲的变奏》，《三联生活周刊》2013年第38期。

② 李华瑞：《宋代酒的生产与征榷》，河北大学出版社1996年版，第39~42页。

酒只能称之为"药酒"，而不能称之为"荤酒"。因为酿酒所用的动物原料是作为药材加入的，酒酿成后也主要用于防病治病。而宋代新出现的"荤酒"则不同，所加入的肉类基本上不被视为药材，而是作为配料来使用的，所酿之酒也主要用于平日饮用。当然，二者之间还是有着十分密切的关系。唐代动物性药酒制作技术的成熟为宋代"荤酒"的制作奠定了坚实的基础，也可以说，荤酒是在动物性药酒的启发下开发出来的。

（三）葡萄酒生产的高峰

以各种果品和野生果实为原料，经发酵酿成的各种低度饮料酒，均称为果酒。这一时期的果酒主要是葡萄酒。唐代以前，内地很少见到葡萄酒的酿制，人们饮用的葡萄酒多为西域或河西的凉州所贡。

葡萄酒法的内传，明确见于史籍记载是在唐初贞观年间（627—649 年）。唐太宗李世民亲自参与了葡萄酒法的改进工作，酿造出了度数较高的葡萄酒。钱易《南部新书》丙卷载其事称："太宗破高昌，收马乳蒲桃种于苑，并得酒法。仍自损益之，造酒成绿色，芳香酷烈，味兼醍醐，长安始识其味也。"引文中的高昌位于今天新疆的吐鲁番。除西域和河西走廊以外，山西太原一带是唐代内地葡萄酒的生产中心，自中唐以后，当地所产的葡萄酒屡屡见于诗人的吟颂。葡萄酒还是唐代军旅中最受欢迎的美酒，故唐代诗人王翰称："葡萄美酒夜光杯，欲饮琵琶马上催。"随着内地葡萄酒生产规模的逐渐扩大，葡萄酒消费不再局限于皇室贵族，内地的社会中上层人士也有机会品尝到这种奇味佳酿了。

宋代时，山西太原一带仍是内地葡萄酒的主产区，唐慎微《重修政和证类本草》卷二二《葡萄》载："今太原尚作此酒，或寄至都下。"酿造葡萄酒的技术在北方中原地区得到了更为广泛地传播，宋人吴垌《五总志》称："葡萄酒自古称奇，本朝平河东，其酿法始入中都。"

元代时，葡萄酒还上升为"国饮"，被皇室列为国事用酒。元代官方酿造的葡萄酒，采用搅拌、踩打的自然发酵方法。在民间，葡萄酒也较普及，大都居民还把葡萄酒当作生活必需品。与官方葡萄酒的自然发酵酿制不同，民间百姓往往按照酿造传统米酒的习惯，使用酒曲发酵工艺，在葡萄浆中加入酒曲，催使其发酵成熟。此外，内地人还采用蒸馏法，提取酒精度数更高的蒸馏葡萄酒。

（四）蒸馏烧酒的出现

蒸馏酒是元代从西方引进的一种新型酒类，最早引入中国的蒸馏酒酿造法，是西方流行的蒸馏葡萄酒，类似于现代的白兰地。在元代，葡萄产量有限，人们主要将葡萄视为水果食用，由于没有那么多葡萄用来酿酒，人们就试着蒸馏谷物酒，并将这种新型的蒸馏酒称为烧酒。元人酿造蒸馏酒时，会加入酒曲，这是中国酿酒的传统，这种烧酒就是今天的白酒。蒸馏酒的引入，提高了中国酿酒的能力，丰富了酒种，改变了传统酿酒的单一发酵模式。但在元代，烧酒作为一种新型酒类，在当时并不是社会的主流，广大汉族人还是以喝黄酒为主，作为统治者的蒙古人则喝葡萄酒和马奶酒为主。

五、明清以来：酿酒技术的转型

（一）黄酒的没落

明至清代中期，黄酒在整个酒类生产中占支配地位。人们将那些时间较长、颜色较深、耐贮存的黄酒称为"老酒"。

明代时，以京、冀、晋、鲁、豫等为中心的北方地区，黄酒生产尊尚古法，河北的沧酒、易酒，山西的太原酒、潞州酒和临汾的襄陵酒，都是北方黄酒的代表。尤其是河北的沧酒、易酒，在明代一直保持着较高的名声，是当时黄酒的翘楚。北方黄酒大都分甜、苦两种，如山西黄酒称"甜南酒""苦南酒"；北京的黄酒称"甘炸儿""苦清儿"。南方的江浙等地，黄酒的生产崇尚新技术，有统一的酒谱条例，很快形成整体风格，以密集的群体优势逐步在北方推广。

至清代中期时，以绍兴黄酒为代表的南方黄酒已全面超越北方黄酒的地位。绍兴黄酒不仅行销京师等广大北方地区，还远销广东、南洋等地。有人认为，南方黄酒超越北方黄酒的另一原因是："因为南酒运往北方，经历寒冷不会变味，而北酒运往南方，碰到酷暑则会变质。"① 在南方黄酒的进逼下，北方黄酒日益没落。到民国年间，黄酒在北方酒类的占有率只有40%左右②。中华人民共和国成立后，北方黄酒迅速没落，只在少数地方还保留着少量的黄酒生产，如河南南阳的镇平黄酒、西峡红小米黄酒、唐河祁仪黄酒、邓州刘集黄酒，汤阴的"双头黄"黄酒，鹤壁的大湖黄酒，山东的即墨老酒、兰陵美酒，山西平遥的长生源老酒。

清代中期以后，整个中国的黄酒生产和消费开始衰落，烧酒则开始崛起。黄酒衰落的原因很多。首先，与烧酒相比，黄酒生产季节较短，价格较高，酒度较低，大量饮用不易醉，饮用黄酒的成本较高。清代中期以后，中国社会动荡不安，人们的生活水平不断下降，人们买醉饮酒时遂逐渐舍黄酒而取烧酒。其次，清代中期以后，战乱四起，南方黄酒北运的水陆交通时常因战事中断，加之黄酒不耐贮藏、不耐运输，使得黄酒的销路严重受挫。烧酒因便于贮藏和长途贩运，酒业不发达的地区从外地买酒，便多会选择烧酒。第三，清代中期以后，水旱蝗等自然灾害频繁，受自然灾害和战乱的影响，农作物经常大量减产，百姓食粮不足，酿造黄酒的原料黍米、糯米为百姓食用尚且不足，是故黄酒产量随之骤减。与黄酒的酿造原料不同，烧酒用高粱酿造，高粱不宜食用，酿酒反而能够为百姓带来额外的收入。

（二）烧酒的崛起

明代的烧酒名品渐多，南北方均有分布，以北方居多。南方者如五香烧酒、安徽亳州的古井贡酒、江苏苏州顾氏三白酒，北方者如关中桑落酒，山西平阳襄陵酒、汾州羊羔酒、蒲州酒、太原酒、潞州鲜红酒、河津酒，山东秋露白、景芝高烧、章丘酒，河南大名的刁酒、焦酒、河南的清丰酒等。相对而言，北方的烧酒质量也高于南方。对此，明人多有评价。如薛冈《天爵堂文集笔余》卷二

①　王恺、张诺然：《南酒与北酒：中国酒在近现代的变迁》，《三联生活周刊》2013年第38期。

②　王赛时：《中国酒的沿绵不绝：谷物与酒曲的变奏》，《三联生活周刊》2013年第38期。

认为，北酒胜于南酒，北方五省“所至咸有佳酿”，“至清丰吕氏所酿，又北酒之最上。”而南方著名的姑苏三白酒只是“庶几可饮”，其他酒类“几乎吞刀，可刮肠胃”。顾起元《客座赘语》卷九载，大名的刁酒、焦酒、汾州的羊羔酒被人们认为是“色味冠绝者”。《四友斋丛说》引顾清《傍秋亭杂记》曰：“天下名酒……皆不若广西之藤县、山西之襄陵为最……襄陵十年前始入京，据所见当为第一……予尝以乡法酿于京师，味佳甚，人以为类襄陵云。”

清代康熙以前，烧酒在整个酒类中所占的比例要低于黄酒。烧酒饮用之风远未形成，消费者多为囊中羞涩又要寻求刺激的下层百姓。康熙、雍正、乾隆三朝，中国烧酒的生产获得了巨大发展，这与黄河治理“束水冲沙”，需要大量秸秆，导致北方大量种植高粱密切相关。这一时期，北方烧酒的产量迅猛增长，酿造烧酒的“烧锅”遍布于北方各省，尤其以河南、山西、陕西、直隶、山东五省为盛，一县之境大规模酿酒的烧锅往往多至百余。

清中叶以后，北方烧酒的生产继续向前发展，盛产高粱的山西更是北方烧酒生产的中心。光绪《平遥县志》卷一二载：“晋地黑坏，多宜植秫而栃，不可以食。于是民间不得不以岁收所入，烧造为酒，交易银钱。或远至直属，西至秦中，四外发贩，稍得润余，上完钱粮，下资日用。”山西的汾酒更是出类拔萃，被清人认为是质量最好的烧酒。

人们对烧酒的看法也发生了很大的变化，袁枚《随园食单·茶酒单》“山西汾酒”条称：“余谓烧酒者，人中之光棍，县中之酷吏也，打擂台非光棍不可，除盗贼非酷吏不可，驱风寒，消积滞，非烧酒不可。”在广大的北方，越来越多的人们开始喜欢上强烈刺激的烧酒。南方基本上仍是黄酒的天下，但一些地区也开始接受了烧酒。在江苏扬州，“高粱烧”甚至一统天下，将黄酒、果酒等挤出了市场。

民国年间，西南地区的贵州、四川，烧酒生产获得了较快发展，逐渐形成了一批名酒，如贵州的茅台酒、四川的杂粮酒（五粮液的前身）、泸州大曲、绵竹大曲、全兴大曲、郎酒和丰谷酒。

抗日战争爆发后，西南地区成为中国抗战的大后方，重庆成为陪都，大批社会上层人物麇集于斯，人们尝惯了川贵白酒。战争结束后，随着人们返回南京、上海、北京等地，川贵白酒的名声在全国范围内得到广泛的传播。茅台酒在民国年间更是声名鹊起，高档次的酒会多可见到茅台的身影。如1936年"西安事变"时，张学良宴请周恩来，用的是茅台酒。1945年国共两党"重庆谈判"时，蒋介石宴请毛泽东，用的也是茅台酒。

在中华人民共和国成立之前，烧酒多为传统作坊生产，有地方名酒，而无品牌。烧酒的称谓十分混乱，如高粱酒、土烧酒、汾酒、白酒、小酒等。中华人民共和国成立后不久，国家开始对粮食实行统购统销，传统的酿酒作坊或因缺乏酿酒的原料粮食而倒闭，或接受合作化改造而纳入工业化生产体系。为了工业化的规范，人们将烧酒等名称统一为"白酒"。传统的白酒酿造为固态酿造法，1958年山东烟台发明了液态酿酒法，这种酿酒法是将酿造酒精的方法推广到白酒酿造领域。液态酿酒法的出酒率是固态酿造法的3倍以上，在粮食普遍紧张的时代背景下，液态酿酒法遂被各厂家普遍采用，中国白酒的生产迅速实现了工业化。饮用白酒之风也迅速从北方推广到全国，甚至在以绍兴为中心的传统黄酒区，不少人也开始饮用白酒了。

伴随着白酒生产的工业化，人们的品牌意识勃兴，名酒的评比开始走上历史舞台。1952年，第一届名酒评酒会评出了贵州茅台酒、山西汾酒、四川泸州大曲酒、陕西西凤酒四大名酒。1963年，第二届名酒评酒会评出了贵州茅台酒、四川五粮液、安徽古井贡酒、四川泸州老窖特曲、四川全兴大曲、陕西西凤酒、山西汾酒、贵州董酒。此次评酒会改变了此前白酒只有品种没有品牌的历史，促进了白酒的发展。1979年、1984年、1989年，国家又举行了多次名酒评酒会，入围的名酒数量渐多。

（三）葡萄酒的再生

明代时，葡萄酒的生产仍很兴盛。当时生产的葡萄酒有两类：原酿葡萄酒和蒸馏葡萄酒，前者使用酒曲发酵，后者采取蒸馏工艺。明代的上层社会对饮用葡萄酒的兴趣不减，在小说《金瓶梅》

中，西门庆及其家人经常饮用葡萄酒，反映了当时饮用葡萄酒的社会背景。明代灭亡后，清代的满族统治者认为，葡萄酒度数高，有大毒，所以不喜欢饮用。葡萄酒在统治阶层中的失宠，使它失去了主要的消费群体，葡萄酒的生产开始衰落，只在少数盛产葡萄的地区尚保留之。

鸦片战争后，洋葡萄酒开始进入中国市场，"外国输入甚多，有数种。不去皮者色赤，为赤葡萄酒，能除肠中障害。去皮者色白微黄，为白葡萄酒，能助肠之运动。别有一种葡萄，产西班牙，糖分极多，其酒无色透明，谓之甜葡萄酒，最宜病人，能令精神速复。"① 国内生产葡萄酒的小作坊完全无法与国外的大工业生产相抗衡，纷纷破产倒闭，中国传统的葡萄酒酿造技术也失传了。

1892 年，苏门答腊爱国华侨张弼士在烟台创办了张裕葡萄酿酒公司，引进国外生产技术生产多种品牌的葡萄酒。其中，最有名者当属白兰地，此酒在 1915 年的巴拿马博览会和美国三藩市万国赛酒会上均获金奖，故又称金奖白兰地。1951 年，金奖白兰地被评为中国八大名酒之一。张裕公司的葡萄酒，有名者还有味美思和玫瑰红。味美思在 1918 年获国际赛酒会金奖。上世纪 50 年代中期，德国人丢失了祖传的制酒配方，不得不向中国求助索取，中国俨然成为味美思的权威。

（四）啤酒的引进与流行

啤酒是一种非常古老的酒类，在古代埃及和巴比伦，人们常用大麦酿造啤酒，用于祭神和饮用。啤酒后来传入古代希腊和罗马，近代以来在欧洲诸国逐渐流行开来。随着西欧殖民者的扩张，啤酒遂传播到世界各地。

啤酒传入中国，只有一百多年的历史，它伴随着西方殖民者的入侵而来。在华的西方人因喝不惯中国白酒，喜欢喝葡萄酒和啤酒，啤酒遂和其他"洋货"一起输入中国。中国人亦称之为"麦

---

① （清）徐珂编撰：《清稗类钞》第十三册《饮食类》，中华书局1986 年版，第 6325 页。

酒"或者"皮酒"①。与西方人接触较多的买办商人等，最早品尝
到了啤酒。但在 1900 年之前，中国没有啤酒厂，所需啤酒皆依赖
进口。

1900 年，俄国商人在哈尔滨开设啤酒厂，生产"哈尔滨啤
酒"，这是中国第一家啤酒厂。1903 年，山东青岛建立啤酒厂。该
啤酒厂以德国资本为主，英国人投资合作，因此称青岛英德啤酒公
司。1948 年，该厂被中国接管，改名青岛啤酒厂。长期以来，青
岛啤酒保持了较高的品质，声誉在外，畅销于大江南北、长城内
外。啤酒也成为青岛市的名片之一。

1915 年，北京创办的双合盛啤酒厂，是中国人自己创办的第
一家啤酒厂，该厂生产的"五星"啤酒，在抗日战争之前已驰名
中外。七七事变后，日军占领平津。双合盛亦在沦陷之列。日军品
尝到"五星"啤酒后，认为口味胜过日本的"太阳""樱花""麒
麟"等啤酒。两个月不到，就把厂里的储货全部喝光了。日军勒
令该厂加工赶制，可战时进口不到啤酒花，人们遂用洋槐花顶替啤
酒花生产啤酒，以满足日军的需要，所幸蒙混过关②。

上海是近代中国的经济中心，洋人、买办汇集，啤酒的消费市
场广阔。1917 年，挪威人创办的 UB 啤酒厂是上海首家啤酒厂。
1936 年，英国怡和洋行创办怡和啤酒厂，沙逊洋行创办友啤啤酒
厂。不久，法国人创办了国民啤酒厂。

值得一提的是山东烟台的啤酒。1920 年，王益斋创办烟台啤
酒公司，生产"双人岛"啤酒，但在质量和名气上不如青岛啤酒。
1930 年代初，为了打开销路，烟台啤酒在上海静安寺路 20 号"新
世界"底层安家，采取多种策略与洋啤酒展开竞争。对前来"新
世界"娱乐的客人，免费赠送印有"烟台啤酒厂赠"的毛巾。举
行免费喝啤酒大赛，头名奖大银鼎，二、三名奖小银鼎。当天，参
赛选手共喝下 500 箱（每箱 48 瓶）啤酒。一个月后，又开展在

---

① （清）徐珂编撰：《清稗类钞》第十三册《饮食类》，中华书局 1986
年版，第 6325 页。

② 唐鲁孙：《天下味》，广西师范大学出版 2004 年版，第 212 页。

"头淞园"找啤酒活动，找到者奖啤酒20箱。厂方还专门拿出10000元设奖，具体做法是，在部分啤酒盖内分别印上"中""国""啤""酒"四字，对应奖励1元、2.5元、5元、10元。通过这些活动，烟台"双人岛"啤酒渐为沪人所知，在上海啤酒市场站稳了脚跟。

中华人民共和国成立后，啤酒的生产和消费有所扩大。但在改革开放以前，啤酒的消费局限于城市，农村鲜有喝啤酒者。改革开放后，啤酒跻身中国的主要酒类之列，生产进入全面繁荣期。啤酒消费也快速向农村发展。在炎热的夏季，啤酒已成为城乡居民佐餐消暑的主要酒类。20世纪90年代中期以来，口感较佳的"扎啤"（桶装生啤酒）越来越受到人们的欢迎，如北京，"到了夏天，不管男女，不分老少，一律都喝啤酒，这两年都改喝扎啤。北京人喝啤酒，讲究抱着'扎'，驴一样豪饮，喝出北京人的气派"①。

第二节　历代名酒

中国古代酒的品种之繁多，风格之特异，是世界各国无法比拟的。酒的名称也是形形色色，有的以酒色取名，有的以产地取名，有的以人名取名，有的又因酿造方法的特殊，而加以特定的名称。

一、先秦名酒

夏商时期，中国尚只有酒类的名称，而无名酒的概念。如人们将米谷酿制的浊甜酒称为醴和醪。其中，醴酒一夜可成，所含酒精甚少，相当于今天江南民间用糯米酿制的"酒酿"②；醪的酿造时间稍长，酒精度数也比醴稍高。用黑黍米酿制的酒为鬯，若加入郁金香的汁液则为名贵的郁鬯。

西周时，酒的种类增多，有"五齐三酒"之说。"五齐"为泛

---

① 肖复兴：《北京人喝酒》，夏晓虹、杨早编：《酒人酒事》，三联书店2012年版，第144页。

② 徐海荣：《中国饮食史》卷一，华夏出版社1999年版，第409页。

齐、醴齐、盎齐、缇齐、沈齐，为酿酒过程中所观察到的五个阶段；“三酒”为事酒、昔酒、清酒。其中，事酒为临事而酿造的浊酒，如醴、醪之类；昔酒为冬酿春熟、色泽较清的陈酒；清酒是冬酿夏熟，除去糟粕的比较透明的酒，如酎、醇、醲、醽之类。

春秋战国时期，开始出现不少以酿酒所加物料命名的酒。如《左传·僖公四年》所载的香茅酒，《楚辞·招魂》所记的“瑶浆”“琼浆”，《楚辞·九歌》所记的“桂浆”“椒浆”。这些酒类多产自南方的楚国，也是文献记载最早的中国地方名酒。

二、两汉名酒

两汉时期，中国的地方名酒渐渐增多，特别是醴醪名酒辈出，如葛洪《西京杂记》中有“恬酒”“甘醴”“旨酒”“香酒”，张衡《南都赋》中有“九酿甘醴”。东汉野王县（今河南沁阳）出产甘醪酒，是朝廷的贡品。宜城醪，又名宜城酒，产于南郡宜城（今湖北宜城）。曹植《酒赋》云：“宜城醪醴，苍梧缥清。”缥酒，产于广西苍梧，又名清酒、缥清、春清缥酒等。因酒色呈淡青色而出名，曹植曾用“素蚁浮萍”形容这种名酒的颜色①。

九酝酒，《北堂书钞》卷一四八引曹植《上九酝酒奏》云：“一日三酿，满九斛米止。”

酎，多次反复酿的醇酒。《礼记·月令》郑玄注：“酎之言醇也，谓重酿之酒。”这是当时质量最高的酒，帝王常饮用，用于祭祀。

金浆，甘蔗汁酿成，其色黄，原产于梁（今湖北汉中）。《西京杂记》卷四引枚乘《柳赋》云：“爵献金浆之醪。”注：“梁人作蔗（藷）酒，名金浆”。

菊花酒，《西京杂记》卷三记载菊花酒的制作方法云：“菊华舒时，并采茎叶，杂黍米酿之，至来年九月九日始熟，就饮焉。”菊花酒有类似今天保健酒的性质，与此相类的还有百末旨酒、椒酒、柏叶酒等。

---

① （三国）曹植：《曹子建集》卷四《酒赋》，《四部丛刊》本。

葡萄酒，当时又称"蒲桃酒"。东汉后期，扶风人孟佗以"蒲桃酒一斗"，奉送权势显赫的中常侍张让，张让遂使孟佗出任凉州刺史。

三、三国魏晋南北朝名酒

南朝萧梁时期刘潜写过《谢晋安王赐宜城酒启》，可知宜城醪是魏晋南北朝时期的名酒。

醽醁酒，又称醽酒，东吴时湖南衡阳所产，后行销于全国。《太平御览》卷八四五引《湘州记》载："衡阳县东南有醽湖，土人取此水以酿酒，其味醇美，所谓醽酒，每年尝献之。晋平吴，始荐醽酒于太庙是也。"

女儿酒，又称女酒。西晋嵇含《南方草木状》卷上载："南人有女数岁，即大酿酒。即漉，候冬陂池竭时，实酒罌中，密固其上，瘗陂中，至春潴水满，亦不复发矣。女将嫁，乃发陂取酒，以供贺客。谓之女酒，其味绝美。"

桑落酒，产于河东蒲坂县，因桑椹成熟落地之时，当地人取井水酿酒，故名桑落。其名及酿法在北魏贾思勰《齐民要术》中多次提及。该酒又名"鹤觞酒"。杨衒之《洛阳伽蓝记》卷四《城西》载："河东人刘白堕善能酿酒。季夏六月，时暑赫晞，以罌贮酒，暴于日中，经一旬，其酒味不动，饮之香美，醉而经月不醒。京师朝贵多出郡登藩，远相饷馈，逾于千里。以其远至，号曰'鹤觞'，亦名'骑驴酒'。"[①]

九酝春酒，其造酒法源于南阳郭芝，后来曹操得到酿造方法，并加以改进。贾思勰的《齐民要术》卷七对此酒的酿造方法有详细介绍。《齐民要术》卷七中记载的酒，尚有秦州春酒、河东颐白酒、冬米明酒、夏鸡鸣酒、法酒、秫黍米酒、糯米酒、粳米酒、白醪酒、粱米酒等。

以上诸酒是以粮食为原料酿造的粮食酒，若在成品酒中添加

---

① （魏）杨衒之撰，周祖谟校释：《洛阳伽蓝记校释》卷三《城南》，中华书局 2010 年版，第 143~144 页。

其他物料则可制成各种调制酒，如用椒或柏浸制的椒柏酒，用竹叶浸制的缥醪酒，用松脂、松针、松花等浸制的松醪酒，用菖蒲浸制的菖蒲酒，用胡椒浸制的胡椒酒，用梣树叶和花制成的梣酒等。

四、隋唐名酒

隋唐时期，酒的品种比前代有了增加，就名称而言，约有300余种。李肇《唐国史补》卷下载："酒则有郢州之富水，乌程之若下，荥阳之土窟春，富平之石冻春，剑南之烧春，河东之乾和葡萄，岭南之灵谿、博罗，宜城之九酝，浔阳之湓水，京城之西市腔、虾蟆陵、郎官清、阿婆清。又有三勒浆类酒，法出波斯。"

除此之外，见于隋唐史籍的酒名，尚有酴醿酒、梨花酒、鹅黄酒、小红槽、玉浮梁、金陵酒、兰陵酒、广陵酒、含春王、林虑浆、屠苏酒、甘蔗酒、槟榔酒、荔枝酒、龙膏酒、椰花酒、虎骨酒、猪膏酒、猪苦胆、蛇酒、狗肉酒、羊羔酒、地黄酒、枸杞子酒等。下面择其要者介绍之。

酴醿酒，这种酒经重酿而成，酒精度数较高。唐代文献中，多有皇帝赐臣下酴醿酒的记载。如《旧唐书·李绛传》载："绛为中书侍郎同中书门下平章事，帝遣使者赐酴醿酒。"佚名《辇下岁时记》载："新进士则于月灯阁置打球之宴，或赐宰臣以下酴醿酒，即重酿酒也。"

梨花酒，又名梨花春，产于浙江杭州，此酒因酿造于春天梨花盛开之时而得名。白居易《杭州春望》诗云："红袖织绫夸柿蒂，青旗沽酒趁梨花。"自注："其俗酿酒，趁梨花时熟，号为梨花春。"[1]

金陵酒，又名金陵春，产于江苏南京，唐诗中屡有歌咏者。如李白《寄韦南陵冰余江上乘兴访之遇寻颜尚书笑有此赠》云："堂

---

① （清）彭定求等编：《全唐诗》卷四四三，中华书局1960年版，第4979页。

上三千珠履客，瓮中百斛金陵春。"①

兰陵酒，又名兰陵春。因产于浙江金华，故又名金华酒、东阳酒。李白《客中作》一诗对此酒赞誉道："兰陵美酒郁金香，玉碗盛来琥珀光。但使主人能醉客，不知何处是他乡！"

含春王，产于京师长安。五代陶穀《清异录》卷下载："唐末，冯翊城外，酒家门额书云：'飞空却回顾，谢此含春王。'于王字末大书'酒'字也。"② 此酒在五代时出名。

林虑浆，此酒为五代宫廷用酒，据《清异录》卷下载："后唐时，高丽遣其广评侍郎韩申一来。申一通书史，临回召对便殿，出新贡'林虑浆'面赐之。"③

五、宋元名酒

宋元时期名酒众多，按生产者主体不同，可分为宫廷酒、地方官府酒、民间市肆酒和民间家酿酒四类。

（一）宫廷酒

宋元宫廷网罗了全国各地技术高超的酿酒师，使之能够吸收各地酿酒技术的精华，加之酿酒不计成本，故酒的质量最高。宋代宫廷负责酿酒的机构是法酒库和内酒坊，故其所酿之酒分别称为法酒和内酒。法酒库负责供进、祭祀和给赐用酒，内酒坊所生产的酒则专供皇族饮用，因其酒坛要用黄绸封盖，故又称"黄封酒"。宋朝皇帝为显示皇恩浩荡，也常将黄封酒赐于臣下，以示优奖。臣子们也以得到皇帝的黄封酒赏赐而倍感荣耀。

黄封酒主要采取蒲中酒的酿造技术，有多种名称，如苏合香酒、鹿头酒、蔷薇露、流香酒、长春法酒等。其中，苏合香酒是北宋宫廷内的御用药酒，鹿头酒是宫廷宴饮结束时所上之酒，蔷薇露

---

① （清）彭定求等编：《全唐诗》卷一七二，中华书局 1960 年版，第 1776 页。

② （宋）陶穀撰，李益民等注释：《清异录（饮食部分）》，中国商业出版社 1985 年版，第 103 页。

③ （宋）陶穀撰，李益民等注释：《清异录（饮食部分）》，中国商业出版社 1985 年版，第 105~106 页。

和流香酒是南宋宫廷的御用酒，长春法酒是南宋理宗景定元年（1260 年）贾秋壑献给皇上的酿法，是用 30 多种名贵中药采用冷浸法配制而成的药酒。

（二）地方官府酒

宋代地方官酿作坊，宋人称为"官库""公库""公使库"等，所生产的官酒亦称官库酒、公库酒、兵厨酒等。宋代的地方官酿作坊分布相当广泛，主要集中设在州、县所在的城镇。通常情况下，市面上供应的大多是官酒。据张能臣《酒名记》、周密《武林旧事》等宋代文献记载，各地的名酒有：

四京（东京开封、西京洛阳、南京商丘、北京大名）：香桂、法酒、桂香、北库、玉液、醹醾香、瑶泉。

京东、西路：莲花清、竹叶青、白云楼、清虚堂、清燕堂、冰堂、真珠泉、白佛泉、舜泉、金泉、潩泉、近泉、寿泉、汉泉、泌泉、银光、香泉、寒泉、琼酥、玉液、金沙、银条、银光、香桂、香菊、白羊、拣米、杏仁、荷花、风曲、重酝、仙醇、细波、朝霞、宜城、淮源、河外、鄄酒、檀溪、甘露、三酘。

河北东、西路：玉瑞堂、夷白堂、延相堂、中和堂、中山堂、知训堂、错着水、柏泉、瑶波、金波、银光、银条、玉酝、玉友、玉醅、法酒、细酒、宜城、石门、巡边、莲花、香桂、杏仁、碧琳、拣米、九酝、瓜曲、风曲、沙醅。

河东路：甘露堂、静制堂、金波、浆琼酥、玉液。

陕西路：江汉堂、静照堂、清心堂、冰堂、橐泉、玉泉、瑶泉、舜泉、蒙泉、莲花、清洛、天禄。

淮南路：金斗城、百桃、杏仁、金城。

两浙路：竹叶青、碧香、白酒、秋自露、梨花酒、蔷薇露、流香、思堂春、凤泉、宣赐碧香、玉练槌、有美堂、中和堂、雪醅、真珠泉、皇都春、常酒、和酒、皇华堂、爱咨堂、齐云清露、爱山堂、得江、留都春、静治堂、第一江山、北府兵厨、锦波香、秦淮春、清心堂、丰和春、恩政堂、庆远堂、清白堂、蓝桥风月、紫金泉、庆华堂、元勋堂、眉寿堂、万象皆春、济美堂、胜茶、十州春、双瑞、错认水、银光、浮玉春、蓬莱春、清若空、筹思堂、海岳春、玉醅、六客堂、琼花露、縠溪春、蒙泉、萧洒泉、金斗泉、龟峰。

江南东、西路：池阳春、金盘露、清心堂、谷廉、双泉、金波、芙蓉、百桃、银光。

四川路：忠臣堂、锦江春、竹叶青、浣花堂、至喜泉、玉髓、蜜酒、琼波、金波、帘泉、东溪、葡萄、香桂、重醾、法醶、法酝、长春、银液、仙醇。

荆湖南、北路：白玉泉、金莲堂、瑶光、法酒、香桂。

福建路：竹叶。

广南东、西路：十八仙、玉泉、换骨。

（三）民间市肆酒

宋代酒肆业发达，有上等佳酿，是当时酒肆吸引酒徒的重要条件。因此，宋代的著名酒肆多酿有美酒佳酿，以北宋末年京师开封为例，有名的坊酿酒有：丰乐楼眉寿、和旨，忻乐楼仙醪，和乐楼琼浆，遇仙楼玉液，玉楼玉酝，铁薛楼瑶醽，仁和楼琼浆，高阳店流霞、清风、玉髓。会仙楼玉醑，八仙楼仙醪，时楼碧光，潘楼琼液，千春楼仙醪，中山园子正店千日春，银王店延寿，蛮王园子正店玉浆，朱宅园子正店瑶光，邵宅园子正店法清、大桶，张宅园子正店仙醁，方宅园子正店琼酥，姜宅园子正店羊羔，梁宅园子正店美禄，郭小齐园子正店琼液，杨皇后园子正店法清等。

（四）民间家酿酒

宋代时，政府允许达官贵戚自行酿酒。达官贵人之家酿酒时往往不计成本，足曲足料，加之酿造技术较高，所酿之酒酒质一般较高，故宋代出现了一大批负有盛名的家酿酒。据张能臣《酒名记》所记，北宋末年名噪京师的家酿酒有：（后妃家酒）高太后香泉，向太后天醇，张温成皇后醽醁，朱太妃琼酥，刘明达皇后瑶池，郑皇后坤仪，曹太后瀛玉；（宰相家酒）蔡太师庆会，王太傅膏露，何太宰亲贤；（亲王家酒）郓王琼腴，隶王兰芷、五正、位椿、龄嘉、琬醑，濮安懿王重醖，建安郡王玉沥；（戚里家酒）李和文驸马献卿、金波，王晋卿碧香，张驸马敦礼、醹醁，曹驸马诗字、公雅、成春，郭驸马献卿、香琼，大王驸马瑶琼，钱驸马清醇；（内臣家酒）童贯宣抚褒公、光忠，梁开府嘉义，杨开府美诚等。另外，文学家苏轼曾写过《洞庭春色赋》，其序言称："安定郡王以黄柑酿酒，名之曰洞庭春色。"

宋代文人士大夫也积极参与酿酒活动，不少人对此倾注心血，酿造出闻名一世的上乘家酿，如苏轼自酿的蜜酒、真一酒、天门冬酒、万家春酒①，刘挚自酿的天苏酒，杨万里自酿的桂子香、清无底、金盘露、椒花雨等。

六、明清名酒

（一）明代名酒

明代王世贞《弇州四部稿》卷四九《酒品前后二十绝》对当时的 20 种酒进行吟咏，这 20 种名酒为：京师（北京）的内法酒，陕西的关中桑落酒，山西的平阳襄陵酒、汾州羊羔酒、蒲州酒、太原酒、潞州鲜红酒，山东的秋露白、章丘酒，江苏的苏州薏苡仁酒、吴中顾氏三白酒、高邮五加皮酒、淮安酒、无锡荡口酒、太仓靠壁清白酒，浙江的处州金盘露、金华酒，安徽的池州酒，江西的建章麻姑酒，四川成都刺麻酒。这些名酒多为传统的黄酒，但也有新兴的烧酒，如潞州鲜红酒、山东秋露白等。明代的名酒也有不少是具有养生保健、治病疗疾功能的药酒，薏苡仁酒"去风湿，强筋骨，健脾胃"，五加皮酒"去一切风湿痿痹，壮筋骨，填精髓"②，羊羔酒"大补元气，健脾胃，益腰肾"③。

---

① 刘朴兵：《略论苏轼对中国饮食文化的贡献》，《农业考古》2012 年第 6 期。

② （明）李时珍：《本草纲目》卷二十五《酒》，人民卫生出版社 2005 年版，第 1562 页。

③ （明）李时珍：《本草纲目》卷二十五《酒》，人民卫生出版社 2005 年版，第 1566 页。

（二）清代名酒

清代，比较有名的烧酒有直隶梁各庄酒、奉天牛庄酒、山西汾酒、良乡酒等。其中，良乡酒"出良乡县，都人亦能造，冬月有之，入春则酸，即煮为干榨矣"。清代的多数药酒以烧酒为酒基，比较著名的有"玫瑰露、茵陈露、苹果露、山查露、葡萄露、五茄皮、莲花白"①。其中，莲花白酒产于京师，其创制者为慈禧太后，徐珂《清稗类钞·饮食类》"莲花白"条载："瀛台种荷万柄，青盘翠盖，一望无涯。孝钦后每令小阉采其蕊，加药料，制为佳酿，名蓬花白，注于瓷器，上盖黄云缎袱，以赏亲信之臣。其味清醇，玉液琼浆不能过也。"②

黄酒中名气最大的当属绍兴酒。由于绍兴酒名满华夏，当时人们遂直接称该酒为"绍兴"。清末徐珂称：绍兴酒，"以春浦之水所酝者为尤佳。其运至京师者，必上品，谓之京庄。至所谓陈陈者，有年资也。所谓本色者，不加色也。各处之仿绍，赝鼎耳，可乱真者惟楚酒"③。质量可与绍兴酒匹敌的，除两湖地区的楚酒外，还有江苏常州、镇江的百花酒，其酒"甜而有劲，颇能出绍兴酒之间道以制胜。产镇江者，世称之曰京口百花"④。

北方亦有著名黄酒，这就是河北的沧州酒。沧州酒又名麻姑酒，"其酒非市井所能酿，必旧家世族，代相授受，始能得其水火之节候。水虽取于卫河，而浊流不可以为酒，必于南川楼下，如金山取江心泉法，以锡罂沉至河底，取其所涌之清泉，始有冲虚之致。其收贮也，畏寒畏暑，畏湿畏蒸，犯之则其味败。新者不甚佳，必庋至十年外，乃为上品。或运于他处，无论车运舟，稍一摇

　　① （清）徐珂编撰：《清稗类钞》第十三册《饮食类》，中华书局1986年版第6321页。

　　② （清）徐珂编撰：《清稗类钞》第十三册《饮食类》，中华书局1986年版第6321页。引文中的"蓬"字，应为"莲"之误。

　　③ （清）徐珂编撰：《清稗类钞》第十三册《饮食类》，中华书局1986年版，第6321~6322页。

　　④ （清）徐珂编撰：《清稗类钞》第十三册《饮食类》，中华书局1986年版，第6322页。

动，味即变。运至之后，必于安静处沉淀半月，其味乃复。取饮时，注之壶，当以杓平挹。数拨，则味亦变，再沉淀数日乃复。其验真伪法，南川楼水所酿者，虽极醉，膈不作恶。次日醉，亦不病涌，但觉四肢畅适，怡然高卧而已。若以卫河普通之水酿者则否。验新陈法，凡庋二年者可再温一次，十年者温十次，十一次则味变矣。一年者再温即变，二年者三温即变，毫厘不能假借也。"[1]

七、民国以来的名酒

（一）民国名酒

民国年间的中国葡萄酒、啤酒名酒，在本章第一节中已有介绍，这里不再赘述。民国年间，西南地区的贵州、四川，烧酒生产获得了较快发展，逐渐形成了一批名酒，如贵州的茅台酒、四川的杂粮酒（五粮液的前身）、泸州大曲、绵竹大曲、全兴大曲、郎酒和丰谷酒。抗日战争爆发后，西南地区成为中国抗战的大后方，重庆成为陪都，大批社会上层人物麇集于斯，人们尝惯了川贵白酒。战争结束后，随着人们返回南京、上海、北京等地，川贵白酒的名声在全国范围内得到广泛的传播。茅台酒在民国年间，更是名声鹊起，高档次的酒会多可见到茅台的身影。如1936年"西安事变"时，张学良宴请周恩来，用的是茅台酒。1945年国共两党"重庆谈判"时，蒋介石宴请毛泽东，用的也是茅台酒。北方地区的著名烧酒则有山西的汾酒、陕西的柳林酒、河南的杜康酒等。

（二）中华人民共和国名酒

在中华人民共和国成立后，伴随着白酒生产的工业化，人们的品牌意识勃兴，名酒的评比开始走上历史舞台。1952年至1989的，国家共举行了五届名酒评酒会。

1952年，第一届名酒评酒会在北京评出了国家名酒8种。其中，白酒4种：贵州茅台酒、山西汾酒、四川泸州大曲酒、陕西西凤酒。黄酒1种：浙江绍兴酒（鉴湖长春酒、加饭酒）。葡萄酒3

---

① （清）徐珂编撰：《清稗类钞》第十三册《饮食类》，中华书局1986年版，第6323页。

种：烟台张裕的红葡萄酒、金奖白兰地、味美思。

1963 年，第二届名酒评酒会在北京评出了国家名酒 18 种。其中，白酒 8 种：贵州茅台酒、四川五粮液、安徽古井贡酒、四川泸州老窖特曲、四川全兴大曲、陕西西凤酒、山西汾酒、贵州董酒。黄酒 2 种：浙江绍兴加饭酒、福建龙岩沉缸酒。啤酒 1 种：青岛啤酒。葡萄酒 6 种：烟台张裕的红葡萄酒、金奖白兰地、味美思，青岛白葡萄酒，北京东郊中国红葡萄酒、特制白兰地；露酒 1 种：山西竹叶青酒。第二届名酒评酒会改变了此前白酒只有品种没有品牌的历史，促进了白酒的发展。

1979 年，第三次全国评酒会在大连评出国家名酒 18 种。其中，白酒 8 种：贵州茅台酒、四川五粮液、安徽古井贡酒、四川泸州老窖特曲、山西汾酒、四川剑南春酒、贵州董酒、江苏洋河大曲；黄酒 2 种：浙江绍兴加饭酒、福建龙岩沉缸酒。啤酒 1 种：青岛啤酒。葡萄酒 6 种：烟台红葡萄酒（甜）、味美思、金奖白兰地和北京东郊中国红葡萄酒（甜）、河北沙城白葡萄酒（干）、河南民权白葡萄酒（甜）。露酒 1 种：山西竹叶青酒。

1984 年，第四次全国评酒会在太原评出国家名酒 25 种。其中，白酒 13 种：贵州茅台酒、四川五粮液、安徽古井贡酒、四川泸州老窖特曲、四川全兴大曲、四川剑南春酒、陕西西凤酒、山西汾酒、贵州董酒、江苏洋河大曲、安徽双沟酒、湖北黄鹤楼酒、四川郎酒。黄酒 2 种：浙江绍兴加饭酒、福建龙岩沉缸酒。啤酒 3 种：青岛啤酒、北京特制啤酒、上海特制啤酒。葡萄酒 5 种：烟台红葡萄酒（甜）、味美思和北京东郊中国红葡萄酒（甜）、河北沙城白葡萄酒（干）、天津王朝白葡萄酒（半干）。露酒 2 种：山西竹叶青酒、园林青酒。

1989 年，第五次全国评酒会在太原评出国家名白酒 17 种，其他酒类未评。这 17 种名白酒为：贵州茅台酒、四川五粮液、安徽古井贡酒、四川泸州老窖特曲、四川全兴大曲、四川剑南春酒、陕西西凤酒、山西汾酒、贵州董酒、江苏洋河大曲、安徽双沟酒、湖北黄鹤楼酒、四川郎酒、湖南常德武陵酒、河南宝丰酒、河南宋河粮液、四川沱牌曲酒。

第三节 饮酒习俗

中国历代社会中饮酒风气都非常盛行，酒已渗透到社会生活中的许多方面，成为人们日常生活中不可缺少的饮品。人们聚饮集会时，十分重视礼节，讲究主宾酬酢，注重助兴娱乐，由此形成了诸多饮酒习俗。

一、重视礼节

酒以成礼，中国人饮酒十分重视礼节。早在先秦时期，宴席的各种饮食礼节已经十分完备，"三礼"中记载了不少种类宴筵的礼仪，而后世许多重要的食礼，多可以在周礼中寻找到渊源。以先秦国君宴请群臣的"燕礼"为例，"席：小卿次上卿，大夫次小卿，士、庶子以次就位于下。献君，君举旅行酬，而后献卿。卿举旅行酬，而后献人夫。大夫举旅行酬，而后献士。士举旅行酬，而后献庶子。俎豆、牲体、荐羞，皆有等差，所以明贵贱也"①。翻译成白话文，即饮酒时，宰夫（宴会主持人）先敬献国君，国君饮后举杯向在坐的来宾劝饮；然后宰夫向大夫献酒，大夫饮后也举杯劝饮；然后宰夫又向士献酒，士饮后也举杯劝饮；最后宰夫献酒给庶子。燕礼中应用的餐具饮器、食物点心、果品酱醋之类，都因地位的不同而有差别。由此可见，席位有尊卑，献酒有先后差别，都是用来分别贵贱等级的，故曰："燕礼者，所以明君臣之义也。"②

西周时，"燕礼"往往与"射礼"联合举行，先行"燕礼"，后行"射礼"。西周初年以武立国，特别注重射礼，《礼记·射义》云："古者诸侯之射也，必先行燕礼。"③ 射礼是在宴饮后比赛射

①《礼记·燕义》，（清）阮元校刻：《十三经注疏》（下），中华书局1980年版，第1690页。

②《礼记·燕义》，（清）阮元校刻：《十三经注疏》（下），中华书局1980年版，第1690页。

③《礼记·射义》，（清）阮元校刻：《十三经注疏》（下），中华书局1980年版，第1686页。

箭，"燕射礼"主要行于诸侯与宴请的卿大夫之间，比"乡射礼"高一等级，其具体仪节可以在《仪礼·大射》中看到。

西周贵族们行"燕射礼"的场面，在《诗经》中也有一些描写，其中，最形象、最精彩的要数《诗经·小雅·宾之初筵》了。《宾之初筵》是一首全面、生动描写西周宴会礼仪的诗作，这首诗把宾客出场、礼仪形式、宴席食物与食器的陈列、音乐侑食和射手比箭写得清楚有序、生动简洁，显然是对当时"燕射礼"的艺术描写。当然，"燕射礼"的参与者主要目的是饮酒作乐，因此左右揖让、射箭不过是形式。诗中所描写的饮宴礼乐的盛大场面，远比《仪礼》《礼记》所记形象多了，使人们对于西周宴会礼仪形式和实际情况有了进一步的感性认识。

西周贵族的饮宴，不仅在席位、进食等方面有礼仪之规，同时在不同的宴会上，肴馔和饮品、醯酱等物的摆放也有一定的规矩，不得错乱。一般宴席的肴馔食序，大抵是先酒、次肉、再饭。后世人们宴客，也是先上茶，再摆酒肴，最后是鱼肉饭食，每次食完将席面清洁一次，仍继承着西周时宴会礼仪的食序。

秦汉时期人们饮酒时，有一次饮尽杯中酒的礼俗。《汉书·叙传》谓："设宴饮之会，及赵、李诸侍中皆饮满举白。"孟康注曰："举白，见验饮酒尽不也。"[1] 汉代时，酒席上往往设有专门负责监督饮酒的行酒人，又被称为酒吏，如《汉书·高五王传》载，朱虚侯刘章"尝入侍燕饮，高后令章为酒吏。章自请曰：'臣，将种也，请得以军法行酒。'"[2] 酒吏要纠正参加酒宴者的失礼行为，负责对迟到者罚酒，检验人们饮酒尽否。在宴饮时，地位较低者对地位尊贵者要避席伏，即离开座席食案屈伏于地上，如《汉书·田蚡传》载，在丞相田蚡的婚宴上，来宾均为主人"避

---

① （汉）班固：《汉书》卷一百《叙传》，中华书局1962年版，第4200、4201页。

② （汉）班固：《汉书》卷三八《汉高五王传》，中华书局1962年版，第1991页。

席伏"①。

与古人相比，现代饮酒礼节的内容多有变化，但这并不意味着现代人不重视饮酒礼节，现代人对某些饮酒礼节是十分讲究的。如宴饮席位的安排，这在北方中原地区尤为突出。在中原地区，饮酒首重席位，上座一定要让给长者或最尊贵的客人坐。上座的客人未到，酒宴一般是不会开始的。酒宴未开始之前，主人或其他的客人可以在座位上叙话闲谈。当上座的客人到时，都要站起表示欢迎。待上座的客人就坐后，其他人方可就坐。

在农村中，一般是在坐北朝南的堂屋里宴客，宴客的桌子多为八仙方桌，每桌可坐八人。北方即为上座，但人们往往会坐得稍偏一点，因为正北是老天爷的位置，所以要留出来，东方为次座，其余为末座。有的看桌子缝，以横向桌缝的内侧为上座，左为次座。也有的看厨房坐向，以厨房门所对的右侧为上座。还有看椅子距墙的远近，近的为上，远的为下。在城市，由于门的朝向各异，便以正好面对门的座位为上座。城市宴客多用圆桌，一般上座左侧为次座，右侧为三座，以此类推。

若酒宴为多席，则设有首席，农村的首席一般设在屋子的中央。城市的首席，一是安排在餐厅上方，面向众席，背向厅壁；二是将首席安排在众席中间。首席的上座必是最尊贵者，如在陕北高原的婚宴中，首席设三个上座，左上右次，是介绍人和男女舅父的坐位。一般每席八个人，首席坐不下的，再安排次席。

二、按巡饮酒

在正规的酒宴上人们饮酒时，古人有按巡饮酒的习俗。即分轮一个个地来饮，一人饮尽，再一人饮，众人都饮完称为"一行"或"一巡"，这种饮酒习俗与现代人饮酒时大家共同举杯很不相同。"按巡饮酒"的次序为由尊及卑，由长及幼，即《礼记·曲礼上》所谓"长者举未釂，少者不敢饮"。一次酒宴往往要饮酒数

① （汉）班固：《汉书》卷五二《田蚡传》，中华书局1962年版，第2387页。

巡,如元稹《和乐天初授户曹喜而言志》一诗云:"归来高堂上,兄弟罗酒尊。各称千万寿,共饮三四巡。"

宫廷酒宴上,过了三巡,就有大臣箴规了。《旧唐书·李景伯传》载:"中宗尝宴侍臣及朝集使,酒酣,令各为《回波辞》。众皆为诌佞之辞,及自要荣位。次至景伯,曰:'回波尔时酒卮,微臣职在箴规。侍宴既过三爵,喧哗窃恐非仪。'"①

宋代时,人们多称"巡"为"行",宋代酒宴饮酒的行数一般较多。北宋中期以前,人们饮酒多在五行左右,如司马光《温国文正司马公文集》卷六九《训俭示康》载:"吾记天圣中,先公为群牧判官,客至未尝不置酒,或三行或五行,多不过七行。"北宋中期以后,饮酒行数增多,民间酒宴饮酒一般为十行,宫廷酒宴饮酒多为九行。如北宋末年宰执亲王宗室百官入内上寿时,共饮九盏御酒,即饮酒九行。

巡(行)酒所到,每个人都必须饮尽自己杯中之酒,否则主人会以各种形式进行促饮。两次巡酒之间,可品尝菜肴,还往往进行各种娱乐活动。行酒之间进行娱乐活动不仅仅是为了延长饮酒的时间,更主要的是为了侑酒助兴。唐代以前,巡酒之间的娱乐活动的类型较少,多为歌舞。宋代时,宫廷饮宴行酒间的娱乐活动也多为歌舞表演。但在民间饮宴上,行酒之间的娱乐活动类型多样,丰富多彩,除歌舞之外,或弈棋、或纵步,或款语。

在民间的大多数酒宴中,巡酒完毕并不意味着饮宴就要结束了。恰恰相反,此时人们酒兴未尽,饮宴尚未进入高潮。巡酒完毕后,进入"自由"饮酒阶段。主宾之间或宾客之间可以自由敬酒。若酒兴仍高,人们或赋诗填词,或歌舞助兴,或行酒令,各种佐觞活动逐渐把饮宴推向高潮,以使人们尽兴而归。

"三巡"饮酒礼仪在现代仍然有其遗风。不过,现代的"三巡"实际上是人们共饮三杯,而不是传统的从大到小、由长及幼、从尊至卑的依次饮三杯。现代饮酒流行的开始程序一般是:待所有

---

① (后晋)刘昫:《旧唐书》卷九十《李景伯传》,中华书局 1975 年版,第 2920~2921 页。

客人入座，下酒的凉菜基本上齐之后，酒席的主持者或主人首先要说上几句祝酒词，说明请诸位饮酒的原因，然后提议大家共饮第一杯酒。饮第一杯酒时，人们一般要离席站起，互相碰杯，感谢主人的盛情邀请。然后坐下品尝菜肴，接着共饮第二杯酒。再次品尝菜肴后，共饮第三杯酒。饮第二杯酒和第三杯酒时，可不必站起，而是一起端起酒杯让酒杯底在酒桌轻碰一下。第一、二杯酒不饮尽亦可，但第三杯酒一定要饮尽。因为饮尽第三杯酒，即意味着酒宴的开始阶段即将结束。所谓"酒过三巡、菜过五味"，酒宴将切入正题，进入敬酒阶段了。

三、敬酒与劝饮

人们在酒宴上，晚辈或下级常对长辈、上级敬酒。汉代时，人们为长辈、上级敬酒的借口是年长多寿，称之"为寿"。据《汉书·高帝纪上》颜师古注："凡言为寿，谓进爵于尊者，而献无疆之寿。"①《后汉书·明帝纪》李贤注与颜注相近，称"寿者人之所欲，故卑下奉觞进酒，皆言上寿"②。近人段仲熙先生考证"为寿"之礼是先秦时期宴饮活动中应酬之礼"醻礼"的遗迹③。这些看法大致是不错的，如刘邦曾在酒宴上"奉玉卮为太上皇寿"④。王邑父事娄护，在宴会上对娄护称"贱子上寿"⑤。

不过，秦汉人"为寿"时，并不限于晚辈对长辈，参加宴会的平辈、主人和客人之间彼此均可"为寿"。如汉武帝时，丞相田蚡举行宴会，主人田蚡和客人窦婴先后"上寿"。秦汉时，人

---

① （汉）班固：《汉书》卷一《高帝纪》，中华书局1962年版，第27页。
② （南朝宋）范晔：《后汉书》卷二《明帝纪》，中华书局1965年版，第122页。
③ 段仲熙：《说醻》，《文史》第3辑，中华书局1963年版。
④ （汉）班固：《汉书》卷一《高帝纪》，中华书局1962年版，第66页。
⑤ （汉）班固：《汉书》卷九十二《游侠传》，中华书局1962年版，第3708页。

们上寿的语言不并限于说祝对方"益寿""延年""长乐未央"之类的吉语,往往还涉及称颂对方的品德和能力。上寿者在说完上寿语后,要饮尽自己杯中之酒。有时,在上寿时还伴随着送礼。

唐代时,敬酒献酬之礼有了新的发展,变得更加自由,主宾之间或宾客之间都可以自由献酬。如果某一座客有意向邻座或他人敬酒,大都手捧杯盏,略为前伸,这就表示了献酬的愿望,俗称此为"举杯相属"。对他人敬的酒不饮或饮之不尽,是失礼行为,故有"敬酒不吃吃罚酒"的俗语。古人敬酒时还流行"蘸甲",即用手指伸入杯中略蘸一下,弹出酒滴,以示敬意。用现代的眼光来看,这种作法极不卫生,然而当时却大为风行。

现代酒宴上,敬酒习俗仍十分流行,但南北方习俗有别。在南方长江流域,向长辈或客人敬酒时,是向长辈或客人举起自己的酒杯,然后全部喝下,以示诚意。被敬者一般也要举杯相配,但喝酒的量却是随意的。而在北方中原地区,敬酒的规矩很多。一般先由主人给座中最尊者敬酒,敬酒人并不喝酒,而是让被敬者饮酒。敬第一杯酒之前,客人站起,把杯中酒的饮少许,称为"腾酒杯"。腾完酒杯,敬酒人说出敬酒的原因,或是欢迎,或是感谢,然后给被敬者斟上第一杯酒,一般要劝对方饮尽全杯,劝酒词也是丰富多彩、五花八门。饮完第一杯酒,敬酒人接着会说"好事成双",再次给被敬者斟酒。饮尽第二杯酒后,敬酒人一般会让被敬者再饮一杯。若被拒,则会提议自己陪对方喝完第三杯酒。也有被敬酒者主动提议同饮第三杯酒的。给第一位客人敬完酒后,依次再给第二位客人斟酒,直到给座中所有的人斟完为止。若酒壶(或酒瓶)中的酒恰巧斟完,则称为"酒福",这杯不算,要重新斟。然后是第二位敬酒者给座中人斟酒,直至所用的人彼此都给对方斟过酒后,敬酒阶段方告结束。在敬酒过程中,其他人可边闲聊,边品尝菜肴。

饮酒时,主人为了让客人酒喝好、酒喝足,显示好客之道,多对客人进行劝酒,这种习俗由来已久。西晋石崇在宴客时令美人劝酒,若客人不把酒喝干,便令军士将美人行斩。不少诗人写有劝酒诗词佳句，如欧阳修的"盏到莫辞频举手"，"我歌君当和，我酌君勿辞"①；黄庭坚的"杯行到手莫留残，不道月斜人散"等②。对于不胜酒力者，饮酒是一种负担。这时，面对劝酒，有人强饮之，有人拒绝之。邵伯温《邵氏闻见录》卷十载，一次包公宴请司马光与王安石，"（包）公举酒相劝，某（指司马光）素不喜酒，亦强饮，介甫终席不饮，包公不能强也"。③ 大多数人劝酒并无恶意，无非是想让客人多饮尽欢，但也有恶意劝酒以观醉态者。刘祁《归潜志》卷六载，金朝将领赫舍哩雅尔呼达喜欢凌侮使者，"凡朝廷遣使者来，必以酒食困之，或辞以不饮，因并食不给，使饿而去"。④

四、歌舞侑酒

音乐和舞蹈对宴会起着相当重要的调节作用，以歌舞侑酒是中国重要的酒俗之一。歌舞多在酒酣耳热之际进行。如汉代张衡《两京赋》称："促中堂之陜坐，羽觞行而无算。秘舞更奏，妙材骋伎。妖蛊艳夫夏姬，美声畅于虞氏……振朱屣于盘樽，奋长袖之飒缅"⑤。张衡《舞赋》道："音乐陈兮旨酒施"，"于是饮者皆醉，日亦既昃。美人兴而将舞，乃修容而改袭。"⑥

酒宴之上的歌舞可分为两类：一是自娱性的歌舞，二是他娱性的歌舞。

---

① （宋）欧阳修：《文忠集》卷八《小饮坐中赠别祖择之赴陕府》；卷九《奉答原甫九月八日过会饮之作》，文渊阁《四库全书》木。

② （宋）黄庭坚：《西江月·劝酒》，胡山源编：《古今酒事》，上海书店1987年版，第189页。

③ （宋）邵伯温撰，李剑雄、刘德权点校：《邵氏闻见录》卷十，中华书局1983年版，第108页。

④ （金）刘祁撰，崔文印点校：《旧潜志》卷六，中华书局1983年版，第64页。

⑤ （梁）萧统编，（唐）李善注：《文选》卷二《张平子西京赋》，中华书局1977年版，第49页。

⑥ （唐）欧阳询撰，汪绍楹校：《艺文类聚》卷四十三，上海古籍出版社1982年版，第770页。

　　自娱性的歌舞是酒宴主人或宾客表演的歌舞，主要流行于唐代以前。如汉高祖在为"商山四皓"举行的宴会结束时对戚夫人说："为我楚舞，吾为若楚歌。"① 又如杨恽《报孙会宗书》曰："岁时伏腊，烹羊炰羔，斗酒自劳……奴婢歌者数人，酒后耳热，仰天附缶而歌呼乌乌……是日也，拂衣而喜，奋袖低卬，顿足起舞。"②

　　自娱性的歌舞参与，汉唐时期在正式宴会中还发展成为一种的程序化礼仪，即"以舞相属"。"以舞相属"一般在酒宴高潮时进行，其程序为：主人先行起舞，舞罢，再属一位来宾起舞，客人舞毕，再以舞属另一位来宾，如此循环。如唐太宗的长孙燕王李忠出生时，太子李治宴宫僚于弘教殿，唐太宗亦参加了此宴，"太宗酒酣起舞，以属群臣，在位于是遍舞，尽日而罢，赐物有差"③。"以舞相属"有时是专门表示对某位贵宾的尊敬，正如李白《对酒醉题屈突明府厅》所云："山翁今已醉，舞袖为君开。""以舞相属"所表演的舞蹈，必须有身体旋转的动作。在宴会上，不舞或舞而不旋都是对他人的失礼行为，不仅破坏宴会的气氛，而且产生矛盾。如在汉代窦婴举行的宴会上，"及饮酒酣，夫起舞属蚡，蚡不起。夫徙坐，语侵之"④。

　　酒宴之上宾客往往亲自歌唱，以抒发自己的感情。如汉高祖刘邦平定黥布，过沛县，邀集故人饮酒。酒酣时刘邦击筑，唱《大风歌》："大风起兮云飞扬，威加海内兮归故乡，安得猛士兮守四方！"⑤ 为了答谢主人的美意，人们多歌唱致敬。如尉迟偓《中朝

　　① （汉）班固：《汉书》卷四十《张良传》，中华书局1962年版，第2036页。

　　② （汉）班固：《汉书》卷六十六《杨恽传》，中华书局1962年版，第2896页。

　　③ （后晋）刘昫：《旧唐书》卷八十六《高宗诸子传》，中华书局1961年版，第2824页。

　　④ （汉）班固：《汉书》卷五十五《灌夫传》，中华书局1962年版，第2385页。

　　⑤ （汉）班固：《汉书》卷一《高祖纪》，中华书局1962年版，第74页。

故事》卷上载，"瞻至湖南，李庚方典是郡，出迎于江次竹牌亭。置酒，瞻唱《竹枝词》送李庚。"在飞觞把盏之间，无论是主人还是客人都可以邀请对方唱歌，如《嘉话录》载，李绛为户部侍郎时，曾参加本司酒会，张正甫"把酒请侍郎唱歌"①。

他娱性的歌舞是由专业的歌舞人员表演的歌舞，主要供参加酒宴的宾客欣赏，用于调节酒宴气氛，也用于表达人们的感情。在唐代的接风洗尘与送别饯行之类的宴饮活动中，主人经常请歌手为之唱歌，通过悠扬的歌声来表达喜悦或留恋的心情。他娱性的歌舞的表演者多是年青貌美、技艺高超的歌妓、舞女。宋代时，自娱性的歌舞已经从酒宴上消失，主人和宾客很少亲自参与音乐和舞蹈活动了，他们成为歌舞的专门欣赏者，而歌妓、舞女则成为歌舞的专门表演者，他娱性的歌舞在酒宴上开始一统天下。由于歌舞完全由歌妓、舞女承担，所以在人们的心目中，酒宴之上歌舞就是为了娱客，而不是自娱。《宋史·王韶传》载：一次王韶宴客，"出家姬奏乐，客张绩醉挽一姬不前，将拥之，姬泣以告。韶徐曰：'本出汝曹娱客，而令失欢如此。'命酌大杯罚之，谈笑如故"②。参加酒宴的宾客们虽然完全成了歌舞的被动欣赏者，但由于歌舞已完全由专业的歌妓、舞女承担，演出水平一般较高，酒宴之上往往烛光香雾，歌吹杂作，营造出一种如醉如痴、如梦如幻的境界。

五、行令助觞

行令助觞即行酒令助饮。一般认为，酒令的起源与古代的投壶之戏有关。投壶的方式是投者持矢投入壶中，未中者罚酒。所投之壶，壶口小，颈长而直。河南济源汉墓出土的投壶高26.6厘米，矢的长度在18～26厘米。南阳画像石中有二人持四矢投壶的场面，

---

① （宋）李昉等编：《太平广记》卷一七九《张正甫》引，中华书局1961年版，第1334页。

② （元）脱脱等：《宋史》卷三二八《王韶传》，中华书局1977年版，第10582页。

壶内有二矢，壶左放一酒樽，上有一勺。壶的两侧有二人席地跪坐，执矢投壶。其中，一人似为输酒而醉，被搀扶离席①。

酒令的正式形成是在唐代，"酒令"一词最早指主酒吏，如《梁书·王规传》载："湘东王时为京尹，与朝士宴集，属规为酒令。"② 唐代时，酒令才开始作为一个专有名称，特指酒筵上那些决定饮者胜负的活动方式。酒令形成后，很快就成为人们宴饮助兴的主要娱乐形式，从文人到百姓无不选择适合其活动的酒令来佐饮。唐代的酒令名目繁多，但大多数唐代酒令至宋代时就已经失传了。如陈振孙《直斋书录解题》卷一一称："《醉乡日月》三卷，唐皇甫松子奇撰。唐人饮酒令此书详载，然今人皆不能晓也。"目前能够知道的唐代酒令约有 20 多种，这些酒令多需借助于骰盘、筹箸、香球、花盏、酒胡子等器具方能行令。如行筹令时，大家轮流抽取长条形的筹箸，根据上面的字句，决定如何饮酒。其中，"唐诗酒筹"极具特点，其中的文化意蕴令人回味无穷。这套令筹，每筹取唐诗一句，并说明其饮法，幽默诙谐，如"人面桃花相映红。面赤者饮。"其他如"名贤故事筹令""饮中八仙筹令""寻花筹令"等也较受人们的欢迎。中唐以后，筹令开始衰落，但筹令所使用的酒筹广泛应用于宴饮的各种场合，故后世往往用"觥筹交错"来形容宴饮。

宋代以后，文字酒令后来居上，极为流行。文字令的盛行与文人群体的迅速壮大密切相关。宋代统治者采用重文轻武的政策，加大科举取士的力度，使文人群体日益扩大，整个社会的文化水平有了较大的提高。人们进行文字游戏的技巧也比较娴熟，酒酣耳热之际为后人留下了不少高水平的文字令。文字令需要的是才思敏捷和口齿清晰地吐字讲谈，而不是如狂似颠地大呼小叫，因此行文字令时酒客显得谦和、随意和文雅。

---

① 闪修山等：《南阳汉代画像石刻》图 12，上海人民美术出版社 1981 年版。

② （唐）姚思廉：《梁书》卷四一《王规传》，中华书局 1973 年版，第 582 页。

明清时期，文字令在文人雅士等知识阶层中仍很流行。清代曹雪芹《红楼梦》中便记录了不少文字令，如六十二回《憨湘云醉眠芍药裀　呆香菱情解石榴裙》，众人在红香圃中举办寿宴。席间史湘云出一令曰："酒面要一句古文，一句旧诗，一句骨牌名，一句曲牌名，还要一句时宪书上的话，总共凑成一句话。酒底要关人事的果菜名。"史湘云自己的令为：酒面："奔腾而砰湃，江间波浪兼天涌，须要铁锁缆孤舟，既遇着一江风，不宜出行。"酒底（鸭子）："这鸭头不是那丫头，头上那讨桂花油。"酒令所用之典，古文用北宋欧阳修《秋声赋》，旧诗用杜甫《秋声》中"江间波浪兼天涌，塞上风云接地阴"，"铁索缆孤舟"为骨牌名，"一江风"为曲牌名，"不宜出行"常见于旧时黄历。酒底用鸭头谐音丫头①。

近代以来，简单易行的划拳成为普通大众最为喜爱的酒令。划拳又称猜枚、划枚、猜拳、拇战等，基本规则是划拳的双方各伸出右手数指，同时口中喊出从 0 到 10 某一数字，双方指数相加等于某人所喊出的数字时即为赢，输者罚酒。划拳的娱乐性和技巧性均较高，容易使人兴奋，非常有利于宴饮气氛热烈，使宾主尽欢。对于划拳所出的指头，不少地区也颇有讲究。如不少地方出一指时，要出大拇指，表示敬重对方。若出小拇指，则必须将小拇指竖着朝下。忌讳出食指表示一。出二指时，一般出大拇指及食指。若出大拇指及小指表示二时，则将大拇指朝上或指向对方。忌讳出食指和中指表示二。出三指、四指、五指或空拳时则不太讲究。

除划拳外，现代比较流行的酒令还有"猜有无""三长两短""敲杠子老虎""大压小""大小葫芦（西瓜、鸡蛋）""猜大家宝""明七暗七"等。

"猜有无"为两人酒令。行令时，任取席上的果品或火柴棍、香烟蒂，握于任一拳中，然后出一拳，让对方猜其有无。双方事先约定好猜中谁饮酒、饮多少等。一般是猜中则出拳者饮，不中则猜

①　闫志：《争看弱叶随烟海——酒令及其文化》，《三联生活周刊》2013 年第 38 期。

者饮。猜数次后，可交换来猜。

"三长两短"也为两人酒令，是"猜有无"的升级版本。行令时，取四根火柴棍，并将其中的一根从中折断为两根短的，使其成为三长两短的令具。出令者从中取出或长或短的任意几根握于手中，但不许有空拳，请对方先猜单双，再猜根数，最后猜长短。和"猜有无"一样，猜中则出拳者饮，不中则猜者饮。一次行令，可决定三杯酒的输赢。家有围棋者，也可用三黑二白（或三白二黑）五枚棋子来行此酒令。

"敲杠子老虎"为两人酒令。行令时，两人各拿一双筷子同时敲击桌面，每次都以"老虎、老虎"的格式起令，接着说出自己想要说的动物名，或老虎、或鸡、或虫、或杠子。老虎吃鸡、鸡吃虫、虫蛀杠子、杠子打老虎，输者喝酒。

"大压小"为两人酒令，又称压手指头。行令时，两人同时押出一指，拇指压食指、食指压中指、中指压无名指、无名指压小指、小指压拇指。被压者输酒。

"大小葫芦（西瓜、鸡蛋）"为两人酒令。行令时，令官叫大葫芦（西瓜、鸡蛋）时，对方则用手比划一个小的。反之，令官叫小葫芦（西瓜、鸡蛋）时，对方则比划一个大的。错者罚酒。

"猜大家宝"为集体酒令。行令时，按座中人数取相等的火柴根数，此为"宝"。令官先饮酒一杯，取任意根数的火柴握于手中，但不许为空，请席中某人来猜。猜者有定规则的权力，一般是从座中某人开始按顺时针或逆时针来数，数中者饮酒。饮酒者有权猜第二宝。若饮酒者正好是出拳的令官，则称为"夺宝"。这时，令官除饮酒外，还要把"宝"交给被猜者，被猜者即成为新令官。

"明七暗七"为集体酒令。行令时，座中一人为令官，先饮酒一杯。令官说出一个七以下的数字数起，按顺时针或逆时针的方向，大家依次数数，遇七、十七、二十七等带七的数字（明七）则喊"过"，遇十四、二十一、二十八等七的倍数（暗七）也喊"过"，喊错者或停顿者罚酒。罚酒者即成为新令官，重新开始行令。

第四节 酒 具

酒具历史悠久，它伴随着酒的发明而产生。不同时代的酒具具有独特的时代风貌，是中国酒文化的重要组成部分。广义的酒具包括酿酒器具、储酒器具和饮酒器具；狭义的酒具不包括酿酒器具，主要是指盛酒器和饮酒器。本章主要讨论狭义的酒具，即盛酒器和饮酒器。

一、先秦酒具

史前时期，中国人已发明了谷物发酵酒。有了酒，必然会有饮酒用的器具，但史前的人们是否使用专门的酒器饮酒则不得而知。在山东大汶口文化中，曾出土有不少精美的蛋壳黑陶杯，这些黑陶杯很可能是用来饮酒的。

夏商周三代，以爵、角、觚、觥、斝、盉、尊、彝、觯、卣、壶、罍等各种青铜酒器闻名于世。其中，爵为饮酒器，为地位较高的贵族所使用。后世的"爵位"一词，反映了爵作为酒器的较高地位。

角外形似爵，但上面没有两根短柱，因此角可以有盖，且角的容量一般比爵稍大。后世也有用"角"作为酒的容量单位的，郑獬《觥记注》载："角者，以角为之，受四升。"宋代酒肆卖酒，多以"角"为单位。如宋话本《张古老种瓜娶文女》："与我去寻两个媒婆子。若寻得来时，相赠二百足钱，自买一角酒吃。"

觚为分酒器，有圆觚和方觚两种，呈细长状，上下皆粗，中间稍细。在孔子生活的春秋时期，觚的外形已不如前代，故孔子感叹道："觚不觚，觚哉！"后世觚多做为装饰品，不再用作分酒器。

觥为饮酒器，容量较大，因此也用作罚酒器。觥有时也泛指所有的酒器，如"觥筹交错"一词，即反映了觥作为酒器在宴饮上的重要作用。

斝的容量较大，有人认为是饮酒器①，但多数学者认为它是温酒器，也可用作调酒。盉是调酒器。

尊为盛酒器，侈口、高颈、似觚而大，也有少数方尊和形制特殊的尊，模拟鸟兽形状，统称为鸟兽尊，主要有鸟尊、象尊、羊尊、虎尊、牛尊等。在商周时期的青铜礼器中，尊的地位贵重，故有"尊贵"一词。尊用于祭祀或宴饮等重要场所，以表达礼敬，故又有"尊敬"一词。"酒这个字，在甲骨文系统中，就是一个人用两手捧着酒尊，献给祖先的画面改造成的。"② 后世尊又写作"樽"。

彝、觯、卣、壶、罍，均为盛酒器。其中，彝多用于宗庙祭祀场所；觯，形似尊而小，或有盖；卣，口小腹大，有盖和提梁，便于移动；壶，似卣，无提梁，多有把手；罍，略小于彝，小口，广肩，深腹，圈足，有盖。罍有方形和圆形两种，方形罍出现于商代晚期，而圆形罍在商代和周代初期都有。从商到周，罍的形式逐渐由瘦高转为矮粗，繁缛的图案渐少，而变得素雅。

二、秦汉魏晋南北朝酒具

秦汉时期，酒器的最基本种类是樽、勺、杯、卮、杯炉。其中，樽为盛酒器，亦可温酒，勺为挹酒器，杯、卮为饮酒器，杯炉为温酒器。

饮酒器的杯最具时代特征。秦汉时，人们所用的杯多为椭圆形的耳杯。小杯可容一升（汉制，约合今 201 毫升），大杯可容三升，甚至四升。耳杯多由漆、木、铜制成。代表秦汉酒器制作技术最高成就的是漆耳杯。漆耳杯又称"文杯"，多为夹纻，椭圆形口，平底圈足。杯内髹朱漆，杯外髹黑色底漆、朱漆花纹。文杯的价格不菲，《盐铁论·散不足》载："一文杯得铜杯十。"文杯是当

---

① 闫志：《争看弱叶随烟海——酒令及其文化》，《三联生活周刊》2013 年第 38 期。

② 闫志：《争看弱叶随烟海——酒令及其文化》，《三联生活周刊》2013 年第 38 期。

时倍受推崇的华丽酒器。比较高级的漆耳杯还以金银镶嵌，称为"釦器"，釦器多用金银等贵重材料制成，工艺复杂，耗工费力，故《盐铁论·散不足》言："器械雕琢，财用之蠹也……故一杯棬用百人之力。"

考古发现的有铭文的釦器，所记参与制造者的官吏工匠往往很多，如工长、素工、供工、画工、髹工、清工、漆工、黄涂工、铜扣工、造工、承掾护工、卒吏、令吏、啬夫、佐之卷，一器之上往往列名十几人，而不获列名者，又不知多少，"一杯棬用百人之力"当非妄言。当时，最高级的漆耳杯就是这种配以鎏金铜耳、白银口沿的彩绘釦器漆杯，当时人称为"银口黄耳"。1981 年 5 月，在陕西兴平一座西汉墓中，出土有漆耳杯 6 套，每套包括一件漆耳杯和一个铜支座。漆耳杯的有机物胎体已朽，但上面的金属配件还在。这些配件包括：耳杯上的口沿银圈和铜耳。①

秦汉时期常用的饮酒器还有卮。卮呈直筒状，单把，往往有盖，形如今日的搪瓷杯。过去常把出土文物中的卮误称为奁（梳妆器具），后来郑振铎先生为其正名为卮。卮在秦汉文献中常见，《史记·项羽本纪》载，鸿门宴上，项羽赐给樊哙酒，便是用的卮。《汉书·高帝纪》也载"上奉玉卮为太上皇寿"②。卮的容量有大有小，小的可容二升（约合今天的 400 余毫升），最大的卮可容一斗，鸿门宴上项羽赐给樊哙酒用的即是大号的"斗卮"。

秦汉的卮，除铜卮、玉卮外，还有漆卮。在河南沁阳县官庄北岗三号秦墓中曾出土一件彩绘凤纹漆卮，该漆卮通高 14.9 厘米，口径 10 厘米，现存于河南省驻马店市文物管理委员会。卮作为酒器，至汉代以后便罕见了。

秦汉时期的温酒器杯炉也极具时代特征。在黄河中游区域的陕西兴平、咸阳、山西浑源等地均出土有西汉时期的青铜杯炉。杯炉

① 杜金鹏等：《中国古代酒具》，上海文化出版社 1995 年版，第 214 页。

② （汉）班固：《汉书》卷一《高帝纪》，中华书局 1962 年版，第 66 页。

由三部分组成。其上为青铜耳杯，用于盛酒；中间主体部分为青铜炭炉，炉的口沿上有四个支钉，用于嵌置铜耳杯，炉身的镂孔可散烟拨火，炉身上还焊接有曲柄和足，炉底镂成火箅子，用于通氧助燃，并随时从这里清除炭灰；最下部分为底盘，是专门接盛灰渣的。整个杯炉作为温酒器，设计科学，使用方便、卫生。

三、隋唐酒具

隋唐时期是中国酒具发生较大变化的时期。唐代中期以前，樽、勺（又写作杓）、杯（盏）是最基本的酒具。其中，樽为盛酒器，唐诗中咏及酒樽的很多，如李白《行路难》云："金樽清酒斗十千，玉盘珍馐直万钱。"李白《将进酒》云："人生得意须尽欢，莫使金樽空对月。"杜甫《对雪》云："瓢弃樽无绿，炉存火似红。"杜甫《客至》云："盘餐市远无兼味，樽酒家贫只旧醅。"白居易《李留守相公见过池上泛舟酒话及翰林旧事因成四韵以献之》云："引棹寻池岸，移樽就菊丛。"樽、勺相配，用于酒宴斟酒，在唐代中期以前是相当普遍的。

铛是温酒器，它有柄，三足，有学者认为："就考古资料推本溯源，唐代酒铛应是汉晋以来的所谓鐎斗演变而来的。"①

勺是挹酒、斟酒器，作用是从樽等盛酒器或温酒器中挹酒斟注于杯中，唐李匡乂《资暇集》载："元和初，酌酒犹用樽杓，所以丞相高公有'斟酌'之誉。虽数十人，一樽一杓，挹酒而散，了无遗滴。"酒勺在殷商时就已经出现了，唐代酒勺的柄多如鸬鹚的头颈，称为鸬鹚杓，李白《襄阳歌》云："鸬鹚杓，鹦鹉杯，百年三万六千日，一日须倾三百杯。"也有柄为直的酒杓，周昉《宫乐图》中的酒杓就为长直柄酒杓。

杯（盏）则是基本的饮酒器，唐代的酒杯多为高足杯，形如碗，侈口（又称广口，其形状一般为口沿外倾），腹垂鼓。另外，圆口外侈圈足的酒盏也极为流行。豪饮者饮酒也有用酒海的，白

---

① 杜金鹏等：《中国古代酒具》，上海文化出版社 1995 年版，第 285 页。

居易《就花枝》曰："就花枝，移酒海，今朝不醉明朝悔。"酒海为大号饮酒器，形似盆。西安何家村唐代窖藏中曾出土两件金酒海，口径 28.6 厘米，高 6.5 厘米。大概正是因为酒海容量甚大，所以人们往往夸豪饮者"海量"，其本义当指可以用酒海酣饮。

　　唐代后期，酒具发生了较大变化，主要是集盛酒与斟酒两项功能于一身的酒注开始出现并大为流行，逐渐取代了传统的樽、杓。李匡乂《资暇集》载，人们斟酒时，元和初年尚用樽杓，"居无何，稍用注子，其形若罃，而盖、嘴、柄皆具。太和九年（公元835 年）后，中贵人恶其名同郑注，乃去柄安系，若茗瓶而小异，目之曰偏提。"可见注子、偏提都是唐代后期出现的酒壶，其区别只在于注子有柄无系（提梁），偏提有系无柄。唐代的酒注与当时的茶壶（唐代称茶瓶）在形制上基本相同，二者之间应为同源关系或源流关系。唐人往往把酒注叫酒瓶，如刘禹锡《同乐天和微之深春二十首》之十三云："兴酣樽易罄，连泻酒瓶斜。"李商隐《假日》云："素琴弦断酒瓶空，倚坐欹眠日已中。"

　　酒注的出现又使温酒器皿慢慢发生了变化，唐朝后期出现了与酒注相配的注碗。注碗的出现使温酒的方法由此一新。以前，人们温酒往往是把酒放入酒铛之类的器皿中直接把酒煮热。用注碗温酒时，要先把盛有酒的酒注放入注碗中，然后往注碗中添加热水，给酒间接加温。用注碗间接温酒比用酒铛直接煮酒更利于操作，因为注碗内的热水可以随时更换，利于调节酒的温度。同时，用注碗温酒，又可起到保温作用。用注碗间接温酒虽有诸多优点，但由于注碗刚刚出现，唐代后期使用注碗间接温酒还不普遍。宋金时期，人们才充分认识到注碗温酒的诸多优点，注碗广为流行，取代酒铛，成为主要的温酒器。

四、宋元酒具

　　宋元时期的酒具主要有盛酒的经瓶、斟酒的酒注（酒壶）、温酒的注碗和饮酒的酒盏。

　　宋元时期是中国古代商品经济较为发达的时期，随着造酒技术

醉翁图经瓶（杜金鹏等《中国古代酒具》）

的不断进步和酒产量的逐步增加，越来越多的名酒佳酿成为商品，进入市场。传统的盛酒器皿如酒瓮、酒尊、酒坛，由于体大笨重越来越难以适应酒类大量流通的需要。经瓶因盛酒量小（在1至3升之间），易于携带，非常适于酒类流通的需要，因而宋元时期，经瓶倍受人们青睐，广为使用。经瓶的大量使用反过来促进了酒的流通，它使宋元时期许多名酒得以运往外地，从而扩大了影响，提高了声誉，这也是宋元时期名酒众多的原因之一。

　　经瓶是宋代开始出现的酒瓶，它的样式一般为小口、细短颈、丰肩、修腹、平底，高约40厘米，整个瓶形显得很修长，由于南北为经，经可以训为修长，因此当时的人们把这种身形修长的酒瓶称之为经瓶。在考古发掘中常有宋元经瓶出土，最著名的有北宋登

封窑的"醉翁图经瓶"和磁州窑的"缠枝牡丹经瓶"①。在宋元时
期的墓室壁画中也多有经瓶的描绘，如河南禹县白沙1号宋墓壁画
"开芳宴"中，桌下绘有一放在瓶架上的经瓶。白沙1号宋墓壁画
中还绘有一男仆双手捧持经瓶图，榜书"昼上崔大郎酒"。又如，
河南郑州南关外宋墓墓室西壁用砖雕出一桌二椅，桌下也有一经
瓶②。山西长治李村沟金墓南壁西侧龛内壁画"酒具图"中亦绘
有经瓶③。

河南白沙宋墓壁画夫妇宴饮图（王仁湘《饮食与中国文化》）

　　经瓶在北宋时又被称为"京瓶"。袁文《瓮牖闲评》卷六
云："今人盛酒大瓶谓之京瓶，乃用京师'京'字，意谓此瓶出
京师，误也。'京'字当用经籍之'经'字。晋安人以瓦壶小
颈、环口、修腹，受一斗，可以盛酒者，名曰经，则知经瓶者，
当用此'经'字也。"可见京瓶之称，系当时人们不理解经瓶之
意的误用，同时也反映了京师是当时各种瓶装名酒的聚集之地，

　　①　"醉翁图经瓶"与"缠枝牡丹经瓶"现藏上海博物馆。参见杜金鹏
等：《中国古代酒具》，上海文化出版社1995年版，第318~322页。
　　②　河南省文化局文物工作队一队：《郑州南关外北宋砖室墓》，《文物
考古资料》1958年第5期。
　　③　王秀生：《山西长治李村沟壁画墓清理》，《考古》1965年第7期。

酒瓶的使用很多。宋神宗时，每次做道场斋醮，人们喝光酒后，留下大量空瓶，有关部门派人去"勾收空瓶，动经月余"①。由此足见北宋京师所用酒瓶数量之多，也难怪当时的人们误把"经瓶"当作"京瓶"了。

经瓶的样式随着时间的推移也在发生着变化，为了更利于装酒而不使酒泼出来，瓶的口部变小，并且加上了瓶盖，瓶的肩部变得宽广，腹部变得瘦削，整个瓶形呈橄榄状，如在山西文水北峪口元墓东北壁绘有一幅"男侍进酒图"，图中桌上有一橄榄状经瓶②。元代以后，经瓶被称为"梅瓶"。

北宋时期，经瓶的大量使用并不意味着其他盛酒器，如酒瓮、酒尊、酒坛的消失，而是使盛酒器有了一些分工。大型的盛酒器如酒瓮、酒坛之类，多用在造酒作坊和酒肆中。经瓶因其轻便而在酒的运输、销售中大量使用。当然，人们大量运酒时也有用酒瓮、酒桶的，如《东京梦华录》卷三《般载杂卖》载，北宋东京酒店正户运送散酒的器具为平头车和梢桶，"梢桶如长水桶，面安靥口，每梢三斗许"。人们到酒肆沽酒，除了买瓶装酒外，也习惯带一个酒葫芦去买散装酒。这在北宋时期的绘画和话本小说中多有反映，如前文提到的"醉翁图经瓶"，图中醉翁肩上背的就是一个酒葫芦。

酒注又称酒壶，唐朝中后期开始出现。用酒注斟酒比樽杓斟酒方便，所以酒注出现后，广为流行，其形状也变得多姿多彩。在出土的唐代酒注中，多半是大盘口、短颈、鼓腹，酒注的注嘴较短，显得古朴。而北宋时，酒注注身增高，注嘴和注柄伸长，酒注多显得洒脱、轻盈、别致。

宋金时期，人们已广泛认识到注碗温酒的诸多优点，注碗广为流行，取代了酒铛成为主要的温酒器。在河南禹县白沙 2 号宋墓壁

---

① （清）徐松辑：《宋会要辑稿》职官二一之三，中华书局 1957 年版，第 5145 页。

② 山西省文管会、山西考古所：《山西文水北峪口的一座古墓》，《考古》1961 年第 3 期。

画、河南洛阳涧西宋墓砖刻、河南宣阳北宋画像石棺前档图案中，均绘有与酒注相配的注碗。在出土的宋代文物中，也往往把酒注置于注碗之中。

元代时，人们开始普遍饮用酒精度数较高的蒸馏白酒，温酒之风日衰，因而温酒的注碗便丧失了存在的价值，慢慢在人们的生活中消失了，这也正是元代出土的许多酒注没有配注碗的原因。注碗的消失，使酒注在外形设计上更加自由，不受约束。用酒注斟酒固然很方便，但用樽勺亦不碍宴饮，因而宋元时期，樽、勺并未退出人们的生活，用樽勺饮酒的情景还是常常可以见到。如在山西长治李村金墓南壁西侧龛内壁画"酒具图"① 和山西文水北峪口元墓东北壁壁画"男侍进酒图"中均绘有樽勺，而没有酒注②。

酒盏亦称酒杯，是宋元时期人们最基本的饮酒器具。北宋时期的酒盏和茶盏在形制上基本相同。在出土的一些北宋圈足瓷盏中，形制虽然相同，但有的盏心印"酒"字，有的盏心却印"茶"字。宋金时的酒盏往往与盏托相配。这是由于当时的人们有温酒习惯，喝的是热酒，而酒盏又无可供把持的柄、耳、足，很容易烫手，所以需要有一个承托物，这个承托物即是盏托。当时的盏托有两种：一是酒台，二是酒盘。

酒台与酒盏相配谓之台盏。宋初的酒台较低，如《韩熙载夜宴图》中所绘酒台。北宋中后期的酒台较高，承酒盏的盏台远远高出盘子的口沿，如河南白沙 2 号宋墓壁画所绘的酒台、河南洛阳涧西 115 号宋墓出土的酒台和山西忻县北宋墓出土的铜酒台等。元代时随着饮用蒸馏白酒之风的盛行，酒台逐渐消失了。

酒盘与酒盏相配谓之盘盏。宋曾慥《高斋漫录》云："欧公作王文正墓碑，其子仲仪谏议送金酒盘盏十副、注子二把，作润笔资。"在郑州南关外宋墓墓室西壁砖雕上也绘有盘盏。在前文提到的郑州南关外宋墓墓室西壁砖雕上、山西长治李村沟金墓墓室南壁

---

① 王秀生：《山西长治李村沟壁画墓清理》，《考古》1965 年第 7 期。

② 山西省文管会、山西考古所：《山西文水北峪口的一座古墓》，《考古》1961 年第 3 期。

西龛内绘的"酒具图"和山西文水北峪口元墓东北壁"男侍进酒图"中，均绘有盘盏。盘盏与台盏的命运不同，元代以后，人们虽不再使用酒台了，但酒盘却继续流行。酒盘之所以得以继续流行，应归功于它美观、轻便、实用。

宋元时期，酒具多为价廉易制的陶瓷制品，但金银酒具也不少，并为社会所崇尚。孟元在《东京梦华录》卷四《会仙酒楼》载："大抵都人风俗奢侈，度量稍宽，凡酒店中不问何人，止两人对坐饮酒，亦须用注碗一副，盘盏两副，果菜碟各五片，水菜碗三五只，即银近百两矣。"同书卷五《民俗》又载："其正酒店户，见脚店三两次打酒，便敢借与三五百两银器。以至贫下人家，就店呼酒，亦用银器供送。有连夜饮者，次日取之。诸妓馆只就店呼酒而已，银器供送，亦复如是。"

金银酒具之所以在饮食店肆中被广为使用，一方面是金银酒具能提高饮食店肆的规格档次，使其显得雍容华贵；另一方面，金银酒具遇毒而变色，有检验毒酒的功能，使饮酒之人在饮食店肆饮酒更有安全感。

金国婚宴时也使用金银酒具，"饮客佳酒，则以金银〔器〕贮之，其次以瓦〔器〕。列于前，以百数，宾退则分饷焉。先以乌金银杯酌饮，贫者以木。"① 在考古发掘中亦多次出土宋元时期的金银酒具。

五、明清以来酒具

明清的酒具种类与元代中后期基本相同。盛酒器有酒瓮、酒坛、酒瓶等，注酒器有执壶，饮酒器有酒杯、酒盅、酒盏等。明清酒具越来越小巧，大型的器物已很少出现，其主要原因是酒的度数越来越高。这时，代表性的器物也越来越少，个性化器物增多②。

---

① 宇文懋昭撰，崔文印校证：《大金国志校证》卷三十九《婚姻》，中华书局 1986 年版，第 553 页。
② 闫志：《争看弱叶随烟海——酒令及其文化》，《三联生活周刊》2013 年第 38 期。

明清酒具一改以往酒具的厚重沉稳而变成轻盈精致①。在酒具的材质上，瓷酒具在普通民众中极为流行，著名的江西景德镇青花瓷酒具和金彩瓷酒具畅销全国。

近代以来，随着酒类品种的增多，酒具愈发变得丰富多彩起来。酒瓶成为最为普通、最为标准的盛酒器。除传统的瓷酒瓶外，玻璃酒瓶因为透明便于观察酒色，受到人们的喜爱，加之价格便宜，迅速得到了普及。各式酒壶承袭前代，是人们饮用白酒、黄酒时的注酒器。饮用葡萄酒和啤酒时，一般不用酒壶，装酒的酒瓶直接发挥了注酒器的作用。

酒盅（有的地方称为酒钟）或小酒杯是人们饮用白酒的饮酒器。因为"钟"谐音"终"，在婚俗上有寓意双方结婚终身谐好之意，故在有些地方酒盅是定婚的重要信物，"媒人接男家酒钟后，无论女家愿与不愿，男家即不准反悔，择日往女家达意，谓之'进门'"②。男家交给媒人酒钟，表达了向女方求婚决不反悔之意。传统的酒盅多为瓷盅，如今瓷酒盅已不多见，玻璃酒盅逐渐一统天下。高脚玻璃杯是现代人喝葡萄酒的标准饮酒器，而直筒杯或带把玻璃杯则是人们喝啤酒的最爱。

---

① 王恺：《北京故宫的珍藏酒具》，《三联生活周刊》2013 年第 38 期。
② 民国二十四年《灵宝县志·婚俗》，丁世良、赵放：《中国地方志民俗资料汇编·中南卷（上）》，书目文献出版社 1991 年版，第 270 页。

附录：
中国饮食史研究概览

回顾一个多世纪来中国饮食生活史研究的轨迹，可以清楚地看到它的曲折历程。从一定意义上来说，中国饮食生活史研究的勃兴，使史学研究更加充分和完善。因此，对百年来中国饮食史研究进行科学总结，对于更好地把握新世纪中国文化史、社会史的研究方向，由此建立起完善的中国史学体系，让历史学永葆青春，无疑具有深远的意义。

一、20 世纪中国饮食史研究状况

（一）国内的中国饮食史研究状况

中国饮食史作为一门边缘性的学科，它的兴衰演变随着社会政治、军事、经济的状况及政府的政策而变化，时兴时衰。但总的来说，中国饮食史的研究可以分为以下几个阶段：

1. 兴起阶段（1911 年至 1949 年）

中国饮食史研究始于 1911 年出版的张亮采《中国风俗史》一书。在该书中，作者将饮食作为重要的内容加以叙述，并对饮食的作用与地位等问题提出了自己的看法。此后，相继发表有：董文田

《中国食物进化史》（《燕大月刊》第 5 卷第 1~2 期，1929 年 11 月版）、《汉唐宋三代酒价》（《东省经济月刊》第 2 卷第 9 期，1926 年 9 月），郎擎霄《中国民食史》（商务印书馆 1934 年版），全汉昇《南宋杭州的外来食料与食法》（《食货》第 2 卷第 2 期，1935 年 6 月），杨文松《唐代的茶》（《大公报·史地周刊》第 82 期，1936 年 4 月 24 日），胡山源《古今酒事》（世界书局 1939 年版）、《古今茶事》（世界书局 1941 年版），黄现璠《食器与食礼之研究》（《国立中山师范季刊》第 1 卷第 2 期，1943 年 4 月），韩儒林《元秘史之酒局》（《东方杂志》第 39 卷第 9 期，1943 年 7 月），许同华《节食古义》（《东方杂志》第 42 卷第 3 期），李海云《用骷髅来制饮器的习俗》（《文物周刊》第 11 期，1946 年 12 月版），刘铭恕《辽代之头鹅宴与头鱼宴》（《中国文化研究汇刊》第 7 卷，1947 年 9 月版），友梅《饼的起源》（《文物周刊》第 71 期，1948 年 1 月 28 日版），李劫人《漫游中国人之衣食住行》（《风土杂志》第 2 卷第 3~6 期，1948 年 9 月~1949 年 7 月），等等。

2. 缓慢发展阶段（1949 年至 1979 年）

中华人民共和国成立后至 1979 年的 30 年时间里，由于各种政治运动的不断开展，中国饮食史的研究也受到了严重的影响，基本上处于停滞状态，发表的论著屈指可数。

在 20 世纪 50 年代，有关的中国饮食史论著有：王拾遗《酒楼——从水浒看宋之风俗》（《光明日报》1954 年 8 月 8 日）、杨桦《楚文物（三）：两千多年前的食器》（《新湖南报》1956 年 10 月 24 日）、冉昭德《从磨的演变来看中国人民生活的改善与科学技术的发达》（《西北大学学报》1957 年第 1 期）、林乃燊《中国古代的烹调和饮食——从烹调和饮食看中国古代的生产、文化水平和阶级生活》（《北京大学学报》1957 年第 2 期），等等。

此外，吕思勉著《隋唐五代史》（上海中华书局 1959 年版）专辟有一节内容论述这一时期的饮食。

20 世纪 60 年代的论著主要有：冯先铭《从文献看唐宋以来饮茶风尚及陶瓷茶具的演变》（《文物》1963 年第 1 期）、杨宽《"乡饮酒礼"与"飨礼"新探》（《中华文史论丛》1963 年第 4 期）、曹元宇《关于唐代有没有蒸馏酒的问题》（《科学史集刊》第 6 期，1963 年版）、方杨《我国酿酒当始于龙山文化》（《考古》1964 年第 2 期）。

20 世纪 70 年代，大陆在"文革"结束后，又有学者对中国饮食史进行研究，其中见诸报刊的有：白化文《漫谈鼎》（《文物》1976 年第 5 期）、唐耕耦等《唐代的茶业》（《社会科学战线》1979 年第 4 期）。

这个时期台湾、香港地区的中国饮食史研究也处于缓慢发展阶段，主要成果有：杨家骆主编《饮馔谱录》（世界书局 1962 年版）、袁国藩《13 世纪蒙人饮酒之习俗仪礼及其有关问题》（《大陆杂志》第 34 卷 5 期，1967 年 3 月）、陈祚龙《北宋京畿之吃喝文明》（《中原文献》第 4 卷第 8 期，1972 年 8 月）、许倬云《周代的衣、食、住、行》（《史语所集刊》第 47 本第 3 分册，1976 年 9 月）、张起钧《烹调原理》等。在这些成果中，张起钧先生的《烹调原理》一书，从哲学理论的角度对我国的烹调艺术作了融会贯通的阐释，使传统的烹调理论变得更有系统性。另外，刘伯骥《宋代政教史》（台北中华书局 1971 年版）、庞德新《宋代两京市民生活》（香港龙门书局 1974 年版）等书都辟有一定的篇幅，对宋代的饮食作了比较系统、简略的阐述。

3. 繁荣阶段（1980 年至 2000 年）

（1）20 世纪 80 年代的中国饮食史研究

进入 20 世纪 80 年代，中国饮食史研究开始进入繁荣阶段。据统计，《中国烹饪》杂志创刊后，至今已相继发表了数百篇中国饮食史方面的论著。20 世纪 80 年代中国饮食史研究，主要集中在以下几方面：

一是对有关中国饮食史的文献典籍进行注释、重印。如中国商业出版社自 1984 年以来推出了《中国烹饪古籍丛刊》，相继重印出版了《先秦烹饪史料选注》《吕氏春秋·本味篇》《齐民要术》（饮食部分）《千金食治》《能改斋漫录》《山家清供》《中馈录》《云林堂饮食制度集》《易牙遗意》《醒园录》《随园食单》《素食说略》《养小录》《清异录》（饮食部分）《闲情偶寄》（饮食部分）

《食宪鸿秘》《随息居饮食谱》《饮馔服食笺》《饮食须知》《吴氏中馈录》《本心斋疏食谱》《居家必用事类全集》《调鼎集》《菽园杂记》《升庵外集》《饮食绅言》《粥谱》《造洋饭书》等书籍。

二是编辑出版了一些具有一定学术价值的中国饮食史著作。如：林乃燊《中国饮食文化》（上海人民出版社 1989 年版），林永匡、王熹《食道·官道·医道——中国古代饮食文化透视》（陕西人民教育出版社，1989 年版），姚伟钧《中国饮食文化探源》（广西人民出版社 1989 年版），陶文治《中国烹饪史略》（江苏科学技术出版社 1983 年版）、《中国烹饪概论》（中国商业出版社 1988 年版），王仁兴《中国饮食谈古》（轻工业出版社 1985 年版）、《中国年节食俗》（中国旅游出版社 1987 年版），洪光住《中国食品科技史稿（上）》（中国商业出版社 1984 年版），王明德、王子辉《中国古代饮食》（陕西人民出版社 1988 年版），杨文骐《中国饮食文化和食品工业发展简史》（中国展望出版社 1983 年版），《中国饮食民俗学》（中国展望出版社 1983 年版），熊四智《中国烹饪学概论》（四川科学技术出版社 1988 年版），施继章、邵万宽《中国烹饪纵横》（中国食品出版社 1989 年版），陶振纲、张廉明《中国烹饪文献提要》（中国商业出版社 1986 年版），张廉明《中国烹饪文化》（山东教育出版社 1989 年版），曾纵野《中国饮馔史》第一册（中国商业出版社 1988 年版），林正秋、徐海荣、隋海清《中国宋代果点概述》（中国食品出版社 1989 年版），庄晚芳《中国茶史散论》（科学出版社 1988 年版），陈椽《茶业通史》（农业出版社 1984 年版），贾大泉、陈一石《四川茶业史》（巴蜀书社 1989 年版），吴觉农《茶经述评》（农业出版社 1987 年版），王尚殿《中国食品工业发展简史》（山西科学教育出版社 1987 年版）。

在论文方面，主要有：彭卫《谈秦人饮食》（《西北大学学报》1980 年第 4 期），马忠民《唐代饮茶风习》（《厦门大学学报》1980 年第 6 期），韩儒林《元代诈马宴新探》（《元史及北方民族史研究集》第 4 期，1980 年版），刘桂林《千叟宴》（《故宫博物院院刊》1981 年第 2 期），张泽咸《汉唐时代的茶叶》（《文史》第 11 辑，1981 年版），黄展岳《汉代人的饮食生活》（《农业考古》1982 年第 1 期），孙机《唐宋时代的茶具与酒具》（《中国历史博物馆馆刊》总 4 期，1982 年），贾大泉《宋代四川的酒政》（《社会科学研究》1983 年第 4 期），王树卿《清代宫中膳食》（《故宫博物院院刊》1983 年第 3 期），李春棠《从宋代酒店茶坊看商品经济的发展》（《湖南师范大学学报》1984 年第 3 期），蔡莲珍、仇士华《碳十四测定和古代食谱研究》（《考古》1984 年第 10 期），赵峰元《从〈浮生六记〉看清中叶的饮食生活》（《商业研究》1985 年第 12 期），余扶危、叶万松《我国古代地下储粮之研究》（《农业考古》1983 年第 1 期），曹隆恭《关于中国小麦的起源问题》（《农业考古》1983 年第 1 期），叶静渊《我国茄果类蔬菜引种栽培史略》（《中国农业》1983 年第 2 期），樊维纲《沙糖、甜盐、吴盐》（《社会科学辑刊》1984 年第 3 期），史树青《谈饮食考古》（《考古与文物》1984 年第 6 期），彭世奖《关于中国甘蔗栽培和制糖史》（《自然科学史研究》第 4 卷第 3 期），赵匡华《我国古代蔗糖技术的发展》（《中国科技史科》第 6 卷第 5 期），刘文杰《汉代的种芋画像实物与古代种芋略考》（《四川文物》1985 年第 4 期），孟乃昌《中国蒸馏酒年代考》（《中国科技史料》1985 年第 6 期），童恩正《酗酒与亡国》（《历史知识》1986 年第 5 期），王慎行《试论周代的饮食观》（《人文杂志》1986 年第 5 期），贾文瑞《我国饮食市场的形成与变迁》（《商业流通论坛》1987 年第 2 期）。赵荣光《试论中国饮食史上的层次结构》（《商业研究》1987 年第 5 期），史谭《中国饮食史阶段性问题刍议》（《商业研究》1987 年第 2 期），郭松义《番薯在浙江的引种和推广》（《浙江学刊》1986 年第 3 期）、《玉米、番薯在中国传播中的一些问题》（《清史论丛》1986 年第 7 期），胡澍《葡萄引种内地时间考》（《新疆社会科学》1986 年第 5 期），庄虚之《我国古代新鲜果蔬贮藏方法的分析研究》（《中国农史》1987 年第 1 期），方心芳《关于中国蒸酒器起源》（《自然科学史研究》1987 年第 2 期），赵桦、陈永祥《试述春秋战国时期楚人的饮食》（《湘潭大学学报》1987 年第 1 期），李存山《饮食——血气——道德（春秋时期关于道德起源的讨论）》（《文史哲》1987 年第 2

期），林正秋《宋代菜肴特点探讨》（《商业经济与管理》1987 年第 1 期），林永匡、王熹《中国古代饮食文化初探》（《中州学刊》1989 年第 2 期），赵锡元、杨建华《论先秦的饮食与传统文化》（《社会科学战线》1989 年第 4 期），李霖、叶依能《我国古代酿酒技术的发展》（《中国农史》1989 年第 4 期），王岩《中国食文化的发生机制》（《中国农史》1989 年第 4 期），王守国《中国的酒文化》（《学术百家》1989 年第 5 期），纳古单夫《蒙古诈马宴之新释》（《内蒙古社会科学》1989 年第 4 期），刘兴林《我国史前先民的食物来源与加工》（《中国农史》1989 年第 4 期），姚伟钧《先秦谷物品种考辨》（《华中师范大学学报》1989 年第 6 期），王洪军《唐代的饮茶风习》（《中国农史》1989 年第 4 期），龚友德《云南古代民族的饮食文化》（《云南社会科学》1989 年第 2 期）。

（2）20 世纪 90 年代的中国饮食史研究

20 世纪 90 年代的中国饮食史研究，无论是研究的角度还是研究的深度，都远远超过 80 年代，这具体体现在以下几个方面：

一是有关中国饮食史研究的著作纷纷涌现。其中，代表性的著作有：李士靖主编《中华食苑》（第 1～10 集），林永匡、王熹《清代饮食文化研究》（黑龙江教育出版社 1990 年版），林永匡《饮德·食艺·宴道——中国古代饮食智道透析》（广西教育出版社 1995 年版），王子辉《隋唐五代烹饪史纲》（陕西科技出版社 1991 年版），陈伟明《唐宋饮食文化初探》（中国商业出版社 1993 年版），王学泰《华夏饮食文化》（中华书局 1993 年版），万建中《饮食与中国文化》（江西高校出版社 1995 年版），王仁湘：《饮食考古初集》（中国商业出版社 1994 年版），姚伟钧《宫廷饮食》（华中理工大学出版社 1994 年版），谭天星《御厨天香——宫廷饮食》（云南人民出版社 1992 年版），赵荣光《中国饮食史论》（黑龙江科学技术出版社 1990 年版），赵荣光《满族食文化变迁与满汉全席问题研究》（黑龙江人民出版社 1996 年版），赵荣光《中国古代庶民饮食生活》（商务印书馆国际有限公司 1997 年版），苑洪琪《中国的宫廷饮食》（同上），王仁兴《中国饮食结构史概论》

（北京市食品研究所 1990 年印行），鲁克才《中华民族饮食风俗大观》（世界知识出版社 1992 年版），李东印《民族食俗》（四川民族出版社 1990 年版），傅允生、徐吉军、卢敦基《中国酒文化》（中国广播电视出版社 1992 年版），季羡林《文化交流的轨迹——中华蔗糖史》（经济日报出版社 1997 年版），胡德荣、张仁庆等《金瓶梅饭食谱》（经济时报出版社 1995 年版），黎虎主编《汉唐饮食文化》（北京师范大学出版社 1998 年版）等等。

　　二是在研究力度和研究深度上都有了进一步的拓展。如在宏观研究方面，有姚伟钧《论中国饮食文化植根的经济基础》（《争鸣》1992 年第 1 期）、《饮食生活的演变与社会转型》（《探索与争鸣》1996 年第 4 期）等论文。

　　在食物种类的栽培和加工制作方面，有严文明《中国稻作的起源和传播》（《文物天地》1991 年第 5、6 期），杨希义《大麻、芝麻和亚麻栽培历史》（《农业考古》1991 年第 3 期），徐晓望《福建古代的制糖术与制糖业》（《海交史研究》1992 年第 1 期），刘士鉴《蔗糖在中国起始年代的辨析》（《农业考古》1991 年第 3 期），谢志诚《甘薯在河北的传种》（《中国农业》1992 年第 1 期），谢成侠《中国猪种的起源和进化史》（《中国农史》1992 年第 2 期），梁中效《试论中国古代粮食加工业的形成》（《中国农史》1992 年第 1 期），顾和平《中国古代大豆加工和食用》（《中国农史》1992 年第 1 期）。贾俊侠《古代关中主要粮食作物的变迁》（《唐都学刊》1990 年第 3 期），张涛《试论石磨的历史发展及意义》（《中国农史》1990 年第 2 期），陈伟明《唐宋食品贮存加工的技术类型与特色》（《中州学刊》1990 年第 5 期），胡志祥《先秦主食加工方法探折》（《中原文物》1990 年第 2 期），袁华忠《"枸酱"是一种果汁饮料》（《贵州师范大学学报》1994 年第 1 期），冼剑民、谭棣华《明清广东的制糖业》（《广东社会科学》1994 年第 4 期），姚伟钧《中国古代农圃业起源新探》（《中南民族学院学报》1993 年第 4 期）。

　　在酒史方面，有萧家成《论中华酒文化及其民族性》（《民族研究》1992 年第 5 期）、张国庆《辽代契丹人的饮酒习俗》（《黑龙江民族丛刊》1990 年第 1 期)、张德水《殷商酒文化初论》(《中原文物》1994 年第 3 期)、李元《酒与殷商文化》(《学术月刊》1994 年第 5 期)、张平《唐代的露酒》(《唐都学刊》1994 年第 3 期)、拜根兴《饮食与唐代官场》(《人文杂志》1994 年第 1 期)、吴涛《北宋东京的饮食生活》(《史学月刊》1994 年第 2 期)、陈伟明《元代饮料的消费与生产》(《史学集刊》1994 年第 2 期) 等文。

在茶史方面，有陈珲《饮茶文化始创于中国古越人》(《民族研究》1992 年第 2 期)、姚伟钧《茶与中国文化》(《华中师大学报》1995 年第 1 期)、曾庆钧《中国茶道简论》(《东南文化》1992 年第 2 期)、王懿之《云南普洱茶及其在世界茶史上的地位》(《思想战线》1992 年第 2 期)；程喜霖《唐陆羽〈茶经〉与茶道——兼论其对日本茶文化的影响》(《湖北大学学报》1990 年第 2 期)、陈香白《潮州工夫茶与儒家思想》(《孔子研究》1990 年第 3 期)、刘学忠《中国古代茶馆考论》(《社会科学战线》1994 年第 5 期) 等文。

在少数民族饮食史研究方面，有陈伟明《唐宋华南少数民族饮食文化初探》(《东南文化》1992 年第 2 期)，辛智《从民俗学看回回民族的饮食习俗》(《民族团结》1992 年第 7 期)，黄任远《赫哲族食鱼习俗及其烹调工艺》(《黑龙江民族丛刊》1992 年第 1 期)、贾忠文《水族"忌肉食鱼"风俗浅析》(《民俗研究》1991 年第 3 期)、蔡志纯《漫谈蒙古族的饮食文化》(《北方文物》1994 年第 1 期)、姚伟钧《满汉融合的清代宫廷饮食》(《中南民族学院学报》1997 年第 1 期)。

在食疗方面，有任飞《医食同源与我国饮食文化》(《上海师范大学学报》1992 年第 1 期) 等论文。

在饮食礼俗方面有：姚伟钧《中国古代饮食礼俗与习俗论略》(《江汉论坛》1990 年第 8 期)、《乡饮酒礼探微》(《中国史研究》1999 年第 1 期)，林沄《周代用鼎制度商榷》(《史学集刊》1990 年第 3 期)，裘锡圭《寒食与改火》(《中国文化》1990 年第 2 期)，万建中《中国节日食俗的形成、内涵的流变》(《东南文化》

1993 年第 4 期），杨学军《先秦两汉食俗四题》（《首都师范大学学报》1994 年第 3 期），张宇恕《从宴会赋诗看春秋齐鲁文化不同质》（《管子学刊》1994 年第 2 期）。

在饮食思想观念方面有：姚伟钧《中国古代饮食观念探微》（《争鸣》1990 年第 5 期），王晓毅《游宴与魏晋清谈》（《文史哲》1993 年第 6 期）。

在文献研究和饮食器具以及饮食文化交流方面，也有不少论文。

在断代史研究方面，有胡志祥《先秦主食文化要论》（《复旦学报》1990 年第 3 期），姚伟钧《先秦饮馔技艺考论》（《文献》1996 年第 1 期），万建中《先秦饮食礼仪文化初探》（《江西大学学报》1992 年第 3 期），杨钊《中国先秦时期的生活饮食》（《史学月刊》1992 年第 1 期），宋镇豪《夏商食政与食礼试探》（《中国史研究》1992 年第 3 期），杨爱国《汉画像石中的庖厨图》（《考古》1991 年第 11 期），余世明《魏晋时期粮食生产结构之变化》（《贵州师范大学学报》1992 年第 2 期），关剑平《"兰肴异蟹肴"——南北朝食蟹风俗》（《北朝研究》1991 年总第 5 期），黄正建《敦煌文书与唐五代北方地区饮食生活（主食）》（载《唐长孺先生八十寿辰纪念论文集》，武汉大学出版社 1991 年版）、《唐代官员宴会的类型及其社会职能》（《中国史研究》1992 年第 2 期），陈伟明《唐宋时期饮食业发展初探》（《暨南学报》1990 年第 3 期），何泉达《五代以来扬州植蔗献疑》（《史林》1992 年第 2 期），徐吉军《南宋临安饮食业概述》（《浙江学刊》1992 年第 6 期）和《论南宋临安市民的饮食生活》（《中国古都研究》第 10 辑），程民生《宋代果品简论》（《中州学刊》1992 年第 2 期），陈高华《元代大都的饮食生活》（《中国史研究》1991 年第 4 期），姚伟钧《汉唐饮食制度考论》（《中国文化研究》1999 年第 1 期）、《唐代的饮食文化》（《华中师范大学学报》1990 年第 3 期）和《三国魏晋南北朝的饮食文化》（《中国民族学院学报》1994 年第 2 期），张国庆《辽代契丹人饮食考述》（《中国社会经济史研究》1990 年第 1 期），闻惠芬《太湖地区先秦饮食文化初探》（《东南

文化》1993 年第 4 期），杨亚长《半坡文化先民主饮食考古》
（《考古与文物》1994 年第 3 期），张萍《唐代长安的饮食生活》
（《唐史论丛》第 6 辑，陕西人民出版社 1995 年版），黄正建《敦
煌文书与唐五代北方地区的饮食生活》（载《魏晋南北朝隋唐史资
料》第 11 册，武汉大学出版社出版）。

（二）海外的中国饮食史研究状况

1. 日本

海外的中国饮食史研究，当首推日本。日本在世界各国中对中
国饮食史的研究时间较早，也最为重视，成就最为突出。

早在 20 世纪 40—50 年代，日本学者就掀起了中国饮食史研究
的热潮。其时，相继发表有：青木正儿《用匙吃饭考》（《学海》，
1994 年）、《中国的面食历史》（《东亚的衣和食》，1946 年）、《用
匙吃饭的中国古风俗》（《学海》第 1 集，1949 年），篠田统《白
干酒——关于高粱的传入》（《学芸》第 39 集，1948 年）、《向中
国传入的小麦》（《东光》第 9 集，1950 年）、《明代的饮食生活》
（收于薮内清编《天工开物之研究》，1955 年）、《鲊年表（中国
部）》（《生活文化研究》第 6 集，1957 年）、《古代中国的烹饪》
（《东方学报》第 30 集，1995 年），同人《华国风味》（东京，
1949 年）、《五谷的起源》（《自然与文化》第 2 集，1951 年）、
《欧亚大陆东西栽植物之交流》（《东方学报》第 29 卷，1959 年），
天野元之助《中国臼的历史》（《自然与文化》第 3 集，1953 年），
冈崎敬《关于中国古代的炉灶》（《东洋史研究》第 14 卷，1955
年）、北村四郎《中国栽培植物的起源》（《东方学报》第 19 卷，
1950 年），由崎百治《东亚发酵化学论考》（1945 年），等等。

60 年代，日本中国饮食史研究的文章有：篠田统《中世食经
考》（收于薮内清《中国中世科学技术史研究》，1963 年）、《宋元
造酒史》（收于薮内清编《宋元时代的科学技术史》，1967 年）、
《豆腐考》（《风俗》第 8 卷，1968 年），同人《关于〈饮膳正
要〉》（收于薮内清编《宋元时代的科学技术史》，1967 年），天
野元之助《明代救荒作物著述考》（《东洋学报》第 47 卷，1964
年），桑山龙平《金瓶梅饮食考》（《中文研究》，1961 年）。

　　到 70 年代，日本的中国饮食史研究掀起了新的高潮。1972
年，日本书籍文物流通会就出版了篠田统、田中静一编纂的《中
国食经丛书》。此丛书是从中国自古迄清约 150 余部与饮食史有关
书籍中精心挑选出来的，分成上下两卷，共 40 种。它是研究中国
饮食史不可缺少的重要资料。其他著作还有：1973 年，天理大学
鸟居久靖教授的系列专论《〈金瓶梅〉饮食考》公开出版；1974
年，柴田书店推出了篠田统所著的《中国食物史》和大谷彰所著
的《中国的酒》两书；1976 年，平凡社出版了布目潮、中村乔编
译的《中国的茶书》；1978 年，八坂书房出版了篠田统《中国食物
史之研究》；1983 年，角川书店出版中山时子主编的《中国食文化
事典》；1985 年，平凡社出版石毛直道编的《东亚饮食文化论集》；
1986 年，河原书店出版松下智著的《中国的茶》；1987 年，柴田
书店出版田中静一著的《一衣带水——中国食物传入日本》；1988
年，同朋舍出版田中静一主编的《中国料理百科事典》；1991 年，
柴田书店出田中静一主编的《中国食物事典》。

　　近年来，日本已相继出版了林巳奈夫教授的《汉代饮食》等
书。在日本研究中国饮食史的学者中，最著名的当推田中静一、篠
田统、石毛直道、中山时子等先生。

　　田中静一先生是最早开展中日食物学史专项研究的著名学者。
1970 年，田中静一在书籍文物流通会正式出版了《中国食品事
典》。这是中国食物史上一部很有影响的大书。1972 年，田中静一
又与篠田统合作出版了《中国食经丛书》上下册。1976 年至 1977
年期间，田中先生监修了《世界的食物》（中国篇·朝鲜篇）一集
15 卷，由日本著名的朝日新闻社出版，向全世界发行。该书内容
广泛，图文并茂，印刷极其精美，对读者很具吸引力。1987 年，
田中先生的大作《一衣带水——中国食物传入日本史》由柴田书
店出版。该书史料翔实可靠，论述极其严谨，是一部具有很高学术
价值的著作。此后，田中先生又于 1991 年编著出版了《中国食物
事典》一书。该书内容极其丰富，对食品的名称、产地、发展过
程等作了比较详细、认真的考证与叙述，在海内外影响颇大，现已
译成中文，由中国商业出版社出版，在大陆发行。

篠田统教授是日本京都大学人文科学研究所中国科学史研究班的成员。他对中国饮食史的研究，始于 20 世纪 40—50 年代。1948年，他在《学芸》杂志第 39 期上发表了《白干酒——关于高粱的传入》一文，引起了学术界的注意。次年，他又在《东光》杂志第 9 期上发表《小麦传入中国》一文。此后，他相继发表了《明代的饮食生活》（1955 年）、《鲊年表（中国部）》（《生活文化研究》第 6 集，1957 年版）、《中国古代的烹饪》（《东方学报》第 30集，1959 年）、《中世食经考》（收于薮内清编《中国中世科学技术史研究》，1963 年）、《宋元造酒史》（收于薮内清编《宋元时代的科学技术史》，1967 年）、《豆腐考》（《风俗》第 8 集，1968 年版）等，这些文章后来结集成《中国食物史研究》一书（八坂书房 1978 年版）。此外，篠田统教授还著有《中国食物》一书。

2. 美国

美国的中国饮食史研究，当首推哈佛大学张光直（1931—2001）教授主编的《中国文化中的食品》（*Food in Chinese culture*：*Anthropological and Historical Perspectives*，Yale Press，1978）一书。该书由 10 位美国学者分头撰写，内容极为丰富翔实，是一部研究中国饮食史不可多得的名作。其中汉由余英时撰写，唐由爱德华·谢弗撰写，宋由迈克尔·弗里曼撰写，元和明由牟复礼撰写，清由史景迁撰写。

美国加州大学河滨分校人类学教授尤金·N. 安德森的代表作《中国食物》（*The food of China*，Yale Press，1998）2003 年由江苏人民出版社翻译出版，其对中国饮食文化的独到视角值得研究。另外，美籍韩国人郑麒来《中国古代的食人：人吃人行为透视》（中国社会科学出版社 1994 年版）和美国彭尼·凯恩《1959—1961 中国的大饥荒》（中国社会科学出版社 1993 年版）都是研究中国饮食文化的力作。

曾任美国南加州大学东亚研究中心研究员的杨文骐对中国饮食史和民俗文化有过深入的研究，出版有中文版的《中国饮食文化和食品工业发展简史》（中国展望出版社 1983 年版）及《中国饮食民俗学》（中国展望出版社 1983 年版）。

3. 英国

杰克·顾迪是英国剑桥大学人类学教授，并在圣约翰学院担任研究员。他在饮食人类学方面有着突出的贡献，曾发表有关中国饮食的《中国菜的全球化》《中国饮食文化的起源》等文章。他认为，中国菜的全球化，其实是世界文化的全球化。中国菜的输出为全球化的过程增添了一个多元文化的元素，抵消了一些工业化食物的大量生产所造成的世界文化同质化。

罗孝建（1913—1995），原籍福州市。燕京大学英文系毕业后，他于1936年到英国深造，获得英国剑桥大学硕士学位，落籍英伦。罗孝建在英伦白金汉宫附近贵族区的艾布里大街开中餐馆，取名"忆华楼"。中餐馆供应的是北京、四川、上海、广东、福州等地菜肴的精华，如香酥鸭、素炒蟹粉、芙蓉鸡、鱼肉虾盅等，既丰盛可口，又不油腻。而且他经常学习国内新菜码，介绍新鲜地道的中国菜。经常上门的顾客有英国前首相希思，还有几位大使，甚至约旦国王和皇太子也前后闻风而至。罗孝建在烹饪文化研究方面颇有建树，著有多种文字的中国烹饪文化专著。英文版的有《中国烹饪法》《罗孝建的健康中国烹饪》《新编中国烹调法课程》《经典中国烹饪》《我的人生盛宴》《东方烹调法》《中国烹饪百科全书》《北京烹调》《中国的区域烹饪》等。

4. 新加坡

新加坡人口的80%是华人，在饮食方面深受中国影响。在新加坡的中国烹饪文化的研究中，周颖南（1929—　）是集大成者。周颖南，出生于福建仙游，1950年南渡印尼，从事工商业，1970年举家定居新加坡。他在与友人合作开办了第一家酒楼——湘园后，又先后在新加坡繁华地段开设了八家高档餐厅，冠以"同乐""金玉满堂""楼外楼""百乐""芳园""灵芝""老北京"等字号，进而又将这些酒楼组成同乐饮食业集团。作为作家，他发表了大量的文字作品，出版《周颖南文库》共15卷，其中有大量的饮食文化的论述。

二、21 世纪中国饮食文化史研究的新发展

进入 21 世纪，伴随科技的飞速进步和经济的高度发展，中国百姓的生活水平普遍有所提高，饮食生活呈现出前所未有的活跃、丰富局面，追求"饮食文明"也就成了人们对饮食生活新的、更高的期许。正因如此，有关中国饮食文化的研究不仅方兴未艾，而且有更加蓬勃发展的态势：在延续传统研究范式的同时，出现了一些新的研究视角和方法。

关于中国饮食文化的研究，历来以饮食史和饮食民俗为主要视角，进入二十一世纪，仍延续这一传统，但在研究视野、研究深度方面均有所突破。特别是文化人类学介入中国饮食的研究，这个现象是从二十世纪后半期开始的。近二十年来，中国饮食人类学研究初步形成了自身的理论和方法体系，产生了一批有学科建设意义的成果。

（一）饮食史研究：更宏大的视野，更细致的门类

自古以来，中国人上至最高统治者，下及庶民百姓，都高度重视食事，形成了深厚的饮食意识。《礼记·礼运》即曰："夫礼之初，始诸饮食。""饮食男女，人之大欲存焉。"先秦时期，关于饮食事项的记述，主要集中于《诗经》、"三礼"、《论语》《孟子》等经典和《左传》《国语》《战国策》《楚辞》《春秋》等作品中。由汉至清，记载饮食事项和阐述饮食理论著作虽然浩如烟海，然而，与中国传统文化的其他领域一样，对于饮食文化的研究，主要仍未能脱离"史"的传统和范畴。因此，饮食的"史"的研究自古便是中国饮食文化研究的一个传统阵地和主要部类。进入新世纪，以社会生活史的视野和方法来研究中国饮食，依然是中国饮食文化研究的主要范式，但也出现了一些新的变化：在研究视野上，较前更为宏观，更加注重整体和全局性把握；在研究深度上，更加具体细致，注重分门别类。总体来说，体现出"宏观与微观相结合，既广博又精深"的特点。具体表现在：

一是部分学者站在新的时代高度，以推陈出新、追求卓越的学术眼光著述并出版了一批中国饮食领域的"通史"性著作，这些

著作往往具有承前启后的学术史意义。代表性的著作有：王仁湘《饮食之旅》（台湾商务印书馆 2001 年版），该书以生活在华夏大地上的远古人类人工取火烧烤食物作为发端，从食物获取方式、制作技艺、饮食器具、菜品发展、菜系源流等多个角度全方位记述了中国饮食文化经历的漫长发展过程。并将饮食与中国文化的其他因子结合起来论述，深入浅出地阐释了饮食与中国文明的内在联系，从中我们也可以对博大精深的中国饮食文化传统作一全景式的了解。又如邱庞同的《中国菜肴史》（青岛出版社 2001 年版），该书以饮食体系中的重要门类——"菜肴"为切入点，对中国历代的重要菜品、菜式和菜系进行了较为完备的梳理。仅以"汤"为例，书中就详细记述了唐代的"鲤鱼汤""春香泛汤"；宋代的"清羹""汤虀"；明代的宫廷"御汤"等。全书夹叙夹议，使读者对中国传统菜肴有一整体的了解，亦为后学研究中国菜肴发展提供了丰富翔实的史料。赵荣光所著《中国饮食文化史》（上海人民出版社 2006 年版）则对中国饮食文化研究的基本理论进行了深入思考，总结出中国饮食文化的"四大理论"（食医合一、饮食养生、本味主张、孔孟食道）和"五大特性"（食物原料选取的广泛性、进食心理选择的丰富性、肴馔制作的灵活性、区域风格的历史传承性、各区域间文化的通融性）。此外，书中还提出了"饮食文化圈"和"饮食文化层"的理论，追溯了中国饮食审美思想的历史发展，考察了中华民族传统的酒文化、茶文化、麦文化、菽文化、饮食滋味、饮食风俗、饮食礼节等，概述了各少数民族的饮食文化，基本上勾画了从夏商周三代以来中国饮食文化的发展概貌。这是新世纪以来第一部高度重视饮食理论总结的饮食文化史著述，对中国饮食文化研究学科化建设必将产生有力的推动作用。

中国历史上积淀了丰富的饮食文化资料，但这些资料并不是集中于某几部书内，而是散见于经、史、子、集和无文字记录的史料中。研究中国饮食文化，不整理和利用这些饮食典籍，无异于缘木求鱼，姚伟钧、刘朴兵、鞠明库所著《中国饮食典籍史》（上海古籍出版社 2011 年版）正是针对中国饮食史研究领域遇到的这一具体问题，秉承"辨章学术、考镜源流"的文献学传统，完整、详尽、细致地梳理了中国自原始社会至清代几乎所有关于饮食的无文字资料和文献，对于后世学人查找、搜集中国古代饮食文化资料、考镜中国饮食文化发展源流，都大有裨益。

其他较为重要的著作还有陈诏《中国馔食文化》（上海古籍出版社 2001 年版）、王赛时《中国千年饮食》（中国文史出版社 2002 年版）、王仁湘《珍馐玉馔：古代饮食文化》（江苏古籍出版社 2002 年版）、李曦《中国饮食文化》（高等教育出版社 2002 年版）、华国梁《中国饮食文化》（东北财经大学出版社 2002 年版）、朱永和《中国饮食文化》（安徽教育出版社 2003 年版，张征雁《昨日盛宴：中国古代饮食文化》（四川人民出版社 2004 年版）、赵荣光《饮食文化概论》（中国轻工业出版社 2006 年版）、王学泰《中国饮食文化史》广西师范大学出版社 2006 年版）、王子辉《中华饮食文化论》（陕西人民出版社 2006 年版）、姚伟钧《中国饮食礼俗与文化史论》（华中师范大学出版社 2008 年版）、邱庞同《饮食杂俎·中国饮食烹饪研究》（山东画报出版社 2008 年版）、周芬娜《饮馔中国》（生活·读书·新知三联书店 2008 年版）、龚鹏程《饮馔丛谈》（山东画报出版社 2010 年版）、周海鸥《食文化》（中国经济出版社 2011 年版）、许嘉璐《中国古代衣食住行》（中华书局 2013 年版）等。其中尤为值得关注的是 2011 年上海古籍出版社出版的《中国饮食文化专题史》（四种，含上述姚伟钧等著《中国饮食典籍史》）：俞为洁《中国食料史》、瞿明安等《中国饮食娱乐史》、张景明等《中国饮食器具发展史》，这套丛书，从四个侧面完整梳理了中国饮食文化发生、发展和演变的全过程，对把握中国饮食文明演进规律具有提纲挈领的作用。

二是更加注重断代饮食史和不同时期饮食文化的比较研究，这方面的代表著作有：高启安著《唐五代敦煌饮食文化研究》（民族出版社 2004 年版），该书通过对敦煌文献和敦煌石窟壁画中大量饮食资料全面、系统地整理，结合传统史料中的饮食资料及现今河西、甘肃乃至整个西北地区的饮食现象，分别从食物原料、饮食结构、饮食加工具、餐饮具、食物品种和名称、宴饮活动等方面揭示了唐五代时期敦煌的饮食文化。刘朴兵著《唐宋饮食文化比较研究》（中国社会科学出版社 2010 年版），以中原地区为考察中心，对唐宋两代的食品、饮品、饮食业、饮食习俗、饮食文化交流、饮食思想等进行了系统的比较研究，发现了唐宋饮食文化有着许多显著的差异。唐代饮食文化具有鲜明的"胡化"色彩，而宋代饮食文化的"胡化"色彩则大大减弱；唐代饮食文化显得豪迈粗犷，宋代饮食文化则显得细腻精致；唐代饮食文化的贵族化色彩显著，宋代饮食文化的平民化色彩突出；唐代饮食文化的发展基本上局限于自然经济的范畴，而宋代饮食文化中的商品经济因素则显著增多。而唐宋饮食文化表现出来的这些差异与唐宋社会的差异基本上是一致的。必须指出的是，唐宋两代的饮食文化也有不少相同或相似的内容，表现出中国饮食文化自身发展的连续性。

这方面其他较为重要的著作还有：王赛时《衣食住行 汉唐流风：中国古代生活习俗面面观》（山东友谊出版社 2000 年版）、王赛时《唐代饮食》（齐鲁书社 2003 年版）、周新华《稻米部落：河姆渡遗址考古大发现》（浙江文艺出版社 2003 年版）、王晓华《吃在民国》（江苏文艺出版社 2004 年版）、姚淦铭《先秦饮食文化研究》（贵州人民出版社 2005 年版）、姚伟钧、刘朴兵《清宫饮食养生秘籍》（中国书店出版社 2007 年版）、周粟《周代饮食文化研究》（吉林大学 2007 年博士学位论文）等。

三是关于中国饮食具体门类的研究也更加细致深入：我国种茶、制茶、饮茶的历史悠久，历千年而不衰。近年来人们对茶的卫生保健功能有了进一步的了解，饮茶之风日盛，带动了种茶、制茶、销茶的发展，有关茶事的研究也随之日益深入。徐海荣的《中国茶事大典》（华夏出版社 2000 年版）一书规制宏大，内容丰富，涵盖面广，可以说是对以往茶事研究的全面总结，该书的出版对后续的茶事研究将会产生有力的推动作用。关剑平的《茶文化的传播与演变》（农业出版社 2009 年版），站在文化交流的高度，以中国茶文化的起源、形成、传播为线索，深入细致地论述了茶在中国文化传播史上的重大作用。筷子是中国传统饮食中最重要的器具和汉文化圈最主要的标志之一，刘云主编的《中国箸文化史》（中华书局 2006 年版）即以"箸"（即筷子）为研究对象，以时代先后顺序为经，以"箸"的产生及与其他文化事项的关系为纬，全面深入地阐述了中国的箸文化，论证了筷子在整个中国饮食文化中重要地位和作用。

这方面的重要著作还有：黄志根《中国茶文化》（浙江大学出版社 2000 年版），韩胜宝《姑苏酒文化》（古吴轩出版社 2000 年版），朱世英等《中国茶文化大辞典》（汉语大辞典出版社 2002 年版），何满子《中国酒文化》（上海古籍出版社 2001 年版），王旭烽《瑞草之国——中华茶文化随笔》（浙江大学出版社 2001 年版），张平真《中国酿造调味食品文化——酱油食醋篇》（新华出版社 2001 年版），王从仁《中国茶文化》（上海古籍出版社 2001 年版），方爱平、姚伟钧《中华酒文化辞典》（四川人民出版社 2001 年版），罗启荣等《中国酒文化大观》（广西民族出版社 2002 年版），齐士、赵仕祥《中华酒文化史话》（重庆出版社 2002 年版），蓝翔、王剑勤《古今中外筷箸大观》（上海科学技术文献出版社 2003 年版），周沛云《中华枣文化大观》（中国林业出版社 2003 年版），薛党辰、陈忠明《辣椒·辣椒菜·辣椒文化》（上海科技文献出版社 2003 年版），韩胜宝《华夏酒文化寻根》（上海科技文献出版社 2003 年版），袁立泽《饮酒史话》（社会科学文献出版社 2012 年版），周文棠《茶道》（浙江大学出版社 2003 年版），陈益《阳澄湖蟹文化》（上海辞书出版社 2004 年版），蒋雁峰《中国酒文化研究》（湖南师范大学出版社 2004 年版），姚国坤等《中国茶文化遗迹》（上海文化出版社 2004 年版），周新华《调鼎集：中国古代饮食器具文化》（杭州出版社 2005 年版），刘枫《茶为国饮》（浙江古籍出版社 2005 年版），李春祥《古典名筵》（知识产权出版社 2006 年版），李春祥《饮食器具考》（知识产权出版社 2006 年版），韩良露《微醺：品酒的美学与生活》（社会科学出版社 2006 年版），陈念萱《我的香料之旅》（上海文化出版社 2013 年版）等。

（二）饮食民俗研究：重心进一步下移

饮食既然是民众生活最基本的内容，那么饮食文化自然也就在民俗学领域占据重要的位置。将饮食视作民俗的一种，其涵盖范围便包括了从食材获取到制作方法乃至民俗生活的方方面面。饮食及其相关习俗在人们的日常生活、婚丧嫁娶等场合扮演着不可或缺的角色，极大地丰富了人们的物质生活和精神生活。著名民俗学家钟敬文先生认为："它（饮食）不仅能满足人们的生理需求，而且也因其具有丰富的文化内涵，在一定程度上也满足了人们精神层面的需求。"① 这一时期最具代表性的成果是上海文艺出版社在 2001 年后相继出版的陈高华、徐吉军主编的《中国风俗通史》十二卷本。该书作者都是该领域的学术翘楚，内容涵盖面十分广泛，包括了饮食、服饰、居住等等，特别是对中国古代社会的饮食风俗做了细致入微的叙述和考证，可以说是一部以风俗为重心的社会生活史。

　　传统的中国饮食民俗研究，往往将目光集中于中原地区和汉族地区，研究内容也多限于与食物本身有关的事项。新世纪以来，饮食民俗研究在对象和内容方面，出现了一些新的特点：

　　一是除继续关注传统的食物获取、制作工艺、食品形态、保存方法等方面的内容外，还将视野拓展到了与饮食有关的民俗文化的其他分支，出版发行了一大批富有代表性的著作。如姚伟钧、张志云的《楚国饮食与服饰研究》（湖北教育出版社 2012 年版），该书在充分展示春秋战国时期领异标新、惊采绝艳的楚文化这一宏大背景下，以"饮食"和"服饰"两大最具代表性的文化事项为切入点，深入挖掘、整理和展示了春秋时期楚国的自然地理、社会生活、民风民俗，为我国古代民俗研究补充了丰富而重要的内容，也为新世纪的楚学研究注入了新鲜的血液。

　　这方面的其他重要著作还有：姚伟钧等《饮食风俗》（湖北教育出版社 2001 年版），康健、李高峰《中华风俗史——饮食·民居风俗史》（京华出版社 2001 年版），仲富兰《图说中国百年社会生活变迁：服饰·饮食·民居 1840—1949》（学林出版社 2001 年版），邱国珍《中国传统食俗》（广西民族出版社 2002 年版），薛理勇《食俗趣话》（上海科学技术文献出版社 2003 年版），郝铁川《灶王爷·土地爷·城隍爷：中国民间神研究》（上海古籍出版社

_____

① 钟敬文：《民俗学概论》，上海文艺出版社 1998 年版，第 21 页。

2003 年版），陈诏《饮食：民俗文化趣谈》（上海古籍出版社 2003
年版），王仁湘《民以食为天》（济南出版社 2004 年版），宣炳善
《民间饮食习俗》（中国社会出版社 2011 年版）。

　　二是区域饮食文化研究的力度进一步加大，代表著作有：王利
华《中古华北饮食文化的变迁》（中国社会科学出版社 2000 年
版），该书以中古时期的华北地区为范围，探讨了中古华北的生存
环境、食物原料构成的变化、食品加工技术的发展、烹饪方法与膳
食构成、饮料的革命、文人雅士与饮食文化的嬗变等，虽开饮食文
化区域化研究之先风，但研究范围仍未跳出中原地区。而熊四智、
杜莉的《举箸醉杯思吾蜀：巴蜀饮食文化纵横》（四川人民出版社
2001 年版）则将研究目光投射到巴蜀（四川）地区，分别从巴蜀
茶文化、巴蜀酒文化、巴蜀肴文化、巴蜀馔文化、巴蜀筵宴文化、
巴蜀饮馔人物等六大方面详细论述了四川地区的饮食文化，是一部
真正意义上的非中原地区饮食文化著作。杜莉的《川菜文化概论》
（四川大学出版社 2003 年版），更是一本全面、系统而又精炼地介
绍川菜烹饪文化与艺术、技术与科学的教材性著作。

　　长期以来，长江文化在中华文明史乃至世界文明史上的重要地
位，并未得到学术界应有的重视。已有的中国历史文化著述对中国
传统文化的认识似乎形成了一种定势，认为黄河是中华文明的唯一
"摇篮"，即黄河中心论或中原中心论。20 世纪 80 年代以来，长江
流域越来越多的考古发现，引起众多学者对长江流域各地区文化形
态研究的重视和参与。学界对巴、蜀、楚、吴、越文化及徽州、湖
湘、岭南、海派等亚文化的研究方兴未艾，发表了不少有影响的著
述，形成了研究长江文化的热潮。姚伟钧先生所著《长江流域的
饮食文化》（湖北教育出版社 2004 年版），就是我国第一部系统论
述长江流域饮食文化的著作，也是一部将宏观区域与微观区域饮食
文化结合起来进行研究的开先河之作。该书从长江流域的地理环境
与饮食文化谈起，分门别类地细致记述了长江流域的主食、肉食、
蔬菜瓜果业、长江源头的饮食风尚、云南饮食文化、巴蜀饮食文化
等内容，全书各部分内容详略安排得当，边叙边议，史论结合，是
目前我国研究区域饮食文化的一部重要著作。裴安平、熊建华

《长江流域的稻作文化》（湖北教育出版社 2004 年版）则是以长江流域的代表性农作物——水稻为研究对象，以翔实的考古发掘资料和历史文献资料为基础，深刻揭示了稻作农业得以在长江流域盛行的原因，总结了长江流域稻作农业发展的规律和趋势及其对整个中华文明产生的重大影响。我国东北地区早在原始社会时期，就有先民在此活动，他们筚路蓝缕，披荆斩棘，创造出辉煌璀璨的文明，而食文化是其中的重要组成部分。东北食文化葱茏丰厚，绵延不绝，王建中《东北地区食生活史》（黑龙江人民出版社 2004 年版）正是以如此广阔的历史发展脉络为背景，以可靠的史料记载为基础，将几千年的东北各民族饮食文化发展状况呈现在读者面前。广东潮汕文化源远流长，潮菜以"口感清新，制作精细，讲究鲜活"为主要特色而闻名于世，经一代又一代名师的传承与创新，形成了独特的潮汕饮食文化。张新民《潮州天下：潮州菜系的文化与历史》（山东画报出版社 2006 年版）一书对潮汕的历史文化进行了系统地考证和阐释，作者以独特的视角考察潮菜文化与历史，逻辑缜密，想像丰富，文笔优美，既有学术性，又有可读性。该书的出版，对于弘扬潮汕饮食文化、扩大潮菜乃至潮汕的影响力具有积极的作用。徐吉军《南宋临安社会生活》（杭州出版社 2011 年版）一书则对南宋临安的饮食做了深入、系统的考证、研究。该书利用丰富的历史文献，辅之以考古发掘，还原了一个真实南宋临安的饮食社会，并有许多新的重要发现。

其他如李维冰、周爱东《扬州食话》（苏州大学出版社 2001 年版），薛麦喜《黄河文化丛书·民食卷》（河南人民出版社 2001 年版），翟鸿起《老饕说吃（北京）》（文物出版社 2003 年版），刘福兴等《河洛饮食》（九州出版社 2003 年版），高树田《吃在汴梁：开封饮食文化》（河南大学出版社 2003 年版），杨文华《吃在四川》（四川科学技术出版社 2004 年版），张楠《云南吃怪图典》（云南人民出版社 2004 年版），承嗣荣《澄江食林（江阴）》（生活·读书·新知三联书店 2004 年版），梁国楹《齐鲁饮食文化》（山东文艺出版社 2004 年版），张观达《绍兴饮食文化》（中华书局 2004 年版），刘国初《湘菜盛宴》（岳麓书社 2005 年版），茅天尧《品味绍兴》（浙江科学技术出版社 2005 年版），朱锡彭、陈连生《宣南饮食文化》（华龄出版社 2006 年版），姚吉成等《黄河三角洲民间饮食文化研究》（齐鲁书社 2006 年版），周松芳《岭南饕餮：广东饮膳九章》（南方日报出版社 2011 年版），车辐《川菜杂谈》（生活·读书·新知三联书店 2012 年版）等都是这一领域较有影响的著作。

三是对民族和宗教饮食文化的研究更加全面、深入，学术著作更加丰富。代表性的有：赵荣光《满汉全席源流考述》（昆仑出版社 2003 年版），该书详细记述了满族入主中原后，于康熙二十三年颁行"满席—汉席"礼食制度，将满席分制六等，并作为国宴制度一直维系到帝国末期的史实。作者认为：随着朝迁礼席制度的确立，官场酬酢筵式也因之而形成。但官场筵式却不受朝延礼食制度的约束，自由、张大、奢侈是基本特征和演化走向，并且成为整个社会都向往染指的最尊贵的宴席。于是出现了中国历史上特有的"满席—汉席""满汉席""满汉全席"这样三个不同历史形态和阶段的满汉全席文化现象。这一过程，伴随了清帝国由兴盛到衰微直到倾覆的历史，同时也映射了满族文化自十七世纪至 20 世纪初历时三百余年的发展变化，反映了满族与汉族，乃至整个中国民族文化不断深融博洽的历史大势。李炳泽《多味的餐桌：中国少数民族饮食文化》（北京出版社 2000 年版）以中国少数民族的饮食文化现象——食品的制作、餐具的选择、饮食的特点、进食场面的讲究等为对象，揭示了各民族独特的历史、信仰等文化内涵、展示了各民族之间互相交流、共同发展的美好前景。张景明《中国北方游牧民族饮食文化研究》（文物出版社 2008 年版）对北方游牧民族食生产和食生活以及相关的文化现象进行了研究，围绕饮食论述北方游牧民族饮食文化的地位，以及饮食文化与生态环境、生计方式、政策军略、卫生保健、社会功能、艺术创作等方面的关系，并对饮食文化交流、饮食文化层次性、饮食理论等方面的内涵进行了论述。在研究方法上，本书应用了最基础的民族学田野调查的方法，结合历史文献分析法、跨学科综合分析法，突出了历时性和共时性相结合的特点。白剑波《清真饮食文化》（陕西旅游出版社

2000 年版）则是从宗教的角度，详尽阐述了伊斯兰教清真饮食文化的形成、特点和文化意义。

这方面有影响的著作还有：马德清《凉山彝族饮食文化》（四川民族出版社 2000 年版），王子华、汤亚平《彩云深处升起炊烟：云南民族饮食》（云南教育出版社 2000 年版），杨胜能《西双版纳傣族美食趣谈》（云南大学出版社 2001 年版），韦体吉《广西民族饮食大观》（贵州民族出版社 2001 年版），刘芝凤《中国土家族民俗与稻作文化》（人民出版社 2001 年版），颜其香《中国少数民族饮食文化荟萃》（商务印书馆 2001 年版），李自然《生态文化与人：满族传统饮食文化研究》（民族出版社 2002 年版），赵净修《纳西饮食文化谱》（云南民族出版社 2002 年版），徐南华、刘智斌《云南民族食品》（云南科技出版社 2002 年版），黎章春《客家味道——客家饮食文化研究》（黑龙江人民出版社 2008 年版）等。

四是随着经济社会的发展，人们生活水平的提高，民众更加注重身体健康，对饮食与养生保健关系的关注，被提到了新的高度。这方面的代表性著作有：王明辉等《古今食养食疗与中国文化》（中国医药科技出版社 2001 年版），王昕《饮食健康与食品文化》（化学工业出版社 2003 年版），史幼波《素食主义》（北京图书馆出版社 2004 年版），顾奎琴《药食传奇：中医保健养生食材精粹》（广西师范大学出版社 2006 年版），欧阳英《生机饮食自疗经典》（广西师范大学出版社 2006 年版），罗光乾《饮食养生》（海潮出版社 2007 年版），洪尚纲等《对症药膳养生事典》（中国纺织出版社 2007 年版），鲁永超、潘东潮《寺院素斋》（湖北科学技术出版社 2007 年版），王子辉《素食养生谈》（山东画报出版社 2007 年版），张文彦、周秀来《再现随园食单》（北京科学技术出版社 2007 年版）等。

五是对古代典籍和文学作品中饮食文化因子的研究更加深入、透彻，代表著作有：施连方《饮食·生活·文化：〈西游记〉趣谈》（中国物资出版社 2001 年版），刘殿爵等《齐民要术逐字索引》（香港中文大学出版社 2001 年版），赵萍《水浒中饮食文化》

（山东友谊出版社 2003 年版），秦一民《〈红楼梦〉饮食谱》（山东画报出版社 2003 年版），王子辉《周易与饮食文化》（陕西人民出版社 2003 年版），闫艳《唐诗食品词语语言与文化之研究》（巴蜀书社 2004 年版），苏衍丽《红楼美食》（山东画报出版社 2004年版），矫继忞、蔡同一《易经文化中的饮食养生》（中国农大学出版社 2007 年版），邵万宽、章国超《〈金瓶梅〉饮食谱》（山东画报出版社 2007 年版），葛景春《诗酒风流赋华章：唐诗与酒》（河北人民出版社 2013 年版）等。

（三）饮食人类学：中国饮食文化研究的新取向

关于中国饮食文化的研究，如果单纯从社会生活史和民俗学的角度入手，其局限是显而易见的，主要表现在三个方面：其一，史学和民俗学的视角倾向于将饮食视为族群文化的遗留物，往往将目光锁定于过去，历时地和相对静止地进行研究；其二，史学和民俗学在研究方法上过分倚重文献，较少运用实地调查、参与观察和访谈记录等现代田野调查的方法，在具体的研究中，更是极少运用数据采集、统计分析等科学方法；第三，传统的史学和民俗学研究，缺少对同一饮食文化内部不同层次、不同方面内容的整体把握和对当代不同饮食文化的共时性比较研究。

实际上，西方对饮食文化的关注，一开始就是从文化人类学（民族学）的角度介入的。饮食文化人类学（饮食民族学）的代表性奠基者是英国社会历史学家约翰·伯内特和法国社会学家与人类学家克洛德·列维-斯特劳斯，他们从 20 世纪 50 年代后期开始研究食物以及进食的社会与文化意义。在西方，"饮食"在最近三十年已发展成一个真正的时髦话题。① 经过三十多年的发展，饮食人类学的研究在西方已形成了一套较为成熟的理论体系和知识谱系。

20 世纪 80 年代，英国人类学家杰克·古迪根据人类学史上的几个重要流派对饮食的人类学研究进行了梳理和分类，他认为，饮

---

① ［德］贡特尔·希施菲尔德：《欧洲饮食文化史——从石器时代至今的营养》，吴裕康译，广西师范大学出版社，2006 年，第 9 页。

食人类学的研究主要分为三大取向①：

第一个取向是功能主义。功能主义认为，饮食问题并不是单一的生理和社会问题，而是一个综合化的社会生计问题，强调食物的社会化功能及其表述。代表作有理查兹的《北罗得西亚的土地、劳动和食物》等。

第二个取向是结构主义。结构主义希望通过对社会系统中各种对象特性的选择，将它们作为工具性的要素，以寻找所谓的"深层结构"。列维-斯特劳斯在《生食与熟食》《蜂蜜与烟灰》等著作中构建的"二元对立"和"烹饪三角结构"是典型代表。

第三个取向是文化研究。文化研究旨在通过对饮食在不同社会、民族、宗教等背景下的结构性研究，发现特定社会的"文化语码"。在这方面，玛丽·道格拉斯的《洁净与危险》做出了有益的探索。

1. 中国大陆及香港的饮食人类学研究

20 世纪 80 年代以来，随着中国人类学的发展，对于中国饮食文化的研究，也开始有学者采用文化人类学的视野和方法。但专门从事饮食人类学研究的学者仍为数寥寥，中国饮食人类学研究的贫困，与中国饮食文明的丰裕富足形成了鲜明对比。在中国大陆，客观地说，迄今为止，对饮食文化研究仍没有一个明确的学科定位，官方公布的学科门类中并没有"饮食文化"这一项，饮食文化甚至无法具体挂靠于某一学科专业之下。

中山大学人类学系的陈云飘教授对近二十年来的中国饮食人类学研究概况进行了总结，他认为，中国的饮食人类学研究可分两条路线②：

第一条主要是引介西方的饮食人类学理论和著作。香港中文大学人类学系的吴燕和教授在《港式茶餐厅——从全球化的香港饮

---

① J. Goody：*Cooking，Cuisine and Class：A Study in Comparative Sociology*，Cambridge：Cambridgy University Press，1982：Part. 2.

② 陈云飘、孙萧韵：《中国饮食人类学初论》，《广西民族研究》，2005年第 3 期。

食文化谈起》（广西民族学院学报（哲学社会科学版），2001
（4））一文中对西方饮食人类学的历史和主要研究成果进行了梳
理，他指出，饮食人类学存在两大理论流派：唯心派和唯物派。前
者以列维-斯特劳斯为代表，为玛丽·道格拉斯所发扬光大。这一
派理论的核心是从心理结构解释人类饮食行为的基本共同点，说明
某些饮食禁忌的源起和固执。后者以马文·哈里斯为代表，从物质
文化的实用基础解释民族饮食偏好之谜，分析表面似不合理而却又
实用之功的饮食特色和忌讳。中国社会科学院（以下简称"社科
院"）的叶舒宪教授是较早将西方饮食人类学成果引介到国内的
学者，他先后翻译、出版了《饮食人类学：求解人与文化之谜的
新途径》、《圣牛之谜——饮食人类学的个案研究》（广西民族学院
学报（哲学社会科学版），2001（2））和美国人类学家马文·哈
里斯的代表作《好吃：食物与文化之谜》（山东画报出版社 2001
年版）等论文和著作，介绍了饮食人类学唯物派的观点，激发了
国内学界对饮食人类学的关注。清华大学的郭于华教授也对美国人
类学家尤金·安德森的〈中国食物〉》一书进行了评述，总结了
饮食人类学的理论方法、研究内容、主要流派以及国内的研究状
况。（郭于华：《关于吃的文化人类学思考——评尤金·安德森的
〈中国食物〉》，《民间文化论坛》，2006（5））。这方面最新的研
究成果还有厦门大学彭兆荣教授的《饮食人类学》（北京大学出版
社 2013 年版）。

第二条是从人类学的角度对具体的饮食行为进行探讨和研究。
在这方面，云南大学人类学系的瞿明安教授关于中国饮食文化象征
理论的系列论文可作代表：《中国饮食文化的象征符号——饮食象
征文化的表层结构研究》（《史学理论研究》，1995（4））、《中国饮
食象征文化的多义性》（《民间文化旅游研究》，1996（3））、《中国
饮食象征文化的深层结构》（《史学理论研究》，1997（3））、《中国
饮食象征文化的思维方式》（《中华文化论坛》，1999（1））。瞿明安
先生的研究拓展了中国饮食人类学研究的视野，对后来的研究工作
颇有启迪作用。另外，中国人民大学的庄孔韶教授通过对北京
"新疆街"饮食风貌的调查研究，探讨了不同族群、信仰和阶层在

同一社会空间产生的文化互动。（庄孔韶：《北京"新疆街"食品文化的时空过程》，《社会科学研究》，2000（6））此类的代表著作还有赵霖《我们的孩子该怎么吃——食以善人 食亦杀人》（辽宁人民出版社 2009 年版）、黄国信《区与界：清代湘粤赣界邻地区食盐专卖研究》（生活·读书·新知三联书店 2006 年版）、舒瑜《微盐大义：云南诺邓盐业的历史人类学考察》（世界图书出版公司 2009 年版）、肖坤冰《帝国、晋商与茶叶——十九世纪中叶前武夷茶叶在俄罗斯的传播过程》（《福建师范大学学报》，2009（2））等。香港的饮食人类学研究以香港中文大学为阵地，其视野主要集中于全球化影响下的香港地方饮食。代表著作有：谭少薇《港式饮茶与香港人的身份认同》（《广西民族学院学报》，2001（4））、张展鸿《客家菜馆与社会变迁》（《广西民族学院学报》，2001（4））、张展鸿《饮食人类学》（中国人民大学出版社 2008 年版）等。

2. 台湾地区的饮食人类学研究

台湾一批卓有成就的人类学家，几乎都涉及过饮食研究领域，李亦园、庄英章、张珣、余光弘、蒋斌、林淑蓉、余舜德、潘英海等在进行传统的民族志研究时或多或少都兼顾了相关的饮食研究。如张珣教授以当归为切入点，结合民族志材料和中医养生理论，从人类学视角分析了女性身体与食物之间的密切联系。如张珣的《文化建构性别、身体与食物：以当归为例》（《考古人类学刊》（台湾），2007（67））等。

值得一提的是，以台湾"中华饮食文化基金会"（简称"基金会"）及其出版的《中国饮食文化》（半年刊）为阵地，聚集了一批海内外具有高知名度的学者。比如 2003 年由基金会组织，在成都举行的"第八届中国饮食文化学术研讨会"上，古迪、西敏司、华生、李亦园、乔健、庄英章、金光亿、陈其南、吴燕和、蒋斌、王明珂、谭少薇、彭兆荣、徐新建等就广泛的饮食议题进行了高水平的讨论。（梁昭：《中国饮食：多元文化的表征——第八届中国饮食文化学术研讨会综述》，《民俗研究》，2004（1））王明珂、徐新建、彭兆荣等学者还围绕着"饮食文化与族群边界"的议题展开了讨论，取得了很好的效果。（徐新建、王明珂等《饮食文化与族群边界——关于饮食人类学的对话》，《广西民族学院学报》，2005（6））。

台湾最新的饮食人类学研究成果还有由余舜德主编的论文集《体物入微：物与身体感的研究》（台湾清华大学出版社 2010 年版），其中收录了多篇饮食人类学方面的文章，如蔡怡佳的《恩典的滋味：由"芭比的盛宴"谈食物与体悟》、林淑蓉的《食物、味觉与身体感：感知中国侗人的社会世界》、陈元朋的《追求饮食之清——以〈山家清供〉为主体的个案观》等。

3. 海外关于中国饮食的人类学研究

随着改革开放进程的加快，西方学者对中国本土饮食文化也实现了零距离接触，近年来海外汉学界对中国饮食民族志的研究成果越来越丰硕。除了西方人类学家以专著形式论述或在著述中兼论中国饮食外，一批海外华人、华侨和华裔学者，也对中国饮食文化的人类学研究起到了重要的推动作用。

前者的代表性著作有：美国马文·哈里斯的《好吃：食物与文化之谜》（叶舒宪、户晓辉译，山东画报出版社 2001 年版）、尤金·安德森的《中国食物》（马孆、刘东译，江苏人民出版社 2003年版）、穆素洁的《中国：糖与社会——农民、技术和世界市场》（广东人民出版社 2009 年版）等。

后者的代表著作有：旅美学者阎云翔通过剖析中国的麦当劳餐厅，揭示在中国社会各阶层中快餐消费的丰富意义（阎云翔著，黄菡等译：《汉堡包和社会空间：北京的麦当劳消费》，戴慧思主编：《中国城市的消费革命》，社会科学文献出版社 2006 年版）。芝加哥大学人类学教授冯姝娣（Judith Farquhar）运用人类学、文化研究和文学批评的方法，从"食"和"色"两方面入手，审视当代中国人"欲望"的变迁（［美］冯姝娣著，郭乙瑶等译：《饕餮之欲：当代中国的食与色》，江苏人民出版社 2009 年版）。其他还有：杨美惠，《礼物、关系学与国家：中国人际关系与主体性建构》（赵旭东等译，江苏人民出版社 2009 年版）、景军《神堂的记忆》（斯坦福大学出版社 1996 年版）、刘新《在自我的阴影下》

（加利福尼亚大学出版社 2000 年版）等。

　　综上所述，进入新世纪，中国的饮食文化研究已然得到了长足发展，取得了新的突破。在传统的饮食史和饮食民俗研究方面，视野更加宏观，分类更加细致，具体研究更加深入。尤为可喜的是，学界已开始运用文化人类学（民族学）的视野、理论和方法观照饮食文化，无论是海外、港台还是中国大陆的人类学家除了在民族志研究中对一些民族和族群的饮食传统和习惯进行相对深入的研究之外，还为饮食人类学这一门新兴学问的理论建设和学科发展进行了大量有益的探讨。我国具有悠久的饮食文明和彪炳于世的饮食文化，然而，从文化体系方面对饮食进行学科性研究，比如饮食人类学、食物生态学、饮食的民族认同、饮食的性别研究等却相对薄弱，加快这些方面的研究不仅有助于弘扬中华传统饮食文化，更有利于加深对饮食民生与人类生存、发展这一终极话题的思索。

参 考 文 献

一、古籍资料

（战国）屈原撰，林家骊译注：《楚辞》，北京：中华书局 2009 年版。

（战国）左丘明，尚学峰、夏德靠译注：《国语》，北京：中华书局 2007 年版。

（秦）吕不韦撰，张双棣等：《吕氏春秋译注》，北京：北京大学出版社 2011 年版。

（汉）司马迁：《史记》，北京：中华书局 1982 年版。

（汉）班固：《汉书》北京：中华书局 1962 年版。

（汉）佚名：《重广补注黄帝内经素问》，四部丛刊本。

（汉）崔寔撰，石声汉校注：《四民月令校注》，北京：中华书局 1965 年版

（汉）刘安等编著，（汉）高诱注：《淮南子》，上海：上海古籍出版社 1989 年版。

（汉）桓宽撰，郭沫若校订：《盐铁论》，北京：科学出版社

1957 年版。

（汉）桓谭：《桓子新论》，台北：新文丰出版公司 1985 年版。

（汉）许慎：《说文解字》，北京：中华书局 1963 年版。

（汉）扬雄：《方言》，上海：商务印书馆 1934 年版。

（汉）应劭撰，王利器校注：《风俗通义校注》，北京：中华书局 1981 年版。

（汉）应劭撰，吴树平校释：《风俗通义校释》，天津：天津人民出版社 1987 年版。

（汉）郑玄注：《仪礼注》，北京：中华书局 1998 年版。

（三国）曹植：《曹子建集》，文渊阁《四库全书》本。

（晋）常璩：《华阳国志》，成都：巴蜀书社 1984 年版。

（晋）陈寿撰：《三国志》，北京：中华书局 2005 年版。

（晋）周处：《阳羡风土记》，扬州：广陵书社 2005 年版。

（刘宋）范晔：《后汉书》，北京：中华书局 1965 年版。

（北魏）贾思勰撰，缪启愉校释：《齐民要术校释》，北京：农业出版社 1982 年版，

（北魏）杨衒之撰，周祖谟校释：《洛阳伽蓝记校释》，北京：中华书局 2010 年版。

（南朝梁）萧统：《文选》，四部备要本。

（南朝梁）萧子显：《南齐书》，北京：中华书局 1972 年版。

（南朝梁）顾野王：《玉篇》，《续修四库全书》本。

（北齐）魏收：《魏书》，北京：中华书局 1974 年版。

（唐）杜佑：《通典》，杭州：浙江古籍出版社 1988 年版。

（唐）段成式：《酉阳杂俎》，四部丛刊本。

（唐）封演撰，赵贞信校注：《封氏闻见记校注》，北京：中华书局 2005 年版。

（唐）房玄龄等撰：《晋书》，北京：中华书局 1974 年版。

（唐）冯贽：《云仙杂记》，四部丛刊本。

（唐）李吉甫撰，贺次君点校：《元和郡县图志》，北京：中华书局 1983 年版。

（唐）李隆基撰，（唐）李林甫注，〔日〕广池千九郎训点，

〔日〕内田智雄补正：《大唐六典》，横山印刷株式会社昭和48年版。

（唐）李延寿撰：《南史》，北京：中华书局1975年版。

（唐）李肇：《唐国史补》，上海：上海古籍出版社1979年版。

（唐）陆羽：《茶经》，上海：上海古籍出版社1993年版。

（唐）孟诜、（唐）张鼎撰，谢海洲等辑：《食疗本草》，北京：人民卫生出版社1984年版。

（唐）欧阳询编，汪绍楹校：《艺文类聚》，上海：上海古籍出版社1999年版。

（唐）魏徵等：《隋书》，北京：中华书局1973年版。

（唐）孙思邈：《备急千金要方》，北京：人民卫生出版社1955年版。

（唐）姚思廉撰：《梁书》，北京：中华书局1973年版。

（唐）元稹撰，冀勤点校：《元稹集》，北京：中华书局1982年版。

（唐）郑处诲撰，田廷柱点校：《明皇杂录》，北京：中华书局1994年版。

（唐）赵璘：《因话录》，上海古籍出版社1979年版。

（后晋）刘昫等：《旧唐书》，北京：中华书局1975年版。

（五代）王定保：《唐摭言》，上海：上海古籍出版社1978年版。

（五代）王仁裕等撰，丁如明辑校：《开元天宝遗事十种》，上海：上海古籍出版社1985年版。

（宋）蔡襄：《荔枝谱》，文渊阁《四库全书》本。

（宋）蔡襄撰，徐燉等编，吴以宁点校：《蔡襄集》，上海：上海古籍出版社1996年版。

（宋）常棠：《澉水志》，《宋元方志丛刊》，北京：中华书局1990年版。

（宋）陈元靓：《事林广记》，北京：中华书局1999年版。

（宋）陈直著，（元）邹铉增续，黄瑛整理：《寿亲养老新书》，北京：人民卫生出版社2007年版。

（宋）程大昌：《演繁录》，文渊阁《四库全书》本。

（宋）高斯得：《耻堂存稿》，文渊阁《四库全书》本。

（宋）郭茂倩编：《乐府诗集》，北京：中华书局1979年版。

（宋）范镇：《东斋记事》，文渊阁《四库全书》本。

（宋）费衮：《梁溪漫志》，文渊阁《四库全书》本。

（宋）黄朝英：《靖康缃素杂记》，文渊阁《四库全书》本。

（宋）韩琦撰，李之亮、徐正英笺注：《安阳集编年笺注》，成都：巴蜀书社2000年版。

（宋）洪迈撰，何卓点校：《夷坚志》，北京：中华书局1981年版。

（宋）江瓘：《名医类案》，文渊阁《四库全书》本。

（宋）孔延之编：《会稽掇英总集》，文渊阁《四库全书》本。

（宋）李昉等编：《太平广记》，北京：中华书局1961年版。

（宋）李昉等编：《太平御览》，北京：中华书局1985年版。

（宋）李昉等编：《文苑英华》，北京：中华书局1996年版。

（宋）李纲：《济南集》，文渊阁《四库全书》本。

（宋）李焘：《续资治通鉴长编》，北京：中华书局2004年版。

（宋）李心传：《建炎以来朝野杂记》，北京：中华书局2000年版。

（宋）李之仪：《姑溪居士文集》，文渊阁《四库全书》本。

（宋）林洪：《山家清供》，丛书集成初编本。

（宋）刘过：《龙洲集》，文渊阁《四库全书》本。

（宋）陆佃：《埤雅》卷六《释鸡》，见《摛藻堂四库全书荟要》，清乾隆刊刻本。

（宋）陆游撰，李剑雄、刘德权点校：《老学庵笔记》，北京：中华书局1979年版。

（宋）陆游撰，钱仲联校注：《剑南诗稿校注》，上海：上海古籍出版社2005年版。

（宋）罗大经撰，王瑞来点校：《鹤林玉露》，北京：中华书局1983年版。

（宋）罗浚：《宝庆四明志》，文渊阁《四库全书》本。

（宋）罗愿：《尔雅翼》，文渊阁《四库全书》本。

（宋）吕祖谦编，齐治平点校：《宋文鉴》，北京：中华书局1992年版。

（宋）吕希哲：《吕氏杂记》，文渊阁《四库全书》本。

（宋）楼钥：《攻媿集》，文渊阁《四库全书》本。

（宋）孟元老撰，伊永文笺注：《东京梦华录笺注》，北京：中华书局2006年版。

（宋）梅尧臣：《宛陵先生集》，四部丛刊本。

（宋）耐得翁：《都城纪胜》，北京：文化艺术出版社1998年版。

（宋）欧阳修：《文忠集》，文渊阁《四库全书》本。

（宋）欧阳修、宋祁：《新唐书》，北京：中华书局1975年版。

（宋）欧阳修：《新五代史》，北京：中华书局1974年版。

（宋）彭大雅、（宋）徐霆：《黑鞑事略》，上海：上海古籍出版社1983年版。

（宋）彭汝砺：《鄱阳集》，文渊阁《四库全书》本。

（宋）钱易撰，黄寿成点校：《南部新书》，北京：中华书局2002年版。

（宋）确庵、耐庵编：《靖康稗史笺证》，北京：中华书局1988年版。

（宋）沈括撰，胡道静校正：《梦溪笔谈校正》，上海：上海出版公司1956年版。

（宋）司马光：《资治通鉴》，北京：中华书局2005年版。

（宋）苏轼撰，藏清等整理：《苏轼集》，北京：国际文化出版公司1997年版。

（宋）苏轼：《东坡全集》，文渊阁《四库全书》本。

（宋）苏轼：《东坡志林》，北京：中华书局1981年版。

（宋）苏颂：《本草图经》，合肥：安徽科学出版社1994年版。

（宋）苏颂撰，王同策等点校：《苏魏公文集》，北京：中华书局1988年版。

（宋）苏辙：《栾城集》，文渊阁《四库全书》本。

（宋）唐慎微：《重修政和证类本草》，四部丛刊本。

（宋）陶毂撰，李益民等注释：《清异录》（饮食部分），北京：中国商业出版社 1985 年版。

（宋）王安石：《临川集》，文渊阁《四库全书》本。

（宋）王安石撰，冯惠民、曹月堂整理：《王安石集》，北京：国际文化出版公司 1997 年版。

（宋）王怀隐：《太平圣惠方》，北京：人民卫生出版社 1958 年版。

（宋）王溥：《唐会要》，北京：中华书局 1955 年版。

（宋）王谠：《唐语林》，上海：上海古籍出版社 1978 年版。

（宋）王钦若等：《册府元龟》，北京：中华书局 1960 年版。

（宋）王应麟：《玉海》，文渊阁《四库全书》本。

（宋）王洙：《王氏谈录》，丛书集成初编本。

（宋）王灼：《糖霜谱》，从书集成初编本。

（宋）汪汲：《事物原会》，扬州：江苏广陵古籍刻印社 1989 年版。

（宋）卫宗武：《秋声集》，文渊阁《四库全书》本。

（宋）吴自牧：《梦粱录》，北京：文化艺术出版社 1998 年版。

（宋）谢薖：《竹友集》，文渊阁《四库全书》本。

（宋）徐兢：《宣和奉使高丽图经》，文渊阁《四库全书》本。

（宋）徐梦莘：《三朝北盟会编》，上海：上海古籍出版社 2008 年版。

（宋）杨杰：《无为集》，文渊阁《四库全书》本。

（宋）叶隆礼撰，贾敬颜、林荣贵点校：《契丹国志》，上海：上海古籍出版社 1985 年版。

（宋）叶绍翁撰：《四朝闻见录》，上海：上海古籍出版社 2012 年版。

（宋）杨复：《仪礼旁通图》，清康熙十二年通志堂刊本。

（宋）杨万里：《诚斋集》，文渊阁《四库全书》本。

（宋）姚宽撰，孔凡礼点校：《西溪丛语》，北京：中华书局 1993 年版。

（宋）叶庭珪：《海录碎事》，文渊阁《四库全书》本。

（宋）虞俦：《尊白堂集》，文渊阁《四库全书》本。

（宋）宇文懋昭撰，崔文印校证：《大金国志校证》，北京：中华书局1986年版。

（宋）赞宁：《笋谱》，丛书集成初编本。

（宋）曾慥编：《类说》，文渊阁《四库全书》本。

（宋）张端义：《贵耳集》，文渊阁《四库全书》本。

（宋）张杲：《医说》，文渊阁《四库全书》本。

（宋）张耒：《柯山集》，文渊阁《四库全书》本。

（宋）赵珙：《蒙鞑备录》，文渊阁《四库全书》本。

（宋）赵善璙：《自警编》，文渊阁《四库全书》本。

（宋）真德秀：《真文忠公文集》，文渊阁《四库全书》本。

（宋）周煇：《清波别志》，文渊阁《四库全书》本。

（宋）周密撰，张茂鹏点校：《齐东野语》，北京：中华书局1983年版。

（宋）周密：《武林旧事》，北京：文化艺术出版社1998年版。

（宋）周紫芝：《竹坡诗话》，文渊阁《四库全书》本。

（宋）祝穆：《古今事文类聚》，文渊阁《四库全书》本。

（宋）朱熹：《五朝名臣言行录》，四部备要本。

（宋）庄绰撰，萧鲁阳点校：《鸡肋编》，北京：中华书局1983年版。

（元）《元典章》，台湾故宫博物院民国六十一年（1972年）影印元刻本。

（元）《元典章新集》，台湾故宫博物院影元本。

（元）忽思慧撰，刘玉书校点：《饮膳正要》，北京：人民卫生出版社1986年版。

（元）胡助：《纯白斋类稿》，文渊阁《四库全书》本。

（元）贾铭撰，陶文台注释：《饮食须知》，北京：中国商业出版社1985年版。

（元）鲁明善：《农桑衣食撮要》，北京：农业出版社1962年版。

（元）马端临：《文献通考》，杭州：浙江古籍出版社 1988 年版。

（元）马臻：《霞外诗集》，《元人十种诗》本。

（元）倪瓒：《云林堂饮食制度集》，北京：中国商业出版 1984 年版。

（元）陶宗仪：《元氏掖庭记》，台北：新兴书局 1964 年版。

（元）陶宗仪编：《说郛》，上海：上海古籍出版社 1988 年版。

（元）脱脱等：《辽史》，北京：中华书局 1974 年版。

（元）脱脱等：《金史》，北京：中华书局 1975 年版。

（元）脱脱等：《宋史》，北京：中华书局 1977 年版。

（元）完颜纳丹编，方龄贵校注：《通制条格》，北京：中华书局 2001 年版。

（元）王恽：《秋涧先生大全集》，四部丛刊本。

（元）王祯：《农书》，丛书集成初编本。

（元）熊梦祥著，北京图书馆善本组辑：《析津志辑佚》，北京：北京古籍出版社 1983 年版。

（元）杨瑀撰，余大钧点校：《山居新语》，北京：中华书局 2006 年版。

（元）佚名：《居家必用事类全集》，北京：书目文献出版社 1988 年版。

（元）俞希鲁：《至顺镇江志》，南京：江苏古籍出版社 1999 年版。

（元）周伯琦：《近光集》，文渊阁《四库全书》本。

（元）朱震亨：《局方发挥》，北京：中国中医药出版社 2006 年版。

（明）陈耀文：《天中记》，文渊阁《四库全书》本。

（明）程昌撰，周绍泉、赵亚光校注：《窦山公家议校注》，合肥：黄山书社 1993 年版。

（明）冯梦龙：《醒世恒言》，北京：人民文学出版社 1956 年版。

（明）高棅编选：《唐诗品汇》，上海：上海古籍出版社 1988

年版。

（明）高濂撰，王大淳等整理：《遵生八笺》，北京：人民卫生出版社 2007 年版。

（明）顾启元：《客座赘语》，上海：上海古籍出版社 2005 年版。

（明）何良俊：《四友斋丛说》，上海：上海古籍出版社 2005 年版。

（明）李诩：《戒庵老人漫笔》，北京：中华书局 1982 年版。

（明）李乐：《见闻杂记》，上海：上海古籍出版社 1986 年版。

（明）李时珍：《本草纲目》，北京：人民卫生出版社 2005 年版。

（明）李豫亨：《推篷寤语》，隆庆五年李氏思敬堂刊本。

（明）刘侗、（明）于奕正：《帝京景物略》，北京：北京古籍出版社 1983 年版。

（明）刘若愚：《酌中志》，上海：上海古籍出版社 2005 年版。

（明）陆容：《菽园杂记》，上海：上海古籍出版社 2005 年版。

（明）蒋一葵：《长安客话》，北京：中华书局 1993 年版。

（明）沈榜：《宛署杂记》，北京：北京古籍出版社 1982 年版。

（明）沈德符：《万历野获编》，上海：上海古籍出版社 2005 年版。

（明）宋濂等：《元史》，北京：中华书局 1976 年版。

（明）宋应星：《天工开物》，长沙：岳麓书社 2002 年版。

（明）田汝成：《西湖游览志余》，文渊阁《四库全书》本。

（明）吴承恩：《西游记》，北京：人民文学出版社 2010 年版。

（明）于敏中等：《日下旧闻考》，北京：北京古籍出版社 1985 年版。

（明）谢肇淛：《五杂组》，上海：上海古籍出版社 2005 年版。

（明）徐光启：《农政全书》，文渊阁《四库全书》本。

（明）臧晋叔编：《元曲选》，北京：中华书局 1958 年版。

（明）周履靖：《群物奇制》，《丛书集成新编》本，台北：新文丰出版公司 1985 年版。

（明）朱国祯：《涌幢小品》，上海：上海古籍出版社 2005 年版。

（清）彭定求等编：《全唐诗》北京：中华书局 1960 年版。

（清）陈焯编：《宋元诗会》，文渊阁《四库全书》本。

（清）陈立：《白虎通疏证》，北京：中华书局 1994 年版。

（清）董浩等编：《全唐文》，北京：中华书局 1983 年版。

（清）段玉裁注：《说文解字注》，上海：上海古籍出版社 1981 年版。

（清）顾嗣立编选：《元诗选》，北京：中华书局 1987 年版。

（清）顾仲：《养小录》，西安：三秦出版社 2005 年版。

（清）纪昀等：《钦定四库全书总目》，北京：中华书局 1997 年版。

（清）厉鹗编：《辽史拾遗》，丛书集成初编本。

（清）厉鹗辑撰：《宋诗纪事》，上海：上海古籍出版社 1983 年版。

（清）陆陇其：《三鱼堂文集》，清光绪间刻本。

（清）屈大均：《广东新语》，《续四库全书》本。

（清）阮元校刻：《十三经注疏》，北京：中华书局 1980 年版。

（清）孙诒让撰，王文锦、陈玉霞点校：《周礼正义》，北京：中华书局 1987 年版。

（清）汤球辑补，王鲁一、王立华点校：《十六国春秋辑补》，山东：齐鲁书社 2000 年版。

（清）王念孙：《广雅疏证》，北京：中华书局 1983 年版。

（清）王聘珍撰，王文锦点校：《大戴礼记解诂》，北京：中华书局 1983 年版。

（清）王士雄著，周三金译：《随息居饮食谱》，北京：中国商业出版社 1985 年版。

（清）吴广成：《西夏书事》，《续四库全书》本。

（清）吴敬梓：《儒林外史》，上海：上海古籍出版社 2000 年版。

（清）吴其浚：《植物名实图考》，《续四库全书》本。

（清）徐珂编撰：《清稗类钞》，北京：中华书局 1986 年版。

（清）徐松辑：《宋会要辑稿》，北京：中华书局 1957 年版。

（清）薛宝辰撰，王子辉注释：《素食说略》，北京：中国商业出版社 1984 年版。

（清）杨复吉《辽史拾遗补》，丛书集成初编本。

（清）杨屾：《豳风广义》，《续四库全书》本。

（清）姚之骃：《元明事类钞》，文渊阁《四库全书》本。

（清）袁枚撰，周三金等译：《随园食单》，北京：中国商业出版社 1984 年版。

（清）曾懿撰，陈光新注释：《中馈录》，中国商业出版社 1984 年版。

（清）赵希鹄：《调燮类编》，北京：人民卫生出版社 1990 年版。

（清）张廷玉等：《明史》，北京：中华书局 1974 年版。

（清）张英等：《渊鉴类函》，文渊阁《四库全书》本。

（清）朱彝尊：《食宪鸿秘》，上海：上海古籍出版社 1990 年版。

［朝］佚名：《朴通事谚解》，京城帝国大学法文学部 朝鲜印刷株式 1943 年版。

［朝］佚名：《老乞大谚解》，京城帝国大学法文学部 朝鲜印刷株式 1943 年版。

隋树森编：《元曲选外编》，北京：中华书局 1959 年版。

隋树森编：《全元散曲》，北京：中华书局 1964 年版。

罗振玉：《殷墟书契续编》，台北：艺文印书馆 1970 年版。

凌景埏校注：《董解元西厢记》，北京：人民文学出版社 1980 年版。

缪启愉：《四时纂要校释》，北京：农业出版社 1981 年版。

［意］马可波罗：《马可波罗游记》，福州：福建科学技术出版社 1981 年版。

［英］道森编，吕浦泽：《出使蒙古记》，北京：中国社会科学出版 1983 年版。

［意］利玛窦，何高齐等译：《利玛窦中国札记》，北京：中华书局 1983 年版。

［日］圆仁撰，顾承甫、何泉达点校：《入唐求法巡礼行记》，上海：上海古籍出版社 1986 年版。

胡山源编：《古今酒事》，上海：上海书店 1987 年版。

丁世良、赵放主编：《中国地方志民俗资料汇编·西北卷》，北京：书目文献出版社 1989 年版。

［英］G·R·博克舍编注，何高齐译：《十六世纪中国南部行记》，北京：中华书局 1990 年版。

罗锦堂选注：《元人小令分类选注》，台北：联经出版事业公司 1991 年版。

丁世良、赵放主编：《中国地方志民俗资料汇编·中南卷》，北京：北京图书馆出版社 1991 年版。

丁世良、赵放主编：《中国地方志民俗资料汇编·华东卷》，北京：书目文献出版社 1992 年版。

陈炳应译：《西夏谚语》，太原：山西人民出版社 1993 年版。

汉墓帛书整理小组：《马王堆汉墓帛书（肆）》，北京：文物出版社 1995 版。

杨伯峻编著：《春秋左传注》，北京：中华书局 1995 年版。

黄寿祺、张善文译注：《周易译注》，上海：上海古籍出版社 2001 年版。

史金波等译注：《天盛改旧新定律令》，北京：法律出版社 2001 年版。

徐元诰撰：《国语集解》，北京：中华书局 2002 年版。

周振甫译注：《诗经》，北京：中华书局 2002 年版。

贾敬颜：《五代宋金元人边疆行记十三种疏证稿》，北京：中华书局 2004 年版。

吕友仁译注：《周礼译注》，郑州：中州古籍出版社 2004 年版。

郭孟良：《中国茶典》，太原：山西古籍出版社 2004 年版。

胡奇光、方环海：《尔雅译注》，上海：上海古籍出版社 2004

年版。

杨天宇：《礼记译注》，上海：上海古籍出版社 2004 年版。

朱东润：《梅尧臣集编年校注》，上海：上海古籍出版社 2006 年版。

万丽华、蓝旭译注：《孟子》，北京：中华书局 2006 年版。

王秀梅译注：《诗经》，北京：中华书局 2006 年版。

孙通海译注：《庄子》，北京：中华书局 2007 年版。

陈秉才译注：《韩非子》，北京：中华书局 2007 年版。

李小龙译注：《墨子》，北京：中华书局 2007 年版。

张万彬、殷国光、陈涛译注：《吕氏春秋》，北京：中华书局 2007 年版。

张燕婴译注：《论语》，北京：中华书局 2007 年版。

顾迁译注，《淮南子》，北京：中华书局 2009 年版。

李山译注：《管子》，北京：中华书局 2009 年版。

慕平译注：《尚书》，北京：中华书局 2009 年版。

郭彧译注：《周易》，北京：中华书局 2010 年版。

夏晓虹、杨早编：《酒人酒事》，北京：三联书店 2012 年版。

二、今人著作

［日］木宫泰彦：《中日交通史》，北京：商务印书馆 1932 年版。

梁思永：《梁思永考古论文集》，北京：科学出版社 1959 年版。

王国维：《观堂集林》第一册，北京：中华书局 1959 年版。

［日］加藤繁著，吴杰译：《中国经济史考证》，北京：商务印书馆 1959 年版。

中国社会科学院考古研究所编：《西安半坡》，北京：文物出版社 1963 年版。

郭宝钧：《中国青铜器时代》，北京：三联书店 1963 年版。

毛泽东：《毛泽东选集》，北京：人民出版社 1965 年版。

何炳棣：《黄土与中国农业的起源》，香港：香港中文大学出版社 1969 年版。

李孝定：《甲骨文字集释》第五册，台湾中央研究院历史语言研究所 1972 年版。

［德］马克思、恩格斯：《马克思恩格斯选集》，北京：人民出版社 1972 年版。

郭沫若主编：《甲骨文合集》，北京：中华书局 1979 年版。

北京大学考古教研室商代周组编：《商周考古》，北京：文物出版社 1979 年版。

吴宠歧：《元代农业地理》，西安：西安地图出版社 1979 年版。

陕西省考古研究所、陕西省博物馆、陕西省文物管理委员会编：《陕西出土商周青铜器》（一），北京：文物出版社 1979 年版。

郭宝钧：《商周铜器群综合研究》，北京：文物出版社 1981 年版。

闪修山等：《南阳汉代画像石刻》，上海：上海人民美术出版社 1981 年版。

［英］贝尔纳：《历史上的科学》，北京：科学出版社 1981 年版。

梅福根、吴玉贤：《七千年前的奇迹》，上海：上海科学技术出版社 1982 年版。

张舜徽：《中国文献学》，郑州：中州书画社 1982 年版。

韩国磐：《魏晋南北朝史纲》，北京：人民出版社 1983 年版。

陶文台：《中国烹饪史略》，南京：江苏科技出版社 1983 年版。

李璠：《中国栽培植物发展史》，北京：科学出版社 1984 年版。

容庚、张维持：《殷周青铜器通论》，北京：文物出版社 1984 年版。

中国社会科学院考古研究所编：《新中国的考古发现和研究》，北京：文物出版社 1984 年版。

张舜徽：《中国古代劳动人民创物志》，武汉：华中工学院出版社 1984 年版。

吕思勉：《中国制度史》，上海：上海教育出版社 1985 年版。

张起钧：《烹调原理》，北京：中国商业出版社 1985 年版。

王仁兴：《中国饮食谈古》，北京：中国轻工业出版社 1985 年版。

洪光住：《中国豆腐》，北京：中国商业出版社 1987 年版。

王仁兴：《中国年节食俗》，北京：北京旅游出版社 1987 年版。

谭其骧：《长水集》，北京：人民出版社 1987 年版。

［美］威廉·A·哈维兰著，王铭铭等译：《当代人类学》，上海：上海人民出版社 1987 年版。

［日］篠田统著，高桂林等译：《中国食物史研究》，北京：中国商业出版社 1987 年版。

史金波等：《西夏文物》，北京：文物出版社 1988 年版。

韩盈：《节令风俗故事》，上海：上海古籍出版社 1989 年版。

梁家勉：《中国农业科学技术史稿》，北京：农业出版社 1989 年版。

闵宗殿：《中国农史系年要录》，北京：农业出版社 1989 年版。

邱庞同：《中国烹饪古籍概述》，北京：中国商业出版社 1989 年版。

郭正忠：《宋代盐业经济史》，北京：人民出版社 1990 年版。

陈戍国：《先秦礼制研究》，长沙：湖南教育出版社 1991 年版。

管士光：《唐人大有胡气——异域文化与风习在唐代的传播与影响》，北京：农村读物出版社 1992 年版。

王玲：《中国茶文化》，北京：中国书店 1992 年版。

赵文润：《隋唐文化史》，西安：陕西师范大学出版社 1992 年版。

中国烹饪百科全书编委会编：《中国烹饪百科全书》，北京：中国大百科全书出版社 1992 年版。

［日］石毛直道，赵荣光译：《饮食文明论》，哈尔滨：黑龙江科学技术出版社 1992 年版。

［日］中山时子主编：《中国饮食文化》，北京：中国社会科学出版社 1992 年版。

［英］爱德华·泰勒：《原始文化》，上海：上海文艺出版社 1992 年版。

［日］田中静一：《中国食物事典》，北京：中国商业出版社 1993 年版。

陈伟明：《唐宋饮食文化初探》，北京：中国商业出版社 1993 年版。

韩茂莉：《宋代农业地理》，太原：山西古籍出版社 1993 年版。

谭蝉雪：《敦煌婚姻文化》，兰州：甘肃人民出版社 1993 年版。

王学泰：《华夏饮食文化》，北京：中华书局 1993 年版。

王仁湘：《饮食与中国文化》，北京：人民出版社 1993 年版。

范文澜：《中国通史》，北京：人民出版社 1994 年版。

刘志基：《汉字古俗观奇》，上海：上海文艺出版社 1994 年版。

宋杰：《九章算术与汉代社会经济》，北京：首都师范大学出版社 1994 年版。

宋镇豪：《夏商社会生活史》，北京：中国社会科学出版社 1994 年版。

陈伟明：《唐宋饮食文化发展史》，台北：学生书局 1995 年版，第 210 页。

杜金鹏等：《中国古代酒具》，上海：上海文化出版社 1995 年版。

黄金贵：《古代文化词义集类辨考》，上海：上海教育出版社 1995 年版。

邱庞同：《中国面点史》，青岛：青岛出版社 1995 年版。

［俄］克恰诺夫等：《圣方义海研究》，银川：宁夏出版社

1995 年版。

李华瑞：《宋代酒的生产与征榷》，石家庄：河北大学出版社 1996 年版。

李正权主编：《中国米面食品大典》，青岛：青岛出版社 1997 年版。

王仁湘：《中国史前饮食》，青岛：青岛出版社 1997 年版。

王子辉：《中国饮食文化研究》，西安：陕西人民出版社 1997 年版。

徐海荣：《中国饮食史》，北京：华夏出版社 1999 年版。

姚伟钧：《中国传统饮食礼俗研究》，武汉：华中师范大学出版社 1999 年版。

王利华：《中古华北饮食文化的变迁》，北京：中国社会科学出版社 2000 年版。

陈宝良、王熹：《中国风俗通史》（明代卷），上海：上海文艺出版社 2005 年版。

薛麦喜主编：《黄河文化丛书·民食卷》，太原：山西人民出版社 2001 年版。

宋德金、史金波：《中国风俗通史》（辽金西夏卷），上海：上海文艺出版社 2001 年版。

张国刚、杨树森：《中国历史·隋唐辽宋金卷》，北京：高等教育出版社 2001 年版。

刘昭瑞：《中国古代饮茶艺术》，西安：陕西人民出版社 2002 年版。

王赛时、齐子忠：《中华千年饮食》，北京：中国文史出版社 2002 年版。

萧放：《岁时——传统中国民众的时间生活》，北京：中华书局 2002 年版。

王赛时：《唐代饮食》，济南：齐鲁书社 2003 年版。

郭孟良：《中国茶史》，太原：山西古籍出版社 2003 年版。

唐鲁孙：《中国吃的故事》，天津：百花文艺出版社 2003 年版。

［美］尤金·N·安德森著，马孆、刘东译：《中国食物》，南京：江苏人民出版社 2003 年版。

唐鲁孙：《天下味》，桂林：广西师范大学出版 2004 年版。

高启安：《唐五代敦煌饮食文化研究》，北京：民族出版社 2004 年版。

李斌城等：《隋唐五代社会生活史》，北京：中国社会科学出版社 2004 年版。

滕军：《中日茶文化交流史》，北京：人民出版社 2004 年版。

唐鲁孙：《唐鲁孙谈吃》，桂林：广西师范大学出版 2005 年版。

张舜徽：《郑学丛著》，武汉：华中师范大学出版社 2005 年版。

黄杰：《宋词与民俗》，北京：商务印书馆 2006 年版。

刘云：《中国箸文化史》，北京：中华书局 2006 年版。

路遥：《平凡的世界》，北京：人民文学出版社 2006 年版。

吴正格：《清王朝的侧影》，天津：百花文艺出版社 2007 年版。

姚伟钧、刘朴兵：《清宫饮食养生秘籍》，北京：中国书店 2007 年版。

萧放等：《中国民俗史》，北京：人民出版社 2008 年版。

张舜徽：《说文解字约注》，武汉：华中师范大学出版社 2009 年版。

刘朴兵：《唐宋饮食文化比较研究》，北京：中国社会科学出版社 2010 年版。

蓝勇：《中国历史地理》，北京：高等教育出版社 2010 年版。

陈高华、史卫民：《中国风俗通史》（元代卷），上海：上海文艺出版社 2011 年版。

孙中山：《建国方略》，北京：生活·读书·新知三联书店 2015 年版。

三、今人论文

吴其昌：《甲骨金文中所见殷代农稼情况》，《张菊生先生七十生日纪念论文集》，北京：商务印书馆 1937 年版。

伍献文：《记殷墟出土之鱼骨》，《中国考古学报》1949 年第 4 期。

钱穆：《中国古代北方农作物考》，《新亚学报》第 1 卷第 2 期。

陈梦家：《殷代铜器》，《中国考古学报》1954 年第 7 期。

陈梦家：《寿县蔡侯墓铜器》，《考古学报》1956 年第 2 期。

于省吾：《商代的谷类作物》，《东北人民大学学报》1957 年第 1 期。

河南省文化局文物工作队一队：《郑州南关外北宋砖室墓》，《文物考古资料》，1958 年第 5 期。

冯永谦：《辽宁省建平、新民的三座辽墓》，《考古》1960 年第 2 期。

浙江省文物管理委员会：《杭州水田畈遗址发掘报告》，《考古学报》1960 年第 2 期。

山西省文管会、山西考古所：《山西文水北峪口的一座古墓》，《考古》，1961 年第 3 期。

何炳棣：《美洲作物的引进、传播及其对中国粮食生产的影响》，《清史论丛》1962 年第 5 辑。

段仲熙：《说醢》，《文史》第 3 辑，中华书局 1963 年版。

杨建芳：《安徽钓鱼台出土小麦年代商榷》，《考古》1963 年第 11 期。

王秀生：《山西长治李村沟壁画墓清理》，《考古》，1965 年第 7 期。

杨宽：《"乡饮酒礼"与"飨礼"新探》，《古史新探》，北京：中华书局 1965 年版。

杨宽：《射礼新探》，《古史新探》，北京：中华书局 1965 年版。

陈直：《长沙马王堆一号汉墓的若干问题考述》，《文物》1972年第 9 期。

纪南城凤凰山一六八号汉墓发掘整理组：《湖北江陵凤凰山一六八号汉墓发掘简报》，《文物》1975 年第 9 期。

湖北省博物馆、北京大学考古专业"盘龙城发掘队"：《盘龙城一九七四年度田野考古纪要》，《文物》1976 年第 2 期。

宝鸡茹家庄西周墓发掘队《陕西省宝鸡市茹家庄西周墓发掘简报》，《文物》1976 年第 4 期。

吴汝祚：《山东胶县三里河遗址发掘简报》，《考古》1977 年第 4 期。

夏鼐：《碳-14 测定年代和中国史前考古学》，《考古》1977 年第 4 期。

湖南农学院等：《长沙马王堆一号汉墓出土动植物标本的研究》，北京：文物出版社 1978 年版。

张仲葛：《出土文物所见我国古代家猪品种的形成和发展》，《文物》1979 年第 1 期。

项春松：《辽宁昭乌达地区发现的辽墓绘画资料》，《文物》1979 年第 6 期。

宁笃学、钟长发：《甘肃武威西效林场西夏墓清理简报》，《考古与文物》1980 年第 3 期。

扬州市博物馆编：《扬州西汉"妾莫书"木椁墓》，《文物》1980 年第 12 期。

王仁湘：《新石器时代猪的意义》，《文物》1981 年第 2 期。

安志敏：《中国史前期之农业》，《中国新石器时代论集》，文物出版社 1982 年版。

哲里木盟博物馆等：《库伦旗第五、六号辽墓》，《内蒙古文物考古》1982 年第 2 期。

沈文倬：《略论礼典的实行和〈仪礼〉书本的撰作》，《文史》第 15 辑，北京：中华书局，1982 年版。

中国社会科学院考古研究所编：《新中国的考古发现和研究》，

文物出版社 1984 年版。

朱杰勤：《中国陶瓷和制瓷技术对东南亚的传播》，《中外关系史论文集》，河南人民出版社 1984 年版。

叶静渊：《从杭州历史上的名产黄芽菜看我国白菜的起源、演化与发展》，载《太湖地区农史论文集》，中国农业遗产研究室 1985 版。

周荔：《宋代的茶叶生产》，《历史研究》1985 年第 6 期。

俞伟超：《周代用鼎制度研究》，《先秦两汉考古学论集》，北京：文物出版社 1985 年版。

马文宽：《宁夏灵武县磁窑堡瓷窑址调查》，《考古》1986 年第 1 期。

霍升平等：《西夏谚语初探》，《宁夏大学学报》1986 年第 3 期。

胡澍：《葡萄引种内地时间考》，《新疆社会科学》1986 年第 5 期。

王慎行：《试论周代的饮食观》，《人文杂志》1986 年第 5 期。

王力：《龙虫并雕斋琐语·劝菜》，《中国烹饪》1986 年第 6 期。

贾兰坡等：《三十六年来的中国旧石器考古》，《文物与考古论集》，文物出版社 1986 年版。

许怀林：《汉代江西的农业》，《农业考古》1987 年第 4 期。

四川省博物馆：《四川彭县等地新收集到一批画像砖》，《考古》1987 年第 6 期。

费孝通：《撒拉餐单》，《中国烹饪》1987 年第 11 期。

丁世良、赵放：《中国地方志民俗资料汇编·华北卷》，北京图书馆出版社 1989 年版。

姚伟钧：《先秦谷物品种考辨》，《华中师范大学学报》1989 年第 6 期。

曹树基：《清代玉米、番薯分布的地理特征》，《历史地理研究》第 2 辑，复旦大学出版社 1990 年版。

杜建录：《西夏的畜牧业》，《宁夏社会科学》1990年第1期。

王仁湘：《中国古代进食具匕箸叉研究·匕篇》，《考古学报》1990年第3期。

姚伟钧：《中国饮食的文化省思》，《华中师范大学学报》1990年第6期。

夏丏尊：《谈吃》，韦君编：《学人谈吃》，北京：中国商业出版社1991年版。

华林甫：《唐代水稻生产的地理布局及其变迁初探》，《中国农史》1992年第2期。

李辅斌：《清代河北山西粮食作物的地域分布》，《中国历史地理论丛》1993年第1期。

内蒙古文物考古研究所、哲里木盟博物馆：《辽陈国公主墓》，文物出版社1993年版。

戴云：《唐宋饮食文化要籍考述》，《农业考古》1994年第1期。

游修龄：《〈齐民要术〉成书背景小议》，《中国经济史研究》1994年第1期。

杨权喜：《楚文化与长江流域的开发》，首届长江文化暨楚文化国际学术讨论会筹备委员会编：《长江文化论集》，武汉：湖北教育出版社1995年版。

陈伟明：《元代城镇饮食业的经营》，《中国社会经济史研究》1996年第1期。

宋健：《超越疑古，走出迷茫》，《光明日报》1996年5月21日。

季羡林：《元代的甘蔗种植和沙糖制造》，李士靖主编：《中华食苑》，北京：中国社会科学出版社1996年版。

徐少华：《独领风骚的中国酒文化》，李士靖主编：《中华食苑》（第八辑），北京：中国社会科学出版社1996年版。

兴安盟文物工作站：《科右中旗代钦塔拉辽墓清理简报》，《内蒙古文物考古文集》第2辑，中国大百科全书出版社1997年版。

向安强：《长江中游是中国稻作文化的发祥地》，《农业考古》1998 年第 1 期。

方健：《唐宋茶礼茶俗述略》，《民俗研究》1998 年第 4 期。

吉成名：《龙抬头节研究》，《民俗研究》1998 年第 4 期。

方殷：《密县打虎亭汉墓的图象是制豆腐》，《农业考古》1999 年第 1 期。

邵国田：《敖汉旗羊山 1-3 号辽墓清理简报》，《内蒙古文物考古》1999 年第 1 期。

姚伟钧：《乡饮酒礼探微》，《中国史研究》1999 年第 1 期。

巴林左旗博物馆：《内蒙古巴林左旗滴水壶辽代壁画墓》，《考古》1999 年第 8 期。

李肖：《论唐宋饮食文化的嬗变》，首都师范大学 1999 届中国古代史专业博士学位论文。

蓝勇：《中国古代辛辣用料的嬗变、流布与农业社会发展》，《中国社会经济史研究》2000 年第 4 期。

齐思和：《毛诗谷名考》，《农业考古》2001 年第 1 期。

王利华：《中古时期北方地区畜牧业的变动》，《历史研究》2001 年第 4 期。

刘晓航：《中原饭场与茶俗》，《农业考古》2002 年第 2 期。

陈伟明、辜小红：《元代烹饪辅助料的制作生产与消费》，《暨南大学学报》2002 年第 4 期。

［日］杂喉润：《中国食文化在日本》，蔡毅编译：《中国传统文化在日本》，北京：中华书局 2002 年版。

吕立宁：《千年以来中国面食的发展趋势》，《饮食文化研究》2003 年第 1 期。

王占华：《魏晋南北朝时期的士族与饮食》，《饮食文化研究》2004 年第 1 期。

朱瑞熙：《浦江吴氏〈中馈录〉不是宋人著作》，《饮食文化研究》2004 年第 1 期。

赵荣光：《中国酱的起源、品种、工艺与酱文化流变考述》，

《饮食文化研究》2004 年第 4 期。

王永平:《从土贡看唐代的宫廷饮食(下)》,《饮食文化研究》2004 年第 4 期。

柯嘉豪:《椅子与佛教流传的关系》,蒲慕州主编:《生活与文化》,中国大百科全书出版社 2005 年版。

刘朴兵:《中国古代的肉酱》,《中华饮食文化基金会会讯》2005 年第 2 期。

邱仲麟:《诞日称觞——明清社会的庆寿文化》,蒲慕州主编:《生活与文化》,北京:中国大百科全书出版社 2005 年版。

刘朴兵:《"乳腐"考》,《中国历史文物》,2005 年第 5 期。

刘朴兵:《略论中国古代的食狗之风及人们对食用狗肉的态度》,《殷都学刊》2006 年第 1 期。

周宁静:《选读〈易牙遗意〉》,《中华饮食文化基金会会讯》2006 年第 1 期。

刘项育:《韩国茶礼及其现代价值》,《饮食文化研究》2006 年第 2 期。

王赛时:《国际茶文化交流的历史成就与现代审视》,《饮食文化研究》2006 年第 2 期。

姚伟钧、刘朴兵:《从茶文化的传播看中外文化交流》,《饮食文化研究》2006 年第 4 期。

徐少华:《中日酒文化比较研究》,《中华饮食文化基金会会讯》2007 年第 2 期。

刘朴兵:《中华食鹅史略》,《中华饮食文化基金会会讯》2008 年 4 期。

刘朴兵:《中国民间的灶神与祭灶》,《亚洲研究》第 59 期(2009 年 9 月)。

刘朴兵:《番薯的引进与传播》,《中华饮食文化基金会会讯》2011 年第 4 期。

王守权:《西夏饮食结构的成因》,《扬州大学烹饪学报》2012 年第 2 期。

刘朴兵：《略论苏轼对中国饮食文化的贡献》，《农业考古》2012 年第 6 期。

闫志：《争看弱叶随烟海——酒令及其文化》，《三联生活周刊》2013 年第 38 期。

王赛时：《中国酒的沿绵不绝：谷物与酒曲的变奏》，《三联生活周刊》2013 年第 38 期。

王恺：《北京故宫的珍藏酒具》，《三联生活周刊》2013 年第 38 期。

王恺、张诺然：《南酒与北酒：中国酒在近现代的变迁》，《三联生活周刊》2013 年第 38 期。

后　记

　　自 20 世纪 80 年代以来，饮食文化研究逐渐成为学术界关注的热点领域，许多学者从历史学、人类学、考古学等角度去研究以人为中心的具有日常性和社会性特点的饮食生活历史，发表了一系列成果，一定程度上推动了我国饮食生活史研究领域的繁荣。使它由过去一个不受人关注的学科，成为今天中国文化史、社会史研究的显学，从一定意义上来说，中国饮食文化史研究的勃兴，改变了以往史学研究苍白、干瘪的形象，使它更加充实和完善。正是基于这种认识，许多学者投身于这一研究领域，大家互相学习，形成了一批实力雄厚的研究队伍，不断将这一领域的研究推向深入，本书的写作就是在这一历史背景下完成的。

　　本书力图运用通观全局的视野与文化整合的研究方法，来揭示中国饮食文化发展变化的轨迹、内在规律及其社会政治、经济与文化间的互动关系，使中国各个历史时期饮食文化生活演变的真实过程能够清晰地呈现在人们的面前。这一愿望能否实现，我们不敢说，但我们是朝这个方向努力的。

　　本书由姚伟钧、刘朴兵二人合作完成，是 2013 年度河南省高校科技创新人才（人文社科类）支持计划项目"中国饮食文化史"
（2013—06）的研究成果。早在 20 世纪 80 年代，我们就开始了中
国饮食史的研究，这本书是集我们两人这 20 多年从事中国饮食史
研究之大成。姚伟钧负责本书第一至第十章、第十八章至第十九
章、附录的撰写，刘朴兵具体负责本书第十一至第十七章、第二十
章至第二十一章的撰写。博士研究生吴昊、金相超、王占华等人协
助本书作者进行了大量的资料收集、文字校对和图片整理工作，在
此书完稿之际，特向他们表示深切的谢意。

　　本书的付梓出版，应特别感谢武汉大学冯天瑜先生、陈锋先
生、以及湖北大学的何晓明先生，他们作为丛书的主编为这套书的
出版花费了许多心力，他们多次开会研究编写方案，对每一本书的
大纲都进行了充分的讨论。武汉大学出版社的陈帆社长、朱金波老
师，她（他）们从组稿到出版，将近十年，这种出精品好书、为
读者负责的精神令人感动，也为本书的修改提出了许多有价值的意
见。对于以上各位的帮助，我们表示衷心的感谢。

姚伟钧　刘朴兵

2016 年国庆

中国专门史文库

（第一辑）